F. NOŽIČKA / J. GUDDAT / H. HOLLATZ

THEORIE DER LINEAREN OPTIMIERUNG

MATHEMATISCHE LEHRBÜCHER UND MONOGRAPHIEN

HERAUSGEGEBEN VON DER
DEUTSCHEN AKADEMIE DER WISSENSCHAFTEN ZU BERLIN
ZENTRALINSTITUT FÜR MATHEMATIK UND MECHANIK

I. ABTEILUNG

MATHEMATISCHE LEHRBÜCHER

BAND XXI

THEORIE DER LINEAREN OPTIMIERUNG

VON

F. NOŽIČKA · J. GUDDAT · H. HOLLATZ

AKADEMIE-VERLAG · BERLIN
1972

THEORIE DER LINEAREN OPTIMIERUNG

Von

PROFESSOR DR. FRANTIŠEK NOŽIČKA
DR. JÜRGEN GUDDAT
DR. HORST HOLLATZ

Mit 17 Abbildungen

AKADEMIE-VERLAG · BERLIN
1972

Erschienen im Akademie-Verlag GmbH, 108 Berlin, Leipziger Straße 3—4

Lizenznummer: 202 · 100/401/72
Gesamtherstellung: VEB Druckerei „Thomas Müntzer", 582 Bad Langensalza
Bestellnummer: 761 480 0 (5849) · ES 19 B 1/B 5
Printed in German Democratic Republic

VORWORT

Eine der zentralen Untersuchungsmethoden in der Operationsforschung ist die mathematische Theorie der linearen Optimierung. Seit der mathematischen Formulierung eines Produktionsmodells von KANTOROWITSCH im Jahre 1939 sind Tausende von Arbeiten und zahlreiche Lehrbücher über lineare Optimierung erschienen. Diese Arbeiten und Lehrbücher haben teils theoretischen und teils praktischen Charakter; in den meisten beschäftigt man sich mit Anwendungen der linearen Optimierung auf aktuelle ökonomische, technologische oder auch gesellschaftliche Probleme. Im Anhang dieses Buches sind einige Anwendungsbeispiele zusammengestellt.

Die grundsätzliche Konzeption des vorliegenden Buches deutet sich schon in Kapitel 2 an, wo insbesondere affine Räume und die elementare Theorie der Polyeder behandelt werden. Besonderen Wert legen wir hier auf die geometrische Durchdringung und Interpretation der Theorie. Aus diesem Grunde erscheinen viele Beweise bekannter Sätze in neuem Licht. Die geometrische Auffassung soll den Leser befähigen, die dargelegte Theorie leichter zu verstehen, und ihn anregen, geometrische Ideen mathematisch zu realisieren.

Der Dualitätstheorie ist das Kapitel 3 gewidmet, wobei wir an einer möglichst vollständigen Darlegung im Rahmen der linearen Optimierung interessiert waren. Sie erweist sich uns als mathematische Grundlage der linearen Optimierung.

Die geometrische Interpretation des Dualitätsprinzips wird dem interessierten Leser sicher neue Einsichten über die Zusammenhänge von Dualproblemen eröffnen.

In den Kapitel 4 und 5 legen wir die Schwerpunkte unserer Untersuchung auf Probleme, die für die mathematische Theorie von Bedeutung und mindestens in dieser Form und Ausführlichkeit neuartig sind, wie z. B. Entartung, ein- und mehrdeutige Lösbarkeit linearer Optimierungsprobleme. Diese Fragen behandeln wir im Zusammenhang mit der Simplexmethode, während wir in Kapitel 6 auf andere Verfahren zur Lösung linearer Optimierungsprobleme in etwas kürzerer Form eingehen.

Für das klassische Transportproblem sind wegen seiner speziellen Struktur in der Literatur zahlreiche Verfahren angegeben. In Kapitel 7 betrachten wir einen graphentheoretischen Zugang zur Lösung des Transportproblems und die Ungarische Methode.

In der ganzzahligen linearen Optimierung (Kapitel 8) wenden wir Methoden der linearen Optimierung an. Es wird für ein allgemeines Schnittverfahren die Endlichkeit bewiesen, wobei sich die GOMORY-Algorithmen als Spezialfälle dieser Schnittmethode ergeben. Für 0 - 1-Probleme beschäftigen wir uns dort mit der Filtermethode und der pseudo-BOOLEschen Optimierung. Dieses Kapitel ist natürlich nur ein kleiner Einblick in die ganzzahlige Optimierung.

Der Leser wird sicher ein Kapitel über parametrische Optimierung vermissen. Diesem auch für die Praxis wichtigen Thema widmen wir ein weiteres Buch. Auf Grund unserer Konzeption gehen Näherungsverfahren der linearen Optimierung über den Rahmen dieses Buches hinaus, so daß wir uns nur mit endlichen Methoden beschäftigen.

Das Buch wendet sich in erster Linie an Studenten der Mathematik. Wir haben dieses Buch aber auch in der Absicht geschrieben, Hochschulabsolventen anderer Fachrichtungen einen Dienst zu erweisen, die in ihrer Tätigkeit mit Problemen der mathematischen Optimierung konfrontiert werden und sich hierfür die mathematischen Grundlagen der linearen Optimierung aneignen müssen.

Die Erarbeitung des Stoffes dürfte mit Hilfe der durchgerechneten numerischen Beispiele relativ leicht möglich sein. Definitionen (D.), Sätze (S.) und Hilfssätze (L.) nebst Beweisen (Bws.) sind mit Anfang und Ende gekennzeichnet.

Das angefügte Literaturverzeichnis enthält insbesondere die für die qualitative Theorie wichtigsten Arbeiten und Lehrbücher. Eine ausführlichere Literaturübersicht findet der Leser z. B. bei G. B. DANTZIG [1] und D. B. JUDIN und E. G. GOLSTEIN [1].

Wir bedanken uns beim Akademie-Verlag Berlin für die freundliche Aufnahme des Werkes in diese Reihe.

Berlin, im März 1972 Die Verfasser

INHALT

KAPITEL 1

EINLEITUNG

Die lineare Optimierung wird als spezielle Disziplin der angewandten Mathematik anerkannt. Ihr Ziel liegt im Aufbau einer umfassenden Theorie, die in ihrer letzten Phase zur praktischen Lösung einer gewissen Klasse von ökonomischen Problemen führt.

Das Grundproblem der linearen Optimierung wird mathematisch folgendermaßen formuliert:

Es ist ein System von linearen Gleichungen

$$\sum_{i=1}^{n} a_{ri}\, x_i = b_r\,, \qquad r = 1, \ldots, m; \quad m < n\,, \tag{1}$$

und ein weiteres System von linearen Ungleichungen

$$\sum_{i=1}^{n} A_{ji}\, x_i \leqq B_j\,, \qquad j = 1, \ldots, s\,, \tag{2}$$

gegeben. Unter allen n-Tupeln $(x_1, x_2, \ldots, x_n)$, die die Relationen (1), (2) erfüllen, soll ein solches gefunden werden, das zum Minimum (oder Maximum) einer gegebenen Linearform

$$f(x_1, \ldots, x_n) = \sum_{i=1}^{n} c_i\, x_i \tag{3}$$

führt.

Alle praktischen ökonomischen Probleme, die in mathematischer Formulierung auf dieses Grundproblem führen, bilden den Gegenstand der linearen Optimierung.

Die ersten Arbeiten auf diesem Gebiet stammen aus dem Jahre 1939 von den sowjetischen Mathematikern L. W. Kantorowitsch und M. K. Gawurin. Im Jahre 1941 hat F. L. Hitchcock das Transportproblem formuliert und ein Verfahren zu seiner Lösung angegeben. Ein Jahr später erschien eine weitere Arbeit von L. W. Kantorowitsch, die leider wegen des zweiten Weltkrieges mehrere Jahre unbekannt blieb. Eine rasche Entwicklung hat die Theorie der linearen Optimierung seit dem Jahre 1950 erfahren. Unabhängig voneinander wurden verschiedene Arbeiten publiziert. Zu den bekanntesten Autoren, die an der Entwicklung der linearen Optimierung beteiligt sind, gehören G. B. Dantzig, S. N. Tschernikow, M. M. Flood, H. W. Kuhn, A. W. Tucker, T. C. Koopmans, E. Frisch, O. Lange und R. Bellman. In wenigen Jahren wurden verschiedene Methoden und Algorithmen zur Lösung spezieller und allgemeiner Probleme der linearen Optimierung gefunden und mathematisch untersucht. Die gleichzeitige rasche Entwicklung der modernen Rechentechnik war die Grundlage der praktischen Anwendbarkeit dieser Methoden. Beim Aufbau der Theorie der linearen Optimierung werden im wesentlichen folgende mathematischen Disziplinen angewendet: lineare Algebra, analytische Geometrie der mehrdimensionalen Räume, Theorie der Polyeder und kombinatorische Analysis. In dem vorliegenden Buch werden nur diejenigen Teilgebiete aus diesen Disziplinen angeführt, die für den Aufbau der Theorie benötigt werden.

Als Einführung in die lineare Optimierung wollen wir nun zwei (klassische) Probleme aus der Ökonomie angeben, die die Notwendigkeit des Aufbaus einer mathematischen Theorie der linearen Optimierung begründen sollen.

Beispiel 1 (klassisches Transportproblem). In den Produktionszentren $E_1, E_2, \ldots, E_m$ wird ein bestimmtes Produkt p hergestellt, und zwar wird im Zentrum E_i in einer festen Zeiteinheit die Menge a_i ($a_i > 0$) von Produkteinheiten produziert. In den Konsumtionszentren $V_1, V_2, \ldots, V_n$ wird dieses Produkt verbraucht, und zwar wird im Zentrum in der gleichen Zeiteinheit die Menge b_j ($b_j > 0$) von Produkteinheiten konsumiert. Hierbei setzen wir das sogenannte „ökonomische Gleichgewicht" voraus, d. h., die Gesamtproduktion ist gleich der Gesamtkonsumtion:

$$\sum_{i=1}^{m} a_i = \sum_{j=1}^{n} b_j .$$

Es sei x_{ij} ($i = 1, \ldots, m$; $j = 1, \ldots, n$) die unbekannte Menge von Produkteinheiten des Produktes p, die vom Produktionszentrum E_i in das Konsumtionszentrum V_j transportiert werden soll. Hierbei sollen die Bedingungen

$$x_{ij} \geqq 0 , \qquad i = 1, \ldots, m;\ j = 1, \ldots, n , \tag{4a}$$

$$\sum_{j=1}^{n} x_{ij} = a_i , \qquad i = 1, \ldots, m , \tag{4b}$$

$$\sum_{i=1}^{m} x_{ij} = b_j , \qquad j = 1, \ldots, n , \tag{4c}$$

erfüllt werden. Die Bedingung (4a) ist ökonomisch klar; die Bedingungen (4c) bedeuten, daß die Bedarfsmenge b_j des Produktes im Zentrum V_j durch die einzelnen Lieferungen von den Produktionszentren gedeckt wird; die Bedingungen (4b) drücken die ökonomische Forderung aus, daß die gesamte im Zentrum E_i hergestellte Menge a_i des Produktes p an alle Konsumtionszentren verteilt wird. Es sind ferner Preise c_{ij} ($i = 1, \ldots, m$; $j = 1, \ldots, n$) gegeben, die den Transportkosten pro Produkteinheit vom Zentrum E_i zum Zentrum V_j entsprechen, wobei wir voraussetzen, daß diese Kosten unabhängig von den transportierten Mengen sind.

Die Aufgabe besteht nun im Bestimmen von Transportmengen x_{ij} ($i = 1, \ldots, m$; $j = 1, \ldots, n$), die die Bedingungen (4a, b, c) erfüllen und die Gesamttransportkosten, die durch die Linearform

$$f = \sum_{i=1}^{m} \sum_{j=1}^{n} c_{ij} x_{ij} \tag{5}$$

ausgedrückt werden, minimieren. Aus (4), (5) sieht man sofort, daß unsere Aufgabe ein spezielles Beispiel des Grundproblems der linearen Optimierung ist. Diese Aufgabe nennt man in der Literatur das *klassische Transportproblem*.

Beispiel 2 (Mischungsproblem). Stellen wir uns vor, daß wir über eine gewisse Anzahl verschiedener Benzinsorten verfügen, verschieden in Qualität und Preis. Es seien dies die Benzinsorten $B_1, B_2, \ldots, B_n$; p_i ($p_i > 0$) sei der Preis pro Liter des Benzins B_i und $A_1, \ldots, A_m$ seien die Bestandteile (Komponenten) aller Benzine $B_1, \ldots, B_n$, die die Qualität bestimmen. Auf Grund der technologischen Angaben ist bekannt, daß die Komponente A_j im Benzin B_i in der Menge a_{ij} ($a_{ij} \geqq 0$) pro Liter enthalten ist. Die gegebenen Daten können wir übersichtlich in einer Tabelle anordnen:

	A_1	A_2	$\ldots$	A_j	$\ldots$	A_m
B_1	a_{11}	a_{12}	$\ldots$	a_{1j}	$\ldots$	a_{1m}
B_2	a_{21}	a_{22}	$\ldots$	a_{2j}	$\ldots$	a_{2m}
$\ldots$	$\ldots$	$\ldots$	$\ldots$	$\ldots$	$\ldots$	$\ldots$
B_i	a_{i1}	a_{i2}	$\ldots$	a_{ij}	$\ldots$	a_{im}
$\ldots$	$\ldots$	$\ldots$	$\ldots$	$\ldots$	$\ldots$	$\ldots$
B_n	a_{n1}	a_{n2}	$\ldots$	a_{nj}	$\ldots$	a_{nm}

Das Problem besteht nun in folgendem:

Aus den gegebenen Benzinsorten $B_1, B_2, \ldots, B_n$ sollen wir ein neues Benzin B_0 mischen, das die Komponente A_j in der vorgegebenen Menge c_j ($j = 1, \ldots, m$) pro Liter enthält, wobei der Preis des neuen Benzins minimal sein soll.

Es sei x_i ($i = 1, \ldots, n$) die unbekannte Menge des Benzins B_i, die zur Herstellung eines Liters des Benzins B_0 benötigt wird; dann müssen diese Mengen offenbar den folgenden Bedingungen genügen:

$$x_i \geqq 0\,, \qquad i = 1, \ldots, n\,, \tag{6a}$$

$$\sum_{i=1}^{n} x_i = 1\,, \tag{6b}$$

$$\sum_{i=1}^{n} a_{ij} x_i = c_j\,, \quad j = 1, \ldots, m\,. \tag{6c}$$

Für den Preis eines Liters des Benzins B_0 erhält man

$$f = \sum_{i=1}^{n} p_i x_i\,.$$

Damit haben wir unser ökonomisches Problem mathematisch formuliert; es lautet:

Es sei $\mathfrak{M}$ die Menge aller n-Tupel $\boldsymbol{x} = (x_1, x_2, \ldots, x_n)$, die die Bedingungen (6a, b, c) erfüllen. Es ist ein n-Tupel $\boldsymbol{x}_0 = (x_{01}, x_{02}, \ldots, x_{0n}) \in \mathfrak{M}$ so zu bestimmen, daß

$$f(\boldsymbol{x}_0) = \min_{\boldsymbol{x} \in \mathfrak{M}} f(\boldsymbol{x})$$

ist. Wenn wir nun dieses Problem mit dem Grundproblem der linearen Optimierung vergleichen, wird klar, daß es sich hier auch um einen Spezialfall dieses Grundproblems handelt. Die Aufgabe wird in der Literatur das *klassische Mischungsproblem* genannt.

Wir denken uns ein konkretes ökonomisches Problem mathematisch formuliert, wobei dieses Problem zur Klasse der Probleme der linearen Optimierung gehören möge. Es sei f die zugehörige lineare Funktion der Form (3), die in bezug auf die Menge $\mathfrak{M}$ aller n-Tupel $\boldsymbol{x} = (x_1, x_2, \ldots, x_n)$ mit den Bedingungen (1), (2) minimiert bzw. maximiert werden soll. Um eine vollständige Lösung des gegebenen Problems zu erreichen, müssen wir etappenweise wichtige Teilprobleme untersuchen, nämlich:

1° Wir müssen feststellen, ob die Menge $\mathfrak{M}$ leer oder nicht leer ist; ist sie leer, so ist das ursprüngliche Problem unlösbar.

2° Wenn $\mathfrak{M}$ nicht leer ist, dann muß die Frage der Existenz des gesuchten Maximums oder Minimums beantwortet werden.

3° Es ist ein geeigneter Algorithmus zur numerischen Berechnung der Lösung des gegebenen Problems zu finden.

4° Wenn dieser Algorithmus nach einer gewissen Schrittzahl nicht beendet ist, wäre es nützlich, eine Fehlerabschätzung anzugeben.

5° Vom ökonomischen Standpunkt ist es in einigen Fällen erforderlich, die Stabilität der Lösung zu diskutieren, d. h. zu überprüfen, wie weit die Anfangsdaten geändert werden können, ohne die Lösung in ökonomisch ungünstiger Weise zu beeinflussen.

KAPITEL 2

MATHEMATISCHE GRUNDLAGEN

2.1. Der lineare affine Raum

Die Definition des linearen affinen Raumes A_n erfolgt am bequemsten auf folgende Weise:

Gegeben sei die Menge R_n aller geordneten n-Tupel $\{x_\alpha\} = (x_1, \ldots, x_n)$ von reellen Zahlen $x_\alpha (\alpha = 1, \ldots, n)$. Speziell ist dann R_1 die Menge aller reellen Zahlen.

▌ D. 1 Eine Menge A_n, deren Elemente Punkte genannt werden, ist ein *linearer n-dimensionaler affiner Raum*, wenn folgende Forderungen erfüllt sind:

1° Es gibt eine eineindeutige Abbildung der Punkte $\boldsymbol{p} \in A_n$ auf die Zahlen-n-tupel des R_n. (Wenn $\{x_\alpha\}$ das dem Punkt $\boldsymbol{p}$ entsprechende n-Tupel ist, schreiben wir $\boldsymbol{p} \leftrightarrow \{x_\alpha\}$.)

2° Es gibt Teilmengen L_1 von A_n, die wir *Geraden* nennen, für die gilt:

(a) Zwei Punkte aus A_n bestimmen genau eine Gerade, die diese Punkte enthält.

(b) Auf jeder Geraden liegen wenigstens zwei verschiedene Punkte aus A_n.

3° Wenn $\boldsymbol{p}_1, \boldsymbol{p}_2$ zwei verschiedene Punkte aus A_n sind und $\{x_{1\alpha}\}, \{x_{2\alpha}\}$ die ihnen entsprechenden n-Tupel des R_n, dann wird die durch $\boldsymbol{p}_1, \boldsymbol{p}_2$ bestimmte Gerade L_1 beschrieben durch

$$L_1 = \{\boldsymbol{p} \in A_n \mid \boldsymbol{p} \leftrightarrow \{x_\alpha\};\; x_\alpha = \lambda_1 x_{1\alpha} + \lambda_2 x_{2\alpha};\; \alpha = 1, \ldots, n;\; \lambda_1 + \lambda_2 = 1;\; \lambda_1, \lambda_2 \in R_1\}\,.$$ ▌

Von grundlegender Bedeutung ist der Begriff der linearen Abhängigkeit von Punkten aus dem affinen Raum A_n.

▌ D. 2 Wir wollen sagen, daß $d + 1$ Punkte $\boldsymbol{p}_0, \boldsymbol{p}_1, \ldots, \boldsymbol{p}_d$ aus A_n *linear abhängig* sind, falls es reelle Zahlen λ_i $(i = 0, 1, \ldots, d)$ gibt, so daß

$$\sum_{i=0}^{d} |\lambda_i| > 0\,, \quad \sum_{i=0}^{d} \lambda_i = 0\,, \quad \sum_{i=0}^{d} \lambda_i x_{i\alpha} = 0\,, \qquad \alpha = 1, \ldots, n\,,$$

ist mit $\{x_i\} \leftrightarrow \boldsymbol{p}_i$ $(i = 0, 1, \ldots, d)$. Im entgegengesetzten Fall sind die Punkte $\boldsymbol{p}_i$ linear unabhängig. ▌

Es gibt offenbar $n + 1$ linear unabhängige Punkte in dem affinen Raum A_n, während mehr als $n + 1$ Punkte stets linear abhängig sind. Folgende Punkte

z. B. sind sicher linear unabhängig:

$$\begin{aligned} \boldsymbol{p}_0 &\leftrightarrow \{0_\alpha\} = (0, 0, \ldots, 0)\,, \\ \boldsymbol{p}_1 &\leftrightarrow \{\delta_{1\alpha}\} = (1, 0, \ldots, 0)\,, \\ \boldsymbol{p}_2 &\leftrightarrow \{\delta_{2\alpha}\} = (0, 1, \ldots, 0)\,, \\ &\ldots\ldots\ldots\ldots\ldots\ldots \\ \boldsymbol{p}_n &\leftrightarrow \{\delta_{n\alpha}\} = (0, 0, \ldots, 1)\,, \end{aligned}$$

wobei

$$\delta_{\beta\alpha} = \begin{cases} 1\,, & \alpha = \beta\,, \\ 0\,, & \alpha \neq \beta \end{cases}$$

das übliche KRONECKER-Symbol ist.

Als notwendige und hinreichende Bedingung für die lineare Unabhängigkeit von $d + 1$ Punkten $\boldsymbol{p}_i \leftrightarrow \{x_{i\alpha}\}$ $(i = 0, 1, \ldots, d)$ gilt, daß die Matrix

$$\begin{pmatrix} x_{11} - x_{01} & x_{12} - x_{02} & \ldots & x_{1n} - x_{0n} \\ x_{21} - x_{01} & x_{22} - x_{02} & \ldots & x_{2n} - x_{0n} \\ \ldots & \ldots & \ldots & \ldots \\ x_{d1} - x_{01} & x_{d2} - x_{02} & \ldots & x_{dn} - x_{0n} \end{pmatrix}$$

den Rang d hat.

▌ D. 3 Eine Teilmenge $L_d \subseteqq A_n$ ist ein *d-dimensionaler linearer Unterraum*, falls

1° L_d wenigstens zwei verschiedene Punkte enthält,

2° mit je zwei verschiedenen Punkten die durch diese Punkte bestimmte Gerade in L_d liegt, und

3° es in L_d wenigstens $d + 1$ linear unabhängige Punkte gibt, wobei mehr als $d + 1$ Punkte aus L_d stets linear abhängig sind.

Jeden Punkt aus A_n definieren wir als 0-dimensionalen linearen Unterraum. ▌

Die Geraden des affinen Raumes A_n sind nach dieser Definition die eindimensionalen linearen Unterräume.

▌ D. 4 Jedes System von $d + 1$ linear unabhängigen Punkten eines linearen Unterraumes L_d nennen wir *Punktbasis* in L_d.

Man kann nun folgenden Satz beweisen: ▌

▌ S. 1 *Zu je $d + 1$ linear unabhängigen Punkten $\boldsymbol{p}_i \leftrightarrow \{x_{i\alpha}\}$ $(i = 0, 1, \ldots, d)$ gibt es genau einen linearen Unterraum L_d der Dimension d, der diese Punkte enthält, wobei*

$$L_d = \Big\{\boldsymbol{p} \in A_n \mid \boldsymbol{p} \leftrightarrow \{x_\alpha\};\ \ x_\alpha = \sum_{i=0}^{d} \lambda_i\, x_{i\alpha};\ \ \alpha = 1, \ldots, n;\ \ \sum_{i=0}^{d} \lambda_i = 1;\ \ \lambda_i \in R_1,\ \ i = 0, 1, \ldots, d\Big\} \tag{1}$$

ist. ▌

Wenn der Durchschnitt L_d zweier linearer Unterräume L_{d_1} und L_{d_2} nicht leer ist, dann stellt L_d ebenfalls einen linearen Unterraum dar, für dessen Dimension d die folgende Abschätzung gilt:

$$\max(0, d_1 + d_2 - n) \leqq d \leqq \min(d_1, d_2) ,$$

wobei $d = \min(d_1, d_2)$ dann und nur dann gilt, wenn einer der beiden linearen Unterräume in dem anderen enthalten ist. Ist $d_2 = n - 1$, so folgt

$$d_1 - 1 \leqq d \leqq d_1 .$$

▮ D. 5 Zwei lineare Unterräume L_{d_1}, L_{d_2} $(1 \leqq d_i \leqq n - 1;\ i = 1, 2)$ sind *parallel*, falls

1° $L_{d_1} \cap L_{d_2} = \emptyset$
und

2° ein linearer Unterraum $L_{d_0} \subseteqq A_n$ der Dimension

$$d_0 = \max(d_1, d_2) + 1 \qquad \text{mit} \qquad L_{d_1} \subseteqq L_{d_0}, \quad L_{d_2} \subseteqq L_{d_0}$$

existiert. ▮

Aus dieser Definition erhalten wir unmittelbar, daß je zwei lineare Unterräume L_{n-1}, L_{d_1} $(1 \leqq d_1 \leqq n - 1)$ genau dann parallel sind, wenn ihr Durchschnitt leer ist.

Aus der Definition eines linearen affinen Raumes erkennen wir, daß jeder lineare Unterraum L_d eines affinen Raumes A_n ebenfalls ein linearer affiner Raum ist. Aus diesem Grunde benutzen wir im folgenden anstelle des Symbols L_d das übliche Symbol A_d. Nach (1) hat ein linearer Unterraum A_d die Beschreibung

$$A_d = \left\{ \boldsymbol{p} \in A_n \mid \boldsymbol{p} \leftrightarrow \{x_\alpha\};\ x_\alpha = \sum_{i=0}^{d} \lambda_i x_{i\alpha};\ d = 1, \ldots, n;\ \sum_{i=0}^{d} \lambda_i = 1; \right.$$
$$\left. \lambda_i \in R_1;\quad i = 0, 1, \ldots, d \right\} ,$$

wobei die den $\{x_{i\alpha}\}$ entsprechenden Punkte $\boldsymbol{p}_i$ linear unabhängig sind. Wenn wir

$$\eta_i = \lambda_i \qquad (i = 1, \ldots, d)$$

setzen, erhalten wir für A_d die äquivalente Beschreibung

$$A_d = \left\{ \boldsymbol{p} \mid \boldsymbol{p} \leftrightarrow \{x_\alpha\};\ x_\alpha = x_{0\alpha} + \sum_{i=1}^{d} \eta_i (x_{i\alpha} - x_{0\alpha});\ \alpha = 1, \ldots, n;\ \{\eta_i\} \in R_d \right\} . \tag{2}$$

Jedem Element $\{\eta_i\}$ aus R_d ist hierdurch umkehrbar eindeutig ein Punkt aus A_d zugeordnet.

▮ D. 6 Bei vorgegebener Punktbasis $\boldsymbol{p}_0, \boldsymbol{p}_1, \ldots, \boldsymbol{p}_d$ mit dem Ursprung $\boldsymbol{p}_0$ heißen die Zahlen η_i $(i = 1, \ldots, d)$ aus (2) *kartesische Koordinaten* des Punktes $\boldsymbol{p} \in A_d$. ▮

Ist $d = n$, so erhalten wir aus (2) die Gleichungen

$$x_\alpha = x_{0\alpha} + \sum_{\beta=1}^{n} \eta_\beta (x_{\beta\alpha} - x_{0\alpha}) , \qquad \alpha = 1, \ldots, n .$$

Daraus folgt, daß die Zahlen x_α ($\alpha = 1, \ldots, n$) die kartesischen Koordinaten des Punktes $\boldsymbol{p} \in A_n$ bei der Punktbasis

$$\boldsymbol{e}_0 \leftrightarrow (0, 0, \ldots, 0) , \qquad \boldsymbol{e}_i \leftrightarrow \{\delta_{i\alpha}\} , \qquad i = 1, \ldots, n ,$$

mit dem Ursprung $\boldsymbol{e}_0$ sind.

▮ S. 2 *Es seien η_α ($\alpha = 1, \ldots, n$) die kartesischen Koordinaten in A_n bei der Punktbasis $\boldsymbol{p}_0, \boldsymbol{p}_1, \ldots, \boldsymbol{p}_n$ mit dem Ursprung $\boldsymbol{p}_0$ und η^*_α ($\alpha = 1, \ldots, n$) die kartesischen Koordinaten bei der Punktbasis $\boldsymbol{p}^*_0, \boldsymbol{p}^*_1, \ldots, \boldsymbol{p}^*_n$ mit dem Ursprung $\boldsymbol{p}^*_0$. Dann gibt es eine eindeutig bestimmte reguläre Matrix $(a^*_{\alpha\beta})$, so daß das folgende Transformationsgesetz gilt:*

$$\eta^*_\alpha - \eta^*_{0\alpha} = \sum_{\beta=1}^{n} a^*_{\alpha\beta}\, \eta_\beta , \qquad \alpha = 1, \ldots, n . \tag{3}$$

Wenn andererseits eine reguläre Matrix $(a^*_{\alpha\beta})$ und ein Punkt $\boldsymbol{p}_0$ beliebig vorgegeben sind, bestimmen die Gleichungen (3) eine reguläre Koordinatentransformation in A_n, d. h. einen Übergang von einer Punktbasis $\boldsymbol{p}_0, \boldsymbol{p}_1, \ldots, \boldsymbol{p}_n$ zu einer neuen Punktbasis $\boldsymbol{p}^*_0, \boldsymbol{p}^*_1, \ldots, \boldsymbol{p}^*_n$. ▮

Die Menge aller linearen regulären Koordinatentransformationen bildet eine Gruppe, die man die *Gruppe der linearen affinen Koordinatentransformationen* nennt. Wenn A_d ein linearer Unterraum des A_n ist und η_a ($a = 1, \ldots, d$) die kartesischen Koordinaten in A_d bei einer beliebigen Punktbasis sind, dann stellen die Gleichungen

$$\eta^*_a = y^*_a + \sum_{b=1}^{d} \eta_b\, a^*_{ab} , \qquad a = 1, \ldots, d ,$$

mit der Bedingung

$$\operatorname{Det} [a^*_{ab}] \neq 0$$

die Gruppe der linearen affinen Koordinatentransformationen in A_d dar.

▮ D. 7 Es seien $\boldsymbol{p}_i \leftrightarrow \{x_{i\alpha}\}$ ($i = 0, 1, \ldots, d$) $d + 1$ linear unabhängige Punkte. Die Menge

$$\overline{U} = \left\{\boldsymbol{p} \in A_n \mid x_\alpha = \sum_{i=0}^{d} \lambda_i\, x_{i\alpha};\ \sum_{i=0}^{d} \lambda_i = 1;\ \lambda_i \geqq 0 ,\ \ i = 0, 1, \ldots, d\right\}$$

heißt *abgeschlossenes d-dimensionales Simplex* und die Menge

$$U = \left\{\boldsymbol{p} \in A_n \mid x_\alpha = \sum_{i=0}^{d} \lambda_i\, x_{i\alpha};\ \sum_{i=0}^{d} \lambda_i = 1;\ \lambda_i > 0,\ \ i = 0, 1, \ldots, d\right\}$$

offenes d-dimensionales Simplex. ▮

Die eindimensionalen Simplizes heißen *Strecken*.

Unter einer *Simplexumgebung* eines Punktes $\boldsymbol{p}$ verstehen wir jedes offene Simplex, das den Punkt $\boldsymbol{p}$ enthält. Die Komplementärmenge eines abgeschlossenen Simplex' definieren wir als Umgebung des Punktes ∞. Eine Menge heißt *offen*, wenn jeder Punkt der Menge eine Simplexumgebung besitzt, die vollständig in der Menge liegt. Eine Menge $N \subseteq A_n$ heißt *abgeschlossen*, falls die Komplementärmenge $A_n - N$ offen ist.

Mit dem Begriff der Simplexumgebung können wie üblich die Begriffe *Häufungspunkt*, *Randpunkt* und *Rand* einer Teilmenge des A_n eingeführt werden. *Beschränkt* ist eine Menge, falls es ein Simplex gibt, in dem sie enthalten ist. Wichtig ist noch die Abschlußoperation. Wenn M^* die Menge aller Häufungspunkte einer Menge M darstellt, heißt die Menge $\overline{M} = M \cup M^*$ die *Abschließung* von M. Von ihren Eigenschaften benötigen wir folgende:

Falls der Durchschnitt einer endlichen Anzahl von Mengen nicht leer ist, dann ist die Abschließung des Durchschnitts gleich dem Durchschnitt der Abschließungen, d. h., wenn $M_i \subseteq A_n$ $(i = 1, \ldots, m)$ ist mit $\bigcap_{i=1}^{m} M_i \neq \emptyset$, so gilt

$$\overline{\bigcap_{i=1}^{m} M_i} = \bigcap_{i=1}^{m} \overline{M}_i\,.$$

Sollten sich die Mengen M_i als Vereinigung von endlich vielen Mengen M_{ij} darstellen lassen,

$$M_i = \bigcup_{j=1}^{r_i} M_{ij} \qquad (i = 1, \ldots, m)\,,$$

so sind Vereinigung und Durchschnitt vertauschbar:

$$\bigcap_{i=1}^{m} M_i = \bigcap_{i=1}^{m} \bigcup_{j=1}^{r_i} M_{ij} = \bigcup_{j \in J} \bigcap_{i=1}^{m} M_{ij}$$

mit

$$J = \{1, \ldots, r_1\} \cup \{1, \ldots, r_2\} \cup \cdots \cup \{1, \ldots, r_m\}\,.$$

Abgeschlossene und beschränkte Mengen heißen *kompakt*.

▌ D. 8 Eine Menge $M \subseteq A_n$ heißt *konvex*, falls sie mit je zwei Punkten auch die durch diese Punkte definierte Strecke (eindimensionales Simplex) enthält. Die leere Menge und die Punkte sind konvex. ▌

Der Durchschnitt beliebig vieler konvexer Mengen ist stets konvex. Jeder lineare Unterraum ist konvex.

Eine konvexe Menge hat die Dimension d, falls sie $d + 1$ linear unabhängige Punkte enthält und mehr als $d + 1$ Punkte der Menge stets linear abhängig sind. Hieraus folgt einmal, daß eine d-dimensionale konvexe Menge in einem eindeutig bestimmten d-dimensionalen linearen Unterraum A_d liegt und A_d der lineare Unterraum kleinster Dimension ist, der die Menge enthält. Zum anderen enthält eine d-dimensionale konvexe Menge ein d-dimensionales Simplex und kein Simplex höherer Dimension.

2.2. Der Begriff des Vektors und der euklidische Raum E_n

Auf der Kreuzmenge $A_n \times A_n$ werden wir nun weitere Betrachtungen anstellen. Ein geordnetes Punktepaar $(\mathbf{p}, \mathbf{q})$ mit $\mathbf{p}, \mathbf{q} \in A_n$ heißt *Vektor*, d. h., jedes Element der Kreuzmenge $A_n \times A_n$ ist ein Vektor. Die Kreuzmenge selbst nennt man *Vektorüberdeckung* des affinen Raumes A_n. Für jeden festen Punkt $\mathbf{p} \in A_n$ können wir Teilmengen ${}^{\mathbf{p}}V_n$ der Vektorüberdeckung aussondern:

$$^{\mathbf{p}}V_n = \{(\mathbf{p}, \mathbf{q}) \mid \mathbf{q} \in A_n\}\,.$$

Diese Teilmenge kann man durch Einführung der Identität, Addition und Multiplikation mit einer reellen Zahl zu einem Vektorraum machen ($\mathbf{p} \leftrightarrow \{x_\alpha\}$, $\mathbf{q}_i \leftrightarrow \{y_{i\alpha}\}, \mathbf{q} \leftrightarrow \{y_\alpha\}$):

1° Identität:

$$(\mathbf{p}, \mathbf{q}_1) = (\mathbf{p}, \mathbf{q}_2) \leftrightarrow \mathbf{q}_1 = \mathbf{q}_2\,.$$

2° Addition

$$(\mathbf{p}, \mathbf{q}_1) + (\mathbf{p}, \mathbf{q}_2) = (\mathbf{p}, \mathbf{q}) \leftrightarrow y_\alpha = y_{1\alpha} + y_{2\alpha} - x_\alpha\,.$$

3° Multiplikation mit einer reellen Zahl λ:

$$\lambda(\mathbf{p}, \mathbf{q}_1) = (\mathbf{p}, \mathbf{q}_2) \leftrightarrow y_{2\alpha} = x_\alpha + \lambda\,(y_{1\alpha} - x_\alpha)\,.$$

Der Vektor $(\mathbf{p}, \mathbf{p})$ ist der Nullvektor in ${}^{\mathbf{p}}V_n$.

Man sieht, daß der so eingeführte Vektorraum ${}^{\mathbf{p}}V_n$ auch ein Vektorraum im algebraischen Sinne ist, wogegen die Vektorüberdeckung kein Vektorraum ist. Geometrisch gesprochen haben wir an jeden Punkt des affinen Raumes A_n einen Vektorraum angeheftet. Im Vektorraum ${}^{\mathbf{p}}V_n$ hat das System

$$(\mathbf{p}, \mathbf{q}_1) + (\mathbf{p}, \mathbf{q}_2) = (\mathbf{p}, \mathbf{p})$$

bei vorgegebenem $\mathbf{q}_1$ genau eine Lösung; die man mit $-(\mathbf{p}, \mathbf{q}_1)$ bezeichnet.

▌ D. 9 Die Vektoren $(\mathbf{p}, \mathbf{p}_1), \ldots, (\mathbf{p}, \mathbf{p}_d)$ sind *linear abhängig*, wenn das System

$$\sum_{a=1}^{d} v_a(\mathbf{p}, \mathbf{p}_a) = (\mathbf{p}, \mathbf{p}) \qquad (v_a \in R_1)$$

eine nichttriviale Lösung besitzt. Andernfalls sind die Vektoren *linear unabhängig.* ▌

▌ S. 3 *Die Vektoren* $(\mathbf{p}, \mathbf{p}_a) \in {}^{\mathbf{p}}V_n$, $a = 1, \ldots, d$, *sind dann und nur dann linear abhängig (linear unabhängig), wenn die Punkte* $\mathbf{p}, \mathbf{p}_1, \ldots, \mathbf{p}_d$ *linear abhängig (linear unabhängig) sind.* ▌

Folglich ergibt sich unmittelbar:

In jedem Vektorraum ${}^pV_n$ gibt es n linear unabhängige Vektoren, und mehr als n Vektoren aus ${}^pV_n$ sind stets linear abhängig.

Als weitere notwendig und hinreichende Bedingung für die lineare Unabhängigkeit von d Vektoren geben wir die bekannte Rangbedingung an:

Die Vektoren $(\boldsymbol{p}, \boldsymbol{p}_a) \in {}^pV_n$, $a = 1, \ldots, d$, sind genau dann linear unabhängig, wenn die Matrix

$$\begin{pmatrix} x_{11} - x_1 & x_{12} - x_2 & \ldots & x_{1n} - x_n \\ x_{21} - x_1 & x_{22} - x_2 & & x_{2n} - x_n \\ \ldots & \ldots & \ldots & \ldots \\ x_{d1} - x_1 & x_{d2} - x_2 & \ldots & x_{dn} - x_n \end{pmatrix}$$

den Rang d besitzt, wobei $\boldsymbol{p} \leftrightarrow \{x_\alpha\}$, $\boldsymbol{p}_a \leftrightarrow \{x_{a\alpha}\}$, $a = 1, \ldots, d$, gilt. Vom Begriff des Vektors gelangen wir nun in natürlicher Weise zum Begriff des freien Vektors, nämlich durch Einführung einer Äquivalenzrelation auf der Kreuzmenge $A_n \times A_n$.

Wir nennen zwei Vektoren $(\boldsymbol{p}, \boldsymbol{q})$, $(\boldsymbol{p}', \boldsymbol{q}')$ genau dann *äquivalent*, wenn

$$\begin{gathered} x_\alpha - x'_\alpha = y_\alpha - y'_\alpha\,, \qquad \alpha = 1, \ldots, n \\ (\boldsymbol{p} \leftrightarrow \{x_\alpha\}\,,\ \ \boldsymbol{p}' \leftrightarrow \{x'_\alpha\}\,,\ \ \boldsymbol{q} \leftrightarrow \{y_\alpha\}\,,\ \ \boldsymbol{q}' \leftrightarrow \{y'_\alpha\}) \end{gathered} \tag{4}$$

gilt.

Dies ist eine Äquivalenzrelation, denn sie ist reflexiv, symmetrisch und transitiv. Die Äquivalenzklassen heißen *freie Vektoren*; wir bezeichnen sie mit $\boldsymbol{a}, \boldsymbol{b}, \boldsymbol{c}, \ldots, \boldsymbol{x}, \boldsymbol{y}, \boldsymbol{z}$ (eventuell mit Indizes).

Wenn $\boldsymbol{p}$ ein beliebiger Punkt aus A_n ist und $(\boldsymbol{p}, \boldsymbol{p}_a)$, $a = 1, \ldots, d$, linear unabhängige Vektoren in ${}^pV_n$ sind, dann ist die Menge

$${}^pV_d = \left\{(\boldsymbol{p}, \boldsymbol{q}) \mid (\boldsymbol{p}, \boldsymbol{q}) = \sum_{b=1}^{d} v_b(\boldsymbol{p}, \boldsymbol{p}_b)\,,\ \ v_b \in R_1\,,\ \ b = 1, \ldots, d\right\}$$

ein d-dimensionaler linearer Teilraum des Raumes ${}^pV_n$. Der Punkt $\boldsymbol{p}$ heißt *Ursprung*, das System $\{(\boldsymbol{p}, \boldsymbol{p}_1), \ldots, (\boldsymbol{p}, \boldsymbol{p}_d)\}$ *Vektorbasis* in ${}^pV_d$ und die Zahlen v_b $(b = 1, \ldots, d)$ heißen *Komponenten des Vektors* $(\boldsymbol{p}, \boldsymbol{q})$ *bei der Vektorbasis* $\{(\boldsymbol{p}, \boldsymbol{p}_1), \ldots, (\boldsymbol{p}, \boldsymbol{p}_d)\}$. Wenn wir wie üblich

$$\boldsymbol{p} \leftrightarrow \{x_\alpha\}\,, \qquad \boldsymbol{q} \leftrightarrow \{y_\alpha\}\,, \qquad \boldsymbol{p}_a \leftrightarrow \{x_{a\alpha}\}\,, \qquad a = 1, \ldots, d,$$

setzen, erhalten wir aus der Vektorgleichung

$$(\boldsymbol{p}, \boldsymbol{q}) = \sum_{b=1}^{d} v_b(\boldsymbol{p}, \boldsymbol{p}_b)$$

das äquivalente Gleichungssystem

$$y_\alpha = x_\alpha + \sum_{b=1}^{d} v_b\,(x_{b\alpha} - x_\alpha)\,, \qquad \alpha = 1, \ldots, n\,.$$

Daraus geht hervor, daß jedem Teilraum ${}^pV_d$ aus ${}^pV_n$ umkehrbar eindeutig ein affiner Teilraum A_d des affinen Raumes A_n entspricht, wobei die Zahlen v_b

gerade die Koordinaten eines Punktes $\boldsymbol{q} \in A_d$ sind. In diesem Sinne können wir die Räume A_d und ${}^p V_d$ als gleich ansehen.

Ein System

$$S = \{\boldsymbol{p}; (\boldsymbol{p}, \boldsymbol{p}_1), (\boldsymbol{p}, \boldsymbol{p}_2), \ldots, (\boldsymbol{p}, \boldsymbol{p}_n)\}$$

wobei $\boldsymbol{p} \in A_n$ und $(\boldsymbol{p}, \boldsymbol{p}_1), \ldots, (\boldsymbol{p}, \boldsymbol{p}_n)$ linear unabhängige Vektoren sind, heißt *Koordinatensystem* in ${}^p V_n$. Zwei Koordinatensysteme

$$S = \{\boldsymbol{p}; (\boldsymbol{p}, \boldsymbol{p}_1), \ldots, (\boldsymbol{p}, \boldsymbol{p}_n)\}\,, \qquad S' = \{\boldsymbol{p}'; (\boldsymbol{p}', \boldsymbol{p}_1'), \ldots, (\boldsymbol{p}', \boldsymbol{p}_n')\}$$

in den Vektorräumen ${}^p V_n$ und ${}^{p'} V_n$ heißen *äquivalent*, falls für alle a $(a = 1, \ldots, n)$ die Vektoren $(\boldsymbol{p}, \boldsymbol{p}_a)$ und $(\boldsymbol{p}', \boldsymbol{p}_a')$ zur gleichen Äquivalenzklasse gehören, d. h.

$$(\boldsymbol{p}, \boldsymbol{p}_a) \in \boldsymbol{a}_a\,, \qquad (\boldsymbol{p}', \boldsymbol{p}_a') \in \boldsymbol{a}_a\,, \qquad a = 1, \ldots, n\,.$$

Wenn für alle $\boldsymbol{p}$ und $\boldsymbol{p}'$ die Koordinatensysteme S und S' äquivalent sind, sagen wir, daß

$$S = \{\boldsymbol{p}, (\boldsymbol{p}, \boldsymbol{p}_1), \ldots, (\boldsymbol{p}, \boldsymbol{p}_n)\}$$

ein *Koordinatensystem in* A_n *mit dem Ursprung* $\boldsymbol{p}$ ist.

Speziell nennen wir das Koordinatensystem

$$S^* = \{\boldsymbol{e}_0; (\boldsymbol{e}_0, \boldsymbol{e}_1), (\boldsymbol{e}_0, \boldsymbol{e}_2), \ldots, (\boldsymbol{e}_0, \boldsymbol{e}_n)\}$$

das *ursprüngliche Koordinatensystem* in A_n.

▌ S. 4 *Es sei*

$$S = \{\boldsymbol{p}; (\boldsymbol{p}, \boldsymbol{p}_1), \ldots, (\boldsymbol{p}, \boldsymbol{p}_n)\}$$

ein Koordinatensystem in A_n *und* $(\boldsymbol{p}', \boldsymbol{q}')$ *ein beliebiger Vektor. Wenn* v_α' $(\alpha = 1, \ldots, n)$ *die Komponenten des Vektors* $(\boldsymbol{p}', \boldsymbol{q}')$ *bezüglich der Vektorbasis* $(\boldsymbol{p}, \boldsymbol{p}_1), \ldots, (\boldsymbol{p}, \boldsymbol{p}_n)$ *in* ${}^p V_n$ *sind, gilt*

$$v_\alpha' = y_\alpha' - x_\alpha' \qquad (\alpha = 1, \ldots, n)\,,$$

wobei $(x_1', x_2', \ldots, x_n')$, $(y_1', y_2', \ldots, y_n')$ *die Koordinaten der Punkte* $\boldsymbol{p}'$ *und* $\boldsymbol{q}'$ *in dem Koordinatensystem* S *sind.* ▌

Sind $(\boldsymbol{p}, \boldsymbol{q})$ und $(\boldsymbol{p}', \boldsymbol{q}')$ zwei Elemente des gleichen freien Vektors, so folgt nach (4)

$$y_\alpha - x_\alpha = y_\alpha' - x_\alpha'\,.$$

Der Satz 4 besagt aber, daß somit

$$v_\alpha = v_\alpha'$$

gilt, wenn v_α die Komponenten des Vektors $(\boldsymbol{p}, \boldsymbol{q})$ und v_α' die Komponenten des Vektors $(\boldsymbol{p}', \boldsymbol{q}')$ sind. Also haben alle Elemente eines freien Vektors bezüglich eines festen Koordinatensystems die gleichen Komponenten. Das berechtigt uns, von den *Komponenten eines freien Vektors* zu sprechen, jedoch nur in bezug auf ein Koordinatensystem in A_n.

Wenn ein freier Vektor $\boldsymbol{v}$ in einem Koordinatensystem S die Komponenten v_α und in einem Koordinatensystem S^* die Komponenten v_α^* besitzt, gilt nach

Satz 4

$$v_\alpha = y_\alpha - x_\alpha\,, \qquad v_\alpha^* = y_\alpha^* - x_\alpha^*\,, \qquad \alpha = 1, \ldots, n\,.$$

Hieraus und aus dem Transformationsgesetz (3) zweier Koordinatensysteme ergibt sich

$$v_\alpha^* = \sum_{\beta=1}^{n} a_{\alpha\beta}^* v_\beta\,, \qquad \alpha = 1, \ldots, n\,. \tag{5}$$

Dieses Gleichungssystem beschreibt das Transformationsgesetz der Komponenten von freien Vektoren beim Übergang zu einem anderen Koordinatensystem.

Im folgenden sei stets ein Koordinatensystem mit einem festen Ursprung in A_n gegeben. Die Komponenten eines freien Vektors in diesem Koordinatensystem sind dann gleich den kartesischen Koordinaten eines eindeutig bestimmten Punktes aus A_n.

In einem festen Koordinatensystem in A_n können wir somit die freien Vektoren mit den ihnen umkehrbar eindeutig entsprechenden Punkten identifizieren und von Vektoren schlechthin sprechen. In diesem Sinne können wir die Vektoren als Elemente des affinen Raumes A_n auffassen, d. h., Punkte sind Vektoren und umgekehrt. Ist $\boldsymbol{x}$ ein Vektor aus A_n, so bezeichnen wir mit $(x_1, x_2, \ldots, x_n)$ die Komponenten von $\boldsymbol{x}$.

Bisher haben wir den affinen Raum mit seinen wichtigsten Eigenschaften betrachtet. Durch Einführung einer euklidischen Norm wird der affine Raum A_n zu einem euklidischen Raum E_n. Hierzu definieren wir zunächst das übliche Skalarprodukt $(\boldsymbol{x}, \boldsymbol{y})$ zweier Vektoren $\boldsymbol{x}, \boldsymbol{y}$:

$$(\boldsymbol{x}, \boldsymbol{y}) = \sum_{\alpha=1}^{n} x_\alpha y_\alpha\,.$$

Die Quadratwurzel des Skalarproduktes eines Vektors $\boldsymbol{x}$ mit sich selbst heißt *Norm* oder *Länge* des Vektors $\boldsymbol{x}$:

$$(\boldsymbol{x}, \boldsymbol{x})^{\frac{1}{2}} = \|\boldsymbol{x}\| = \sqrt{\sum_{\alpha=1}^{n} x_\alpha x_\alpha}\,.$$

Die Norm (Länge) eines Vektors $\boldsymbol{x}$ bestimmt den Abstand des ihm umkehrbar eindeutig entsprechenden Punktes vom Koordinatenursprung.

Die so eingeführte Metrik im affinen Raum A_n ist euklidisch.

Zwei Vektoren $\boldsymbol{x}$, $\boldsymbol{y}$ heißen *orthogonal*, wenn ihr Skalarprodukt verschwindet, d. h.

$$(\boldsymbol{x}, \boldsymbol{y}) = 0\,.$$

Ein Vektor mit der Länge 1 heißt *Einheitsvektor*.

Wir nennen ein Koordinatensystem *orthonormiert*, wenn die Vektoren paarweise orthogonal und Einheitsvektoren sind. So ist z. B. das Koordinatensystem $\{\boldsymbol{e}_0, \boldsymbol{e}_1, \ldots, \boldsymbol{e}_n\}$ orthonormiert.

Wenn

$$S = \{\boldsymbol{p}; \boldsymbol{a}_1, \ldots, \boldsymbol{a}_n\}\,, \qquad S^* = \{\boldsymbol{p}; \boldsymbol{a}_1^*, \ldots, \boldsymbol{a}_n^*\}$$

zwei orthonormierte Koordinatensysteme und $a^*_{\beta\alpha}$ die Komponenten von $\boldsymbol{a}_\beta$ ($\beta = 1, \ldots, n$) in S^* sind, dann gilt

$$\sum_{\mu=1}^{n} a^*_{\alpha\mu}\, a^*_{\beta\mu} = \delta_{\mu\nu}\,, \qquad \alpha, \beta = 1, \ldots, n\,. \tag{6}$$

Der Übergang vom Koordinatensystem S zum Koordinatensystem S^* wird durch die Gleichungen

$$x^*_\alpha = \sum_{\beta=1}^{n} a^*_{\beta\alpha}\, x_\beta\,, \qquad \alpha = 1, \ldots, n\,, \tag{7}$$

beschrieben. Die Menge aller Transformationen (7) mit der Bedingung (6) bildet eine Untergruppe der Gruppe aller affinen Koordinatentransformationen, die *Gruppe der orthogonalen Koordinatentransformationen.*

Jeder Begriff (jede Eigenschaft einer Größe) im E_n wird *metrischer Begriff* (*Eigenschaft*) genannt, wenn er (sie) invariant gegenüber der Gruppe der orthogonalen Koordinatentransformationen ist. So sind z. B. Skalarprodukt und Norm metrische Begriffe im euklidischen Raum E_n.

▌ D. 10 Zwei Geraden L_1, L_1' heißen *orthogonal,* falls jeder Vektor aus L_1 orthogonal zu jedem Vektor aus L_1' ist.

Zwei lineare Unterräume A_{d_1}, A_{d_2} heißen *orthogonal* zueinander, wenn alle Geraden aus A_{d_1} orthogonal sind zu allen Geraden aus A_{d_2}.

Zwei orthogonale Unterräume nennen wir *dual,* falls

$$d_1 + d_2 = n$$

ist. ▌

Der Durchschnitt zweier dualer Unterräume besteht aus genau einem Punkt.

Aus der linearen Algebra ist bekannt, daß die Menge der Lösungen eines linearen Gleichungssystems

$$\sum_{\alpha=1}^{n} a_{r\alpha}\, x_\alpha = b_r\,, \qquad r = 1, \ldots, d,$$

einen linearen Unterraum der Dimension $n - d$ definiert, falls die Matrix $(a_{r\alpha})$ den Rang d besitzt. Es gilt natürlich auch die Umkehrung, d. h., jeder $(n - d)$-dimensionale Unterraum läßt sich durch ein solches Gleichungssystem beschreiben. Für $d = 1$ enthält das System nur eine Gleichung, wobei die Rangbedingung in $\sum_{\alpha=1}^{n} |a_{1\alpha}| > 0$ übergeht.

▌ S. 5 *Wenn A_{n-d} ein linearer Unterraum von E_n ist, der durch das System*

$$\sum_{\alpha=1}^{n} a_{r\alpha}\, x_\alpha = b_r \qquad (r = 1, \ldots, d)$$

beschrieben wird, wobei die Matrix $(a_{r\alpha})$ *den Rang* d *hat, dann ist die Menge*

$$A_d = \{\boldsymbol{x} \mid x_\alpha = y_\alpha + \sum_{r=1}^{d} a_{r\alpha} \eta_r \qquad (\alpha = 1, \ldots, n); \quad \{\eta_r\} \in R_d\}$$

bei beliebig vorgegebenen Zahlen y_α *ein zu* A_{n-d} *dualer Unterraum.* ∎

2.3. Elemente der Matrizenrechnung

In den folgenden Darlegungen wird gelegentlich die Matrizenschreibweise benutzt. Aus diesem Grunde sollen einige Grundbegriffe der Matrizenrechnung angeführt werden.

Wir bezeichnen Matrizen mit $\boldsymbol{A}, \boldsymbol{B}, \boldsymbol{C}, \ldots$ und ihre Elemente mit $a_{r\alpha}, b_{r\alpha}, c_{r\alpha}, \ldots$. Die durch Zeilen- und Spaltenvertauschungen aus der Matrix $\boldsymbol{A}$ entstehende „transponierte" Matrix bezeichnen wit mit $\boldsymbol{A}'$. Entsprechend sind Vektoren $\boldsymbol{a}, \boldsymbol{b}, \boldsymbol{c}, \boldsymbol{u}, \boldsymbol{v}, \boldsymbol{w}, \boldsymbol{x}, \boldsymbol{y}, \boldsymbol{z}, \ldots$ als einspaltige Matrizen (Spaltenvektoren) aufzufassen, so daß $\boldsymbol{a}', \boldsymbol{b}', \boldsymbol{c}', \ldots$ einzeilige Matrizen (Zeilenvektoren) darstellen. Mit $\boldsymbol{x} \in E_n$ wollen wir andeuten, daß der Vektor $\boldsymbol{x}$ genau n Komponenten hat oder — wie wir auch sagen werden — ein n-dimensionaler Vektor ist. Als Sonderzeichen benutzen wir:

1° Der *Nullvektor* $\boldsymbol{o}$ ist ein Vektor, dessen sämtliche Komponenten gleich Null sind; er hat eine solche Anzahl von Komponenten, wie sie in dem betreffenden Zusammenhang benötigt wird.

2° Unter *Einheitsvektoren* verstehen wir im folgenden die oben benutzten Vektoren $\boldsymbol{e}_\alpha$, die auch mit $\boldsymbol{E}_\alpha$ bezeichnet werden; unabhängig von der Dimension soll das gleiche Zeichen benutzt werden; mit $\boldsymbol{E}_\alpha \in E_n$ meinen wir, daß es sich um einen n-dimensionalen Einheitsvektor handelt, dessen α-te Komponente gleich Eins ist, während die übrigen Komponenten Null sind.

3° Der Vektor $\boldsymbol{1}$ ist durch

$$\boldsymbol{1} = \sum_{\alpha=1}^{n} \boldsymbol{E}_\alpha \qquad (\boldsymbol{E}_\alpha \in E_n)$$

definiert, d. h., seine Komponenten sind sämtlich gleich Eins; er heißt auch *summierender Vektor.*

4° Eine *Nullmatrix* $\boldsymbol{o}$ ist eine Matrix, die als Elemente nur Nullen besitzt; die Bezeichnung kann auch hier unabhängig von der Anzahl der Zeilen und Spalten gewählt werden.

5° Mit $\boldsymbol{E}$ bezeichnen wir die *Einheitsmatrix beliebiger Ordnung.*

Unter dem *Typ einer Matrix* $\boldsymbol{A}$ verstehen wir ein geordnetes Paar (m, n) natürlicher Zahlen, wobei m gleich der Anzahl der Zeilenvektoren ist und n die Anzahl der Spaltenvektoren von $\boldsymbol{A}$ bedeutet.

Eine *Matrix* $\boldsymbol{A}$ *vom Typ* (m, n) (eine (m, n)-*Matrix*) hat den gleichen Typ wie eine Matrix $\boldsymbol{B}$ vom Typ (p, q), wenn $m = p$ und $n = q$ gilt. Zwei Matrizen gleichen Typs sind *gleich*, wenn ihre entsprechenden Elemente paarweise übereinstimmen. Eine Matrix $\boldsymbol{A}$ mit $\boldsymbol{A} = \boldsymbol{A}'$ heißt *symmetrisch*.

Es seien $\boldsymbol{A}$, $\boldsymbol{B}$ zwei Matrizen gleichen Typs mit den Elementen $a_{r\alpha}$, $b_{r\alpha}$; wir definieren die Relationen

$$\boldsymbol{A} < \boldsymbol{B}\,, \qquad \boldsymbol{A} \leqq \boldsymbol{B}\,, \qquad \boldsymbol{A} > \boldsymbol{B}\,, \qquad \boldsymbol{A} \geqq \boldsymbol{B}\,.$$

Diese Relationen sind elementweise zu verstehen, d. h., für alle r, α ist

$$a_{r\alpha} < b_{r\alpha}\,, \qquad a_{r\alpha} \leqq b_{r\alpha}\,, \qquad a_{r\alpha} > b_{r\alpha}\,, \qquad a_{r\alpha} \geqq b_{r\alpha}\,.$$

Additionen $\boldsymbol{A} + \boldsymbol{B} = \boldsymbol{C}$ und Substraktionen $\boldsymbol{A} - \boldsymbol{B} = \boldsymbol{C}^*$ sind ebenfalls elementweise erklärt, d. h.

$$c_{r\alpha} = a_{r\alpha} + b_{r\alpha} \qquad \text{bzw.} \qquad c^*_{r\alpha} = a_{r\alpha} - b_{r\alpha}\,,$$

wenn $c_{r\alpha}$ die Elemente von $\boldsymbol{C}$ und $c^*_{r\alpha}$ die Elemente von $\boldsymbol{C}^*$ sind. Bei diesen Operationen müssen die Matrizen natürlich auch den gleichen Typ haben. Aus der Definition folgt:

$$\begin{aligned} \boldsymbol{A} + \boldsymbol{B} &= \boldsymbol{B} + \boldsymbol{A}\,, && \text{(Kommutativität)},\\ (\boldsymbol{A} + \boldsymbol{B}) + \boldsymbol{C} &= \boldsymbol{A} + (\boldsymbol{B} + \boldsymbol{C})\,, && \text{(Assoziativität)},\\ \boldsymbol{A} + \boldsymbol{o} &= \boldsymbol{A} - \boldsymbol{o} = \boldsymbol{A}\,. \end{aligned}$$

Das *Produkt* $\lambda \boldsymbol{A}$ und $\boldsymbol{A} \lambda$ *einer Matrix* $\boldsymbol{A}$ (aus Elementen $a_{r\alpha}$) *mit einer reellen Zahl* λ liefert eine Matrix mit den Elementen $\lambda\, a_{r\alpha}$. Es hat folgende Eigenschaften:

$$\begin{aligned} \lambda \boldsymbol{A} &= \boldsymbol{A} \lambda && \text{(Kommutativität)},\\ (\lambda_1 \lambda_2) \boldsymbol{A} &= \lambda_1(\lambda_2 \boldsymbol{A}) && \text{(Assoziativität)},\\ \left.\begin{aligned}(\lambda_1 + \lambda_2) \boldsymbol{A} &= \lambda_1 \boldsymbol{A} + \lambda_2 \boldsymbol{A}\,,\\ \lambda(\boldsymbol{A} + \boldsymbol{B}) &= \lambda \boldsymbol{A} + \lambda \boldsymbol{B}\end{aligned}\right\} & && \text{(Distributivität)}. \end{aligned}$$

Das bereits oben eingeführte Skalarprodukt zweier Vektoren $\boldsymbol{x}$, $\boldsymbol{y}$ vom gleichen Typ schreiben wir in der Form $\boldsymbol{x}'\, \boldsymbol{y}$, d. h.

$$\boldsymbol{x}'\, \boldsymbol{y} = \sum_{\alpha=1}^{n} x_\alpha\, y_\alpha\,.$$

Es ist kommutativ und distributiv:

$$\begin{aligned} \boldsymbol{x}'\, \boldsymbol{y} &= \boldsymbol{y}'\, \boldsymbol{x}\,,\\ \boldsymbol{x}'\, (\boldsymbol{y} + \boldsymbol{z}) &= \boldsymbol{x}'\, \boldsymbol{y} + \boldsymbol{x}'\, \boldsymbol{z}\,,\\ (\boldsymbol{x} + \boldsymbol{y})'\, \boldsymbol{z} &= (\boldsymbol{x}' + \boldsymbol{y}')\, \boldsymbol{z} = \boldsymbol{x}'\, \boldsymbol{z} + \boldsymbol{y}'\, \boldsymbol{z}\,. \end{aligned}$$

Das *Produkt* $\boldsymbol{C} = \boldsymbol{A}\boldsymbol{B}$ *zweier Matrizen* $\boldsymbol{A}$ und $\boldsymbol{B}$ ist genau dann definiert, wenn die Anzahl der Spalten von $\boldsymbol{A}$ gleich der Anzahl der Zeilen von $\boldsymbol{B}$ ist. Das r-te Element der α-ten Spalte von $\boldsymbol{C} = \boldsymbol{A}\boldsymbol{B}$ ist gleich dem Skalarprodukt des r-ten Zeilenvektors von $\boldsymbol{A}$ mit dem α-ten Spaltenvektor von $\boldsymbol{B}$. Besteht

$\boldsymbol{A}$ aus den Zeilenvektoren $\boldsymbol{A}'_1, \ldots, \boldsymbol{A}'_m$ ($\boldsymbol{A}_r \in R_n$) und $\boldsymbol{B}$ aus den Spaltenvektoren $\boldsymbol{B}_1, \ldots, \boldsymbol{B}_q$ ($\boldsymbol{B}_\alpha \in R_n$), so sind die Elemente $c_{r\alpha}$ des Produktes $\boldsymbol{C} = \boldsymbol{AB}$ durch

$$c_{r\alpha} = \boldsymbol{A}'_r \boldsymbol{B}_\alpha$$

definiert.

Wir bemerken, daß die Matrizenmultiplikation nicht kommutativ ist; es gilt aber

$$\boldsymbol{A}\,\boldsymbol{o} = \boldsymbol{o}\,\boldsymbol{A} = \boldsymbol{o}\,, \qquad \boldsymbol{AE} = \boldsymbol{EA} = \boldsymbol{A}\,, \qquad (\boldsymbol{AB})' = \boldsymbol{B}'\boldsymbol{A}'\,,$$

$$(\boldsymbol{AB})\,\boldsymbol{C} = \boldsymbol{A}(\boldsymbol{BC}) \qquad \text{(Assoziativität)},$$

$$\left.\begin{aligned} \boldsymbol{A}(\boldsymbol{B}+\boldsymbol{C}) &= \boldsymbol{AB}+\boldsymbol{AC}\,,\\ (\boldsymbol{A}+\boldsymbol{B})\,\boldsymbol{C} &= \boldsymbol{AC}+\boldsymbol{BC} \end{aligned}\right\} \qquad \text{(Distributivität)}.$$

Nach der Definition der Matrizenmultiplikation ist $\boldsymbol{Ax}$ eine Linearkombination der Spaltenvektoren $\overline{\boldsymbol{A}}_\alpha$ von $\boldsymbol{A}$:

$$\boldsymbol{Ax} = \sum_{\alpha=1}^{n} \overline{\boldsymbol{A}}_\alpha\, x_\alpha\,,$$

und $\boldsymbol{u}'\boldsymbol{A}$ eine Linearkombination der Zeilenvektoren von $\boldsymbol{A}$, wenn man nämlich Vektoren als Matrizen vom Typ $(n, 1)$ auffaßt.

So nimmt z. B. die Transformation eines Koordinatensystems S in ein Koordinatensystem S^* nach (7) jetzt die Form

$$\boldsymbol{x}^* = \boldsymbol{A}^*\,\boldsymbol{x}$$

an.

2.4. Elementare Theorie der Polyeder

▮ D. 11 Ein $(n-1)$-dimensionaler linearer Unterraum R des A_n heißt *Hyperebene.*

Es sei R eine gegebene Hyperebene:

$$R = \left\{\boldsymbol{x} \mid \sum_{\alpha=1}^{n} a_\alpha\, x_\alpha = k; \qquad \sum_{\alpha=1}^{n} |a_\alpha| > 0\right\}$$

oder in Matrizenschreibweise

$$R = \{\boldsymbol{x} \mid \boldsymbol{a}'\,\boldsymbol{x} = k\,, \qquad \boldsymbol{a} \neq \boldsymbol{o}\}\,.$$

Die Menge

$$^{+}H = \{\boldsymbol{x} \mid \boldsymbol{a}'\,\boldsymbol{x} > k\}$$

heißt *positiver* und die Menge

$$^{-}H = \{\boldsymbol{x} \mid \boldsymbol{a}'\,\boldsymbol{x} < k\}$$

negativer Halbraum in bezug auf die Hyperebene R. ▮

Es gilt

1° ${}^{+}H \cup {}^{-}H \cup R = A_n$; ${}^{+}H \cap {}^{-}H = \emptyset$; ${}^{+}H \cap R = \emptyset$; ${}^{-}H \cap R = \emptyset$, ${}^{\pm}\overline{H} = {}^{\pm}H \cup R$.

2° Die Mengen ${}^{+}H$, ${}^{-}H$, R sind konvex und unbeschränkt.

3° ${}^{+}H$ und ${}^{-}H$ sind offen.

4° Die Dimension von ${}^{+}H$ und ${}^{-}H$ ist n.

Der Beweis dieser Behauptungen sei dem Leser überlassen.

Die Abschließung $\overline{H}$ eines beliebigen offenen Halbraumes heißt *abgeschlossener Halbraum.*

▌ D. 12 Der nichtleere Durchschnitt P von endlich vielen offenen Halbräumen in A_n heißt *offenes* und $\overline{P}$ *abgeschlossenes Raumstück.* ▌

Aus der Definition eines Raumstücks ergeben sich sofort folgende Eigenschaften:

Jedes offene oder abgeschlossene Raumstück in A_n ist konvex.

Ein Raumstück in A_n ist n-dimensional.

Der nichtleere Durchschnitt von endlich vielen offenen Raumstücken ist ebenfalls ein offenes Raumstück.

Der Durchschnitt eines offenen Raumstücks P mit einem d-dimensionalen linearen Unterraum A_d aus A_n ist leer oder eine d-dimensionale konvexe Menge P_d.

▌ D. 13 Der Durchschnitt einer endlichen Anzahl von abgeschlossenen Halbräumen mit einem linearen Unterraum heißt *konvexes Polyeder* in A_d. ▌

Da ein konvexes Polyeder eine konvexe Menge ist, können wir von der Dimension eines konvexen Polyeders sprechen, wenn wir noch definieren, daß die leere Menge die Dimension -1 haben soll.

So sind z. B. ein Punkt ein nulldimensionales, eine Gerade ein eindimensionales, eine Hyperebene ein $(n-1)$-dimensionales konvexes Polyeder in A_n.

Der Durchschnitt von endlich vielen konvexen Polyedern ist offenbar wieder ein konvexes Polyeder.

Im folgenden werden wir nur Eigenschaften von konvexen Polyedern untersuchen, die in der linearen Optimierung eine Rolle spielen.

▌ S. 6 *Es seien* $R_1, R_2, \ldots, R_m$ *gegebene Hyperebenen.* $\overline{H}_1, \overline{H}_2, \ldots, \overline{H}_s$ *gegebene abgeschlossene Halbräume in* A_n *mit*

$$H_1 \cap H_2 \cap \cdots \cap H_s \cap R_1 \cap R_2 \cap \cdots \cap R_m \neq \emptyset .$$

Dann stellt die Menge

$$\mathfrak{P} = \bigcap_{i=1}^{s} \overline{H}_i \cap \bigcap_{j=1}^{m} R_j$$

ein konvexes Polyeder der Dimension d dar, wobei d die Dimension des linearen Unterraumes

$$A_d = \bigcap_{j=1}^{m} R_j \tag{8}$$

ist. ▮

▮ Bws. Da $P = \bigcap_{i=1}^{s} \overline{H}_i$ ein abgeschlossenes Raumstück ist und $\overline{R}_j = R_j$ gilt, folgt mit Hinsicht auf (8)

$$\mathfrak{P} = P \cap A_d ,$$

und nach Definition 13 ist $\mathfrak{P}$ ein konvexes d-dimensionales Polyeder in A_n. ▮

Wenn der Durchschnitt von m gegebenen offenen Halbräumen H_i leer und der Durchschnitt der abgeschlossenen Halbräume $\overline{H}_i$ nicht leer ist, dann stellt dieser Durchschnitt offenbar trotzdem ein konvexes Polyeder dar.

▮ S. 7 *Es sei $\overline{P}$ ein abgeschlossenes Raumstück in A_n:*

$$\overline{P} = \overline{\bigcap_{i=1}^{m} H_i} . \tag{9}$$

Bezeichnen wir nun:

$$R_i \quad \textit{Randhyperebene von } H_i \qquad (i = 1, \ldots, m) , \tag{10}$$

$$P = \bigcap_{i=1}^{m} H_i , \tag{11}$$

$$S^l_{i_1 i_2 \ldots i_m} = R_{i_1} \cap R_{i_2} \cap \cdots \cap R_{i_l} \cap H_{i_{l+1}} \cap \cdots \cap H_{i_m} ,$$

wobei $1 \leqq l \leqq m - 1$ *und* $(i_1, i_2, \ldots, i_l, i_{l+1}, \ldots, i_m)$ *eine Permutation von* $(1, 2, \ldots, m)$ mit $i_1 \leqq i_2 \leqq \cdots \leqq i_l$, $i_{l+1} \leqq \cdots \leqq i_m$ *ist,*

$$S^m_{i_1 \ldots i_m} = S^m = \bigcap_{i=1}^{m} R_i ,$$

$\sum S^l_{i_1 \ldots i_m}$ *die Vereinigung aller dieser Mengen,*

dann gilt die folgende Zerlegung:

$$\overline{P} = P \cup \sum S^l_{i_1 \ldots i_m} .$$ ▮

▮ Bws. Aus (9), (10), (11) folgt

$$\overline{P} = \bigcap_i \overline{H}_i = \bigcap_i (H_i \cup R_i) = P \cup G ,$$

wobei G der Rand von P ist. Dann ist klar, daß der Durchschnitt $P \cap G$ leer sein muß. Bei unserer Bezeichnung ist

$$G = \sum S^l_{i_1 \ldots i_m} .$$

Aus der Definition der Mengen $S^l_{i_1 \ldots i_m}$ ergibt sich, daß sie disjunkt sind. Damit haben wir eine Zerlegung von $\overline{P}$ in disjunkte Mengen erhalten. ▮

▌ D. 14 Es sei $\overline{P}$ ein abgeschlossenes Raumstück mit der Zerlegung $\overline{P} = P \cup \sum S_{i_1 \ldots i_m}$. Dann heißt P das Innere des Raumstücks $\overline{P}$. Jede Menge $S^l_{i_1 \ldots i_m}$ mit einer nichtnegativen Dimension d heißt *d-dimensionale Seite* des Raumstückes $\overline{P}$. Die nulldimensionalen Seiten heißen *Ecken*, die eindimensionalen Seiten *Kanten*. ▌

Auf Grund der Zerlegung eines Raumstückes $\overline{P}$ ist klar, daß es höchstens endlich viele Seiten hat. Im allgemeinen braucht ein Raumstück keine Ecken und Kanten zu besitzen.

▌ S. 8 *Jedes beschränkte und abgeschlossene Raumstück besitzt Ecken und Kanten, wobei die Kanten offene Strecken sind.* ▌

▌ Bws. Das Raumstück $\overline{P}$ habe eine d-dimensionale Seite $S^l_{i_1 \ldots i_m}$:

$$S^l_{i_1 \ldots i_m} = R_{i_1} \cap R_{i_2} \cap \cdots \cap R_{i_l} \cap H_{i_{l+1}} \cap \cdots \cap H_{i_m}$$

und keine Seite niederer Dimension, dann gehört der ganze lineare Unterraum A_d,

$$A_d = R_{i_1} \cap R_{i_2} \cap \cdots \cap R_{i_l} ,$$

zu $\overline{P}$, was aber wegen der Beschränktheit von $\overline{P}$ nicht möglich ist. Also hat $\overline{P}$ Ecken und Kanten, deren endliche Zahl aus dem vorangegangenen Satz folgt. Da $\overline{P}$ beschränkt vorausgesetzt ist, müssen die Kanten Strecken sein.

▌ S. 9 *Es sei* $\boldsymbol{A}$ *eine* (m, n)*-Matrix,* $\boldsymbol{b}$ *ein* m*-dimensionaler Vektor und*

$$\mathfrak{M} = \{\boldsymbol{x} \mid \boldsymbol{A}\boldsymbol{x} \leqq \boldsymbol{b}\} .$$

Die Menge ist dann ein konvexes Polyeder; falls überdies noch ein Punkt $\boldsymbol{x}_0$ *mit*

$$\boldsymbol{A}\boldsymbol{x}_0 < \boldsymbol{b}$$

existiert, so hat das Polyeder die Dimension n. ▌

▌ Bws. Der erste Teil der Behauptung folgt aus der Definition des konvexen Polyeders, da jede Ungleichung des Systems $\boldsymbol{A}\boldsymbol{x} \leqq \boldsymbol{b}$ einen abgeschlossenen Halbraum definiert. Falls ein Punkt $\boldsymbol{x}_0$ mit $\boldsymbol{A}\boldsymbol{x}_0 < \boldsymbol{b}$ existiert, hat $\mathfrak{M}$ innere Punkte und ist nach Definition 12 ein abgeschlossenes Raumstück, also ein n-dimensionales konvexes Polyeder. ▌

▌ S. 10 *Wenn* $\boldsymbol{A}$ *eine* (m, n)*-Matrix,* $\boldsymbol{b}$ *ein* m*-dimensionaler Vektor,* $\boldsymbol{B}$ *eine* (s, n)*-Matrix mit* $s < n$ *und* $\boldsymbol{d}$ *ein* s*-dimensionaler Vektor sind, so stellt das System*

$$\boldsymbol{A}\boldsymbol{x} \leqq \boldsymbol{b}$$

von m *abgeschlossenen Halbräumen zusammen mit den Hyperebenen*

$$\boldsymbol{B}\boldsymbol{x} = \boldsymbol{d}$$

ein konvexes Polyeder dar:

$$\mathfrak{M} = \{\boldsymbol{x} \mid \boldsymbol{A}\,\boldsymbol{x} \leqq \boldsymbol{b}\,, \qquad \boldsymbol{B}\,\boldsymbol{x} = \boldsymbol{d}\}\,.$$

Die Dimension d des Polyeders $\mathfrak{M}$ ist höchstens gleich der Dimension des linearen Unterraums, der durch das System $\boldsymbol{B}\,\boldsymbol{x} = \boldsymbol{d}$ beschrieben wird, d. h.

$$d \leqq n - \operatorname{rang}(\boldsymbol{B})\,.$$ ▮

Der Beweis folgt unmittelbar aus der Definition eines konvexen Polyeders.

▮ S. 11 *Es sei $\mathfrak{M}$ ein konvexes Polyeder der Dimension d ($d \geqq 1$):*

$$\mathfrak{M} = A_d \cap \overline{H}_1 \cap \cdots \cap \overline{H}_m\,,$$

wobei der lineare Unterraum A_d durch $A_d = \{\boldsymbol{x} \mid \boldsymbol{B}\,\boldsymbol{x} = \boldsymbol{d}\}$ gegeben sei und $H_r = \{\boldsymbol{x} \mid \boldsymbol{A}'_r\,\boldsymbol{x} < b_r\}$ ($r = 1, \ldots, m$) offene Halbräume mit $\bigcap_{r=1}^{m} H_r \neq \emptyset$ sind. Dann sind die Mengen ${}^dH_r = H_r \cap A_d$ ($r = 1, \ldots, m$) offene Halbräume in A_d, und die Menge $\mathfrak{M}$ ist ein abgeschlossenes Raumstück bezüglich A_d. ▮

▮ Bws. Wir können A_d in Parameterdarstellung annehmen:

$$A_d = \left\{\boldsymbol{x} \mid \boldsymbol{x} = \boldsymbol{x}_0 + \sum_{i=1}^{d} \eta_i\,\boldsymbol{c}_i\right\},$$

wobei die Matrix $(\boldsymbol{c}_1, \ldots, \boldsymbol{c}_d)$ den Rang d hat. Für ${}^dH_r$ ergibt sich daraus

$$\boldsymbol{A}'_r\,\boldsymbol{x} = \boldsymbol{A}'_r\,\boldsymbol{x}_0 + \boldsymbol{A}'_r \sum_{i=1}^{d} \eta_i\,\boldsymbol{c}_i = \boldsymbol{A}'_r\,\boldsymbol{x}_0 + \sum_{i=1}^{d} \eta_i\,\boldsymbol{A}'_r\,\boldsymbol{c}_i < b_r\,. \tag{12}$$

oder in Koordinatendarstellung

$$\sum_{\alpha=1}^{n} a_{r\alpha}\,x_\alpha = \sum_{\alpha=1}^{n} a_{r\alpha}\,x_{0\alpha} + \sum_{i=1}^{d}\sum_{\alpha=1}^{n} \eta_i\,a_{r\alpha}\,c_{i\alpha} < b_r\,.$$

Setzen wir

$$\tilde{b}_r = b_r - \sum_{\alpha=1}^{n} a_{r\alpha}\,x_{0\alpha}\,, \qquad \sum_{\alpha=1}^{n} c_{i\alpha}\,a_{r\alpha} = \tilde{a}_{ri}\,,$$

so können wir (12) in der Form

$$\sum_{i=1}^{d} \tilde{a}_{ri}\,\eta_i < \tilde{b}_r \qquad (r = 1, \ldots, m)$$

schreiben. Jede dieser Ungleichungen, sofern $\sum_{i=1}^{d} |\tilde{a}_{ri}| > 0$ ist, stellt einen Halbraum ${}^dH_r$ aus A_d mit ${}^dH_r = A_d \cap H_r$ dar. Daraus folgt

$$\mathfrak{M} = \bigcap_{r=1}^{m} (A_d \cap \overline{H}_r) = \bigcap_{r=1}^{m} {}^d\overline{H}_r\,,$$

und nach Definition 12 ist $\mathfrak{M}$ ein abgeschlossenes Raumstück in A_d. Falls in einer Ungleichung alle $\tilde{a}_{ri}$ verschwinden, muß wegen $A_d \cap H_r \neq \emptyset$ das entsprechende $\tilde{b}_r$ positiv sein. Damit ist diese Ungleichung überflüssig, denn es ist $A_d \cap \overline{H}_r = A_d$. ∎

Analog zu Definition 14 können wir das Innere, die Seiten, Kanten und Ecken eines konvexen Polyeders $\mathfrak{M}$ bezüglich des linearen Unterraums minimaler Dimension, in dem das Polyeder liegt, definieren.

∎ D. 15 Es seien S und S' zwei verschiedene Seiten eines konvexen Polyeders. Wenn $S' \subset \overline{S}$ gilt, dann heißt die Seite S' *inzident mit der Seite* S. ∎

∎ D. 16 Zwei Ecken eines konvexen Polyeders sind *benachbart*, wenn sie mit ein und derselben Kante inzident sind. ∎

∎ S. 12 *Ein konvexes Polyeder $\mathfrak{M}$ hat genau dann einen d-dimensionalen Unterraum als Seite, wenn es eine Seite der Dimension d, aber keine Seite von $\mathfrak{M}$ eine kleinere Dimension besitzt.* ∎

∎ Bws. Zunächst setzen wir voraus, daß $\mathfrak{M}$ eine Seite der Dimension d, aber keine Seite niedrigerer Dimension enthält. Wie im Beweis des Satzes 8 gezeigt wurde, ist diese Seite dann mit einem linearen Unterraum identisch.

Andererseits haben wir zu zeigen, daß ein Polyeder, das einen d-dimensionalen Unterraum als Seite besitzt, keine Seite einer niedrigeren Dimension enthält. Nach Satz 11 kann das Polyeder $\mathfrak{M}$ als ein abgeschlossenes Raumstück in einem $\bar{d}$-dimensionalen linearen Unterraum $A_{\bar{d}}$ aufgefaßt werden, wobei $\bar{d} \geqq d$ ist. Das Polyeder $\mathfrak{M}$ habe in $A_{\bar{d}}$ die Beschreibung

$$\mathfrak{M} = \left\{ \boldsymbol{u} \mid \boldsymbol{u} \in A_{\bar{d}}\,, \qquad \sum_{i=1}^{d} \tilde{\boldsymbol{A}}_i\, u_i \leqq \tilde{\boldsymbol{b}} \right\},$$

und A_d sei in $A_{\bar{d}}$ parametrisch durch

$$A_d = \left\{ \boldsymbol{u} \mid \boldsymbol{u} \in A_{\bar{d}}\,, \qquad \boldsymbol{u} = \boldsymbol{u}_0 + \sum_{s=1}^{d} \boldsymbol{d}_s\, \eta_s\,, \qquad \eta_s \in R_1 \right\}$$

beschrieben. Wegen $A_d \subseteqq \mathfrak{M}$ folgt für alle $\boldsymbol{u} \in A_d$

$$\sum_{i=1}^{\bar{d}} \boldsymbol{A}_i \left(u_{0i} + \sum_{s=1}^{d} d_{s_i}\, \eta_s \right) = \sum_{i=1}^{\bar{d}} \boldsymbol{A}_i\, u_{0i} + \sum_{i=1}^{\bar{d}} \sum_{s=1}^{d} \boldsymbol{A}_i\, d_{s_i}\, \eta_s \leqq \boldsymbol{b}\,.$$

Da $\boldsymbol{u}_0 \in \mathfrak{M}$ ist, muß für alle $\eta_s \in R_1$

$$\sum_{i=1}^{\bar{d}} \sum_{s=1}^{d} \boldsymbol{A}_i\, d_{s_i}\, \eta_s \leqq \boldsymbol{o}$$

gelten, woraus

$$\sum_{i=1}^{\bar{d}} \boldsymbol{A}_i\, d_{s_i} = \boldsymbol{o}\,, \qquad s = 1, \ldots, d\,, \tag{13}$$

folgt. Wenn nun $\tilde{\boldsymbol{u}} \in \mathfrak{M}$ und $\tilde{A}_d$ der durch die Gleichungen

$$u_i = \tilde{u}_i + \sum_{s=1}^{d} d_{s_i}\, \eta_s\,, \qquad i = 1, \ldots, d$$

beschriebene Unterraum von A_d ist, der offenbar den Punkt $\tilde{u}$ enthält und zu dem linearen Unterraum A_d parallel ist, dann gilt für alle Punkte $\tilde{u} \in \tilde{A}_d$ wegen (13) und $\tilde{u} \in \mathfrak{M}$

$$\sum_{i=1}^{d} a_{r_i} u_i = \sum_{i=1}^{d} a_{r_i} \tilde{u}_i \leqq b_r .$$

Also gehört jeder Punkt aus $\tilde{A}_d$ zu $\mathfrak{M}$.

Es sei nun u^* ein beliebiger Randpunkt des Polyeders $\mathfrak{M}$; dieser Punkt gehört dann zu einem wohlbestimmten d-dimensionalen Unterraum $\tilde{A}_d$, der zu A_d parallel ist und vollständig in $\mathfrak{M}$ liegt. Also ist $\tilde{A}_d$ eine Seite von $\mathfrak{M}$ oder Teilmenge einer Seite von einer höheren Dimension als d.

Der Punkt u^* war aber ein beliebiger Randpunkt. Somit liegt der Randpunkt des konvexen Polyeders $\mathfrak{M}$ in einer mindestens d-dimensionalen Seite von $\mathfrak{M}$. ∎

Diesen Satz könnte man noch etwas allgemeiner formulieren: Ein konvexes Polyeder enthält genau dann einen d-dimensionalen Unterraum, wenn es keine Seite niedrigerer Dimension als d hat.

∎ S. 13 *Es sei durch das System*

$$\sum_{\alpha=1}^{n} a_{r\alpha} x_\alpha \leqq b_r , \qquad r = 1, \ldots, m , \tag{14}$$

$$\sum_{\alpha=1}^{n} \bar{a}_{r\alpha} x_\alpha = \bar{b}_r , \qquad r = 1, \ldots, s;\ s < n , \tag{15}$$

ein konvexes Polyeder der Dimension d $(1 \leqq d \leqq n)$ *beschrieben. Die Matrix* $(\bar{a}_{r\alpha})_{s,n}$ *möge den maximalen Rang* s *haben. Ein Punkt* $\boldsymbol{x}_0$ *liegt genau dann in einer k-dimensionalen Seite von* $\mathfrak{M}$, *wenn folgende Bedingungen erfüllt sind:*

1° *Für* $\boldsymbol{x} = \boldsymbol{x}_0$ *gehen mindestens* $n - s - k$ *Ungleichungen aus* (14) *in Gleichungen über, d. h., es gibt eine Indexmenge*

$$(r_1, \ldots, r_l) \subseteqq (1, \ldots, m) , \qquad l \geqq n - s - k ,$$

so daß

$$\sum_{\alpha=1}^{n} a_{r_i\alpha} x_{0\alpha} = b_{r_i} \qquad (i = 1, \ldots, l) ,$$

$$\sum_{\alpha=1}^{n} a_{r_i\alpha} x_{0\alpha} < b_{r_i} \qquad (i = l + 1, \ldots, m)$$

ist.

2° *Die Koeffizientenmatrix des Systems*

$$\sum_{\alpha=1}^{n} a_{r_i\alpha} x_\alpha = b_{r_i} \qquad (i = 1, \ldots, l) ,$$

$$\sum_{\alpha=1}^{n} \bar{a}_{r\alpha} x_\alpha = \bar{b}_r \qquad (r = 1, \ldots, s)$$

hat den Rang $n - k$. ∎

▮ Bws. Es sei x_0 ein Punkt einer k-dimensionalen Seite S^k des Polyeders $\mathfrak{M}$. Das Polyeder $\mathfrak{M}$ liegt nach (15) in dem linearen Unterraum

$$A_{n-s} = \left\{x \mid \sum_{\alpha=1}^{n} \tilde{a}_{\alpha r}\, x_\alpha = \tilde{b}_r\,, \qquad r = 1, \ldots, s\right\},$$

wobei offenbar

$$0 \leqq k \leqq n - s\,, \qquad n - s - k \geqq 0$$

ist.

Ferner seien wie üblich

$$\bar{H}_r = \left\{x \mid \sum_{\alpha=1}^{n} a_{r\alpha}\, x_\alpha \leqq b_r\right\} \qquad (r = 1, \ldots, m)$$

die in (14) beschriebenen abgeschlossenen Halbräume. Dann gilt offenbar

$$\mathfrak{M} = A_{n-s} \cap \left(\bigcap_{r=1}^{m} \bar{H}_r\right) = A_{n-s} \cap \left\{\bigcap_{r=1}^{m} (H_r \cup R_r)\right\},$$

wobei R_r die Randhyperebene von H_r ist. Man kann das Polyeder $\mathfrak{M}$ nach Satz 7 in der Form

$$\mathfrak{M} = \left\{A_{n-s} \cap \left(\bigcap_{r=1}^{m} H_r\right)\right\} \cup \sum A_{n-s} \cap R_{i_1} \cap \cdots \cap R_{i_l} \cap H_{i_{l+1}} \cap \cdots \cap H_{i_m}$$

schreiben. Die Menge $A_{n-s} \cap \left(\bigcap_{r=1}^{m} H_r\right)$ ist leer oder hat die Dimension $n - s$, also kann sie nicht die Seite S^k darstellen; folglich wird $\mathfrak{M}$ durch eine gewisse Menge

$$A_{n-s} \cap R_{i_1} \cap \cdots \cap R_{i_l} \cap H_{i_{l+1}} \cap \cdots \cap H_{i_m} \tag{16}$$

beschrieben. Die Dimension einer Menge der Form (16) ist aber gleich der Dimension des linearen Unterraums

$$A_{n-s} \cap R_{i_1} \cap \cdots \cap R_{i_l}\,.$$

Wenn die Dimension gleich k sein soll (nach Voraussetzung), dann kann man aus der Menge

$$R_{i_1} \cap R_{i_2} \cap \cdots \cap R_{i_l}$$

$n - s - k$ Hyperebenen auswählen, die zusammen mit den s Hyperebenen aus (15) ein System von $n - k$ linear unabhängigen Hyperebenen bilden. Daraus folgen $l \geqq n - s - k$ und die Bedingungen des Satzes.

Wenn x_0 die Bedingungen 1°, 2° erfüllt, dann gilt

$$x_0 \in A_{n-s} \cap R_{r_1} \cap \cdots \cap R_{r_l} \cap H_{r_{l+1}} \cap \cdots \cap H_{r_m} = S\,,$$

wobei die Dimension der Menge S gleich der Dimension des linearen Unterraums

$$A_{n-s} \cap R_{r_1} \cap \cdots \cap R_{r_l}$$

ist, also nach 2° gleich k. Damit ist S eine k-dimensionale Seite. ▮

Falls keine Gleichungen vorgegeben sind und das Polyeder $\mathfrak{M}$ nur durch Ungleichungen beschrieben wird, gilt der Satz natürlich auch, wenn man $s = 0$ setzt. Dann ist offenbar $l \geqq n - k$.

Ein Punkt $\boldsymbol{x}_0 \in \mathfrak{M}$ ist nach diesem Satz genau dann ein Eckpunkt des Polyeders $\mathfrak{M}$, wenn für ihn l ($l \geqq n - s$) Ungleichungen aus (14) als Gleichungen erfüllt und diese zusammen mit den s Gleichungen (15) eindeutig lösbar sind.

Falls $s = 0$ ist, gehen für den Eckpunkt $\boldsymbol{x}_0$ mindestens n Ungleichungen aus (14) in Gleichungen über, die eindeutig den Punkt $\boldsymbol{x}_0$ bestimmen. Wenn das vorgegebene Polyeder $\mathfrak{M}$ Ecken besitzt, muß notwendig $m \geqq n - s$ sein.

▌ S. 14 *Es sei $\mathfrak{M}$ ein d-dimensionales konvexes Polyeder* ($1 \leqq d \leqq n - 1$):

$$\mathfrak{M} = \left\{\boldsymbol{x} \mid \sum_{\alpha=1}^{n} a_{r\alpha} x_\alpha \leqq b_r\,, \quad r = 1, \ldots, m\,, \quad \sum_{\alpha=1}^{n} \tilde{a}_{r\alpha} x_\alpha = \tilde{b}_r\,, \quad r = 1, \ldots, s\right\},$$

wobei die Matrix ($\tilde{a}_{r\alpha}$) *den Rang s und das Polyeder $\mathfrak{M}$ mindestens zwei Ecken besitzt.*

Zwei Ecken $\boldsymbol{x}_1 = \{x_{1\alpha}\}$, $\boldsymbol{x}_2 = \{x_{2\alpha}\}$ des Polyeders $\mathfrak{M}$ sind genau dann benachbart, wenn es eine Indexfolge

$$\{r_1, \ldots, r_l\} \subset \{1, \ldots, m\}\,, \qquad l \geqq n - s - 1\,,$$

mit der Eigenschaft

$$\sum_{\alpha=1}^{n} a_{r_k \alpha} x_\alpha = b_{r_k}\,, \qquad k = 1, \ldots, l\,, \quad i = 1{,}2\,,$$

gibt und die zu dem Gleichungssystem

$$\sum_{\alpha=1}^{n} a_{r_k \alpha} x_\alpha = b_{r_k}\,, \quad k = 1, \ldots, l\,, \qquad \sum_{\alpha=1}^{n} \tilde{a}_{r\alpha} x_\alpha = \tilde{b}_r\,, \quad r = 1 \ldots, s\,, \tag{17}$$

gehörende Matrix den Rang $n - 1$ besitzt. ▌

▌ Bws. Wenn $\boldsymbol{x}_1, \boldsymbol{x}_2$ zwei benachbarte Ecken des Polyeders $\mathfrak{M}$ sind, dann sind sie mit einer bestimmten Kante des Polyeders inzident. Diese Kante läßt sich bekanntlich in der Gestalt

$$S^1 = A_{n-s} \cap R_{r_1} \cap \cdots \cap R_{r_l} \cap H_{r_{l+1}} \cap \cdots \cap H_{r_m}$$

schreiben, wobei

$$R_{r_k} = \left\{\boldsymbol{x} \mid \sum_{\alpha=1}^{n} a_{r_k \alpha} x_\alpha = b_{r_k}\right\} \qquad (r_k \in \{1, \ldots, m\})\,,$$

$$H_{r_k} = \left\{\boldsymbol{x} \mid \sum_{\alpha=1}^{n} a_{r_k \alpha} x_\alpha < b_{r_k}\right\} \qquad (r_k \in \{1, \ldots, m\})$$

und

$$A_{n-s} = \left\{\boldsymbol{x} \mid \sum_{\alpha=1}^{n} \tilde{a}_{r\alpha} x_\alpha = b_r\,, \qquad r = 1, \ldots, s\right\}$$

ein $(n - s)$-dimensionaler linearer Unterraum ist. Nach Satz 13 muß $l \geqq n - s - 1$ sein, und die Matrix des Gleichungssystem (17) besitzt den Rang $n - 1$. Der lineare Unterraum

$$A_{n-s} \cap R_{r_1} \cap \cdots \cap R_{r_e},$$

der offenbar eine Gerade darstellt, enthält die Kante S^1 und daher auch die mit ihr inzidenten Ecken $\boldsymbol{x}_1, \boldsymbol{x}_2$.

Wenn andererseits zwei Eckpunkte $\boldsymbol{x}_i \in \mathfrak{M}$ $(i = 1, 2)$ das Gleichungssystem

$$\sum_{\alpha=1}^{n} a_{r_k \alpha} x_{i\alpha} = b_{r_k}, \qquad k = 1, \ldots, l;\ l \geqq n - s - 1,$$

$$\sum_{\alpha=1}^{n} \tilde{a}_{r\alpha} x_{i\alpha} = b_r, \qquad r = 1, \ldots, s,$$

befriedigen und der Rang der zu diesem Gleichungssystem gehörenden Matrix $n - 1$ ist, dann hat jeder Punkt

$$\boldsymbol{x} = \lambda_1 \boldsymbol{x}_1 + \lambda_2 \boldsymbol{x}_2 \quad (\lambda_1 + \lambda_2 = 1,\ \lambda_i > 0,\ i = 1, 2)$$

der offenen Strecke, die die Punkte $\boldsymbol{x}_1, \boldsymbol{x}_2$ verbindet, dieselbe Eigenschaft, was sich leicht überprüfen läßt.

Nach Satz 8 ergibt sich, daß diese offene Strecke eine Kante des Polyeders $\mathfrak{M}$ ist. Da diese Strecke die Eckpunkte $\boldsymbol{x}_1, \boldsymbol{x}_2$ als Randpunkt besitzt, sind diese offenbar mit ihr inzident. Dadurch stellen sie benachbarte Eckpunkte des Polyeders dar. ▮

▮ D. 17 Ein konvexes Polyeder heißt *polyedrischer Kegel*, wenn es höchstens eine d-dimensionale Seite und keine Seite niedrigerer Dimension besitzt. Diese Seite wird *Scheitelmenge* genannt. ▮

Insbesondere spricht man von einem *polyedrischen Kegel mit dem Scheitel* $\boldsymbol{x}_0$, wenn $\boldsymbol{x}_0$ die einzige Ecke des Polyeders ist. Eine Halbgerade ist dann ein eindimensionaler polyedrischer Kegel mit dem Scheitel in ihrem Anfangspunkt.

Ein polyedrischer Kegel wird durch folgende Eigenschaften charakterisiert:

▮ S. 15 *Es sei K ein polyedrischer Kegel mit der Scheitelmenge S und $\boldsymbol{x}_0 \in K$, $\tilde{\boldsymbol{x}} \in S$ beliebig. Dann gehört die Halbgerade mit dem Anfangspunkt $\tilde{\boldsymbol{x}}$, die den Punkt $\boldsymbol{x}_0$ enthält, ebenfalls zum Kegel k.* ▮

▮ Bws. Falls die Scheitelmenge S von der Dimension d ist, ist die Menge S auf Grund von Satz 6 ein d-dimensionaler linearer Unterraum. Wenn nun $\boldsymbol{x}_0 \in S$ ist, liegt sogar die Gerade, die durch die Punkte $\boldsymbol{x}_0$ und $\tilde{\boldsymbol{x}}$ bestimmt ist, in dem linearen Unterraum S. In diesem Fall ist der Satz bewiesen. Wir können also annehmen, daß $\boldsymbol{x}_0 \notin S$ ist. Da der polyedrische Kegel K keine Seiten niedrigerer Dimension als d besitzt, ist die Scheitelmenge S mit allen Seiten des Kegels inzident (diese Tatsache wird später bewiesen).

Nach Satz 11 kann das gegebene Polyeder als ein Raumstück einer bestimmten Dimension $d_0 > d$ aufgefaßt werden. O. B. d. A. können wir voraussetzen, daß dieses Raumstück Durchschnitt einer endlichen Anzahl solcher abgeschlossener Halbräume ist, die an der Bildung des Polyeders K tatsächlich beteiligt sind. Da die Menge S mit allen Seiten des Kegels inzident ist, ist der Durchschnitt der Randhyperebenen, die zu diesen Halbräumen gehören, gerade die Scheitelmenge S. Wenn wir nun annehmen, daß die durch $\boldsymbol{x}_0 \in K$ mit $\boldsymbol{x}_0 \notin S$ und $\tilde{\boldsymbol{x}} \in S$ bestimmte Halbgerade einen weiteren von $\boldsymbol{x}_0$ verschiedenen Schnittpunkt $\boldsymbol{x}^*$ mit dem Rand von K besitzt, dann wäre $\boldsymbol{x}^*$ ein Schnittpunkt mit mindestens einer der zitierten Randhyperebenen. Das ist aber nicht möglich, da alle diese Randhyperebenen die Menge S und dadurch auch den Anfangspunkt $\tilde{\boldsymbol{x}}$ der betrachteten Halbgeraden und somit auch die ganze Halbgerade enthalten. Da $\boldsymbol{x}_0 \in K$ ein beliebiger Punkt aus K ist, haben wir diesen Satz bewiesen. ▮

▮ S. 16 *Es sei* $\boldsymbol{A}$ *eine* (m, n)*-Matrix,* $\boldsymbol{x}$ *ein* n*-dimensionaler,* $\boldsymbol{u}$ *ein* m*-dimensionaler Vektor. Dann ist die Menge*

$$\{\boldsymbol{x} \mid \boldsymbol{x} = \boldsymbol{A}' \boldsymbol{u}, \quad \boldsymbol{u} \geqq \boldsymbol{o}\}$$

ein polyedrischer Kegel. ▮

Wir geben nun noch den wichtigen Trennungssatz an:

▮ S. 17 *Wenn zwei konvexe Teilmengen* K_1 *und* K_2 *des* E_n *höchstens Randpunkte gemeinsam haben, gibt es eine Hyperebene* $\boldsymbol{a}' \boldsymbol{x} = k$*, die* K_1 *und* K_2 *trennt, d. h. einen Vektor* $\boldsymbol{a} \neq \boldsymbol{o}$ *und eine reelle Zahl* k *mit*

$$\boldsymbol{a}' \boldsymbol{x}_1 \leqq k \leqq \boldsymbol{a}' \boldsymbol{x}_2 \qquad \text{für} \qquad \boldsymbol{x}_1 \in K_1, \quad \boldsymbol{x}_2 \in K_2 .$$ ▮

Am Ende dieses Abschnitts bemerken wir noch, daß neben dem Begriff eines polyedrischen Kegels der allgemeinere Begriff eines Kegels verwendet wird.

▮ D. 18 Eine Teilmenge K des A_n heißt *Kegel* im A_n, wenn sie mindestens einen Punkt $\boldsymbol{x}_0$ in der Weise besitzt, daß für jedes $\boldsymbol{x} \in K$, $\boldsymbol{x} \neq \boldsymbol{x}_0$, die Halbgerade, die den Punkt $\boldsymbol{x}_0$ als Randpunkt besitzt und den Punkt $\boldsymbol{x}$ enthält, ebenfalls zu K gehört. ▮

Wir erkennen, daß ein polyedrischer Kegel ein abgeschlossener konvexer Kegel ist.

KAPITEL 3

DUALITÄTSTHEORIE

3.1. Das allgemeine lineare Optimierungsproblem

Das allgemeine lineare Optimierungsproblem haben wir schon in der Einleitung formuliert. Es sei hier noch einmal wiederholt. Gegeben ist die Linearform

$$f(\boldsymbol{x}) = \sum_{\alpha=1}^{n} c_\alpha x_\alpha \tag{1}$$

in n Veränderlichen, die den linearen Beschränkungen

$$\begin{aligned} &\sum_{\alpha=1}^{n} a_{r\alpha} x_\alpha \leqq b_r\,, \qquad r = 1, \ldots, m \quad (m > 0)\,, \\ &\sum_{\alpha=1}^{n} \tilde{a}_{r\alpha} x_\alpha = \tilde{b}_r\,, \qquad r = 1, \ldots, s \quad (s > 0)\,, \end{aligned} \tag{2}$$

unterworfen ist.

Unter allen n-Tupeln $(x_1, \ldots, x_n)$, die den Beschränkungen (Restriktionen) (2) genügen, ist ein n-Tupel $(x_{01}, \ldots, x_{0n})$ so zu bestimmen, daß die Linearform $f(\boldsymbol{x}) = \sum_{\alpha=1}^{n} c_\alpha x_\alpha$ für $(x_1, \ldots, x_n) = (x_{01}, \ldots, x_{0n})$ das absolute Extremum (Maximum oder Minimum) annimmt.

Bei der Behandlung des Problems können wir uns immer auf das Maximumproblem beschränken, da das Minimum einer Funktion $f(\boldsymbol{x})$ dem Maximum der Funktion $-f(\boldsymbol{x})$ entspricht.[1]) Kurz schreiben wir dieses Problem in folgender Form:

$$\max\left\{ \sum_{\alpha=1}^{n} c_\alpha x_\alpha \;\middle|\; \sum_{\alpha=1}^{n} a_{r\alpha} x_\alpha \leqq b_r\,, \quad r = 1, \ldots, m\,, \quad \sum_{\alpha=1}^{n} \tilde{a}_{r\alpha} x_\alpha = \tilde{b}_r\,, \quad r = 1, \ldots, s \right\}.$$

In Matrizenschreibweise ist

$$f(\boldsymbol{x}) = \sum_{\alpha=1}^{n} c_\alpha x_\alpha = \boldsymbol{c}'\,\boldsymbol{x}\,,$$

$$\boldsymbol{A} = (a_{r\alpha})_{m,n}\,, \qquad \tilde{\boldsymbol{A}} = (\tilde{a}_{r\alpha})_{s,n}\,,$$

$$\boldsymbol{b}' = (b_1, \ldots, b_m)\,, \qquad \tilde{\boldsymbol{b}}' = (\tilde{b}_1, \ldots, \tilde{b}_s)\,,$$

[1]) Genauer: $\min f(\boldsymbol{x}) = -\max(-f(\boldsymbol{x}))$ bzgl. der gleichen Restriktionsmenge, falls eine Seite der Gleichung einen Sinn hat.

und dann lautet das Problem

$$\max \{\mathbf{c}' \mathbf{x} \mid \mathbf{A} \mathbf{x} \leqq \mathbf{b}, \quad \tilde{\mathbf{A}} \mathbf{x} = \tilde{\mathbf{b}}\}. \tag{3}$$

Dieses Problem kann man in einem n-dimensionalen euklidischen Raum E_n geometrisch interpretieren. Jede Menge $\bar{H}_r$ $(r = 1, \ldots, m)$,

$$\bar{H}_r = \left\{\mathbf{x} \mid \mathbf{x} \in E_n, \quad \sum_{\alpha=1}^{n} a_{r\alpha} x_\alpha \leqq b_r\right\},$$

ist ein abgeschlossener Halbraum und jede Menge R_r $(r = 1, \ldots, s)$,

$$R_r = \left\{\mathbf{x} \mid \mathbf{x} \in E_n, \quad \sum_{\alpha=1}^{n} \tilde{a}_{r\alpha} x_\alpha = \tilde{b}_r\right\},$$

eine Hyperebene in E_n. Der Durchschnitt $\mathfrak{M}$ aller dieser Halbräume und Hyperebenen ist nach Definition ein konvexes Polyeder:

$$\begin{aligned}\mathfrak{M} &= \bar{H}_1 \cap \bar{H}_2 \cap \cdots \cap \bar{H}_m \cap R_1 \cap R_2 \cap \cdots \cap R_s \\ &= \left\{\mathbf{x} \mid \mathbf{x} \in E_n, \quad \sum_{\alpha=1}^{n} a_{r\alpha} x_\alpha \leqq b_r, \quad r = 1, \ldots, m, \right. \\ &\qquad \left. \sum_{\alpha=1}^{n} \tilde{a}_{r\alpha} x_\alpha = \tilde{b}_r, \quad r = 1, \ldots, s\right\}.\end{aligned}$$

Wir können unser Problem auch so formulieren:
Gesucht ist ein Punkt $\mathbf{x}_0$ aus dem konvexen Polyeder $\mathfrak{M}$ mit

$$f(\mathbf{x}_0) = \max_{\mathbf{x} \in \mathfrak{M}} f(\mathbf{x}).$$

Zur Interpretierung definieren wir für jede reelle Zahl k die Hyperebene T_k [1]),

$$T_k = \left\{\mathbf{x} \mid \mathbf{x} \in E_n, \quad \sum_{\alpha=1}^{n} c_\alpha x_\alpha = k\right\}.$$

Die Menge all dieser Hyperebenen bildet dann eine Schar paralleler Hyperebenen in E_n, wobei durch jeden Punkt aus E_n genau eine Hyperebene der Schar geht. Die Hyperebene, die den Punkt $\mathbf{x}_0$ enthält, wird offenbar durch die Gleichung

$$\mathbf{c}' \mathbf{x} = \mathbf{c}' \mathbf{x}_0$$

oder

$$\mathbf{c}' (\mathbf{x} - \mathbf{x}_0) = 0$$

beschrieben. Daraus folgt, daß der Vektor $\mathbf{c}$, der der Gradient der Zielfunktion $f(\mathbf{x})$ ist, auf jeder Hyperebene T_k der betrachteten Schar senkrecht steht. Es sei $\mathbf{x}_0$ ein beliebiger Punkt des euklidischen Raumes E_n und

$$L = \{\mathbf{x} \mid \mathbf{x} = \mathbf{x}_0 + t\,\mathbf{c}\}.$$

---

[1]) Ist $\sum_{\alpha=1}^{n} |c_\alpha| > 0$, so ist T_k auch tatsächlich eine Hyperebene; andernfalls ist das Problem trivial.

Offenbar ist die Menge L eine Gerade, die den Punkt $\boldsymbol{x}_0$ enthält und orthogonal zu allen Hyperebenen $\boldsymbol{c}' \boldsymbol{x} = k$ ist. Für jedes $\boldsymbol{x} \in L$ folgt

$$\boldsymbol{c}' \boldsymbol{x} = \boldsymbol{c}' \boldsymbol{x}_0 + t\|\boldsymbol{c}\|^2 = f(\boldsymbol{x}_0) + t\,\|\boldsymbol{c}\|^2 .$$

Da $\|\boldsymbol{c}\|^2 > 0$ ist, ergibt sich für $t > 0$

$$f(\boldsymbol{x}) > f(\boldsymbol{x}_0)$$

und für $t < 0$

$$f(\boldsymbol{x}) < f(\boldsymbol{x}_0) ,$$

d. h., der Wert der Zielfunktion wächst streng monoton in Richtung des Gradienten der Zielfunktion und ist streng monoton fallend in entgegengesetzter Richtung. Wenn $\boldsymbol{x}_0$ das Maximum (Minimum) von f in bezug auf das Polyeder $\mathfrak{M}$ realisiert, dann ist $\mathfrak{M}$ in demjenigen Halbraum der Hyperebene $\boldsymbol{c}' \boldsymbol{x} = \boldsymbol{c}' \boldsymbol{x}_0$ enthalten, der den Vektor $\boldsymbol{c}$ mit dem Anfangspunkt in $\boldsymbol{x}_0$ nicht enthält (enthält) (Abb. 1a, b).

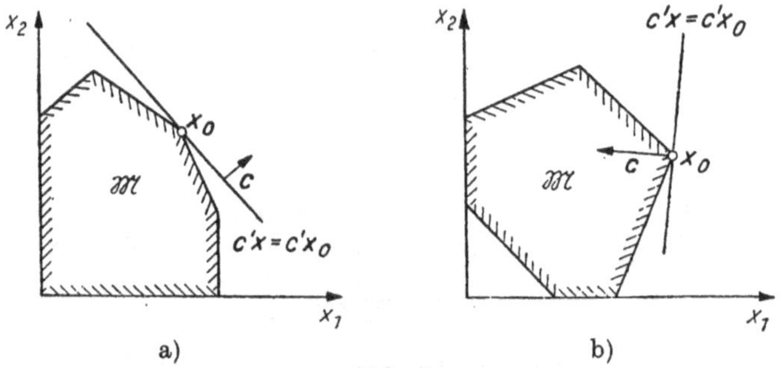

Abb. 1

In geometrischer Hinsicht ist somit folgendes Problem zu lösen:

Falls es sich um das Maximumproblem handelt, soll aus einer gegebenen Schar paralleler Hyperebenen $\boldsymbol{c}' \boldsymbol{x} = k$ diejenige bestimmt werden, die das Polyeder $\mathfrak{M}$ berührt und andererseits die Eigenschaft besitzt, daß das Polyeder $\mathfrak{M}$ in dem negativen Halbraum der Berührungsebene liegt.

Im Falle eines Minimumproblems soll das Polyeder $\mathfrak{M}$ im positiven Halbraum der Berührungshyperebene liegen. Dabei ist ein Berührungspunkt zu bestimmen.

▌ D. 1 Jeder Punkt aus $\mathfrak{M}$ heißt *zulässiger* Punkt des gegebenen Problems. Die Linearform $f(\boldsymbol{x})$ heißt *Zielfunktion* des Problems. Ein zulässiger Punkt, der eine Lösung des gegebenen Problems ist, heißt *optimaler* Punkt. ▌

Das formulierte lineare Optimierungsproblem hat selbstverständlich nur dann für praktische Anwendungen einen Sinn, wenn der zulässige Bereich (Restriktionsbereich) $\mathfrak{M}$ nicht leer ist. Die erste mathematische Fragestellung bei der Betrachtung eines linearen Optimierungsproblems ist also die Frage, ob die Menge $\mathfrak{M}$ leer oder nicht leer ist. Dies ist jedoch kein einfaches Problem, und die Ergebnisse, die bisher vorliegen, sind für eine unmittelbare Entscheidung in praktischen Fällen nicht geeignet. Es gibt hier vom praktischen Standpunkt aus zwei Möglichkeiten:

1° Das gegebene lineare Optimierungsproblem stellt die mathematische Formulierung eines bestimmten ökonomischen oder technischen Problems dar, wobei in der Praxis häufig mit einem zulässigen Punkt ohne Rücksicht auf Optimalität gearbeitet wird. Dann stellt eine solche praktische Lösung einen zulässigen Punkt des Problems dar, und der Restriktionsbereich $\mathfrak{M}$ ist nicht leer.

2° Die Frage, ob der Bereich $\mathfrak{M}$ leer oder nicht leer ist, verknüpfen wir mit einem geeigneten Algorithmus zur Berechnung eines optimalen Punktes, wobei zugleich die Existenz eines zulässigen Punktes entschieden wird.

▌ S. 1 *Wenn der Restriktionsbereich $\mathfrak{M}$ nicht leer und beschränkt ist, nimmt jede Zielfunktion $f(\boldsymbol{x})$ auf $\mathfrak{M}$ ihr Maximum und Minimum an.* ▌

▌ Bws. Nach Voraussetzung ist das Polyeder $\mathfrak{M}$ beschränkt und abgeschlossen, also kompakt. Als stetige Funktion nimmt die lineare Funktion nach einem bekannten Satz aus der Analysis auf einer kompakten Menge ihr Maximum und Minimum an. ▌

Wenn $\mathfrak{M}$ nicht leer ist, erhebt sich die Frage: Wie kann man diejenigen Punkte des zulässigen Bereiches, in denen das Optimum angenommen wird, geometrisch charakterisieren, oder falls man über die Existenz des Optimums nichts weiß: Wie läßt sich die Teilmenge von $\mathfrak{M}$ geometrisch beschreiben, deren Elemente als optimale Punkte „verdächtig" sind.

Um diese Frage zu beantworten, benötigen wir folgenden Satz:

▌ S. 2 *Wenn ein abgeschlossenes konvexes Raumstück $\bar{P}$ in E_n mindestens eine d_0-dimensionale Seite $(0 \leqq d_0 \leqq n - 1)$ enthält, dann enthält die Abschließung jeder höherdimensionlen Seite von P eine d_0-dimensionale Seite des Raumstücks $\bar{P}$.* ▌

▌ Bws. Angenommen, die Abschließung einer r-dimensionalen Seite S^r $(r > d_0$, $\bar{S}^r$ ist ein r-dimensionales konvexes Polyeder) von $\bar{P}$ enthält keine d_0-dimensionale Seite des Raumstücks. Unter dieser Voraussetzung kann sie auch keine Seite kleinerer Dimension als d_0 besitzen. Enthält sie nämlich eine d'-dimensionale Seite $(d' < d_0)$ von $\bar{S}^r$, so müßte diese mit einer $(d' + 1)$-dimensionalen Seite und diese wieder mit einer $(d' + 2)$-dimensionalen Seite usw. inzident sein, bis die Inzidenz zu einer d_0-dimensionalen Seite von $\bar{S}^r$ führt (im Widerspruch zur Annahme). Demnach sei $\bar{S}^{r'}$ eine Seite kleinster Dimension des Polyeders $\bar{S}^r$; nach Satz 12 aus Kapitel 2 muß $\bar{S}^{r'}$ ein linearer r'-dimensionaler Unterraum sein. Offenbar ist der lineare Unterraum $\bar{S}^{r'}$ auch eine Seite des konvexen Raumstücks $\bar{P}$. Wiederum nach Satz 12 aus Kapitel 2 kann damit $\bar{P}$ keine Seite einer niedrigeren Dimension besitzen und somit auch keine d_0-dimensionale Seite. Das steht im Widerspruch zu unserer Voraussetzung. ▮

▮ S. 3 *Wenn die gegebene Linearform f ihr Extremum über einem d_0-dimensionalen konvexen Polyeder $\mathfrak{M}$ annimmt, sind zwei Fälle möglich:*

Fall A: *Wenn die Funktion f über $\mathfrak{M}$ konstant ist, wird das Extremum in allen Punkten des Polyeders $\mathfrak{M}$ angenommen.*

Fall B: *Wenn die Funktion f über $\mathfrak{M}$ nicht konstant ist, gilt:*
Wenn $\mathfrak{M}$ d-dimensionale und keine $(d - 1)$-dimensionalen Seiten besitzt, wird das Extremum in allen Punkten einer d-dimensionalen Seite angenommen. ▮

▮ Bws. Zum Fall A ist nicht zu beweisen.

Der Fall B wird durch vollständige Induktion über die Dimension des Polyeders $\mathfrak{M}$ bewiesen. Für $d_0 = 0$ ist die Behauptung des Satzes trivial. Wir setzen voraus, daß für alle k-dimensionalen Polyeder $\mathfrak{M}$ mit $0 \leqq k \leqq d_0$ der Satz gilt. Es sei $\mathfrak{M}$ ein $(d_0 + 1)$-dimensionales Polyeder und x_0 ein beliebiger innerer Punkt aus $\mathfrak{M}$. Wir denken uns alle Geraden, die durch diesen Punkt verlaufen und in dem linearen Unterraum A_{d_0+1} liegen, der das Polyeder $\mathfrak{M}$ enthält. Ist die Funktion f auf allen diesen Geraden konstant, so tritt Fall A ein. Andernfalls gibt es eine Gerade durch den Punkt x_0, auf der die Funktion f nicht konstant ist. Da f eine lineare Funktion ist, wird sie zu einer linearen Funktion auf dieser Geraden, die in einer Richtung streng monoton fallend und in der anderen Richtung streng monoton wachsend ist. Da das Extremum nach Voraussetzung existiert, muß diese Gerade einen Randpunkt von $\mathfrak{M}$ erreichen.

Folglich muß das Polyeder $\mathfrak{M}$ Seiten besitzen, und das Extremum ist auf dem Rande von $\mathfrak{M}$ zu suchen. Also wird das Extremum in einem Punkt der Abschließung einer k-dimensionalen Seite von $\mathfrak{M}$ angenommen, die ein konvexes k-dimensionales Polyeder darstellt. Nach Satz 2 enthält die Abschließung jeder k-dimensionalen Seite von $\mathfrak{M}$ eine Seite minimaler Dimension, die das Polyeder $\mathfrak{M}$ überhaupt besitzt. Hierauf können wir die Induktionsvoraussetzung anwenden und erhalten die Behauptung des Satzes. ▮

Insbesondere ergibt sich hieraus:

▮ S. 4 *Wenn das lineare Optimierungsproblem* (3) *einen Optimalpunkt und das konvexe Polyeder $\mathfrak{M}$ Ecken besitzt, nimmt $f(x)$ sein Maximum in einer Ecke von $\mathfrak{M}$ an.* ▮

Aus Satz 3 folgt, daß mindestens die Punkte der Seiten kleinster Dimension, die das Polyeder besitzt, als optimale Punkte in Frage kommen.

Da bei den meisten praktischen Problemen gefordert wird, daß die Veränderlichen nicht negativ sein sollen, treffen wir die folgende Definition:

▌ D. 2 Ein lineare Optimierungsproblem, bei dem das Polyeder durch

$$\mathfrak{M} = \{\boldsymbol{x} | \boldsymbol{A}\,\boldsymbol{x} \leqq \boldsymbol{b}\,, \quad \boldsymbol{x} \geqq \boldsymbol{o}\}$$

gegeben ist, heißt *lineares Optimierungsproblem in Normalform.* ▌

▌ S. 5 *Jedes lineare Optimierungsproblem*

$$\max\{\boldsymbol{c}'\,\boldsymbol{x} | \boldsymbol{A}_i'\,\boldsymbol{x} \leqq b_i\,, \quad i = 1, \ldots, m\,, \qquad \tilde{\boldsymbol{A}}_i'\,\boldsymbol{x} = \tilde{b}_i\,, \quad i = 1, \ldots, s\} \tag{4}$$

in dem das Gleichungssystem $\tilde{\boldsymbol{A}}_i'\,\boldsymbol{x} = b_i$ *lösbar ist, kann in Normalform überführt werden, ohne die Anzahl der Restriktionen zu erhöhen.* ▌

▌ Bws. Da nach Voraussetzung das Gleichungssystem in (4) lösbar ist, gibt es h linear unabhängige Gleichungen in (4) und die übrigen können vernachlässigt werden. Wir können also voraussetzen, daß $h = s \leqq n$ ist und somit dieses Gleichungssystem aus linear unabhängigen Gleichungen besteht. Im Falle $s = n$ erhalten wir ein triviales Optimierungsproblem; bei dem keine Überführung auf Normalform erforderlich ist.

Es sei also $s < n$; dann können wir s Variable als lineare Funktionen der übrigen ausdrücken; o. B. d. A. seien dies die Variablen $x_1, \ldots, x_s$:

$$x_i = \sum_{j=1}^{n-s} e_{ij}\,x_{s+j} + d_i\,, \qquad i = 1, \ldots, s\,.$$

Durch Einsetzen in die übrigen Restriktionen erhalten wir schließlich

$$\sum_{j=1}^{n-s} a_{rj}'\,x_{s+j} \leqq b_r'\,, \qquad r = 1, \ldots, m\,,$$

wobei diejenigen Ungleichungen, die sich auf die Form $0 \leqq b_r'$ reduzieren, fortgelassen werden können.

Es sei $I = \left\{r \,\middle|\, \sum_{j=1}^{n-s} |a_{rj}'| > 0\right\}$; dann haben wir als Restriktionsmenge das Ungleichungssystem

$$\sum_{j=1}^{n-s} a_{rj}'\,x_{s+j} \leqq b_r'\,, \qquad r \in I\,. \tag{5}$$

Mit

$$x_{s+j} = x_{s+j}^+ - x_{s+j}^-\,, \qquad x_{s+j}^+ \geqq 0\,, \qquad x_{s+j}^- \geqq 0 \qquad (j = 1, \ldots, s)$$

und durch Einsetzen in die Zielfunktion $f(\boldsymbol{x})$ und die Restriktionen (5) erhalten wir die verlangte Normalform. ▌

▌ D. 3 Wenn $\mathfrak{M}$ die Form

$$\mathfrak{M} = \{\boldsymbol{x} | \boldsymbol{A}\,\boldsymbol{x} = \boldsymbol{b}\,, \quad \boldsymbol{x} \geqq \boldsymbol{o}\}$$

hat, heißt das zugehörige Optimierungsproblem ein *in Gleichungsform gegebenes Problem der linearen Optimierung.* ▌

▌ S. 6 *Jedes lineare Optimierungsproblem läßt sich äquivalent in ein in Gleichungsform gegebenes Problem überführen.* ▌

▌ Bws. Das Problem sei in der allgemeinen Gestalt

$$\max\left\{\sum_{j=1}^{n} c_j x_j \;\middle|\; \begin{aligned} &\sum_{j=1}^{n} a_{ij} x_j \leqq b_i\,, && i = 1, \ldots, m\,,\\ &\sum_{j=1}^{n} \bar{a}_{ij} x_j = \bar{b}_i\,, && i = 1, \ldots, s \end{aligned}\right\}$$

gegeben. Wir definieren

$$\begin{aligned} x_{n+i} &= b_i - \sum_{j=1}^{n} a_{ij} x_j\,, && i = 1, \ldots, m\,,\\ c_{n+i} &= 0\,, && i = 1, \ldots, m\,. \end{aligned} \tag{6}$$

Offenbar ist $x_{n+i} \geqq 0$ für alle i. Hiermit erhalten wir das äquivalente Problem

$$\max\left\{\sum_{j=1}^{n+m} c_j x_j \;\middle|\; \begin{aligned} &\sum_{j=1}^{n} a_{ij} x_j + x_{n+i} = b_i\,, && i = 1, \ldots, m\,,\\ &\sum_{j=1}^{n} \bar{a}_{ij} x_j = \bar{b}_i\,, && i = 1, \ldots, s \end{aligned}\right\}.$$

Wenn wir noch wie oben $x_j = x_j^+ - x_j^-$ mit $x_j^+ \geqq 0$, $x_j^- \geqq 0$ setzen, erhalten wir die verlangte Überführung in Gleichungsform. ▌

▌ D. 4 Die in (6) definierten Größen x_{n+i} ($i = 1, \ldots, m$), die als neue Variablen auftreten, werden *Schlupfvariablen* genannt. ▌

▌ D. 5 Eine Aufgabe der linearen Optimierung in der Form (3) heißt *lineares Optimierungsproblem mit gemischten Restriktionen.* ▌

Im folgenden Abschnitt werden wichtige Existenzsätze der linearen Optimierung bewiesen. Wie oben gezeigt, kann dabei stets angenommen werden, daß das lineare Optimierungsproblem in Normalform vorliegt.

3.2. Das Dualitätsprinzip

Es seien $\boldsymbol{A} = (a_{r\alpha})$ eine $(m \times n)$-Matrix, $\boldsymbol{b}$ ein m-Vektor und $\boldsymbol{c}$ ein n-Vektor gegeben. Wir können nun folgende Tabelle aufstellen:

a_{11}	a_{12}	$\ldots$	$a_{1\alpha}$	$\ldots$	a_{1n}		b_1
a_{21}	a_{22}	$\ldots$	$a_{2\alpha}$	$\ldots$	a_{2n}		b_2
$\ldots$	$\ldots$	$\ldots$	$\ldots$	$\ldots$	$\ldots$		$\ldots$
a_{r1}	a_{r2}	$\ldots$	$a_{r\alpha}$	$\ldots$	a_{rn}		b_r
$\ldots$	$\ldots$	$\ldots$	$\ldots$	$\ldots$	$\ldots$		$\ldots$
a_{m1}	a_{m2}	$\ldots$	$a_{m\alpha}$	$\ldots$	a_{mn}		b_m
c_1	c_2	$\ldots$	c_m	$\ldots$	c_n		

Hieraus kann man zwei lineare Optimierungsprobleme formulieren.

Problem I:

$$\max \{\boldsymbol{c}' \boldsymbol{x} \mid \boldsymbol{A}\boldsymbol{x} \leqq \boldsymbol{b}, \quad \boldsymbol{x} \geqq \boldsymbol{o}\}$$

Problem II:

$$\min \{\boldsymbol{b}' \boldsymbol{u} \mid \boldsymbol{A}'\boldsymbol{u} \geqq \boldsymbol{c}, \quad \boldsymbol{u} \geqq \boldsymbol{o}\}$$

Aus dem folgenden Schema ist die Struktur der beiden Probleme leicht zu erkennen:

	x_1	$\ldots x_\alpha \ldots$	x_n	
u_1	a_{11}	$\ldots a_{1\alpha} \ldots$	a_{1n}	$\leqq b_1$
$\ldots$	$\ldots$	$\ldots$	$\ldots$	$\ldots$
u_r	a_{r1}	$\ldots a_{r\alpha} \ldots$	a_{rn}	$\leqq b_2$
$\ldots$	$\ldots$	$\ldots$	$\ldots$	$\ldots$
u_m	a_{m1}	$\ldots a_{m\alpha} \ldots$	a_{mn}	$\leqq b_m$
	$\geqq$	$\geqq$	$\geqq$	
	c_1	$\ldots c_\alpha \ldots$	c_n	

Das Ungleichungssystem

$$\boldsymbol{A}\boldsymbol{x} \leqq \boldsymbol{b}$$

aus dem Problem I erhält man, indem das in formaler Weise durch „Zeilenmultiplikation" der Zeile $(x_1, \ldots, x_n)$ mit allen Zeilen $(a_{r1}, \ldots, a_{rn})$, $r = 1, \ldots, m$, jeweils entstehende Skalarprodukt kleiner oder gleich b_r gesetzt wird, wie es in der Tabelle angedeutet ist. Das Ungleichungssystem

$$\boldsymbol{A}'\boldsymbol{u} \geqq \boldsymbol{c}$$

aus dem Problem II wird in ähnlicher Weise durch „Spaltenmultiplikation" der Spalte $(u_1, \ldots, u_m)$ mit allen Spalten $(a_{1\alpha}, \ldots, a_{m\alpha})$, $\alpha = 1, \ldots, n$, bestimmt, wobei das so entstandene Skalarprodukt größer oder gleich c_α zu setzen ist, wie es gleichfalls aus der Tabelle zu ersehen ist.

Bezüglich der beiden Probleme interessieren uns nun folgende Fragen:

1° Unter welchen Voraussetzungen besitzen die Probleme I und II optimale Punkte?

2° Wie hängen die Mengen der optimalen Punkte beider Probleme zusammen?

3° Wie läßt sich das Ergebnis geometrisch interpretieren?

Hierzu beweisen wir einige vorbereitende Sätze.

S. 7 *Wenn die beiden zulässigen Bereiche*

$$\mathfrak{M} = \{\boldsymbol{x} \mid \boldsymbol{A}\boldsymbol{x} \leqq \boldsymbol{b}, \ \boldsymbol{x} \geqq \boldsymbol{o}\}, \qquad \mathfrak{N} = \{\boldsymbol{u} \mid \boldsymbol{A}'\boldsymbol{u} \geqq \boldsymbol{c}, \ \boldsymbol{u} \geqq \boldsymbol{o}\}$$

nicht leer sind, gilt für jedes $\boldsymbol{x} \in \mathfrak{M}$ *und jedes* $\boldsymbol{u} \in \mathfrak{N}$

$$\boldsymbol{c}'\,\boldsymbol{x} \leqq \boldsymbol{u}'\,\boldsymbol{A}\,\boldsymbol{x} \leqq \boldsymbol{b}'\,\boldsymbol{u}\,.$$ ▌

▌ Bws. Wenn $\boldsymbol{x} \in \mathfrak{M}$ beliebig gewählt ist, gilt wegen $\boldsymbol{u} \geqq \boldsymbol{o}$ für alle $\boldsymbol{u} \in \mathfrak{N}$

$$\boldsymbol{u}'\,\boldsymbol{A}\,\boldsymbol{x} \leqq \boldsymbol{b}'\,\boldsymbol{u}\,.$$

Analog gilt für jedes $\boldsymbol{u} \in \mathfrak{N}$ wegen $\boldsymbol{x} \geqq \boldsymbol{o}$, $\boldsymbol{x} \in \mathfrak{M}$

$$\boldsymbol{x}'\,\boldsymbol{A}'\,\boldsymbol{u} \geqq \boldsymbol{c}'\,\boldsymbol{x}\,,$$

woraus wegen

$$\boldsymbol{x}'\,\boldsymbol{A}'\,\boldsymbol{u} = \boldsymbol{u}'\,\boldsymbol{A}\,\boldsymbol{x}$$

die Behauptung folgt. ▌

Dieser Satz besagt, daß für jeden zulässigen Punkt $\boldsymbol{u} \in \mathfrak{N}$ die Zahl $\boldsymbol{b}'\,\boldsymbol{u}$ eine obere Schranke für die Zielfunktion $\boldsymbol{c}'\,\boldsymbol{x}$ über dem Bereich $\mathfrak{M}$ darstellt. Andererseits ist für jeden zulässigen Punkt $\boldsymbol{x} \in \mathfrak{M}$ die Zahl $\boldsymbol{c}'\,\boldsymbol{x}$ eine untere Schranke für die Zielfunktion $\boldsymbol{b}'\,\boldsymbol{u}$ über dem zulässigen Bereich des Problems II.

Damit erhalten wir als Folgerung:

Wenn der zulässige Bereich des Problems I und der zulässige Bereich des Problems II nicht leer sind, gibt es Zahlen μ, ν, so daß

$$\mu = \sup_{\boldsymbol{x} \in \mathfrak{M}} \boldsymbol{c}'\,\boldsymbol{x}\,, \qquad \nu = \inf_{\boldsymbol{u} \in \mathfrak{N}} \boldsymbol{b}'\,\boldsymbol{u} \tag{7}$$

und $\mu \leqq \nu$ gilt.

Im allgemeinen sind die konvexen Polyeder $\mathfrak{M}$ und $\mathfrak{N}$ zwar abgeschlossen, aber nicht beschränkt, also nicht kompakt, so daß man an dieser Stelle keine Aussage darüber machen kann, ob das Supremum bzw. Infimum bezüglich der Polyeder $\mathfrak{M}$ und $\mathfrak{N}$ angenommen wird. Unser Ziel ist zu beweisen, daß unter der Voraussetzung $\mathfrak{M} \neq \emptyset$ und $\mathfrak{N} \neq \emptyset$ die Zahlen μ und ν auf $\mathfrak{M}$ bzw. $\mathfrak{N}$ angenommen werden und überdies $\mu = \nu$ gilt, was insbesondere bedeutet, daß man in (7) das Supremum durch Maximum und Infimum durch Minimum ersetzen kann. Dazu benötigen wir noch zwei Sätze.

▌ S. 8 Satz von Farkas: *Das System*

$$\boldsymbol{A}'\,\boldsymbol{u} = \boldsymbol{c}\,, \qquad \boldsymbol{u} \geqq \boldsymbol{o}$$

hat dann nur dann eine Lösung, wenn $\boldsymbol{c}'\,\boldsymbol{x} \leqq 0$ *für alle* $\boldsymbol{x}$ *mit* $\boldsymbol{A}\,\boldsymbol{x} \leqq \boldsymbol{o}$ *gilt.* ▌

▌ Bws. Es sei $\boldsymbol{u}_0$ eine Lösung des Systems

$$\boldsymbol{A}'\,\boldsymbol{u} = \boldsymbol{c}\,, \qquad \boldsymbol{u} \geqq \boldsymbol{o}$$

und $\boldsymbol{x}$ ein beliebiger Punkt mit $\boldsymbol{A}\,\boldsymbol{x} \leqq \boldsymbol{o}$.

Dann gilt wegen $\boldsymbol{u}_0 \geqq \boldsymbol{o}$

$$\boldsymbol{u}_0'\,\boldsymbol{A}\,\boldsymbol{x} \leqq 0\,.$$

Andererseits ist nach Voraussetzung

$$\boldsymbol{u}_0'\,\boldsymbol{A} = \boldsymbol{A}'\,\boldsymbol{u}_0 = \boldsymbol{c}$$

und daher

$$\boldsymbol{u}_0' \boldsymbol{A} \boldsymbol{x} = \boldsymbol{c}' \boldsymbol{x} \leqq 0 ,$$

womit der Satz in einer Richtung bewiesen ist.

Für die andere Richtung haben wir vorauszusetzen, daß $\boldsymbol{c}' \boldsymbol{x} \leqq 0$ für alle $\boldsymbol{x}$ mit $\boldsymbol{A} \boldsymbol{x} \leqq \boldsymbol{o}$ gilt. Wir nehmen an, daß das System

$$\boldsymbol{A}' \boldsymbol{u} = \boldsymbol{c} , \qquad \boldsymbol{u} \geqq \boldsymbol{o}$$

unlösbar ist, d. h., der Punkt $\boldsymbol{c}$ liegt nicht in der Menge

$$K = \{\boldsymbol{x} | \boldsymbol{x} = \boldsymbol{A}' \boldsymbol{u} , \quad \boldsymbol{u} \geqq \boldsymbol{o}\} . \tag{8}$$

Die Menge K hat die folgenden Eigenschaften:

1° Die Menge K ist ein polyedrischer Kegel und dadurch eine abgeschlossene konvexe Menge.

2° Der Kegel K enthält den Punkt $\boldsymbol{x}_0' = (0, \ldots, 0)$.

3° Wenn $\boldsymbol{A} = (a_{r\alpha})_{m,n}$ ist, enthält die Menge K auch die Punkte

$$\boldsymbol{x}_r = (a_{r1}, \ldots, a_{rn})' = \boldsymbol{A}_r , \qquad r = 1, \ldots, m .$$

Die Eigenschaft 1° folgt aus Satz 16 (Kap. 2). Die Behauptung 2° ergibt sich aus (8) für $\boldsymbol{u} = \boldsymbol{o}$. Wenn man jedoch für $\boldsymbol{u}$ die m-dimensionalen Einheitsvektoren wählt, erhält man sofort die Eigenschaft 3°.

Auf Grund der Annahme $\boldsymbol{c} \notin K$ hat der Punkt $\boldsymbol{c}$ von allen Punkten $\boldsymbol{x}$ aus K einen positiven Abstand

$$d(\boldsymbol{c}, \boldsymbol{x}) = \sqrt{(\boldsymbol{c} - \boldsymbol{x})' (\boldsymbol{c} - \boldsymbol{x})} = \|\boldsymbol{c} - \boldsymbol{x}\| .$$

Da wegen 1° die Menge K abgeschlossen ist, gibt es einen Punkt $\boldsymbol{x}^* \in K$, der vom Punkt $\boldsymbol{c}$ den kleinsten Abstand hat, d. h.

$$d(\boldsymbol{c}, \boldsymbol{x}^*) = \min_{\boldsymbol{x} \in K} \|\boldsymbol{c} - \boldsymbol{x}\| > 0 . \tag{9}$$

Wir zeigen nun, daß

$$(\boldsymbol{x}^* - \boldsymbol{c})' \boldsymbol{x}^* = 0 \tag{10}$$

gilt. Für $\boldsymbol{x}^* = \boldsymbol{o}$ ist diese Behauptung trivial; es sei also $\boldsymbol{x}^* \neq \boldsymbol{o}$. Dazu betrachten wir die Hyperkugel Q mit dem Mittelpunkt in $\boldsymbol{c}$ und dem Radius $d(\boldsymbol{c}, \boldsymbol{x}^*) = \|\boldsymbol{c} - \boldsymbol{x}^*\|$, d. h.

$$Q = \{\boldsymbol{x} | (\boldsymbol{c} - \boldsymbol{x})' (\boldsymbol{c} - \boldsymbol{x}) \leqq \|\boldsymbol{c} - \boldsymbol{x}^*\|^2\} .$$

Die Halbgerade $L_1(\boldsymbol{x}^*)$, die den Punkt $\boldsymbol{x}_0 = \boldsymbol{o}$ als Anfangspunkt besitzt und durch $\boldsymbol{x}^*$ läuft, liegt in dem polyedrischen Kegel K, wie man sich durch Einsetzen in (8) überzeugen kann. Diese Halbgerade hat mit der Hyperkugel Q mindestens einen Schnittpunkt, nämlich $\boldsymbol{x}^*$. Hätte sie einen weiteren Schnittpunkt $\tilde{\boldsymbol{x}}$ ($\tilde{\boldsymbol{x}} \neq \boldsymbol{x}^*$) mit Q, so würde die offene Strecke $\overrightarrow{\tilde{\boldsymbol{x}}\boldsymbol{x}^*}$, deren Punkte auch zu K gehören ($\overrightarrow{\tilde{\boldsymbol{x}}\boldsymbol{x}^*} \subset L_1(\tilde{\boldsymbol{x}}^*) \subset K$), im Inneren der Hyperkugel Q liegen. Also gibt es Punkte aus K, die einen kleineren Abstand von $\boldsymbol{c}$ haben als der Punkt $\boldsymbol{x}^*$.

Folglich kann die Halbgerade die Hyperkugel Q nur berühren und liegt damit in der Tangentialhyperebene zur Randfläche von Q im Punkt $\boldsymbol{x}^*$. Daraus folgt, daß der Vektor $\boldsymbol{c} - \boldsymbol{x}^*$ senkrecht zum Vektor $\boldsymbol{x}^* - \boldsymbol{x}_0 = \boldsymbol{x}^*$ (da $\boldsymbol{x}_0 = \boldsymbol{o}$) steht, d. h., auch für $\boldsymbol{x}^* \neq \boldsymbol{o}$ gilt

$$(\boldsymbol{c} - \boldsymbol{x}^*)' \, \boldsymbol{x}^* = 0 \, .$$

Es sei nun R_0 die fragliche Tangentialhyperebene der Randfläche der Hyperkugel Q im Punkt $\boldsymbol{x}^*$, d. h.

$$R_0 = \{\boldsymbol{x} \,|\, (\boldsymbol{c} - \boldsymbol{x}^*)' \, (\boldsymbol{x} - \boldsymbol{x}^*) = 0\} \, ,$$

und H^+, H^- seien die ihr entsprechenden Halbräume:

$$H^+ = \{\boldsymbol{x} \,|\, (\boldsymbol{c} - \boldsymbol{x}^*)' \, (\boldsymbol{x} - \boldsymbol{x}^*) > 0\} \, ,$$

$$H^- = \{\boldsymbol{x} \,|\, (\boldsymbol{c} - \boldsymbol{x}^*)' \, (\boldsymbol{x} - \boldsymbol{x}^*) < 0\} \, .$$

Man sieht, daß der Punkt $\boldsymbol{c}$ im Halbraum H^+ liegt. Wir werden nun zeigen, daß kein Punkt des Kegels K in diesem Halbraum liegen kann. Läge nämlich ein Punkt $\hat{\boldsymbol{x}} \in K$ in H^+, so ist auch die offene Strecke $\overrightarrow{\hat{\boldsymbol{x}}\boldsymbol{x}^*}$ in K und H^+ enthalten. Außerdem hat sie Punkte mit dem Innern der Hyperkugel Q gemeinsam; also gibt es wie oben Punkte aus dem Kegel K, die vom Punkt $\boldsymbol{c}$ einen kleineren Abstand als $d(\boldsymbol{x}^*, \boldsymbol{c})$ haben, was der Definition des Punktes $\boldsymbol{x}^*$ widerspricht. Somit gilt für alle $\boldsymbol{x} \in K$

$$(\boldsymbol{c} - \boldsymbol{x}^*)' \, (\boldsymbol{x} - \boldsymbol{x}^*) \leqq 0 \, , \tag{11}$$

d. h.

$$K \subseteq H^- \cup R_0 = \bar{H}^- \, .$$

Wegen

$$(\boldsymbol{c} - \boldsymbol{x}^*)' \, (\boldsymbol{x} - \boldsymbol{x}^*) = (\boldsymbol{c} - \boldsymbol{x}^*)' \, \boldsymbol{x} - (\boldsymbol{c} - \boldsymbol{x}^*)' \, \boldsymbol{x}^*$$

reduziert sich (11) mit Hilfe von (10) auf

$$(\boldsymbol{c} - \boldsymbol{x}^*)' \, \boldsymbol{x} \leqq 0$$

für alle $\boldsymbol{x} \in K$. Auf Grund von Eigenschaft 3° gehören die Punkte $\boldsymbol{A}_r' = (a_{r1}, a_{r2}, \ldots, a_{rn})$, $r = 1, \ldots, m$, ebenfalls zu K; also gilt auch für sie

$$(\boldsymbol{c} - \boldsymbol{x}^*)' \, \boldsymbol{A}_r \leqq 0 \, , \qquad r = 1, \ldots, m \, ,$$

d. h., der Punkt $(\boldsymbol{c} - \boldsymbol{x}^*)$ liegt in der Menge

$$\{\boldsymbol{x} \,|\, \boldsymbol{A} \, \boldsymbol{x} \leqq \boldsymbol{o}\} \, .$$

Andererseits gilt aber für diesen Punkt nach (9)

$$0 < (\boldsymbol{c} - \boldsymbol{x}^*)' \, (\boldsymbol{c} - \boldsymbol{x}^*) = (\boldsymbol{c} - \boldsymbol{x}^*)' \, \boldsymbol{c} \, ,$$

d. h.

$$\boldsymbol{c}' \, (\boldsymbol{c} - \boldsymbol{x}^*) > 0 \, ,$$

im Widerspruch zur Voraussetzung; also ist das System

$$\boldsymbol{A}' \, \boldsymbol{u} = \boldsymbol{c} \, , \qquad \boldsymbol{u} \geqq \boldsymbol{o}$$

lösbar. ∎

S. 9 *Die Restriktionsbereiche*

$$\mathfrak{M} = \{\boldsymbol{x} | \boldsymbol{A}\,\boldsymbol{x} \leqq \boldsymbol{b}, \quad \boldsymbol{x} \geqq \boldsymbol{o}\},$$
$$\mathfrak{N} = \{\boldsymbol{u} | \boldsymbol{A}'\,\boldsymbol{u} \geqq \boldsymbol{c}, \quad \boldsymbol{u} \geqq \boldsymbol{o}\}$$

der Probleme I *und* II *seien nicht leer, ferner gelte*

$$\mu = \sup_{\boldsymbol{x} \in \mathfrak{M}} \boldsymbol{c}'\,\boldsymbol{x}, \qquad \nu = \inf_{\boldsymbol{u} \in \mathfrak{N}} \boldsymbol{b}'\,\boldsymbol{u}.$$

Dann gibt es ein $\boldsymbol{x}_0 \in \mathfrak{M}$ *und ein* $\boldsymbol{u}_0 \in \mathfrak{N}$, *so daß*

$$\boldsymbol{b}'\,\boldsymbol{u}_0 \leqq \mu, \qquad \boldsymbol{c}'\,\boldsymbol{x}_0 \geqq \nu$$

gilt.

Bws. Es genügt, diesen Satz für den zulässigen Bereich $\mathfrak{N}$ von Problem II zu beweisen. Für den Restriktionsbereich $\mathfrak{M}$ von Problem I verläuft der Beweis analog. Nach Voraussetzung gilt $\boldsymbol{c}'\,\boldsymbol{x} \leqq \mu$ für alle $\boldsymbol{x} \in \mathfrak{M}$, wobei nach Satz 7 μ endlich ist; dann gilt auch

$$t \cdot \boldsymbol{c}'\,\boldsymbol{x} - \mu\,t \leqq 0$$

für alle Punkte $(\boldsymbol{x}, t) \in E_{n+1}$ mit $(\boldsymbol{x}, t) \in \mathfrak{M}_t$, wobei

$$\mathfrak{M}_t = \{(\boldsymbol{x}, t) \mid t \cdot \boldsymbol{A}\,\boldsymbol{x} - t \cdot \boldsymbol{b} \leqq \boldsymbol{o}, \quad -t\,\boldsymbol{x} \leqq \boldsymbol{o}, \quad -t \leqq 0\}$$

ist. Es seien $\boldsymbol{c}^{*\prime} = (\boldsymbol{c}', -\mu)$, $\boldsymbol{x}^{*\prime} = (t\,\boldsymbol{x}', t)$ und

$$\boldsymbol{A}^* = (a_{ij}^*)_{m+n+1,\,n+1} = \begin{pmatrix} \boldsymbol{A} & -\boldsymbol{b} \\ -\boldsymbol{E} & \boldsymbol{o} \\ \boldsymbol{o}' & -1 \end{pmatrix} = \begin{pmatrix} a_{11} \ldots a_{1n} & -b_1 \\ \ldots\ldots\ldots & \ldots \\ a_{m1} \ldots a_{mn} & -b_m \\ -1 \ldots 0 & 0 \\ \ldots\ldots\ldots & \ldots \\ 0 \ldots -1 & 0 \\ 0 \ldots 0 & -1 \end{pmatrix}. \tag{12}$$

Dann läßt sich die Menge $\mathfrak{M}_t$ in der Form

$$\mathfrak{M}_t = \{\boldsymbol{x}^* | \boldsymbol{A}^*\,\boldsymbol{x}^* \leqq \boldsymbol{o}\}$$

schreiben, und es gilt $\boldsymbol{c}^{*\prime}\,\boldsymbol{x}^* \leqq 0$ für alle $\boldsymbol{x}^* \in \mathfrak{M}_t$.

Nach dem Satz von FARKAS hat das System

$$\boldsymbol{A}^{*\prime}\,\boldsymbol{u}^* = \boldsymbol{c}^*, \qquad \boldsymbol{u}^* \geqq \boldsymbol{o} \tag{13}$$

eine Lösung $\hat{\boldsymbol{u}}^*$, wobei $\hat{\boldsymbol{u}}^*$ ein $(n + m + 1)$-dimensionaler Vektor ist, den wir in der Form

$$\boldsymbol{u}^{*\prime} = (\boldsymbol{u}', \boldsymbol{y}', \alpha)$$

aufspalten, wobei $\boldsymbol{u}$ einen m-dimensionalen, $\boldsymbol{y}$ einen n-dimensionalen Vektor darstellt und α ein Skalar ist. Wenn wir (13) nach (12) umschreiben, erhalten wir

$$\begin{pmatrix} \boldsymbol{A}' & -\boldsymbol{E} & \boldsymbol{o} \\ -\boldsymbol{b}' & \boldsymbol{o} & -1 \end{pmatrix} \begin{pmatrix} \boldsymbol{u} \\ \boldsymbol{y} \\ \alpha \end{pmatrix} = \begin{pmatrix} \boldsymbol{c} \\ -\mu \end{pmatrix},$$

d. h., das System

$$\begin{aligned} &\boldsymbol{A}'\boldsymbol{u} - \boldsymbol{y} = \boldsymbol{c}\,, \qquad \boldsymbol{u} \geqq \boldsymbol{o}\,, \qquad \boldsymbol{y} \geqq \boldsymbol{o}\,, \qquad \alpha \geqq 0\,, \\ &\boldsymbol{b}'\boldsymbol{u} + \alpha = \mu \end{aligned}$$

hat eine Lösung $(\boldsymbol{u}_0', \boldsymbol{y}_0', \alpha_0)$; wegen $\boldsymbol{y}_0 \geqq \boldsymbol{o}$, $\alpha_0 \geqq 0$ folgt

$$\boldsymbol{A}'\boldsymbol{u}_0 \geqq \boldsymbol{c} \qquad \text{und} \qquad \boldsymbol{b}'\boldsymbol{u}_0 \leqq \mu\,,$$

womit die Behauptung des Satzes für den zulässigen Bereich $\mathfrak{N}$ bewiesen ist. ■

■ S. 10 *Wenn die zulässigen Bereiche* $\mathfrak{M}$ *und* $\mathfrak{N}$ *von Problem* I *und* II *nicht leer sind, existieren optimale Punkte* $\boldsymbol{x}_0 \in \mathfrak{M}$, $\boldsymbol{u}_0 \in \mathfrak{N}$ *der beiden Probleme, und die Werte der Zielfunktionen stimmen in den optimalen Punkten überein, d. h., es gibt ein* $\boldsymbol{x}_0 \in \mathfrak{M}$ *und ein* $\boldsymbol{u}_0 \in \mathfrak{N}$, *so daß*

$$\boldsymbol{c}'\boldsymbol{x}_0 = \max_{\boldsymbol{x} \in \mathfrak{M}} \boldsymbol{c}'\boldsymbol{x}\,, \qquad \boldsymbol{b}'\boldsymbol{u}_0 = \min_{\boldsymbol{u} \in \mathfrak{N}} \boldsymbol{b}'\boldsymbol{u}$$

und

$$\boldsymbol{c}'\boldsymbol{x}_0 = \boldsymbol{b}'\boldsymbol{u}_0$$

ist. ■

■ Bws. Dieser Satz ist mit Hilfe von Satz 9 und der Bemerkung zu Satz 7 leicht zu beweisen. Nach dieser Bemerkung gilt für alle $\boldsymbol{x} \in \mathfrak{M}$ und alle $\boldsymbol{u} \in \mathfrak{N}$ die Ungleichung

$$\boldsymbol{c}'\boldsymbol{x} \leqq \mu \leqq \nu \leqq \boldsymbol{b}'\boldsymbol{u}\,, \tag{14}$$

wobei

$$\mu = \sup_{\boldsymbol{x} \in \mathfrak{M}} \boldsymbol{c}'\boldsymbol{x} \qquad \text{und} \qquad \nu = \inf_{\boldsymbol{u} \in \mathfrak{N}} \boldsymbol{b}'\boldsymbol{u}$$

ist. Nach Satz 9 gibt es einen zulässigen Punkt $\boldsymbol{u}_0$ von Problem II ($\boldsymbol{u}_0 \in \mathfrak{N}$) mit

$$\boldsymbol{b}'\boldsymbol{u}_0 \leqq \mu$$

und einen zulässigen Punkt $\boldsymbol{x}_0$ von Problem I ($\boldsymbol{x}_0 \in \mathfrak{M}$) mit

$$\boldsymbol{c}'\boldsymbol{x}_0 \geqq \nu\,.$$

Folglich muß in (14) für $\boldsymbol{x} = \boldsymbol{x}_0$ und $\boldsymbol{u} = \boldsymbol{u}_0$ das Gleichheitszeichen stehen, d. h.

$$\boldsymbol{b}'\boldsymbol{u}_0 = \mu = \nu = \boldsymbol{c}'\boldsymbol{u}_0\,,$$

womit Satz 10 bewiesen ist.

Dieser Satz ist der Hauptsatz der linearen Optimierung und heißt *Dualitätssatz der linearen Optimierung*. Der Beweis stützt sich wesentlich auf den Satz von Farkas, den dieser 1903 bewiesen hat. Man kann ihn aber auch unabhängig vom Satz von FARKAS beweisen und erhält diesen dann als Folgerung aus dem Dualitätssatz. Die Probleme I und II

$$\max \{ \boldsymbol{c}' \boldsymbol{x} \mid \boldsymbol{A} \boldsymbol{x} \leqq \boldsymbol{b}, \quad \boldsymbol{x} \geqq \boldsymbol{o} \}$$

$$\min \{ \boldsymbol{b}' \boldsymbol{u} \mid \boldsymbol{A}' \boldsymbol{u} \geqq \boldsymbol{c}, \quad \boldsymbol{u} \geqq \boldsymbol{o} \},$$

nennt man *Dualprobleme*. Im nächsten Abschnitt werden wir eine geometrische Begründung dieser Begriffsbildung liefern. Bezüglich der Lösbarkeit der beiden Probleme können wir zeigen:

▌ S. 11 *Problem* I *ist dann und nur dann lösbar, wenn Problem* II *lösbar ist.* ▌

▌ Bws. Wir setzen voraus, daß das Problem I lösbar ist, d. h., es gibt einen Punkt $\boldsymbol{x}_0 \in \mathfrak{M}$, so daß für alle $\boldsymbol{x} \in \mathfrak{M}$ die Ungleichung

$$\boldsymbol{c}' \boldsymbol{x} \leqq \boldsymbol{c}' \boldsymbol{x}_0 \leqq \mu$$

gilt. Nach Satz 9 gibt es ein $\boldsymbol{u}_0 \in \mathfrak{N}$ mit $\boldsymbol{b}' \boldsymbol{u}_0 \leqq \mu$, also ist der Restriktionsbereich $\mathfrak{N}$ von Problem II nicht leer. Insbesondere haben beide Probleme zulässige Punkte, wodurch wir den Dualitätssatz anwenden können und die Behauptung erhalten.

Wenn wir die Lösbarkeit von Problem II voraussetzen, können wir auf analogem Wege die Lösbarkeit von Problem I beweisen. ▌

Als Folgerung ergibt sich, daß das Problem I genau dann lösbar ist, wenn Problem II einen zulässigen Punkt besitzt und die Zielfunktion $\boldsymbol{b}' \boldsymbol{u}$ über $\mathfrak{N}$ ein endliches Infimum hat.

▌ S. 12 *Wenn* $\boldsymbol{b} \geqq \boldsymbol{o}$ *ist und die Matrix* $\boldsymbol{A}$ *nur nichtnegative Elemente enthält, wobei in jeder Spalte mindestens ein positives Element stehen möge, dann haben beide Probleme optimale Punkte.* ▌

▌ Bws. Unter unseren Voraussetzungen ist $\mathfrak{M}$ nicht leer, denn der Koordinatenursprung gehört zu $\mathfrak{M}$. Wenn c_α beliebige reelle Zahlen sind, dann läßt sich stets ein Punkt $\boldsymbol{q}$ aus E_m angeben, so daß

$$\sum_{r=1}^{m} a_{r\alpha} q_r \geqq c_\alpha, \qquad \alpha = 1, \ldots, n,$$

$$q_r \geqq 0, \qquad r = 1, \ldots, m,$$

ist; denn die Zahlen $a_{r\alpha}$ sind nichtnegativ und es ist $\sum_{r=1}^{m} |a_{r\alpha}| > 0$, $\alpha = 1, \ldots, n$. Also sind $\mathfrak{M}$ und $\mathfrak{N}$ nicht leer, und wir können Satz 10 anwenden. ▌

3.3. Geometrische Interpretation des Dualitätsprinzips

Es seien ξ_τ $(\tau = 1, \ldots, m + n)$ die kartesischen Koordinaten des Punktes $\boldsymbol{\xi}$ im $(m + n)$-dimensionalen euklidischen Raum E_{n+m}. Mit Hilfe der in den

Problemen I und II gegebenen Konstanten definieren wir im Raum E_{n+m} die folgenden Vektoren:

$$\begin{aligned}
\bar{\boldsymbol{a}}'_\alpha &= (-a_{1\alpha} - a_{2\alpha}, \ldots, -a_{m\alpha}, \delta_{1\alpha}, \delta_{2\alpha}, \ldots, \delta_{n\alpha})\,, \qquad \alpha = 1, \ldots, n\,,\\
\bar{\boldsymbol{a}}'_{n+s} &= (\delta_{1s}, \delta_{2s}, \ldots, \delta_{ms}, a_{s1}, a_{s2}, \ldots, a_{sn})\,, \qquad s = 1, \ldots, m\,,\\
\bar{\boldsymbol{b}}' &= (b_1, b_2, \ldots, b_m\,, \quad 0, \ldots, 0)\,,\\
\bar{\boldsymbol{c}}' &= (0, 0, \ldots, 0\,, \quad c_1, c_2, \ldots, c_n)\,.
\end{aligned}$$

Diese Vektoren liefern die folgende Tabelle:

$\bar{\boldsymbol{a}}'_1$	$-a_{11}$	$-a_{21}$	$\ldots$	$-a_{m1}$	1	0	$\ldots$	0
$\bar{\boldsymbol{a}}'_2$	$-a_{12}$	$-a_{22}$	$\ldots$	$-a_{m2}$	0	1	$\ldots$	0
$\vdots$	$\ldots$	$\ldots$	$\ldots$	$\ldots$	$\ldots$	$\ldots$	$\ldots$	$\ldots$
$\bar{\boldsymbol{a}}'_n$	$-a_{1n}$	$-a_{2n}$	$\ldots$	$-a_{mn}$	0	0	$\ldots$	1
$\bar{\boldsymbol{a}}'_{n+1}$	1	0		0	a_{11}	a_{22}	$\ldots$	a_{1n}
$\bar{\boldsymbol{a}}'_{n+2}$	0	1		0	a_{21}	a_{22}	$\ldots$	a_{2n}
$\vdots$	$\ldots$	$\ldots$	$\ldots$	$\ldots$	$\ldots$	$\ldots$	$\ldots$	$\ldots$
$\bar{\boldsymbol{a}}'_{n+m}$	0	0	$\ldots$	1	a_{m1}	a_{m2}	$\ldots$	a_{mn}

(15)

und in ähnlicher Weise

$\bar{\boldsymbol{b}}'$	b_1	b_2	$\ldots$	b_m	0	0	$\ldots$	0
$\bar{\boldsymbol{c}}'$	0	0	$\ldots$	0	c_1	c_2	$\ldots$	c_n

(16)

Weiter seien

$$\left.\begin{aligned}
&\bar{a}_{\tau\alpha} \text{ die Komponenten von } \bar{\boldsymbol{a}}_\alpha\,,\\
&\bar{a}_{\tau s} \text{ die Komponenten von } \bar{\boldsymbol{a}}_{n+s}\,,\\
&\bar{b}_\tau \text{ die Komponenten von } \bar{\boldsymbol{b}}\,,\\
&\bar{c}_\tau \text{ die Komponenten von } \bar{\boldsymbol{c}}
\end{aligned}\right\} \tag{17}$$

und

$$\mathfrak{M}_1 = \left\{\xi \mid \xi_\tau = \sum_{\alpha=1}^{n} \bar{a}_{\tau\alpha}\, x_\alpha + \bar{b}_\tau\,, \quad \xi_\tau \geqq 0\,, \quad \tau = 1, \ldots, m+n\right\}, \tag{18}$$

$$\mathfrak{N}_1 = \left\{\xi \mid \xi_\tau = \sum_{s=1}^{m} \bar{a}_{\tau s}\, u_s - \bar{c}_\tau\,, \quad \xi_\tau \geqq 0\,, \quad \tau = 1, \ldots, m+n\right\} \tag{19}$$

Aus (15), (16) folgt

$$\left.\begin{aligned}
\bar{\boldsymbol{a}}'_\alpha\, \bar{\boldsymbol{a}}_{n+s} &= 0 \qquad (\alpha = 1, \ldots, n;\quad s = 1, \ldots, m)\,,\\
\bar{\boldsymbol{a}}'_\alpha\, \bar{\boldsymbol{c}} &= c_\alpha \qquad (\alpha = 1, \ldots, n)\,.
\end{aligned}\right\} \tag{20}$$

Es gilt nun folgender Satz:

▌ S. 13 *Die Menge* $\mathfrak{M}$ ($\mathfrak{N}$) *läßt sich eineindeutig auf* $\mathfrak{M}_1$ ($\mathfrak{N}_1$) *abbilden.* ▌

▌ Bws. Die Gleichungen

$$\xi_\tau = \sum_{\alpha=1}^{n} \bar{a}_{\tau\alpha} x_\alpha + b_\tau\,, \qquad \tau = 1, \ldots, n+m\,,$$

kann man nach (17), (15) und (16) in der Form

$$\left.\begin{aligned} \xi_r &= -\sum_{\alpha=1}^{n} a_{r\alpha} x_\alpha + b_r\,, \qquad r = 1, \ldots, m\,, \\ \xi_{m+\alpha} &= x_\alpha\,, \qquad \alpha = 1, \ldots, n\,, \end{aligned}\right\} \tag{21}$$

schreiben. Wenn $\xi \in \mathfrak{M}_1$ ist, ist auf Grund von (18) $\xi_\tau \geqq 0$ für $\tau = 1, \ldots, n+m$. Daraus und aus (21) ergibt sich

$$x_\alpha \geqq 0\,, \quad \alpha = 1, \ldots, n\,, \qquad \sum_{\alpha=1}^{n} a_{r\alpha} x_\alpha \leqq b_r\,, \quad r = 1, \ldots, m\,, \tag{22}$$

d. h., der Punkt $\boldsymbol{x}$ gehört zur Menge $\mathfrak{M}$. Wenn andererseits $\boldsymbol{x} \in \mathfrak{M}$ beliebig gewählt ist, gilt für ihn die Beziehung (22) und danach auch $\xi_\tau \geqq 0$, $\tau = 1, \ldots, n+m$, wie es aus (22) und (21) ersichtlich ist; also besteht die behauptete eineindeutige Abbildung. Analog zeigt man es für $\mathfrak{N}_1$, ▌

▌ S. 14 *Die Mengen*

$$\left.\begin{aligned} L_1 &= \left\{\xi \mid \xi_\tau = \sum_{\alpha=1}^{n} \bar{a}_{\tau\alpha} x_\alpha + \bar{b}_\tau\,, \qquad \tau = 1, \ldots, n+m\right\}, \\ L_2 &= \left\{\xi \mid \xi_\tau = \sum_{s=1}^{m} \bar{a}_{\tau s} u_s - \bar{c}_\tau\,, \qquad \tau = 1, \ldots, n+m\right\} \end{aligned}\right\} \tag{23}$$

haben die folgenden Eigenschaften:

1° *Die Menge* L_1 *ist ein n-dimensionaler Unterraum im* E_{n+m}.
Die Menge L_2 *ist ein m-dimensionaler Unterraum im* E_{n+m}.

2° *Es sei K der polyedrische Kegel*

$$K = \{\xi \mid \xi_\tau \geqq 0\,, \qquad \tau = 1, \ldots, n+m\}\,.$$

Es gilt

$$\mathfrak{M}_1 = L_1 \cap K\,, \qquad \mathfrak{N}_1 = L_2 \cap K\,.$$

3° L_1 *und* L_2 *sind duale Unterräume (im Sinne von Definition* 10 *aus Kapitel* 2).

4° $\mathfrak{M}_1 \subset L_1\,, \qquad \mathfrak{N}_2 \subset L_2\,.$ ▌

▌ Bws. Die Vektoren $\bar{a}_\alpha$ ($\alpha = 1, \ldots, n$) sind linear unabhängig, was unmittelbar aus (15) folgt. Andererseits sind die Vektoren $\bar{a}_{n+s}$ ($s = 1, \ldots, m$) ebenfalls linear unabhängig. Daraus folgt die Behauptung 1°. Die Behauptung 2° ergibt sich aus den Definitionen (18), (19) und (23). Um die Behauptung 3° zu beweisen, nehmen wir uns zwei beliebige Punkte

$$\xi_1 \in L_1, \qquad \xi_2 \in L_1, \qquad \xi_1 \neq \xi_2,$$

und zwei weitere Punkte

$$'\xi_1 \in L_2, \qquad '\xi_2 \in L_2, \qquad '\xi_1 \neq '\xi_2,$$

wobei

$$\left.\begin{aligned} \xi_{\tau i} &= \sum_{\alpha=1}^{n} \bar{a}_{\tau\alpha}\, x_{\alpha i} + \bar{b}_\tau, \qquad \tau = 1, \ldots, n+m, \qquad i = 1, 2, \\ '\xi_{\tau i} &= \sum_{s=1}^{m} \bar{a}_{\tau s}\, u_{s i} - \bar{c}_\tau, \qquad \tau = 1, \ldots, n+m, \qquad i = 1, 2. \end{aligned}\right\} \tag{24}$$

Es seien $\boldsymbol{v}$ und $\boldsymbol{w}$ die Vektoren mit den Koordinaten

$$\left.\begin{aligned} v_\tau &= \xi_{\tau 2} - \xi_{\tau 1}, \qquad \tau = 1, \ldots, n+m, \\ w_\tau &= '\xi_{\tau 2} - '\xi_{\tau 1}, \qquad \tau = 1, \ldots, n+m, \end{aligned}\right\} \tag{25}$$

dann folgt aus (24), (25) und (20)

$$\begin{aligned} \boldsymbol{v}'\,\boldsymbol{w} &= \sum_{\tau=1}^{n+m} (\xi_{\tau 2} - \xi_{\tau 1})\,('\xi_{\tau 2} - '\xi_{\tau 1}) \\ &= \sum_{\alpha=1}^{n} \sum_{s=1}^{m} a_{\tau\alpha}\, a_{\tau s}\,(x_{\alpha 2} - x_{\alpha 1})\,(u_{s2} - u_{s1}) = 0. \end{aligned}$$

Die Vektoren $\boldsymbol{v}$ und $\boldsymbol{w}$ sind somit orthogonal zueinander. Da $\boldsymbol{v}$ aus L_1 und $\boldsymbol{w}$ aus L_2 beliebig gewählt waren, ergibt sich aus Definition 10 (Kap. 2), daß L_1 und L_2 duale Unterräume sind. Die Behauptung 4° folgt sofort aus den Beschreibungen der Mengen. ∎

Nach Satz 13 besteht zwischen den zulässigen Bereichen $\mathfrak{M}$ ($\mathfrak{N}$) des Problems I (II) und der Menge $\mathfrak{M}_1$ ($\mathfrak{N}_1$) eine umkehrbar eindeutige Zuordnung. Insbesondere gilt dies auch für die Menge der optimalen Punkte des Problems I (II). Wir können nun zeigen, daß der einem optimalen Punkt $\boldsymbol{x}_0 \in \mathfrak{M}$ zugeordnete Vektor $\boldsymbol{\xi}_{\boldsymbol{x}_0} \in \mathfrak{M}_1$ orthogonal zu allen Vektoren $\boldsymbol{\xi}_{\boldsymbol{u}_0} \in \mathfrak{N}_1$ ist, wobei $\boldsymbol{\xi}_{\boldsymbol{u}_0}$ der einem (beliebigen) optimalen Punkt $\boldsymbol{u}_0$ für Problem II zugeordnete Vektor ist.

∎ S. 15 *Wenn die Restriktionsbereiche $\mathfrak{M}$ und $\mathfrak{N}$ von Problem* I *und* II *nicht leer sind, gilt für jeden optimalen Punkt $\boldsymbol{x}_0$ von Problem* I *und jeden optimalen Punkt $\boldsymbol{u}_0$ von Problem* II

$$\boldsymbol{\xi}'_{\boldsymbol{x}_0}\, \boldsymbol{\xi}_{\boldsymbol{u}_0} = 0.$$ ∎

∎ Bws. Es sei $\boldsymbol{x}_0$ ein optimaler Punkt von Problem I und $\boldsymbol{u}_0$ ein optimaler Punkt von Problem II; dann gilt

$$\xi_{\tau \boldsymbol{x}_0} = \sum_{\alpha=1}^{n} \bar{a}_{\tau\alpha}\, x_{0\alpha} + \bar{b}_\tau, \qquad \tau = 1, \ldots, n+m,$$

$$\xi_{\tau \boldsymbol{u}_0} = \sum_{s=1}^{m} \bar{a}_{\tau s}\, u_{0s} - \bar{c}_\tau, \qquad \tau = 1, \ldots, n+m$$

und

$$\begin{aligned}\xi'_{x_0}\xi_{u_0} &= \sum_{\tau=1}^{n+m} \xi_{\tau x_0}\xi_{\tau u_0} \\ &= \sum_{\tau=1}^{n+m}\left(\sum_{\alpha=1}^{n}\bar{a}_{\tau\alpha}x_{0\alpha}+\bar{b}_\tau\right)\left(\sum_{s=1}^{m}\bar{a}_{\tau s}u_{0s}-\bar{c}_\tau\right) \\ &= \sum_{\tau=1}^{n+m}\left(\sum_{\alpha=1}^{n}\sum_{s=1}^{m}\bar{a}_{\tau\alpha}\bar{a}_{\tau s}x_{0\alpha}u_{0s}\right)-\sum_{\tau=1}^{n+m}\bar{c}_\tau\sum_{\alpha=1}^{n}\bar{a}_{\tau\alpha}x_{0\alpha} \\ &\quad+\sum_{\tau=1}^{n+m}\bar{b}_\tau\sum_{s=1}^{m}\bar{a}_{\tau s}u_{0s}-\boldsymbol{b}'\boldsymbol{c} = -\boldsymbol{c}'\boldsymbol{x}_0+\boldsymbol{b}'\boldsymbol{u}_0\,.\end{aligned}$$

Nach dem Dualitätssatz stimmen $\boldsymbol{b}'\boldsymbol{u}_0$ und $\boldsymbol{c}'\boldsymbol{x}_0$ überein; also ist

$$\xi'_{x_0}\xi_{u_0}=0\,,$$

was zu beweisen war. ∎

Unsere geometrische Interpretation des Dualitätsprinzips besteht also darin, daß wir die Mengen $\mathfrak{M}$ und $\mathfrak{N}$ aus den Aufgaben I und II als Polyeder $\mathfrak{M}_1$ und $\mathfrak{N}_1$ im $(n+m)$-dimensionalen Raum E_{n+m} dargestellt haben, wobei diese Polyeder in zueinander dualen linearen Unterräumen L_1 und L_2 liegen. Das Polyeder $\mathfrak{M}_1$ ($\mathfrak{N}_1$) stellt den Durchschnitt des Unterraumes L_1 (L_2) mit dem positiven Koordinatenkegel dar. Falls $\mathfrak{M}$ und $\mathfrak{N}$ nicht leer sind, gibt es Punkte $\xi_{x_0}\in\mathfrak{M}_1$, $\xi_{u_0}\in\mathfrak{N}_1$, die umkehrbar eindeutig optimalen Punkten der Probleme I und II entsprechen und deren Radiusvektoren orthogonal zueinander sind. Durch diese geometrische Interpretation wird der Begriff der Dualprobleme begründet. Wir werden also im folgenden die Probleme I und II als Dualprobleme bezeichnen.

3.4. Dualprobleme mit gemischten Restriktionen

Es seien b_r, c_α, $a_{r\alpha}$, $r=1,\ldots,m$, $\alpha=1,\ldots,n$, gegebene Zahlen, wobei

$$\sum_{\alpha=1}^{n}|a_{r\alpha}|>0\,,\qquad r=1,\ldots,m\,,$$

gelten möge.

Wir bezeichnen mit

I^m die Indexmenge $\{1,2,\ldots,m\}$,
I^n die Indexmenge $\{1,2,\ldots,n\}$,
I_1^m die Indexmenge $\{1,2,\ldots,m_1\}$, $m_1<m$,
I_2^m die Indexmenge $\{m_1+1,\ldots,m\}$,
I_1^n die Indexmenge $\{1,2,\ldots,n_1\}$, $n_1<n$,
I_2^n die Indexmenge $\{n_1+1,\ldots,n\}$.

Unter einem *Paar von Dualproblemen* der linearen Optimierung mit gemischten Restriktionen versteht man die folgenden beiden Probleme:

Problem I:

Man soll das Maximum der Funktion

$$f = \sum_{\alpha=1}^{n} c_\alpha x_\alpha \tag{26}$$

in bezug auf die Menge $\mathfrak{M}$ aller Punkte $\boldsymbol{x} \in E_n$ mit

$$\left.\begin{array}{ll} \sum_{\alpha=1}^{n} a_{r\alpha} x_\alpha \leqq b_r\,, & r \in I_1^m\,, \\ \sum_{\alpha=1}^{n} a_{r\alpha} x_\alpha = b_r\,, & r \in I_2^m\,, \\ x_\alpha \geqq 0\,, & \alpha \in I_1^n\,, \end{array}\right\} \tag{27}$$

bestimmen.

Problem II:

Man soll das Minimum der Funktion

$$g = \sum_{r=1}^{m} b_r u_r \tag{28}$$

in bezug auf die Menge $\mathfrak{N}$ aller Punkte $\boldsymbol{u} \in E_n$ mit

$$\left.\begin{array}{ll} \sum_{r=1}^{m} a_{r\alpha} u_r \geqq c_\alpha\,, & \alpha \in I_1^n\,, \\ \sum_{r=1}^{m} a_{r\alpha} u_r = c_\alpha\,, & \alpha \in I_2^n\,, \\ u_r \geqq 0\,, & r \in I_1^m\,, \end{array}\right\} \tag{29}$$

bestimmen.

Daraus können wir folgende Tabelle bilden:

$$\begin{array}{c|cccccccc|c} & x_1 \geqq 0 & x_2 \geqq 0 & \ldots & x_{n_1} \geqq 0 & x_{n_1+1} & \ldots & x_n & & \\ \hline u_1 \geqq 0 & a_{11} & a_{12} & \ldots & a_{1n_1} & a_{1,n_1+1} & & a_{1n} & & \leqq b_1 \\ u_2 \geqq 0 & a_{21} & a_{22} & \ldots & a_{2n_1} & a_{2,n_1+1} & \ldots & a_{2n} & & \leqq b_2 \\ \vdots & \cdots & \cdots & \cdots & \cdots & \cdots & \cdots & \cdots & & \vdots \\ u_{m_1} \geqq 0 & a_{m_1 1} & a_{m_1 2} & \ldots & a_{m_1 n_1} & a_{m_1, n_1+1} & \ldots & a_{m_1 n} & & \leqq b_{m_1} \\ u_{n_1+1} & a_{m_1+1,1} & a_{m_1+1,2} & \ldots & a_{m_1+1,n_1} & a_{m_1+1,n_1+1} & \ldots & a_{m_1+1,n} & & = b_{m_1+1} \\ \vdots & \cdots & \cdots & \cdots & \cdots & \cdots & \cdots & \cdots & & \vdots \\ u_m & a_{m1} & a_{m2} & \ldots & a_{mn_1} & a_{m,n_1+1} & \ldots & a_{mn} & & = b_m \\ \hline & \geqq c_1 & \geqq c_2 & \ldots & \geqq c_{n_1} & = c_{m_1+1} & \ldots & = c_n & & \end{array} \tag{30}$$

Bezeichnen wir mit

$\boldsymbol{x}_1'$ den Zeilenvektor $(x_1, x_2, \ldots, x_{n_1})$,
$\boldsymbol{x}_2'$ den Zeilenvektor $(x_{n_1+1}, x_{n_1+2}, \ldots, x_n)$,
$\boldsymbol{c}_1'$ den Zeilenvektor $(c_1, c_2, \ldots, c_{n_1})$,
$\boldsymbol{c}_2'$ den Zeilenvektor $(c_{n_1+1}, c_{n_1+2}, \ldots, c_n)$,
$\boldsymbol{u}_1'$ den Spaltenvektor $(u_1, u_2, \ldots, u_{m_1})$,
$\boldsymbol{u}_2'$ den Spaltenvektor $(u_{m_1+1}, u_{m_1+2}, \ldots, u_m)$,
$\boldsymbol{b}_1'$ den Spaltenvektor $(b_1, b_2, \ldots, b_{m_1})$,
$\boldsymbol{b}_2'$ den Spaltenvektor $(b_{m_1+1}, b_{m_1+2}, \ldots, b_m)$

und setzen

$$\boldsymbol{A}_{11} = \begin{pmatrix} a_{11} & \ldots & a_{1n_1} \\ \ldots & \ldots & \ldots \\ a_{m_1 1} & \ldots & a_{m_1 n_1} \end{pmatrix}, \qquad \boldsymbol{A}_{12} = \begin{pmatrix} a_{1,n_1+1} & \ldots & a_{1n} \\ \ldots & \ldots & \ldots \\ a_{m_1, n_1+1} & \ldots & a_{m_1 n} \end{pmatrix},$$

$$\boldsymbol{A}_{21} = \begin{pmatrix} a_{m_1+1,1} & \ldots & a_{m_1+1,n_1} \\ \ldots & \ldots & \ldots \\ a_{m1} & \ldots & a_{mn_1} \end{pmatrix}, \qquad \boldsymbol{A}_{22} = \begin{pmatrix} a_{m_1+1,n_1+1} & \ldots & a_{m_1+1,n} \\ \ldots & \ldots & \ldots \\ a_{m,n_1+1} & \ldots & a_{mn} \end{pmatrix},$$

dann kann man die Tabelle (30) in der Form

	$\boldsymbol{x}_1' \geqq \boldsymbol{o}$	$\boldsymbol{x}_2'$	
$\boldsymbol{u}_1 \geqq \boldsymbol{o}$	$\boldsymbol{A}_{11}$	$\boldsymbol{A}_{12}$	$\leqq \boldsymbol{b}_1$
$\boldsymbol{u}_2$	$\boldsymbol{A}_{21}$	$\boldsymbol{A}_{22}$	$= \boldsymbol{b}_2$
	$\geqq \boldsymbol{c}_1'$	$= \boldsymbol{c}_2$	

schreiben. Die beiden Dualprobleme stellen theoretisch kein neues Problem dar, und wir können sie auf solche Dualprobleme zurückführen, die in 3.2. behandelt wurden. Dazu ersetzen wir äquivalent das Gleichungssystem in (27) durch das Ungleichungssystem

$$\sum_{\alpha=1}^{n} a_{r\alpha} x_\alpha \leqq b_r, \qquad r \in I_2^m,$$

$$-\sum_{\alpha=1}^{n} a_{r\alpha} x_\alpha \leqq -b_r, \qquad r \in I_2^m.$$

Analog betrachten wir statt des Gleichungssystems in (28) das Ungleichungssystem

$$\sum_{r=1}^{m} a_{r\alpha} u_r \geqq c_\alpha, \qquad \alpha \in I_2^n,$$

$$-\sum_{r=1}^{m} a_{r\alpha} u_r \geqq -c_\alpha, \qquad a \in I_2^n.$$

Die Variablen x_α für $\alpha \in I_2^n$, u_r für $r \in I_2^m$ sind in den Problemen I und II nicht vorzeichenbeschränkt. Für sie können wir neue vorzeichenbeschränkte Variable einführen:

$$0 \leqq {}^+x_\alpha = \max(0, x_\alpha), \qquad \alpha \in I_2^n,$$
$$0 \leqq {}^-x_\alpha = \max(0, -x_\alpha), \qquad \alpha \in I_2^n,$$
$$0 \leqq {}^+u_r = \max(0, u_r), \qquad r \in I_2^m,$$
$$0 \leqq {}^-u_r = \max(0, -u_r), \qquad r \in I_2^m.$$

Dann gilt offenbar

$$x_\alpha = {}^+x_\alpha - {}^-x_\alpha, \qquad \alpha \in I_2^n,$$
$$u_r = {}^+u_r - {}^-u_r, \qquad r \in I_2^m.$$

Für die Funktion f aus (26) erhalten wir die Funktion

$$f^* = \sum_{\alpha=1}^{n_1} c_\alpha x_\alpha + \sum_{\alpha=n_1+1}^{n} c_\alpha ({}^+x_\alpha - {}^-x_\alpha),$$

und die Restriktionen aus (27) des Problems I schreiben wir in der Form

$$\sum_{\alpha=1}^{n_1} a_{r\alpha} x_\alpha + \sum_{\alpha=n_1+1}^{n} a_{r\alpha} {}^+x_\alpha - \sum_{\alpha=n_1+1}^{n} a_{r\alpha} {}^-x_\alpha \leqq b_r, \qquad r \in I_1^m,$$
$$\sum_{\alpha=1}^{n_1} a_{r\alpha} x_\alpha + \sum_{\alpha=n_1+1}^{n} a_{r\alpha} {}^+x_\alpha - \sum_{\alpha=n_1+1}^{n} a_{r\alpha} {}^-x_\alpha \leqq b_r, \qquad r \in I_2^m,$$
$$-\sum_{\alpha=1}^{n_1} a_{r\alpha} x_\alpha - \sum_{\alpha=n_1+1}^{n} a_{r\alpha} {}^+x_\alpha + \sum_{\alpha=n_1+1}^{n} a_{r\alpha} {}^-x_\alpha \leqq -b_r, \qquad r \in I_2^m,$$
$$x_\alpha \geqq 0, \quad \alpha \in I_1^n, \qquad {}^+x_\alpha \geqq 0, \quad {}^-x_\alpha \geqq 0, \quad \alpha \in I_2^n.$$

Zur Übersicht kann man auch hier wieder eine entsprechende Tabelle aufstellen:

	$\boldsymbol{x}_1' \geqq \boldsymbol{o}$	${}^+\boldsymbol{x}_2' \geqq \boldsymbol{o}$	${}^-\boldsymbol{x}_2' \geqq \boldsymbol{o}$	
$\boldsymbol{u}_1 \geqq \boldsymbol{o}$	$\boldsymbol{A}_{11}$	$\boldsymbol{A}_{12}$	$-\boldsymbol{A}_{12}$	$\leqq \boldsymbol{b}_1$
${}^+\boldsymbol{u}_2 \geqq \boldsymbol{o}$	$\boldsymbol{A}_{21}$	$\boldsymbol{A}_{22}$	$-\boldsymbol{A}_{22}$	$\leqq \boldsymbol{b}_2$
${}^-\boldsymbol{u}_2 \geqq \boldsymbol{o}$	$-\boldsymbol{A}_{21}$	$-\boldsymbol{A}_{22}$	$\boldsymbol{A}_{22}$	$\leqq -\boldsymbol{b}_2$
	$\geqq \boldsymbol{c}_1'$	$\geqq \boldsymbol{c}_2'$	$\geqq -\boldsymbol{c}_2'$	

wobei es klar ist, was die Symbole zu bedeuten haben. Damit haben wir aber die Aufgabe mit gemischten Restriktionen auf die Normalform entsprechend Definition 2 transformiert. Daraus folgt, daß Satz 10 und seine Folgerungen auch für lineare Optimierungsprobleme mit gemischten Restriktionen gelten.

Bei den Transformationen hat sich die Anzahl der Variablen und die Anzahl der Restriktionen vergrößert, was für praktische Anwendungen nicht angenehm ist. Es wäre besser, durch ein geeignetes Eliminationsverfahren gewisse Variable zu eliminieren, um auf eine Normalform zu kommen. Dies wird im nächsten Satz gezeigt.

▌ S. 16 *Jedes Paar von Dualproblemen mit gemischten Restriktionen läßt sich auf ein Paar von Dualproblemen in Normalform überführen, sofern beide Probleme zulässige Punkte besitzen. Hierbei werden die Anzahl der Variablen und Restriktionen nicht erhöht.* ▌

▌ Bws. Es seien

$$\left.\begin{array}{ll}\sum_{\alpha=1}^{n} a_{r\alpha}\, x_\alpha \leqq b_r \quad (r \in I_1^m), & \sum_{\alpha=1}^{n} a_{r\alpha}\, x_\alpha = b_r \quad (r \in I_2^m,\ I_2^m \neq \emptyset)\,, \\ & x_\alpha \geqq 0 \quad (\alpha \in I_1^n)\end{array}\right\} \tag{31}$$

die Restriktionen und

$$f = \sum_{\alpha=1}^{n} c_\alpha\, x_\alpha \tag{32}$$

die Zielfunktion des Problems I; ferner seien

$$\left.\begin{array}{ll}\sum_{r=1}^{m} a_{r\alpha}\, u_r \geqq c_\alpha \quad (\alpha \in I_1^n)\,, & \sum_{r=1}^{m} a_{r\alpha}\, u_r = c_\alpha \quad (\alpha \in I_2^n)\,, \\ & u_r \geqq 0 \quad (r \in I_1^m)\end{array}\right\} \tag{33}$$

die Restriktionen und

$$g = \sum_{r=1}^{m} b_r\, u_r \tag{34}$$

die Zielfunktion des Dualproblems. Wir geben nun ein konstruktives Verfahren für die in dem Satz behauptete Transformation an. Dazu wählen wir o. B. d. A. die letzte Gleichung

$$\sum_{\alpha=1}^{n} a_{m\alpha}\, x_\alpha = b_m \tag{35}$$

in (31). Da $\sum_{\alpha=1}^{n} |a_{m\alpha}| > 0$ ist, gibt es einen Index α_1 mit

$$a_{m\alpha_1} \neq 0\,. \tag{36}$$

Aus (35) und (36) folgt dann

$$x_{\alpha_1} = \frac{1}{a_{m\alpha_1}}\left(b_m - \sum_{\substack{\alpha=1\\ \alpha\neq\alpha_1}}^{n} a_{m\alpha}\, x_\alpha\right). \tag{37}$$

Wir eliminieren nun mit Hilfe von (37) die Variable x_{α_1} aus den übrigen Restriktionen in (31) und aus der Zielfunktion (32). Auf diese Weise erhalten wir neue Restriktionen und eine neue Zielfunktion ${}^{(1)}f$, wobei die Variable x_{α_1} nicht mehr vorkommt:

$$\frac{a_{r\alpha_1} b_m}{a_{m\alpha_1}} + \sum_{\substack{\alpha=1\\ \alpha\neq\alpha_1}}^{n}\left(a_{r\alpha} - \frac{a_{r\alpha_1} a_{m\alpha}}{a_{m\alpha_1}}\right) x_\alpha \begin{cases} \leqq b_r\,, & r \in I_1^m\,, \\ = b_r\,, & r \in I_2^m \setminus \{m\}\,, \end{cases}$$

$${}^{(1)}f = \frac{b_m\, c_{\alpha_1}}{a_{m\alpha_1}} + \sum_{\substack{\alpha=1\\ \alpha\neq\alpha_1}}^{n}\left(c_\alpha - \frac{a_{m\alpha}\, c_{\alpha_1}}{a_{m\alpha_1}}\right) x_\alpha\,.$$

Bezeichnen wir

$$\left.\begin{aligned}
&a_{r\alpha}^{(1)} = a_{r\alpha} - \frac{a_{r\alpha_1} a_{m\alpha}}{a_{m\alpha_1}}, \qquad r \in I_m - \{m\}, \qquad \alpha \in I_n \setminus \{\alpha_1\},\\
&b_r^{(1)} = b_r - \frac{b_m a_{r\alpha_1}}{a_{m\alpha_1}}, \qquad r \in I_m - \{m\},\\
&c_0^{(1)} = \frac{b_m c_{\alpha_1}}{a_{m\alpha_1}}, \qquad c_\alpha^{(1)} = c_\alpha - \frac{a_{m\alpha} c_\alpha}{a_{m\alpha_1}}, \qquad \alpha \in I_n \setminus \{\alpha_1\},
\end{aligned}\right\} \tag{38}$$

dann ist das Problem I äquivalent zu

$$\max\left\{{}^{(1)}f = c_0^{(1)} + \sum_{\substack{\alpha=1\\ \alpha\neq\alpha_1}}^{n} c_\alpha^{(1)} x_\alpha \;\middle|\; \sum_{\substack{\alpha=1\\ \alpha\neq\alpha_1}}^{n} a_{r\alpha}^{(1)} x_\alpha \leqq b_r^{(1)}, \quad r \in I_1^m, \right.$$

$$\left. \sum_{\substack{n=1\\ \alpha\neq\alpha_1}}^{n} a_{r\alpha}^{(1)} x_\alpha = b_r^{(1)}, \quad r \in I_2^m - \{m\}\right\}.$$

Es gibt nun zwei Möglichkeiten: Entweder ist $\alpha_1 \in I_1^n$ oder $\alpha_1 \in I_2^n$, d. h., es gilt entweder

$$\sum_{r=1}^{m} a_{r\alpha_1} u_r \geqq c_{\alpha_1}$$

oder

$$\sum_{r=1}^{m} a_{r\alpha_1} u_r = c_{\alpha_1}.$$

Um beide Möglichkeiten gleichzeitig behandeln zu können, definieren wir

$$u_m^{(1)} = \sum_{r=1}^{m} a_{r\alpha_1} u_r - c_{\alpha_1}. \tag{39}$$

Daraus folgt

$$u_m = \frac{1}{a_{m\alpha_1}}\left(u_m^{(1)} + c_{\alpha_1} - \sum_{r=1}^{m-1} a_{r\alpha} u_r\right). \tag{40}$$

Wir substituieren aus (40) in die Restriktionen (33) und in die Zielfunktion aus (34). So erhalten wir

$$\frac{a_{m\alpha} c_{\alpha_1}}{a_{m\alpha_1}} + \sum_{\alpha=1}^{m-1}\left(a_{r\alpha} - \frac{a_{m\alpha} a_{r\alpha_1}}{a_{m\alpha_1}}\right) u_r + \frac{a_{m\alpha}}{a_{m\alpha_1}} u_m^{(1)} \begin{cases} \geqq c_\alpha, & \alpha \in I_1^n,\\ = c_\alpha, & \alpha \in I_2^n,\end{cases} \tag{41}$$

$${}^{(1)}g = \frac{b_m c_{\alpha_1}}{a_{m\alpha_1}} + \sum_{r=1}^{m-1}\left(b_r - \frac{b_m a_{r\alpha_1}}{a_{m\alpha_1}}\right) u_r + \frac{b_m}{a_{m\alpha_1}} u_r^{(1)}. \tag{42}$$

Definieren wir noch

$$a_{m\alpha}^{(1)} = \frac{a_{m\alpha}}{a_{m\alpha_1}}, \qquad \alpha \in I^n, \qquad b_m^{(1)} = \frac{b_m}{b_{m\alpha_1}}, \tag{43}$$

dann können wir wegen (43), (38) die Relationen (41), (42) folgendermaßen schreiben:

$$\sum_{r=1}^{m-1} a_{r\alpha}^{(1)} u_r + a_{m\alpha}^{(1)} u_m^{(1)} \begin{cases} \geqq c_\alpha^{(1)}, & \alpha \in I_1^n, \\ = c_\alpha^{(1)}, & \alpha \in I_2^n, \end{cases}$$

$$^{(1)}g = c_0^{(1)} + \sum_{r=1}^{m-1} b_r^{(1)} u_r + b_m^{(1)} u_m^{(1)}.$$

Für die beiden Möglichkeiten ergibt sich wegen (39), (40)

$$u_m^{(1)} \begin{cases} = 0, & \alpha \in I_2^n, \\ \geqq 0, & \alpha \in I_1^n. \end{cases}$$

Die Gleichung (37) läßt sich mit Hilfe von (43) in der Form

$$x_{\alpha_1} = b_m^{(1)} - \sum_{\substack{\alpha=1 \\ \alpha \neq \alpha_1}}^{n} a_{m\alpha}^{(1)} x_\alpha \tag{44}$$

schreiben. Für $\alpha_1 \in I_1^n$ ist $x_{\alpha_1} \geqq 0$, d. h., nach (44) gilt

$$\sum_{\substack{\alpha=1 \\ \alpha \neq \alpha_1}}^{n} a_{m\alpha}^{(1)} x_\alpha \leqq b_m^{(1)}. \tag{45}$$

Für $\alpha_1 \in I_1^n$ gibt es keine Beschränkung der Art (45).

Damit erhalten wir für die beiden Fälle $\alpha_1 \in I_1^n$, $\alpha_1 \in I_2^n$:

1° $\alpha_1 \in I_1^n$.

In diesem Fall führt unser Eliminationsprozeß beim ersten Problem zu den Restriktionen

$$\sum_{\substack{\alpha=1 \\ \alpha \neq \alpha_1}}^{n} a_{r\alpha}^{(1)} x_\alpha \leqq b_r^{(1)}, \qquad r \in I_1^m \setminus \{m\},$$

$$\sum_{\substack{\alpha=1 \\ \alpha \neq \alpha_1}}^{n} a_{r\alpha}^{(1)} x_\alpha = b_r^{(1)}, \qquad r \in I_2^m \setminus \{m\},$$

$$x_\alpha \geqq 0, \qquad \alpha \in I_1^n \setminus \{\alpha_1\},$$

und der Zielfunktion

$$^{(1)}f = c_0^{(1)} - \sum_{\substack{\alpha=1 \\ \alpha \neq \alpha_1}}^{n} c_\alpha^{(1)} x_\alpha.$$

Beim Dualproblem erhalten wir die Restriktionen

$$\sum_{r=1}^{m-1} a_{r\alpha}^{(1)} u_r + a_{m\alpha}^{(1)} u_m^{(1)} \geqq c_\alpha^{(1)}, \qquad \alpha \in I_1^n \setminus \{\alpha_1\},$$

$$\sum_{r=1}^{m-1} a_{r\alpha}^{(1)} u_r + a_{m\alpha}^{(1)} u_m^{(1)} = c_\alpha^{(1)}, \qquad \alpha \in I_2^n,$$

$$u_r \geqq 0, \qquad r = 1, \ldots, m-1,$$

$$u_m^{(1)} \geqq 0$$

mit der neuen Zielfunktion

$$^{(1)}g = c_0^{(1)} + \sum_{r=1}^{m-1} b_r^{(1)} u_r + b_m^{(1)} u_m^{(1)} .$$

2° $\alpha_1 \in I_2^n$.

Hierbei gelangen wir bei Problem I zu den Restriktionen

$$\sum_{\substack{\alpha=1 \\ \alpha \neq \alpha_1}}^{n} a_{r\alpha}^{(1)} x_\alpha \leqq b_r^{(1)} , \qquad r \in I_1^m ,$$

$$\sum_{\substack{\alpha=1 \\ \alpha \neq \alpha_1}}^{n} a_{r\alpha}^{(1)} x_\alpha = b_r^{(1)} , \qquad r \in I_2^m \setminus \{m\} ,$$

$$x_\alpha \geqq 0 , \qquad \alpha \in I_1^n ,$$

und der Zielfunktion

$$^{(1)}f = c_0^{(1)} + \sum_{\substack{\alpha=1 \\ \alpha \neq \alpha_1}}^{n} c_\alpha^{(1)} x_\alpha .$$

Beim Dualproblem ergeben sich die Restriktionen

$$\sum_{r=1}^{m-1} a_{r\alpha}^{(1)} u_r \geqq c_\alpha^{(1)} , \qquad \alpha \in I_1^n ,$$

$$\sum_{r=1}^{m-1} a_{r\alpha}^{(1)} u_r = c_\alpha^{(1)} , \qquad \alpha \in I_2^n \setminus \{\alpha_1\} ,$$

$$u_r \geqq 0 , \qquad r \in I_1^m ,$$

und die Zielfunktion

$$^{(1)}g = c_0^{(1)} + \sum_{r=1}^{m-1} b_r^{(1)} u_r .$$

Man sieht sofort ein, daß in beiden Fällen unser Eliminationsprozeß zu neuen Dualproblemen führt (konstante Größen in den Zielfunktionen haben auf die Dualität keinen Einfluß). Es ist auch klar, daß die neuen Probleme den ursprünglichen in dem Sinne äquivalent sind, daß die Lösungen der transformierten Probleme unmittelbar zu den Lösungen der ursprünglichen Aufgaben führen (indem wir die Eliminationsgleichungen benutzen). In den beiden Dualproblemen mit gemischten Restriktionen (31), (32) und (33), (34) gab es insgesamt $m + n - (m_1 + n_1)$ Gleichungsrestriktionen und die gleiche Anzahl von nicht vorzeichenbeschränkten Veränderlichen. Nach dem ersten Eliminationsschritt sind im Fall 1° noch $m + n - (m_1 + n_1) - 1$ Gleichungsrestriktionen und nicht vorzeichenbeschränkte Variable vorhanden und im Fall 2° noch $m + n - - (m_1 + n_1) - 2$ Gleichungsrestriktionen und nicht vorzeichenbeschränkte Variable.

Wenn nun in dem neuen Paar von dualen Aufgaben, die wir nach dem ersten Eliminationsschritt erhalten, noch Gleichungen vorkommen, dann können wir weitere Eliminationsschritte durchführen, solange, bis nach endlich vielen Schritten keine Gleichungen und nicht vorzeichenbeschränkte Variable in den dualen Problemen vorhanden sind. Wenn wir nach einer gewissen Anzahl von Schritten auf eine unerfüllbare Ungleichung kommen würden, so hieße dies, daß eine der beiden ursprünglichen Aufgaben keinen zulässigen Punkt besitzt, was aber durch die Voraussetzung ausgeschlossen ist. Damit ist Satz 16 bewiesen. ∎

Das beschriebene Eliminationsverfahren werden wir in 3.6 als Rechenschema darstellen. Die Behauptung von Satz 16 bleibt auch in den Fällen gültig, wo eine der auftretenden Indexmengen leer ist. Insbesondere kann man dann auch das beschriebene Eliminationsverfahren anwenden. Dabei hat man folgende Fälle zu unterscheiden:

1° $I_1^m = I^m\,, \quad I_1^n = I^n\,.$

Problem I:

$$\max\left\{f = \sum_{\alpha=1}^{n} c_\alpha x_\alpha \,\middle|\, \sum_{\alpha=1}^{n} a_{r\alpha} x_\alpha \leqq b_r\,,\quad r \in I^m\,,\quad x_\alpha \geqq 0,\quad \alpha \in I^n\right\}$$

Problem II:

$$\min\left\{g = \sum_{r=1}^{m} b_r u_r \,\middle|\, \sum_{r=1}^{m} a_{r\alpha} u_r \geqq c_\alpha\,,\quad \alpha \in I^n\,,\quad u_r \geqq 0,\quad r \in I^m\right\}.$$

In diesem Fall ist das Paar der dualen Probleme in Normalform vorgegeben, also gilt Satz 16 trivialerweise.

2° $I_2^m = I^m\,, \quad I_2^n = I^n\,.$

Problem I:

$$\max\left\{f = \sum_{\alpha=1}^{n} c_\alpha x_\alpha \,\middle|\, \sum_{\alpha=1}^{n} a_{r\alpha} x_\alpha = b_r,\quad r \in I^m\right\}$$

Problem II:

$$\min\left\{g = \sum_{r=1}^{m} b_r u_r \,\middle|\, \sum_{r=1}^{m} a_{r\alpha} u_r = c_\alpha\,,\quad \alpha \in I^n\right\}.$$

Hier handelt es sich aber um kein lineares Optimierungsproblem, da die Lösungsmengen entweder leer sind oder aus einem Punkt oder einem linearen Unterraum bestehen.

3° $I_2^m = I^m\,, \quad I_1^n = I^n\,.$

Problem I:

$$\max\left\{f = \sum_{\alpha=1}^{n} c_\alpha x_\alpha \,\middle|\, \sum_{\alpha=1}^{n} a_{r\alpha} x_\alpha = b_r\,,\quad r \in I^m,\quad x_\alpha \geqq 0,\quad \alpha \in I^n\right\},$$

Problem II:

$$\min\left\{g = \sum_{r=1}^{m} b_r u_r \,\middle|\, \sum_{r=1}^{m} a_{r\alpha} u_r \geqq c_\alpha\,,\quad \alpha \in I^n\right\}.$$

Nach Definition 3 stellt Aufgabe I ein in Gleichungsform gegebenes lineares Optimierungsproblem dar, und Aufgabe II ist somit die dazugehörigende duale Aufgabe.

4° $I_1^m = I^m, \quad I_2^n = I^n$.

Problem I:

$$\max\left\{f = \sum_{\alpha=1}^{n} c_\alpha x_\alpha \mid \sum_{\alpha=1}^{n} a_{r\alpha} x_\alpha \leqq b_r, \quad r \in I^m\right\},$$

Problem II:

$$\min\left\{g = \sum_{r=1}^{m} b_r u_r \mid \sum_{r=1}^{m} a_{r\alpha} u_r = c_\alpha, \quad \alpha \in I^n, \quad u_r \geqq 0, \quad r \in I^m\right\}.$$

Dies ist offenbar der gleiche Fall wie 3°, da das Dualproblem des Dualproblems wieder die ursprüngliche Aufgabe ist.

5° $I^m \neq \emptyset, \quad I_2^n = I^n$.

Problem I:

$$\max\left\{f = \sum_{\alpha=1}^{n} c_\alpha x_\alpha \mid \sum_{\alpha=1}^{n} a_{r\alpha} x_\alpha \leqq b_r, \quad r \in I_1^n, \quad \sum_{\alpha=1}^{n} a_{r\alpha} x_\alpha = b_r, \quad r \in I_2^n\right\},$$

Problem II:

$$\min\left\{g = \sum_{r=1}^{m} b_r u_r \mid \sum_{r=1}^{m} a_{r\alpha} u_r = c_\alpha, \quad \alpha \in I^n, \quad u_r \geqq 0, \quad r \in I_1^m\right\}.$$

Damit haben wir die duale Aufgabe zu (1), (2) formuliert.

6° $I_2^m = I^m$.

Problem I:

$$\max\left\{f = \sum_{\alpha=1}^{n} c_\alpha x_\alpha \mid \sum_{\alpha=1}^{n} a_{r\alpha} x_\alpha = b_r, \quad r \in I^m, \quad x_\alpha \geqq 0, \quad \alpha \in I_1^n\right\}.$$

Problem II:

$$\min\left\{g = \sum_{r=1}^{m} b_r u_r \mid \sum_{r=1}^{m} a_{r\alpha} u_r \geqq c_\alpha; \quad \alpha \in I_2^n, \quad \sum_{r=1}^{m} a_{r\alpha} u_r = c_\alpha, \quad \alpha \in I_2^n\right\}.$$

7° $I_1^n = I^n$.

Problem I:

$$\max\left\{f = \sum c_\alpha x_\alpha \mid \sum_{\alpha=1}^{n} a_{r\alpha} x_\alpha \leqq b_r, r \in I_1^m, \quad \sum_{\alpha=1}^{n} a_{r\alpha} x_\alpha = b_r, \; r \in I_2^m, \quad x_\alpha \geqq 0, \; \alpha \in I^n\right\}$$

Problem II:

$$\min\left\{g = \sum_{r=1}^{m} b_r u_r \mid \sum_{r=1}^{m} a_{r\alpha} u_r \geqq c_\alpha, \quad \alpha \in I_1^n, \quad u_r \geqq 0, \quad r \in I_1^m\right\}.$$

8° $I_1^m = I^m$.

Problem I:

$$\max \left\{ f = \sum_{\alpha=1}^{n} c_\alpha x_\alpha \,\middle|\, \sum_{\alpha=1}^{n} a_{r\alpha} x_\alpha \leqq b_r ,\quad r \in I^m , \quad x_\alpha \geqq 0 , \quad \alpha \in I_1^n \right\}$$

Problem II:

$$\min \left\{ g = \sum_{r=1}^{m} b_r u_r \,\middle|\, \sum_{r=1}^{m} a_{r\alpha} u_r \geqq c_\alpha ,\quad \alpha \in I_1^n , \quad \sum_{r=1}^{m} a_{r\alpha} u_r = c_\alpha , \quad \alpha \in I_2^n , \quad u_r \geqq 0 , \quad r \in I^m \right\} .$$

In allen Fällen erhalten wir Spezialfälle des allgemeinen Paares von Dualproblemen mit gemischten Restriktionen.

3.5. Der Satz von TUCKER und seine Folgerungen

▮ S. 17 *Das System*

$$A\, x > o$$

ist genau dann unlösbar, wenn das System

$$A'\, u = o ,$$
$$u \geqq o$$

eine nicht triviale Lösung besitzt. ▮

▮ Bws. Angenommen, das System $A\,x > o$ hat eine Lösung $\bar{x}$, und $\bar{u}$ sei eine nicht triviale Lösung des Systems $A'\,u = o$, $u \geqq o$. Dann gilt

$$A\,\bar{x} > o ,$$

und nach skalarer Multiplikation mit $\bar{u}$ folgt wegen $\|\bar{u}\| > 0$

$$\bar{u}'\, A\, \bar{x} > 0 .$$

Das ist jedoch ein Widerspruch, da wegen $A'\,\bar{u} = o$ die Gleichung

$$\bar{u}'\, A\, x = 0$$

für alle x gelten muß.

Wenn wir andererseits annehmen, daß das System

$$A'\, u = o , \qquad u \geqq o$$

nur trivial lösbar ist, hat für jedes $c > o$ ($c \in E_m$) das Problem

$$\max \{ c'\, u \mid A'\, u = o, u \geqq o \}$$

einen optimalen Punkt u_0, nämlich $u_0 = o$. Nach dem Dualitätssatz muß aber das Dualproblem

$$\min \{ o'\, x \mid A\, x \geqq c \}$$

insbesondere einen zulässigen Punkt $\bar{x}$ für alle $c > o$ besitzen, also gilt

$$A\bar{x} \geqq c > o ,$$

was der Unlösbarkeit des Systems $A x \geqq o$ widerspricht. ▮

▮ S. 18 Satz von Tucker. *Das System*

$$A x \geqq o ,$$
$$A' u = o , \quad u \geqq o$$

hat stets eine Lösung x_0, u_0 *mit*

$$A x_0 + u_0 > o ,$$
$$u_0' A x_0 = 0 .$$ ▮

▮ Bws. Es sei S die Menge aller Vektoren $c \geqq o$, so daß das Problem

$$\max \{ c' u \mid A' u = o, u \geqq o \} \tag{46}$$

einen optimalen Punkt u_0 besitzt.

Die Menge S ist nicht leer, da der Nullvektor in S liegt. Nach dem Dualitätssatz gilt $c' u_0 = 0$.

Es sei $\bar{u}$ ein zulässiger Punkt von (46) mit maximaler Anzahl positiver Komponenten. Dann liegt auch jedes $\bar{c} \geqq o$ mit $\bar{c} + \bar{u} > o$ und $\bar{c}' \bar{u} = 0$ in S.

Wir wählen einen solchen Vektor $\bar{c}$. Nach dem Dualitätssatz hat das Dualproblem

$$\min \{ o' x \mid A x \geqq \bar{c} \}$$

einen optimalen Punkt $\bar{x}$, und es gilt

$$A\bar{x} + \bar{u} \geqq \bar{c} + \bar{u} > o$$

und offenbar $\bar{u}' A \bar{x} = 0$. Also erfüllen $x_0 = \bar{x}$ und $u_0 = \bar{u}$ die verlangten Forderungen. ▮

Der Satz von Tucker ist ein grundlegender Satz in der Theorie der linearen Optimierung und bildet zusammen mit dem Satz von Farkas die theoretische Grundlage für verschiedene Existenzfragen.

Wir wollen diesen Satz benutzen, um einen Zusammenhang zwischen $\mathfrak{M}$ und $\mathfrak{N}$ zu beweisen.

▮ S. 19 *Wenn das Polyeder* $\mathfrak{M}$

$$\mathfrak{M} = \{ x \mid A x \leqq b, x \geqq o \}$$

nicht leer und beschränkt ist, dann hat das System

$$A x \leqq o , \quad x \geqq o$$

nur die triviale Lösung (analoges gilt für $\mathfrak{N}$*).* ▮

▌ Bws. Angenommen, das System

$$\boldsymbol{A}\,\boldsymbol{x} \leqq \boldsymbol{o}\,, \qquad \boldsymbol{x} \geqq \boldsymbol{o}$$

hat eine nicht triviale Lösung $\bar{\boldsymbol{x}}$.

Es sei $\boldsymbol{x}_0 \in \mathfrak{M}$ beliebig; dann gehört für jedes $t \geqq 0$ auch der Punkt $\boldsymbol{x}_0 + t\,\bar{\boldsymbol{x}}$ zu $\mathfrak{M}$; denn es ist

$$\boldsymbol{A}\,(\boldsymbol{x}_0 + t\,\bar{\boldsymbol{x}}) = \boldsymbol{A}\,\boldsymbol{x}_0 + t\,\boldsymbol{A}\,\bar{\boldsymbol{x}} \leqq \boldsymbol{A}\,\boldsymbol{x}_0 \leqq \boldsymbol{b}$$

und

$$\boldsymbol{x}_0 + t\,\bar{\boldsymbol{x}} \geqq \boldsymbol{o}\,.$$

Da t beliebig große positive Werte annehmen kann, und der Punkt $\boldsymbol{x}_0 + t\,\bar{\boldsymbol{x}}$ dabei stets in $\mathfrak{M}$ liegt, kann das Polyeder $\mathfrak{M}$ nicht beschränkt sein im Widerspruch zur Voraussetzung. ▌

▌ S. 20 *Wenn das Polyeder $\mathfrak{M}(\mathfrak{N})$ beschränkt ist, dann ist das Polyeder $\mathfrak{N}(\mathfrak{M})$ unbeschränkt.* ▌

▌ Bws. Wenn $\mathfrak{M}$ beschränkt ist, hat das System

$$\boldsymbol{A}\,\boldsymbol{x} \leqq \boldsymbol{o}\,, \qquad \boldsymbol{x} \geqq \boldsymbol{o}$$

nur die triviale Lösung.

Dieses System können wir auch in der Form

$$\begin{pmatrix} -\boldsymbol{A} \\ \boldsymbol{E} \end{pmatrix} \boldsymbol{x} \geqq \boldsymbol{o}$$

schreiben. Nach dem Satz von TUCKER hat das System

$$\begin{pmatrix} -\boldsymbol{A} \\ \boldsymbol{E} \end{pmatrix} \boldsymbol{x} \geqq \boldsymbol{o}\,, \quad (-\boldsymbol{A}', \boldsymbol{E}) \begin{pmatrix} \boldsymbol{u} \\ \boldsymbol{v} \end{pmatrix} = -\boldsymbol{A}'\,\boldsymbol{u} + \boldsymbol{v} = \boldsymbol{o}\,, \quad \boldsymbol{u} \geqq \boldsymbol{o}\,, \quad \boldsymbol{v} \geqq \boldsymbol{o}$$

stets eine Lösung $\boldsymbol{x}_0, \begin{pmatrix} \boldsymbol{u}_0 \\ \boldsymbol{v}_0 \end{pmatrix}$ mit

$$\begin{pmatrix} -\boldsymbol{A} \\ \boldsymbol{E} \end{pmatrix} \boldsymbol{x}_0 + \begin{pmatrix} \boldsymbol{u}_0 \\ \boldsymbol{v}_0 \end{pmatrix} > \boldsymbol{o}\,.$$

Da das System $\begin{pmatrix} -\boldsymbol{A} \\ \boldsymbol{E} \end{pmatrix} \boldsymbol{x} \geqq \boldsymbol{o}$ nur trivial lösbar ist, folgt $\boldsymbol{x}_0 = \boldsymbol{o}$, also

$$\boldsymbol{u}_0 > \boldsymbol{o}\,, \qquad \boldsymbol{v}_0 > \boldsymbol{o}\,,$$

$$-\boldsymbol{A}'\,\boldsymbol{u}_0 + \boldsymbol{v}_0 = \boldsymbol{o}$$

und somit

$$\boldsymbol{A}'\,\boldsymbol{u}_0 > \boldsymbol{o}\,, \qquad \boldsymbol{u}_0 > \boldsymbol{o}\,.$$

Insbesondere hat damit das System

$$\boldsymbol{A}'\,\boldsymbol{u} \geqq \boldsymbol{o}\,, \qquad \boldsymbol{u} \geqq \boldsymbol{o}$$

eine nicht triviale Lösung, was nach Satz 19 bedeutet, daß das Polyeder $\mathfrak{N}$,

$$\mathfrak{N} = \{\boldsymbol{u} \mid \boldsymbol{A}'\,\boldsymbol{u} \geqq \boldsymbol{c}, \boldsymbol{u} \geqq \boldsymbol{o}\},$$

unbeschränkt ist, womit der Satz bewiesen ist. ∎

Wir haben Satz 20 nur für den Fall bewiesen, daß die dualen Probleme in Normalform gegeben sind. Doch nach Satz 16 gilt die Aussage von Satz 20 auch für lineare Optimierungsprobleme mit gemischten Restriktionen.

3.6. Die Überführung von Dualproblemen mit gemischten Restriktionen in Normalform

Der Eliminationsprozeß aus dem Beweis von Satz 16, der die Möglichkeit zeigt, ein Paar von Dualproblemen mit gemischten Restriktionen in Normalform zu überführen, läßt sich als ein einfacher Algorithmus darstellen, der für die numerische Berechnung von praktischen Aufgaben von Nutzen ist.

Tabelle 1

	$x_1 \geqq 0$	$\ldots\; x_{\alpha_1} \geqq 0$	$\ldots\; x_{n_1} \geqq 0$	x_{n_1+1}	$\ldots\; x_n$	g
$0 \leqq u_1$	a_{11}	$\ldots\; a_{1\alpha_1}$	$\ldots\; a_{1n_1}$	$a_{1\,n_1+1}$	$\ldots\; a_{1n}$	$\leqq b_1$
$\ldots$	$\ldots$	$\ldots$	$\ldots$	$\ldots$	$\ldots$	$\ldots$
$0 \leqq u_{m_1}$	$a_{m_1 1}$	$\ldots\; a_{m_1\alpha_1}$	$\ldots\; a_{m_1 n_1}$	$a_{m_1,\,n_1+1}$	$\ldots\; a_{m_1 n}$	$\leqq b_{m_1}$
u_{m_1+1}	$a_{m_1+1,\,1}$	$\ldots\; a_{m_1+1,\,\alpha_1}$	$\ldots\; a_{m_1+1,\,n_1}$	$a_{m_1+1,\,n_1+1}$	$\ldots\; a_{m_1+1,\,n}$	$= b_{m_1+1}$
$\ldots$	$\ldots$	$\ldots$	$\ldots$	$\ldots$	$\ldots$	$\ldots$
u_m	a_{m1}	$\ldots\; a_{m\alpha_1}$	$\ldots\; a_{m n_1}$	$a_{m,\,n_1+1}$	$\ldots\; a_{mn}$	$= b_m$
f	$\geqq c_1$	$\geqq c_{\alpha_1}$	$\geqq c_{n_1}$	$= c_{n_1+1}$	$\ldots\; = c_n$	

Tabelle 1

beschreibt das in 3.4. betrachtete Paar von Dualproblemen mit gemischten Restriktionen.

Wir wählen aus Tabelle 1 eine Zeile, die einer Gleichungsrestriktion des Problems I entspricht, z. B. die m-te Zeile (wie beim Beweis von Satz 16). In dieser Zeile betrachten wir ein beliebiges von Null verschiedenes Element $a_{m\alpha_1}$.

Jetzt gibt es zwei Möglichkeiten:

1° Die zu $a_{m\alpha_1}$ gehörende Variable x_{α_1} ist vorzeichenbeschränkt, d. h. $x_{\alpha_1} \geqq 0$.

In Tabelle 1 ändern wir dann das Symbol „$\geqq c_{\alpha_1}$“ zu „$= c_{\alpha_1} + u_m^{(1)}$“, wie in Tabelle 1a ersichtlich. Das Element $a_{m\alpha_1}$ heißt *Zentralelement*, die m-te Zeile *Führungszeile* und die α_1-te Spalte *Führungsspalte*. Wir gehen nun von Tabelle 1a

	$x_1 \geqq 0 \ldots$	$x_{\alpha_1} \geqq 0 \ldots$	$x_{n_1} \geqq 0 \quad x_{n_1+1} \ldots x_n$	g
$0 \leqq u_1$	a_{11}	$a_{1\alpha_1}$	$\ldots\ldots\ldots\ldots a_{1n}$	$\leqq b_1$
$\ldots\ldots$	$\ldots\ldots$	$\ldots\ldots$	$\ldots\ldots\ldots\ldots$	$\ldots\ldots$
$0 \leqq u_{m_1}$	$a_{m_1 1}$	$a_{m_1\alpha_1}$	$\ldots\ldots\ldots\ldots a_{m_1 n}$	$\leqq b_{m_1}$
u_{m_1+1}	$a_{m_1+1,1}$	$a_{m_1+1\,\alpha_1}$	$\ldots\ldots\ldots\ldots a_{m_1 n}$	$= b_{m_1+1}$
$\ldots\ldots$	$\ldots\ldots$	$\ldots\ldots$	$\ldots\ldots\ldots\ldots$	$\ldots\ldots$
u_m	$a_{m_1+1,1}$	$a_{m\alpha_1}$	$\ldots\ldots\ldots\ldots a_{mn}$	$= b_m$
f	$\geqq c_1 \ldots$	$= c_{\alpha_1} + u_m^{(1)} \ldots$	$\geqq c_{n_1} \quad = c_{n_1+1} \ldots = c_n$	

Tabelle 1a

zur Tabelle 2a über:

	$x_1 \geqq 0$	$\ldots$	$x_{\alpha_1} \geqq 0$	$\ldots$	x_n	
$0 \leqq u_1$	$a_{11}^{(1)}$		$a_{1\alpha_1}^{(1)}$	$\ldots$	$a_{1n}^{(1)}$	$\leqq b_1^{(1)}$
$\ldots\ldots$	$\ldots\ldots$	$\ldots\ldots$	$\ldots\ldots$	$\ldots\ldots$	$\ldots\ldots$	$\ldots\ldots$
$0 \leqq u_{m_1}$	$a_{m_1 1}$		$a_{m_1\alpha_1}^{(1)}$	$\ldots$	$a_{m_1 n}^{(1)}$	$\leqq b_{m_1}^{(1)}$
$\ldots\ldots$	$\ldots\ldots$	$\ldots\ldots$	$\ldots\ldots$	$\ldots\ldots$	$\ldots\ldots$	$\ldots\ldots$
u_m	$a_{m_1}^{(1)}$	$\ldots$	$a_{m\alpha_1}^{(1)}$	$\ldots$	$a_{mn}^{(1)}$	$= b_m^{(1)}$
	$\geqq c_1^{(1)}$		$\geqq c_{\alpha_1}^{(1)}$	$\ldots$	$= c_n^{(1)}$	$- c_0^{(1)}$

Tabelle 2a

wobei die Elemente $a_{r\alpha}^{(1)}$, $c_\alpha^{(1)}$, $c_0^{(1)}$, $b_r^{(1)}$ mit Hilfe der folgenden Regeln berechnet werden:

(a) Man dividiert alle Elemente der Führungszeile und der Führungsspalte durch das Zentralelement; man erhält dann

$$a_{r\alpha_1}^{(1)} = \frac{a_{r\alpha_1}}{a_{m\alpha_1}} \quad (r = 1, \ldots, m), \qquad b_m^{(1)} = \frac{b_m}{a_{m\alpha_1}},$$

$$a_{m\alpha}^{(1)} = \frac{a_{m\alpha}}{a_{m\alpha_1}} \quad (\alpha = 1, \ldots, n), \qquad c_{\alpha_1}^{(1)} = \frac{c_{\alpha_1} + u_m^{(1)}}{a_{m\alpha_1}},$$

wobei offenbar

$$a^{(1)}_{m,\alpha_1} = 1$$

gilt.

(b) Alle übrigen Elemente aus Tabelle 2a werden aus Tabelle 1a mit Hilfe der sogenannten *Kreuzregel* berechnet, die in der linearen Optimierung eine wichtige Rolle spielt. Um z. B. das Element $a^{(1)}_{r\alpha}$ zu berechnen, betrachten wir in Tabelle 1a das „Viereck"

$$\begin{array}{l|l|}
a_{r\alpha} \cdots\cdots & a_{r\alpha_1} \\
\vdots & \vdots \\
\hline
a_{m\alpha} \cdots\cdots & a_{m\alpha_1} \\
\hline
\end{array}$$

Führungsspalte

Führungszeile

und bilden das Produkt $a_{m\alpha}\, a_{r\alpha_1}$ der Elemente $a_{m\alpha}$ und $a_{r\alpha_1}$ in der Führungszeile und -spalte und dividieren dieses Produkt durch das Zentralelement. Das Ergebnis subtrahiert man von $a_{r\alpha}$ und erhält

$$a^{(1)}_{r\alpha} = a_{r\alpha} - \frac{a_{m\alpha}\, a_{r\alpha_1}}{a_{m\alpha_1}}.$$

In derselben Weise berechnen wir die Elemente $b^{(1)}_r$ $(r \neq m)$, $c^{(1)}_\alpha$ $(\alpha \neq \alpha_1)$, $-c^{(1)}_0$:

$$\begin{array}{|l|l}
a_{r\alpha_1} & \cdots\cdots\; b_r \\
\vdots & \qquad\quad \vdots \\
\hline
a_{m\alpha_1} & \cdots\cdots\; b_m \\
\hline
\end{array}
\qquad b^{(1)}_r = b_r - \frac{b_m\, a_{r\alpha_1}}{a_{m\alpha_1}},$$

$$\begin{array}{|l|l}
\hline
a_{m\alpha_1} & \cdots\cdots\; a_{m\alpha} \\
\hline
\vdots & \qquad\quad \vdots \\
c_{\alpha_1} & \cdots\cdots\; c_\alpha
\end{array}
\qquad c^{(1)}_\alpha = c_\alpha - \frac{c_{\alpha_1}\, a_{m\alpha}}{a_{m\alpha_1}},$$

$$\begin{array}{|l|l}
\hline
a_{m\alpha_1} & \cdots\cdots\; b_m \\
\hline
\vdots & \qquad\quad \vdots \\
c_{\alpha_1} & \cdots\cdots\; 0
\end{array}
\qquad -c^{(1)}_0 = 0 - \frac{b_m\, c_{\alpha_1}}{a_{m\alpha_1}}.$$

Man erkennt leicht, daß diese Schritte im Einklang mit dem Eliminationsverfahren aus dem Beweis von Satz 16 stehen. Von Tabelle 2a gehen wir zu Tabelle 3a über:

	$x_1 \geqq 0$	$\ldots$	$x_{\alpha_1-1} \geqq 0$	$x_{\alpha_1+1} \geqq 0$	$\ldots$	x_n	${}^{(1)}g$
$0 \leqq u_1$	$a_{11}^{(1)}$		$a_{1,\alpha_1-1}^{(1)}$	$a_{1,\alpha_1+1}^{(1)}$		$a_{1n}^{(1)}$	$\leqq b_1^{(1)}$
$\ldots$	$\ldots$	$\ldots$	$\ldots$	$\ldots$	$\ldots$	$\ldots$	$\ldots$
$0 \leqq u_{m_1}$	$a_{m_1 1}^{(1)} \ldots$	$\ldots$	$\ldots$	$\ldots$	$\ldots$	$a_{m_1 n}^{(1)}$	$\leqq b_{m_1}^{(1)}$
$\ldots$	$\ldots$	$\ldots$	$\ldots$	$\ldots$	$\ldots$	$\ldots$	$\ldots$
u_{m-1}	$\ldots$	$\ldots$	$\ldots$	$\ldots$	$\ldots$	$\ldots$	$= b_{m-1}^{(1)}$
$0 \leqq u_m^{(1)}$	$a_{m1}^{(1)}$	$\ldots$	$a_{m,\alpha_1-1}^{(1)}$	$a_{m,\alpha_1+1}^{(1)}$	$\ldots$	$a_{mn}^{(1)}$	$\leqq b_m^{(1)}$
${}^{(1)}f$	$\geqq c_1^{(1)}$	$\ldots$	$c_{\alpha_1-1}^{(1)}$	$c_{\alpha_1+1}^{(1)}$		$c_n^{(1)}$	$-c_0^{(1)}$

Tabelle 3a

In dieser Tabelle wurde die Führungsspalte aus Tabelle 1a fortgelassen und anstelle von u_m das Symbol „$0 \leqq u_m$" und anstelle von „$= b_m$" das Symbol „$\leqq b_m^{(1)}$" geschrieben. Aus Tabelle 2a erhält man nun das neue Paar von Dualproblemen:

Problem I:

$$ {}^{(1)}f = c_0^{(1)} + \sum_{\substack{\alpha=1 \\ \alpha \neq \alpha_1}}^{n} c_\alpha^{(1)} x_\alpha \,, $$

$$ \sum_{\substack{\alpha=1 \\ \alpha \neq \alpha_1}}^{n} a_{r\alpha}^{(1)} x_\alpha \leqq b_r^{(1)} \,, \qquad r = 1, \ldots, m_1, m \,, $$

$$ \sum_{\substack{\alpha=1 \\ \alpha \neq \alpha_1}}^{n} a_{r\alpha}^{(1)} x_\alpha = b_r^{(1)} \,, \qquad r = m_1 + 1, \ldots, m - 1 \,, $$

$$ x_\alpha \geqq 0 \,, \qquad \alpha = 1, \ldots, n_1 \,, \qquad \alpha \neq \alpha_1 \,. $$

Problem II:

$$ {}^{(1)}g = c_0^{(1)} + \sum_{r=1}^{m-1} b_r^{(1)} u_r \,, $$

$$ \sum_{r=1}^{m-1} a_{r\alpha}^{(1)} u_r + a_{m\alpha}^{(1)} u_m^{(1)} \geqq c_\alpha^{(1)} \,, \qquad \alpha = 1, \ldots, n_1 \,; \qquad \alpha \neq \alpha_1 \,, $$

$$ \sum_{r=1}^{m-1} a_{r\alpha}^{(1)} u_r + a_{m\alpha}^{(1)} u_m^{(1)} = c_\alpha^{(1)} \,, \qquad \alpha = n_1 + 1, \ldots, n \,, $$

$$ u_r \geqq 0 \,, \qquad r = 1, \ldots, m_1 \,; \qquad u_m^{(1)} \geqq 0 \,. $$

Damit die Äquivalenz zu den ursprünglichen Aufgaben gesichert ist, muß man noch die eliminierten Variablen berücksichtigen. Die entsprechenden Relationen kann man direkt aus Tabelle 2a ablesen:

$$\sum_{r=1}^{m} a_{r\alpha_1}^{(1)} u_r = c_{\alpha_1}^{(1)}, \qquad \sum_{\alpha=1}^{n} a_{m\alpha}^{(1)} x_\alpha = b_m^{(1)}.$$

Da $a_{m\alpha_1}^{(1)} = 1$ ist, kann man diese Relationen in der Form

$$u_m = c_{\alpha_1}^{(1)} - \sum_{r=1}^{m-1} a_{r\alpha_1}^{(1)} u_r, \qquad x_{\alpha_1} = b_m^{(1)} - \sum_{\substack{\alpha=1 \\ \alpha \neq \alpha_1}}^{n} a_{m\alpha}^{(1)} x_\alpha \tag{47}$$

schreiben.

2° Die zu $a_{m\alpha_1}$ gehörende Variable ist nicht vorzeichenbeschränkt. Dann können wir die folgende Ausgangstabelle benutzen:

	$x_1 \geqq 0$	$\ldots$	$x_{n_1} \geqq 0$	x_{n_1+1}	$\ldots$	x_{α_1}	$\ldots$	x_n	
$0 \leqq u_1$	a_{11}		a_{1n_1}			$a_{1\alpha_1}$	$\ldots$	a_{1n}	$\leqq b_1$
$\ldots$	$\ldots$	$\ldots$	$\ldots$	$\ldots$	$\ldots$	$\ldots$	$\ldots$	$\ldots$	$\ldots$
$0 \leqq u_{m_1}$	$a_{m_1 1}$		$a_{m_1 n_1}$			$a_{m_1\alpha_1}$	$\ldots$	$a_{m_1 n}$	$\leqq b_{m_1}$
u_{m_1+1}	$\ldots$	$\ldots$	$\ldots$	$\ldots$	$\ldots$	$\ldots$	$\ldots$	$\ldots$	$= b_{m_1+1}$
u_m	a_{m_1}	$\ldots$	a_{mn_1}	$\ldots$		$a_{m\alpha_1}$	$\ldots$	a_{mn}	$= b_m$
	$\geqq c_1$	$\ldots$	$\geqq c_{n_1}$	$= c_{n_1+1}$	$\ldots$	$= c_{\alpha_1}$	$\ldots$	$= c_n$	

Tabelle 1b

Von Tabelle 1b gehen wir dann zu Tabelle 2b über:

	$x_1 \geqq 0$	$\ldots$	$x_{n_1} \geqq 0$	x_{n_1+1}	$\ldots$	x_{α_1}	$\ldots$	x_n	
$0 \leqq u_1$	$a_{11}^{(1)}$	$\ldots$	$\ldots$	$\ldots$	$\ldots$	$a_{1\alpha_1}^{(1)}$		$a_{1n}^{(1)}$	$\leqq b_1^{(1)}$
$\ldots$	$\ldots$	$\ldots$	$\ldots$	$\ldots$	$\ldots$	$\ldots$	$\ldots$	$\ldots$	$\ldots$
$0 \leqq u_{m_1}$	$\ldots$	$\ldots$	$\ldots$	$\ldots$	$\ldots$	$\ldots$	$\ldots$	$\ldots$	$\leqq b_{m_1}^{(1)}$
u_{m_1+1}	$\ldots$	$\ldots$	$\ldots$	$\ldots$	$\ldots$	$\ldots$	$\ldots$	$\ldots$	$= b_{m_1+1}^{(1)}$
$\ldots$	$\ldots$	$\ldots$	$\ldots$	$\ldots$	$\ldots$	$\ldots$	$\ldots$	$\ldots$	$\ldots$
u_m	$a_{m_1}^{(1)}$	$\ldots$	$\ldots$	$\ldots$	$\ldots$	$a_{m\alpha_1}^{(1)}$	$\ldots$	$a_{mn}^{(1)}$	$= b_m^{(1)}$
	$\geqq c_1^{(1)}$		$\geqq c_{n_1}^{(1)}$	$= c_{n_1+1}^{(1)}$	$\ldots$	$= c_{\alpha_1}^{(1)}$	$\ldots$	$= c_n^{(1)}$	$- c_0^{(1)}$

Tabelle 2b

wobei die Elemente dieser Tafel genauso berechnet werden wie im Fall 1°. Aus dieser Tabelle erhalten wir Tabelle 3b

	$x_1 \geqq 0$	$\ldots\ldots$	x_{α_1-1}	x_{α_1+1}	$\ldots$	x_n	
$0 \leqq u_1$	$a_{11}^{(1)}$		$a_{1,\alpha_1-1}^{(1)}$	$a_{1,\alpha_1+1}^{(1)}$		$a_{1n}^{(1)}$	$\leqq b_1^{(1)}$
$\ldots\ldots$	$\ldots$	$\ldots$	$\ldots$	$\ldots$	$\ldots$	$\ldots$	$\ldots$
$0 \leqq u_{m_1}$	$\ldots$	$\ldots$	$\ldots$	$\ldots$	$\ldots$	$\ldots$	$\leqq b_{m_1}^{(1)}$
u_{m_1+1}	$\ldots$	$\ldots$	$\ldots$	$\ldots$	$\ldots$	$\ldots$	$= b_{m_1+1}^{(1)}$
$\ldots\ldots$	$\ldots$	$\ldots$	$\ldots$	$\ldots$	$\ldots$	$\ldots$	$\ldots$
u_{m-1}	$a_{m-1,1}^{(1)}$	$\ldots\ldots$	$a_{m-1,\alpha_1-1}^{(1)}$	$a_{m-1,\alpha_1+1}^{(1)}$	$\ldots$	$a_{m-1,n}^{(1)}$	$= b_{m-1}^{(1)}$
	$\geqq c_1^{(1)}$	$\ldots\ldots$	$= c_{\alpha_1-1}^{(1)}$	$= c_{\alpha_1+1}^{(1)}$	$\ldots$	$= c_n^{(1)}$	

Tabelle 3b

wobei wir einfach die Führungsspalte und -zeile aus Tabelle 2b fortgelassen haben. Diese entsprechen den Gleichungen

$$\sum_{r=1}^{m} a_{r\alpha_1}^{(1)} u_r = c_{\alpha_1}^{(1)}, \qquad \sum_{\alpha=1}^{n} a_{m\alpha}^{(1)} x_\alpha = b_m^{(1)},$$

die wegen $a_{m\alpha_1}^{(1)} = 1$ auch in der Form

$$u_m = c_{\alpha_1}^{(1)} - \sum_{r=1}^{m-1} a_{r\alpha_1}^{(1)} u_r, \qquad x_{\alpha_1} = b_m^{(1)} - \sum_{\substack{\alpha=1 \\ \alpha \neq \alpha_1}}^{n} a_{m\alpha}^{(1)} x_\alpha \tag{48}$$

geschrieben werden können; diese Gleichungen sind den Gleichungen (47) analog. Die Gleichungen (48) zusammen mit dem neuen Paar von Dualproblemen ergeben das ursprüngliche Paar.

Damit wurde der erste Eliminationsschritt algorithmisch beschrieben. Diesen wiederholen wir so oft, bis keine Gleichungen mehr vorhanden sind. Es ist klar, daß man den beschriebenen Algorithmus auch mit „Spaltengleichungen" ablaufen lassen kann. Zwei Beispiele sollen diese Methode veranschaulichen.

Beispiel 1.

Problem I (Maximum):

$$\begin{aligned} f &= 2x + 5y + 5z + v, \\ x + y - z + 2v &\leqq 4, \\ 2x - y + 2z - v &\leqq 3, \\ x + y + z + v &= 1, \\ x - y - z + 2v &= 2, \quad x, y \geqq 0. \end{aligned}$$

Problem II (Minimum):

$$\begin{aligned} g &= 4u_1 + 3u_2 + u_3 + 2u_4, \\ u_1 + 2u_2 + u_3 + u_4 &\geqq 2, \\ u_1 - u_2 + u_3 - u_4 &\geqq 5, \\ -u_1 + 2u_2 + u_3 - u_4 &= 5, \\ 2u_1 - u_2 + u_3 + 2u_4 &= 1, \quad u_1 \geqq 0, \quad u_2 \geqq 0. \end{aligned}$$

Beide Aufgaben fassen wir in der folgenden Tabelle zusammen:

	$x \geqq 0$	$y \geqq 0$	z	v	g
$0 \leqq u_1$	1	1	-1	2	$\leqq 4$
$0 \leqq u_2$	2	-1	2	-1	$\leqq 3$
u_3	1	1	1	1	$=1$
u_4	1	-1	-1	2	$=2$
f	$\geqq 2$	$\geqq 5$	$=5$	$=1$	

Wir wählen etwa die Zahl 2 in der vierten Zeile (Führungszeile) und in der vierten Spalte (Führungsspalte) als Zentralelement. Da die entsprechende Variable nicht vorzeichenbeschränkt ist, handelt es sich bei diesem Beispiel um den Fall 2° des oben beschriebenen Verfahrens.

	$x \geqq 0$	$y \geqq 0$	z	v	
$0 \leqq u_1$	1	1	-1	2	$\leqq 4$
$0 \leqq u_2$	2	-1	2	-1	$\leqq 3$
u_3	1	1	1	1	$=1$
u_4	1	-1	-1	2	$=2$
	$\geqq 2$	$\geqq 5$	$=5$	$=1$	0

(49)

Von der Tabelle (49) ausgehend berechnen wir die Tabelle (50), indem wir die oben angegebenen Regeln anwenden, d. h., wir dividieren die Elemente der Führungsspalte durch das Zentralelement und berechnen die übrigen Elemente nach der Kreuzregel. Dadurch erhalten wir

	$x \geqq 0$	$y \geqq 0$	z	v	g
$0 \leqq u_1$	0	2	0	1	$\leqq 2$
$0 \leqq u_2$	$\frac{5}{2}$	$-\frac{3}{2}$	$\frac{3}{2}$	$-\frac{1}{2}$	$\leqq 4$
u_3	$\frac{1}{2}$	$\frac{3}{2}$	$\frac{3}{2}$	$\frac{1}{2}$	$=0$
u_4	$\frac{1}{2}$	$-\frac{1}{2}$	$-\frac{1}{2}$	1	$=1$
$^{(1)}f$	$\geqq \frac{3}{2}$	$\geqq \frac{11}{2}$	$=\frac{11}{2}$	$=\frac{1}{2}$	-1

(50)

Nun lassen wir Führungsspalte und Führungszeile fort und erhalten die neue Tabelle

	$x \geqq 0$	$y \geqq 0$	z	
$0 \leqq u_1$	0	2	0	$\leqq 2$
$0 \leqq u_2$	$\frac{5}{2}$	$-\frac{3}{2}$	$\frac{3}{2}$	$\leqq 4$
u_3	$\frac{1}{2}$	$\frac{3}{2}$	$\frac{3}{2}$	$=0$
	$\geqq \frac{3}{2}$	$\geqq \frac{11}{2}$	$=\frac{11}{2}$	-1

(51)

zu der wir noch die Gleichungsrestriktionen

$$\frac{x}{2} - \frac{y}{2} - \frac{z}{2} + v = 1\,, \qquad u_1 - \frac{1}{2}u_2 + \frac{1}{2}u_3 + u_4 = \frac{1}{2}\,,$$

die den fortgelassenen Relationen entsprechen, hinzufügen. Die Gleichungen werden nach den eliminierten Variablen aufgelöst:

$$v = 1 - \frac{1}{2}x + \frac{1}{2}y + \frac{1}{2}z\,, \qquad u_4 = \frac{1}{2} - u_1 + \frac{1}{2}u_2 - \frac{1}{2}u_3\,. \tag{52}$$

Damit ist der erste Schritt abgeschlossen. Der zweite verläuft analog zum ersten aber beginnend mit Tabelle (51). Wir nehmen z. B. die dritte Zeile als Führungszeile und die dritte Spalte als Führungsspalte, was möglich ist, da dasjenige Element, das sowohl in dieser Zeile als auch in dieser Spalte steht, von Null verschieden ist. Die Zahl $\frac{3}{2}$ ist somit unser Zentralelement für den nächsten Schritt:

	$x \geqq 0$	$y \geqq 0$	0	
$0 \leqq u_1$	0	2	0	$\leqq 2$
$0 \leqq u_2$	$\frac{5}{2}$	$-\frac{3}{2}$	$\frac{3}{2}$	$\leqq 4$
u_3	$\frac{1}{2}$	$\frac{3}{2}$	$\frac{3}{2}$	$=0$
	$\geqq \frac{3}{2}$	$\geqq \frac{11}{2}$	$= \frac{11}{2}$	-1

Analog zum ersten Schritt dividieren wir alle Elemente der Führungsspalte bzw. -zeile durch das Zentralelement; alle übrigen Elemente berechnen sich nach der Kreuzregel. Dadurch erhalten wir die folgende Tabelle:

	$x \geqq 0$	$y \geqq 0$	z	
$0 \leqq u_1$	0	2	0	$\leqq 2$
$0 \leqq u_2$	2	-3	1	$\leqq 4$
u_3	$\frac{1}{3}$	1	1	$=0$
	$\geqq -\frac{1}{3}$	$\geqq 0$	$= \frac{11}{3}$	-1

woraus sich durch Streichen der Führungszeile und -spalte die Tabelle

	$x \geqq 0$	$y \geqq 0$	${}^{(2)}g$
$0 \leqq u_1$	0	2	$\leqq 2$
$0 \leqq u_2$	2	-3	$\leqq 4$
${}^{(2)}f$	$\geqq -\frac{1}{3}$	$\geqq 0$	-1

(53)

mit den Relationen

$$\frac{1}{3}x + y + z = 0\,, \qquad u_2 + u_3 = \frac{11}{3}\,,$$

ergibt, die man nach den eliminierten Variablen auflösen kann:

$$u_3 = \frac{11}{3} - u_2\,, \qquad z = -\frac{1}{3}x - y\,. \tag{54}$$

Das Paar von Dualproblemen, das durch die Tafel (53) beschrieben wird, ist zusammen mit den Relationen (52) und (54) mit dem ursprünglichen Paar identisch.

Da die Aufgaben aus Tabelle (53) zweidimensional sind, kann man sie leicht geometrisch lösen.

Problem I (Maximum):

$$^{(2)}f = -\frac{1}{3}x + 1\,,$$
$$2y \leqq 2\,,$$
$$2x - 3y \leqq 4\,,$$
$$x \geqq 0\,, \quad y \geqq 0\,,$$

Problem II (Minimum):

$$^{(2)}g = 2u_1 + 4u_2 + 1\,,$$
$$2u_2 \geqq -\frac{1}{3}\,,$$
$$2u_1 - 3u_2 \geqq 0\,,$$
$$u_1 \geqq 0\,, \quad u_2 \geqq 0\,.$$

Die Mengen $\mathfrak{M}$ und $\mathfrak{N}$ der zu den beiden Aufgaben gehörenden zulässigen Punkte sind in Abb. 2 dargestellt. Entsprechend der in 3.1. gegebenen geometrischen Interpretation sucht man die optimalen Punkte des Problems, in dem man die Stützgerade an den Bereich $\mathfrak{M}$ ($\mathfrak{N}$) aus der Geradenschar $^{(2)}f$ = const bzw. $^{(2)}g$ = const bestimmt, die die Eigenschaft besitzt, daß der Bereich $\mathfrak{M}$ ($\mathfrak{N}$) auf derjenigen Seite der Stützgeraden liegt, in die

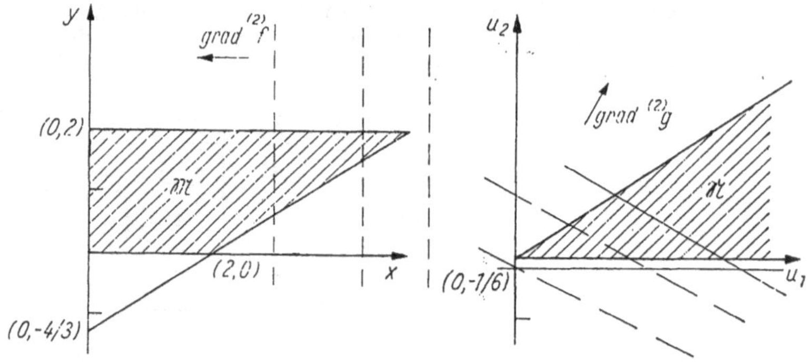

Abb. 2

der Gradient von $^{(2)}f$ nicht zeigt (bzw. in die der Gradient von $^{(2)}g$ hineinweist). Man sieht sofort, daß (0, 0) ein optimaler Punkt von Problem I und Problem II ist. Wenn dies in die Relationen (52) und (54) eingesetzt wird, erhält man (0, 0, 0, 1) als optimalen Punkt des ursprünglichen Problems und $(0, 0, \frac{11}{3}, -\frac{4}{5})$als optimalen Punkt des Dualproblems.

Wie man sieht, stimmen die Werte der beiden Zielfunktionen in den optimalen Punkten gemäß Satz 10 überein. Ferner sehen wir aus Abb. 2, daß der Bereich $\mathfrak{M}$ beschränkt und die Menge $\mathfrak{N}$ unbeschränkt ist, wie es auch nach Satz 20 sein muß.

Beispiel 2. Durch die folgende Tabelle seien Dualprobleme mit gemischten Nebenbedingungen gegeben:

	$x_1 \geqq 0$	$x_2 \geqq 0$	$x_3 \geqq 0$	x_4	x_5	g
$0 \leqq u_1$	2	-2	3	0	1	$\leqq 10$
$0 \leqq u_2$	1	0	5	-4	0	$\leqq -5$
$0 \leqq u_3$	0	3	1	-1	-1	$\leqq 0$
$0 \leqq u_4$	4	2	-1	0	0	$\leqq -3$
u_5	-3	1	0	2	0	$= 2$
u_6	1	-1	1	-1	0	$= 0$
u_7	-6	-1	1	-1	0	$= 1$
f	$\geqq -2$	$\geqq 5$	$\geqq -1$	$= 2$	$= -3$	0

(55)

Wir wählen die sechste Zeile als Führungszeile und die dritte Spalte als Führungsspalte; dann ist die Zahl 1 das Zentralelement. Da x_3 eine vorzeichenbeschränkte Variable ist, haben wir Fall 1° anzuwenden und erhalten die folgende Tabelle:

	$x_1 \geqq 0$	$x_2 \geqq 0$	x_3	x_4	x_5	
$0 \leqq u_1$	-1	1	3	3	1	$\leqq 10$
$0 \leqq u_2$	-4	5	5	1	0	$\leqq -5$
$0 \leqq u_3$	-1	4	1	0	-1	$\leqq 0$
$0 \leqq u_4$	5	1	-1	-1	0	$\leqq -3$
u_5	-3	1	0	2	0	$= 2$
u_6	1	-1	1	-1	0	$= 0$
u_7	-7	0	1	0	0	$= 1$
	$\geqq -1$	$\geqq 4$	$= -1 + u_6^{(1)}$	$= 1$	$= -3$	0

(56)

Hieraus ergibt sich auf Grund der theoretischen Beschreibung

	$x_1 \geqq 0$	$x_2 \geqq 0$	x_4	x_5	
$0 \leqq u_1$	-1	1	3	1	$\leqq 10$
$0 \leqq u_2$	-4	5	1	0	$\leqq -5$
$0 \leqq u_3$	-1	4	0	-1	$\leqq 0$
$0 \leqq u_4$	5	1	-1	0	$\leqq -3$
u_5	-3	1	2	0	$= 2$
$0 \leqq u_6^{(1)}$	1	-1	-1	0	$= 0$
u_7	-7	0	0	0	$= 1$
	$\geqq -1$	$\geqq 4$	$= 1$	$= -3$	0

(57)

Wir schreiben noch die Gleichungen auf, die beim Übergang von (56) zu (57) fortgelassen wurden:

$$x_3 = x_4 - x_1 + x_2,$$
$$u_6 = -1 + u_6^{(1)} - 3u_1 - 5u_2 - u_3 + u_4 - u_7.$$

Aus der Tabelle (57) ersieht man, daß die siebente Zeile, die der Gleichung

$$-7x_1 = 1$$

entspricht, wobei $x_1 \geqq 0$ sein soll, einen Widerspruch liefert. Das bedeutet, daß das Problem I aus (55) keinen zulässigen Punkt besitzt. Es wäre also sinnlos, das Verfahren fortzuführen.

3.7. Ein Eliminationsverfahren für lineare Gleichungssysteme

Das beschriebene Eliminationsverfahren läßt sich auch in den Fällen anwenden, in denen das Problem I nur Gleichungsrestriktionen enthält und die Variablen nicht vorzeichenbeschränkt sind, also der Fall 2° aus 3.4. eintritt.

Es sei ein inhomogenes Gleichungssystem gegeben:

$$\sum_{\alpha=1}^{n} a_{r\alpha} x_\alpha = b_r\,, \qquad r = 1, \ldots, m\,. \tag{58}$$

Es sind nun alle Lösungen dieses Systems zu bestimmen.

Dazu formulieren wir das folgende Problem:

Man soll die Menge aller Punkte bestimmen, die Lösungen des Systems (58) sind, und die der Funktion

$$f \equiv 0$$

einen maximalen Wert erteilen.

Das dazugehörige Dualproblem besteht dann darin, alle Punkte zu bestimmen, die den Gleichungen

$$\sum_{r=1}^{m} a_{r\alpha} u_r = 0\,, \qquad \alpha = 1, \ldots, n\,,$$

genügen und die Funktion $g = \sum_{r=1}^{m} b_r u_r$ minimieren. Zu diesen beiden Problemen gehört die Tabelle

	x_1	. . .	x_α	. . .	x_n	g
u_1	a_{11}		$a_{1\alpha}$	. . .	a_{1n}	$= b_1$
. . .	. . .	. . .	. . .	. . .	. . .	. . .
u_r	a_{r1}		$a_{r\alpha}$	. . .	a_{rn}	$= b_r$
. . .	. . .	. . .	. . .	. . .	. . .	. . .
u_m	a_{m1}	. . .	$a_{m\alpha}$	. . .	a_{mn}	$= b_m$
	$= 0$	. . .	$= 0$		$= 0$	

Da sich bei der Anwendung der entsprechenden Transformationen die letzte Zeile nicht ändern wird (es bleiben Nullen), können wir diese Zeile streichen und von der folgenden Tabelle ausgehen:

	x_1	...	x_n	
u_1	a_{11}	...	a_{1n}	$= b_1$
...	. . .	. . .	. . .	...
u_m	a_{m1}	...	a_{mn}	$= b_m$

Diese Tabelle läßt sich noch weiter vereinfachen. Zur Lösung des Gleichungssystems (58) interessieren die Variablen des Dualproblems nicht, d. h., sie können fortgelassen werden. Ferner benötigen wir die Gleichheitszeichen für den Algorithmus nicht, so daß wir ein vereinfachtes Schema erhalten:

x_1	...	x_α	...	x_n	
a_{11}	...	$a_{1\alpha}$		a_{1n}	b_1
. . .	. . .	. . .	. . .	. . .	...
a_{r1}		$a_{r\alpha}$		a_{rn}	b_r
. . .	. . .	. . .	. . .	. . .	...
a_{m1}	...	$a_{m\alpha}$	...	a_{mn}	b_m

Wir wählen ein beliebiges von Null verschiedenes Element als Zentralelement, etwa $a_{r\alpha}$. Dann ist die r-te Zeile Führungszeile und die α-te Spalte Führungsspalte. Wir dividieren alle Elemente der Führungszeile und alle Elemente der Führungsspalte durch das Zentralelement und berechnen die übrigen Elemente nach der Kreuzregel. Da uns das Dualproblem nicht interessiert, können wir alle Elemente der Führungsspalte gleich Null setzen bis auf das Zentralelement, das seinen Wert 1 behält (nach den Rechenoperationen). Auf diese Weise erhalten wir die Tabelle

x_1	...	$x_{\alpha-1}$	x_α	$x_{\alpha+1}$	...	x_n		
$a_{11}^{(1)}$	...	$a_{1,\alpha-1}^{(1)}$	0	$a_{1,\alpha+1}^{(1)}$		$a_{1n}^{(1)}$	$b_1^{(1)}$	
. . .	. . .	. . .	. . .	. . .	. . .	. . .	...	
$a_{r1}^{(1)}$	...	$a_{r,\alpha-1}^{(1)}$	1	$a_{r,\alpha+1}^{(1)}$		$a_{rn}^{(1)}$	$b_r^{(1)}$	(59)
. . .	. . .	. . .	. . .	. . .	. . .	. . .	...	
$a_{m1}^{(1)}$	...	$a_{m,\alpha-1}^{(1)}$	0	$a_{m,\alpha+1}^{(1)}$	...	$a_{mn}^{(1)}$	$b_m^{(1)}$.	

Daraus folgt die neue Tabelle:

$$\begin{array}{cccccc|c}
x_1 & \dots & x_{\alpha-1} & x_{\alpha+1} & \dots & x_n & \\
\hline
a_{11}^{(1)} & & a_{1,\alpha-1}^{(1)} & a_{1,\alpha+1}^{(1)} & & a_{1n}^{(1)} & b_1^{(1)} \\
\dots & \dots & \dots & \dots & \dots & \dots & \dots \\
a_{r-1,1}^{(1)} & & a_{r-1,\alpha-1}^{(1)} & a_{r-1,\alpha+1}^{(1)} & & a_{r-1,n}^{(1)} & b_{r-1}^{(1)} \\
a_{r+1,1}^{(1)} & & a_{r+1,\alpha-1}^{(1)} & a_{r+1,\alpha+1}^{(1)} & & a_{r+1,n}^{(1)} & b_{r+1}^{(1)} \\
\dots & \dots & \dots & \dots & \dots & \dots & \dots \\
a_{m1}^{(1)} & \dots & a_{m,\alpha-1}^{(1)} & a_{m,\alpha+1}^{(1)} & \dots & a_{mn}^{(1)} & b_m^{(1)}
\end{array} \tag{60}$$

die durch Streichen der Führungszeile und -spalte aus (59) entsteht. Wir haben noch die Gleichung hinzuzufügen, die der Führungszeile entspricht:

$$x_\alpha = b_r^{(1)} - \sum_{\substack{\beta=1 \\ \beta \neq \alpha}}^{n} a_{r\beta}^{(1)} x_\beta .$$

Damit ist der erste Schritt beendet. Beim zweiten Schritt wird die Tabelle (60) als Ausgangstabelle genommen und der Prozeß wiederholt. Bei jedem Schritt hat man die Gleichung, die der Führungszeile entspricht, zu registrieren.

Dieses Verfahren ist auch anwendbar, falls mehr Gleichungen als Variable vorhanden sind, d. h. $m > n$ gilt. In diesem Fall kann man sich nämlich vorstellen, daß $m - n$ Variable zusätzlich in (58) mit Nullkoeffizienten eingeführt wurden, so daß ein System entsteht, worin die Anzahl der Gleichungen mit der Anzahl der Variablen übereinstimmt. Beim Eliminationsprozeß bleiben die Koeffizienten der so eingeführten Variablen gleich Null (wegen der Transformationsregeln), so daß sie nicht explizit mitgeführt zu werden brauchen. Falls im k-ten Schritt mindestens in einer Zeile der Tabelle alle Elemente $a_{r_0\alpha}^{(k)}$ gleich Null sind, während $b_{r_0}^{(k)} \neq 0$ gilt, ist das Ausgangssystem unlösbar. Falls jedoch $b_{r_0}^{(k)} = 0$ gelten sollte, kann diese Zeile selbstverständlich gestrichen werden.

Beispiel 1. Es ist das folgende Gleichungssystem zu lösen:

$$\left.\begin{aligned}
3x - 5y + 5z - 4u + v &= -24, \\
x - 2y - z + 3u + 2v &= 7, \\
-2x + 3y + 2z - u - v &= -5, \\
x + y + z - 2u + v &= 0, \\
x + y - z - u - v &= 3.
\end{aligned}\right\} \tag{61}$$

Die Ausgangstabelle lautet dann

x	y	z	u	v	
3	–5	5	–4	1	–24
1	–2	–1	3	2	7
–2	3	2	–1	–1	– 5
1	[1]	1	–2	1	0
1	1	–1	–1	–1	3

Das Zentralelement sei etwa wie angedeutet die Zahl 1. Wir dividieren Führungszeile und -spalte durch das Zentralelement und berechnen die übrigen Elemente nach der Kreuzregel und erhalten als nächstes die Tabelle

x	y	z	u	v	
8	0	10	–14	6	–24
3	0	1	–1	4	7
–5	0	–1	5	–4	–5
1	1	1	–2	1	0
0	0	–2	1	–2	3

Aus diesem Schema streichen wir wie üblich die Führungszeile und -spalte und beginnen den nächsten Schritt mit der Tabelle

x	z	u	v	
8	10	–14	6	–24
3	[1]	–1	4	7
–5	–1	5	–4	– 5
0	–2	1	–2	3

(62)

Der gestrichenen Führungszeile entspricht die Gleichung

$$y = -x - z + 2u - v\,. \tag{63}$$

In der Tabelle (62) wählen wir die zweite Zeile als Führungszeile und die zweite Spalte als Führungsspalte und transformieren wie im ersten Schritt. Das Ergebnis können wir aus den Tabellen

x	z	u	v	
–22	0	–4	–34	–94
3	1	–1	4	7
–2	0	4	0	2
6	0	–1	6	17

x	u	v	
–22	–4	–34	–94
[–2]	4	0	2
6	–1	6	17

(64)

und der Gleichung

$$z = 7 - 3x + u - 4v \qquad (65)$$

entnehmen. Beim nun folgenden dritten Schritt wählen wir die erste Spalte als Führungsspalte und die zweite Zeile als Führungszeile in der Tabelle (64) mit dem Zentralelement -2. Mit den angegebenen Operationen erhalten wir dann

x	u	v	
0	-48	-34	-116
1	-2	0	-1
0	11	6	23

und daraus

u	v	
-48	-34	-116
[11]	6	23

(66)

mit der Gleichung

$$x = -1 + 2u. \qquad (67)$$

Beim nächsten Schritt wählen wir als Zentralelement die Zahl 11 und gehen von der Tabelle (66) zu

u	v	
0	$-\frac{86}{11}$	$-\frac{172}{11}$
1	$\frac{6}{11}$	$\frac{23}{11}$

über, woraus sich schließlich das letzte Schema

v	
$-\frac{86}{11}$	$-\frac{172}{11}$

(68)

mit der Gleichung

$$u = \frac{23}{11} - \frac{6}{11}v \qquad (69)$$

ergibt. Aus (68), (69), (67), (65) und (63) folgt etappenweise, daß

$$(x, y, z, u, v) = (1, 2, -3, 1, 2)$$

die einzige Lösung des vorgegebenen Gleichungssystem ist.

Nachdem dieses Beispiel so ausführlich diskutiert wurde, können wir die gesamte Rechnung in einem einzigen Rechenschema darstellen:

x	y	z	u	v		
3	-5	5	-4	1	-24	
1	-2	-1	3	2	7	
-2	3	2	-1	-1	-5	
1	1	1	-2	1	0	
1	1	-1	-1	-1	3	
8	0	10	-14	6	-24	
3	0	1	-1	4	7	
-5	0	-1	5	-4	-5	
1	1	1	-2	1	0	$y = -x - z + 2u - v$,
0	0	-2	1	-2	3	
8		10	-14	6	-24	
3		1	-1	4	7	
-5		-1	5	-4	-5	
0		-2	1	-2	3	
-22		0	-4	-34	-94	
3		1	-1	4	7	$z = 7 - 3x + u - 4v$,
-2		0	4	0	2	
6		0	-1	6	17	
-22			-4	-34	-94	
-2			4	0	2	
6			-1	6	17	
0			-48	-34	-116	
1			-2	0	-1	$x = -1 + 2u$,
0			11	6	23	
			-48	-34	-116	
			11	6	23	
			0	$-\frac{86}{11}$	$-\frac{172}{11}$	
			1	$\frac{6}{11}$	$\frac{23}{11}$	$u = \frac{23}{11} - \frac{6}{11}v$,
				$-\frac{86}{11}$	$-\frac{172}{11}$	$v = 2$.

Beispiel 2. Es sind die Lösungen des Systems

$$\begin{aligned} 2x + y - 2z - u + 4v &= 2,\\ 6x - 4y + u - 3v &= -5,\\ -x - y - z + 3v &= 1 \end{aligned}$$

zu bestimmen!

Wir rechnen nach dem oben angegebenen Schema

x	y	z	u	v		
2	[1]	-2	-1	4	2	
6	-4	0	1	-3	-5	$y = 2 - 2x + 2z + u - 4v,$
-1	-1	-1	0	3	1	
2	1	-2	-1	4	2	
14	0	-8	-3	13	3	
1	0	-3	-1	7	3	
14		-8	-3	13	3	
[1]		-3	-1	7	3	
0		34	11	-85	-39	$x = 3 + 3z + u - 7v,$
1		-3	-1	7	3	
		34	[11]	-85	-39	
		$\frac{34}{11}$	1	$-\frac{85}{11}$	$-\frac{39}{11}$	$u = \frac{1}{11}(-39 - 34z + 85v).$

An dieser Stelle endet das Verfahren, da z und v beliebig gewählt werden können.

Beispiel 3. Das System

$$2x - 5y + 6z = 2, \qquad -5x + 2y + 18z = 9, \qquad -3x + 4y + 2z = 1$$

hat keine Lösung, da das Rechenschema

x	y	z	
2	-5	6	2
-5	[2]	18	9
-3	4	2	1
$-\frac{21}{2}$	0	51	$\frac{49}{2}$
$-\frac{5}{2}$	1	9	$\frac{9}{2}$
7	0	-34	-17
$-\frac{21}{2}$		51	$-\frac{49}{2}$
7		-34	-17
0		0	-1

einen Widerspruch ergibt.

3.8. Der Zusammenhang der optimalen Punkte von Dualproblemen

Wir betrachten ein Paar von Dualproblemen in Normalform

$$\max\{\boldsymbol{c}'\boldsymbol{x} \mid \boldsymbol{A}\boldsymbol{x} \leqq \boldsymbol{b}, \boldsymbol{x} \geqq \boldsymbol{o}\}, \tag{70}$$

$$\min\{\boldsymbol{b}'\boldsymbol{u} \mid \boldsymbol{A}'\boldsymbol{u} \geqq \boldsymbol{c}, \boldsymbol{u} \geqq \boldsymbol{o}\}. \tag{71}$$

Es seien $\boldsymbol{x}_0$, $\boldsymbol{u}_0$ optimale Punkte der beiden dualen Aufgaben. Die Werte der Zielfunktion stimmen in diesen Punkten überein. Wir wollen in diesem Abschnitt zeigen, daß man aus einem optimalen Punkt des einen Problems einen optimalen Punkt des Dualproblems bestimmen kann. Dazu kehren wir zu der in **3.3.** diskutierten geometrischen Interpretation der Dualprobleme zurück. Wir werden die gleichen Bezeichnungen verwenden.

Es seien $\boldsymbol{c}'\boldsymbol{x}$ und $\boldsymbol{b}'\boldsymbol{u}$ die Zielfunktionen, $\mathfrak{M}$ und $\mathfrak{N}$ die Restriktionsmengen des in (70), (71) beschriebenen Paares von Dualproblemen, wobei $\mathfrak{M}$ und $\mathfrak{N}$ nicht leer sein mögen. Ferner seien $\boldsymbol{x}_0 \in E_n$ und $\boldsymbol{u}_0 \in E_m$ optimale Punkte der beiden Probleme, deren Existenz nach Satz 10 gesichert ist. Wir bezeichnen nun wie in 3.3

$$\bar{\boldsymbol{a}}'_\alpha = (-a_{1\alpha}, -a_{2\alpha}, \ldots, -a_{m\alpha}, \delta_{1\alpha}, \delta_{2\alpha}, \ldots, \delta_{n\alpha}), \qquad \alpha = 1, \ldots, n,$$

$$\bar{\boldsymbol{a}}'_{n+s} = (\delta_{1s}, \delta_{2s}, \ldots, \delta_{ms}, a_{s1}, a_{s2}, \ldots, a_{sn}), \qquad s = 1, \ldots, m,$$

$$\bar{\boldsymbol{b}}' = (b_1, b_2, \ldots, b_m, 0, 0, \ldots, 0),$$

$$\bar{\boldsymbol{c}}' = (0, 0, \ldots, 0, c_1, c_2, \ldots, c_n),$$

$$\mathfrak{M}_1 = \left\{\xi \mid \xi_\tau = \sum_{\alpha=1}^{n} \bar{a}_{\tau\alpha} x_\alpha + \bar{b}_\tau, \xi_\tau \geqq 0, \quad \tau = 1, \ldots, m+n\right\},$$

$$\mathfrak{N}_1 = \left\{\xi \mid \xi_\tau = \sum_{s=1}^{m} \bar{a}_{\tau s} u_s - \bar{c}_\tau, \xi_\tau \geqq 0, \quad \tau = 1, \ldots, m+n\right\}.$$

Nach Satz 15 gilt dann

$$\sum_{\tau=1}^{n+m} \xi_{\tau\boldsymbol{x}_0} \xi_{\tau\boldsymbol{u}_0} = 0$$

mit

$$\xi_{\tau\boldsymbol{x}_0} = \sum_{\alpha=1}^{n} \bar{a}_{\tau\alpha} x_{0\alpha} + \bar{b}_\tau, \qquad \tau = 1, \ldots, m+n, \tag{72}$$

$$\xi_{\tau\boldsymbol{u}_0} = \sum_{s=1}^{m} \bar{a}_{\tau s} u_{0s} - \bar{c}_\tau, \qquad \tau = 1, \ldots, m+n. \tag{73}$$

Wegen $\xi_{\tau\boldsymbol{x}_0} \geqq 0$, $\xi_{\tau\boldsymbol{u}_0} \geqq 0$ $(\tau = 1, \ldots, m+n)$ folgt daraus: Wenn $\xi_{\tau\boldsymbol{x}_0} > 0$ ist für ein gewisses τ, dann gilt notwendig $\xi_{\tau\boldsymbol{u}_0} = 0$. Wenn andererseits $\xi_{\boldsymbol{x}_0} \in \mathfrak{M}_1$, $\xi_{\boldsymbol{u}_0} \in \mathfrak{N}_1$ beliebige Punkte mit dieser Eigenschaft sind, gilt

$$\sum_{\tau=1}^{n+m} \xi_{\tau\boldsymbol{x}_0} \xi_{\tau\boldsymbol{u}_0} = 0.$$

Es seien $\boldsymbol{x}_0$, $\boldsymbol{u}_0$ die nach (72), (73) eineindeutig zugeordneten Punkte $\boldsymbol{x}_0 \in \mathfrak{M}$, $\boldsymbol{u}_0 \in \mathfrak{N}$; dann erhalten wir

$$\boldsymbol{c}' \boldsymbol{x}_0 = \boldsymbol{b}' \boldsymbol{u}_0 ,$$

also ist $\boldsymbol{x}_0$ optimaler Punkt für

$$\max \left\{ \boldsymbol{c}' \boldsymbol{x} \mid \sum_{\alpha=1}^{n} a_{r\alpha} x_\alpha \leqq b_r , \quad r = 1, \ldots, m, \quad x_\alpha \geqq 0, \quad \alpha = 1, \ldots, n \right\}$$

und $\boldsymbol{u}_0$ optimaler Punkt für

$$\min \left\{ \boldsymbol{b}' \boldsymbol{u} \mid \sum_{r=1}^{m} a_{r\alpha} u_r \geqq c_\alpha , \quad \alpha = 1, \ldots, n; \quad u_r \geqq 0, \quad r = 1, \ldots, m \right\}.$$

Wir halten nun einen optimalen Punkt $\boldsymbol{x}_0$ des Problems I fest. Es sei

$$\xi_{\tau \boldsymbol{x}_0} = \sum_{\alpha=1}^{n} \bar{a}_{\tau\alpha} x_{0\alpha} + \bar{b}_\tau , \qquad \tau = 1, \ldots, n + m ,$$

und

$$I_1 = \{\tau \mid \xi_{\tau \boldsymbol{x}_0} > 0\} .$$

Für jeden optimalen Punkt $\boldsymbol{u}_0$ des Problems II gilt dann

$$\xi_{\tau \boldsymbol{u}_0} = 0 , \qquad \tau \in I_1 , \tag{74}$$

mit

$$\xi_{\tau \boldsymbol{u}_0} = \sum_{s=1}^{m} \bar{a}_{\tau s} u_{0s} - \bar{c}_\tau , \qquad \tau = 1, \ldots, m + n .$$

Die Indexmenge I_1 zerfällt bezüglich der Restriktionen des Problems I in zwei Mengen:

$$I_1' = \{\alpha \mid x_{0\alpha} > 0\} , \qquad I_1'' = \left\{ r \mid \sum_{\alpha=1}^{n} a_{r\alpha} x_{0\alpha} < b_r \right\} ,$$

da nach (72)

$$\xi_{r \boldsymbol{x}_0} = b_r - \sum_{\alpha=1}^{n} a_{r\alpha} x_{0\alpha} , \qquad r = 1, \ldots, m ,$$

$$\xi_{m+\alpha, \boldsymbol{x}_0} = x_{0\alpha} , \qquad \alpha = 1, \ldots, n ,$$

ist. Die Relation (74) besagt damit, daß alle Punkte $\boldsymbol{u}_0 \in \mathfrak{N}$ optimal sind, für die

$$\xi_{\tau \boldsymbol{u}_0} = \sum_{s=1}^{m} \bar{a}_{\tau s} u_{0s} - \bar{c}_\tau = 0 \qquad \text{für alle} \qquad \tau \in I_1$$

gilt. Bezüglich der Indexmenge I_1' und I_1'' folgt daraus, daß alle Punkte $\boldsymbol{u}_0 \in \mathfrak{N}$ optimal für Problem II sind, die überdies noch die Gleichungen

$$\sum_{r=1}^{m} a_{r\alpha} u_{0r} = c_\alpha , \qquad \alpha \in I_1' ,$$

$$u_{0r} = 0 , \qquad r \in I_1'' ,$$

erfüllen. Damit haben wir den folgenden Satz bewiesen:

▮ S. 21 *Wenn $\boldsymbol{x}_0$ optimaler Punkt für*

$$\max\left\{\boldsymbol{c}'\,\boldsymbol{x}\mid \sum_{\alpha=1}^{n} a_{r\alpha}\,x_\alpha \leqq b_r\,,\quad r=1,\ldots,m\,,\quad \boldsymbol{x}\geqq \boldsymbol{o}\right\}$$

und

$$I_1' = \{\alpha \mid x_{0\alpha} > 0\}\,,\qquad I_1'' = \left\{r \mid \sum_{\alpha=1}^{n} a_{r\alpha}\,x_{0\alpha} < b_r\right\}$$

ist, dann ist jeder Punkt $\boldsymbol{u}_0$ aus der Menge

$$\Theta = \left\{\boldsymbol{u}\mid \boldsymbol{u}\in\mathfrak{N};\ \sum_{r=1}^{m} a_{r\alpha}\,u_r = c_\alpha\,,\quad \alpha\in I_1';\quad u_r = 0\,,\quad r\in I_1''\right\}$$

optimal für das Dualproblem

$$\min\left\{\boldsymbol{b}'\,\boldsymbol{u}\mid \sum_{r=1}^{m} a_{r\alpha}\,u_r \geqq c_\alpha\,,\quad \alpha=1,\ldots,n\,,\quad \boldsymbol{u}\geqq\boldsymbol{o}\right\}.$$ ▮

Analog können wir diesen Satz für das Dualproblem aussprechen:

▮ S. 22 *Wenn $\boldsymbol{u}_0$ optimaler Punkt für*

$$\min\left\{\boldsymbol{b}'\,\boldsymbol{u}\mid \sum_{r=1}^{m} a_{r\alpha}\,u_r \geqq c_\alpha\,,\quad \alpha=1,\ldots,n\,,\quad \boldsymbol{u}\geqq\boldsymbol{o}\right\}$$

und

$$I_2' = \{r \mid u_{0r} > 0\}\,,\qquad I_2'' = \left\{\alpha \mid \sum_{r=1}^{m} a_{r\alpha}\,u_{0r} > c_\alpha\right\} \tag{75}$$

ist, dann ist jeder Punkt $\boldsymbol{x}_0$ der Menge

$$\Theta^* = \left\{\boldsymbol{x}\mid \boldsymbol{x}\in\mathfrak{M};\ \sum_{\alpha=1}^{n} a_{r\alpha}\,x_\alpha = b_r\,,\quad r\in I_2';\quad x_\alpha = 0\,,\quad \alpha\in I_2''\right\}$$

optimal für das Problem

$$\max\left\{\boldsymbol{c}'\,\boldsymbol{x}\mid \sum_{\alpha=1}^{n} a_{r\alpha}\,x_\alpha \leqq b_r\,,\quad r=1,\ldots,m\,,\quad \boldsymbol{x}\geqq\boldsymbol{o}\right\}.$$ ▮

Diese beiden Sätze zeigen, wie man einen optimalen Punkt des Dualproblems erhält. Wenn insbesondere ein Problem genau einen optimalen Punkt $\boldsymbol{x}_0$ besitzt, etwa das Problem

$$\max\left\{\boldsymbol{c}'\,\boldsymbol{x}\mid \sum_{\alpha=1}^{n} a_{r\alpha}\,x_\alpha \leqq b_r\,,\quad r=1,\ldots,m\,,\quad \boldsymbol{x}\geqq\boldsymbol{o}\right\},$$

dann beschreibt die Menge Θ aus Satz 21 alle optimalen Punkte des Dualproblems.

Beispiel. Wir betrachten das in 3.6. durchgerechnete Beispiel, das durch die Tabelle (53) angegeben wurde:

	$x \geqq 0$	$y \geqq 0$	g
$0 \leqq u_1$	0	2	$\leqq 2$
$0 \leqq u_2$	2	-3	$\leqq 4$
f	$\geqq -\frac{1}{3}$	$\geqq 0$	-1

Hier ist also

$$f = -\frac{1}{3}x + 1\,, \qquad \mathfrak{M} = \{(x, y) \mid 2y \leqq 2; \quad 2x - 3y \leqq 4\,, \quad x, y \geqq 0\}\,,$$

$$g = 2u_1 + 4u_2 + 1\,, \quad \mathfrak{N} = \left\{(u_1, u_2) \mid 2u_2 \geqq -\frac{1}{3}, \quad 2u_1 - 3u_2 \geqq 0\,, \right.$$
$$\left. u_1 \geqq 0\,, \quad u_2 \geqq 0\right\}.$$

Aus Abb. 2 (vgl. 3.6.) sieht man, daß das Minimum von g bezüglich $\mathfrak{N}$ in (0; 0) vorliegt. In diesem Fall ist also

$$a_{11}u_{01} + a_{21}u_{02} > -\frac{1}{3}, \qquad a_{12}u_{01} + a_{22}u_{02} = 0\,, \qquad u_{01} = u_{02} = 0\,,$$

d. h., die Indexmenge I_2'' aus (75) ist leer, und I_1'' enthält nur den Index 1. Für Θ^* erhalten wir damit

$$\Theta^* = \{(x_0, y_0) \mid y_0 \leqq 1; \qquad y_0 \geqq 0\,, \quad x_0 = 0\}\,,$$

d. h., die Menge Θ^* ist die Strecke mit den Endpunkten (0; 0) und (0; 1), was mit Abb. 2 übereinstimmt.

3.9. Ein geometrischer Beweis des Dualitätssatzes

Das Dualproblem zu

$$\max_{\boldsymbol{x} \in \mathfrak{M}} f(\boldsymbol{x}) \tag{76a}$$

mit

$$f(\boldsymbol{x}) = \sum_{\alpha=1}^{n} c_\alpha x_\alpha\,, \tag{76b}$$

$$\mathfrak{M} = \left\{\boldsymbol{x} \in E_n \mid \sum_{\alpha=1}^{n} a_{r\alpha} x_\alpha = b_r\,, \quad r = 1, \ldots, m\,, \quad x_\alpha \geqq 0\,, \quad \alpha = 1, \ldots, n\right\}$$

ist, wie im Abschnitt 4 dieses Kapitels gezeigt wurde, das Problem

$$\min_{\boldsymbol{u} \in \mathfrak{N}} g(\boldsymbol{u}) \tag{77a}$$

mit

$$\left.\begin{aligned} g(\boldsymbol{u}) &= \sum_{r=1}^{m} b_r u_r\,, \\ \mathfrak{N} &= \left\{\boldsymbol{u} \in E_m \mid \sum_{r=1}^{m} a_{r\alpha} u_r \geqq c_\alpha\,, \quad \alpha = 1, \ldots, n\right\}. \end{aligned}\right\} \tag{77b}$$

Wir stellen an das in Gleichungsform gegebene lineare Optimierungsproblem (76) folgende Forderungen:

1° $1 \leqq m < n$;

2° $b_r \geqq 0,\ r = 1, \ldots, m$;

3° Die Matrix $\boldsymbol{A} = (a_{r\alpha})$ habe den Rang m.

Durch das Gleichungssystem

$$y_r = \sum_{\alpha=1}^{n} a_{r\alpha} x_\alpha \,, \qquad r = 1, \ldots, m \,, \qquad\qquad y_{m+1} = \sum_{\alpha=1}^{n} c_\alpha x_\alpha \qquad (78\text{a})$$

ist eine lineare Abbildung des Raumes E_n in den $(m+1)$-dimensionalen Raum E_{m+1}, der mit den kartesischen Koordinaten $y_1, \ldots, y_m, y_{m+1}$ versehen ist, beschrieben. Diese Abbildung wollen wir kurz in der Form

$$\boldsymbol{y} = \Phi(\boldsymbol{x}) \,, \qquad \boldsymbol{x} \in E_n \qquad (78\text{b})$$

schreiben.

Die Menge

$$K = \{\boldsymbol{y} \in E_{m+1} \mid \boldsymbol{y} = \Phi(\boldsymbol{x}), \boldsymbol{x} \geqq \boldsymbol{o}\} \qquad (79)$$

ist nicht leer, denn sie enthält offenbar den Punkt $\boldsymbol{y}_0 = \boldsymbol{o}$, d. h. den Koordinatenursprung im Raum E_{m+1}.

Aus den Voraussetzungen 1°, 2° und 3° ergeben sich die folgenden beiden Aussagen (die einfachen Beweise seien dem Leser überlassen):

▌ L. 1 *Die Menge K ist ein polyedrischer Kegel mit einem Scheitelpunkt* $\boldsymbol{o} \in E_{m+1}$.[1] ▌

▌ L. 2 *Der Kegel K hat entweder die Dimension m oder m + 1, je nachdem, ob die Matrix*

$$\begin{pmatrix} \boldsymbol{A} \\ \boldsymbol{c} \end{pmatrix} = \begin{pmatrix} a_{11} & & a_{1n} \\ \cdot & \cdots & \cdot \\ a_{m1} & & a_{mn} \\ c_1 & \ldots & c_n \end{pmatrix}$$

den Rang m oder m + 1 besitzt. ▌

Wir bezeichnen nun mit U die Bildmenge des Restriktionsbereiches $\mathfrak{M}$ bei der Abbildung Φ, d. h.

$$U = \{\boldsymbol{y} \in E_{m+1} \mid \boldsymbol{y} = \Phi(\boldsymbol{x}), \boldsymbol{x} \in \mathfrak{M}\} \,. \qquad (80)$$

Wir erkennen unmittelbar, daß U eine Teilmenge von K ist. Um U geometrisch zu charakterisieren, definieren wir den Punkt

$$\tilde{\boldsymbol{y}}' = (\tilde{y}_1, \ldots, \tilde{y}_m, \tilde{y}_{m+1}) = (b_1, \ldots, b_m, 0) \qquad (81)$$

und die Gerade

$$\tilde{L} = \{\boldsymbol{y} \in E_{m+1} \mid y_r = \tilde{y}_r = b_r,\ r = 1, \ldots, m,\ y_{m+1} = t,\ t \in (-\infty, +\infty)\} \,. \qquad (82)$$

Für den Durchschnitt $K \cap \tilde{L}$ ergibt sich aus (79), (78) und (82)

$$\left.\begin{aligned} K \cap \tilde{L} = \Big\{\boldsymbol{y} \mid\ & y_r = \sum_{\alpha=1}^{n} a_{r\alpha} x_\alpha \,, \quad y_r = b_r \,, \quad r = 1, \ldots, m, \\ & y_{m+1} = t = \sum_{\alpha=1}^{n} c_\alpha x_\alpha \,, \quad \boldsymbol{x} \geqq \boldsymbol{o}\Big\} \,, \end{aligned}\right\} \qquad (83\text{a})$$

[1]) Der Fall $K \equiv E_{m+1}$ wird nicht ausgeschlossen.

d. h.

$$K \cap \tilde{L} = \{\boldsymbol{y} \mid \boldsymbol{y} = \Phi(\boldsymbol{x}), \boldsymbol{x} \in \mathfrak{M}\}$$

und daher nach (80)

$$U = K \cap \tilde{L} . \tag{83b}$$

Falls $\mathfrak{M} = \emptyset$ ist, ist auch $U = \Phi(\mathfrak{M}) = \emptyset$, und nach (83b) hat die Gerade $\tilde{L}$ mit dem Kegel K einen leeren Durchschnitt. Offensichtlich gilt auch: Wenn $U = \emptyset$ ist, ist $\mathfrak{M} = \emptyset$.

Falls $\mathfrak{M} \neq \emptyset$ gilt, hat die Gerade $\tilde{L}$ mindestens einen gemeinsamen Punkt mit dem Kegel K, d. h., U ist nicht leer. Da die Mengen K und $\tilde{L}$ konvex und abgeschlossen sind, ist die Menge U als Durchschnitt dieser beiden Mengen eine konvexe und abgeschlossene Teilmenge von $\tilde{L}$, die sich durch

$$U = \{\boldsymbol{y} \in E_{m+1} \mid y_r = b_r,\ r = 1, \ldots, m,\ y_{m+1} = t,\ t \in I\} \tag{84}$$

beschreiben läßt. Hierbei ist I entweder ein beschränktes bzw. unbeschränktes abgeschlossenes Intervall oder einelementig. Bezeichnet man mit

$$\tau_1 = \inf_{\boldsymbol{x} \in \mathfrak{M}} \left\{\sum_{\alpha=1}^{n} c_\alpha x_\alpha\right\}, \quad \tau_2 = \sup_{\boldsymbol{x} \in \mathfrak{M}} \left\{\sum_{\alpha=1}^{n} c_\alpha x_\alpha\right\},$$

so ergibt sich aus (83) und (84)

$$\left.\begin{array}{lll} I = \langle\tau_1, \tau_2\rangle, & \text{falls } \tau_1, \tau_2 \text{ endlich}, & \tau_1 < \tau_2 \\ I = \{\tau_1\}, & \text{falls } \tau_1, \tau_2 \text{ endlich}, & \tau_1 = \tau_2, \\ I = (-\infty, \tau_2\rangle, & \text{falls } \tau_1 = -\infty, & \tau_2 \text{ endlich}, \\ I = \langle\tau_1, \infty), & \text{falls } \tau_1 \text{ endlich}, & \tau_2 = \infty, \\ I = (-\infty, +\infty), & \text{falls } \tau_1 = -\infty, & \tau_2 = +\infty . \end{array}\right\} \tag{85}$$

Wir setzen nun voraus, daß

$$\mathfrak{M} \neq \emptyset, \quad \mathfrak{N} \neq \emptyset \tag{86}$$

gilt. Für jedes feste $\boldsymbol{u} \in \mathfrak{N}$ definieren wir die Hyperbene

$$R(\boldsymbol{u}) = \left\{\boldsymbol{y} \in E_{m+1} \mid \sum_{r=1}^{m} u_r y_r - y_{m+1} = 0\right\} \tag{87a}$$

und die ihr zugehörenden abgeschlossenen Halbräume

$$\left.\begin{array}{l} \overline{H}^+(\boldsymbol{u}) = \left\{\boldsymbol{y} \in E_{m+1} \mid \sum_{r=1}^{m} u_r y_r - y_{m+1} \geqq 0\right\}, \\ \overline{H}^-(\boldsymbol{u}) = \left\{\boldsymbol{y} \in E_{m+1} \mid \sum_{r=1}^{m} u_r y_r - y_{m+1} \leqq 0\right\}. \end{array}\right\} \tag{87b}$$

Wir führen weiter die Mengen

$$K^+ = \bigcap_{\boldsymbol{u} \in \mathfrak{N}} H^+(\boldsymbol{u}), \quad K^- = \bigcap_{\boldsymbol{u} \in \mathfrak{N}} H^-(\boldsymbol{u}) \tag{88}$$

ein.

▌ L. 3 *Die Menge* K^+ *ist ein abgeschlossener konvexer Kegel mit einem Scheitelpunkt* $\boldsymbol{o} \in E_{m+1}$, *der den Kegel* K *enthält, d. h.*

$$K \subseteqq K^+ . \tag{89}$$

Es gilt weiter

$$K^- = \{\boldsymbol{y} \in E_{m+1} | -\boldsymbol{y} \in K^+\} . \tag{90}$$ ▌

▌ Bws. Es sei $\boldsymbol{u} \in \mathfrak{N}$ beliebig fest. Dann gilt für beliebiges $\boldsymbol{y} \in K$ auf Grund von (79) und (78)

$$\sum_{r=1}^{m} u_r y_r - y_{m+1} = \sum_{r=1}^{m} \sum_{\alpha=1}^{n} a_{r\alpha} x_\alpha u_r - \sum_{\alpha=1}^{n} c_\alpha x_\alpha = \sum_{\alpha=1}^{n} \left(\sum_{r=1}^{m} a_{r\alpha} u_r - c_\alpha \right) x_\alpha .$$

Da nach (77b) $\sum_{r=1}^{m} a_{r\alpha} u_r - c_\alpha \geqq 0$ ist und nach (79) $x_\alpha \geqq 0$ $(\alpha = 1, \ldots, n)$ gilt, erhalten wir

$$\sum_{r=1}^{m} u_r y_r - y_{m+1} \geqq 0 \qquad (\boldsymbol{u} \in \mathfrak{N}, \quad \boldsymbol{y} \in K) .$$

Daraus ergibt sich auf Grund der Definition der Menge $\overline{H}^+(\boldsymbol{u})$

$$\boldsymbol{y} \in \overline{H}^+(\boldsymbol{u}) \quad \text{für alle } \boldsymbol{u} \in \mathfrak{N}, \quad \boldsymbol{y} \in K$$

und somit wegen (88) die Enthaltenseinsbeziehung (89). Daraus und aus Lemma 2 folgt, daß die Dimension der Menge K^+, die als Durchschnitt der konvexen und abgeschlossenen Mengen $\overline{H}^+(\boldsymbol{u})$ ebenfalls konvex und abgeschlossen ist, größer oder gleich m sein muß. Ist $\tilde{\boldsymbol{y}} \in K^+$ beliebig, so gilt nach (88) und (87b)

$$\tilde{\boldsymbol{y}} \in \overline{H}^+(\boldsymbol{u}) \quad \text{für alle } \boldsymbol{u} \in \mathfrak{N} ,$$

d. h.

$$\sum_{r=1}^{m} u_r \tilde{y}_r - \tilde{y}_{m+1} \geqq 0 \quad \text{für alle } \boldsymbol{u} \in \mathfrak{N} .$$

Damit ist für beliebiges $\boldsymbol{y} \in E_{m+1}$ mit der Eigenschaft

$$y_s = t\,\tilde{y}_s \qquad (s = 1, \ldots, m+1) , \quad t \geqq 0 ,$$

die Ungleichung

$$\sum_{r=1}^{m} u_r y_r - y_{m+1} \geqq 0$$

für alle $\boldsymbol{u} \in \mathfrak{N}$ erfüllt. Die Menge K^+ ist daher ein Kegel mit einem Scheitelpunkt $\boldsymbol{o} \in E_{m+1}$. Es bleibt nun noch zu beweisen, daß K^- die Darstellung (90) besitzt. Zunächst sei $\boldsymbol{y}_1 \in K^-$ beliebig. Nach (88) und (87b) gilt dann

$$\sum_{r=1}^{m} u_r y_{1r} - y_{1,m+1} \leqq 0 \qquad \text{für alle } \boldsymbol{u} \in \mathfrak{N} \tag{91a}$$

und daher

$$\sum_{r=1}^{m} u_r(-y_{1r}) - (-y_{1,m+1}) \geqq 0 \qquad \text{für alle } \boldsymbol{u} \in \mathfrak{N} , \tag{91b}$$

d. h. $-\boldsymbol{y}_1 \in K^+$. Ist andererseits $-\boldsymbol{y}_1 \in K^+$ beliebig, so gilt die Ungleichung (91b), woraus (91a) folgt, d. h. $\boldsymbol{y}_1 \in K^-$. ▮

▮ L. 4 *Wenn die Bereiche $\mathfrak{M}$ und $\mathfrak{N}$ nicht leer sind, ist das Primalproblem* (1) *lösbar.* ▮

▮ Bws. Es sei $\boldsymbol{x} \in \mathfrak{M}$ beliebig, dann entspricht nach (80) diesem Punkt eindeutig ein Punkt $\boldsymbol{y} = \Phi(\boldsymbol{x})$ mit $\boldsymbol{y} \in U$. Für jedes $\boldsymbol{u} \in \mathfrak{N}$ schneidet die Hyperebene $R(\boldsymbol{u})$ aus (87b) die Gerade $\tilde{L}$ aus (82) in dem Punkt $\hat{\boldsymbol{y}}$ mit den Koordinaten

$$\hat{y}_r = b_r\,, \qquad r = 1, \ldots, m\,,$$

$$\hat{y}_{m+1} = \sum_{r=1}^{m} u_r \hat{y}_r = \sum_{r=1}^{m} u_r b_r\,.$$

Da nach (83b) $U \subseteqq K$ und nach Lemma 3 $K \subseteqq K^+$ gilt, ergibt sich aus (88) und (87b) für jeden Punkt $\boldsymbol{y} \in U$

$$\sum_{r=1}^{m} u_r y_r - y_{m+1} \geqq 0 \qquad \text{für alle} \quad \boldsymbol{u} \in \mathfrak{N}\,.$$

Wegen $\boldsymbol{u} \in U$ erhalten wir daraus

$$y_{m+1} = t = \sum_{\alpha=1}^{n} c_\alpha x_\alpha \leqq \sum_{r=1}^{m} u_r y_r = \sum_{r=1}^{m} b_r u_r\,,$$

d. h.

$$t = \sum_{\alpha=1}^{n} c_\alpha x_\alpha \leqq \sum_{r=1}^{m} b_r u_r \qquad \text{für alle} \quad \boldsymbol{x} \in \mathfrak{M}\,, \quad \boldsymbol{u} \in \mathfrak{N}\,.$$

Aus dieser Ungleichung und aus der Beschreibung (84) der Menge U ergibt sich, daß der Definitionsbereich I des Parameters t nach oben beschränkt sein muß und daher nach (85)

$$\tau_2 = \sup_{\boldsymbol{x} \in \mathfrak{M}} \left\{ \sum_{\alpha=1}^{n} c_\alpha x_\alpha \right\} < \infty$$

gelten muß. Da I eine konvexe und abgeschlossene Teilmenge von $\tilde{L}$ ist, gilt

$$\tau_2 = \max_{\boldsymbol{x} \in \mathfrak{M}} \left\{ \sum_{\alpha=1}^{n} c_\alpha x_\alpha \right\},$$

d. h., das Problem (1) besitzt einen Optimalpunkt, d. h.

$$\mathfrak{M}_{\text{opt}} = \{\boldsymbol{x}^* \in \mathfrak{M} \,|\, f(\boldsymbol{x}^*) = \max_{\boldsymbol{x} \in \mathfrak{M}} f(\boldsymbol{x})\} \neq \emptyset\,. \tag{92}$$ ▮

Es sei entsprechend zu (92) $\mathfrak{N}_{\text{opt}}$ die Menge der Optimalpunkte des Dualproblems (77), d. h.

$$\mathfrak{N}_{\text{opt}} = \{\boldsymbol{u}^* \in \mathfrak{N} \,|\, g(^*\boldsymbol{u}) = \min_{\boldsymbol{u} \in \mathfrak{N}} g(\boldsymbol{u})\}\,. \tag{93}$$

▌ L. 5 *Wenn die Bereiche* $\mathfrak{M}$ *und* $\mathfrak{N}$ *nicht leer sind, dann ist das Dualproblem* (77) *lösbar, und es gilt*

$$f(^*\boldsymbol{x}) = g(^*\boldsymbol{u}) \qquad \text{für alle Punktepaare} \quad (^*\boldsymbol{x}, ^*\boldsymbol{u}) \in \mathfrak{M}_{\text{opt}} \times \mathfrak{N}_{\text{opt}} \,. \tag{94}$$ ▌

▌ Bws. Nach Lemma 4 folgt aus der Voraussetzung, daß $\mathfrak{M}_{\text{opt}} \neq \emptyset$ ist. Es sei nun $^*\boldsymbol{x} \in \mathfrak{M}_{\text{opt}}$ beliebig. Der Punkt $^*\boldsymbol{y} = \Phi(^*\boldsymbol{x})$ gehört nach (80) zur Menge U, und aus dem Beweis von Lemma 4 folgt auf Grund (84) der Beschreibung U

$$\left.\begin{aligned} ^*y_r &= b_r \qquad (r = 1, \ldots, m) \\ ^*y_{m+1} &= \tau_2 = \max_{\boldsymbol{x} \in \mathfrak{M}} \left\{ \sum_{\alpha=1}^{n} c_\alpha x_\alpha \right\} = \max_{\boldsymbol{y} \in U} y_{m+1} \,. \end{aligned}\right\} \tag{95a}$$

Daher gilt

$$^*\boldsymbol{y} = \Phi(\mathfrak{M}_{\text{opt}}) \,. \tag{95b}$$

Da die Menge K aus (79) nach Lemma 1 ein polyedrischer Kegel mit einem Scheitelpunkt $\boldsymbol{o} \in E_{m+1}$ ist (siehe auch Abb. 3 mit $m = 2$), gibt es eine durch

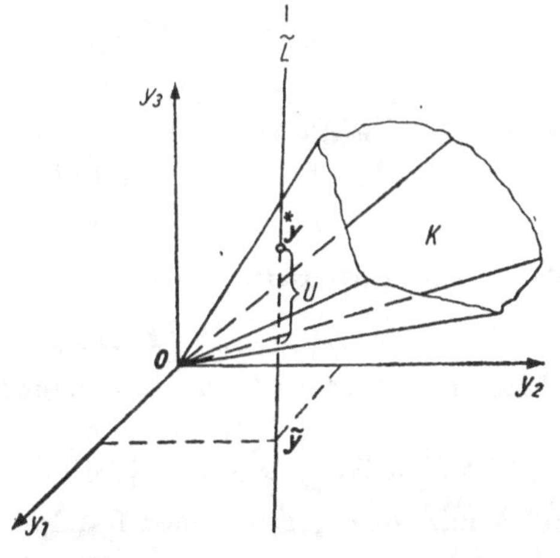

Abb. 3

den Koordinatenursprung $\boldsymbol{o}$ verlaufende Hyperebene $^*R$, die den Kegel K berührt und den Punkt $^*\boldsymbol{y}$ aus (95) enthält. Wir werden nun zeigen, daß eine solche Berührungshyperebene existiert und überdies in der Gestalt

$$^*R = \left\{ \boldsymbol{y} \in E_{m+1} \,\middle|\, y_{m+1} = \sum_{r=1}^{m} v_r y_r \right\} \tag{96a}$$

beschrieben werden kann sowie die Eigenschaften

$$^*\boldsymbol{y} \in {}^*R \tag{96b}$$

und

$$\sum_{r=1}^{m} v_r y_r - y_{m+1} \geqq 0 \qquad \text{für alle} \quad \boldsymbol{y} \in K\,^{1)} \tag{96c}$$

besitzt. Auf Grund von Lemma 2 haben wir zwei Fälle zu unterscheiden:

1° Wenn die Dimension des Kegels K gleich m ist, ergibt sich bei Beachtung der Voraussetzungen 1°, 2° und 3°, die zu Beginn dieses Abschnittes gemacht wurden, aus dem Lemma 2, daß Zahlen v_r $(r = 1, \ldots, m)$ mit

$$c_\alpha = \sum_{r=1}^{m} v_r a_{r\alpha}, \qquad \alpha = 1, \ldots, n,$$

existieren. Dann folgt für alle $\boldsymbol{y} \in K$

$$y_{m+1} = \sum_{\alpha=1}^{n} c_\alpha x_\alpha = \sum_{\alpha=1}^{n} \sum_{r=1}^{m} v_r a_{r\alpha} x_\alpha = \sum_{r=1}^{m} v_r y_r,$$

d. h.

$$\sum_{r=1}^{m} v_r y_r - y_{m+1} = 0 \qquad \text{für alle} \quad \boldsymbol{y} \in K.$$

Die Hyperebene R^* aus (96a) besitzt offenbar die Eigenschaften (96b) und (96c).

2° Wenn andererseits der Kegel K die Dimension $m + 1$ besitzt, ist der Punkt $^*\boldsymbol{y}$ aus (95) ein Randpunkt von K. Die Halbgerade

$$P = \{\boldsymbol{y} \in E_{m+1} \mid y_r = b_r, \qquad r = 1, \ldots, m, \quad y_{m+1} = t, \quad t > \tau_2\}, \tag{97a}$$

die nach (82) und (95a) auch in der Form

$$P = \{\boldsymbol{y} \in \tilde{L} \mid y_{m+1} > {}^*y_{m+1}\} \tag{97b}$$

geschrieben werden kann, hat ebenfalls $^*\boldsymbol{y}$ als Randpunkt. Aus (84), (85) und (83b) ergibt sich

$$P \cap K = \emptyset, \qquad \bar{P} \cap K = \{{}^*\boldsymbol{y}\}. \tag{98}$$

Da die Mengen $\bar{P}$ und K nur einen gemeinsamen Randpunkt $^*\boldsymbol{y}$ besitzen, gibt es nach Satz 17 aus Kapitel 2 eine trennende Hyperebene

$$^*R = \left\{\boldsymbol{y} \in E_{m+1} \mid \sum_{s=1}^{m+1} w_s y_s = w_0\right\} \qquad \left(\sum_{s=1}^{m+1} |w_s| > 0\right) \tag{99}$$

mit der Eigenschaft

$$^*\boldsymbol{y} \in {}^*R. \tag{100}$$

Aus (99) und (100) folgt

$$\sum_{s=1}^{m+1} w_s\, {}^*y_s = w_0.$$

---

1) Das bedeutet, daß der Kegel K in dem abgeschlossenen positiven Halbraum $^*\bar{H}^+ = \left\{\boldsymbol{y} \in E_{m+1} \mid \sum_{r=1}^{m} v_r y_r - y_{m+1} \geqq 0\right\}$ liegt.

Falls nun $*\boldsymbol{y} = \boldsymbol{o}$ ist, dann ist $w_0 = 0$. Im Fall $*\boldsymbol{y} \neq \boldsymbol{o}$ gehört die Gerade

$$\sigma = \{\boldsymbol{y} \in E_{m+1} | \, \boldsymbol{y} = t\, *\boldsymbol{y}\,, \qquad t \geqq 0\}$$

zu K, da K ein Kegel mit einem Scheitelpunkt $\boldsymbol{o}$ und $*\boldsymbol{y} \in K$ ist. Nach (100) ist offenbar $*\boldsymbol{y} \in \sigma \cap *R$. Wäre $\sigma \cap *R = \{*\boldsymbol{y}\}$, so würden beiderseits der Hyperebene $*R$ Punkte aus σ und damit aus K existieren. Das ist jedoch ein Widerspruch zu der Tatsache, daß $*R$ eine trennende Hyperebene ist. Somit ist $\sigma \subseteqq *R$, d. h.

$$t \sum_{s=1}^{m+1} w_s\, *y_s = w_0 \qquad \text{für} \quad t \geqq 0\,,$$

woraus auch in diesem Fall $w_0 = 0$ folgt. Wir erhalten also die Hyperebene $*R$ in der Form

$$*R = \left\{\boldsymbol{y} \in E_{m+1} \middle| \sum_{s=1}^{m+1} w_s\, y_s = 0\right\}. \tag{101}$$

Wir setzen o. B. d. A. voraus, daß die Menge K in dem abgeschlossenen Halbraum

$$*\overline{H}^{+} = \left\{\boldsymbol{y} \in E_{m+1} \middle| \sum_{s=1}^{m+1} w_s\, y_s \geqq 0\right\}$$

liegt, der zur Hyperebene $*R$ gehört. (Dies kann man immer durch eine geeignete Orientierung des Normalvektors der Hyperebene $*R$ erreichen.) Wir erhalten somit

$$\sum_{s=1}^{m+1} w_s\, y_s \geqq 0 \qquad \text{für alle} \quad \boldsymbol{y} \in K\,. \tag{102}$$

Die Menge P liegt dann in dem offenen Halbraum

$$*H^{-} = \left\{\boldsymbol{y} \in E_{m+1} \middle| \sum_{s=1}^{m+1} w_s\, y_s < 0\right\},$$

d. h., es gilt

$$\sum_{s=1}^{m+1} w_s\, y_s < 0 \qquad \text{für alle} \quad \boldsymbol{y} \in P\,.$$

Dann folgt wegen (97a)

$$\sum_{s=1}^{m+1} w_s\, y_s = \sum_{r=1}^{m} w_r\, y_r + w_{m+1}\, t < 0 \qquad \text{für} \quad t > \tau_2\,. \tag{103}$$

Auf Grund von (100) und (95a) gilt aber

$$\sum_{s=1}^{m+1} w_s\, *y_s = 0 = \sum_{r=1}^{m} w_r\, b_r + w_{m+1}\, \tau_2\,.$$

Daraus und aus (103) ergibt sich

$$w_{m+1}\,(-\tau_2 + t) < 0 \qquad \text{für} \quad t > \tau_2\,,$$

woraus $w_{m+1} < 0$ folgt. Setzt man noch

$$v_r = -\frac{w_r}{w_{m+1}}, \qquad r = 1, \ldots, m, \tag{104}$$

so ergibt sich daraus für die Hyperebene $*R$ aus (101) die Beschreibung (96a), wobei nach (100) die Eigenschaft (96b) gilt. Aus (102) und (104) folgt offenbar

$$\sum_{r=1}^{m} v_r y_r - y_{m+1} \geqq 0 \qquad \text{für alle} \quad \boldsymbol{y} \in K,$$

d. h. die Beziehung (96c).

Wir haben also die Existenz einer Berührungshyperebene $*R$ an den Kegel K mit den Eigenschaften (96a, b, c) bewiesen. Aus (96c) und (79) folgt weiter

$$\sum_{r=1}^{m} v_r y_r - y_{m+1} = \sum_{r=1}^{m} \sum_{\alpha=1}^{n} v_r a_{r\alpha} x_\alpha - \sum_{\alpha=1}^{n} c_\alpha x_\alpha$$
$$= \sum_{\alpha=1}^{n} \left(\sum_{r=1}^{m} a_{r\alpha} v_r - c_\alpha \right) x_\alpha \geqq 0 \qquad \text{für} \quad x_\alpha \geqq 0 \quad (\alpha = 1, \ldots, n)$$

und daher

$$\sum_{r=1}^{m} a_{r\alpha} v_r - c_\alpha \geqq 0, \qquad \alpha = 1, \ldots, n.$$

Daraus und aus (77b) ergibt sich, daß der Punkt $*\boldsymbol{u}$ mit

$$*u_r = v_r \qquad (r = 1, \ldots, m) \tag{105}$$

die Eigenschaft $*\boldsymbol{u} \in \mathfrak{N}$ besitzt. Wie beim Beweis von Lemma 4 gezeigt wurde, gilt

$$\sum_{\alpha=1}^{n} c_\alpha x_\alpha \leqq \sum_{r=1}^{m} b_r u_r \qquad \text{für alle} \quad \boldsymbol{x} \in \mathfrak{M} \quad \text{und} \quad \boldsymbol{u} \in \mathfrak{N}. \tag{106}$$

Ist nun $\boldsymbol{x}$ ein beliebiger Punkt der Menge $\mathfrak{M}_{\text{opt}}$ aus (92), so gilt nach (95b)

$$*\boldsymbol{y} = \Phi(\mathfrak{M}_{\text{opt}}) = \Phi(*\boldsymbol{x})$$

und daher auf Grund von (95a)

$$*y_{m+1} = \tau_2 = \sum_{\alpha=1}^{n} c_\alpha *x_\alpha.$$

Daher erhalten wir wegen (106)

$$\tau_2 \leqq \sum_{r=1}^{m} b_r u_r \qquad \text{für alle} \quad \boldsymbol{u} \in \mathfrak{N}. \tag{107}$$

Da nach (96a, b), (105) und (95a)

$$\tau_2 = *y_{m+1} = \sum_{r=1}^{m} v_r *y_r = \sum_{r=1}^{m} *u_r b_r$$

gilt, ergibt sich dann aus (107)

$$\tau_2 = \sum_{r=1}^{m} *u_r b_r \leqq \sum_{r=1}^{m} b_r u_r \qquad \text{für alle} \quad \boldsymbol{u} \in \mathfrak{N}$$

und wegen $^*\boldsymbol{u} \in \mathfrak{N}$ bei Beachtung von (95a), (76b) und (77b)

$$\tau_2 = \max_{\boldsymbol{x} \in \mathfrak{M}} f(\boldsymbol{x}) = \min_{\boldsymbol{u} \in \mathfrak{N}} g(\boldsymbol{u})$$

und $^*\boldsymbol{u} \in \mathfrak{N}_{\text{opt}}$. Damit ist dieser Hilfssatz vollständig bewiesen. ▮

Faßt man nun Lemma 4 und 5 zu einem Satz zusammen, so erhält man den folgenden schon in Abschnitt 3 bewiesenen Dualitätssatz:

Falls die Mengen $\mathfrak{M}$ und $\mathfrak{N}$ nicht leer sind, sind die dualen Optimierungsprobleme (76) *und* (77) *lösbar, und in den optimalen Punkten stimmen die Zielfunktionswerte überein.*

Wir haben somit auf einem geometrischen Wege einen direkten Beweis des schon bekannten Satzes angegeben. Aus unseren geometrischen Betrachtungen ergibt sich noch der folgende Satz, der eine geometrische Interpretation des Dualitätsprinzips darstellt.

▮ S. 23 *Wenn die Mengen $\mathfrak{M}$ und $\mathfrak{N}$ nicht leer sind, dann sind die Punkte $^*\boldsymbol{x} \in \mathfrak{M}$ und $^*\boldsymbol{u} \in \mathfrak{N}$ optimale Punkte der Probleme* (76) *und* (77) *genau dann, wenn die Hyperebene*

$$^*R = \left\{\boldsymbol{y} \in E_{m+1} \middle|\ y_{m+1} = \sum_{r=1}^{m} {}^*u_r\, y_r\right\}$$

eine Berührungshyperebene an den Kegel

$$K = \{\boldsymbol{y} \in E_{m+1} |\ \boldsymbol{y} = \Phi(\boldsymbol{x})\,, \qquad \boldsymbol{x} \geqq \boldsymbol{o}\}\ ^{1)}$$

ist, die den Punkt $^*\boldsymbol{y} = \Phi(^*\boldsymbol{x})$ enthält, und der Kegel K in dem abgeschlossenen positiven Halbraum

$$^*\bar{H}^+ = \left\{\boldsymbol{y} \in E_{m+1} \middle|\ \sum_{r=1}^{m} {}^*u_r\, y_r - y_{m+1} \geqq 0\right\}$$

liegt. ▮

▮ Bws. Um die Notwendigkeit der Bedingungen zu beweisen, setzen wir voraus, daß

$$^*\boldsymbol{x} \in \mathfrak{M}_{\text{opt}}\,, \qquad ^*\boldsymbol{u} \in \mathfrak{N}_{\text{opt}}$$

gilt. Es sei $^*\boldsymbol{y} = \Phi(^*\boldsymbol{x})$. Nach Lemma 3 ist $K \subseteqq K^+$, wobei K^+ die Bedeutung aus (88) besitzt. Dann folgt aus (87b)

$$\sum_{r=1}^{m} u_r\, y_r - y_{m+1} \geqq 0 \qquad \text{für alle} \quad \boldsymbol{u} \in \mathfrak{N}\,,\ \boldsymbol{y} \in K$$

und daher wegen $^*\boldsymbol{u} \in \mathfrak{N}_{\text{opt}} \subseteqq \mathfrak{N}$

$$\sum_{r=1}^{m} {}^*u_r\, y_r - y_{m+1} \geqq 0 \qquad \text{für alle} \quad \boldsymbol{y} \in K\,. \tag{108a}$$

---

[1]) Die Abbildung Φ wurde in (78) definiert.

Für die optimalen Punkte $*\boldsymbol{x}$ und $*\boldsymbol{u}$ gilt auf Grund des Lemmas 5

$$f(*\boldsymbol{x}) = g(*\boldsymbol{u}), \qquad \text{d. h.} \qquad \sum_{\alpha=1}^{n} c_\alpha *x_\alpha = \sum_{r=1}^{m} b_r *u_r .$$

Nach (95a) ist $*y_{m+1} = \sum_{\alpha=1}^{n} c_\alpha *x_\alpha$, $*y_r = b_r$, $r = 1, \ldots, m$. Es gilt daher

$$*y_{m+1} = \sum_{r=1}^{m} *u_r *y_r , \tag{108b}$$

d. h., der Punkt $*\boldsymbol{y}$ gehört zur Hyperebene

$$*R = \left\{\boldsymbol{y} \in E_{m+1} \mid y_{m+1} = \sum_{r=1}^{m} *u_r\, y_r\right\}. \tag{108c}$$

Daraus und aus (108a) folgt, daß die Hyperebene $*R$ die im Satz behaupteten Eigenschaften besitzt.

Sind andererseits $*\boldsymbol{x} \in \mathfrak{M}$, $*\boldsymbol{u} \in \mathfrak{N}$ beliebig und $*\boldsymbol{y} = \Phi(*\boldsymbol{x})$, wobei die Bedingungen (108a, b) erfüllt sind, so gehört der Punkt $*\boldsymbol{y}$ zur Menge U (siehe (80)) und auf Grund von (83b) zu $\tilde{L}$ aus (82) sowie zur Menge K. Nach (82) und (79) ist somit

$$*y_r = b_r \qquad (r = 1, \ldots, m),$$

$$*y_{m+1} = \sum_{\alpha=1}^{n} c_\alpha *x_\alpha , \qquad *y_r = \sum_{\alpha=1}^{n} a_{r\alpha} *x_\alpha \qquad (r = 1, \ldots, m).$$

Dann folgt aus (108b)

$$\sum_{\alpha=1}^{n} c_\alpha *x_\alpha = \sum_{r=1}^{m} b_r *u_r . \tag{109}$$

Aus (108a), (79), (78a, b) ergibt sich weiter

$$\sum_{r=1}^{m} *u_r\, y_r - y_{m+1} = \sum_{r=1}^{m} \sum_{\alpha=1}^{n} a_{r\alpha} *u_r\, x_\alpha - \sum_{\alpha=1}^{n} c_\alpha x_\alpha$$

$$= \sum_{r=1}^{m} b_r *u_r - \sum_{\alpha=1}^{n} c_\alpha x_\alpha \geqq 0 \quad \text{für } \boldsymbol{x} \in \mathfrak{M},$$

d. h.

$$\sum_{\alpha=1}^{n} c_\alpha x_\alpha \leqq \sum_{r=1}^{m} b_r *u_r \qquad \text{für} \quad \boldsymbol{x} \in \mathfrak{M}.$$

Dann erhalten wir aus (109)

$$\sum_{\alpha=1}^{n} c_\alpha x_\alpha \leqq \sum_{\alpha=1}^{n} c_\alpha *x_\alpha \qquad \text{für alle} \quad \boldsymbol{x} \in \mathfrak{M},$$

d. h. $*\boldsymbol{x} \in \mathfrak{M}_{\text{opt}}$. Nach (77b) gilt

$$\sum_{r=1}^{m} a_{r\alpha} u_r \geqq c_\alpha \qquad (\alpha = 1, \ldots, n) \qquad \text{für alle} \quad \boldsymbol{u} \in \mathfrak{N}.$$

Da $^*\boldsymbol{x} \in \mathfrak{M}$ und deshalb $^*x_\alpha \geqq 0$ $(\alpha = 1, \ldots, n)$ ist, folgt aus diesen Ungleichungen

$$\sum_{r=1}^{m} a_{r\alpha}\, u_r\, {}^*x_\alpha \geqq \sum_{\alpha=1}^{n} c_\alpha\, {}^*x_\alpha\,, \qquad \boldsymbol{u} \in \mathfrak{N}\,.$$

Daraus erhalten wir bei Beachtung von (109) und $\sum_{\alpha=1}^{n} a_{r\alpha}\, {}^*x_\alpha = b_r$, $r = 1, \ldots, m$ $({}^*\boldsymbol{x} \in \mathfrak{M})$

$$\sum_{r=1}^{m} u_r\, b_r \geqq \sum_{r=1}^{m} {}^*u_r\, b_r\,, \qquad \boldsymbol{u} \in \mathfrak{N}\,,$$

d. h. $\boldsymbol{u} \in \mathfrak{N}_{\text{opt}}$. ∎

KAPITEL 4

DAS LINEARE OPTIMIERUNGSPROBLEM IN GLEICHUNGSFORM UND DER BEGRIFF DES BASISPUNKTES

4.1. Das lineare Optimierungsproblem in Gleichungsform

Wie wir aus 3.1. wissen, ist jede Aufgabe der linearen Optimierung einer in Gleichungsform gegebenen Aufgabe in dem dort angegebenen Sinne äquivalent. Wir können also o. B. d. A. stets von einem solchen Problem ausgehen, d. h., wir stellen das Problem

$$\min\left\{\boldsymbol{c}'\,\boldsymbol{x} \,\middle|\, \sum_{\alpha=1}^{n} a_{r\alpha}\,x_\alpha = b_r\,, \qquad r = 1, \ldots, m;\ \boldsymbol{x} \geqq \boldsymbol{o}\right\}, \tag{1}$$

wobei wir voraussetzen, daß $m < n$ gilt und die Matrix (Restriktionsmatrix)

$$\boldsymbol{A} = \begin{pmatrix} a_{11} & \ldots & a_{1n} \\ \vdots & & \vdots \\ a_{m1} & \ldots & a_{mn} \end{pmatrix}$$

den maximalen Rang m besitzt.

Diese Voraussetzungen schränken die Allgemeinheit nicht ein; wäre nämlich $m \geqq n$ und hätte die Restriktionsmatrix $\boldsymbol{A}$ den Rang n, so hätte die Restriktionsgleichungen höchstens eine Lösung und es läge kein eigentliches Optimierungsproblem vor. Hätte andererseits die Restriktionsmatrix $\boldsymbol{A}$ nicht den maximalen Rang, so wären einige Restriktionsgleichungen überflüssig und könnten daher fortgelassen werden.

Im folgenden werden wir stets voraussetzen, daß das konvexe Polyeder

$$\mathfrak{M} = \{\boldsymbol{x} \mid \boldsymbol{A}\,\boldsymbol{x} = \boldsymbol{b}; \qquad \boldsymbol{x} \geqq \boldsymbol{o}\}$$

aus mehr als einem Punkt besteht, d. h.

$$\dim \mathfrak{M} \geqq 1\,.$$

Wir wissen bereits, daß die Dimension des Polyeders $\mathfrak{M}$ höchstens gleich der Dimension des linearen Unterraumes

$$\boldsymbol{L} = \{\boldsymbol{x} \mid \boldsymbol{A}\,\boldsymbol{x} = \boldsymbol{b}\}$$

ist. Da die Matrix $\boldsymbol{A}$ den Rang m hat, kann die Dimension von $\mathfrak{M}$ höchstens gleich $n - m$ sein:

$$1 \leqq \dim \mathfrak{M} \leqq n - m\,.$$

▌ S. 1 *Das Polyeder $\mathfrak{M}$ hat mindestens eine Ecke.* ▌

▌ Bws. Das Polyeder $\mathfrak{M}$ ist Durchschnitt des positiven Koordinatenkegels

$$K^+ = \{\boldsymbol{x} \mid \boldsymbol{x} \geqq \boldsymbol{o}\}$$

mit einem linearen Unterraum der Dimension $n - m$. Enthielte $\mathfrak{M}$ keine Ecke, so enthielte $\mathfrak{M}$ nach Satz 13 aus Kapitel 2 eine Gerade, die insbesondere auch in dem positiven Koordinatenkegel liegen muß, was aber unmöglich ist, da dieser Kegel nur Halbgeraden enthält. Damit ist der Satz bewiesen. ▮

Aus Satz 1 und Satz 4 aus Kapitel 3 erhalten wir sofort:

▮ S. 2 *Wenn das Problem* (1) *einen optimalen Punkt besitzt, wird das Optimum auch in einem Eckpunkt des Polyeders* $\mathfrak{M}$ *angenommen.* ▮

▮ D. 1 Ein Punkt $\boldsymbol{x}_0 \in \mathfrak{M}$ heißt *zulässiger Basispunkt* des Problems

$$\min\left\{\boldsymbol{c}'\,\boldsymbol{x} \,\middle|\, \sum_{\alpha=1}^{n} a_{r\alpha}\, x_\alpha = b_r\,, \quad r = 1, \ldots, m;\ \boldsymbol{x} \geqq \boldsymbol{o}\right\},$$

wenn für ihn folgenden Bedingungen erfüllt sind:

1° Die Indexmenge

$$I = \{\alpha \mid x_{0\alpha} > 0\} = \{\alpha_1, \ldots, \alpha_s\}$$

enthält höchstens m Elemente, d. h. $s \leqq m$.

2° Es gibt eine quadratische Teilmatrix von $\boldsymbol{A} = (a_{r\alpha})$ vom Rang m, die die Matrix

$$\begin{pmatrix} a_{1\alpha_1} & \cdots & a_{1\alpha_s} \\ \vdots & & \vdots \\ a_{m\alpha_1} & \cdots & a_{m\alpha_s} \end{pmatrix}$$

enthält. ▮

So ist z. B. der auf folgende Weise gewonnene Punkt ein zulässiger Basispunkt:

Man setze in dem System

$$\sum_{\alpha=1}^{n} a_{r\alpha}\, x_\alpha = b_r\,, \qquad r = 1, \ldots, m$$

$n - m$ Variable gleich Null, so daß die Koeffizientenmatrix des restlichen Systems den Rang m besitzt. Falls dieses restliche System eine nichtnegative Lösung besitzt, haben wir zusammen mit den übrigen Variablen, die gleich Null gesetzt wurden, einen zulässigen Basispunkt gewonnen.

▮ S. 3 *Jeder zulässige Basispunkt ist ein Eckpunkt des Polyeders* $\mathfrak{M}$ *und umgekehrt.* ▮

▮ Bws. Es sei $\boldsymbol{x}_0$ ein zulässiger Basispunkt; o. B. d. A. können wir annehmen, daß

$$x_{0\alpha} > 0\,, \quad \alpha = 1, \ldots, s;\ s \leqq m;\ x_{0\alpha} = 0\,, \quad \alpha = s + 1, \ldots, n\,,$$

oder

$$x_{0\alpha} = 0\,, \qquad \alpha = 1, \ldots, n\,,$$

gilt. Nach der Definition eines Basispunktes existiert eine reguläre quadratische Teilmatrix von $\boldsymbol{A}$, die die Matrix

$$\begin{pmatrix} a_{11} & \dots & a_{1s} \\ \vdots & & \vdots \\ a_{m1} & \dots & a_{ms} \end{pmatrix}$$

enthält. Wir können voraussetzen, daß die Teilmatrix

$$\begin{pmatrix} a_{11} & \dots & a_{1m} \\ \vdots & & \vdots \\ a_{m1} & \dots & a_{mm} \end{pmatrix}$$

eine solche ist. Somit ist der Punkt $\boldsymbol{x}_0$ eindeutig bestimmte Lösung des Systems

$$\left.\begin{aligned} \sum_{\alpha=1}^{m} a_{r\alpha} x_\alpha &= b_r\,, & r &= 1, \dots, m\,, \\ x_\alpha &= 0\,, & \alpha &= m+1, \dots, n\,, \end{aligned}\right\} \tag{2}$$

wobei $x_{0\alpha} \geqq 0$ für $\alpha = 1, \dots, m$ gilt.

Bezeichnen wir wie üblich

$$H_\alpha = \{\boldsymbol{x} \mid x_\alpha > 0\}\,, \qquad \overline{H}_\alpha = \{\boldsymbol{x} \mid x_\alpha \geqq 0\}\,,$$
$$R_\alpha = \{\boldsymbol{x} \mid x_\alpha = 0\}\,, \qquad \alpha = 1, \dots, n\,,$$

dann folgt

$$\mathfrak{M} = L \cap \overline{H}_1 \cap \dots \cap \overline{H}_n = L \cap K^+$$

mit

$$L = \{\boldsymbol{x} \mid \boldsymbol{A}\boldsymbol{x} = \boldsymbol{b}\}\,,$$
$$K^+ = \{\boldsymbol{x} \mid \boldsymbol{x} \geqq \boldsymbol{o}\}\,.$$

Der zulässige Basispunkt $\boldsymbol{x}_0$ liegt in der Menge

$$L \cap H_1 \cap \dots \cap H_s \cap R_{s+1} \cap \dots \cap R_m \cap \dots \cap R_n\,. \tag{3}$$

Wegen der eindeutigen Lösbarkeit des Systems (2) besteht diese Menge aus genau einem Punkt. Nach Definition 12 aus Kapitel 2 ist (3) ein Eckpunkt des Polyeders $\mathfrak{M}$.

Es sei andererseits $\boldsymbol{x}_0$ eine Ecke des Polyeders $\mathfrak{M}$. Nach Satz 13 aus Kapitel 2 folgt, daß mindestens $n - m$ Komponenten von $\boldsymbol{x}_0$ gleich Null sein müssen, d. h., für die Indexmenge

$$I = \{\alpha \mid x_{0\alpha} > 0\} = \{\alpha_1, \dots, \alpha_s\}$$

gilt $s \leqq m$, und $\boldsymbol{x}_0$ ist eindeutig bestimmte Lösung des Systems

$$\begin{aligned} \sum_{\alpha=1}^{n} a_{r\alpha} x_\alpha &= b_r\,, & r &= 1, \dots, m\,, \\ x_\alpha &= 0\,, & \alpha &\in \{\alpha_{s+1}, \dots, \alpha_n\}\,. \end{aligned}$$

Da die ersten m Gleichungen dieses Systems linear unabhängig sind, folgt für $s = m$

$$\operatorname{Det}\,[a_{r\alpha_j}]_{\alpha_j \in I} \neq 0\,,$$

d. h., $\boldsymbol{x}_0$ ist zulässiger Basispunkt.

Falls $s < m$ oder $s = 0$ ist, kann man aus den letzten $n - s - 1$ Gleichungen $n - m$ auswählen, die zusammen mit den ersten m Gleichungen den Punkt $\boldsymbol{x}_0$ eindeutig bestimmen. Also ist auch in diesem Fall $\boldsymbol{x}_0$ ein zulässiger Basispunkt. ▮

Entsprechend der Definition von benachbarten Eckpunkten eines Polyeders $\mathfrak{M}$ können wir auch nach diesem Satz von benachbarten Basispunkten sprechen.

▮ S. 4 *Es seien $\boldsymbol{x}_1, \boldsymbol{x}_2$ zwei zulässige Basispunkte eines gegebenen Polyeders $\mathfrak{M}$, die die folgenden Bedingungen erfüllen:*

1° *Der Punkt $\boldsymbol{x}_1$ ist eindeutige Lösung des Systems*

$$\left.\begin{aligned} \sum_{j=1}^{m} a_{r\alpha_j} x_{\alpha_j} &= b_r\,, \qquad & r &= 1, \ldots, m\,, \\ x_{\alpha_k} &= 0\,, \qquad & k &= m+1, \ldots, n\,. \end{aligned}\right\} \tag{4}$$

2° *Der Punkt $\boldsymbol{x}_2$ ist eindeutige Lösung des Systems*

$$\left.\begin{aligned} \sum_{j=1}^{m} a_{r\alpha'_j} x_{\alpha'_j} &= b_r\,, \qquad & r &= 1, \ldots, m\,, \\ x_{\alpha'_k} &= 0\,, \qquad & k &= m+1, \ldots, n\,. \end{aligned}\right\} \tag{5}$$

3° *Die Koeffizientenmatrizen der Systeme* (4) *und* (5) *unterscheiden sich in genau einer Spalte.*

Dann sind $\boldsymbol{x}_1$ und $\boldsymbol{x}_2$ benachbarte zulässige Basispunkte, oder sie sind identisch. ▮

▮ Bws. Falls die Lösungen der beiden Systeme voneinander verschieden sind, folgt aus Satz 14 (Kap. 2), daß $\boldsymbol{x}_1$ und $\boldsymbol{x}_2$ benachbarte Ecken und damit benachbarte zulässige Basispunkte sind, da sich die Koeffizientenmatrizen beider Systeme nur in einer Spalte unterscheiden. Falls beide Systeme die gleiche Lösung haben, definieren sie offenbar den gleichen Basispunkt, d. h. $\boldsymbol{x}_1 = \boldsymbol{x}_2$. ▮

Durch diesen Satz wird der Begriff der Basisvariablen motiviert, den wir nun einführen wollen.

▮ D. 2 Es sei $\boldsymbol{x}_0$ ein zulässiger Basispunkt,

$$I = \{\alpha \mid x_{0\alpha} > 0\} = \{\alpha_1, \ldots, \alpha_s\}\,, \qquad s \leqq m\,,$$

und

$$\begin{pmatrix} a_{1\alpha_1} & \ldots & a_{1\alpha_m} \\ \vdots & & \vdots \\ a_{m\alpha_1} & \ldots & a_{m\alpha_m} \end{pmatrix} \tag{6}$$

eine reguläre quadratische Teilmatrix von $A = (a_{r\alpha})$, die offenbar die Matrix

$$\begin{pmatrix} a_{1\alpha_1} & \dots & a_{1\alpha_s} \\ \vdots & & \vdots \\ a_{m\alpha_1} & \dots & a_{m\alpha_s} \end{pmatrix} \tag{7}$$

enthält.

Wir sagen, daß die Variablen des Systems

$$\sum_{j=1}^{m} a_{r\alpha_j} x_{\alpha_j} = b_r, \qquad r = 1, \dots, m,$$

ein *System von Basisvariablen des zulässigen Basispunktes* bilden. Die Variablen $x_{\alpha_{m+1}}, \dots, x_{\alpha_n}$ heißen *Nichtbasisvariable.* ∎

Falls die quadratische Teilmatrix (6) zu dem zulässigen Basispunkt $\boldsymbol{x}_0$ eindeutig bestimmt ist, gibt es zu dem Basispunkt genau ein System von Basisvariablen. Im allgemeinen können aber zu einem Basispunkt mehrere reguläre quadratische Teilmatrizen der Form (6) existieren. Da nach unserer Definition jeder solchen Teilmatrix genau ein System von Basisvariablen entspricht, ist die Anzahl der Systeme von Basisvariablen zu einem vorgegebenen zulässigen Basispunkt gleich der Anzahl der quadratischen Teilmatrizen vom Rang m, die die Matrix (7) enthalten.

Die geometrische Idee, die uns zu einem Verfahren zur Bestimmung eines optimalen Punktes des vorgegebenen lineare Optimierungsproblems führt, ist nun die folgende:

Wir suchen eine Ecke $\boldsymbol{x}_0$ des Polyeders $\mathfrak{M}$ und bestimmen den Wert der Zielfunktion. Von dieser Ecke ausgehend bewegen wir uns entlang einer Kante des Polyeders zu einer benachbarten Ecke $\boldsymbol{x}_1$ mit der Eigenschaft, daß die Zielfunktion hier einen kleineren Wert besitzt. Falls keine Ecke mit dieser Eigenschaft existiert, werden wir sehen, daß mit dem Punkt $\boldsymbol{x}_0$ bereits ein optimaler Punkt des Problems gefunden wurde. Falls es eine geeignete benachbarte Ecke gibt, setzen wir in dieser das Verfahren fort. Auf diese Weise erhalten wir eine Folge von Ecken, wobei zwei aufeinanderfolgende Ecken benachbart sind und die Zielfunktion auf der Folge monoton abnimmt. Da es nur endlich viele Ecken gibt, ist das Verfahren nach endlich vielen Schritten abgeschlossen. Nach Satz 2 können wir uns auf die Untersuchung der Eckpunkte des Polyeders $\mathfrak{M}$ beschränken.

Diese Idee soll nun mathematisch bearbeitet werden, was etappenweise geschehen wird. Zunächst steht das Problem der Bestimmung eines Eckpunktes. Dazu betrachten wir zu dem ursprünglichen Problem

$$\min \{\boldsymbol{c}'\boldsymbol{x} \mid \boldsymbol{A}\boldsymbol{x} = \boldsymbol{b}; \quad \boldsymbol{x} \geqq \boldsymbol{o}\} \tag{8}$$

noch das Problem

$$\min \left\{ \sum_{r=1}^{m} u_r \,\middle|\, \boldsymbol{A}\boldsymbol{x} + \boldsymbol{u} = \boldsymbol{b}; \quad \boldsymbol{x} \geqq \boldsymbol{o}; \quad \boldsymbol{u} \geqq \boldsymbol{o} \right\}, \tag{9}$$

wobei wir $\boldsymbol{b} \geqq \boldsymbol{o}$ voraussetzen können.

▌S. 5 *Wenn das Problem* (9) *einen optimalen Punkt* $(\boldsymbol{x}_0, \boldsymbol{u}_0)$ *mit* $\sum_{r=1}^{m} u_{0r} > 0$ *besitzt, hat das Problem* (8) *keinen zulässigen, also auch keinen optimalen Punkt.* ▌

▌Bws. Hätte das Problem (8) einen zulässigen Punkt $\boldsymbol{x}_0$, so müßte gelten:

$$\inf\left\{\sum_{r=1}^{m} u_r \middle| \boldsymbol{A}\,\boldsymbol{x} + \boldsymbol{u} = \boldsymbol{b}; \quad \boldsymbol{x} \geqq \boldsymbol{o}; \quad \boldsymbol{u} \geqq \boldsymbol{o}\right\} = 0\,,$$

da der Punkt $(\boldsymbol{x}_0, \hat{\boldsymbol{u}})$ mit $\hat{\boldsymbol{u}} = \boldsymbol{o}$ zulässig für (9) ist. Dies widerspricht aber der Voraussetzung, nach der

$$\min\left\{\sum_{r=1}^{m} u_r \middle| \boldsymbol{A}\,\boldsymbol{x} + \boldsymbol{u} = \boldsymbol{b}; \quad \boldsymbol{x} \geqq \boldsymbol{o}; \quad \boldsymbol{u} \geqq \boldsymbol{o}\right\} > 0$$

gelten muß. ▌

Die Umkehrung dieses Satzes gilt offenbar trivialerweise.

Mit diesem Satz haben wir ein notwendig und hinreichendes Kriterium für die Existenz eines zulässigen Punktes für das Problem (8). Für das Problem (9) steht sofort ein zulässiger Basispunkt zur Verfügung, nämlich der Punkt $\boldsymbol{x} = \boldsymbol{o}$; $\boldsymbol{u} = \boldsymbol{b}$. Den folgenden Satz kann man mit Hilfe der parametrischen Optimierung beweisen. Durch ihn ist es möglich, statt des Problems (8) das Problem

$$\min\left\{\boldsymbol{c}'\,\boldsymbol{x} + M \sum_{r=1}^{m} u_r \middle| \boldsymbol{A}\,\boldsymbol{x} + \boldsymbol{u} = \boldsymbol{b}; \quad \boldsymbol{x} \geqq \boldsymbol{o}; \quad \boldsymbol{u} \geqq \boldsymbol{o}\right\} \tag{10}$$

zu lösen, wobei man für dieses Problem sofort einen zulässigen Basispunkt hat.

▌S. 6 *Wenn es ein* M_0 *gibt, so daß für jedes* $M \geqq M_0$ *das Problem* (10) *keinen optimalen Punkt* $(\boldsymbol{x}_0, \boldsymbol{u}_0)$ *mit* $\boldsymbol{u}_0 = \boldsymbol{o}$ *besitzt, dann ist das Problem* (8) *unlösbar. Falls das nicht der Fall ist, gibt es eine hinreichend große positive Zahl* M, *so daß der Punkt* $\boldsymbol{x}_0$ *optimal für das Problem* (8) *ist, sofern der Punkt* $(\boldsymbol{x}_0, \boldsymbol{u}_0)$ *mit* $\boldsymbol{u}_0 = \boldsymbol{o}$ *optimal für das Problem* (10) *ist.* ▌

4.2. Der Austausch von zulässigen Basispunkten

Wir können jetzt voraussetzen, daß wir für das Problem

$$\min\{\boldsymbol{c}'\,\boldsymbol{x} \mid \boldsymbol{A}\,\boldsymbol{x} = \boldsymbol{b}; \quad \boldsymbol{x} \geqq \boldsymbol{o}\} \tag{11}$$

einen zulässigen Basispunkt haben. Wie üblich setzen wir bezüglich (11) voraus:

1° $\boldsymbol{b} \geqq \boldsymbol{o}$.

2° Die Restriktionsmatrix $\boldsymbol{A} = (a_{r\alpha})$ hat den maximalen Rang m mit $m < n$.

Für den vorgegebenen zulässigen Basispunkt $\boldsymbol{x}_0$ können wir fordern, daß die letzten $n - m$ Komponenten von $\boldsymbol{x}_0$ gleich Null sind:

$$x_{0\alpha} = 0\,, \qquad \alpha = m + 1, \ldots, n\,.$$

Durch eventuelles Vertauschen der Spalten in der Restriktionsmatrix können wir diese Bedingung stets erfüllen. Die übrigen Komponenten des Basispunktes $\boldsymbol{x}_0$ sind dann eindeutig bestimmt als Lösung des Systems

$$\sum_{\alpha=1}^{m} a_{r\alpha}\, x_\alpha = b_r\,, \qquad r = 1, \ldots, m\,.$$

Die Determinante der Koeffizientenmatrix dieses Systems ist nach der Definition eines zulässigen Basispunktes von Null verschieden, und man kann daher das System

$$\sum_{\alpha=1}^{n} a_{r\alpha}\, x_\alpha = b_r\,, \qquad r = 1, \ldots, m\,,$$

nach den Variablen $x_1, \ldots, x_m$ auflösen und erhält

$$x_i = d_{i0} - \sum_{j=m+1}^{n} d_{ij}\, x_j\,, \qquad i = 1, \ldots, m\,, \tag{12}$$

wobei die Größen d_{i0} und d_{ij} eindeutig bestimmt sind. Da $\boldsymbol{x}_0$ ein zulässiger Basispunkt ist, folgt

$$x_{0i} = d_{i0} \geqq 0\,, \qquad i = 1, \ldots, m\,.$$

Wenn wir die Variablen x_i aus (12) in die Zielfunktion $\boldsymbol{c}'\,\boldsymbol{x}$ einsetzen, erhalten wir

$$\boldsymbol{c}'\,\boldsymbol{x} = \sum_{i=1}^{m} c_i\, d_{i0} + \sum_{j=m+1}^{n} \left(c_j - \sum_{i=1}^{m} c_i\, d_{ij}\right) x_j\,. \tag{13a}$$

Durch Einführung der Bezeichnungen

$$\left.\begin{aligned} c_0 &= \sum_{i=1}^{m} c_i\, d_{i0}\,, \\ z_j &= \sum_{i=1}^{m} c_i\, d_{ij}\,, \qquad j = m+1, \ldots, n\,, \\ z_i &= c_i\,, \qquad i = 1, \ldots, m\,, \end{aligned}\right\} \tag{13b}$$

können wir (13) kurz in der Form

$$\boldsymbol{c}'\,\boldsymbol{x} = c_0 + \sum_{\alpha=1}^{n} (c_\alpha - z_\alpha)\, x_\alpha$$

schreiben, wobei für $\boldsymbol{x}_0$

$$\boldsymbol{c}'\,\boldsymbol{x}_0 = c_0$$

gilt. Die Variablen $x_1, \ldots, x_m$ sind offenbar Basisvariable des zulässigen Basispunktes $\boldsymbol{x}_0$.

Alle gegebenen Daten tragen wir in eine Tabelle ein:

		x_1	$\ldots$	x_m	x_{m+1}	$\ldots$	x_n	
		c_1	$\ldots$	c_m	c_{m+1}	$\ldots$	c_n	
c_1	x_1	1		0	$d_{1,m+1}$		d_{1n}	d_{10}
$\vdots$	$\vdots$	$\vdots$		$\vdots$	$\vdots$		$\vdots$	$\vdots$
c_i	x_i	0		0	$d_{i,m+1}$		d_{in}	d_{i0}
$\vdots$	$\vdots$	$\vdots$		$\vdots$	$\vdots$		$\vdots$	$\vdots$
c_m	x_m	0	$\ldots$	1	$d_{m,m+1}$	$\ldots$	d_{mn}	d_{m0}
		z_1	$\ldots$	z_m	z_{m+1}	$\ldots$	z_n	c_0
		$c_1 - z_1$	$\ldots$	$c_m - z_m$	$c_{m+1} - z_{m+1}$	$\ldots$	$c_n - z_n$	

(14a)

Tabelle 1

Das Skalarprodukt des Zeilenvektors $(x_1, \ldots, x_n)$ mit der i-ten Zeile der in Tabelle 1 enthaltenen Matrix

$$\begin{pmatrix} 1 & 0 & \ldots & 0 & d_{1,m+1} & \ldots & d_{1n} \\ 0 & 1 & \ldots & 0 & d_{2,m+1} & \ldots & d_{2n} \\ \cdot & \cdot & \cdot & \cdot & \cdot & \cdot & \cdot \\ 0 & 0 & \ldots & 1 & d_{m,m+1} & \ldots & d_{mn} \end{pmatrix} \tag{14b}$$

liefert nach (12) gerade d_{i0}. Eine analoge Beziehung besteht zwischen dem Skalarprodukt der ersten Spalte $(c_1, \ldots, c_m)$ und der j-ten Spalte der Matrix (14). Wir bemerken noch, daß

$$c_i - z_i = 0\,, \qquad i = 1, \ldots, m\,,$$

ist. Diese Gleichung besteht offenbar immer dann, wenn in der i-ten Spalte von (14b) ein Einheitsvektor steht.

▮ S. 7 *Wenn für alle j $(j = m + 1, \ldots, n)$*

$$c_j - z_j \geqq 0$$

gilt, ist der Punkt $\boldsymbol{x}_0$ optimal für (11). ▮

▮ Bws. Die gegebene lineare Zielfunktion $\boldsymbol{c}'\boldsymbol{x}$ wurde mit (12) in eine neue Funktion (13) überführt, so daß jetzt linear unabhängige Variable auftreten, die durch die Restriktionen

$$x_j \geqq 0\,, \qquad j = m + 1, \ldots, n\,,$$

$$d_{i0} - \sum_{j=m+1}^{n} d_{ij}\, x_j \geqq 0\,, \qquad i = 1, \ldots, m\,,$$

beschränkt sind. Ist $c_j - z_j \geqq 0$ für alle j $(j = 1, \ldots, n)$, so folgt für jeden zulässigen Punkt $\boldsymbol{x}$

$$\boldsymbol{c}' \boldsymbol{x} = c_0 + \sum_{j=m+1}^{n} (c_j - z_j)\, x_j \geqq c_0 = \boldsymbol{c}' \boldsymbol{x}_0 ,$$

also gilt die Behauptung des Satzes. ▮

▮ S. 8 *Wenn es einen Index* j_0 $(m + 1 \leqq j_0 \leqq n)$ *gibt, so daß*

$$c_{j_0} - z_{j_0} < 0 ,$$

$$d_{i j_0} \leqq 0 , \qquad i = 1, \ldots, m ,$$

ist, dann ist die Zielfunktion $\boldsymbol{c}' \boldsymbol{x}$ *auf der Menge* $\mathfrak{M}$ *nach unten unbeschränkt, also das Problem* (11) *unlösbar.* ▮

▮ Bws. Die Menge L^*,

$$L^* = \{\boldsymbol{x} |\, x_i = d_{i0} - d_{i j_0} x_{j_0} , \quad i = 1, \ldots, m; \qquad x_{j_0} \geqq 0;$$
$$x_j = 0 , \ j = m + 1, \ldots, n\},$$

ist eine Halbgerade, die wegen $d_{i j_0} \leqq 0$ $(i = 1, \ldots, m)$ in der Restriktionsmenge $\mathfrak{M}$ verläuft. Für jeden Punkt $\boldsymbol{x}$ der Halbgeraden L^* gilt dann

$$\boldsymbol{c}' \boldsymbol{x} = c_0 + (c_{j_0} - z_{j_0})\, x_{j_0}$$

Da die Variable x_{j_0} beliebig große positive Werte annehmen kann, folgt aus dieser Gleichung und der Voraussetzung $c_{j_0} - z_{j_0} < 0$, daß die Zielfunktion über dem Restriktionsbereich nach unten unbeschränkt ist. ▮

Diese beiden Sätze liefern uns ein Optimalitätskriterium (Satz 7) und ein Kriterium für die Nichtexistenz eines optimalen Punktes (Satz 8). Wenn also bei einem Minimumproblem in der letzten Zeile der Tabelle 1 alle Elemente nicht positiv sind, dann liefert der durch diese Tabelle gegebene zulässige Basispunkt einen optimalen Punkt des Problems. Dabei stehen in der letzten Spalte der Tabelle die Werte der Basisvariablen des optimalen Punktes. Wenn jedoch in der letzten Zeile der Tabelle ein negatives Element steht und alle Elemente der entsprechenden Spalte der Matrix (14b) nicht positiv sind, gibt es nach Satz 8 kein endliches Minimum der Zielfunktion $\boldsymbol{c}' \boldsymbol{x}$ bezüglich des Restriktionsbereiches. In beiden Fällen ist das Verfahren beendet. Im allgemeinen wird aber der folgende Fall eintreten: Zu jedem $c_j - z_j$ $(j = m + 1, \ldots, n)$, das negativ ist, gibt es in der betreffenden Spalte der Matrix (14b) mindestens ein positives Element d_{ij}. In diesem Fall kann man den Wert einer Nichtbasisvariablen anwachsen lassen, wobei sich der Wert der Zielfunktion erniedrigt. Diese Vergrößerung kann aber nur so weit getrieben werden, bis eine Basisvariable zu Null wird. Diese Gedanken werden nun präzisiert. Dazu setzen wir voraus, daß es ein k mit $1 \leqq k \leqq m$ und ein s mit $m + 1 \leqq s \leqq n$ gibt, so daß

$$d_{ks} \neq 0$$

ist. Wir können dann die k-te Gleichung aus (12) nach x_s auflösen:

$$x_s = \frac{1}{d_{ks}}\left(d_{k0} - \sum_{\substack{j=m+1\\ j\neq s}}^{n} d_{kj}\, x_j - x_k\right),$$

in die übrigen Gleichungen von (12) einsetzen:

$$x_i = d_{i0} - \frac{d_{is}\, d_{k0}}{d_{ks}} - \sum_{\substack{j=m+1\\ j\neq s}}^{n}\left(d_{ij} - \frac{d_{is}\, d_{kj}}{d_{ks}}\right)x_j + \frac{d_{ik}}{d_{ks}}x_k\,, \qquad i = 1, \ldots, m;\; i \neq k\,,$$

ebenso in die Zielfunktion (13a):

$$\boldsymbol{c}'\,\boldsymbol{x} = c_0 + (c_s - z_s)\frac{d_{k0}}{d_{ks}} + \sum_{\substack{j=m+1\\ j\neq s}}^{n}\left(c_j - z_j - (c_s - z_s)\frac{d_{kj}}{d_{ks}}\right)x_j + \frac{c_s - z_s}{d_{ks}}x_k\,.$$

Wenn wir diese Gleichungen kurz in der Form

$$x_s + \sum_{\substack{j=m+1\\ j\neq s}}^{n} d'_{ij}\, x_j + d'_{sk}\, x_k = d'_{s0}\,,$$

$$x_i + \sum_{\substack{j=m+1\\ j\neq s}}^{n} d'_{ij}\, x_j + d'_{ik}\, x_k = d'_{i0}\,, \qquad i = 1, \ldots, m;\; i \neq k\,,$$

$$\boldsymbol{c}'\,\boldsymbol{x} = c'_0 + \sum_{j=1}^{n}(c_j - z_j)\, x_j$$

schreiben, erhalten wir durch Koeffizientenvergleich

$$\left.\begin{aligned}
&d'_{s0} = \frac{d_{k0}}{d_{ks}}, \qquad d'_{sj} = \frac{d_{kj}}{d_{ks}} \quad (j = m+1, \ldots, n;\; j \neq s)\,, \qquad d'_{ks} = \frac{1}{d_{sk}},\\
&d'_{i0} = d_{i0} - \frac{d_{is}\, d_{k0}}{d_{ks}}, \qquad d'_{ij} = d_{ij} - \frac{d_{is}\, d_{kj}}{d_{ks}}, \qquad d'_{ik} = -\frac{d_{is}}{d_{ks}}\\
&(i = 1, \ldots, m;\; i \neq k;\; j = m+1, \ldots, n;\; j \neq s)\,,
\end{aligned}\right\} \tag{15}$$

$$\left.\begin{aligned}
&z'_j = z_j + (c_s - z_s)\, d'_{sj} \qquad (j = m+1, \ldots, n;\; j \neq s)\,,\\
&z'_k = c_k + (c_s - z_s)\, d'_{sk}; \qquad c'_0 = c_0 + (c_s - z_s)\, d'_{s0}\,,\\
&z'_i = c_i \qquad (i = 1, \ldots, m;\; i \neq k)\,.
\end{aligned}\right\} \tag{16}$$

Ferner folgen daraus die Beziehungen

$$\left.\begin{aligned}
&c_j - z'_j = (c_j - z_j) - (c_s - z_s)\, d'_{sj} \qquad (j \neq s)\,,\\
&c_k - z'_k = -\,(c_s - z_s)\, d'_{sk}\,,\\
&c_i - z'_i = 0 \qquad (i \neq k)\,,
\end{aligned}\right\} \tag{17}$$

$$\left.\begin{aligned} &\sum_{\substack{i=1\\ i\neq k}}^{m} c_i\, d'_{ij} + c_s\, d'_{sj} = z'_j \quad (j \neq s)\,, \qquad \sum_{\substack{i=1\\ i\neq k}}^{m} c_i\, d'_{ik} + c_s\, d'_{sk} = z'_k\,,\\ &\sum_{\substack{i=1\\ i\neq k}}^{m} c_i\, d'_{i0} + c_s\, d'_{s0} = c'_0\,. \end{aligned}\right\} \tag{18}$$

Wir hatten bisher angenommen, daß der zulässige Basispunkt $\boldsymbol{x}_0$ eindeutig als Lösung des Systems

$$\begin{aligned} \sum_{i=1}^{m} a_{ri}\, x_i &= b_r\,, \qquad & r &= 1, \ldots, m\,,\\ x_j &= 0\,, & j &= m+1, \ldots, n\,, \end{aligned}$$

bestimmt ist. Wir setzen nun voraus, daß dieses System auch eindeutig nach den Variablen $x_1, \ldots, x_{k-1}, x_{k+1}, \ldots, x_m, x_s$ $(m + 1 \leqq s \leqq n)$ auflösbar ist und diese Lösung einen zulässigen Basispunkt $\boldsymbol{x}_1$ definiert. Da sich die beiden Systeme von Basisvariablen nur in einer einzigen Variablen unterscheiden, folgt nach Satz 4, daß die Basispunkte $\boldsymbol{x}_0$ und $\boldsymbol{x}_1$ entweder benachbart sind oder zusammenfallen. Die oben beschriebene Elimination und die zugehörenden Transformationsgesetze liefern uns somit den Übergang von einem zulässigen Basispunkt zu einem benachbarten, sofern die Basisvariablen eines Basispunktes eindeutig bestimmt sind. Die Transformationsformeln (15), (16), (17), (18) beschreiben die Berechnungen, die bei den Iterationsschritten des Lösungsverfahrens erforderlich sind. Mit Hilfe der Tabelle 1 lassen sich diese Transformationen leicht mechanisch ausführen. Um eine solche „Tafeltransformation" zu beschreiben, kehren wir zu Tabelle 1 zurück.

Das von Null verschiedene Element d_{ks} — wir nennen es *Zentralelement* — wird eingerahmt. Dieses Element steht in der Zeile k, der Führungszeile und in der Spalte s, der Führungsspalte:

		x_1	…	x_k	…	x_m	x_{m+1}	…	x_s	…	x_n	
		c_1	…	c_k	…	c_m	c_{m+1}	…	c_s	…	c_n	
c_1	x_1	1	…	0	…	0	$d_{1,m+1}$	…	d_{1s}	…	d_{1n}	d_{10}
⋮	⋮	⋮		⋮		⋮	⋮		⋮		⋮	⋮
c_k	x_k	0	…	1		0	$d_{k,m+1}$	…	$\boxed{d_{ks}}$	…	d_{kn}	d_{k0}
⋮	⋮	⋮		⋮		⋮	⋮		⋮		⋮	⋮
c_m	x_m	0	…	0	…	1	$d_{m,m+1}$	…	d_{ms}	…	d_{mn}	d_{m0}
		z_1	…	z_k	…	z_m	z_{m+1}	…	z_s	…	z_n	c_0
		$c_1 - z_1$	…	$c_k - z_k$	…	$c_m - z_m$	$c_{m+1} - z_{m+1}$	…	$c_s - z_s$	…	$c_n - z_n$	

Diese Tabelle stimmt mit Tabelle 1 völlig überein; wir haben nur Führungszeile und Führungsspalte gekennzeichnet. In der zweiten Spalte stehen die Basisvariablen, stark eingerahmt wurde die Operationsmatrix (14). Die letzte

Zeile der Tabelle nennt man *charakteristische Zeile*, da sie entscheidend für die Optimalität des entsprechenden Basispunktes ist. Von dieser Tabelle gehen wir zu der folgenden über:

		x_1	...	x_k	...	x_m	x_{m+1}	...	...	x_s	...	x_n	
		c_1	...	c_k	...	c_m	c_{m+1}	...	...	c_s	...	c_n	
c_1	x_1	d'_{11}	...	d'_{1k}	...	d'_{1m}	$d'_{1,m+1}$	...	...	0	...	d'_{1n}	d'_{10}
$\vdots$	$\vdots$	$\vdots$		$\vdots$		$\vdots$	$\vdots$			$\vdots$		$\vdots$	$\vdots$
c_{k-1}	x_{k-1}	$d'_{k+1,1}$	...	$d'_{k+1,k}$	...	$d'_{k+1,m}$	$d'_{k+1,m+1}$	...	...	0	...	$d'_{k+1,n}$	$d'_{k+1,0}$
c_s	x_s	$d'_{s,1}$	...	$d'_{s,k}$	...	$d'_{s,m}$	$d'_{s,m+1}$	...	...	1	...	d'_{sn}	d'_{s0}
c_{k+1}	x_{k+1}	$d'_{k+1,1}$	...	$d'_{k+1,k}$	...	$d'_{k+1,m}$	$d'_{k+1,m+1}$	...	...	0	...	$d'_{k+1,n}$	$d'_{k+1,0}$
$\vdots$	$\vdots$	$\vdots$		$\vdots$		$\vdots$	$\vdots$			$\vdots$		$\vdots$	$\vdots$
c_m	x_m	d'_{m1}	...	d'_{mk}	...	d'_{mm}	$d'_{m,m+1}$	...	...	0	...	d'_{mn}	d'_{m0}
		z'_1	...	z'_k	...	z'_m	z'_{m+1}	...	...	z'_s	...	z'_n	c'_0
		$c_1 - z'_1$	...	$c_k - z'_k$	...	$c_m - z'_m$	$c_{m+1} - z'_{m+1}$	...	...	$c_s - z'_s$	...	$c_n - z'_n$	

Tabelle 2

Dabei sind die folgenden Regeln zu beachten, die den Übergang von Tabelle 1 zur Tabelle 2 beschreiben:

1° Die Variable x_k wird durch x_s ersetzt; entsprechend wird die Zahl c_k durch c_s ersetzt.

2° Alle Elemente der Führungszeile werden durch das Zentralelement dividiert.

3° An allen Stellen der Führungsspalte — bis auf die Stelle, an der das Zentralelement steht — ist eine Null zu schreiben.

4° Alle Elemente der Operationsmatrix der Tabelle 2, die nicht in der Führungsspalte oder -zeile stehen, werden nach der Kreuzregel (siehe 3.6.) berechnet.

5° Das Element z'_j erhält man als Skalarprodukt der ersten Spalte von Tabelle 2 mit der j-ten Spalte von Tabelle 2; analog berechnet man c'_0.

6° Das Element $c_j - z'_j$ $(j = 1, \ldots, n)$ kann auf zwei Wegen berechnet werden; einmal als Differenz der zweiten und vorletzten Zeile der Tabelle 2 und zum anderen nach der Kreuzregel. Zur Rechenkontrolle ist es zweckmäßig, beide Methoden durchzuführen.

Bei der numerischen Berechnung auf Rechenautomaten wird man die Elemente wieder an der gleichen Stelle speichern wollen. Dazu hat man die Rechenschritte in der Reihenfolge 1°, 4°, 2°, 3°, 5°, 6° auszuführen.

Mit diesen Rechenregeln haben wir den Übergang von einem System von Basisvariablen zu einem anderen vollständig beschrieben, wobei man bei diesem Übergang entweder einen benachbarten Basispunkt oder den gleichen erhält. Um nun hieraus ein Verfahren zur Berechnung eines optimalen Punktes für das Problem (11) zu entwickeln, muß das Zentralelement in geeigneter Weise gewählt werden, nämlich so, daß beim Übergang zu einem neuen zulässigen Basispunkt der Wert der Zielfunktion abnimmt.

Wir betrachten dazu zwei zulässige Basispunkte $\boldsymbol{x}_0$ und $\boldsymbol{x}_1$, die sich genau in einer Basisvariablen unterscheiden, d. h., $x_1, \ldots, x_{k-1}, x_k, x_{k+1}, \ldots, x_n$ sei das $\boldsymbol{x}_0$ zugeordnete System von Basisvariablen und $x_1, \ldots, x_{k-1}, x_s, x_{k+1}, \ldots, x_n$ das zu $\boldsymbol{x}_1$ gehörende System.

S. 9 *Die zulässigen Basispunkte $\boldsymbol{x}_0$ und $\boldsymbol{x}_1$ sind genau dann benachbart, wenn*

$$d_{ks} > 0\,, \qquad d_{k0} > 0\,, \qquad \frac{d_{k0}}{d_{ks}} = \min\left\{\frac{d_{i0}}{d_{is}} \,\middle|\, i \in I'\right\} \tag{19}$$

gilt, wobei

$$I' = \{i \mid d_{is} > 0\}$$

ist.

Bws. Der Wahl

$$x_k = x_{1k} = 0\,, \qquad x_j = x_{1j} = 0\,, \qquad j = m+1, \ldots, n; \quad j \neq s\,, \tag{20}$$

entspricht nach den Transformationsformeln die Lösung

$$x_s = x_{1s} = d'_{s0}\,, \qquad x_i = x_{1i} = d'_{i0}\,, \qquad i = 1, \ldots, m; \quad i \neq k\,,$$

und dadurch auch eine Lösung des Systems

$$\boldsymbol{A}\boldsymbol{x} = \boldsymbol{b}\,, \qquad \boldsymbol{x} \geqq \boldsymbol{o}\,.$$

Damit diese Lösung ein zulässiger Basispunkt ist, ist notwendig und hinreichend, daß $x_{1j} \geqq 0$ für $j = 1, \ldots, n$ gilt, d. h., es ist zu zeigen, daß

$$d'_{s0} \geqq 0\,, \qquad d'_{i0} \geqq 0\,, \qquad i = 1, \ldots, m; \quad i \neq k\,,$$

gilt. Daraus und aus den Transformationsformeln (15) und (16) ergibt sich dann die Äquivalenz

$$d'_{s0} \geqq 0\,, \qquad d'_{i0} \geqq 0 \quad \leftrightarrow \quad \frac{d_{k0}}{d_{ks}} \geqq 0\,, \qquad d_{i0} - \frac{d_{is}\,d_{k0}}{d_{ks}} \geqq 0\,. \tag{21}$$

Der Fall $\boldsymbol{x}_0 = \boldsymbol{x}_1$ tritt genau dann auf, wenn $d_{k0} = 0$ ist; denn wenn $d_{k0} = 0$ ist, folgt nach (15) und (16)

$$d'_{s0} = 0\,, \qquad d'_{i0} = d_{i0}\,, \qquad i = 1, \ldots, m; \quad i \neq k\,,$$

woraus sich sofort $x_{0j} = x_{1j}$ ergibt. Wenn andererseits die Komponenten von x_{0j} und x_{1j} gleich sind, folgt wegen $x_{0k} = d_{k0}$ aus (20) notwendig, daß $d_{k0} = 0$ sein muß.

Daraus ergibt sich, daß die zulässigen Basispunkte $\boldsymbol{x}_0$ und $\boldsymbol{x}_1$ genau dann voneinander verschieden sind, wenn $d_{k0} > 0$ ist. Zusammen mit (20) und

Satz 4 folgt somit, daß $\boldsymbol{x}_0$ und $\boldsymbol{x}_1$ genau dann benachbarte zulässige Basispunkte sind, wenn

$$d_{k0} > 0\,, \qquad \frac{d_{k0}}{d_{ks}} > 0\,, \qquad d_{i0} - \frac{d_{is}\,d_{k0}}{d_{ks}} \geqq 0\,, \qquad i = 1, \ldots, m; \quad i \neq k\,,$$

gilt. Wenn wir nun noch die Indexmenge

$$I' = \{i \mid d_{is} > 0\}$$

einführen, ist $I' \neq \emptyset$ (wegen $d_{ks} > 0$), und es gilt also

$$d_{k0} > 0\,, \qquad \frac{d_{k0}}{d_{ks}} > 0\,, \qquad d_{i0} - \frac{d_{is}\,d_{k0}}{d_{ks}} \geqq 0 \leftrightarrow d_{k0} > 0\,,$$

$$d_{ks} > 0\,, \qquad \frac{d_{k0}}{d_{ks}} = \min\left\{\frac{d_{i0}}{d_{is}}\,\middle|\, i \in I'\right\}. \qquad \blacksquare$$

Für alle weiteren Untersuchungen in diesem Abschnitt erfülle das lineare Optimierungsproblem

$$\min\{\boldsymbol{c}'\,\boldsymbol{x} \mid \boldsymbol{A}\,\boldsymbol{x} = \boldsymbol{b}\,, \quad \boldsymbol{x} \geqq \boldsymbol{o}\} \tag{22}$$

folgende Voraussetzungen:

1° $b_r \geqq 0\,, \quad r = 1, \ldots, m\,.$

2° $1 \leqq m < n\,.$

3° Die Matrix $\boldsymbol{A}$ hat den Rang m.

4° Die Gleichungen

$$\sum_{\alpha=1}^{n} a_{r\alpha}\,x_\alpha = b_r \quad (r = 1, \ldots, m); \qquad x_\alpha \geqq 0 \quad (\alpha = 1, \ldots, n) \tag{23}$$

lassen sich eindeutig nach den Variablen $x_1, \ldots, x_m$ auflösen:

$$x_i = d_{i0} - \sum_{j=m+1}^{n} d_{ij}\,x_j\,, \qquad i = 1, \ldots, m\,. \tag{24}$$

5° Der Punkt $\boldsymbol{x}_0' = (d_{10}, \ldots, d_{m0}, 0, \ldots, 0)$ ist ein zulässiger Basispunkt des Problems.

$\blacksquare$ S. 10 *Wenn ein Indexpaar* (k, s), $1 \leqq k \leqq m$, $m + 1 \leqq s \leqq n$ *mit den Eigenschaften*

(a) $c_s - z_s < 0\,,$

(b) $d_{k0} > 0\,, \qquad d_{ks} > 0\,, \qquad \dfrac{d_{k0}}{d_{ks}} = \min\left\{\dfrac{d_{i0}}{d_{is}}\,\middle|\, i \in I'\right\}$

existiert, wobei

$$I' = \{i \mid d_{is} > 0\}$$

ist, dann sind die Variablen $x_1, \ldots, x_{k-1}, x_s, x_{k+1}, \ldots, x_m$ *Basisvariablen zu einem zu* $\boldsymbol{x}_0$ *benachbarten zulässigen Basispunkt* $\boldsymbol{x}_1$, *und es gilt*

$$\boldsymbol{c}'\,\boldsymbol{x}_1 < \boldsymbol{c}'\,\boldsymbol{x}_0\,. \qquad \blacksquare$$

▌ Bws. Nach Satz 9 sind die Voraussetzungen des Satzes notwendig und hinreichend dafür, daß $\boldsymbol{x}_0$ und $\boldsymbol{x}_1$ benachbarte zulässige Basispunkte mit den Zielfunktionswerten

$$\boldsymbol{c}' \boldsymbol{x}_0 = c_0 , \qquad \boldsymbol{c}' \boldsymbol{x}_1 = c_0'$$

sind, wobei nach der Transformationsformel (16)

$$c_0' = c_0 + (c_s - z_s)\, d_{s0}' = c_0 + (c_s - z_s) \frac{d_{k0}}{d_{ks}}$$

gilt, woraus wegen $c_s - z_s < 0$ und $\frac{d_{k0}}{d_{ks}} > 0$ die Behauptung des Satzes folgt. ▌

▌ S. 11 *Wenn ein Indexpaar* (k, s), $1 \leqq k \leqq m$, $m + 1 \leqq s \leqq n$ *mit den Eigenschaften*

(a) $c_s - z_s < 0$,

(b) $\frac{d_{k0}}{d_{ks}} = \min \left\{ \frac{d_{i0}}{d_{is}} \middle| i \in I' \right\} = 0$

existiert, wobei die Menge I' *nicht leer ist, dann gilt*

$$\boldsymbol{x}_0 = \boldsymbol{x}_1 \qquad \textit{und} \qquad \boldsymbol{c}' \boldsymbol{x}_0 = \boldsymbol{c}' \boldsymbol{x}_1 .$$ ▌

▌ Bws. Auf Grund von $d_{ks} \neq 0$ folgt aus der Voraussetzung (b) $d_{k0} = 0$. Daraus ergibt sich unmittelbar nach (21) die Behauptung des Satzes. ▌

Die Sätze 10 und 11 sind in den Fällen wichtig, in denen die Voraussetzungen der Sätze 7 und 8 nicht erfüllt sind. Sie beschreiben das Vorgehen, wie man von einem zulässigen Basispunkt zu einem benachbarten durch Austausch einer einzigen Variablen gelangen kann, wobei man einen „besseren" Wert der Zielfunktion erhält. Wenn die Voraussetzungen von Satz 10 erfüllt sind, haben wir dieses Ziel erreicht. Wenn jedoch der im Satz 11 beschriebene Fall eintritt, erniedrigt sich der Zielfunktionswert nicht, und es treten gewisse Schwierigkeiten beim Finden eines benachbarten Basispunktes mit der geforderten Eigenschaft auf. Wie man in diesem Fall zu verfahren hat, wird im nächsten Abschnitt untersucht.

4.3 Die Entartung

Der in Satz 11 beschriebene Fall hängt eng mit der Struktur des Restriktionsbereiches

$$\mathfrak{M} = \left\{ \boldsymbol{x} \middle| \sum_{\alpha=1}^{n} a_{r\alpha} x_\alpha = b_r; \quad x_\alpha \geqq 0 , \quad r = 1, \ldots, m; \ \alpha = 1, \ldots, n \right\}$$

zusammen. Wenn man von den Basisvariablen $x_1, \ldots, x_k, \ldots, x_m$ zu den neuen Basisvariablen $x_1, \ldots, x_{k-1}, x_s, x_{k+1}, \ldots, x_m$ übergeht und dabei die Relation (b) aus Satz 11 erfüllt ist, dann gilt offenbar $d_{k0} = 0$. Dann sieht man, daß neben den Restriktionsgleichungen

$$\sum_{\alpha=1}^{n} a_{r\alpha} x_\alpha = b_r , \qquad r = 1, \ldots, m ,$$

der Punkt $\boldsymbol{x}_0$ auch noch die Bedingungen

$$x_{0j} = 0 , \quad j = m+1, \ldots, n , \quad x_{0k} = 0$$

erfüllt. Da der zulässige Basispunkt $\boldsymbol{x}_0$ eine Ecke des Polyeders $\mathfrak{M}$ darstellt und das Polyeder in dem linearen Unterraum

$$L = \left\{ \boldsymbol{x} \mid \sum_{\alpha=1}^{n} a_{r\alpha} x_\alpha = b_r , \qquad r = 1, \ldots, m \right\}$$

der Dimension $n - m$ liegt, folgt, daß der Punkt $\boldsymbol{x}_0$ der Durchschnitt von mindestens $n - m + 1$ Hyperebenen in dem $(n - m)$-dimensionalen Raum L ist.

Es können jedoch noch andere Schwierigkeiten auftreten. Wenn alle Voraussetzungen von Satz 10 erfüllt sind, braucht die Auswahl des Zentralelementes d_{ks} nach der Vorschrift

$$\frac{d_{k0}}{d_{ks}} = \min_{i \in I'} \left\{ \frac{d_{i0}}{d_{is}} \right\}$$

nicht eindeutig zu sein. Diese Tatsache stört die „Sauberkeit" der Methode. Wir nehmen etwa an, daß das Minimum für zwei Indizes k_1 und k_2 angenommen wird:

$$\frac{d_{k_1 0}}{d_{k_1 s}} = \frac{d_{k_2 0}}{d_{k_2 s}} = \min_{i \in I'} \left\{ \frac{d_{i0}}{d_{is}} \right\} . \tag{25}$$

Man könnte dann so vorgehen, daß man $k = \min(k_1, k_2)$ setzt und so Eindeutigkeit des Zentralelementes erreicht. Aus (25) und aus den Transformationsformeln würde dann

$$d'_{k0} = d_{k0} - \frac{d_{ks} d_{k0}}{d_{ks}} = 0 , \qquad k = \min(k_1, k_2) ,$$

folgen, d. h., daß mindestens eine Zahl der letzten Spalte der Tabelle 2 gleich Null wird. Wenn wir nun einen Austauschschritt vorgenommen haben, ist der Wert mindestens einer Basisvariablen in der neuen Tabelle gleich Null, und es könnte der Fall aus Satz 11 eintreten. Der unangenehme Fall von Satz 11 und die Nichteindeutigkeit des Zentralelements können bei einer geeigneten Modifizierung der Aufgabe vermieden werden. Diese beiden Fälle nennt man gewöhnlich *Degeneration* oder *Entartung.* Wir werden nun eine Methode zum Umgehen der Entartung angeben, die leicht angewendet werden kann.

S. 12 *Wenn das Problem* (22) *die Voraussetzungen* 1° *bis* 5° *erfüllt, existiert ein* $\varepsilon_0 > 0$, *so daß für jedes* ε *mit* $0 < \varepsilon < \varepsilon_0$ *das Problem*

$$\min \left\{ \boldsymbol{c}' \boldsymbol{x} \mid \sum_{\alpha=1}^{n} a_{r\alpha} x_\alpha = b_r + \sum_{\alpha=1}^{n} a_{r\alpha} \varepsilon^\alpha , \quad r = 1, \ldots, m , \quad x_\alpha \geqq 0 , \alpha = 1, \ldots, n \right\} \tag{26}$$

folgende Eigenschaften besitzt:

(a) *Die Gleichungsrestriktionen in* (26) *lassen sich eindeutig nach den Variablen* $x_1, \ldots, x_m$ *auflösen, und es gilt*

$$x_i = x_{0i} + \varepsilon^i + \sum_{j=m+1}^{n} d_{ij}\,\varepsilon^j - \sum_{j=m+1}^{n} d_{ij}\,x_j \qquad (i = 1, \ldots, m) \tag{27}$$

(*wobei die Symbole die gleiche Bedeutung wie in* (24) *haben*).

(b) *Die Zahlen*

$$\left.\begin{aligned} x_{0i}(\varepsilon) &= x_{0i} + \varepsilon^i + \sum_{j=m+1}^{n} d_{ij}\,\varepsilon^j \qquad (i = 1, \ldots, m)\,,\\ x_{0j}(\varepsilon) &= 0 \qquad (j = m+1, \ldots, n) \end{aligned}\right\} \tag{28}$$

stellen einen zulässigen Basispunkt des Problems (26) *dar, wobei überdies noch*

$$x_{0i}(\varepsilon) > 0 \qquad (i = 1, \ldots, m) \tag{29}$$

gilt.

(c) *Wenn*

$$z_j = \sum_{i=1}^{m} c_i\,d_{ij}\,, \qquad z_i = c_i \qquad (i = 1, \ldots, m;\ j = m+1, \ldots, n)\,,$$

$$z_j(\varepsilon) = \sum_{i=1}^{m} c_i\,d_{ij}(\varepsilon)\,, \qquad z_i(\varepsilon) = c_i \qquad (i = 1, \ldots, m;\ j = m+1, \ldots, n)$$

ist, gilt

$$z_\alpha(\varepsilon) = z_\alpha \qquad (\alpha = 1, \ldots, n)\,.$$

▌ Bws. Nach (24) erhalten wir als eindeutige Lösung des Systems

$$\left.\begin{aligned} \sum_{\alpha=1}^{n} a_{r\alpha}\,x_\alpha &= b_r\,, \qquad r = 1, \ldots, m\,,\\ x_\alpha &= 0\,, \qquad \alpha = m+1, \ldots, n\,, \end{aligned}\right\} \tag{30}$$

die x_i in der Form

$$x_i = d_{i0} - \sum_{j=m+1}^{n} d_{ij}\,x_j\,, \qquad i = 1, \ldots, m\,, \tag{31}$$

wobei

$$x_{0i} = d_{i0}\,, \qquad i = 1, \ldots, m\,, \qquad\qquad x_{0j} = 0\,, \qquad j = m+1, \ldots, n\,, \tag{32}$$

die Komponenten des zulässigen Basispunktes $\boldsymbol{x}_0$ sind. Wenn wir aus (31) in (30) einsetzen, müssen wir eine Identität erhalten. Es ist also

$$\sum_{\alpha=1}^{n} a_{r\alpha}\,x_\alpha = \sum_{i=1}^{m} a_{ri}\Big(d_{i0} - \sum_{j=m+1}^{n} d_{ij}\,x_j\Big) + \sum_{j=m+1}^{n} a_{rj}\,x_j = b_r \qquad (r = 1, \ldots, m)\,. \tag{33}$$

Da nach (32)

$$\sum_{i=1}^{m} a_{ri}\,x_{0i} = b_r\,, \qquad r = 1, \ldots, m\,,$$

ist, ergibt sich daraus und aus der Gleichung (33) für beliebige x_j die Identität

$$\sum_{j=m+1}^{n}\left(a_{rj} - \sum_{i=1}^{m} a_{ri}\, d_{ij}\right) x_j = 0\,, \qquad r = 1, \ldots, m\,,$$

d. h.

$$a_{rj} = \sum_{i=1}^{m} a_{ri}\, d_{ij} \qquad (r = 1, \ldots, m;\ \ j = m+1 \ldots, n)\,. \tag{34}$$

Es seien nun $x_{m+1}, \ldots, x_n$ fest gewählt, und wir setzen

$$b'_r = \sum_{j=m+1}^{n} a_{rj}\, x_j \qquad (r = 1, \ldots, m)\,.$$

Das Gleichungssystem

$$\sum_{i=1}^{m} a_{ri}\, x_i = b_r + \sum_{\alpha=1}^{n} a_{r\alpha}\, \varepsilon^\alpha - b'_r\,, \qquad r = 1, \ldots, m\,, \tag{35}$$

besitzt genau eine Lösung, da die Koeffizientenmatrix nach Voraussetzung 5° den Rang m hat. Wenn wir nun

$$x'_i = x_{0i} + \varepsilon^i + \sum_{j=m+1}^{n} d_{ij}\, \varepsilon^j - \sum_{j=m+1}^{n} d_{ij}\, x_j$$

setzen, dann ergibt sich aus (35), (34) und (32)

$$\sum_{i=1}^{m} a_{ri}\, x'_i = b_r + \sum_{i=1}^{m} a_{ri}\, \varepsilon^i + \sum_{j=m+1}^{n} a_{rj}\, \varepsilon^j - \sum_{j=m+1}^{n} a_{rj}\, x_j = b_r + \sum_{\alpha=1}^{n} a_{r\alpha}\, \varepsilon^\alpha - b'_r\,,$$

was mit (35) übereinstimmt. Also sind die Variablen x'_i Lösung von (35) und damit auch eindeutig bestimmt durch dieses System, woraus unmittelbar die Behauptung (a) folgt.

Für die Wahl $x_j = x_{0j}(\varepsilon) = 0$ $(j = m+1, \ldots, n)$ erhält man aus (27) die Gleichungen (28), wobei die Größen $x_{0i}(\varepsilon)$ $(i = 1, \ldots, m)$ die eindeutige Lösung des Systems

$$\sum_{i=1}^{m} a_{ri}\, x_i(\varepsilon) = b_r + \sum_{\alpha=1}^{n} a_{r\alpha}\, \varepsilon^\alpha \qquad (r = 1, \ldots, m)$$

sind. Da $j > i$ ist, folgt aus (28) die Existenz einer Zahl $\varepsilon_0 > 0$, so daß

$$\varepsilon^i + \sum_{j=m+1}^{n} d_{ij}\, \varepsilon^j > 0 \qquad (i = 1, \ldots, m)$$

für alle $\varepsilon \in (0, \varepsilon_0)$ gilt. Daraus und aus dem Gleichungssystem (27) ergibt sich dann (29), womit (b) bewiesen wäre. Die Gleichungen (27) können wir kurz in der Form

$$x_i = d_{i0}(\varepsilon) - \sum_{j=m+1}^{n} d_{ij}\, x_j \qquad (i = 1, \ldots, m)$$

schreiben, indem wir

$$d_{i0}(\varepsilon) = d_{i0} + \varepsilon^i + \sum_{j=m+1}^{n} d_{ij}\, \varepsilon^j\,, \qquad i = 1, \ldots, m\,, \tag{36}$$

setzen. Es gilt dann

$$z_j(\varepsilon) = \sum_{i=1}^{m} c_i\, d_{ij}(\varepsilon) = \sum_{i=1}^{n} c_i\, d_{ij} = z_j; \quad z_i = c_i\,,$$

womit auch die letzte Behauptung des Satzes bewiesen ist. ▮

Wenn Tabelle 1, Seite 97, die Ausgangstabelle für das ursprüngliche Problem (22) ist, dann haben wir für das abgeänderte Problem (26) die Tabelle

		x_1	…	x_m	x_{m+1}	…	x_n	
		c_1	…	c_m	c_{m+1}	…	c_n	
c_1	x_1	1		0	$d_{1,m+1}$		d_{1n}	$d_{10}(\varepsilon)$
⋮	⋮	⋮	⋱	⋮				⋮
c_m	x_m	0	…	1	$d_{m,m+1}$	…	d_{mn}	$d_{m0}(\varepsilon)$
		z_1	…	z_m	z_{m+1}	…	z_n	
		$c_1 - z_1$	…	$c_m - z_m$	$c_{m+1} - z_{m+1}$	…	$c_n - z_n$	

(37)

Beide Tabellen unterscheiden sich lediglich in der letzten Spalte. Wir werden im folgenden (37) kurz die *ε-Modifizierung* der Tabelle 1 nennen.

▮ S. 13 *Wenn unter den Voraussetzungen* 1° *bis* 5° *von Problem* (22)

$$\min\left\{\frac{d_{i0}}{d_{is}} \mid d_{is} > 0\right\} = 0$$

ist, dann gibt es ein $\tilde{\varepsilon} > 0$, *so daß für jedes* $\varepsilon \in (0, \tilde{\varepsilon})$ *gilt:*

(a) $d_{i0}(\varepsilon) > 0 \qquad (i = 1, \ldots, m)$.

(b) *Es gibt genau einen Index* k^* $(1 \leqq k^* \leqq m)$ *mit*

$$\frac{d_{k^*0}(\varepsilon)}{d_{k^*s}} = \min\left\{\frac{d_{i0}(\varepsilon)}{d_{is}} \mid d_{is} > 0\right\}.$$ ▮

▮ Bws. Aus den Definitionsgleichungen (36) ergibt sich sofort die Existenz eines $\tilde{\varepsilon} > 0$, so daß die Ungleichungen (a) gelten. Daraus folgt zunächst, daß

$$\min_{i \in I'}\left\{\frac{d_{i0}(\varepsilon)}{d_{is}}\right\} > 0\,, \quad 0 < \varepsilon < \tilde{\varepsilon}\,, \quad I' = \left\{i \in \{1, \ldots, m\} \mid d_{is} > 0\right\}$$

ist. Um die Behauptung (b) zu beweisen, nehmen wir an, daß es zwei Indizes k_1, k_2 $(k_1 < k_2)$ gibt, so daß

$$\frac{d_{k_1 0}(\varepsilon)}{d_{k_1 s}} = \frac{d_{k_2 0}(\varepsilon)}{d_{k_2 s}} = \min_{i \in I'}\left\{\frac{d_{i0}(\varepsilon)}{d_{is}}\right\} \qquad (0 \leqq \varepsilon < \tilde{\varepsilon})$$

gilt, d. h. nach (36)

$$\frac{d_{k_1 0} + \varepsilon^{k_1} + \sum\limits_{j=m+1}^{n} d_{k_1 j}\,\varepsilon^j}{d_{k_1 s}} = \frac{d_{k_2 0} + \varepsilon^{k_2} + \sum\limits_{j=m+1}^{n} d_{k_2 j}\,\varepsilon^j}{d_{k_2 s}}\,.$$

Daraus ergibt sich

$$\left(\frac{d_{k_1 0}}{d_{k_1 s}} - \frac{d_{k_2 0}}{d_{k_2 s}}\right) + \left(\frac{\varepsilon^{k_1}}{d_{k_1 s}} - \frac{\varepsilon^{k_2}}{d_{k_2 s}}\right) + \sum_{j=m+1}^{n} \left(\frac{d_{k_1 j}}{d_{k_1 s}} - \frac{d_{k_2 j}}{d_{k_2 s}}\right)\varepsilon^j = 0\,. \tag{38}$$

Wir unterscheiden nun zwei Fälle:

1. Fall:

$$\left(\frac{d_{k_1 0}}{d_{k_1 s}} - \frac{d_{k_2 0}}{d_{k_2 s}}\right) \neq 0\,.$$

Dann gibt es ein $\varepsilon_1 > 0$, so daß für alle $\varepsilon \in (0, \varepsilon_1)$ die Gleichung (38) nicht gelten kann, also $k_1 = k_2 = k$ ist.

2. Fall:

$$\frac{d_{k_1 0}}{d_{k_1 s}} - \frac{d_{k_2 0}}{d_{k_2 s}} = 0\,.$$

Dann gibt es offenbar ein $\varepsilon_2 > 0$, so daß für alle $\varepsilon \in (0, \varepsilon_2)$ wegen $k_1 < k_2$ die Ungleichung

$$\frac{\varepsilon^{k_1}}{d_{k_1 s}} - \frac{\varepsilon^{k_2}}{d_{k_2 s}} + \sum_{j=m+1}^{n} \left(\frac{d_{k_1 j}}{d_{k_1 s}} - \frac{d_{k_2 j}}{d_{k_2 s}}\right)\varepsilon^j > 0$$

gilt, so daß die Gleichung (38) für alle ε mit $0 < \varepsilon < \varepsilon_2$ auch nicht gelten kann. Folglich gibt es ein $\tilde{\varepsilon}$, so daß für alle ε mit $0 < \varepsilon < \tilde{\varepsilon}$ die Behauptungen (a) und (b) gelten. ∎

Der Satz 13 gibt uns die Möglichkeit, durch eine geeignete „ε-Modifizierung" die Entartung in einem Iterationsschritt des Verfahrens zu umgehen. Die Frage besteht nun darin, ob man durch eine geeignete ε-Modifizierung des ursprünglichen Problems erreichen kann, daß im weiteren Verlauf des Verfahrens keine Entartung mehr auftritt. Eine Antwort gibt der folgende Satz.

∎ S. 14 *Zu jedem linearen Optimierungsproblem*

$$\min\{\boldsymbol{c}'\boldsymbol{x} \mid \boldsymbol{A}\boldsymbol{x} = \boldsymbol{b}\,, \qquad \boldsymbol{x} \geqq \boldsymbol{o}\}\,,$$

für das die Voraussetzungen 1° *bis* 5° *erfüllt sind, gibt es ein* $\tilde{\varepsilon}_0$ *mit der Eigenschaft, daß für jedes* ε *mit* $0 < \varepsilon < \tilde{\varepsilon}_0$ *das Problem* (26) *keine Entartung besitzt.* ∎

∎ Bws. Es sei $\boldsymbol{x}_0$ der oben betrachtete zulässige Basispunkt des gegebenen Problems. Nach Satz 13 gibt es ein $\varepsilon_0 > 0$, so daß $\boldsymbol{x}_0(\varepsilon)$ ein zulässiger Basispunkt von (26) für alle ε mit $0 < \varepsilon < \varepsilon_0$ ist, wobei

$$x_{0i}(\varepsilon) > 0 \qquad (i = 1, \ldots, m)\,,$$
$$x_{0j}(\varepsilon) = 0 \qquad (j = m+1, \ldots, n)\,,$$
$$\begin{vmatrix} a_{11} & \ldots & a_{1m} \\ \vdots & & \vdots \\ a_{m1} & \ldots & a_{mm} \end{vmatrix} \neq 0$$

ist. Es sei nun ε mit $0 < \varepsilon < \varepsilon_0$ fest gewählt und die Punktmenge $\mathfrak{N}_\varepsilon$ wie folgt definiert:

Die Menge $\mathfrak{N}_\varepsilon$ ist die Menge aller Punkte $\boldsymbol{x} \in E_n$ mit folgenden Eigenschaften:

1° Es gibt eine Premutation $\alpha_1, \ldots, \alpha_n$ der Zahlen $1, \ldots, n$, so daß $x_{\alpha_j} = 0$ $(j = m+1, \ldots, n)$ ist.

2° Der Punkt $\boldsymbol{x}$ ist eindeutige Lösung des Systems

$$\sum_{\alpha=1}^{n} a_{r\alpha}\, x_\alpha = b_r + \sum_{\alpha=1}^{n} a_{r\alpha}\, \varepsilon^\alpha \qquad (r = 1, \ldots, m)\,,$$
$$x_{\alpha_j} = 0 \qquad (j = m+1, \ldots, n)\,.$$

Offenbar gehört zur Menge $\mathfrak{N}_\varepsilon$ jeder zulässige Basispunkt von (26), also ist $\mathfrak{N}_\varepsilon$ nicht leer. Es sei $\tilde{\boldsymbol{x}} \in \mathfrak{N}_\varepsilon$; dann gibt es eine Permutation $\alpha_1, \ldots, \alpha_n$ von $1, \ldots, n$, so daß

$$\left.\begin{aligned} \sum_{i=1}^{m} a_{r\alpha_i}\, \tilde{x}_{\alpha_i} &= b_r + \sum_{\alpha=1}^{n} a_{r\alpha}\, \varepsilon^\alpha \qquad (r = 1, \ldots, m)\,, \\ \tilde{x}_{\alpha_j} &= 0 \qquad (j = m+1, \ldots, n) \end{aligned}\right\} \tag{39a}$$

und

$$\begin{vmatrix} a_{1\alpha_1} & \ldots & a_{1\alpha_m} \\ \vdots & & \vdots \\ a_{m\alpha_1} & \ldots & a_{m\alpha_m} \end{vmatrix} \neq 0 \tag{39b}$$

gilt. Aus (39) ergibt sich die eindeutige Existenz von Zahlen $\tilde{d}_{\alpha_i 0}, \tilde{d}_{\alpha_i\alpha_j}$ $(i = 1, \ldots, m;\ j = m+1, \ldots, n)$ mit den Eigenschaften

$$\left.\begin{aligned} b_r &= \sum_{i=1}^{m} \tilde{d}_{\alpha_i 0}\, a_{r\alpha_i} \qquad (r = 1, \ldots, m)\,, \\ a_{r\alpha_j} &= \sum_{i=1}^{m} \tilde{d}_{\alpha_i\alpha_j}\, a_{r\alpha_j} \qquad (j = m+1, \ldots, n)\,. \end{aligned}\right\} \tag{40}$$

Aus (39a) und (40) folgt

$$\sum_{i=1}^{m} a_{r\alpha_i}\, \tilde{x}_{\alpha_i} = \sum_{i=1}^{m} \tilde{d}_{\alpha_i 0}\, a_{r\alpha_i} + \sum_{i=1}^{m} a_{r\alpha_i}\, \varepsilon^{\alpha_i} + \sum_{j=m+1}^{n} \sum_{i=1}^{n} a_{r\alpha_i} \tilde{d}_{\alpha_i\alpha_j}\, \varepsilon^{\alpha_j}\,,$$

d. h.

$$\sum_{i=1}^{m} a_{r\alpha_i} \left[\tilde{x}_{\alpha_i} - \tilde{d}_{\alpha_i 0} - \varepsilon^{\alpha_i} - \sum_{j=m+1}^{n} \tilde{d}_{\alpha_i\alpha_j}\, \varepsilon^{\alpha_i} \right] = 0 \qquad (r = 1, \ldots, m)\,,$$

woraus man dann mit Hilfe von (39b)

$$\tilde{x}_{\alpha_i} = \tilde{d}_{\alpha_i 0} + \varepsilon^{\alpha_i} + \sum_{j=m+1}^{n} \tilde{d}_{\alpha_i \alpha_j} \varepsilon^{\alpha_j} \qquad (i = 1, \ldots, m) \tag{41a}$$

erhält. Wenn wir noch

$$\tilde{d}_{\alpha_i \alpha_k} = \delta_{\alpha_i \alpha_k} \qquad (i, k = 1, \ldots, m) \tag{42}$$

einführen, können wir (41) in der Form

$$\tilde{x}_{\alpha_i} = \sum_{s=0}^{n} \tilde{d}_{\alpha_i s} \varepsilon^s \qquad (i = 1, \ldots, m) \tag{41b}$$

schreiben. Für jedes i $(i = 1, \ldots, m)$ definieren wir die Indexmenge

$$I(i) = \{s \mid \tilde{d}_{\alpha_i s} \neq 0\}\,.$$

Wegen (42) ist $I(i)$ nicht leer. Wenn wir noch

$$\beta_i = \min_{s \in I(i)} \{s\}$$

setzen, ist offenbar $\tilde{d}_{\alpha_i \beta_i} \neq 0$, und aus (41b) ergibt sich, daß es ein $\varepsilon_i > 0$ gibt, so daß für alle $\varepsilon \in (0, \varepsilon_i)$

$$\tilde{x}_{\alpha_i} = \tilde{x}_{\alpha_i}(\varepsilon) \neq 0\,,$$

$$\operatorname{sign} \tilde{x}_{\alpha_i} = \operatorname{sign} \tilde{d}_{\alpha_i \beta_i}$$

gilt. Es sei nun

$$\tilde{\varepsilon} = \min_i \{\varepsilon_i\}\,,$$

dann gilt für alle ε mit $0 < \varepsilon < \tilde{\varepsilon}$

$$\tilde{x}_{\alpha_i} \neq 0 \qquad (i = 1, \ldots, m)\,.$$

Da die Menge $\mathfrak{N}_\varepsilon$ endlich ist, wobei die Anzahl N ihrer Elemente von der Wahl der Zahl ε nicht abhängt, gibt es zu jedem Element $\tilde{\mathfrak{x}}_r \in \mathfrak{N}_\varepsilon$ eine Zahl $\tilde{\varepsilon}_r > 0$, so daß für jedes ε mit $0 < \varepsilon < \tilde{\varepsilon}_r$ genau $n - m$ Koordinaten des Punktes $\tilde{\mathfrak{x}}_r$ verschwinden. Wenn wir nun

$$\tilde{\varepsilon}_0 = \min (\tilde{\varepsilon}_1, \ldots, \tilde{\varepsilon}_N)$$

setzen, dann hat für alle $\varepsilon \in (0, \tilde{\varepsilon}_0)$ jeder Punkt aus $\mathfrak{N}_\varepsilon$ genau $n - m$ Nullkoordinaten. Da die Menge aller zulässigen Basispunkte des Problems (26) eine Teilmenge von $\mathfrak{N}_\varepsilon$ ist, haben ihre Elemente die gleiche Eigenschaft; überdies sind die übrigen Koordinaten sämtlich positiv. Für jeden zulässigen Basispunkt gilt nach (41a)

$$\tilde{d}_{\alpha_i 0}(\varepsilon) = \tilde{x}_{\alpha_i} = \tilde{d}_{\alpha_i 0} + \varepsilon^{\alpha_i} + \sum_{j=m+1}^{n} \tilde{d}_{\alpha_i \alpha_j} \varepsilon^{\alpha_j} > 0 \qquad (i = 1, \ldots, m)\,, \tag{43}$$

so daß keine Entartung eintreten kann. ∎

Wir werden im folgenden jedes ε-modifizierte Problem, das für alle ε aus einem gewissen Intervall keine Entartung besitzt, ein *reguläres ε-Problem* nennen.

S. 15 *Wenn* $\boldsymbol{x}_0(\varepsilon)$ *ein optimaler Basispunkt des regulären* ε*-Problems* (26) *ist, dann ist*

$$\boldsymbol{x}_0 = \lim_{\varepsilon \to 0} \boldsymbol{x}_0(\varepsilon)$$

ein optimaler Basispunkt des ursprünglichen Problems (22).

Bws. Aus der Voraussetzung des Satzes ergibt sich, daß genau $n - m$ Koordinaten $x_{\alpha_j}(\varepsilon)$ $(j = m + 1, \ldots, n)$ des Punktes $\boldsymbol{x}_0(\varepsilon)$ verschwinden und die übrigen für alle ε aus einem hinreichend kleinen Intervall $(0, \tilde{\varepsilon}_0)$ positiv sind, d. h., es gilt

$$\left.\begin{aligned} x_{0\,\alpha_i}(\varepsilon) &> 0 \qquad (i = 1, \ldots, m)\,, \\ x_{0\,\alpha_j}(\varepsilon) &= 0 \qquad (j = m + 1, \ldots, n) \end{aligned}\right\} \tag{44}$$

und

$$\operatorname{Det}(a_{r\alpha_i}) \neq 0\,. \tag{45}$$

Daraus und aus (43) folgt dann

$$\lim_{\varepsilon \to 0} x_{0\alpha_i}(\varepsilon) = \tilde{d}_{\alpha_i 0} \geqq 0 \qquad (i = 1, \ldots, m)\,.$$

Definieren wir nun

$$x_{0\alpha_i} = \tilde{d}_{\alpha_i 0} \qquad (i = 1, \ldots, m)\,,$$

$$x_{0\alpha_j} = 0 \qquad (j = m + 1, \ldots, n)\,,$$

so erhält man aus (40)

$$\sum_{i=1}^{m} a_{r\alpha_i} x_{0\alpha_i} = b_r \qquad (r = 1, \ldots, m)\,,$$

$$x_{0\alpha_j} = 0 \qquad (j = m + 1, \ldots, n)\,,$$

$$x_{0\alpha_j} \geqq 0 \qquad (j = 1, \ldots, m)\,.$$

Daraus und aus (45) ergibt sich weiter, daß der Punkt $\boldsymbol{x}_0$ ein zulässiger Basispunkt des ursprünglichen Problems (22) ist. Es bleibt noch zu zeigen, daß für diesen Punkt das Optimalitätskriterium (Satz 7) erfüllt ist. Mit Hilfe von (41 a) erhalten wir

$$x_{\alpha_i} = \tilde{d}_{\alpha_i 0} + \varepsilon^{\alpha_i} + \sum_{j=m+1}^{n} \tilde{d}_{\alpha_i \alpha_j} \varepsilon^{\alpha_j} - \sum_{j=m+1}^{n} \tilde{d}_{\alpha_i \alpha_j} x_{\alpha_j}\,, \tag{46}$$

was man in der Form

$$x_{\alpha_i} = x_{0\alpha_i}(\varepsilon) - \sum_{j=m+1}^{n} \tilde{d}_{\alpha_i \alpha_j} x_{\alpha_j} \qquad (i = 1, \ldots, m)$$

schreiben kann. Für jeden Punkt $\boldsymbol{x}(\varepsilon) \in \mathfrak{M}_\varepsilon$, wobei $\mathfrak{M}_\varepsilon$ der Restriktionsbereich des regulären ε-Problems (26) ist, gilt auf Grund von (44) und (46)

$$f(\boldsymbol{x}(\varepsilon)) - f(\boldsymbol{x}_0(\varepsilon)) = \sum_{j=m+1}^{n} \left(c_{\alpha_j} - \sum_{i=1}^{m} \tilde{d}_{\alpha_i \alpha_j} c_{\alpha_i}\right) x_{\alpha_j}\,.$$

Nach Voraussetzung ist

$$f(\boldsymbol{x}(\varepsilon)) - f(\boldsymbol{x}_0(\varepsilon)) \geqq 0 \quad \text{für alle } \boldsymbol{x}(\varepsilon) \in \mathfrak{M}_\varepsilon\,. \tag{47}$$

Für jedes j_0 ($j_0 = m + 1, \ldots, n$) ergibt sich aus (44) und (46) die Existenz eines $t_0 > 0$, so daß der Punkt $\boldsymbol{x}(t)$ mit den Komponenten

$$x_{\alpha_i}(t) = x_{0\alpha_i}(\varepsilon) - \tilde{d}_{\alpha_i\alpha_{j_0}} t \qquad (i = 1, \ldots, m),$$
$$x_{\alpha_{j_0}}(t) = t,$$
$$x_{\alpha_j}(t) = 0 \qquad (j = m + 1, \ldots, n;\ j \neq j_0)$$

für alle t mit $0 \leqq t \leqq t_0$ der Menge $\mathfrak{M}_\varepsilon$ angehört. Dann gilt aber nach (47)

$$f(\boldsymbol{x}(t)) - f(\boldsymbol{x}_0(t)) \geqq 0,$$

d. h.

$$c_{\alpha_{j_0}} - \sum_{i=1}^{m} \tilde{d}_{\alpha_i\alpha_{j_0}} c_{\alpha_i} \geqq 0. \tag{48}$$

Da j_0 beliebig gewählt war, gilt

$$c_{\alpha_j} - \sum_{i=1}^{m} \tilde{d}_{\alpha_i\alpha_j} c_{\alpha_i} \geqq 0 \qquad (j = m + 1, \ldots, n).$$

Wenn wir nun

$$\tilde{z}_{\alpha_j} = \sum_{i=1}^{n} \tilde{d}_{\alpha_i\alpha_j} c_{\alpha_i}$$

setzen, können wir wegen (48) Satz 7 anwenden und erhalten die Behauptung dieses Satzes. ∎

∎ S. 16 *Hat das Problem*

$$\min\{\boldsymbol{c}'\,\boldsymbol{x} \mid \boldsymbol{A}\,\boldsymbol{x} = \boldsymbol{b};\ \boldsymbol{x} \geqq \boldsymbol{o}\}$$

einen optimalen Punkt, so hat das zugehörige reguläre ε*-Problem*

$$\min\left\{\boldsymbol{c}'\,\boldsymbol{x} \mid \sum_{\alpha=1}^{n} a_{r\alpha} x_\alpha = b_r + \sum_{\alpha=1}^{n} a_{r\alpha}\varepsilon^\alpha,\quad x_\alpha \geqq 0;\ r = 1, \ldots, m;\ \alpha = 1, \ldots, n\right\}$$

einen optimalen Punkt $\boldsymbol{x}_0(\varepsilon)$*, der folgende Eigenschaften hat:*

1° *Der Punkt* $\boldsymbol{x}_0 = \lim_{\varepsilon \to 0} \boldsymbol{x}_0(\varepsilon)$ *ist optimal für das ursprüngliche Problem* (22).

2° *Wenn* $x_{\alpha_1}, \ldots, x_{\alpha_m}$ *die Basisvariablen des Basispunktes* $\tilde{\boldsymbol{x}}_0(\varepsilon)$ *sind und man die Gleichungsrestriktionen aus* (26) *nach diesen Variablen auflöst,*

$$x_{\alpha_i} = \tilde{d}_{\alpha_i 0} - \sum_{j=m+1}^{n} \tilde{d}_{\alpha_i\alpha_j} x_{\alpha_j} \qquad (i = 1, \ldots, m),$$

dann gilt

$$c_\alpha - \tilde{z}_\alpha \geqq 0 \qquad (\alpha = 1, \ldots, n),$$

wobei

$$\tilde{z}_{\alpha_j} = \sum_{i=1}^{m} \tilde{d}_{\alpha_i\alpha_j} c_{\alpha_i} \qquad (j = m + 1, \ldots, n),$$
$$\tilde{z}_{\alpha_i} = c_{\alpha_i} \qquad (i = 1, \ldots, m)$$

ist. ∎

▌ Bws. Wenn ein optimaler Punkt von (22) existiert, gibt es zwei Fälle: Entweder besitzt das zugeordnete reguläre ε-Problem in einem hinreichend kleinen Intervall $(0, \tilde{\varepsilon}_0)$ einen optimalen Punkt, oder das Problem ist unlösbar. Wenn das letztere der Fall ist, muß die Zielfunktion auf $\mathfrak{M}_\varepsilon$ nach unten unbeschränkt sein. Da nach Satz 3 jedem zulässigen Basispunkt der ε-Aufgabe eine Ecke des Polyeders $\mathfrak{M}_\varepsilon$ entspricht, gibt es eine Ecke $\bar{\mathfrak{x}}(\varepsilon)$ von $\mathfrak{M}_\varepsilon$, so daß mindestens eine von ihr ausgehende Kante eine ganze Halbgerade darstellt, auf der die Zielfunktion unbeschränkt abnimmt. Eine solche Ecke $\bar{\mathfrak{x}}(\varepsilon)$ werde beschrieben durch (wegen der Regularität der Aufgabe ist dies möglich)

$$\bar{x}_{\alpha_i}(\varepsilon) > 0 \qquad (i = 1, \ldots, m),$$
$$\bar{x}_{\alpha_j}(\varepsilon) = 0 \qquad (j = m + 1, \ldots, n)$$

mit

$$x_{\alpha_i} = \bar{d}_{\alpha_i 0}(\varepsilon) - \sum_{j=m+1}^{n} \bar{d}_{\alpha_i \alpha_j} x_{\alpha_j}; \qquad \bar{x}_{\alpha_i}(\varepsilon) = \bar{d}_{\alpha_i 0}(\varepsilon).$$

Wir bemerken noch einmal, daß die Zahlen $d_{\alpha_i \alpha_j}$ von ε unabhängig sind. Die fragliche Halbgerade habe die Beschreibung

$$x_{\alpha_i} = \bar{d}_{\alpha_i 0}(\varepsilon) - \bar{d}_{\alpha_i \alpha_{j_0}} t \qquad \big(i = 1, \ldots, m\ (t > 0)\big),$$
$$x_{\alpha_{j_0}} = t,$$
$$x_{\alpha_j} = 0, \qquad (j = m + 1, \ldots, n;\ j \neq j_0).$$

Für die Punkte dieser Kante gilt dann

$$\bar{d}_{\alpha_i \alpha_{j_0}} \leqq 0 \qquad (i = 1, \ldots, m). \tag{49}$$

Für die Zielfunktion folgt für alle Punkte dieser Kante

$$f = f\big(\bar{\mathfrak{x}}(\varepsilon)\big) + (c_{\alpha_{j_0}} - \bar{z}_{\alpha_{j_0}})\, t, \tag{50}$$

wobei

$$\bar{z}_{\alpha_{j_0}} = \sum_{i=1}^{m} \bar{d}_{\alpha_i \alpha_{j_0}} c_{\alpha_i}.$$

ist. Weil die Zielfunktion auf dieser Kante nach unten unbeschränkt ist, ergibt sich notwendig

$$c_{\alpha_{j_0}} - \bar{z}_{\alpha_{j_0}} < 0. \tag{51}$$

Der Punkt

$$\bar{\mathfrak{x}} = \lim_{\varepsilon \to 0} \bar{\mathfrak{x}}(\varepsilon)$$

stellt einen zulässigen Basispunkt des ursprünglichen Problems dar, wobei

$$\bar{x}_{\alpha_i} = \lim_{\varepsilon \to 0} \bar{d}_{\alpha_i 0}(\varepsilon) = \bar{d}_{\alpha_i 0} \geqq 0$$

ist. Nach (49), (51) und Satz 8 ergibt sich, daß kein Minimum von f über $\mathfrak{M}$ existiert, was im Widerspruch zur Voraussetzung steht. Damit muß die zugeordnete reguläre ε-Aufgabe einen optimalen Punkt besitzen und daher auch einen zulässigen Basispunkt, in dem das Minimum angenommen wird. Nach Satz 15 stellt dann der durch Grenzübergang (ε gegen Null) gewonnene Punkt einen zulässigen Basispunkt des ursprünglichen Problems dar, für den die Voraussetzungen von Satz 7 (Optimalitätskriterium) erfüllt sind, wie es sich aus sich aus dem Beweis von Satz 15 ergibt. ▮

▮ S. 17 *Wenn das Problem* (22) *keinen optimalen Punkt besitzt, dann hat das zugehörige reguläre ε-Problem* (26) *auch diese Eigenschaft. Unter den Voraussetzungen* 1° *bis* 5° *des Problems* (22) *existiert dann ein zulässiger Basispunkt* $\bar{\boldsymbol{x}}(\varepsilon)$ *mit den folgenden Eigenschaften:*

1° *Wenn* $x_{\alpha_1}, \ldots, x_{\alpha_m}$ *die Basisvariablen* von $\bar{\boldsymbol{x}}(\varepsilon)$ *sind und*

$$x_{\alpha_i} = \bar{d}_{\alpha_i 0}(\varepsilon) - \sum_{j=m+1}^{n} \bar{d}_{\alpha_i \alpha_j} x_{\alpha_j} \qquad (i = 1, \ldots, m)$$

die aufgelösten Restriktionsgleichungen aus $\mathfrak{M}_\varepsilon$ *darstellen, dann gibt es ein* j_0 *mit* $m + 1 \leqq j_0 \leqq n$, *so daß*

$$c_{\alpha_{j_0}} - \bar{z}_{\alpha_{j_0}} < 0\ ; \quad d_{\alpha_i \alpha_{j_0}} \leqq 0 \qquad (i = 1, \ldots, m) \tag{52}$$

ist, wobei

$$\bar{z}_{\alpha_{j_0}} = \sum_{i=1}^{m} \bar{d}_{\alpha_i \alpha_{j_0}} c_{\alpha_i}$$

gilt.

2° *Der Punkt*

$$\bar{\boldsymbol{x}} = \lim_{\varepsilon \to 0} \boldsymbol{x}(\varepsilon)$$

ist ein zulässiger Basispunkt des Problems (22) *mit den gleichen Basisvariablen wie der Basispunkt* $\bar{\boldsymbol{x}}(\varepsilon)$. *Für diesen Basispunkt gelten ebenfalls die Bedingungen* (52). ▮

▮ Bws. Wenn das ursprüngliche Problem keinen optimalen Punkt besitzt, muß dies auch für das entsprechende reguläre ε-Problem gelten, denn sonst erhielte man einen Widerspruch zu Satz 15. Die übrigen Behauptungen ergaben sich schon beim Beweis von Satz 16. ▮

Die Sätze 16 und 17 stehen in engem Zusammenhang mit den Sätzen 7 und 8, in denen hinreichende Bedingungen für die Existenz oder Nichtexistenz eines optimalen Punktes angegeben werden, während in diesen Sätzen in gewissem Sinne die Notwendigkeit dieser Bedingung gezeigt wird, nämlich in den Fällen, wo keine Entartung vorliegt.

Der nun folgende Satz liefert eine geometrische Interpretation für das reguläre ε-Problem:

▮ S. 18 *Unter den Voraussetzungen* 1° *bis* 5° *von Problem* (22) *ist der Restriktionsbereich des regulären ε-Problems ein* $(n - m)$*-dimensionales Polyeder mit* *der Eigenschaft, das von jeder seiner Ecken genau $n - m$ Kanten ausgehen. Wenn $\boldsymbol{x}_0(\varepsilon)$ eine Ecke des Polyeders $\mathfrak{M}_\varepsilon$ ist, der die Basisvariablen $x_{\alpha_1}, \ldots, x_{\alpha_m}$ mit den Eigenschaften*

$$x_{\alpha_i} = d_{\alpha_i 0}(\varepsilon) - \sum_{j=m+1}^{n} d_{\alpha_i \alpha_j} x_{\alpha_j}, \qquad (i = 1, \ldots, m),$$
$$x_{0\alpha_i}(\varepsilon) = d_{\alpha_i 0}(\varepsilon)$$

entsprechen, dann wird für jedes feste $j_0 \in \{m + 1, \ldots, n\}$ durch die Relationen

$$\left.\begin{aligned} & x_{\alpha_i} = d_{\alpha_i 0}(\varepsilon) - d_{\alpha_i \alpha_{j_0}} t > 0 \qquad (i = 1, \ldots, m), \\ & x_{\alpha_{j_0}} = t > 0, \\ & x_{\alpha_j} = 0 \qquad (j = m + 1, \ldots, n; j \neq j_0) \end{aligned}\right\} \tag{53}$$

eine von der Ecke $\boldsymbol{x}_0(\varepsilon)$ ausgehende Kante des Polyeders $\mathfrak{M}_\varepsilon$ beschrieben. ∎

Dieser Satz ergab sich als Nebenergebnis beim Beweis des Satzes 16.

▌S. 19 *Unter den Voraussetzungen 1° bis 5° des Problems (22) gilt:*

(a) *Falls es einen Index j_0 $(m + 1 \leqq j \leqq n)$ mit $d_{ij_0} \leqq 0$ $(i = 1, \ldots, m)$ gibt, ist die in (53) beschriebene Halbgerade eine in der Ecke $\boldsymbol{x}_0(\varepsilon)$ beginnende Kante des Polyeders $\mathfrak{M}_\varepsilon$.*

(b) *Diese Kante ist genau dann beschränkt, wenn zu j_0 ein i_0 mit $d_{i_0 j_0} > 0$ existiert. Die Randpunkte dieser Kante sind $\boldsymbol{x}_0(\varepsilon)$ und der Punkt $\boldsymbol{x}_{j_0}(\varepsilon)$ mit den Koordinaten*

$$x_{j_0 \alpha_i}(\varepsilon) = d_{\alpha_i 0}(\varepsilon) - d_{\alpha_i \alpha_{j_0}} t_{j_0} \qquad (i = 1, \ldots, m),$$
$$x_{j_0 \alpha_{j_0}}(\varepsilon) = t_{j_0},$$
$$x_{j_0 \alpha_j}(\varepsilon) = 0 \qquad (j = m + 1, \ldots, n; j \neq j_0),$$

wobei

$$t_{j_0} = \min_{i \in I_{j_0}} \frac{\sum_{s=0}^{n} d_{\alpha_i s} \varepsilon^s}{d_{\alpha_i \alpha_{j_0}}}, \qquad d_{\alpha_i \alpha_r} = \delta_{\alpha_i \alpha_r} \quad (i, r = 1, \ldots, m)$$
$$I_{j0} = \left\{ i \in \{1, \ldots, m\} \mid d_{\alpha_i \alpha_{j_0}} > 0 \right\}$$

ist. Es gibt ein ε_0, so daß für jedes ε aus dem Intervall $(0, \varepsilon_0)$ genau $n - m$ Komponenten von $\boldsymbol{x}_{j_0}(\varepsilon)$ verschwinden und die übrigen positiv sind, d. h., zu jedem $\varepsilon \in (0, \varepsilon_0)$ gibt es genau einen Index k $(1 \leqq k \leqq m)$, so daß

$$\left.\begin{aligned} & x_{j_0 \alpha_k}(\varepsilon) = 0, \\ & x_{j_0 \alpha_i}(\varepsilon) > 0 \qquad (i = 1, \ldots, m; \ i \neq k), \\ & x_{j_0 \alpha_{j_0}}(\varepsilon) > 0, \\ & x_{j_0 \alpha_j}(\varepsilon) = 0 \qquad (j = m + 1, \ldots, n; \quad j \neq j_0) \end{aligned}\right\} \tag{54}$$

gilt. In der Folge der Indexmengen

$$\left.\begin{aligned} I_{j_0}^0 &= \left\{ l \in I_{j_0} \,\middle|\, \frac{d_{\alpha_l 0}}{d_{\alpha_l \alpha_{j_0}}} = \min_{i \in I_{j_0}} \frac{d_{\alpha_i 0}}{d_{\alpha_i \alpha_{j_0}}} \right\}, \\ I_{j_0}^r &= \left\{ l \in I_{j_0}^{r-1} \,\middle|\, \frac{d_{\alpha_l r}}{d_{\alpha_l \alpha_{j_0}}} = \min_{i \in I_{j_0}^{r-1}} \frac{d_{\alpha_i r}}{d_{\alpha_i \alpha_{j_0}}} \right\}, \quad r = 1, \ldots, m \end{aligned}\right\} \tag{55}$$

gibt es Indexmengen, die genau ein Element enthalten. Wenn $I_{j_0}^{s^*}$ die erste Indexmenge der Folge (55) *mit dieser Eigenschaft ist, ist der Index k aus* (54) *durch*

$$I_{j_0}^{s^*} = \{k\} \text{ mit } \frac{d_{\alpha_k s^*}}{d_{\alpha_k \alpha_{j_0}}} = \min_{i \in I_{j_0}^{s^*-1}} \frac{d_{\alpha_i s^*}}{d_{\alpha_i \alpha_{j_0}}} \tag{56}$$

eindeutig bestimmt. Der Wert der Zielfunktion $\boldsymbol{c}' \boldsymbol{x}$ in dem zum Basispunkt $\boldsymbol{x}_0(\varepsilon)$ benachbarten Basispunkt $\boldsymbol{x}_{j_0}(\varepsilon)$ ist

$$\boldsymbol{c}' \boldsymbol{x}_{j_0}(\varepsilon) = \boldsymbol{c}' \boldsymbol{x}_0(\varepsilon) + (c_{j_0} - z_{j_0})\, t_{j_0},$$

wobei

$$z_{j_0} = \sum_{i=1}^{m} d_{\alpha_i \alpha_{j_0}} c_{\alpha_i}$$

ist. ∎

∎ Bws. Die Behauptung (a) folgt unmittelbar aus der Voraussetzung und aus der Beschreibung (53) der Halbgeraden, die die entsprechende Kante enthält. Falls $I_{j_0} \neq \emptyset$ ist, so folgt (wegen $\boldsymbol{x} \geqq \boldsymbol{o}$ für alle $\boldsymbol{x} \in \mathfrak{M}_\varepsilon$) aus den Gleichungen (53) die Beschränkung

$$t \leqq \min_{i \in I_{j_0}} \frac{d_{\alpha_i 0}(\varepsilon)}{d_{\alpha_i \alpha_{j_0}}}$$

für diejenigen Punkte $\boldsymbol{x}$, die auf der fraglichen Halbgeraden und in dem Polyeder $\mathfrak{M}_\varepsilon$ liegen. Setzen wir

$$d_{\alpha_i \alpha_r} = \delta_{\alpha_i \alpha_r} \qquad (i, r = 1, \ldots, m),$$

dann können wir nach (43) diese Ungleichung in der Form

$$t \leqq \min_{i \in I_{j_0}} \frac{\sum_{s=0}^{n} d_{\alpha_i s} \varepsilon^s}{d_{\alpha_i \alpha_{j_0}}}$$

schreiben. Um die Zahl

$$\min_{i \in I_{j_0}} \frac{d_{\alpha_i 0}(\varepsilon)}{d_{\alpha_i \alpha_{j_0}}}$$

für $\varepsilon > 0$ aus einem genügend kleinen Intervall und zugleich denjenigen Index $k \in I_{j_0}$ zu bestimmen, für den

$$\frac{\sum_{s=0}^{n} d_{\alpha_k s} \varepsilon^s}{d_{\alpha_k \alpha_{j_0}}} = \min_{i \in I_{j_0}} \frac{\sum_{s=0}^{n} d_{\alpha_i s} \varepsilon^s}{d_{\alpha_i \alpha_{j_0}}}$$

gilt und der nach Satz 14 eindeutig existieren muß, werden wir unter den Polynomen

$$P_{\alpha_i j_0}(\varepsilon) = \sum_{s=0}^{n} \frac{d_{\alpha_i s}\,\varepsilon^s}{d_{\alpha_i \alpha_{j_0}}} \qquad (i \in I_{j_0})$$

auf Grund ihrer Koeffizienten dasjenige Polynom bestimmen, das (für genügend kleine $\varepsilon > 0$) den kleinsten Wert annimmt. Falls die Indexmenge I_{j_0} genau ein Element k mit der Eigenschaft

$$\frac{d_{\alpha_k 0}}{d_{\alpha_k \alpha_{j_0}}} = \min_{i \in I_{j_0}} \frac{d_{\alpha_i 0}}{d_{\alpha_i \alpha_{j_0}}}$$

enthält, gilt offenbar

$$P_{\alpha_k j_0}(\varepsilon) < P_{\alpha_i j_0}(\varepsilon) \qquad (i \in I_{j_0},\ i \neq k) \tag{57}$$

für alle ε aus genügend kleinem Intervall $(0, \varepsilon_0)$. Enthält die Menge I_{j_0} mehr als einen Index mit der angenommenen Eigenschaft, dann bezeichnen wir mit $I_{j_0}^0$ die Menge dieser Indizes, also

$$I_{j_0}^0 = \left\{ l \in I_{j_0} \,\middle|\, \frac{d_{\alpha_l 0}}{d_{\alpha_l \alpha_{j_0}}} = \min_{i \in I_{j_0}} \frac{d_{\alpha_i 0}}{d_{\alpha_i \alpha_{j_0}}} \right\}.$$

Offenbar ist $I_{j_0} \supseteqq I_{j_0}^0$. Falls $I_{j_0}^0$ genau ein Element k mit der Eigenschaft

$$\frac{d_{\alpha_k 1}}{d_{\alpha_k \alpha_{j_0}}} = \min_{i \in I_{j_0}^0} \frac{d_{\alpha_i 1}}{d_{\alpha_i \alpha_{j_0}}}$$

enthält, gilt für genügend kleine $\varepsilon > 0$

$$P_{\alpha_k j_0}(\varepsilon) < P_{\alpha_i j_0}(\varepsilon) \qquad (i \in I_{j_0}^0,\ i \neq k)$$

und wegen $I_{j_0}^0 \subseteqq I_{j_0}$ auch die Ungleichung (57). Falls die Menge $I_{j_0}^0$ mehr als einen Index enthält, definieren wir die Menge

$$I_{j_0}^1 = \left\{ l \in I_{j_0}^0 \,\middle|\, \frac{d_{\alpha_l 1}}{d_{\alpha_l \alpha_{l_0}}} = \min_{i \in I_{j_0}^0} \frac{d_{\alpha_i 1}}{d_{\alpha_i \alpha_{j_0}}} \right\}.$$

Falls nun wiederum die Menge $I_{j_0}^1$ genau aus einem Element k besteht, gilt (57). Enthält $I_{j_0}^1$ mehr als einen Index, dann definieren wir die Indexmenge $I_{j_0}^2$ nach (55) und setzen analog fort. Es gibt nun hier zwei Möglichkeiten:

I. Entweder endet unser Verfahren mit einer Indexmenge mit der Eigenschaft $I_{j_0}^{s^*} \subseteqq I_{j_0}^{s^*-1} \subseteqq \cdots \subseteqq I_{j_0}^0 \subseteqq I_{j_0}$, die aus genau einem Element k mit der Eigenschaft (56) besteht oder

II. jede Indexmenge der Folge (54) enthält mindestens zwei Indizes.

Wir wollen nun zeigen, daß der Fall II nicht eintreten kann. Angenommen, es wäre der Fall, so gebe es mindestens zwei Polynome $P_{\alpha_1 j_0}(\varepsilon)$, $P_{\alpha_2 j_0}(\varepsilon)$ $(\alpha_1 \neq \alpha_2, \alpha_1 \in I_{j_0}, \alpha_2 \in I_{j_0})$ mit der Eigenschaft

$$P_{\alpha_1 j_0}(\varepsilon) = P_{\alpha_2 j_0}(\varepsilon) = \min_{i \in I_{j_0}} P_{\alpha_i j_0}(\varepsilon)$$

für alle ε aus genügend kleinem Intervall $(0, \varepsilon_0)$. Dann wäre aber $P_{\alpha_1 j_0}(\varepsilon) \equiv P_{\alpha_2 j_0}(\varepsilon)$. Das ist aber nicht möglich; denn bei der Potenz ε^{α_1} steht im Polynom $P_{\alpha_1 j_0}$ der Koeffizient

$$\frac{d_{\alpha_1 \alpha_1}}{d_{\alpha_1 \alpha_{j_0}}} = \frac{\delta_{\alpha_1 \alpha_1}}{d_{\alpha_1 \alpha_{j_0}}} = \frac{1}{d_{\alpha_1 \alpha_{j_0}}} > 0\,,$$

während im zweiten Polynom $P_{\alpha_2 j_0}$ der Koeffizient

$$\frac{d_{\alpha_2 \alpha_1}}{d_{\alpha_2 \alpha_{j_0}}} = \frac{\delta_{\alpha_1 \alpha_2}}{d_{\alpha_2 \alpha_{j_0}}} = 0$$

steht. Es kommt also nur die Möglichkeit I in Frage. Wenn also $I_{j_0}^{s*}$ die erste Indexmenge in der in (55) beschriebenen Indexfolge mit nur einem Element k ist, dann gilt (57) für alle $\varepsilon > 0$ aus genügend kleinem Intervall $(0, \varepsilon_0)$.

Wir setzen nun

$$t = t_{j_0} = \frac{d_{\alpha_k 0}(\varepsilon)}{d_{\alpha_k \alpha_{j_0}}} = P_{\alpha_k j_0}(\varepsilon)$$

in die Gleichungen (53) ein und erhalten den Punkt $\boldsymbol{x}_{j_0}(\varepsilon)$, der eine zu $\boldsymbol{x}_0(\varepsilon)$ benachbarte Ecke des Polyeders $\mathfrak{M}_\varepsilon$ ist. Für $t \in (0, t_{j_0})$ wird durch die Gleichungen (53) die betreffende Kante des Polyeders $\mathfrak{M}_\varepsilon$ beschrieben. Der Zielfunktionswert im Punkt $\boldsymbol{x}_0(\varepsilon)$ ergibt sich aus (50), indem wir $\bar{\boldsymbol{x}}(\varepsilon)$ durch $\boldsymbol{x}_0(\varepsilon)$, $\bar{z}_{j_0}$ durch $z_{\alpha_{j_0}}$ und t durch t_{j_0} ersetzen. ∎

Die Sätze 14 bis 19 haben theoretische Bedeutung. Sie spielen für das noch aufzustellende praktische Verfahren zur Berechnung eines optimalen Punktes, insbesondere zur Lösung auf elektronischen Rechenanlagen, eine untergeordnete Rolle. Wir hatten ein sogenanntes „entartetes Problem" durch eine hinreichend kleine ε-Änderung in ein „reguläres Problem" überführt, so daß für dieses Problem der Fall aus Satz 11 nicht mehr auftritt. Praktisch wird die ursprüngliche Aufgabe nicht abgeändert, d. h., bei der praktischen Berechnung mit den entsprechenden Tabellen kommt die Zahl ε nicht vor. Man muß nur die entsprechenden theoretischen Ergebnisse der letzten Sätze (vor allem Satz 19) berücksichtigen. Wie diese Ergebnisse praktisch ausgenutzt werden, wird im nächsten Kapitel gezeigt. Am Ende dieses Abschnitts wollen wir noch eine geometrische Interpretation der Entartung angeben. Wir betrachten ein Problem der Form (22). Ferner sei $\boldsymbol{x}_0$ ein zulässiger Basispunkt, für den die Voraussetzungen des Satzes erfüllt sind, und $x_1, \ldots, x_m$ die Basisvariablen, wobei

$$x_i = d_{i0} - \sum_{j=m+1}^{n} d_{ij} x_j \qquad (i = 1 \ldots, m)\,,$$

$$x_{0i} = d_{i0} \qquad (i = 1, \ldots, m)$$

ist.

Der Restriktionsbereich $\mathfrak{M}$ kann dann in dem linearen Unterraum $L_{n-m} = \left\{\boldsymbol{x} \mid x_i = d_{i0} - \sum_{j=m+1}^{n} d_{ij} x_j\,,\ i = 1, \ldots, m\right\}$ des Raumes E_n wie folgt beschrieben werden:

$$\mathfrak{M} = \left\{ x \,\middle|\, \sum_{j=m+1}^{n} d_{ij} x_j \leqq d_{i0};\ i = 1, \ldots, m;\ x_j \geqq 0\,,\ j = m+1, \ldots, n \right\}. \quad (58)$$

Unter Entartung verstanden wir nun, daß entweder

1° die Voraussetzungen aus Satz 11 erfüllt sind, d. h., es gibt ein s mit $m + 1 \leqq s \leqq n$, so daß $\frac{d_{k0}}{d_{ks}} = 0$ gilt,
oder

2° es gibt Indizes s, k_1, k_2, so daß (25) gilt.

Wie bereits zu Beginn dieses Abschnitts erwähnt, bedeutet der Fall 2° nichts anderes als die Tatsache, daß für einen zum Basispunkt x_0 benachbarten Basispunkt der Fall 1° eintreten kann. Deshalb ist nur Fall 1° interessant. Es möge also Fall 1° eintreten. Aus $\frac{d_{k0}}{d_{ks}} = 0$ folgt dann, daß mindestens ein Index i_0 mit $1 \leqq i_0 \leqq m$ existiert, so daß $d_{i_0 0} = 0$, $d_{i_0 s} > 0$ ist. Dann ergibt sich aus (58), daß die das Polyeder $\mathfrak{M}$ beschränkenden Hyperebenen

$$\sum_{j=m+1}^{n} d_{i_0 j} x_j = 0\,, \qquad x_j = 0\,, \qquad j = m+1, \ldots, n$$

(beschrieben in L_{n-m}) durch die Ecke x_0, die die Koordinaten $x_{0_j} = 0$ $(j = m + 1, \ldots, n)$ besitzt, hindurchgehen. Wir definieren nun für beliebige $\varepsilon > 0$ die Menge

$$K(\varepsilon) = \left\{ x \in E_{n-m} \,\middle|\, \sum_{j=m+1}^{n} x_j \leqq \varepsilon\,, \quad x_j \geqq 0\,, \quad j = m+1, \ldots, n \right\}.$$

Es gilt für alle $\varepsilon > 0$

$$K(\varepsilon) \not\subseteq \mathfrak{M}\,,$$

denn alle Punkte $\{x_j\}$ mit

$$\left.\begin{aligned} x_s &= \frac{t}{n-m}\,, \qquad t \in (0, \varepsilon)\,, \\ x_j &= 0 \qquad (j = m+1, \ldots, n; j \neq s) \end{aligned}\right\} \quad (59)$$

gehören zu $K(\varepsilon)$, doch gilt für diese Punkte

$$\sum_{j=m+1}^{n} d_{i_0 j} x_j = d_{i_0 s} \frac{t}{n-m} > 0\,.$$

Daher ist für diese Punkte die Ungleichung

$$\sum_{j=m+1}^{n} d_{i_0 j} x_j \leqq d_{i_0 0}$$

(unter der Voraussetzung $d_{i0} = 0$) nicht erfüllt. Keiner dieser Punkte gehört also zu $\mathfrak{M}$. Wenn andererseits (59) für alle $\varepsilon > 0$ gilt, dann gibt es mindestens einen Index $s \in \{m + 1, \ldots, n\}$, so daß kein $x \in K(\varepsilon)$ mit den Koordinaten x_j

aus (59) zur Menge $\mathfrak{M}$ gehört. Wäre das nämlich nicht der Fall, dann müßte es ein $\tilde{\varepsilon} > 0$ und Zahlen $\tilde{t}_j \in (0, \tilde{\varepsilon})$ $(j = m + 1, \ldots, n)$ geben, so daß die $n - m$ Punkte $\boldsymbol{x}_l$ $(l = m + 1, \ldots, n)$ mit den Koordinaten

$$\left.\begin{aligned} x_{lj} &= 0 \qquad (j = m + 1, \ldots, n; j \neq l)\,, \\ x_{ll} &= \frac{\tilde{t}_l}{n - m} \end{aligned}\right\} \tag{60}$$

in dem Polyeder $\mathfrak{M}$ liegen, das andererseits den Punkt $\boldsymbol{x}_0' = (0, \ldots, 0)$ als Ecke besitzt. Wegen der Konvexität von $\mathfrak{M}$ gehört auch das abgeschlossene Simplex mit den Ecken $\boldsymbol{x}_0$, $\boldsymbol{x}_l$ $(l = m + 1, \ldots, n)$ zur Menge $\mathfrak{M}$. Aus (60) ergibt sich, daß sich dieses Simplex durch die Ungleichungen

$$x_j \geqq 0 \qquad (j = m + 1, \ldots, n)\,,$$
$$\sum_{j=m+1}^{n} \frac{1}{\tilde{t}_j} x_j \leqq 1$$

beschreiben läßt. Die Menge

$$K(\varepsilon_1) = \left\{\boldsymbol{x} \in E_{n-m} \,\middle|\, \sum_{j=m+1}^{n} x_j \leqq \varepsilon_1\,, \quad x_j \geqq 0\,, \quad j = m + 1, \ldots, n\right\}$$

mit $\varepsilon_1 = \max\limits_{j=m+1,\ldots,n} \tilde{t}_j > 0$ stellt offenbar eine Teilmenge des oben betrachteten Simplex dar und gehört dadurch ebenfalls zu $\mathfrak{M}$. Das ist ein Widerspruch zur Voraussetzung (59), die für jedes $\varepsilon > 0$ gelten sollte. Es sei also $s \in \{m + 1, \ldots, n\}$ ein Index, so daß kein Punkt $\boldsymbol{x} \in K(\varepsilon)$ mit den Koordinaten x_j aus (59) in der Menge $\mathfrak{M}$ liegt. Nach (60) existiert dann mindestens ein Index $i_0 \in \{1, \ldots, m\}$ mit

$$d_{i_0 s} \frac{t}{n - m} > d_{i_0 0} \qquad \text{für} \qquad t \in (0, \varepsilon)\,,$$

woraus (wegen $d_{i_0 0} \geqq 0$) sich die Bedingungen $d_{i_0 s} > 0$, $d_{i_0 0} = 0$ ergeben. Das entspricht aber dem Fall einer Entartung in der betrachteten Ecke $\boldsymbol{x}_0$ des Polyeders $\mathfrak{M}$. Damit haben wir die folgende Behauptung bewiesen:

▮ S. 20 *Ein zulässiger Basispunkt $\boldsymbol{x}_0$ mit den Basisvariablen $x_1, \ldots, x_m$ ist genau dann entartet, wenn sich kein $(n - m)$-dimensionales Simplex*

$$K(\varepsilon) = \left\{\boldsymbol{x} \in E_{n-m} \,\middle|\, \sum_{j=m+1}^{n} x_j \leqq \varepsilon\,, \quad x_j \geqq 0\,, \quad j = m + 1, \ldots, n\right\}$$

in den Restriktionsbereich $\mathfrak{M}$ einbeschreiben läßt. ▮

Um eine andere anschaulich geometrische Interpretation der Entartung in einer Ecke des Polyeders $\mathfrak{M}$ zu finden, nehmen wir an, daß der Punkt $\boldsymbol{x}_0$ mit $x_{0j} = 0$ $(j = m + 1, \ldots, n)$ eine entartete Ecke des Polyeders $\mathfrak{M}$ ist. Dann gibt es mindestens einen Index $i_1 \in \{1, \ldots, m\}$ mit $x_{0 i_1} = d_{i_1 0} = 0$.

Es sei

$$x_{0 i_k} = d_{i_k 0} = 0 \qquad \text{für} \qquad k = 1, \ldots, r \qquad (1 \leqq r \leqq m)$$

und $x_{0_j} > 0$ für alle übrigen Indizes der Indexmenge $\{1, \ldots, m\}$. Die betrachtete Ecke $\boldsymbol{x}_0$ liegt dann in den durch die Gleichungen

$$\left.\begin{array}{ll} x_j = 0 & (j = m+1, \ldots, n)\,, \\ \sum\limits_{j=m+1}^{n} d_{i_k j}\, x_j = 0 & (k = 1, \ldots, r) \end{array}\right\} \tag{61}$$

beschriebenen Hyperebenen des Raumes L_{n-m}. Zwei Fälle charakterisieren diese Situation:

1° Wenn die Dimension des Polyeders $\mathfrak{M}$ gleich $n - m$ ist, gehen von jeder Ecke mindestens $n - m$ Kanten aus. Wir unterscheiden hier wiederum zwei Fälle:

Fall (a): Es sei $n - m$ die Anzahl der von der Ecke $\boldsymbol{x}_0$ ausgehenden Kanten. Dann gibt es im Gleichungssystem (61) $n - m$ Gleichungen

$$x_r = 0\,, \quad r \in I_1\,, \quad I_1 \subset \{m+1, \ldots, n\}\,,$$
$$\sum_{j=m+1}^{n} d_{\beta j}\, x_j = 0\,, \quad \beta \in I_2\,, \quad I_2 \subset \{i_1, \ldots, i_r\}$$

in der Weise, daß diese Gleichungen eindeutig die Ecke $\boldsymbol{x}_0$ bestimmen und daß durch das Ungleichungssystem

$$x_r \geqq 0\,, \quad r \in I_1\,,$$
$$\sum_{j=m+1}^{n} d_{\beta j}\, x_j \leqq 0\,, \quad \beta \in I_2\,,$$

das Polyeder $\mathfrak{M}$ in einer hinreichend kleinen Umgebung des Punktes $\boldsymbol{x}_0$ beschrieben wird. Der Fall $I_1 = \{m+1, \ldots, n\}$ kommt nicht in Frage, da das Polyeder $\mathfrak{M}$ keine Menge $K(\varepsilon)$ enthält. Somit ist I_1 eine echte Teilmenge der Indexmenge $\{m+1, \ldots, n\}$. Daraus ergibt sich, daß mindestens ein Index $j_0 \in \{m+1, \ldots, n\}$ existiert, so daß das Polyeder $\mathfrak{M}$ in dem Halbraum $\{\boldsymbol{x} \mid x_{j_0} > 0\}$ enthalten ist. Dadurch ist die Restriktion $x_{j_0} \geqq 0$ überflüssig. Man erkennt nun leicht, daß in unserem betrachteten Fall, wo von der entarteten Ecke $\boldsymbol{x}_0$ genau $n - m$ Kanten ausgehen und für die die Gleichungen (61) erfüllt sind, genau r Ungleichungen des Systems

$$x_j \geqq 0 \qquad (j = m+1, \ldots, n)\,,$$
$$x_{i_k} = -\sum_{j=m+1}^{n} d_{i_k j}\, x_j \geqq 0\,, \quad k = 1, \ldots, r \quad (i_k \in \{1, \ldots, m\})$$

überflüssig sind; darunter befindet sich mindestens eine Ungleichung $x_j \geqq 0$ mit $j \in \{m+1, \ldots, n\}$.

Fall (b): Die Anzahl der von der Ecke $\boldsymbol{x}_0$ ausgehenden Kanten ist größer als $n - m$.

2° Wenn die Dimension des Polyeders $\mathfrak{M}$ kleiner als $n - m$ ist, enthält dieses Polyeder keinen Punkt $x \in L_{n-m}$ mit $x_j > 0$ für $j = m + 1, \ldots, n$. Es existiert also mindestens ein Index $j_0 \in \{m + 1, \ldots, n\}$ mit der Eigenschaft, daß das Polyeder $\mathfrak{M}$ in der Hyperebene $\{x \mid x_{j_0} = 0\}$ enthalten ist.

Aus der obigen Überlegung ergibt sich zusammenfassend:

▮ S. 21 *Ein Polyeder*

$$\mathfrak{M} = \left\{x \mid \sum_{\alpha=1}^{n} a_{r\alpha} x_\alpha = b_r, \quad r = 1, \ldots, m, \quad x_\alpha \geqq 0, \quad \alpha = 1, \ldots, n\right\}$$

ist genau dann entartet, wenn (a) *entweder die Dimension des Polyeders kleiner als* $n - m$ *ist,* (b) *es mindestens eine Ecke des Polyeders* $\mathfrak{M}$ *gibt, von der mehr als* $n - m$ *Kanten ausgehen, oder* (c) *wenn mindestens eine Ecke des Polyeders* $\mathfrak{M}$ *existiert, die in mehr als* $n - m$ *Hyperebenen*

$$R_{\nu_r} = \{x \mid x_{\nu_r} = 0\}, \qquad r = 1, \ldots, s; \qquad s > n - m,$$

enthalten ist, und mindestens für ein $r_0 \in \{1, \ldots, s\}$ *die Restriktion*

$$x_{\nu_{r_0}} \geqq 0$$

überflüssig ist. ▮

Beispiel. In E_5 sei durch

$$\mathfrak{M} = \{x \in E_5 \mid x_1 + x_2 + x_3 + x_4 = 1; \quad a\,x_1 + b\,x_2 + c\,x_3 + x_5 = 0; \quad x_i \geqq 0, \quad i = 1, \ldots, 5\} \tag{62}$$

ein konvexes Polyeder gegeben, wobei a, b, c Konstanten mit $|a| + |b| + |c| \neq 0$ sind. Die Restriktionsgleichungen können in der Form

$$\left.\begin{aligned} x_4 &= 1 - x_1 - x_2 - x_3 = d_{10} - \sum_{j=1}^{3} d_{1j}\,x_j, \\ x_5 &= -\,a\,x_1 - b\,x_2 - c\,x_3 = d_{20} - \sum_{j=1}^{3} d_{2j}\,x_j \end{aligned}\right\} \tag{63}$$

geschrieben werden. Offenbar ist der Punkt x_0 mit

$$x_{01} = x_{02} = x_{03} = x_{04} = 0, \qquad x_{04} = 1$$

eine Ecke des Polyeders $\mathfrak{M}$. Die Variablen x_4 und x_5 sind auf Grund von (63) Basisvariablen, die der Ecke x_0 des Polyeders entsprechen. Aus dem Schema

	x_4	x_5	x_1	x_2	x_3	
x_4	1	0	d_{11}	d_{12}	d_{13}	d_{10}
x_5	0	1	d_{21}	d_{22}	d_{23}	d_{20}

das in unserem Beispiel die spezielle Gestalt

	x_4	x_5	x_1	x_2	x_3	
x_4	1	0	1	1	1	1
x_5	0	1	a	b	c	0

(64)

annimmt, läßt sich feststellen, ob eine Entartung im Punkt $x_0' = (0, 0, 0, 1, 0)$ auftritt oder nicht.

1° Falls $a \leqq 0$, $b \leqq 0$, $c \leqq 0$ ist, dann ist offenbar

$$\min_{i \in I_1} \frac{d_{i0}}{d_{i1}} = 1\,, \qquad \min_{i \in I_2} \frac{d_{i0}}{d_{i2}} = 1\,, \qquad \min_{i \in I_3} \frac{d_{i0}}{d_{i3}} = 1\,,$$

mit

$$\left.\begin{aligned} I_1 &= \{i \in \{1, 2\} \mid d_{i1} > 0\}\,, \\ I_2 &= \{i \in \{1, 2\} \mid d_{i2} > 0\}\,, \\ I_3 &= \{i \in \{1, 2\} \mid d_{i3} > 0\}\,. \end{aligned}\right\} \tag{65}$$

In diesem Fall gibt es keine Entartung im Basispunkt x_0. Nach (63) läßt sich das Polyeder $\mathfrak{M}$ aus (62) als ein Gebilde in dem dreidimensionalen linearen Unterraum

$$L_3 = \{x \in E_5 \mid x_1 + x_2 + x_3 + x_4 = 1\,, \qquad a\,x_1 + b\,x_2 + c\,x_3 + x_5 = 0\}$$

durch das Ungleichungssystem

$$\left.\begin{aligned} &\sum_{i=1}^{3} d_{1j}\,x_j \leqq d_{10}\,, \qquad \text{d. h.} \qquad x_1 + x_2 + x_3 \leqq 1\,, \\ &\sum_{i=1}^{3} d_{2j}\,x_j \leqq d_{20}\,, \qquad \text{d. h.} \qquad a\,x_1 + b\,x_2 + c\,x_3 \leqq 0\,, \end{aligned}\right\} \tag{66}$$

beschreiben und man erkennt leicht, daß unter der Voraussetzung $a \leqq 0$, $b \leqq 0$, $c \leqq 0$ das in (62) beschriebene Polyeder $\mathfrak{M}$ die Menge

$$K(\varepsilon) = \left\{(x_1, x_2, x_3) \in L_3 \mid x_1 \geqq 0\,,\ x_2 \geqq 0\,,\ x_3 \geqq 0\,,\ \sum_{j=1}^{3} x_j \leqq \varepsilon\right\}$$

für jedes $\varepsilon \in (0, 1)$ enthält. Nach Satz 20 kann es dann keine Entartung in der Ecke x_0 des Polyeders $\mathfrak{M}$ geben, was eine Bestätigung der schon oben bewiesenen Tatsache ist. Das Polyeder $\mathfrak{M}$ hat in diesem Fall die (größtmögliche) Dimension $n - m = 5 - 2 = 3$. Seine Kanten, die mit der Ecke $x_0' = (0, 0, 0, 1, 0)$ inzident sind, liegen in der Richtung der x_1-, x_2- und x_3-Achse des x_1, x_2, x_3-Koordinatensystems in L_3. Die Bedingung $x_5 \geqq 0$ ist dann offenbar überflüssig.

2° Falls mindestens eine der Konstanten a, b, c positiv ist, dann ist der Basispunkt x_0 immer entartet. Man erkennt leicht aus der Tabelle (64), daß keine der in (65) definierten Indexmengen I_1, I_2 und I_3 leer ist und mindestens eine der Zahlen

$$\min_{i \in I_1} \frac{d_{i0}}{d_{i1}}\,, \qquad \min_{i \in I_2} \frac{d_{i0}}{d_{i2}}\,, \qquad \min_{i \in I_3} \frac{d_{i0}}{d_{i3}}$$

gleich Null wird. Ohne Beschränkung der Allgemeinheit können wir hier voraussetzen, daß $a > 0$ ist. Es ist weiter klar, daß wir uns bei der Untersuchung der Entartung auf die Fälle:

$$\begin{array}{llll} (2)_1 & a > 0\,, & b > 0\,, & c > 0\,, \\ (2)_2 & a > 0\,, & b < 0\,, & c > 0\,, \\ (2)_3 & a > 0\,, & b < 0\,, & c < 0\,, \\ (2)_4 & a > 0\,, & b = 0\,, & c > 0\,, \\ (2)_5 & a > 0\,, & b = 0\,, & c < 0\,, \\ (2)_6 & a > 0\,, & b = 0\,, & c = 0 \end{array}$$

beschränken können. In all diesen Fällen liegt die Ecke $\boldsymbol{x}_0' = (x_{01}, x_{02}, x_{03}) = (0, 0, 0)$ des Polyeders $\mathfrak{M}$, das im Raum L_3 durch (66) beschrieben ist, in den Hyperebenen

$$\begin{aligned}
&\{\boldsymbol{x} \mid \boldsymbol{x} \in E_3, \quad a\,x_1 + b\,x_2 + c\,x_3 = 0\}\,,\\
&\{\boldsymbol{x} \mid \boldsymbol{x} \in E_3, \quad x_1 = 0\}\,,\\
&\{\boldsymbol{x} \mid \boldsymbol{x} \in E_3, \quad x_2 = 0\}\,,\\
&\{\boldsymbol{x} \mid \boldsymbol{x} \in E_3, \quad x_3 = 0\}\,.
\end{aligned}$$

Als Geraden, die die von der Ecke $\boldsymbol{x}_0$ ausgehenden Kanten des Polyeders $\mathfrak{M}$ enthalten können, kommen nur die Mengen

$$\begin{aligned}
L^{(1)} &= \{(x_1, x_2, x_3) \in L_3 \mid a\,x_1 + b\,x_2 + c\,x_3 = 0\,, \quad x_1 = 0\}\,,\\
L^{(2)} &= \{(x_1, x_2, x_3) \in L_3 \mid a\,x_1 + b\,x_2 + c\,x_3 = 0\,, \quad x_2 = 0\}\,,\\
L^{(3)} &= \{(x_1, x_2, x_3) \in L_3 \mid a\,x_1 + b\,x_2 + c\,x_3 = 0\,, \quad x_3 = 0\}\,,\\
L^{(4)} &= \{(x_1, x_2, x_3) \in L_3 \mid x_1 = 0\,, \quad x_2 = 0\}\,,\\
L^{(5)} &= \{(x_1, x_2, x_3) \in L_3 \mid x_2 = 0\,, \quad x_3 = 0\}\,,\\
L^{(6)} &= \{(x_1, x_2, x_3) \in L_3 \mid x_1 = 0\,, \quad x_3 = 0\}
\end{aligned}$$

in Frage. Es gilt offenbar

$$\left.\begin{aligned}
L^{(1)} \cap \mathfrak{M} &= \{(x_1, x_2, x_3) \in L_3 \mid a\,x_1 + b\,x_2 + c\,x_3 = 0\,,\\
&\qquad x_1 = 0\,, \quad x_2 \geqq 0\,, \quad x_3 \geqq 0\,, \quad x_1 + x_2 + x_3 \leqq 1\}\,,\\
L^{(2)} \cap \mathfrak{M} &= \{(x_1, x_2, x_3) \in L_3 \mid a\,x_1 + b\,x_2 + c\,x_3 = 0\,,\\
&\qquad x_2 = 0\,, \quad x_1 \geqq 0\,, \quad x_3 \geqq 0\,, \quad x_1 + x_2 + x_3 \leqq 1\}\,,\\
L^{(3)} \cap \mathfrak{M} &= \{(x_1, x_2, x_3) \in L_3 \mid a\,x_1 + b\,x_2 + c\,x_3 = 0\,,\\
&\qquad x_3 = 0\,, \quad x_1 \geqq 0\,, \quad x_2 \geqq 0\,, \quad x_1 + x_2 + x_3 \leqq 1\}\,,\\
L^{(4)} \cap \mathfrak{M} &= \{(x_1, x_2, x_3) \in L_3 \mid x_1 = 0\,, \quad x_2 = 0\,, \quad x_3 \geqq 0\,,\\
&\qquad a\,x_1 + b\,x_2 + c\,x_3 \leqq 0\,, \quad x_1 + x_2 + x_3 \leqq 1\}\,,\\
L^{(5)} \cap \mathfrak{M} &= \{(x_1, x_2, x_3) \in L_3 \mid x_2 = 0\,, \quad x_3 = 0\,, \quad x_1 \geqq 0\,,\\
&\qquad a\,x_1 + b\,x_2 + c\,x_3 \leqq 0; \quad x_1 + x_2 + x_3 \leqq 1\}\,,\\
L^{(6)} \cap \mathfrak{M} &= \{(x_1, x_2, x_3) \in L_3 \mid x_1 = 0\,, \quad x_3 = 0\,, \quad x_2 \geqq 0\,,\\
&\qquad a\,x_1 + b\,x_2 + c\,x_3 \leqq 0; \quad x_1 + x_2 + x_3 \leqq 1\}\,.
\end{aligned}\right\} \tag{67}$$

Es ist nun klar, daß die Menge $L^{(l)} \cap \mathfrak{M}$ $(l \in \{1, \ldots, 6\})$ eine Kante des Polyeders $\mathfrak{M}$ einschließlich ihrer Randpunkte genau dann darstellt, wenn diese Menge eine in L_3 abgeschlossene Strecke ist.

Fall $(2)_1$: Wenn $a > 0$, $b > 0$, $c > 0$ ist, dann besteht jede der Mengen $L^{(l)} \cap \mathfrak{M}$ $(l = 1, \ldots, 6)$ aus einem einzigen Punkt, und zwar aus dem Punkt $\boldsymbol{x}_0$, wie man aus (67) leicht feststellt. Das Polyeder reduziert sich dadurch auf den einzigen Punkt $\boldsymbol{x}_0$. Es hat die Dimension Null, also eine kleinere Dimension als $n - m = 3$.

Fall $(2)_2$: Wenn $a > 0$, $b < 0$, $c > 0$ ist, dann folgt aus (67), daß die Mengen

$$L^{(1)} \cap \mathfrak{M}\,, \quad L^{(3)} \cap \mathfrak{M}\,, \quad L^{(6)} \cap \mathfrak{M}$$

Strecken in L_3 sind; dagegen enthalten die Mengen $L^{(2)} \cap \mathfrak{M}$, $L^{(4)} \cap \mathfrak{M}$, $L^{(5)} \cap \mathfrak{M}$ einen einzigen Punkt (und zwar den Punkt $\boldsymbol{x}_0$). Daraus ergibt sich, daß hier das Polyeder $\mathfrak{M}$ der Durchschnitt der Halbräume $a\,x_1 + b\,x_2 + c\,x_3 \leqq 0$; $x_1 \geqq 0$, $x_3 \geqq 0$, $x_1 + x_2 + x_3 \leqq 1$

ist. Daher ist die Restriktion $x_2 \geqq 0$ überflüssig. Von der Ecke $\boldsymbol{x}_0$ gehen drei Kanten aus, und daher hat das Polyeder $\mathfrak{M}$ die Dimension $n - m = 3$ (s. Abb. 4).

Fall $(2)_3$: Wenn $a > 0$, $b < 0$, $c < 0$ gilt, dann stellen die Mengen

$$L^{(2)} \cap \mathfrak{M}\,, \qquad L^{(3)} \cap \mathfrak{M}\,, \qquad L^{(4)} \cap \mathfrak{M}\,, \qquad L^{(5)} \cap \mathfrak{M}$$

Strecken in L_3 dar, die Mengen $L^{(1)} \cap \mathfrak{M}$, $L^{(6)} \cap \mathfrak{M}$ enthalten dagegen den Punkt $\boldsymbol{x}_0$ als einziges Element. Das Polyeder $\mathfrak{M}$ hat hier die Eigenschaft, daß von seiner Ecke $\boldsymbol{x}_0$ vier Kanten ausgehen (also mehr als $n - m$), wobei die Dimension des Polyeders gleich $n - m = 3$ ist (s. Abb. 5).

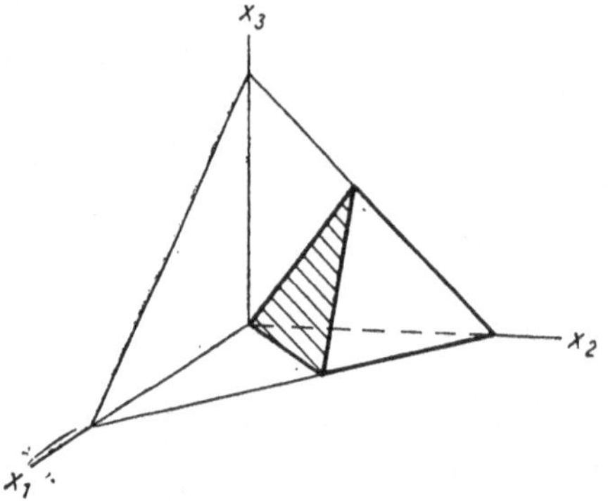

Abb. 4

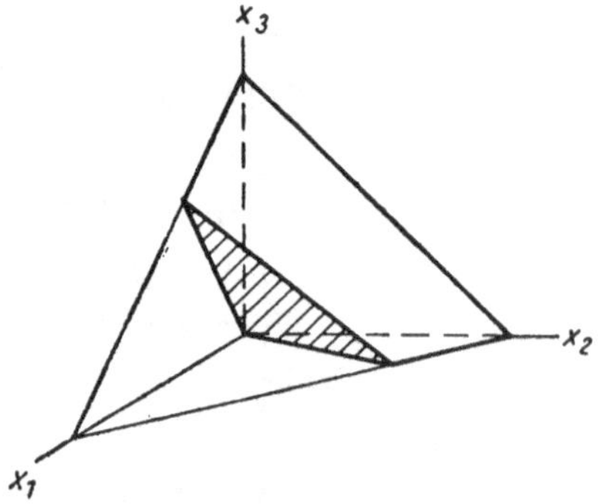

Abb. 5

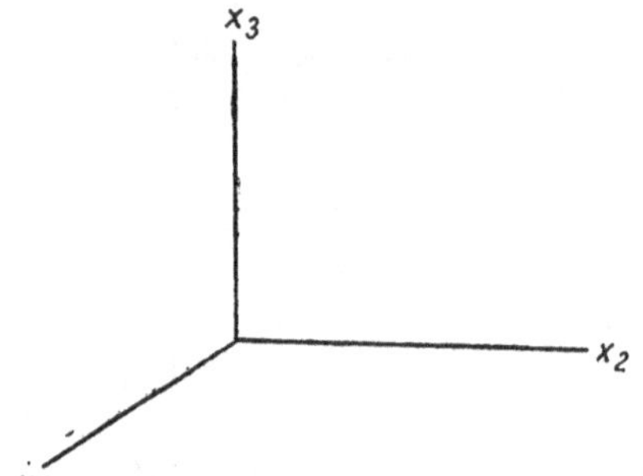

Abb. 6

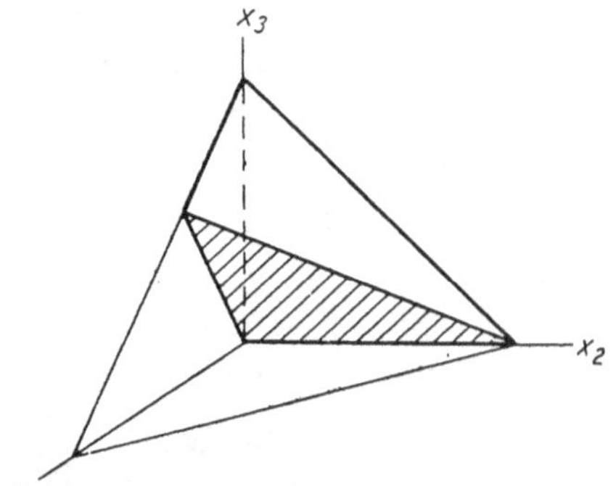

Abb. 7

Fall $(2)_4$: Wenn $a > 0$, $b = 0$, $c > 0$ ist, stellt nur die Menge $L^{(6)} \cap \mathfrak{M}$ eine Strecke in L_3 dar. Das Polyeder $\mathfrak{M}$ besitzt genau eine von seiner Ecke $\boldsymbol{x}_0$ ausgehende Kante, und es hat die Dimension 1, also kleiner als $n - m = 3$ (s. Abb. 6).

Fall $(2)_5$: Wenn $a > 0$, $b = 0$, $c < 0$ ist, dann sind es die Mengen $L^{(1)} \cap \mathfrak{M}$, $L^{(2)} \cap \mathfrak{M}$, $L^{(4)} \cap \mathfrak{M}$, $L^{(6)} \cap \mathfrak{M}$, die eine Strecke in L_3 darstellen, die Mengen $L^{(3)} \cap \mathfrak{M}$, $L^{(5)} \cap \mathfrak{M}$ enthalten den Punkt $\boldsymbol{x}_0$ als einziges Element. Man stellt aus (67) leicht fest, daß in diesem Fall $L^{(1)} \equiv L^{(6)}$ ist, so daß von der Ecke $\boldsymbol{x}_0$ drei Kanten ausgehen, wobei die Restriktion $x_3 \geqq 0$ überflüssig ist (ähnlich wie im Fall $(2)_2$) (s. Abb. 7).

Fall $(2)_6$: Wenn $a > 0$, $b = c = 0$ ist, dann sind von allen in (67) definierten Mengen nur die Mengen $L^{(4)} \cap \mathfrak{M}$, $L^{(6)} \cap \mathfrak{M}$ Strecken in L_3. Das Polyeder $\mathfrak{M}$ ist zweidimensional, also von kleinerer Dimension als $n - m = 3$ (Abb. 8).

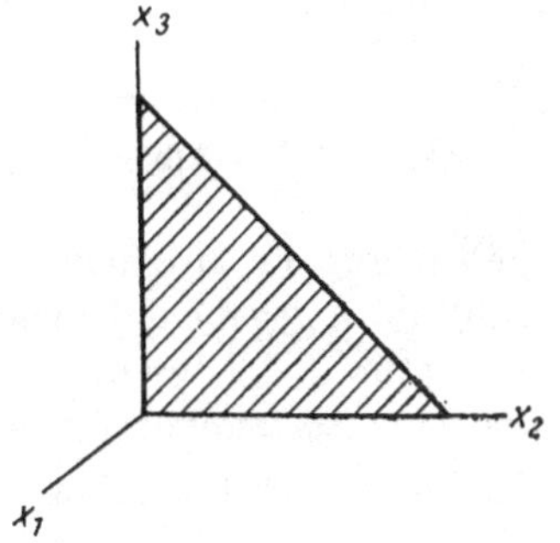

Abb. 8

An diesem Beispiel haben wir gezeigt, daß die im Satz 21 erwähnten Arten von Entartung wirklich vorkommen können.

KAPITEL 5

DIE SIMPLEXMETHODE

5.1. Das Verfahren

Die Sätze aus Kapitel 4 geben uns die Möglichkeit, unter bestimmten Voraussetzungen jedes in Gleichungsform gegebene Optimierungsproblem mit Hilfe eines Verfahrens, der Simplexmethode, zu lösen. Wir werden nun das lineare Optimierungsproblem und die Voraussetzungen formulieren:

Man soll das Minimum (Maximum) der Funktion

$$f = \sum_{\alpha=1}^{n} c_\alpha x_\alpha$$

bezüglich der Menge

$$\mathfrak{M} = \left\{ \boldsymbol{x} \middle| \sum_{\alpha=1}^{n} a_{r\alpha} x_\alpha = b_r, \quad r = 1, \ldots, m; \quad x_\alpha \geqq 0, \quad \alpha = 1, \ldots, n \right\}$$

bestimmen. In Kurzform schreiben wir dieses Problem wie üblich in der Form

$$\min (\max) \{ \boldsymbol{c}' \boldsymbol{x} | \boldsymbol{A} \boldsymbol{x} = \boldsymbol{b}, \boldsymbol{x} \geqq \boldsymbol{o} \} . \tag{1}$$

Voraussetzungen:

1° $b_r \geqq 0 \quad (r = 1, \ldots, m)$,

2° $1 \leqq m < n$,

3° Der Rang der Matrix $\boldsymbol{A}$ ist gleich m.

4° Der Punkt $\boldsymbol{x}_0$ sei ein bekannter zulässiger Basispunkt des Problems (1) (Anfangs-Basispunkt).

5° Es wurde eine solche Umnumerierung der Variablen x_α ($\alpha = 1, \ldots, n$) vorgenommen, daß die Variablen $x_1, \ldots, x_m$ die dem zulässigen Basispunkt $\boldsymbol{x}_0$ zugeordneten Basisvariablen sind.

Wir beginnen nun das Verfahren mit dem folgenden Vorbereitungsschritt: Die Gleichungsrestriktionen

$$\sum_{\alpha=1}^{n} a_{r\alpha} x_\alpha = b_r \qquad (r = 1, \ldots, m)$$

werden nach den Basisvariablen $x_1, \ldots, x_m$ aufgelöst:

$$x_i = d_{i0} - \sum_{j=m+1}^{n} d_{ij} x_j \qquad (i = 1, \ldots, m) .$$

Wir stellen nun wie in (13a) aus Kapitel 4 die folgende Tabelle auf:

		x_1	...	x_i	...	x_m	x_{m+1}	...	x_j	...	x_n	
		c_1	...	c_i	...	c_m	c_{m+1}	...	c_j	...	c_n	
c_1	x_1	1	...	0	...	0	$d_{1,m+1}$	...	d_{1j}	...	d_{1n}	d_{10}
$\vdots$	$\vdots$	$\vdots$		$\vdots$		$\vdots$	$\vdots$		$\vdots$		$\vdots$	$\vdots$
c_i	x_i	0	...	1	...	0	$d_{i,m+1}$	...	d_{ij}	...	d_{in}	d_{i0}
$\vdots$	$\vdots$	$\vdots$		$\vdots$		$\vdots$	$\vdots$		$\vdots$		$\vdots$	$\vdots$
c_m	x_m	0	...	0	...	1	$d_{m,m+1}$	...	d_{mj}	...	d_{mn}	d_{m0}
		z_1	...	z_i	...	z_m	z_{m+1}	...	z_j	...	z_n	c_0
		c_1-z_1	...	c_i-z_i	...	c_m-z_m	$c_{m+1}-z_{m+1}$	...	c_j-z_j	...	c_n-z_n	

(2)

Die Zahlen z_α, $c_\alpha - z_\alpha (\alpha = 1, \ldots, n)$ und c_0 haben dabei die Bedeutung (13b) aus Kapitel 4. Diese Zahlen lassen sich dann aus den Elementen der Operationsmatrix der Tabelle (2) auf die in 4.2. beschriebene Weise berechnen. Für die letzte Zeile (charakteristische Zeile) der Tafel (2) kommen die folgenden drei Möglichkeiten in Frage:

1° Es gilt $c_\alpha - z_\alpha \geqq 0$ $(c_\alpha - z_\alpha \leqq 0)$ für $\alpha = 1, \ldots, n$. Dann ist der Punkt $\boldsymbol{x}_0$ optimal für Problem (1) nach Satz 7 (Kap. 4), d. h., das Verfahren ist beendet.

2° Es existiert ein Index $j' \in \{m + 1, \ldots, n\}$ mit den Eigenschaften

$$c_{j'} - z_{j'} < 0 \qquad (c_{j'} - z_{j'} > 0)\,,$$
$$d_{ij'} \leqq 0 \quad \text{für} \quad i = 1, \ldots, m\,.$$

Dann gibt es kein Minimum (Maximum) der Funktion f bezüglich $\mathfrak{M}$ (nach Satz 8 aus Kap. 4), und das Verfahren ist ebenfalls zu Ende.

3° Wenn keiner der Fälle 1° oder 2° eintritt, dann folgt der Schritt 1 des Verfahrens.

Schritt 1: Wir bestimmen in der letzten (charakteristischen) Zeile der Tabelle (2) ein solches Element $c_{j_0} - z_{j_0}$, das die Eigenschaft

$$c_{j_0} - z_{j_0} = \min_{\alpha=1,\ldots,n} \{c_\alpha - z_\alpha\} \qquad \left(c_{j_0} - z_{j_0} = \max_{\alpha=1,\ldots,n} \{c_\alpha - z_\alpha\}\right)$$

besitzt. Gibt es mehr als einen Index j_0 mit dieser Eigenschaft, so wählen wir die kleinste Zahl j_0. Diese Auswahl von j_0 basiert auf keiner theoretischen Grundlage. Es ist nur eine gewisse Vereinbarung, damit der Index j_0 mit der Eigenschaft

$$c_{j_0} - z_{j_0} < 0 \qquad (c_{j_0} - z_{j_0} > 0) \tag{3}$$

eindeutig ausgewählt wird. Um Eindeutigkeit zu erzielen, könnten wir eine andere Verabredung treffen, z. B. eine Auswahl von j_0 mit der Eigenschaft (3) als die erste negative (positive) Zahl der charakteristischen Zeile von links ausgesehen. Ob die eine oder andere Vereinbarung vorteilhafter ist, hängt vom konkreten Problem ab, und für das eigentliche Verfahren ist eine solche Entscheidung unwesentlich. Zu dem nun festgelegten Index j_0 definieren wir die Menge

$$I_{j_0} = \{i \in \{1, \ldots, m\} \mid d_{ij_0} > 0\}. \tag{4}$$

Da der Fall 2° aus dem Vorbereitungsschritt ausgeschlossen ist, ist diese Menge nicht leer. Wir bilden eine weitere Indexmenge (siehe Satz 19 in Kap. 4)

$$I_{j_0}^0 = \left\{l \in I_{j_0} \,\middle|\, \frac{d_{l0}}{d_{lj_0}} = \min_{i \in I_{j_0}} \frac{d_{i0}}{d_{ij_0}}\right\}. \tag{5}$$

Enthält diese Menge $I_{j_0}^0$ genau ein Element i_0, dann wählen wir in der Tafel (2) das Element $d_{i_0 j_0}$, das offenbar positiv ist, zum Zentralelement, die j_0-Spalte zur Führungsspalte und die i_0-Zeile zur Führungszeile:

	x_1	$\cdots$	x_α	$\cdots$	x_{j_0}	$\cdots$	
	c_1	$\cdots$	c_α	$\cdots$	c_{j_0}	$\cdots$	
c_1	x_1	$\cdots$	$d_{1\alpha}$	$\cdots$	d_{1j_0}	$\cdots$	d_{10}
$\vdots$	$\vdots$		$\vdots$		$\vdots$		$\vdots$
c_i	x_i	$\cdots$	$d_{i\alpha}$	$\cdots$	d_{ij_0}	$\cdots$	d_{i0}
$\vdots$	$\vdots$		$\vdots$		$\vdots$		$\vdots$
c_{i_0}	x_{i_0}	$\cdots$	$d_{i_0\alpha}$	$\cdots$	$d_{i_0j_0}$	$\cdots$	d_{i_00}
$\vdots$	$\vdots$		$\vdots$		$\vdots$		$\vdots$
c_m	x_m	$\cdots$	$d_{m\alpha}$	$\cdots$	d_{mj_0}	$\cdots$	d_{m0}
	z_1	$\cdots$	z_α	$\cdots$	z_{j_0}	$\cdots$	c_0
	c_1-z_1	$\cdots$	$c_\alpha-z_\alpha$	$\cdots$	$c_{j_0}-z_{j_0}$	$\cdots$	

(6)

Falls die Indexmenge $I_{j_0}^0$ aus (5) mehr als ein Element enthält, dann bilden wir (nach Satz 19 aus Kap. 4) die Indexmenge

$$I_{j_0}^1 = \left\{l \in I_{j_0}^0 \,\middle|\, \frac{d_{l1}}{d_{lj_0}} = \min_{i \in I_{j_0}^0} \frac{d_{i1}}{d_{ij_0}}\right\}.$$

Besteht diese Indexmenge aus genau einem Element i_0, dann wählen wir $d_{i_0 j_0}$ zum Zentralelement, die i_0-Zeile zur Führungszeile, die j_0-Spalte zur Führungsspalte. Enthält die Menge $I_{j_0}^1$ immer noch mehr als ein Element, dann definieren wir eine weitere Indexmenge

$$I_{j_0}^2 = \left\{ l \in I_{i_0}^1 \,\middle|\, \frac{d_{l2}}{d_{lj_0}} = \min_{i \in I_{j_0}^1} \frac{d_{i2}}{d_{ij_0}} \right\}.$$

Falls die Menge $I_{j_0}^2$ genau ein Element i_0 enthält, werden damit das Zentralelement $d_{i_0 j_0}$ und die Führungszeile und Führungsspalte in der Tabelle (2) eindeutig bestimmt. Ist das nicht der Fall, dann bilden wir in ähnlicher Weise weitere Indexmengen $I_{j_0}^k$ nach der allgemeinen Vorschrift (55) aus Kapitel 4:

$$I_{j_0}^k = \left\{ l \in I_{j_0}^{k-1} \,\middle|\, \frac{d_{lk}}{d_{lj_0}} = \min_{i \in I_{j_0}^{k-1}} \frac{d_{ik}}{d_{ij_0}} \right\}. \tag{7}$$

Dieser Prozeß muß nach Satz 19 (Kap. 14) mit einer Menge $I_{j_0}^s$ enden, die genau ein Element $i_0 \in \{1, \ldots, m\}$ enthält, womit das Zentralelement und damit die Führungszeile und -spalte in der Tabelle (2) eindeutig bestimmt sind.

Nachdem das Zentralelement $d_{i_0 j_0}$ und die entsprechende Führungszeile und -spalte eindeutig auf die oben beschriebene Weise bestimmt wurden, gehen wir von dem ursprünglichen System (von Basisvariablen) $x_1, \ldots, x_m$ zu dem neuen System $x_1, \ldots, x_{i_0-1}, x_{j_0}, x_{i_0+1}, \ldots, x_m$ von Basisvariablen über, wie es in 4.2. ausführlich beschrieben wurde. Auf diese Weise erhalten wir das neue Schema:

		x_1	$\ldots$	x_α	$\ldots$	x_{j_0}	$\ldots$	x_β	$\ldots$	x_n	
		c_1		c_α		c_{j_0}		c_β		c_n	
c_1	x_1	${}^{(1)}d_{11}$	$\ldots$	${}^{(1)}d_{1\alpha}$	$\ldots$	$0 = {}^{(1)}d_{1j_0}$	$\ldots$	${}^{(1)}d_{1\beta}$	$\ldots$	${}^{(1)}d_{1n}$	${}^{(1)}d_{10}$
$\vdots$	$\vdots$	$\vdots$									
c_{i_0-1}	x_{i_0-1}	${}^{(1)}d_{i_0-1,1}$	$\ldots$	${}^{(1)}d_{i_0-1,\alpha}$	$\ldots$	$0 = {}^{(1)}d_{i_0-1,j_0}$	$\ldots$	${}^{(1)}d_{i_0-1,\beta}$	$\ldots$	${}^{(1)}d_{i_0-1,n}$	${}^{(1)}d_{i_0-1,0}$
c_{j_0}	x_{j_0}	${}^{(1)}d_{j_0 1}$	$\ldots$	${}^{(1)}d_{j_0\alpha}$	$\ldots$	$1 = {}^{(1)}d_{j_0 j_0}$	$\ldots$	${}^{(1)}d_{j_0\beta}$	$\ldots$	${}^{(1)}d_{j_0 n}$	${}^{(1)}d_{j_0 0}$
c_{i_0+1}	x_{i_0+1}	${}^{(1)}d_{i_0+1,1}$	$\ldots$	${}^{(1)}d_{i_0+1,\alpha}$	$\ldots$	$0 = {}^{(1)}d_{i_0+1,j_0}$	$\ldots$	${}^{(1)}d_{i_0+1,\beta}$	$\ldots$	${}^{(1)}d_{i_0+1,n}$	${}^{(1)}d_{i_0+1,0}$
$\vdots$	$\vdots$	$\vdots$									
c_m	x_m	${}^{(1)}d_{m1}$	$\ldots$	${}^{(1)}d_{m\alpha}$	$\ldots$	$0 = {}^{(1)}d_{mj_0}$	$\ldots$	${}^{(1)}d_{m\beta}$	$\ldots$	${}^{(1)}d_{mn}$	${}^{(1)}d_{m0}$
		${}^{(1)}z_1$	$\ldots$	${}^{(1)}z_\alpha$	$\ldots$	${}^{(1)}z_{j_0} = c_{j_0}$	$\ldots$	${}^{(1)}z_\beta$	$\ldots$	${}^{(1)}z_n$	${}^{(1)}c_0$
		$c_1 - {}^{(1)}z_1$	$\ldots$	$c_\alpha - {}^{(1)}z_\alpha$		$0 = c_{j_0} - {}^{(1)}z_{j_0}$	$\ldots$	$c_\beta - {}^{(1)}z_\beta$	$\ldots$	$c_n - {}^{(1)}z_n$	

(8)

Die Elemente ${}^{(1)}d_{j_0\alpha}$ $(\alpha = 1, \ldots, n)$ der x_{j_0}-Zeile der Tabelle (8) entstehen aus den Elementen der x_{i_0}-Führungszeile der Ausgangstabelle (6), indem die Zahlen $d_{i_0\alpha}$ dieser Führungszeile durch das Zentralelement $d_{i_0 j_0}$ dividiert werden. Die Elemente ${}^{(1)}d_{1j_0}, \ldots, {}^{(1)}d_{i_0-1,j_0}, {}^{(1)}d_{j_0 j_0}, {}^{(1)}d_{i_0+1,j_0}, \ldots, {}^{(1)}d_{mj_0}$ der x_{j_0}-Spalte in der neuen Tabelle (8) bilden einen Einheitsvektor mit ${}^{(1)}d_{j_0 j_0} = 1$. Alle übrigen Elemente

$$ {}^{(1)}d_{l\alpha}, {}^{(1)}d_{l0} \qquad (\alpha = 1, \ldots, n;\ \alpha \neq j_0 \text{ und } l = 1, \ldots, m;\ l \neq j_0) $$

werden mit Hilfe der in 3.6. beschriebene Kreuzregel berechnet.

Die Elemente $c_\alpha - {}^{(1)}z_\alpha$ der charakteristischen Zeile der Tabelle (8) werden folgendermaßen bestimmt: Man setzt $c_{j_0} - {}^{(1)}z_{j_0}$ gleich Null; alle übrigen Elemente $c_\alpha - {}^{(1)}z_\alpha$ werden ebenfalls mit Hilfe der Kreuzregel gewonnen. Die Elemente ${}^{(1)}z_\alpha$ berechnet man aus der Tabelle (6) dadurch, daß die erste c-Spalte dieser Tafel mit der α-ten Spalte der Operationsmatrix (skalar) multipliziert wird. Das Element ${}^{(1)}c_0$ wird analog durch Skalarmultiplikation der ersten c-Spalte mit der letzten Spalte (d_{i0}-Spalte) der Operationsmatrix der Tabelle (6) berechnet. Hierzu ist zu bemerken, daß die Bestimmung der Zahlen ${}^{(1)}z_\alpha$ in praktischen Fällen für das Verfahren überflüssig ist, denn die Elemente $c_\alpha - {}^{(1)}z_\alpha$ der charakteristischen Zeile, die für die Fortsetzung bzw. Beendigung des Verfahrens entscheidend sind, kann man, wie oben beschrieben, mit Hilfe der Kreuzregel erhalten. Doch dient die unabhängige Berechnung der Zahlen ${}^{(1)}z_\alpha$ der Kontrolle der in anderer Weise berechneten Elemente $c_\alpha - {}^{(1)}z_\alpha$ in der charakteristischen Zeile. Der eben beschriebene mechanische Übergang von der Tabelle (6) zur Tabelle (8), der üblicherweise als *Basisaustausch* bezeichnet wird, wird theoretisch durch die Transformationsformeln (15) und (16) aus Kapitel 4 begründet. In der charakteristischen Zeile der Tabelle (8) tritt analog wie beim Vorbereitungsschritt genau einer der drei folgenden Fälle ein:

1° Falls $c_\alpha - {}^{(1)}z_\alpha \geqq 0$ ($c_\alpha - {}^{(1)}z_\alpha \leqq 0$) für alle $\alpha = 1, \ldots, n$ gilt, ist der Punkt $\boldsymbol{x}_1$ mit den Koordinaten

$$ \begin{aligned} x_{1i} &= {}^{(1)}d_{i0} \qquad (i = 1, \ldots, m;\ i \neq i_0)\,, \\ x_{1j_0} &= {}^{(1)}d_{j_0 0}\,, \\ x_{1j} &= 0 \qquad (j = m+1, \ldots, n, j \neq j_0)\,, \\ x_{1i_0} &= 0 \end{aligned} $$

ein optimaler Punkt des betrachteten Problems, und das Verfahren ist beendet.

2° Gibt es einen Index α_0 mit den Eigenschaften

$$ \begin{aligned} & c_{\alpha_0} - {}^{(1)}z_{\alpha_0} < 0 \qquad (c_{\alpha_0} - {}^{(1)}z_{\alpha_0} > 0) \\ & {}^{(1)}d_{i\alpha_0} \leqq 0\,, \qquad i = 1, \ldots, m;\ i \neq i_0\,, \\ & {}^{(1)}d_{j_0\alpha_0} \leqq 0\,, \end{aligned} $$

dann existiert kein optimaler Punkt (die Zielfunktion ist nach unten (oben) über der Restriktionsmenge $\mathfrak{M}$ unbeschränkt), und das Verfahren ist beendet.

3° Wenn keiner der Fälle 1° oder 2° in Frage kommt, dann folgt der Schritt 2 des Verfahrens, der analog zum Schritt 1 verläuft, indem die im Schritt 1 aufgestellte Tabelle (8) als Ausgangstabelle benutzt wird.

Damit ist der allgemeine Iterationsschritt des Verfahrens beschrieben. Dieses Verfahren bezeichnet man als *Simplexverfahren.*

Es bleibt nun noch die Endlichkeit des Verfahrens zu beweisen.

S. 1 *Das Simplexverfahren ist endlich.*

Bws. Dazu stellen wir uns vor, daß wir dem ursprünglichen Optimierungsproblem (1) ein reguläres ε-Problem

$$\min\left\{c'\,x \,\middle|\, \sum_{\alpha=1}^{n} a_{r\alpha}\,x_\alpha = b_r + \sum_{\alpha=1}^{n} a_{r\alpha}\,\varepsilon^\alpha\,, \quad r = 1, \ldots, m, \quad x \geqq o\right\} \tag{9}$$

zugeordnet haben (siehe dazu 4.3.). Der als bekannt vorausgesetzte Basispunkt x_0 wird durch den für Problem (9) zulässigen Basispunkt $x_0(\varepsilon)$ mit den Komponenten

$$x_{0i}(\varepsilon) = d_{i0}(\varepsilon) = d_{i0} + \varepsilon^i + \sum_{j=m+1}^{n} d_{ij}\,\varepsilon^j \qquad (i = 1, \ldots, m)\,,$$

$$x_{0j}(\varepsilon) = x_{0j} = 0 \qquad (j = m+1, \ldots, n)$$

ersetzt, wobei $\lim\limits_{\varepsilon\to 0} x_0(\varepsilon) = x_0$ gilt. Die dem Basispunkt $x_0(\varepsilon)$ im Vorbereitungsschritt zugeordnete Tabelle unterscheidet sich von der Tabelle (2) nur in der letzten Spalte, wo statt der Elemente d_{i0} die Elemente $d_{i0}(\varepsilon)$ stehen und statt c_0 das Element

$$\begin{aligned} c_0(\varepsilon) &= c_0 + \sum_{i=1}^{m} c_i\,\varepsilon^i + \sum_{j=m+1}^{n}\sum_{i=1}^{m} c_i\,d_{ij}\,\varepsilon^j \\ &= c_0 + \sum_{i=1}^{m} c_i\,\varepsilon^i + \sum_{j=m+1}^{n} z_j\,\varepsilon^j \\ &= c_0 + \sum_{\alpha=1}^{n} z_\alpha\,\varepsilon^\alpha \end{aligned}$$

steht. Da die Zahlen $c_\alpha - z_\alpha$ der charakteristischen Zeile in der Tabelle (2) für jedes zugeordnete ε-Problem dieselben sind und dadurch von der Wahl von ε unabhängig (nach Satz 12 aus Kap. 4), sind auch die Entscheidungen 1°, 2° und 3° im Vorbereitungsschritt des zugeordneten regulären ε-Problems von der Wahl von ε unabhängig. Diese Tatsache veranlaßt uns, die Tabelle (2) im Vorbereitungsschritt des ursprünglichen Problems auch für das gedachte zugeordnete reguläre ε-Problem zu benutzen. Wenn im Vorbereitungsschritt das Verfahren nicht endet, d. h., wenn der Fall 3° eintritt, dann wenden wir Schritt 1 auf das ε-Problem an, indem wir direkt von der ursprünglichen Tabelle (2) ausgehen und das Zentralelement auf die im Schritt 1 beschriebene Weise eindeutig bestimmen. Die Ermittlung dieses Zentralelements ist durch den Satz 19 aus Kapitel 4 vollkommen begründet. Wenn im Schritt 1 der Fall 2° nicht eintritt, dann entspricht dieser Schritt dem Übergang von der Anfangsecke $\boldsymbol{x}_0(\varepsilon)$ zu einer mit ihr benachbarten Ecke $\boldsymbol{x}_1(\varepsilon)$ des Polyeders $\mathfrak{M}_\varepsilon$ mit der Eigenschaft

$$f(\boldsymbol{x}_0(\varepsilon)) > f(\boldsymbol{x}_1(\varepsilon)) \qquad \big(f(\boldsymbol{x}_0(\varepsilon)) < f(\boldsymbol{x}_1(\varepsilon))\big)$$

(siehe Satz 10 aus Kap. 4).

Falls der Fall 1° eintritt, stellt der Punkt $\boldsymbol{x}_1(\varepsilon)$ einen optimalen Punkt des zugeordneten regulären ε-Problems dar, und nach Satz 15 (Kap. 4) ist

$$\boldsymbol{x}_1 = \lim_{\varepsilon \to 0} \boldsymbol{x}_1(\varepsilon)$$

optimaler Punkt der ursprünglichen Aufgabe.

Falls andererseits der Fall 3° in Frage kommt, gehen wir zum ähnlichen Iterationsschritt 2 über usw. Dadurch bekommen wir eine Folge

$$\boldsymbol{x}_0(\varepsilon), \boldsymbol{x}_1(\varepsilon), \ldots, \boldsymbol{x}_s(\varepsilon), \ldots$$

von Ecken des Polyeders $\mathfrak{M}_\varepsilon$, wobei jedes Paar

$$\boldsymbol{x}_r(\varepsilon), \boldsymbol{x}_{r+1}(\varepsilon) \qquad (r = 0, 1, \ldots)$$

benachbarte Ecken sind und die Eigenschaft

$$f(\boldsymbol{x}_r(\varepsilon)) > f(\boldsymbol{x}_{r+1}(\varepsilon)) \qquad \big(f(\boldsymbol{x}_r(\varepsilon)) < f(\boldsymbol{x}_{r+1}(\varepsilon))\big)$$

besitzt. Da aber die Anzahl der Ecken jedes konvexen Polyeders endlich ist, folgt daraus die Endlichkeit des Verfahrens, d. h., es gibt ein bestimmtes $k \in \{0, 1, \ldots\}$ in der Weise, daß im k-ten Schritt nur der im Schritt 1 beschriebene Fall 1° oder 2° eintreten kann. (Als nullter Schritt wird der Vorbereitungsschritt bezeichnet.) Falls im k-ten Schritt der Fall 2° vorkommt, besitzt das ursprüngliche Problem keinen optimalen Punkt. Wenn jedoch 1° eintritt, stellt der Punkt

$$\boldsymbol{x}_k = \lim_{\varepsilon \to 0} \boldsymbol{x}_k(\varepsilon)$$

einen optimalen Punkt der ursprünglichen Aufgabe dar. ∎

Hierzu ist noch zu bemerken, daß wir im Laufe des Verfahrens eine Folge von Ecken $\boldsymbol{x}_0, \boldsymbol{x}_1, \ldots, \boldsymbol{x}_k, \ldots$ des ursprünglichen Polyeders bekommen, bei der im Fall einer Entartung zwei aufeinander folgende Punkte zusammenfallen können. Statt der Folge

$$f(\boldsymbol{x}_0(\varepsilon)) > f(\boldsymbol{x}_1(\varepsilon)) > \cdots > f(\boldsymbol{x}_k(\varepsilon))$$
$$\big(f(\boldsymbol{x}_0(\varepsilon)) < f(\boldsymbol{x}_1(\varepsilon)) < \cdots < f(\boldsymbol{x}_k(\varepsilon))\big)$$

erhalten wir dann durch den Limesübergang

$$f(\boldsymbol{x}_0) \geqq f(\boldsymbol{x}_1) \geqq \cdots \geqq f(\boldsymbol{x}_k)$$
$$\big(f(\boldsymbol{x}_0) \leqq f(\boldsymbol{x}_1) \leqq \cdots \leqq f(\boldsymbol{x}_k)\big) .$$

Im oben beschriebenen Verfahren treten in den Tabellen nur die Ecken $\boldsymbol{x}_k$ auf. Wir bemerken zusätzlich, daß die Zahlen c_0, ${}^{(1)}c_0$, ${}^{(2)}c_0, \ldots$, die als letztes

Element der vorletzten Zeile in jeder Tabelle auftreten, den Wert der Zielfunktion in den Punkten $\boldsymbol{x}_0, \boldsymbol{x}_1, \ldots$ angeben, d. h.

$$^{(r)}c_0 = f(\boldsymbol{x}_r), \qquad r = 0, 1, \ldots .$$

Beispiel 1. Es ist das Maximum der Zielfunktion

$$f = 6x + 6y + z$$

bezüglich des Restriktionsmenge

$$\begin{aligned} &6x - 6y + z \leqq 6, \\ &6x + 6y + z \leqq 12, \\ &6x - 6y - z \geqq -6, \\ &6x + 6y + z \geqq 0, \\ &0 \leqq x \leqq 1, \\ &0 \leqq y \leqq 1, \\ &0 \leqq z \leqq 3 \end{aligned}$$

zu bestimmen!

Durch Einführung von Schlupfvariablen $\xi_1, \ldots, \xi_7$ erhält man das äquivalente Problem in Gleichungsform mit derselben Zielfunktion

$$f = 6x + 6y + z$$

und den Restriktionen

$$\left.\begin{array}{llllllllll} 6x - 6y + z + \xi_1 & & & & & & = 6, \\ 6x + 6y + z & + \xi_2 & & & & & = 12, \\ -6x + 6y + z & & + \xi_3 & & & & = 6, \\ 6x + 6y + z & & & - \xi_4 & & & = 0, \\ x & & & & + \xi_5 & & = 1, \\ \quad y & & & & & + \xi_6 & = 1, \\ \qquad z & & & & & + \xi_7 & = 3. \\ x \geqq 0, \quad y \geqq 0, & z \geqq 0, & \xi_r \geqq 0 & \text{für } r = 1, \ldots, 7. \end{array}\right\} \quad (10\text{a})$$

Die Voraussetzungen 1° bis 4° für das Simplexverfahren, die zu Beginn dieses Abschnitts angeführt wurden, sind erfüllt, denn es ist

1° $b_1 = 6$, $b_2 = 12$, $b_3 = 6$, $b_4 = 0$, $b_5 = 1$, $b_6 = 1$, $b_7 = 3$,
d. h. $b_r \geqq 0$ für $r = 1, \ldots, 7$;

2° $n = 10$ (Anzahl der Variablen), $m = 7$ (Anzahl der Restriktionen), und demzufolge gilt $m < n$.

3° Die Gleichungen (10a) kann man leicht nach den Variablen $z, \xi_1, \ldots, \xi_6$ auflösen:

$$\left.\begin{aligned} z &= 3 - \xi_7 \\ \xi_1 &= 6 - 6x + 6y - z = 6 - 6x + 6y - (3 - \xi_7) = 3 + 6y - 6x + \xi_7, \\ \xi_2 &= 12 - 6x - 6y - z = 12 - 6x - 6y - (3 - \xi_7) = 9 - 6x - 6y + \xi_7, \\ \xi_3 &= 6 + 6x - 6y - z = 6 + 6x - 6y - (3 - \xi_7) = 3 + 6x - 6y + \xi_7, \\ \xi_4 &= 6x + 6y + z = 6x + 6y + (3 - \xi_7) = 3 + 6x + 6y - \xi_7, \\ \xi_5 &= 1 - x, \\ \xi_6 &= 1 - y. \end{aligned}\right\} \quad (10\text{b})$$

Die Matrix des Gleichungssystems (10a) hat also den größtmöglichen Rang, d. h. den Rang 7.

4° Setzt man $x = x_0 = 0$, $y = y_0 = 0$, $\xi_7 = \xi_{07} = 0$ in die Gleichungen (10b) ein, so erhält man

$$z_0 = 3\,, \quad \xi_{01} = 3\,, \quad \xi_{02} = 9\,, \quad \xi_{03} = 3\,, \quad \xi_{04} = 3\,, \quad \xi_{05} = 1\,, \quad \xi_{06} = 1\,.$$

Der Punkt $\boldsymbol{x}'_0 = (x_0, y_0, z_0, \xi_{10}, \ldots, \xi_{70}) = (0, 0, 3, 3, 9, 3, 3, 1, 1, 0)$ stellt offenbar einen Basispunkt des gegebenen Problems dar, wobei $z, \xi_1, \ldots, \xi_6$ die zugehörigen Basisvariablen sind.

5° Um die Voraussetzung 5° zu erfüllen, wählen wir die Basisvariable z als die siebente in der Anordnung aller Variablen. Damit ist die geforderte Bedingung der geeigneten Anordnung der Variablen erfüllt.
Ausgehend von den Gleichungen (10b) stellen wir, wie im Vorbereitungsschritt beschrieben, die folgende Tabelle auf:

		ξ_1	ξ_2	ξ_3	ξ_4	ξ_5	ξ_6	z	x	y	ξ_7	
		0	0	0	0	0	0	1	6	6	0	
0	ξ_1	1	0	0	0	0	0	0	$\boxed{6}$	–6	–1	3
0	ξ_2	0	1	0	0	0	0	0	6	6	–1	9
0	ξ_3	0	0	1	0	0	0	0	–6	6	–1	3
0	ξ_4	0	0	0	1	0	0	0	–6	–6	1	3
0	ξ_5	0	0	0	0	1	0	0	1	0	0	1
0	ξ_6	0	0	0	0	0	1	0	0	1	0	1
1	z	0	0	0	0	0	0	1	0	0	1	3
		0	0	0	0	0	0	1	0	0	1	3
		0	0	0	0	0	0	0	6	6	–1	

Tabelle 1

Da das Maximum der Zielfunktion gesucht wird, betrachten wir nun die positiven Elemente der charakteristischen Zeile der Tabelle 1. Wären alle Elemente der charakteristischen Zeile kleiner oder gleich Null, dann wäre der Ausgangspunkt $\boldsymbol{x}_0$ optimaler Punkt des Problems. Wenn in einer Spalte der Operationsmatrix, die über einem positiven Element der charakteristischen Zeile steht, alle Elemente kleiner oder gleich Null wären, dann gäbe es keinen optimalen Punkt des Problems. Beide Möglichkeiten kommen in unserem konkreten Beispiel nicht vor. In unserem Vorbereitungsschritt tritt also die bei der theoretischen Behandlung mit 3° bezeichnete Möglichkeit ein, d. h. Fortsetzung des Verfahrens.

Schritt 1: Wir bestimmen das größte Element der charakteristischen Zeile. Es ist die Zahl 6, die zugleich in der x- und y-Spalte steht. Wir wählen die x-Spalte als Führungsspalte, da bei unserer Anordnung der Variablen

$$x_1 = \xi_1\,, \quad x_2 = \xi_2\,, \quad x_3 = \xi_3\,, \quad x_4 = \xi_4\,, \quad x_5 = \xi_5\,, \quad x_6 = \xi_6\,,$$
$$x_7 = z\,, \quad x_8 = x\,, \quad x_9 = y\,, \quad x_{10} = \xi_7$$

die Variable x den kleinsten Anordnungsindex besitzt. Wir dividieren jeweils alle positiven Elemente der x-Spalte der Operationsmatrix durch diejenigen Elemente der letzten

Spalte, die in der gleichen Zeile stehen. Dann erhalten wir die Verhältnisse

$$\frac{3}{6},\ \frac{9}{6},\ \frac{1}{1},$$

und die kleinste Zahl ist:

$$\min\left\{\frac{3}{6},\ \frac{9}{6},\ 1\right\} = \frac{3}{6},$$

d. h., wir wählen die erste Zeile, die dem kleinsten Verhältnis entspricht, als Führungszeile. Damit ist das Zentralelement (in Tabelle 1 eingerahmt) eindeutig bestimmt. Durch Austausch der Basisvariablen ξ_1 mit der neuen Basisvariablen x erhalten wir mit Hilfe der in der theoretischen Behandlung beschriebenen Transformation die folgende zweite Tabelle:

		ξ_1	ξ_2	ξ_3	ξ_4	ξ_5	ξ_6	z	x	y	ξ_7	
		0	0	0	0	0	0	1	6	6	0	
6	x	$\frac{1}{6}$	0	0	0	0	0	0	1	–1	$-\frac{1}{6}$	$\frac{1}{2}$
0	ξ_2	–1	1	0	0	0	0	0	0	**12**	0	6
0	ξ_3	1	0	1	0	0	0	0	0	0	–2	6
0	ξ_4	1	0	0	1	0	0	0	0	–12	0	6
0	ξ_5	$-\frac{1}{6}$	0	0	0	1	0	0	0	1	$\frac{1}{6}$	$\frac{1}{2}$
0	ξ_6	0	0	0	0	0	1	0	0	1	0	1
1	z	0	0	0	0	0	0	1	0	0	1	3
		1	0	0	0	0	0	1	6	–6	0	6
		–1	0	0	0	0	0	0	0	12	0	

Tabelle 2

Da es in der charakteristischen Zeile genau eine positive Zahl (und zwar 12) gibt und alle über dieser Zahl in der y-Spalte der Operationsmatrix stehenden Zahlen nicht kleiner oder gleich Null sind, müssen wir das Verfahren mit Schritt 2 fortsetzen.

Schritt 2: Die y-Spalte wird also eindeutig zur Führungsspalte, und wir bestimmen alle positiven Elemente dieser Spalte. Es sind (in Anordnung von oben nach unten) die Zahlen 12; 1; 1 der zweiten, fünften und sechsten Zeile. Dividiert man die entsprechenden Elemente der letzten Spalte durch diese positiven Elemente, so erhält man (in derselben Anordnung) die Verhältnisse

$$\frac{6}{12},\ \frac{\frac{1}{2}}{1},\ 1, \qquad \text{d. h.} \qquad \frac{1}{2},\ \frac{1}{2},\ 1\,.$$

Die kleinste Zahl ist $\frac{1}{2}$, und der zugehörige Zeilenindex ist zweideutig bestimmt. Das Verhältnis $\frac{1}{2}$ entspricht der ξ_2-Zeile und ξ_5-Zeile. Wir betrachten nun nur die ξ_2- und ξ_5-Zeile und bilden die folgenden Verhältnisse:

1° Das Element der ξ_1-Spalte, das in der ξ_2-Zeile steht, dividieren wir durch das Element in der y-Führungsspalte und ξ_2-Zeile.

2° Das Element der ξ_1-Spalte, das in der ξ_5-Zeile steht, dividieren wir durch das Element in der y-Führungsspalte und ξ_5-Zeile.

Wir erhalten dadurch (in dieser Anordnung) die Brüche

$$-\frac{1}{12}, \quad \frac{-\frac{1}{6}}{1}, \quad \text{d. h.} \quad -\frac{1}{12}, \; -\frac{1}{6}.$$

Die kleinste Zahl, d. h. $-\frac{1}{12}$, entspricht eindeutig der ξ_2-Zeile. Wir wählen also die ξ_2-Zeile als neue Führungszeile. Das Zentralelement (in der Tabelle 2 eingerahmt) ist damit eindeutig bestimmt worden. Durch einen Basisaustausch berechnen wir die dritte Tabelle:

		ξ_1	ξ_2	ξ_3	ξ_4	ξ_5	ξ_6	z	x	y	ξ_7	
		0	0	0	0	0	0	1	6	6	0	
6	x	$\frac{1}{12}$	$\frac{1}{12}$	0	0	0	0	0	1	0	$-\frac{1}{6}$	1
6	y	$-\frac{1}{12}$	$\frac{1}{12}$	0	0	0	0	0	0	1	0	$\frac{1}{2}$
0	ξ_3	1	0	1	0	0	0	0	0	0	−2	6
0	ξ_4	0	1	0	1	0	0	0	0	0	0	12
0	ξ_5	$-\frac{1}{12}$	$-\frac{1}{12}$	0	0	1	0	0	0	0	$\frac{1}{6}$	0
0	ξ_6	$\frac{1}{12}$	$-\frac{1}{12}$	0	0	0	1	0	0	0	0	$\frac{1}{2}$
1	z	0	0	0	0	0	0	1	0	0	1	3
		0	1	0	0	0	0	1	6	6	0	12
		0	−1	0	0	0	0	0	0	0	0	

Tabelle 3

In der charakteristischen Zeile der Tabelle 3 steht kein positives Element, d. h., der optimale Punkt wurde erreicht. Die Koordinaten dieses optimalen Punktes und der optimale Wert der Zielfunktion entnehmen wir aus der letzten Spalte der Tabelle 3:

$$\tilde{x} = 1, \quad \tilde{y} = \frac{1}{2}, \quad \tilde{z} = 3,$$

$$\tilde{\xi}_1 = 0, \quad \tilde{\xi}_2 = 0, \quad \tilde{\xi}_3 = 6, \quad \tilde{\xi}_4 = 12, \quad \tilde{\xi}_5 = 0, \quad \tilde{\xi}_6 = \frac{1}{2}, \quad \tilde{\xi}_7 = 0,$$

$$f(\tilde{\mathfrak{x}}) = 12.$$

Da die Variablen ξ_r $(r = 1, \ldots, 7)$ als Schlupfvariable nur eine Hilfsfunktion bei der Lösung der gegebenen Aufgabe hatten, folgt daraus, daß die gegebene Zielfunktion ihr

Maximum in bezug auf die gegebene Restriktionsmenge im Punkt

$$(\tilde{x}, \tilde{y}, \tilde{z}) = \left(1, \frac{1}{2}, 3\right)$$

erreicht, wobei der maximale Wert der Zielfunktion gleich 12 ist.

Beispiel 2. Man soll das Minimum der Zielfunktion

$$f = 6\,x_1 + 12\,x_2 + 6\,x_3 - 16\,x_4 + x_5 + x_6 + 3\,x_7$$

in bezug auf die Restriktionsmenge $\mathfrak{M}$, die durch die Ungleichungen

$$\begin{array}{rl} 6\,x_1 + 6\,x_2 - 6\,x_3 - 6\,x_4 + x_5 & \geqq 6\,, \\ -6\,x_1 + 6\,x_2 + 6\,x_3 - 6\,x_4 + x_6 & \geqq 6\,, \\ x_1 + x_2 + x_3 - x_4 + x_7 & \geqq 1\,, \\ x_\alpha \geqq 0\,, \quad (\alpha = 1, \ldots, 7) & \end{array}$$

gegeben ist, bestimmen!

Durch Einführung von Schlupfvariablen ξ_1, ξ_2, ξ_3 erhalten wir die Restriktionen

$$\begin{array}{rl} 6\,x_1 + 6\,x_2 - 6\,x_3 - 6\,x_4 + x_5 - \xi_1 & = 6\,, \\ -6\,x_1 + 6\,x_2 + 6\,x_3 - 6\,x_4 + x_6 - \xi_2 & = 6\,, \\ x_1 + x_2 + x_3 - x_4 + x_7 - \xi_3 & = 1\,, \end{array}$$

$$x_\alpha \geqq 0 \quad (\alpha = 1, \ldots, 7)\,, \qquad \xi_r \geqq 0 \quad (r = 1, 2, 3)\,.$$

Das Gleichungssystem läßt sich z. B. in bezug auf die Veränderlichen x_5, x_6, x_7 auflösen:

$$\begin{aligned} x_5 &= 6 - 6\,x_1 - 6\,x_2 + 6\,x_3 + 6\,x_4 + \xi_1\,, \\ x_6 &= 6 + 6\,x_1 - 6\,x_2 - 6\,x_3 + 6\,x_4 + \xi_2\,, \\ x_7 &= 1 - x_1 - x_2 - x_3 + x_4 + \xi_3\,. \end{aligned}$$

Daraus ergibt sich sofort, daß der Punkt mit den Koordinaten

$$x_{01} = x_{02} = x_{03} = x_{04} = \xi_{01} = \xi_{02} = \xi_{03} = 0\,,$$
$$x_{05} = 6\,, \quad x_{06} = 6\,, \quad x_{07} = 1$$

ein zulässiger Basispunkt des gegebenen Problems ist. Wir können daher die erste Tabelle für den Vorbereitungsschritt zusammenstellen, wobei die Basisvariable x_5 als „erste", die Basisvariable x_6 als „zweite" und die Basisvariable x_7 als „dritte" Koordinate in der Anordnung der Koordinaten x_α, ξ_r angesehen werden:

		x_5	x_6	x_7	x_1	x_2	x_3	x_4	ξ_1	ξ_2	ξ_2	
		1	1	3	6	12	6	–16	0	0	0	
1	x_5	1	0	0	6	6	–6	–6	–1	0	0	6
1	x_6	0	1	0	–6	6	6	–6	0	–1	0	6
3	x_7	0	0	1	1	1	1	–1	0	0	–1	1
		1	1	3	3	15	3	–15	–1	–1	–3	15
		0	0	0	3	–3	3	–1	1	1	3	

Da das Minimum der Zielfunktion bestimmt werden soll, interessieren uns nun nur die negativen Elemente der charakteristischen Zeile dieser Tabelle. Man sieht, daß in der

x_4-Spalte der Operationsmatrix alle Elemente negativ sind, die über der negativen Zahl -1 der charakteristischen Zeile stehen. Daraus ergibt sich, daß es keinen optimalen Punkt der gegebenen Aufgabe gibt, d. h., die Zielfunktion ist nach unten über der Restriktionsmenge unbeschränkt.

Beispiel 3. Es ist das Minimum der Zielfunktion

$$f = \sum_{i,\,k=1}^{3} (i + k)\, x_{ik}$$

bezüglich der Restriktionen

$$\left.\begin{aligned} \sum_{k=1}^{3} x_{ik} &= 1\,, & i &= 1, 2, 3,\\ \sum_{i=1}^{3} x_{ik} &= 1\,, & k &= 1, 2, 3\,,\\ x_{ik} &\geqq 0\,, & i, k &= 1, 2, 3 \end{aligned}\right\} \tag{11}$$

zu bestimmen.

Da

$$\sum_{i=1}^{3} \sum_{k=1}^{3} x_{ik} = \sum_{k=1}^{3} \sum_{i=1}^{3} x_{ik}$$

gilt, ist mindestens eine der Gleichungen in (11) überflüssig. Lassen wir die letzte Gleichung in (11) fort, so erhalten wir die Gleichungsrestriktionen

$$\left.\begin{aligned} \sum_{k=1}^{3} x_{ik} &= 1\,, & i &= 1, 2, 3\,,\\ \sum_{i=1}^{3} x_{ik} &= 1\,, & k &= 1, 2\,, \end{aligned}\right\} \tag{12}$$

d. h. das System

$$\begin{aligned} x_{11} + x_{12} + x_{13} &= 1\,,\\ x_{21} + x_{22} + x_{23} &= 1\,,\\ x_{31} + x_{32} + x_{33} &= 1\,,\\ x_{11} + x_{21} + x_{31} &= 1\,,\\ x_{12} + x_{22} + x_{32} &= 1\,. \end{aligned}$$

Daraus ergibt sich

$$\left.\begin{aligned} x_{11} &= 1 - x_{12} - x_{13}\,,\\ x_{21} &= 1 - x_{11} - x_{31} = 1 - x_{31} - (1 - x_{12} - x_{13}) = x_{12} + x_{13} - x_{31}\,,\\ x_{22} &= 1 - x_{21} - x_{23} = 1 - x_{23} - (x_{12} + x_{13} + x_{31}) = 1 - x_{12} - x_{13} + x_{31} - x_{23}\,,\\ x_{32} &= 1 - x_{12} - x_{22} = 1 - x_{12} - (1 - x_{12} - x_{13} + x_{31} - x_{23}) = x_{13} - x_{31} + x_{23}\,,\\ x_{33} &= 1 - x_{13} - x_{23}\,. \end{aligned}\right\} \tag{13}$$

Das zeigt, daß sich die Gleichungen (12) explizit nach den Variablen $x_{11}, x_{21}, x_{22}, x_{32}, x_{33}$ auflösen lassen und daher der Rang der Koeffizientenmatrix des Gleichungssystems (12) gleich 5 ist. Der Punkt

$$x_0' = (x_{011}, x_{012}, x_{013}, x_{021}, x_{022}, x_{023}, x_{031}, x_{032}, x_{033}) = (1, 0, 0, 0, 1, 0, 0, 0, 1)$$

stellt offenbar einen zulässigen Basispunkt dar. Wir wählen beim Aufstellen der ersten Simplextabelle eine solche Anordnung der Variablen x_{ik}, damit die Basisvariable x_{11} die erste, die Basisvariable x_{21} die zweite, die Basisvariable x_{22} die dritte, die Basisvariable x_{32}

die vierte und die Basisvariable x_{33} die fünfte in dieser Anordnung ist. Auf Grund von (13) stellen wir die folgende Tabelle für den Vorbereitungsschritt des Verfahrens auf:

		x_{11}	x_{21}	x_{22}	x_{32}	x_{33}	x_{12}	x_{13}	x_{31}	x_{32}	
		2	3	4	5	6	3	4	4	5	
2	x_{11}	1	0	0	0	0	1	1	0	0	1
3	x_{21}	0	1	0	0	0	-1	-1	1	0	0
4	x_{22}	0	0	1	0	0	1	1	-1	1	1
5	x_{32}	0	0	0	1	0	0	-1	1	-1	0
6	x_{33}	0	0	0	0	1	0	1	0	1	1
		2	3	4	5	6	3	4	4	5	12
		0	0	0	0	0	0	0	0	0	

Da alle Zahlen der charakteristischen Zeile gleich Null und daher zugleich nichtnegativ und nichtpositiv sind, folgt daraus, daß in dem Basispunkt x_0 zugleich das Minimum und Maximum der gegebenen Zielfunktion angenommen wird. Das bedeutet aber, daß die Zielfunktion über der Restriktionsmenge konstant ist. Man überzeugt sich auch davon, indem man (13) in die Zielfunktion einsetzt. Man erhält nämlich

$$f = \sum_{i,k=1}^{3} (i + k)\, x_{ik} = \sum_{i=1}^{3} i \sum_{k=1}^{3} x_{ik} + \sum_{h=1}^{3} k \sum_{i=1}^{3} x_{ik} .$$

Setzt man nun die Restriktionen ein, so folgt sofort

$$f = 6 + 6 = 12$$

für alle x_{ik}.

Das Polyeder, das die gegebene Restriktionsmenge repräsentiert, liegt also in der durch die Gleichung

$$f = \sum_{i,k=1}^{3} (i + k)\, x_{ik} = 12$$

beschriebenen Hyperebene im Raum E_9.

B e i s p i e l 4. Durch das Ungleichungssystem

$$\left.\begin{aligned} x + y + z &\leqq 24 , \\ -2x + y + z &\leqq 0 , \\ -x - 8y &\leqq -4 , \\ -x + 2y &\leqq 6 , \\ -x - 40y + 2z &\leqq 66 , \\ x \geqq 0 , \quad y \geqq 0 , \quad z &\geqq 0 \end{aligned}\right\} \qquad (14)$$

ist im Raum E_3 ein dreidimensionales Polyeder beschrieben. Man soll das kleinste abgeschlossene Intervall (Quader) im Raum E_3 bestimmen, das dieses Polyeder enthält!

Die Tatsache, daß das gegebene Ungleichungssystem ein dreidimensionales Polyeder in E_3 beschreibt, ergibt sich daraus, daß der Punkt (1, 1, 1/2) alle Ungleichungen streng erfüllt und dadurch ein innerer Punkt des Polyeders ist. Das kleinste Intervall, das dieses

Polyeder enthält, kann dadurch bestimmt werden, daß man etappenweise das Minimum und Maximum der drei Zielfunktionen

$$f_1 = x\,,\quad f_2 = y\,,\quad f_3 = z$$

bezüglich des Polyeders bestimmt. Um das durchzuführen, müssen wir das Problem in Gleichungsform formulieren. Durch Hinzufügen von Schlupfvariablen ersetzen wir die Ungleichungen (14) durch das System

$$\begin{array}{rcl}
x + y + z + \xi_1 & = & 24\,, \\
-2x + y + z \quad + \xi_2 & = & 0\,, \\
x + 8y \quad - \xi_3 & = & 4\,, \\
-x + 2y \quad + \xi_4 & = & 6\,, \\
-x - 40y + 2z \quad + \xi_5 & = & 66\,,
\end{array}$$

$$x \geqq 0\,,\quad y \geqq 0\,,\quad z \geqq 0\,,\quad \xi_r \geqq 0 \quad (r = 1, \ldots, 5)\,,$$

durch das die Menge $\mathfrak{M}$ beschrieben werden soll.

Diese Gleichungen lassen sich nach den Variablen x, ξ_1, ξ_2, ξ_4, ξ_5 auflösen:

$$\left.\begin{array}{lll}
x = 4 - 8y + \xi_3\,, & & \\
\xi_1 = 24 - x - y - z = 24 - (4 - 8y + \xi_3) - y - z & = & 20 + 7y - z - \xi_3\,, \\
\xi_2 = 2x - y - z = 2(4 - 8y + \xi_3) - y - z & = & 8 - 17y - z + 2\xi_3\,, \\
\xi_4 = 6 + x - 2y = 6 + (4 - 8y + \xi_3) - 2y & = & 10 - 10y + \xi_3\,, \\
\xi_5 = 66 + x + 40y - 2z = 70 + 32y - 2z + \xi_3\,. & &
\end{array}\right\} \quad (15)$$

Aus diesen Gleichungen erkennt man, daß der Punkt

$$x_0' = (x_0, y_0, z_0, \xi_{01}, \xi_{02}, \xi_{03}, \xi_{04}, \xi_{05}) = (4, 0, 0, 20, 8, 0, 10, 70)$$

ein zulässiger Basispunkt ist. Wir können nun auf Grund von (15) die folgende Tabelle aufstellen:

		x	ξ_1	ξ_2	ξ_4	ξ_5	y	z	ξ_3	
	x	1	0	0	0	0	8	0	-1	4
	ξ_1	0	1	0	0	0	-7	1	1	20
	ξ_2	0	0	1	0	0	17	1	-2	8
	ξ_4	0	0	0	1	0	10	0	-1	10
	ξ_5	0	0	0	0	1	-32	2	-1	70

(16)

Wir müssen nun sechs Fälle unterscheiden, je nachdem, ob es um die Funktion $f_1 = x$, $f_2 = y$ oder $f_3 = z$ geht, und dabei sind das Minimum und das Maximum dieser Funktionen zu betrachten.

1° Die Funktion $f_1 = x$ soll minimiert werden. Dazu wird die Tabelle (16) zur folgenden Tabelle ergänzt:

		x	ξ_1	ξ_2	ξ_4	ξ_5	y	z	ξ_3	
		1	0	0	0	0	0	0	0	
1	x	1	0	0	0	0	8	0	–1	4
0	ξ_1	0	1	0	0	0	–7	1	$\boxed{1}$	20
0	ξ_2	0	0	1	0	0	$\boxed{17}$	1	–2	8
0	ξ_4	0	0	0	1	0	10	0	–1	10
0	ξ_5	0	0	0	0	1	–32	2	–1	70
		1	0	0	0	0	8	0	–1	4
		0	0	0	0	0	–8	0	1	

Tabelle 1

Das kleinste (negative) Element der charakteristischen Zeile ist -8. Da es in der y-Spalte liegt, wählen wir diese Spalte als Führungsspalte. Unter den Elementen dieser y-Spalte, die der Operationsmatrix angehören, bestimmen wir alle positiven Zahlen. Wir stellen fest, daß sie in der ersten, dritten und vierten Zeile liegen. Wir betrachten die entsprechenden Elemente der letzten Spalte der Tabelle und bilden die Verhältnisse

$$\frac{4}{8}, \ \frac{8}{17}, \ \frac{10}{10}.$$

Die kleinste Zahl ist $\frac{8}{17}$ und legt eindeutig die dritte Zeile als Führungszeile fest. Durch einen Basisaustausch erhalten wir die folgende Tabelle:

		x	ξ_1	ξ_2	ξ_4	ξ_5	y	z	ξ_3	
		1	0	0	0	0	0	0	0	
1	x	1	0	$-\frac{8}{17}$	0	0	0	$-\frac{8}{17}$	$-\frac{1}{17}$	$\frac{4}{17}$
0	ξ_1	0	1	$\frac{7}{17}$	0	0	0	$\frac{24}{17}$	$\frac{3}{17}$	$\frac{396}{17}$
0	y	0	0	$\frac{1}{17}$	0	0	1	$\frac{1}{17}$	$-\frac{2}{17}$	$\frac{8}{17}$
0	ξ_4	0	0	$-\frac{10}{17}$	1	0	0	$-\frac{10}{17}$	$\frac{3}{17}$	$\frac{90}{17}$
0	ξ_5	0	0	$\frac{32}{17}$	0	1	0	$\frac{66}{17}$	$-\frac{81}{17}$	$\frac{1446}{17}$
		1	0	$-\frac{8}{17}$	0	0	0	$-\frac{8}{17}$	$-\frac{1}{17}$	$\frac{4}{17}$
		0	0	$\frac{8}{17}$	0	0	0	$\frac{8}{17}$	$\frac{1}{17}$	

Aus der charakteristischen Zeile ergibt sich, daß das gesuchte Minimum der Funktion $f_1 = x$ erreicht wurde; es ist also

$$\min_{\mathfrak{M}} \{x\} = \frac{4}{17}. \tag{17}$$

2° Die Funktion $f_1 = x$ soll maximiert werden. Ausgehend von der Tabelle 1 bestimmen wir in der charakteristischen Zeile dieser Tabelle das größte positive Element. Es ist eindeutig die Zahl 1, die in der ξ_3-Spalte steht. In dieser Spalte, die wir zur Führungsspalte erklären, betrachten wir alle positiven Elemente, die der Operationsmatrix angehören. Es gibt ein einziges Element (und zwar 1) dieser Art, das in der ξ_1-Zeile steht. Damit ist das Zentralelement eindeutig festgelegt. Der entsprechende Basisaustausch liefert dann die folgende Tabelle:

		x	ξ_1	ξ_2	ξ_4	ξ_5	y	z	ξ_3	
		1	0	0	0	0	0	0	0	
1	x	1	1	0	0	0	1	1	0	24
0	ξ_3	0	1	0	0	0	–7	1	1	20
0	ξ_2	0	2	1	0	0	3	3	0	48
0	ξ_4	0	1	0	1	0	3	1	0	30
0	ξ_5	0	1	0	0	1	–39	3	0	90
		1	1	0	0	0	1	1	0	24
		0	–1	0	0	0	–1	–1	0	

Aus der charakteristischen Zeile läßt sich (da sie kein positives Element enthält) schließen, daß das Maximum der Zielfunktion $f_1 = x$ angenommen wurde.
Es ist offenbar

$$\max_{\mathfrak{M}} \{x\} = 24\,. \tag{18}$$

3° Die Funktion $f_2 = y$ soll minimiert werden. Ausgehend von der Tabelle (16) erhalten wir die folgende Tabelle:

		x	ξ_1	ξ_2	ξ_4	ξ_5	y	z	ξ_3	
		0	0	0	0	0	1	0	0	
0	x	1	0	0	0	0	8	0	–1	4
0	ξ_1	0	1	0	0	0	–7	1	1	20
0	ξ_2	0	0	1	0	0	17	1	–2	8
0	ξ_4	0	0	0	1	0	10	0	–1	10
0	ξ_5	0	0	0	0	1	–32	2	–1	70
		0	0	0	0	0	0	0	0	0
		0	0	0	0	0	1	0	0	

Da alle Elemente der charakteristischen Zeile nichtnegativ sind, wurde das Minimum der Zielfunktion $f_2 = y$ erreicht, wobei

$$\min_{\mathfrak{M}} \{y\} = 0 \tag{19}$$

ist.

4° Die Funktion $f_2 = y$ soll maximiert werden. Wir können hier die letzte Tabelle benutzen, in deren charakteristischer Zeile genau ein positives Element steht. Die entsprechende Auswahl des Zentralelementes ist in der folgenden Tabelle eingetragen:

		x	ξ_1	ξ_2	ξ_4	ξ_5	y	z	ξ_3	
		0	0	0	0	0	1	0	0	
0	x	1	0	0	0	0	8	0	−1	4
0	ξ_1	0	1	0	0	0	−7	1	1	20
0	ξ_2	0	0	1	0	0	[17]	1	−2	8
0	ξ_4	0	0	0	1	0	10	0	−1	10
0	ξ_5	0	0	0	0	1	−32	2	−1	70
		0	0	0	0	0	0	0	0	0
		0	0	0	0	0	1	0	0	

Durch einen Basisaustausch erhalten wir die folgende Tabelle:

		x	ξ_1	ξ_2	ξ_4	ξ_5	y	z	ξ_3	
c	Basis	0	0	0	0	0	1	0	0	
0	x	1	0	$-\frac{8}{17}$	0	0	0	$-\frac{8}{17}$	$-\frac{1}{17}$	$\frac{4}{17}$
0	ξ_1	0	1	$\frac{7}{17}$	0	0	0	$\frac{24}{17}$	$\frac{3}{17}$	$\frac{396}{17}$
1	y	0	0	$\frac{1}{17}$	0	0	1	$\frac{1}{17}$	$-\frac{2}{17}$	$\frac{8}{17}$
0	ξ_4	0	0	$-\frac{10}{17}$	1	0	0	$-\frac{10}{17}$	[$\frac{3}{17}$]	$\frac{90}{17}$
0	ξ_5	0	0	$\frac{32}{17}$	0	1	0	$\frac{66}{17}$	$-\frac{81}{17}$	$\frac{1446}{17}$
		0	0	$\frac{1}{17}$	0	0	1	$\frac{1}{17}$	$-\frac{2}{17}$	$\frac{8}{17}$
		0	0	$-\frac{1}{17}$	0	0	0	$-\frac{1}{17}$	$\frac{2}{17}$	

von der wir durch die Festlegung des Zentralelementes zur nächsten Tabelle übergehen:

		x	ξ_1	ξ_2	ξ_4	ξ_5	y	z	ξ_3	
		0	0	0	0	0	1	0	0	
0	x	1	0	$-\frac{2}{3}$	$\frac{1}{3}$	0	0	$-\frac{2}{3}$	0	2
0	ξ_1	0	1	$\boxed{1}$	-1	0	0	2	0	18
1	y	0	0	$-\frac{1}{3}$	$\frac{2}{3}$	0	1	$-\frac{1}{3}$	0	4
0	ξ_3	0	0	$-\frac{10}{3}$	$\frac{17}{3}$	0	0	$-\frac{10}{3}$	1	30
0	ξ_5	0	0	-14	27	1	0	-12	0	228
		0	0	$-\frac{1}{3}$	$\frac{2}{3}$	0	1	$-\frac{1}{3}$	0	4
		0	0	$\frac{1}{3}$	$-\frac{2}{3}$	0	0	$\frac{1}{3}$	0	

Der weitere Schritt des Verfahrens ergibt die Tabelle

		x	ξ_1	ξ_2	ξ_4	ξ_5	y	z	ξ_3	
		0	0	0	0	0	1	0	0	
0	x	1	$\frac{2}{3}$	0	$-\frac{1}{3}$	0	0	$\frac{2}{3}$	0	14
0	ξ_2	0	1	1	-1	0	0	2	0	18
1	y	0	$\frac{1}{3}$	0	$\frac{1}{3}$	0	1	$\frac{1}{3}$	0	10
0	ξ_3	0	$\frac{10}{3}$	0	$\frac{7}{3}$	0	0	$\frac{10}{3}$	1	90
0	ξ_5	0	14	0	13	1	0	40	0	480
		0	$\frac{1}{3}$	0	$\frac{1}{3}$	0	1	$\frac{1}{3}$	0	10
		0	$-\frac{1}{3}$	0	$-\frac{1}{3}$	0	0	$-\frac{1}{3}$	0	

in deren charakteristischer Zeile alle Elemente nichtpositiv sind. Das bedeutet, daß das Maximum der Zielfunktion $f_2 = y$ angenommen wurde:

$$\max_{\mathfrak{M}} \{y\} = 10\,. \tag{20}$$

5° Die Funktion $f_3 = z$ soll minimiert werden. Für diesen Fall ergänzen wir die Tabelle (16) zur Ausgangstabelle des Verfahrens:

		x	ξ_1	ξ_2	ξ_4	ξ_5	y	z	ξ_3	
		0	0	0	0	0	0	1	0	
0	x	1	0	0	0	0	8	0	–1	4
0	ξ_1	0	1	0	0	0	–7	1	1	20
0	ξ_2	0	0	1	0	0	17	1	–2	8
0	ξ_4	0	0	0	1	0	10	0	–1	10
0	ξ_5	0	0	0	0	1	–32	2	–1	70
		0	0	0	0	0	0	0	0	0
		0	0	0	0	0	0	1	0	

Da alle Elemente der charakteristischen Zeile nichtnegativ sind, gilt

$$\min_{\mathfrak{M}} \{z\} = 0 . \tag{21}$$

6° Die Funktion $f_3 = z$ soll maximiert werden. Wir gehen von der letzten Tabelle aus und bestimmen in ihrer charakteristischen Zeile das größte positive Element. Es ist die Zahl 1, die in der z-Spalte steht, die wir als Führungsspalte wählen. Das Zentralelement ergibt sich dann in bekannter Weise. Damit erhalten wir die folgende Ausgangstabelle des Verfahrens:

		x	ξ_1	ξ_2	ξ_4	ξ_5	y	z	ξ_3	
		0	0	0	0	0	0	1	0	
0	x	1	0	0	0	0	8	0	–1	4
0	ξ_1	0	1	0	0	0	–7	1	1	20
0	ξ_2	0	0	1	0	0	17	**1**	–2	8
0	ξ_4	0	0	0	1	0	10	0	–1	10
0	ξ_5	0	0	0	0	1	–32	2	–1	70
		0	0	0	0	0	0	0	0	0
		0	0	0	0	0	0	1	0	

Durch einen Basisaustausch kommen wir zu folgendem Schema: (s. S. 148 oben)

		x	ξ_1	ξ_2	ξ_4	ξ_5	y	z	ξ_3	
		0	0	0	0	0	0	1	0	
0	x	1	0	0	0	0	8	0	–1	4
0	ξ_1	0	1	–1	0	0	–24	0	**[3]**	12
1	z	0	0	1	0	0	17	1	–2	8
0	ξ_4	0	0	0	1	0	10	0	–1	10
0	ξ_5	0	0	–2	0	1	–66	0	3	54
		0	0	1	0	0	17	1	–2	8
		0	0	–1	0	0	–17	0	2	

und der nächste Schritt führt zu der Tabelle

		x	ξ_1	ξ_2	ξ_4	ξ_5	y	z	ξ_3	
		0	0	0	0	0	0	1	0	
0	x	1	$\frac{1}{3}$	$-\frac{1}{3}$	0	0	0	0	0	8
0	ξ_3	0	$\frac{1}{3}$	$-\frac{1}{3}$	0	0	–8	0	1	4
1	z	0	$\frac{2}{3}$	$\frac{1}{3}$	0	0	1	1	0	16
0	ξ_4	0	$\frac{1}{3}$	$-\frac{1}{3}$	1	0	2	0	0	14
0	ξ_5	0	–1	–1	0	1	–42	0	0	42
		0	$\frac{2}{3}$	$\frac{1}{3}$	0	0	1	1	0	16
		0	$-\frac{2}{3}$	$-\frac{1}{3}$	0	0	–1	0	0	

Da alle Elemente der charakteristischen Zeile dieser Tabelle nicht positiv sind, gilt

$$\max_{\mathfrak{M}} \{z\} = 16 . \tag{22}$$

Aus (17) bis (22) ergibt sich dann das kleinste dreidimensionale Intervall

$$\frac{4}{17} \leqq x \leqq 24 ,$$

$$0 \leqq y \leqq 10 ,$$

$$0 \leqq z \leqq 16 ,$$

das das gegebene Polyeder enthält, womit die Aufgabe gelöst wurde.

Das oben berechnete Beispiel 4 zeigt die Möglichkeit einer günstigen Abschätzung der „Größe" der Menge der zulässigen Punkte der betrachteten Optimierungsaufgabe, was auch bei Problemen aus der Praxis, in erster Linie bei einigen ökonomischen Optimierungsproblemen, von Bedeutung sein könnte.

Am Schluß dieses Abschnitts bemerken wir noch, daß das Problem der Bestimmung eines zulässigen Basispunktes allgemein nicht so einfach ist, wie es an unseren vier Beispielen vorgeführt wurde. Bei „größeren Optimierungsproblemen", bei denen die Anzahl der Veränderlichen und die der Restriktionen groß ist, müssen wir durch irgendein Verfahren einen solchen Ausgangspunkt finden (falls die Restriktionsmenge nicht leer ist). Mit dieser Frage werden wir uns im nächsten Abschnitt beschäftigen.

5.2. Bestimmung eines zulässigen Basispunktes

Wir betrachten ein in Gleichungsform gegebenes Optimierungsproblem mit der Restriktionsmenge

$$\mathfrak{M} = \left\{ \boldsymbol{x} \mid \sum_{\alpha=1}^{n} a_{r\alpha} x_\alpha = b_r , \quad r = 1, \ldots, m; \quad x_\alpha \geqq 0 , \quad \alpha = 1, \ldots, n \right\}, \tag{23}$$

wobei nur $1 \leqq m < n$ und $b_r \geqq 0$ $(r = 1, \ldots, m)$ vorausgesetzt wird. Um festzustellen, ob der zulässige Bereich leer oder nicht leer ist, führt man weitere Variablen u_r $(r = 1, \ldots, m)$, die sogenannten „künstlichen Variablen" ein und geht zu dem folgenden Optimierungsproblem über: Es ist die Zielfunktion

$$\varphi(\boldsymbol{u}) = \sum_{r=1}^{m} u_r \tag{24a}$$

in bezug auf die Restriktionsmenge

$$\mathfrak{M}' = \left\{ (\boldsymbol{x}, \boldsymbol{u}) \in E_{n+m} \mid \sum_{\alpha=1}^{n} a_{r\alpha} x_\alpha + n_r = b_r , r = 1, \ldots, m; x_\alpha \geqq 0 , \alpha = 1, \ldots, n; \right.$$
$$\left. u_r \geqq 0 , \quad r = 1, \ldots, m \right\} \tag{24b}$$

zu minimieren und ein Punkt $(\boldsymbol{x}_0, \boldsymbol{u}_0)$ mit der Eigenschaft

$$\varphi(\boldsymbol{u}_0) = \min_{\mathfrak{M}'} \varphi(\boldsymbol{u})$$

zu bestimmen!

Die Restriktionsmenge $\mathfrak{M}'$ aus (24b) ist nicht leer, da sie offenbar den Punkt $(\tilde{\boldsymbol{x}}, \tilde{\boldsymbol{u}})$ mit $\tilde{x}_\alpha = 0$ $(\alpha = 1, \ldots, n)$, $\tilde{u}_r = b_r \geqq 0$ $(r = 1, \ldots, m)$ enthält. Dieser Punkt ist ein Basispunkt des durch (24a), (24b) definierten Optimierungsproblems. Da die Zielfunktion $\varphi(\boldsymbol{u})$ über der Menge $\mathfrak{M}'$ nach unten beschränkt ist, besitzt dieses Optimierungsproblem immer einen optimalen Punkt $(\boldsymbol{x}_0, \boldsymbol{u}_0)$, so daß das Simplexverfahren, für das hier alle Voraussetzungen aus 5.1. erfüllt sind, zur Bestimmung eines optimalen Punktes führen muß. Nach Satz 5 aus Kapitel 4 besitzt das ursprüngliche Problem

$$\min_{\boldsymbol{x} \in \mathfrak{M}} \left\{ \sum_{\alpha=1}^{n} c_\alpha x_\alpha \right\},$$

genau dann einen optimalen Punkt, wenn das Problem

$$\min_{(\boldsymbol{x}, \boldsymbol{u}) \in \mathfrak{M}'} \left\{ \sum_{r=1}^{m} c_\alpha u_r \right\}$$

einen optimalen Punkt $(\boldsymbol{x}_0, \boldsymbol{u}_0)$ mit $u_{0r} = 0$ $(r = 1, \ldots, m)$ besitzt. Der Punkt $\boldsymbol{x}_0$ ist dann ein zulässiger Punkt der ursprünglichen Aufgabe, der einen zulässigen Basispunkt dieser Aufgabe darstellt.

Beispiel 1. Es sei im Raum E_3 die Restriktionsmenge $\mathfrak{M}$ durch die Relationen

$$\begin{aligned} x - 2y - z &= 1\,, \\ x + \phantom{2y - {}} z &= -1\,, \\ x \geqq 0\,, \quad y \geqq 0\,, &\quad z \geqq 0 \end{aligned}$$

gegeben. Wir schreiben die Gleichungsrestriktionen in der Form

$$x - 2y - z = 1 \qquad \text{und} \qquad -x - z = 1\,,$$

damit die rechten Seiten nicht negativ sind. Nun führen wir die künstlichen Variablen u_1 und u_2 ein, und mit Hilfe des Simplexverfahrens bestimmen wir das Minimum der Zielfunktion

$$\varphi = u_1 + u_2$$

in bezug auf die Restriktionsmenge

$$\begin{aligned} x - 2y - z + u_1 \phantom{{} + u_2} &= 1\,, \\ -x \phantom{{} - 2y} - z \phantom{{} + u_1} + u_2 &= 1\,, \\ x \geqq 0\,, \quad y \geqq 0\,, \quad z \geqq 0\,, \quad u_1 &\geqq 0\,, \quad u_2 \geqq 0\,. \end{aligned}$$

Der Basispunkt mit den Koordinaten $u_{01} = u_{02} = 1$, $x_0 = y_0 = z_0 = 0$ ist unser Anfangspunkt, und die Simplextabelle des Vorbereitungsschrittes hat die folgende Gestalt:

		u_1	u_2	x	y	z	
		1	1	0	0	0	
1	u_1	1	0	1	-2	-1	1
1	u_2	0	1	-1	0	-1	1
		1	1	0	-2	-2	1
		0	0	0	2	2	

Da alle Elemente der charakteristischen Zeile nicht negativ sind, wird das Minimum im Punkt mit den Koordinaten $\tilde{u}_1 = \tilde{u}_2 = 1$, $\tilde{x} = \tilde{y} = \tilde{z} = 0$ angenommen. Der Vektor $\tilde{\boldsymbol{u}} = (\tilde{u}_1, \tilde{u}_2)$ ist also kein Nullvektor. Daraus folgt nach Satz 5 (Kap. 4), daß die ursprüngliche Restriktionsmenge $\mathfrak{M}$ leer ist.

Beispiel 2. Im Raum E_4 sei der zulässige Bereich $\mathfrak{M}$ durch die Restriktionen

$$\left.\begin{aligned} 2x_1 - x_2 + 2x_3 - x_4 &= 2\,, \\ x_1 + 3x_2 - 2x_3 + x_4 &= 3\,, \\ -x_1 + 11x_2 - 10x_3 + 5x_4 &= 5\,, \\ x_1 \geqq 0\,, \quad x_2 \geqq 0\,, \quad x_3 \geqq 0\,, \quad x_4 &\geqq 0 \end{aligned}\right\} \tag{25}$$

gegeben. Falls die Menge $\mathfrak{M}$ nicht leer ist, ist ein Punkt dieser Menge zu bestimmen. Wir führen in die Gleichungsrestriktionen die künstlichen Variablen u_1, u_2, u_3 ein. Wir stellen uns nun das Problem, die Zielfunktion

$$\varphi = u_1 + u_2 + u_3$$

bezüglich der Restriktionsmenge

$$\left.\begin{aligned} 2x_1 - x_2 + 2x_3 - x_4 + u_1 \qquad &= 2\,, \\ x_1 + 3x_2 - 2x_3 + x_4 \qquad + u_2 &= 3\,, \\ -x_1 + 11x_2 - 10x_3 + 5x_4 \qquad + u_3 &= 5\,, \\ x_1 \geqq 0\,, \quad x_2 \geqq 0\,, \quad x_3 \geqq 0\,, \quad x_4 \geqq 0\,, \quad u_1 \geqq 0\,, \quad u_2 \geqq 0\,, \quad u_3 &\geqq 0 \end{aligned}\right\} \tag{26}$$

zu minimieren. Da der Punkt $x_{01} = x_{02} = x_{03} = x_{04} = 0$, $u_1 = 2$, $u_2 = 3$, $u_3 = 5$ ein Basispunkt der Aufgabe ist, sieht die Vorbereitungstabelle für das Simplexverfahren folgendermaßen aus:

		u_1	u_2	u_3	x_1	x_2	x_3	x_4	
		1	1	1	0	0	0	0	
1	u_1	1	0	0	2	-1	2	-1	2
1	u_2	0	1	0	1	3	-2	1	3
1	u_3	0	0	1	-1	**[11]**	-10	5	5
		1	1	1	2	13	-10	5	10
		0	0	0	-2	-13	10	-5	

Das Verfahren endet nach zwei Schritten, die in den folgenden Tabellen angedeutet sind:

		u_1	u_2	u_3	x_1	x_2	x_3	x_4	
		1	1	1	0	0	0	0	
1	u_1	1	0	$\frac{1}{11}$	$\frac{21}{11}$	0	$\frac{12}{11}$	$-\frac{6}{11}$	$\frac{27}{11}$
1	u_2	0	1	$-\frac{3}{11}$	**[$\frac{14}{11}$]**	0	$\frac{8}{11}$	$-\frac{4}{11}$	$\frac{18}{11}$
0	x_2	0	0	$\frac{1}{11}$	$-\frac{1}{11}$	1	$-\frac{10}{11}$	$\frac{5}{11}$	$\frac{5}{11}$
		1	1	$-\frac{2}{11}$	$\frac{35}{11}$	0	$\frac{20}{11}$	$-\frac{10}{11}$	$\frac{45}{11}$
		0	0	$\frac{13}{11}$	$-\frac{35}{11}$	0	$-\frac{20}{11}$	$\frac{10}{11}$	

		u_1	u_2	u_3	x_1	x_2	x_3	x_4	
		1	1	1	0	0	0	0	
1	u_1	1	$-\frac{3}{2}$	$\frac{1}{2}$	0	0	0	0	0
0	x_1	0	$\frac{11}{14}$	$-\frac{3}{14}$	1	0	$\frac{8}{14}$	$-\frac{4}{14}$	$\frac{18}{14}$
0	x_2	0	$\frac{1}{14}$	$\frac{1}{14}$	0	1	$-\frac{12}{14}$	$\frac{6}{14}$	$\frac{8}{14}$
		1	$-\frac{3}{2}$	$\frac{1}{2}$	0	0	0	0	0
		0	$\frac{5}{2}$	$\frac{10}{2}$	0	0	0	0	

Da alle Zahlen der charakteristischen Zeile nicht negativ sind, wurde das Minimum der Zielfunktion im Punkt mit den Koordinaten

$$\tilde{x}_1 = \frac{18}{14}, \quad \tilde{x}_2 = \frac{8}{14}, \quad \tilde{x}_3 = \tilde{x}_4 = \tilde{u}_1 = \tilde{u}_2 = \tilde{u}_3 = 0 \tag{27}$$

mit dem Wert $\varphi = 0$ angenommen. Aus der Tatsache, daß alle $\tilde{u}_r$ ($r = 1, 2, 3$) gleich Null sind, ergibt sich, daß die gegebene Restriktionsmenge $\mathfrak{M}$ nicht leer ist und daß ihr der Punkt $(\tilde{x}_1, \tilde{x}_2, \tilde{x}_3, \tilde{x}_4) = \left(\frac{18}{14}, \frac{8}{14}, 0, 0\right)$ angehört.

Aus der Endtabelle des Verfahrens kann man aber mehr erkennen. Unter den Basisvariablen des letzten Schrittes befindet sich auch die künstliche Variable u_1 (als einzige künstliche Variable). Aus der ersten Zeile der Operationsmatrix erkennen wir, daß

$$u_1 - \frac{3}{2} u_2 + \frac{1}{2} u_3 = 0 ,$$

d. h.

$$u_3 = 3 u_2 - 2 u_1$$

gilt. Daraus und aus (26), (25) ergibt sich, daß die Gleichungen (25) linear abhängig sind; die dritte dieser Gleichungen ist eine Linearkombination der ersten beiden Gleichungen und daher überflüssig. Wir lassen die erste u_r-Zeile und alle u_r-Spalten ($r = 1, 2, 3$) in der Endtabelle des Verfahrens fort und erhalten die Tabelle

		x_1	x_2	x_3	x_4	
		0	0	0	0	
0	x_1	1	0	$\frac{8}{14}$	$-\frac{4}{14}$	$\frac{18}{14}$
0	x_2	0	1	$-\frac{12}{14}$	$\frac{6}{14}$	$\frac{8}{14}$
		0	0	0	0	0
		0	0	0	0	

mit der wir bei gegebener Zielfunktion $f = c_1 x_1 + c_2 x_2 + c_3 x_3 + c_4 x_4$ in bezug auf die Restriktionen (25) das Simplexverfahren beginnen können. Der Punkt (27) ist ein zulässiger Basispunkt, dem die letzte Tabelle entspricht.

Es taucht nun die Frage auf, ob man allgemein die beschriebene Methode zur Bestimmung eines zulässigen Basispunktes benutzen kann (selbstverständlich unter der Voraussetzung, daß die Menge $\mathfrak{M}$ nicht leer ist). Um diese Frage zu beantworten, setzen wir voraus, daß die Zielfunktion φ aus (24a) im Punkt (x_0, u_0) in bezug auf die Restriktionsmenge $\mathfrak{M}'$ aus (24b) ihr Minimum annimmt, wobei $u_{0r} = 0$ für $r = 1, \ldots, m$ gilt. Wir stellen uns vor, daß wir diesen optimalen Punkt mit Hilfe des Simplexverfahrens berechnet haben. In der entsprechenden Schlußtabelle, deren charakteristische Zeile nur nicht negative Elemente besitzt, können dann die folgenden Möglichkeiten vorkommen:

1° Wenn das System von Basisvariablen, das dem optimalen Punkt $(\boldsymbol{x}_0, \boldsymbol{u}_0)$ entspricht, keine künstliche Variable u_r $(r \in 1, \ldots, m)$ enthält, lassen wir in der Schlußtabelle alle u_r-Spalten fort $(r = 1, \ldots, m)$. Dann erhalten wir eine neue Tabelle, in der nur die ursprünglichen Variablen vorkommen, und der Punkt $\boldsymbol{x}_0$ stellt offenbar einen Basispunkt der ursprünglichen Aufgabe mit der Restriktionsmenge $\mathfrak{M}$ aus (23) dar. In diesem Fall führt also die beschriebene Methode zur Bestimmung eines Basispunktes der ursprünglichen Aufgabe.

2° Falls das System von Basisvariablen, das dem optimalen Punkt $(\boldsymbol{x}_0, \boldsymbol{u}_0)$ entspricht, auch künstliche Variablen, also mindestens eine der Variablen u_r $(1 \leq r \leq m)$ enthält, dann teilen wir die Menge U der künstlichen Variablen (die also zugleich Basisvariable sind) in zwei Teilmengen U_1, $U_2 = U \setminus U_1$, wobei die Menge U_1 folgendermaßen definiert ist:

Die Variable $u_k \in U$ gehört genau dann zur Menge U_1, wenn in der u_k-Zeile der zum optimalen Punkt $(\boldsymbol{x}_0, \boldsymbol{u}_0)$ gehörenden Tabelle an jeder Stelle, wo sich diese Zeile mit jeder x_α-Spalte $(\alpha = 1, \ldots, n)$ trifft, ein Nullelement steht. Also schematisch dargestellt:

		u_1	...	u_r	...	u_m	x_1	...	x_α	...	x_n	
c	Basis	1	...	1	...	1	0	...	0	...	0	
$\vdots$	$\vdots$											
1	u_k	d_{k1}	...	d_{kr}	...	d_{km}	0	...	0	...	0	d_{k0}
$\vdots$	$\vdots$											
z_α												
$c_\alpha - z_\alpha$												

Aus diesem Schema erkennen wir, daß

$$\sum_{r=1}^{m} d_{kr}\, u_r = d_{k0}$$

gilt, wobei $d_{kk} = 1$ ist. Da aber der Punkt $(\boldsymbol{x}_0, \boldsymbol{u}_0)$ mit $u_{0r} = 0$ für $r = 1, \ldots, m$ zur Menge $\mathfrak{M}'$ gehört, muß notwendig

$$d_{k0} = 0$$

sein, und dadurch gilt die Beziehung

$$\sum_{r=1}^{m} d_{kr}\, u_r = 0 \qquad \text{mit} \qquad d_{kk} = 1\,,$$

woraus sich

$$u_k = -\sum_{\substack{r=1 \\ r \neq k}}^{m} d_{kr}\, u_r \tag{28}$$

ergibt. Aus (28), (24 b) und (23) folgt dann, daß die k-te Gleichung der Gleichungsrestriktionen in (23) eine Linearkombination der übrigen Gleichungsrestriktionen und daher überflüssig ist.

In der End-Simplextabelle, die zum optimalen Punkt $(\boldsymbol{x}_0, \boldsymbol{u}_0)$ gehört, lassen wir alle u_k-Zeilen mit $u_k \in U_1$, entsprechend alle u_k-Spalten mit $u_k \in U_1$ und weiter alle u_r-Spalten fort, wobei u_r eine Nicht-Basisvariable ist. Wir unterscheiden nun zwei Fälle:

(a) Die Menge $U_2 = U \setminus U_1$ ist leer. Dann gibt es keine künstliche Variable u_r in der neuen Tabelle, die auf die oben beschriebene Weise entsteht. Diese neue Tabelle entspricht dann dem Punkt $\boldsymbol{x}_0$ als einem Basispunkt der ursprünglichen Aufgabe, ähnlich wie im Fall 1°.

(b) Die Menge $U_2 = U \setminus U_1$ ist nicht leer, d. h., in dem System von Basisvariablen, das dem optimalen Punkt $(\boldsymbol{x}_0, \boldsymbol{u}_0)$ in der entsprechenden Tabelle zugeordnet ist, gibt es mindestens eine künstliche Variable u_l, die nicht zur Menge U_1 gehört. Dann existiert eine x_{α_0}-Spalte mit der Eigenschaft, daß an der Stelle, wo sich u_l-Zeile und α_0-Spalte schneiden, ein von Null verschiedenes Element steht. Es sei I die Indexmenge

$$I = \{\alpha \mid \alpha \in \{1, \ldots, n\};\, d_{l\alpha} \neq 0\}\,,$$

wobei $d_{l\alpha}$ die Zahlen sind, die im Schnitt der u_l-ten Zeilen und x_α-ten Spalten stehen. Die Menge I ist nicht leer, sonst würde die künstliche Variable u_l zur Menge U_1 gehören, was ausgeschlossen wurde. Wäre $d_{l\alpha} < 0$ für alle $\alpha \in I$, so folgt aus der Tatsache, daß der Punkt $(\boldsymbol{x}_0, \boldsymbol{u}_0)$ mit $u_{0r} = 0$ $(r = 1, \ldots, m)$ optimal ist, $d_{l0} = 0$. Aus der Gleichung

$$\sum_{r=1}^{m} d_{lr}\, u_r + \sum_{\alpha=m+1}^{n} d_{l\alpha}\, x_\alpha = d_{l0} = 0,$$

die man aus der entsprechenden Tabelle

		u_1	...	u_l	...	u_m	x_1	...	x_α	...	x_n	
c	Basis	1	...	1	...	1	0	...	0	...	0	
$\vdots$												
1	u_l	d_{l1}	...	d_{ll}	...	d_{lm}	$d_{l\,m+1}$	...	$d_{l\alpha}$	...	d_{ln}	d_{l0}
$\vdots$												
z_α												
$c_\alpha - z_\alpha$												

für den optimalen Punkt $(\boldsymbol{x}_0, \boldsymbol{u}_0)$ erhält, folgt dann $x_\alpha = 0$, $\alpha \in I$, $\boldsymbol{x} \in \mathfrak{M}$, denn es gilt $u_r = 0$ $(r = 1, \ldots, m)$ für alle $(\boldsymbol{x}, 0) \equiv \boldsymbol{x} \in \mathfrak{M}$. In einem derartigen Fall wird die entsprechende u_l-Zeile und u_l-Spalte gestrichen. Gibt es anderseits ein $\alpha_0 \in I$ mit $d_{l\,\alpha_0} > 0$, So kann die Variable x_{α_0} keine Basisvariable sein, denn für eine Basisvariable muß $d_{l\alpha_0} = 0$ gelten. Also ist x_{α_0} eine Nicht-Basisvariable, und durch den Basisaustausch $u_l \sim x_{\alpha_0}$ gehen wir zur nächsten Tabelle über. Falls in dieser neuen Tabelle keine künstliche Variable als Basisvariable auftritt, gelten die Überlegungen aus Fall 1°. Anderenfalls tritt wiederum Fall 2° ein, und wir wiederholen das Verfahren für die neu entstandene Situation. Diesen Prozeß setzt man so weit fort, bis man zu einer Tabelle gelangt, wo unter den Basisvariablen keine künstlichen Variablen mehr vorhanden sind, d. h., bis der Fall 1° eintritt. Aus der entsprechenden Schlußtabelle läßt sich dann der entsprechende Basispunkt des ursprünglichen Problems bestimmen. Damit haben wir die gestellte Frage beantwortet. Die oben beschriebene Methode führt immer zur Bestimmung eines Anfangsbasispunktes für ein gegebenes lineares Optimierungsproblem, mit dem man die Simplexmethode beginnen kann.

Im nächsten Kapitel wird ein erweitertes Simplexverfahren angegeben, das die Kenntnis eines Anfangspunktes nicht voraussetzt und die Frage der Existenz eines optimalen Punktes zugleich mit seiner Bestimmung (falls er existiert) verbindet.

Beispiel 1. Wir betrachten das Beispiel 3 aus 5.1., wo die Restriktionsmenge durch

$$\left.\begin{aligned} &\sum_{k=1}^{3} x_{ik} = 1 \qquad && (i = 1, 2, 3)\,, \\ &\sum_{i=1}^{3} x_{ik} = 1 \qquad && (k = 1, 2, 3)\,, \\ &x_{ik} \geqq 0 \qquad && (i, k = 1, 2, 3) \end{aligned}\right\} \tag{29}$$

beschrieben ist, ohne die lineare Abhängigkeit der Gleichungsrestriktionen zu überprüfen. Die Aufgabe besteht nun darin, auf Grund der oben beschriebenen Methode einen zulässigen Basispunkt $\boldsymbol{x}_0$ zu bestimmen. Wir führen künstliche Variablen u_r $(r = 1, \ldots, 6)$

ein. Nun stellen wir uns die Aufgabe, einen optimalen Punkt $(\boldsymbol{x}_0, \boldsymbol{u}_0)$ des Problems

$$\min_{\mathfrak{M}'} \left\{ \sum_{r=1}^{6} u_r \right\}$$

zu bestimmen, wobei

$$\mathfrak{M}' = \left\{ (\boldsymbol{x}, \boldsymbol{u}) \middle| \sum_{k=1}^{3} x_{ik} + u_i = 1\,, \quad r = 1, 2, 3, \right.$$

$$\sum_{i=1}^{3} x_{ik} + u_{3+k} = 1\,, \quad k = 1, 2, 3\,,$$

$$\left. x_{ik} \geqq 0\,, \quad i, k = 1, 2, 3\,, \quad u_r \geqq 0\,, \quad r = 1, \ldots, 6 \right\}$$

ist. Wir gehen von der folgenden Tabelle aus:

		u_1	u_2	u_3	u_4	u_5	u_6	x_{11}	x_{12}	x_{13}	x_{21}	x_{22}	x_{23}	x_{31}	x_{32}	x_{33}	
		1	1	1	1	1	1	0	0	0	0	0	0	0	0	0	
1	u_1	1	0	0	0	0	0	1	1	1	0	0	0	0	0	0	1
1	u_2	0	1	0	0	0	0	0	0	0	1	1	1	0	0	0	1
1	u_3	0	0	1	0	0	0	0	0	0	0	0	0	1	1	1	1
1	u_4	0	0	0	1	0	0	$\boxed{1}$	0	0	1	0	0	1	0	0	1
1	u_5	0	0	0	0	1	0	0	1	0	0	1	0	0	1	0	1
1	u_6	0	0	0	0	0	1	0	0	1	0	0	1	0	0	1	1
		1	1	1	1	1	1	2	2	2	2	2	2	2	2	2	6
		0	0	0	0	0	0	-2	-2	-2	-2	-2	-2	-2	-2	-2	

Wir werden bei der Anwendung der Simplexmethode folgende Zusatzregel respektieren:

Immer, wenn es möglich ist, wird bei einem Simplexschritt eine künstliche Basisvariable u_k beim Basisaustausch durch eine neue Basisvariable, die der Menge der ursprünglichen Variablen angehört, ersetzt.

Auf Grund dieser Vereinbarung erhalten wir z. B. die Tabellenfolge auf den nächsten Seiten.

Der optimale Punkt $(\boldsymbol{x}_0, \boldsymbol{u}_0)$ mit den Koordinaten

$$\left.\begin{array}{lll} x_{0_{11}} = 0\,, & x_{0_{12}} = 1\,, & x_{0_{13}} = 0\,, \\ x_{0_{21}} = 0\,, & x_{0_{22}} = 0\,, & x_{0_{23}} = 1\,, \\ x_{0_{31}} = 1\,, & x_{0_{32}} = 0\,, & x_{0_{33}} = 0\,, \\ u_{0_r} = 0 & (r = 1, 2, \ldots, 6) & \end{array}\right\} \qquad (30)$$

ist ein optimaler Punkt des Problems $\min\limits_{\mathfrak{M}'} \left\{ \sum\limits_{r=1}^{6} u_r \right\}$. Daraus ergibt sich zunächst, daß die ursprüngliche Restriktionsmenge $\mathfrak{M}$ aus (29) nicht leer ist. Aus der u_3-Zeile der Ope-

		u_1	u_2	u_3	u_4	u_5	u_6	x_{11}	x_{12}	x_{13}	x_{21}	x_{22}	x_{23}	x_{31}	x_{32}	x_{33}	
		1	1	1	1	1	1	0	0	0	0	0	0	0	0	0	
1	u_1	1	0	0	-1	0	0	0	[1]	1	-1	0	0	-1	0	0	0
1	u_2	0	1	0	0	0	0	0	0	0	1	1	1	0	0	0	1
1	u_3	0	0	1	0	0	0	0	0	0	0	0	0	1	1	1	1
0	x_{11}	0	0	0	1	0	0	1	0	0	1	0	0	1	0	0	1
1	u_5	0	0	0	0	1	0	0	1	0	0	1	0	0	1	0	1
1	u_6	0	0	0	0	0	1	0	0	1	0	0	1	0	0	1	1
		1	1	1	-1	1	1	0	2	2	0	2	2	0	2	2	4
		0	0	0	2	0	0	0	-2	-2	0	-2	-2	0	-2	-2	

		u_1	u_2	u_3	u_4	u_5	u_6	x_{11}	x_{12}	x_{13}	x_{21}	x_{22}	x_{23}	x_{31}	x_{32}	x_{33}	
		1	1	1	1	1	1	0	0	0	0	0	0	0	0	0	
0	x_{12}	1	0	0	-1	0	0	0	1	1	-1	0	0	-1	0	0	0
1	u_2	0	1	0	0	0	0	0	0	0	1	1	1	0	0	0	1
1	u_3	0	0	1	0	0	0	0	0	0	0	0	0	1	1	1	1
0	x_{11}	0	0	0	1	0	0	1	0	0	1	0	0	1	0	0	1
1	u_5	-1	0	0	1	1	0	0	0	-1	1	[1]	0	1	1	0	1
1	u_6	0	0	0	0	0	1	0	0	1	0	0	1	0	0	1	1
		-1	1	1	1	1	1	0	0	0	2	2	2	2	2	2	4
		2	0	0	0	0	0	0	0	0	-2	-2	-2	-2	-2	-2	

		u_1	u_2	u_3	u_4	u_5	u_6	x_{11}	x_{12}	x_{13}	x_{21}	x_{22}	x_{23}	x_{31}	x_{32}	x_{33}	
		1	1	1	1	1	1	0	0	0	0	0	0	0	0	0	
0	x_{12}	1	0	0	–1	0	0	0	1	1	–1	0	0	–1	0	0	0
1	u_2	1	1	0	–1	–1	0	0	0	1	0	0	[1]	–1	–1	0	0
1	u_3	0	0	1	0	0	0	0	0	0	0	0	0	1	1	1	1
0	x_{11}	0	0	0	1	0	0	1	0	0	1	0	0	1	0	0	1
0	x_{22}	–1	0	0	1	1	0	0	0	–1	1	1	0	1	1	0	1
1	u_6	0	0	0	0	0	1	0	0	1	0	0	1	0	0	1	1
		1	1	1	–1	–1	1	0	0	2	0	0	2	0	0	2	2
		0	0	0	2	2	0	0	0	–2	0	0	–2	0	0	–2	

		u_1	u_2	u_3	u_4	u_5	u_6	x_{11}	x_{12}	x_{13}	x_{21}	x_{22}	x_{23}	x_{31}	x_{32}	x_{33}	
		1	1	1	1	1	1	0	0	0	0	0	0	0	0	0	
0	x_{12}	1	0	0	–1	0	0	0	1	1	–1	0	0	–1	0	0	0
0	x_{23}	1	1	0	–1	–1	0	0	0	1	0	0	1	–1	–1	0	0
1	u_3	0	0	1	0	0	0	0	0	0	0	0	0	1	1	1	1
0	x_{11}	0	0	0	1	0	0	1	0	0	1	0	0	1	0	0	1
0	x_{22}	–1	0	0	1	1	0	0	0	–1	1	1	0	1	1	0	1
1	u_6	–1	–1	0	1	1	1	0	0	0	0	0	0	[1]	1	1	1
		–1	–1	1	1	1	1	0	0	0	0	0	0	2	2	2	2
		2	2	0	0	0	0	0	0	0	0	0	0	–2	–2	–2	

		u_1	u_2	u_3	u_4	u_5	u_6	x_{11}	x_{12}	x_{13}	x_{21}	x_{22}	x_{23}	x_{31}	x_{32}	x_{33}	
		1	1	1	1	1	1	0	0	0	0	0	0	0	0	0	
0	x_{12}	0	–1	0	0	1	1	0	1	1	–1	0	0	0	1	1	1
0	x_{23}	0	0	0	0	0	1	0	0	1	0	0	1	0	0	1	1
1	u_3	1	1	1	–1	–1	–1	0	0	0	0	0	0	0	0	0	0
0	x_{11}	1	1	0	0	–1	–1	1	0	0	1	0	0	0	–1	–1	0
0	x_{22}	0	1	0	0	0	–1	0	0	–1	1	1	0	0	0	–1	0
0	x_{31}	–1	–1	0	1	1	1	0	0	0	0	0	0	1	1	1	1
		1	1	1	–1	–1	–1	0	0	0	0	0	0	0	0	0	0
		0	0	0	2	2	2	0	0	0	0	0	0	0	0	0	

rationsmatrix der letzten Tabelle sieht man, daß die Gleichung

$$u_1 + u_2 + u_3 - u_4 - u_5 - u_6 = 0$$

gilt. Daraus folgt, daß eine beliebige Gleichung der Gleichungsrestriktionen in (29) eine Linearkombination der übrigen ist, so daß diese Gleichung als Restriktion überflüssig ist.

Wenn man auf Grund der theoretischen Behandlung die u_3-Zeile und alle u_r-Spalten in der letzten Tabelle nicht mehr berücksichtigt, erhält man die Tabelle

		x_{11}	x_{12}	x_{13}	x_{21}	x_{22}	x_{23}	x_{31}	x_{32}	x_{33}	
		c_{11}	c_{12}	c_{13}	c_{21}	c_{22}	c_{23}	c_{31}	c_{32}	c_{33}	
c_{12}	x_{12}	0	1	1	-1	0	0	0	1	1	1
c_{23}	x_{23}	0	0	1	0	0	1	0	0	1	1
c_{11}	x_{11}	1	0	0	1	0	0	0	-1	-1	0
c_{22}	x_{22}	0	0	-1	1	1	0	0	0	-1	0
c_{31}	x_{31}	0	0	0	0	0	0	1	1	1	1

die bei der Optimierung der Zielfunktion

$$f = \sum_{i,k=1}^{3} c_{ik} x_{ik}$$

als Ausgangstabelle dienen kann und dem zulässigen Basispunkt $\boldsymbol{x}_0$ mit den Koordinaten x_{0_α} aus (30) entspricht.

Beispiel 2. Es ist das Minimum der Zielfunktion

$$f = 2x_1 - 3x_2 \tag{31a}$$

bezüglich der Restriktionsmenge $\mathfrak{M}$, die durch die Relationen

$$\left.\begin{array}{rl}
6x_1 + 6x_2 - x_3 - 2x_4 + x_5 &= 30\,, \\
4x_1 + x_2 \qquad\qquad + x_5 &= 23\,, \\
14x_1 - x_2 + 2x_3 + 3x_4 + 5x_5 &= 103\,, \\
-2x_1 + 4x_2 \qquad - x_4 \qquad &= 2\,, \\
12x_1 - 6x_2 - x_3 + x_4 + x_5 &= 24\,, \\
6x_1 - 3x_2 - x_3 \qquad\qquad &= 3\,, \\
-12x_1 + 15x_2 + 4x_3 \qquad + 3x_5 &= 57\,, \\
x_1 \geqq 0\,, \quad x_2 \geqq 0\,, \quad x_3 \geqq 0\,, \quad x_4 \geqq 0\,, \quad x_5 &\geqq 0
\end{array}\right\} \tag{31b}$$

gegeben ist, zu bestimmen!

Um das Simplexverfahren beginnen zu können, müssen wir zuerst feststellen, ob die Menge $\mathfrak{M}$ leer oder nicht leer ist. Zu diesem Zweck stellen wir uns die Hilfsaufgabe, das Minimum der Zielfunktion

$$\varphi = \sum_{r=1}^{7} u_r \tag{32a}$$

unter den Restriktionsbedingungen

$$\left.\begin{array}{l} 6x_1 + 6x_2 - x_3 - 2x_4 + x_5 + u_1 = 30\,, \\ 4x_1 + x_2 + x_5 + u_2 = 23\,, \\ 14x_1 - x_2 + 2x_3 + 3x_4 + 5x_5 + u_3 = 103\,, \\ -2x_1 + 4x_2 - x_4 + u_4 = 2\,, \\ 12x_1 - 6x_2 - x_3 + x_4 + x_5 + u_5 = 24\,, \\ 6x_1 - 3x_2 - x_3 + u_6 = 3\,, \\ -12x_1 + 15x_2 + 4x_3 + 3x_5 + u_7 = 57\,, \\ x \geqq 0 \quad (\alpha = 1, \ldots, 5)\,, \qquad u_r \geqq 0 \quad (r = 1, \ldots, 7) \end{array}\right\} \qquad (32\,b)$$

zu finden.

Die Tabelle aus dem Vorbereitungsschritt des Simplexverfahrens hat in unserem Fall die Gestalt:

		u_1	u_2	u_3	u_4	u_5	u_6	u_7	x_1	x_2	x_3	x_4	x_5	
		1	1	1	1	1	1	1	0	0	0	0	0	
1	u_1	1	0	0	0	0	0	0	6	6	-1	-2	1	30
1	u_2	0	1	0	0	0	0	0	4	1	0	0	1	23
1	u_3	0	0	1	0	0	0	0	14	-1	2	3	5	103
1	u_4	0	0	0	1	0	0	0	-2	4	0	-1	0	2
1	u_5	0	0	0	0	1	0	0	12	-6	-1	1	1	24
1	u_6	0	0	0	0	0	1	0	[6]	-3	-1	0	0	3
1	u_7	0	0	0	0	0	0	1	-12	15	4	0	3	57
		1	1	1	1	1	1	1	28	16	3	1	11	242
		0	0	0	0	0	0	0	-28	-16	-3	-1	-11	

Mit Hilfe der Simplexmethode erhält man nacheinander folgende Tabellen auf den Seiten 162 und 163.

Da alle Zahlen der charakteristischen Zeile in der letzten Tabelle nicht negativ sind, nimmt die Zielfunktion φ aus (32a) ihr Minimum bezüglich der durch (32b) beschriebenen Menge im Punkt $(\boldsymbol{x}_0, \boldsymbol{u}_0)$ mit

$$x_{01} = 4\,, \quad x_{02} = 7\,, \quad x_{04} = 18\,, \quad x_{03} = x_{05} = 0\,,$$
$$x_{0r} = 0 \quad (r = 1, \ldots, 7)$$

an. Daraus ergibt sich, daß die durch (31b) beschriebene Restriktionsmenge nicht leer ist und daß der Punkt $x_0' = (x_{01}, x_{02}, x_{03}, x_{04}, x_{05}) = (4, 7, 0, 18, 0)$ zu dieser Menge gehört.

Aus der letzten Tabelle ergeben sich weitere Gleichungen:

$$u_1 + 2u_5 - 7u_6 - u_7 = 0\,, \qquad u_2 - \frac{4}{3}u_6 - \frac{1}{3}u_7 = 0\,,$$

$$u_3 - 3u_5 + \frac{7}{3}u_6 - \frac{2}{3}u_7 = 0\,, \qquad u_4 + u_5 - \frac{7}{3}u_6 - \frac{1}{3}u_7 = 0\,,$$

		u_1	u_2	u_3	u_4	u_5	u_6	u_7	x_1	x_2	x_3	x_4	x_5	
		1	1	1	1	1	1	1	0	0	0	0	0	
1	u_1	1	0	0	0	0	–1	0	0	9	0	–2	1	27
1	u_2	0	1	0	0	0	$-\frac{4}{6}$	0	0	3	$\frac{4}{6}$	0	1	21
1	u_3	0	0	1	0	0	$-\frac{14}{6}$	0	0	6	$\frac{26}{6}$	3	5	96
1	u_4	0	0	0	1	0	$\frac{2}{6}$	0	0	$\boxed{3}$	$-\frac{2}{6}$	-1	0	3
1	u_5	0	0	0	0	1	$-\frac{12}{6}$	0	0	0	1	1	1	18
0	x_1	0	0	0	0	0	$\frac{1}{6}$	0	1	$-\frac{3}{6}$	$-\frac{1}{6}$	0	0	$\frac{3}{6}$
1	u_7	0	0	0	0	0	$\frac{12}{6}$	1	0	9	2	0	3	63
		1	1	1	1	1	$-\frac{22}{6}$	1	0	30	$\frac{46}{6}$	1	11	228
		0	0	0	0	0	$\frac{28}{6}$	0	0	–30	$-\frac{46}{6}$	-1	-11	

		u_1	u_2	u_3	u_4	u_5	u_6	u_7	x_1	x_2	x_3	x_4	x_5	
		1	1	1	1	1	1	1	0	0	0	0	0	
1	u_1	1	0	0	–3	0	–2	0	0	0	1	1	1	18
1	u_2	0	1	0	–1	0	–1	0	0	0	1	1	1	18
1	u_3	0	0	1	–2	0	–3	0	0	0	5	5	5	90
0	x_2	0	0	0	$\frac{1}{3}$	0	$\frac{2}{18}$	0	0	1	$-\frac{2}{18}$	$-\frac{1}{3}$	0	1
1	u_5	0	0	0	0	1	–2	0	0	0	1	1	1	18
0	x_1	0	0	0	$\frac{1}{6}$	0	$\frac{2}{9}$	0	1	0	$-\frac{2}{9}$	$-\frac{1}{6}$	0	1
1	u_7	0	0	0	–3	0	1	1	0	0	3	$\boxed{3}$	3	54
		1	1	1	–9	1	–7	1	0	0	11	11	11	198
		0	0	0	10	0	8	0	0	0	–11	–11	–11	

		u_1	u_2	u_3	u_4	u_5	u_6	u_7	x_1	x_2	x_3	x_4	x_5	
		1	1	1	1	1	1	1	0	0	0	0	0	
1	u_1	1	0	0	−2	0	$-\frac{7}{3}$	$-\frac{1}{3}$	0	0	0	0	0	0
1	u_2	0	1	0	0	0	$-\frac{4}{3}$	$-\frac{1}{3}$	0	0	0	0	0	0
1	u_3	0	0	1	3	0	$-\frac{14}{3}$	$-\frac{5}{3}$	0	0	0	0	0	0
0	x_2	0	0	0	0	0	$\frac{2}{9}$	$\frac{1}{9}$	0	1	$\frac{2}{9}$	0	$\frac{1}{3}$	7
1	u_5	0	0	0	**1**	1	$-\frac{7}{3}$	$-\frac{1}{3}$	0	0	0	0	0	0
0	x_1	0	0	0	0	0	$\frac{5}{18}$	$\frac{1}{18}$	1	0	$-\frac{1}{3}$	0	$\frac{1}{6}$	4
0	x_4	0	0	0	−1	0	$\frac{1}{3}$	$\frac{1}{3}$	0	0	1	1	1	18
		1	1	1	2	1	$-\frac{32}{3}$	$-\frac{8}{3}$	0	0	0	0	0	0
		0	0	0	−1	0	$\frac{35}{3}$	$\frac{11}{3}$	0	0	0	0	0	

		u_1	u_2	u_3	u_4	u_5	u_6	u_7	x_1	x_2	x_3	x_4	x_5	
		1	1	1	1	1	1	1	0	0	0	0	0	
1	u_1	1	0	0	0	2	−7	−1	0	0	0	0	0	0
1	u_2	0	1	0	0	0	$-\frac{4}{3}$	$-\frac{1}{3}$	0	0	0	0	0	0
1	u_3	0	0	1	0	−3	$\frac{7}{3}$	$-\frac{2}{3}$	0	0	0	0	0	0
0	x_2	0	0	0	0	0	0	$\frac{1}{9}$	0	1	$\frac{2}{9}$	0	$\frac{1}{3}$	7
1	u_4	0	0	0	1	1	$-\frac{7}{3}$	$-\frac{1}{3}$	0	0	0	0	0	0
0	x_1	0	0	0	0	0	$\frac{5}{18}$	$\frac{1}{18}$	1	0	$-\frac{1}{3}$	0	$\frac{1}{6}$	4
0	x_4	0	0	0	0	1	−2	0	0	0	1	1	1	18
		1	1	1	1	0	$-\frac{25}{3}$	$-\frac{7}{3}$	0	0	0	0	0	
		0	0	0	0	1	$\frac{28}{3}$	$\frac{10}{3}$	0	0	0	0	0	

so daß vier Gleichungsrestriktionen der in (31b) beschriebenen ursprünglichen Restriktionsmenge überflüssig sind. Berücksichtigt man in der betrachteten Tabelle die entsprechende u_1-, u_2-, u_3- und u_4-Zeile und alle u_r-Spalten ($r = 1, \ldots, 7$) nicht, so erhält man die nachstehende Tabelle, wobei wir die konkret gegebene Zielfunktion (31a) in die Tabelle aufgenommen haben. Aus der charakteristischen Zeile dieser Tabelle geht hervor, daß der Punkt $\boldsymbol{x}_0$ zum Minimum dieser Zielfunktion bezüglich der Restriktionsmenge $\mathfrak{M}$ aus (31b) führt.

		x_1	x_2	x_3	x_4	x_5	
		2	-3	0	0	0	
-3	x_2	0	1	$\frac{2}{9}$	0	$\frac{1}{3}$	7
2	x_1	1	0	$-\frac{1}{3}$	0	$\frac{1}{6}$	4
0	x_4	0	0	1	1	1	18
		2	-3	$-\frac{4}{3}$	0	$-\frac{2}{3}$	-13
		0	0	$\frac{4}{3}$	0	$\frac{2}{3}$	

5.3. Nichtnegative Lösung eines linearen Gleichungssystems

Wir betrachten ein lineares Gleichungssystem, bestehend aus n Gleichungen mit n Veränderlichen. Bei den theoretischen Überlegungen in den Abschnitten 1 und 2 dieses Kapitels haben wir vorausgesetzt, daß $m < n$ ist, d. h., daß die Anzahl der Gleichungsrestriktionen kleiner als die der Variablen ist. Jedoch läßt sich die Theorie aus dem zitierten Abschnitt 2 ohne Schwierigkeit auf den Fall $m = n$ übertragen. Die Ergebnisse haben dann eine Bedeutung für die Lösung linearer Gleichungssysteme von n Gleichungen mit n Veränderlichen, falls man die Frage nach der nichtnegativen Lösung eines solchen Systems stellt. Es sei

$$\sum_{\beta=1}^{n} a_{\alpha\beta}\, x_\beta = b_\alpha \qquad (\alpha = 1, \ldots, n) \tag{33}$$

mit $b_\alpha \geqq 0$ ($\alpha = 1, \ldots, n$) das gegebene Gleichungssystem, dessen nichtnegative Lösungen (falls überhaupt eine existiert) gesucht werden. Statt des gegebenen Gleichungssystems gehen wir von dem erweiterten System

$$\sum_{\beta=1}^{n} a_{\alpha\beta}\, x_\beta + u_\alpha = b_\alpha \qquad (\alpha = 1, \ldots, n) \tag{34}$$

aus, dem wir die Restriktionen

$$x_\alpha \geqq 0, \quad u_\alpha \geqq 0 \qquad (\alpha = 1, \ldots, n) \tag{35}$$

zufügen. Um festzustellen, ob die durch (33) und durch $x_\alpha \geqq 0$ ($\alpha = 1, \ldots, n$) beschriebene Menge leer oder nicht leer ist, betrachten wir die Funktion

$$\varphi = \sum_{\alpha=1}^{n} u_\alpha$$

und bestimmen ihr Minimum bezüglich der Restriktionen (34) und (35). Hierbei erhalten wir sofort alle nichtnegativen Lösungen des betrachteten Problems, sofern überhaupt eine existiert. Wir beginnen mit der Tabelle

		u_1	$\ldots$	u_r	$\ldots$	u_n	x_1	$\ldots$	x_n	
		1	$\ldots$	1	$\ldots$	1	0	$\ldots$	0	
1	u_1	1	$\ldots$	0	$\ldots$	0	a_{11}	$\ldots$	a_{1n}	b_1
$\vdots$	$\vdots$	$\vdots$		$\vdots$		$\vdots$	$\vdots$		$\vdots$	$\vdots$
1	u_r	0	$\ldots$	1	$\ldots$	0	a_{r1}	$\ldots$	a_{rn}	b_r
$\vdots$	$\vdots$	$\vdots$		$\vdots$		$\vdots$	$\vdots$		$\vdots$	$\vdots$
1	u_n	0	$\ldots$	0	$\ldots$	1	a_{n1}	$\ldots$	a_{nn}	b_n
		1	$\ldots$	1	$\ldots$	1	$\sum_{\alpha=1}^{n} a_{\alpha 1}$	$\ldots$	$\sum_{\alpha=1}^{n} a_{\alpha n}$	
		0	$\ldots$	0	$\ldots$	0	$-\sum_{\alpha=1}^{n} a_{\alpha 1}$	$\ldots$	$-\sum_{\alpha=1}^{n} a_{\alpha n}$	

(36)

und wenden in üblicher Weise das Simplexverfahren an. Dabei berücksichtigen wir wieder die in 5.2. gegebene Zusatzregel: Falls in einem Iterationsschritt die Möglichkeit besteht, eine künstliche Basisvariable durch eine ursprüngliche Variable x_α (die als Nicht-Basisvariable im vorigen Schritt auftrat) zu ersetzen, wird von dieser Möglichkeit Gebrauch gemacht (ohne zu beachten, daß das entsprechende Element der charakteristischen Zeile allgemein nicht die kleinste negative Zahl der charakteristischen Zeile ist).

Beispiel 1. Wir betrachten das Gleichungssystem

$$\left.\begin{aligned} 3x - 5y + 5z - 4u + v &= -24, \\ x - 2y - z + 3u + 2v &= 7, \\ -2x + 3y + 2z - u - v &= -5, \\ x + y + z - 2u + v &= 0, \\ x + y - z - u - v &= 3, \end{aligned}\right\} \tag{37}$$

und stellen uns die Frage, ob dieses Gleichungssystem eine nichtnegative Lösung besitzt.

Zu diesem Zweck bilden wir mit Hilfe der künstlichen Variablen ein neues Gleichungssystem:

$$\left.\begin{array}{rl}
-3x+5y-5z+4u-v+u_1 & =24, \\
x-2y-z+3u+2v+u_2 & =7, \\
2x-3y-2z+u+v+u_3 & =5, \\
x+y+z-2u+v+u_4 & =0, \\
x+y-z-u-v+u_5 & =3,
\end{array}\right\} \quad (38)$$

dem wir noch die Bedingungen

$$x \geqq 0, \quad y \geqq 0, \quad z \geqq 0, \quad u \geqq 0, \quad v \geqq 0, \quad u_r \geqq 0 \qquad (r=1,\ldots,5)$$

zufügen. In schon bekannter Weise, mit Hilfe des Simplexverfahrens, bestimmen wir dann einen optimalen Punkt, der die Zielfunktion

$$\varphi = \sum_{r=1}^{5} u_r$$

bezüglich der gegebenen Restriktionsmenge minimiert. Die entsprechenden Iterationsschritte sind aus den folgenden Tabellen ersichtlich:

		u_1	u_2	u_3	u_4	u_5	x	y	z	u	v	
		1	1	1	1	1	0	0	0	0	0	
1	u_1	1	0	0	0	0	−3	5	−5	4	−1	24
1	u_2	0	1	0	0	0	1	−2	−1	$\boxed{3}$	2	7
1	u_3	0	0	1	0	0	2	−3	−2	1	1	5
1	u_4	0	0	0	1	0	1	1	1	−2	1	0
1	u_5	0	0	0	0	1	1	1	−1	−1	−1	3
		1	1	1	1	1	2	2	−8	5	2	39
		0	0	0	0	0	−2	−2	8	−5	−2	

Alle anderen Tabellen folgen auf den Seiten 167 und 168.

Die charakteristische Zeile der letzten Tabelle enthält keine negative Zahl. Daraus ergibt sich, daß das Minimum der Zielfunktion $\varphi = \sum_{r=1}^{5} u_r$ in bezug auf die Restriktionen (38) im Punkt

$$(x_0, y_0, z_0, u_0, v_0, u_{10}, u_{20}, u_{30}, u_{40}, u_{50}) = \left(\frac{256}{82}, \frac{314}{82}, 0, \frac{298}{82}, \frac{26}{82}, 0, 0, \frac{516}{82}, 0, 0\right)$$

angenommen wird. Da aber $u_{30} > 0$ und daher $\boldsymbol{u}_0 = (u_{10}, u_{20}, u_{30}, u_{40}, u_{50})$ kein Nullvektor ist, folgt daraus, daß das ursprüngliche Gleichungssystem (37) keine nichtnegative Lösung besitzt. Nach Beispiel 1 aus 3.7. weiß man, daß die Gleichungen (37) genau eine Lösung besitzen, was im Einklang mit unserem obigen Resultat steht. Wir haben das betrachtete Beispiel 1 nun mit Hilfe zweier Verfahren gelöst. Wenn man die beiden Möglichkeiten vergleicht, erscheint uns die eben beschriebene Methode als schwerfälliger. Wesentlich hierbei ist aber die Erkenntnis, daß Probleme dieser Art mit Hilfe der Simplexmethode lösbar sind.

		u_1	u_2	u_3	u_4	u_5	x	y	z	u	v	
		1	1	1	1	1	0	0	0	0	0	
1	u_1	1	$-\frac{4}{3}$	0	0	0	$-\frac{13}{3}$	$\boxed{\frac{23}{3}}$	$-\frac{11}{3}$	0	$-\frac{11}{3}$	$\frac{44}{3}$
0	u	0	$\frac{1}{3}$	0	0	0	$\frac{1}{3}$	$-\frac{2}{3}$	$-\frac{1}{3}$	1	$\frac{2}{3}$	$\frac{7}{3}$
1	u_3	0	$-\frac{1}{3}$	1	0	0	$\frac{5}{3}$	$-\frac{7}{3}$	$-\frac{5}{3}$	0	$\frac{1}{3}$	$\frac{8}{3}$
1	u_4	0	$\frac{2}{3}$	0	1	0	$\frac{5}{3}$	$-\frac{1}{3}$	$\frac{1}{3}$	0	$\frac{7}{3}$	$\frac{14}{3}$
1	u_5	0	$\frac{1}{3}$	0	0	1	$\frac{4}{3}$	$\frac{1}{3}$	$-\frac{4}{3}$	0	$-\frac{1}{3}$	$\frac{16}{3}$
		1	$-\frac{2}{3}$	1	1	1	$\frac{1}{3}$	$\frac{16}{3}$	$-\frac{19}{3}$	0	$-\frac{4}{3}$	$\frac{82}{3}$
		0	$\frac{5}{3}$	0	0	0	$-\frac{1}{3}$	$-\frac{16}{3}$	$\frac{19}{3}$	0	$\frac{4}{3}$	

		u_1	u_2	u_3	u_4	u_5	x	y	z	u	v	
		1	1	1	1	1	0	0	0	0	0	
0	y	$\frac{3}{23}$	$-\frac{4}{23}$	0	0	0	$-\frac{13}{23}$	1	$-\frac{11}{23}$	0	$-\frac{11}{23}$	$\frac{44}{23}$
0	u	$\frac{2}{23}$	$\frac{5}{23}$	0	0	0	$-\frac{1}{23}$	0	$-\frac{15}{23}$	1	$\frac{8}{23}$	$\frac{83}{23}$
1	u_3	$\frac{7}{23}$	$-\frac{17}{23}$	1	0	0	$\frac{8}{23}$	0	$-\frac{64}{23}$	0	$-\frac{18}{23}$	$\frac{164}{23}$
1	u_4	$\frac{1}{23}$	$\frac{14}{23}$	0	1	0	$\frac{34}{23}$	0	$\frac{4}{23}$	0	$\frac{50}{23}$	$\frac{122}{23}$
1	u_5	$-\frac{1}{23}$	$\frac{9}{23}$	0	0	1	$\boxed{\frac{35}{23}}$	0	$-\frac{27}{23}$	0	$-\frac{4}{23}$	$\frac{108}{23}$
		$\frac{7}{23}$	$\frac{6}{23}$	1	1	1	$\frac{77}{23}$	0	$-\frac{87}{23}$	0	$\frac{28}{23}$	$\frac{394}{23}$
		$\frac{16}{23}$	$\frac{17}{23}$	0	0	0	$-\frac{77}{23}$	0	$\frac{87}{23}$	0	$-\frac{28}{23}$	

		u_1	u_2	u_3	u_4	u_5	x	y	z	u	v	
		1	1	1	1	1	0	0	0	0	0	
0	y	$\frac{4}{35}$	$-\frac{1}{35}$	0	0	$\frac{13}{35}$	0	1	$-\frac{32}{35}$	0	$-\frac{19}{35}$	$\frac{128}{35}$
0	u	$\frac{3}{35}$	$\frac{8}{35}$	0	0	$\frac{1}{35}$	0	0	$-\frac{24}{35}$	1	$\frac{12}{35}$	$\frac{131}{35}$
1	u_3	$\frac{11}{35}$	$-\frac{29}{35}$	1	0	$-\frac{8}{35}$	0	0	$-\frac{88}{35}$	0	$-\frac{26}{35}$	$\frac{212}{35}$
1	u_4	$\frac{3}{35}$	$\frac{8}{35}$	0	1	$-\frac{34}{35}$	0	0	$\frac{46}{35}$	0	$\boxed{\frac{82}{35}}$	$\frac{26}{35}$
0	x	$-\frac{1}{35}$	$\frac{9}{35}$	0	0	$\frac{23}{35}$	1	0	$-\frac{27}{35}$	0	$-\frac{4}{35}$	$\frac{108}{35}$
		$\frac{14}{35}$	$-\frac{21}{35}$	1	1	$-\frac{42}{35}$	0	0	$-\frac{42}{35}$	0	$\frac{56}{35}$	$\frac{238}{35}$
		$\frac{21}{35}$	$\frac{56}{35}$	0	0	$\frac{77}{35}$	0	0	$\frac{42}{35}$	0	$-\frac{56}{35}$	

		u_1	u_2	u_3	u_4	u_5	x	y	z	u	v	
		1	1	1	1	1	0	0	0	0	0	
0	y	$\frac{11}{82}$	$\frac{2}{82}$	0	$\frac{19}{82}$	$\frac{12}{82}$	0	1	$-\frac{50}{82}$	0	0	$\frac{314}{82}$
0	u	$\frac{6}{82}$	$\frac{16}{82}$	0	$-\frac{12}{82}$	$\frac{14}{82}$	0	0	$-\frac{72}{82}$	1	0	$\frac{298}{82}$
1	u_3	$\frac{28}{82}$	$-\frac{62}{82}$	1	$\frac{26}{82}$	$-\frac{44}{82}$	0	0	$-\frac{172}{82}$	0	0	$\frac{516}{82}$
0	v	$\frac{3}{82}$	$\frac{8}{82}$	0	$\frac{35}{82}$	$-\frac{34}{82}$	0	0	$\frac{46}{82}$	0	1	$\frac{26}{82}$
0	x	$-\frac{2}{82}$	$\frac{22}{82}$	0	$\frac{4}{82}$	$\frac{50}{82}$	1	0	$-\frac{58}{82}$	0	0	$\frac{256}{82}$
		$\frac{28}{82}$	$-\frac{62}{82}$	1	$\frac{26}{82}$	$-\frac{44}{82}$	0	0	$-\frac{172}{82}$	0	0	
		$\frac{54}{82}$	$\frac{144}{82}$	0	$\frac{56}{82}$	$\frac{126}{82}$	0	0	$\frac{172}{82}$	0	0	

Aus der Tabelle (36) folgt eine weitere Aussage:
Falls im System (33)

$$b_\alpha \geqq 0 \quad (\alpha = 1, \ldots, n), \quad \sum_{\alpha=1}^{n} b_\alpha > 0, \quad \sum_{\alpha=1}^{n} a_{\alpha\beta} \leqq 0 \quad (\beta = 1, \ldots, n)$$

gilt, besitzt das Gleichungssystem (33) keine nichtnegative Lösung.

5.4. Die revidierte Simplexmethode

Bei der praktischen Lösung eines linearen Optimierungsproblems mit Hilfe des im Abschnitt 1 dieses Kapitels beschriebenen Simplexverfahren kann man gewisse Vereinfachungen hinsichtlich des Rechenaufwandes beim Übergang von einer Tabelle zur anderen erzielen. Für die mathematische Theorie sind diese Vereinfachungen weniger interessant, jedoch sind sie für die praktische Berechnung einer Lösung eines umfangreichen Optimierungsproblems mit Hilfe von Rechenautomaten vorteilhaft. Im folgenden werden wir nun ein solches Verfahren beschreiben. Zu diesem Zweck betrachten wir das übliche Optimierungsproblem in Gleichungsform (siehe auch (1))

$$\min_{\boldsymbol{x} \in \mathfrak{M}} f(\boldsymbol{x}) \tag{39}$$

unter den Voraussetzungen 1° bis 5°, die wir bereits im Abschnitt 1 dieses Kapitels angegeben haben.

Der Punkt $\boldsymbol{x}_0$ mit

$$x_{0i} = d_{i0} \geqq 0 \qquad (i = 1, \ldots, m),$$
$$x_{0j} = 0 \qquad (j = m+1, \ldots, n)$$

sei ein bekannter Basispunkt. Die Variablen $x_1, \ldots, x_i, \ldots, x_m$ seien die zum gegebenen Basispunkt $\boldsymbol{x}_0$ gehörenden Basisvariablen, wobei die Gleichungen

$$x_i = d_{i0} - \sum_{j=m+1}^{n} d_{ij}\, x_j \qquad (i = 1, \ldots, m), \tag{40a}$$

die in bezug auf die Basisvariablen $x_1, \ldots, x_m$ aufgelösten Gleichungsrestriktionen des zulässigen Bereiches $\mathfrak{M}$ sind. Die Gleichungen (40a) kann man auch in der Form

$$\sum_{\alpha=1}^{n} d_{i\alpha}\, x_\alpha = d_{i0} \qquad (i = 1, \ldots, m) \tag{40b}$$

schreiben, wobei

$$d_{ik} = \delta_{ik} \qquad (i = 1, \ldots, m;\ k = 1, \ldots, m) \tag{40c}$$

gilt. Es sei $\tilde{\boldsymbol{x}}$ ein anderer Basispunkt, dem das System $x_{\alpha_1}, \ldots, x_{\alpha_i}, \ldots, x_{\alpha_m}$ von Basisvariablen entspricht, und

$$x_{\alpha_i} = \tilde{d}_{\alpha_i 0} - \sum_{j=m+1}^{n} \tilde{d}_{\alpha_i \alpha_j}\, x_{\alpha_j} \qquad (i = 1, \ldots, m) \tag{41a}$$

die in bezug auf die Variablen $x_{\alpha_1}, \ldots, x_{\alpha_i}, \ldots, x_{\alpha_m}$ aufgelösten Restriktionsgleichungen. Die Gleichungen lassen sich ebenfalls in der Form

$$\sum_{\alpha=1}^{n} \tilde{d}_{\alpha_i \alpha}\, x_\alpha = \tilde{d}_{\alpha_i 0} \qquad (i = 1, \ldots, m) \tag{41b}$$

schreiben, wobei wieder

$$\tilde{d}_{\alpha_i \alpha} = \delta_{\alpha_i \alpha} \qquad (i = 1, \ldots, m;\, \alpha = 1, \ldots, n) \tag{41c}$$

gilt. Die zu den Basispunkten $\boldsymbol{x}_0$, $\tilde{\boldsymbol{x}}$ gehörenden Tabellen sehen dann wie folgt aus:

		x_1	…	x_m	x_{m+1}	…	x_α	…	x_n	
		c_1	…	c_m	c_{m+1}	…	c_α	…	c_n	
c_1	x_1	d_{11}	…	d_{1m}	$d_{1,m+1}$	…	$d_{1\alpha}$	…	d_{1n}	d_{10}
⋮	⋮	⋮	⋱	⋮	⋮	⋱	⋮	⋱	⋮	
c_i	x_i	d_{i1}	…	d_{im}	$d_{i,m+1}$	…	$d_{i\alpha}$	…	d_{in}	d_{i0}
⋮	⋮	⋮	⋱	⋮	⋮	⋱	⋮	⋱	⋮	⋮
c_m	x_m	d_{m1}	…	d_{mm}	$d_{m,m+1}$	…	$d_{m\alpha}$	…	d_{mn}	d_{m0}
		z_1	…	z_m	z_{m+1}	…	z_α	…	z_n	c_0
		$c_1 - z_1$	…	$c_m - z_m$	$c_{m+1} - z_{m+1}$	…	$c_\alpha - z_\alpha$	…	$c_n - z_n$	

(42)

		x_1	…	x_m	x_{m+1}	…	x_α	…	x_n	
		c_1	…	c_m	c_{m+1}	…	c_α	…	c_n	
c_{α_1}	x_{α_1}	$\tilde{d}_{\alpha_1 1}$	…	$\tilde{d}_{\alpha_1 m}$	$\tilde{d}_{\alpha_1, m+1}$	…	$\tilde{d}_{\alpha_1 \alpha}$	…	$\tilde{d}_{\alpha_1 n}$	$\tilde{d}_{\alpha_1 0}$
⋮	⋮	⋮	⋱	⋮	⋮	⋱	⋮	⋱	⋮	⋮
c_{α_i}	x_{α_i}	$\tilde{d}_{\alpha_i 1}$	…	$\tilde{d}_{\alpha_i m}$	$\tilde{d}_{\alpha_i, m+1}$	…	$\tilde{d}_{\alpha_i \alpha}$	…	$\tilde{d}_{\alpha_i n}$	$\tilde{d}_{\alpha_i 0}$
⋮	⋮	⋮	⋱	⋮	⋮	⋱	⋮	⋱	⋮	⋮
c_{α_m}	x_{α_m}	$\tilde{d}_{\alpha_m 1}$	…	$\tilde{d}_{\alpha_m m}$	$\tilde{d}_{\alpha_m, m+1}$	…	$\tilde{d}_{\alpha_m \alpha}$	…	$\tilde{d}_{\alpha_m n}$	$\tilde{d}_{\alpha_m 0}$
		$\tilde{z}_1$	…	$\tilde{z}_m$	$\tilde{z}_{m+1}$	…	$\tilde{z}_\alpha$	…	$\tilde{z}_n$	$\tilde{c}_0$
		$c_1 - \tilde{z}_1$	…	$c_m - \tilde{z}_m$	$c_{m+1} - \tilde{z}_{m+1}$	…	$c_\alpha - \tilde{z}_\alpha$	…	$c_n - \tilde{z}_n$	

(43)

wobei die Elemente z_α, c_0 und $\tilde{z}_\alpha$, $\tilde{c}_0$ die bekannte Bedeutung

$$\left.\begin{aligned}
z_i &= c_i & &(i = 1, \ldots, m), \\
z_j &= \sum_{i=1}^{m} d_{ij}\, c_i & &(j = m+1, \ldots, n)\,, \\
\tilde{z}_{\alpha_i} &= c_{\alpha_i} & &(i = 1, \ldots, m)\,, \\
\tilde{z}_{\alpha_j} &= \sum_{i=1}^{m} \tilde{d}_{\alpha_i \alpha_j}\, c_{\alpha_i} & &(j = m+1, \ldots, n)\,, \\
c_0 &= \sum_{i=1}^{m} c_i\, d_{i0}\,, & &\tilde{c}_0 = \sum_{i=1}^{m} c_{\alpha_i}\, \tilde{d}_{\alpha_i 0}
\end{aligned}\right\} \tag{44}$$

aus dem Simplexverfahren haben.

Die erste Aufgabe besteht nun darin, einen bestimmten Zusammenhang der Elemente der Tabelle (42) mit denen der Tabelle (43) zu erkennen, der sich später für das Verfahren als nützlich erweisen wird. Zu diesem Zweck gehen wir von der quadratischen Matrix

$$\begin{pmatrix}
d_{1\alpha_1} & \ldots & d_{1\alpha_i} & \ldots & d_{1\alpha_m} \\
\vdots & \ddots & \vdots & \ddots & \vdots \\
d_{i\alpha_1} & \ldots & d_{i\alpha_i} & \ldots & d_{i\alpha_m} \\
\vdots & \ddots & \vdots & \ddots & \vdots \\
d_{m\alpha_1} & \ldots & d_{m\alpha_i} & \ldots & d_{m\alpha_m}
\end{pmatrix} \equiv (d_{i\alpha_s}) \tag{45}$$

aus, die offenbar den Rang m besitzt.[1]) Wir bilden zu dieser Matrix die Inverse

$$\begin{pmatrix}
d^*_{\alpha_1 1} & \ldots & d^*_{\alpha_1 k} & \ldots & d^*_{\alpha_1 m} \\
\vdots & \ddots & \vdots & \ddots & \vdots \\
d^*_{\alpha_k 1} & \ldots & d^*_{\alpha_k k} & \ldots & d^*_{\alpha_k m} \\
\vdots & \ddots & \vdots & \ddots & \vdots \\
d^*_{\alpha_m 1} & \ldots & d^*_{\alpha_m k} & \ldots & d^*_{\alpha_m m}
\end{pmatrix} = (d^*_{\alpha_s k}) \tag{46}$$

deren Elemente $d^*_{\alpha_s k}$ $(s, k = 1, \ldots, m)$ eindeutig durch das Gleichungssystem

$$\sum_{i=1}^{m} d_{i\alpha_s}\, d^*_{\alpha_k i} = \delta_{\alpha_k \alpha_s} \qquad (k, s = 1, \ldots, m) \tag{47}$$

bestimmt sind. Die Elemente der inversen Matrix $(d^*_{\alpha_s k})$ liefern einen engen Zusammenhang zwischen den Elementen $d_{i\alpha}$, d_{i0}, z_α, c_0 der Tabelle (42) und den Elementen $\tilde{d}_{i\alpha}$, $\tilde{d}_{i0}$, $\tilde{z}_\alpha$, $\tilde{c}_0$ der Tabelle (43). Dieser Zusammenhang wird

---

[1]) Die Matrix $(d_{i\alpha_s})$ ist also eine quadratische Teilmatrix der Operationsmatrix in der Tabelle (42), die die x_{α_i}-Spalten $(i = 1, \ldots, m)$ dieser Operationsmatrix enthält.

durch die Formeln

$$\left.\begin{aligned}
\tilde{d}_{\alpha_k \alpha} &= d^*_{\alpha_k \tilde{\alpha}} && (\alpha = 1, \ldots, m)\,,\\
\tilde{d}_{\alpha_k \alpha} &= \sum_{i=1}^{m} d_{i\alpha}\, d^*_{\alpha_k i} && (\alpha = m+1, \ldots, n)\,,\\
\tilde{d}_{\alpha_k 0} &= \sum_{i=1}^{m} d_{i0}\, d^*_{\alpha_k i}\,, && \\
\tilde{z}_{\alpha_i} &= c_{\alpha_i} && (i = 1, \ldots, m)\,,\\
\tilde{z}_{\alpha} &= \sum_{i=1}^{m} c_{\alpha_i}\, d^*_{\alpha_i \alpha} && (\alpha = 1, \ldots, m)\,,\\
\tilde{z}_{\alpha} &= \sum_{k=1}^{m} d_{k\alpha}\, \tilde{z}_k && (\alpha = m+1, \ldots, n)\,,\\
\tilde{c}_0 &= \sum_{k=1}^{m} d_{k0}\, \tilde{z}_k\,, && \\
c_\alpha - \tilde{z}_\alpha &= c_\alpha - z_\alpha + \sum_{k=1}^{m} d_{k\alpha}(c_k - \tilde{z}_k)\,, && \alpha \in \{m+1, \ldots, n\}
\end{aligned}\right\} \qquad (48)$$

ausgedrückt. Um die Relationen (48) zu beweisen, gehen wir von den Gleichungen (40b) aus, die wir in der Form

$$\sum_{s=1}^{m} d_{i\alpha_s} x_{\alpha_s} = d_{i0} - \sum_{j=m+1}^{n} d_{i\alpha_j} x_{\alpha_j} \qquad (i = 1, \ldots, m)$$

schreiben. Aus ihnen ergibt sich auf Grund von (47)

$$\sum_{i=1}^{m} \sum_{s=1}^{m} d_{i\alpha_s} d^*_{\alpha_k i} x_{\alpha_s} = \sum_{i=1}^{m} d_{i0}\, d^*_{\alpha_k i} - \sum_{j=m+1}^{n} \left(\sum_{i=1}^{m} d_{i\alpha_j} d^*_{\alpha_k i} \right) x_{\alpha_j}\,,$$

d. h.

$$x_{\alpha_k} = \sum_{i=1}^{m} d_{i0}\, d^*_{\alpha_k i} - \sum_{j=m+1}^{n} \left(\sum_{i=1}^{m} d_{i\alpha_j} d^*_{\alpha_k i} \right) x_{\alpha_j} \qquad (k = 1, \ldots, m)\,.$$

Daraus und aus (41a) folgt dann der Zusammenhang

$$\tilde{d}_{\alpha_k 0} = \sum_{i=1}^{m} d_{i0}\, d^*_{\alpha_k i}\,, \qquad (49\,\mathrm{a})$$

$$\tilde{d}_{\alpha_k \alpha_j} = \sum_{i=1}^{m} d_{i\alpha_j} d^*_{\alpha_k i} \qquad (j = m+1, \ldots, n)\,. \qquad (49\,\mathrm{b})$$

Falls $\alpha_j \in \{1, \ldots, m\}$ ist, ergibt sich aus (49b) wegen (40c) also

$$\left.\begin{aligned}
\tilde{d}_{\alpha_k \alpha_j} &= \sum_{i=1}^{m} d_{i\alpha_j} d^*_{\alpha_k i} = d^*_{\alpha_k \alpha_j}\,,\\
\tilde{d}_{\alpha_k \alpha} &= d^*_{\alpha_k \alpha} \qquad \text{für} \quad \alpha \in \{1, \ldots, m\}\,.
\end{aligned}\right\} \qquad (49\,\mathrm{c})$$

Falls $\alpha_j \in \{m+1, \ldots, n\}$ ist, erhalten die Formeln (49b) die Form

$$\tilde{d}_{\alpha_k \alpha} = \sum_{i=1}^{m} d_{i\alpha} d^*_{\alpha_k i} \qquad (\alpha = m+1, \ldots, n) .$$

Diese Formel zusammen mit (49a, c) stellen die ersten drei Relationen in (48) dar. Aus dem ersten und dritten Gleichungssystem in (48) und aus (44) folgt nun

$$\tilde{z}_{\alpha_i} = c_{\alpha_i} \qquad (i = 1, \ldots, m) ,$$

$$\tilde{z}_{\alpha_j} = \sum_{i=1}^{m} \tilde{d}_{\alpha_i \alpha_j} c_{\alpha_i} = \sum_{i=1}^{m} c_{\alpha_j} d^*_{\alpha_i \alpha_j} \qquad \text{für} \qquad \alpha_j \in \{1, \ldots, m\} ,$$

$$\tilde{z}_{\alpha_j} = \sum_{i=1}^{m} \tilde{d}_{\alpha_i \alpha_j} c_{\alpha_i} = \sum_{i=1}^{m} \sum_{k=1}^{m} d_{k\alpha_i} d^*_{\alpha_i k} c_{\alpha_i} = \sum_{k=1}^{m} d_{k\alpha_j} \tilde{z}_k \qquad \text{für} \qquad \alpha_j \in \{m+1, \ldots, n\},$$

d. h.

$$\tilde{z}_\alpha = \sum_{i=1}^{m} c_{\alpha_i} d^*_{\alpha_i \alpha} \qquad (\alpha = 1, \ldots, m) ,$$

$$\tilde{z}_\alpha = \sum_{i=1}^{m} d_{i\alpha} \tilde{z}_i \qquad (\alpha = m+1, \ldots, n) ,$$

womit die vierten bis sechsten Beziehungen aus (48) bewiesen sind. Weiter ergibt sich aus (44) und der dritten und fünften Gleichung in (48)

$$\tilde{c}_0 = \sum_{i=1}^{m} c_{\alpha_i} \tilde{d}_{\alpha_i 0} = \sum_{i=1}^{m} c_{\alpha_i} \left(\sum_{k=1}^{m} d_{k0} d^*_{\alpha_i k} \right) = \sum_{k=1}^{m} \left(\sum_{i=1}^{m} c_{\alpha_i} d^*_{\alpha_i k} \right) d_{k0} = \sum_{k=1}^{m} d_{k0} \tilde{z}_k .$$

Das ist aber die siebente Relation in (48). Aus (44) sowie aus der sechsten und fünften Gleichung in (48), die schon bewiesen wurden, geht weiter für $\alpha \in \{m+1, \ldots, n\}$ die Beziehung

$$\begin{aligned} c_\alpha - \tilde{z}_\alpha = c_\alpha - \sum_{k=1}^{m} d_{k\alpha} \tilde{z}_k &= (c_\alpha - z_\alpha) - \left(\sum_{k=1}^{m} d_{k\alpha} \tilde{z}_k - z_\alpha \right) \\ &= (c_\alpha - z_\alpha) - \left(\sum_{k=1}^{m} d_{k\alpha} \tilde{z}_k - \sum_{k=1}^{m} d_{k\alpha} c_k \right) \\ &= (c_\alpha - z_\alpha) - \left(\sum_{k=1}^{m} d_{k\alpha} (\tilde{z}_k - c_k) \right) \end{aligned}$$

hervor, womit die letzte Relation in (48) bewiesen wurde. Damit gilt der folgende Satz:

▌S. 1 *Es sei* x_0 *ein zulässigerBasispunkt mit den Basisvariablen* $x_1, \ldots, x_m$ *und der Simplextabelle* (42), x_1 *ein anderer zulässiger Basispunkt, zu dem das System* $x_{\alpha_1}, \ldots, x_{\alpha_m}$ *von Basisvariablen und die Simplextabelle* (43) *gehören. Dann stellt die quadratische Teilmatrix*

$$\begin{pmatrix} \tilde{d}_{\alpha_1 1} & \dots & \tilde{d}_{\alpha_1 k} & \dots & \tilde{d}_{\alpha_1 m} \\ \vdots & & \vdots & & \vdots \\ \tilde{d}_{\alpha_k 1} & \dots & \tilde{d}_{\alpha_k k} & \dots & \tilde{d}_{\alpha_k m} \\ \vdots & & \vdots & & \vdots \\ \tilde{d}_{\alpha_m 1} & \dots & \tilde{d}_{\alpha_m k} & \dots & \tilde{d}_{\alpha_m m} \end{pmatrix}$$

der Operationsmatrix der Tabelle (43) *die zur quadratischen Teilmatrix*

$$\begin{pmatrix} d_{1\alpha_1} & \dots & d_{1\alpha_i} & \dots & d_{1\alpha_m} \\ \vdots & & \vdots & & \vdots \\ d_{i\alpha_1} & \dots & d_{i\alpha_i} & \dots & d_{i\alpha_m} \\ \vdots & & \vdots & & \vdots \\ d_{m\alpha_1} & \dots & d_{m\alpha_i} & \dots & d_{m\alpha_m} \end{pmatrix}$$

der Operationsmatrix der Tabelle (42) *inverse Matrix dar. Aus der Matrix*

$$\begin{pmatrix} d_{\alpha_1 1} & \dots & d_{\alpha_1 k} & \dots & d_{\alpha_1 m} \\ \vdots & & \vdots & & \vdots \\ d_{\alpha_k 1} & \dots & d_{\alpha_k k} & \dots & d_{\alpha_k m} \\ \vdots & & \vdots & & \vdots \\ d_{\alpha_m 1} & \dots & d_{\alpha_m k} & \dots & d_{\alpha_m m} \\ z_1 & \dots & z_k & & z_m \\ c_1 - z_1 & \dots & c_k - z_k & \dots & c_m - z_m \end{pmatrix} \tag{50}$$

lassen sich dann alle Elemente $\tilde{d}_{\alpha_i\alpha}$, $\tilde{z}_\alpha$, $c_\alpha - \tilde{z}_\alpha$ *jeder* x_α*-Spalte mit* $\alpha \in \{m + 1, \dots, n\}$ *der Tabelle* (43), *d. h. jede Matrix*

$$\begin{pmatrix} \tilde{d}_{\alpha_1\alpha} \\ \vdots \\ \tilde{d}_{\alpha_m\alpha} \\ \tilde{z}_\alpha \\ c_\alpha - \tilde{z}_\alpha \end{pmatrix}, \qquad \alpha \in \{m + 1, \dots, n\}, \tag{51}$$

mit Hilfe der Datenangaben aus der Tabelle (42) *folgendermaßen berechnen:*

1° *Das Element* $\tilde{d}_{\alpha_k\alpha}$ *(bei festem* $k \in \{1, \dots, m\}$, $\alpha \in \{0, m+1, \dots, n\}$*) ist das Skalarprodukt des Zeilenvektors in der k-ten Zeile der Matrix* (50) *mit dem Spaltenvektor*

$$\begin{pmatrix} d_{1\alpha} \\ \vdots \\ d_{k\alpha} \\ \vdots \\ d_{m\alpha} \end{pmatrix} \tag{52}$$

der Operationsmatrix aus der Tabelle (42).

2° *Das Element* $\tilde{z}_\alpha, \alpha \in \{0, m+1, \ldots, n\}$ (*wobei* $\tilde{z}_0 = \tilde{c}_0$ *bedeutet*), *ist das Skalarprodukt des Zeilenvektors in der* $(m+1)$*-ten Zeile der Matrix* (50) *mit dem Spaltenvektor* (52).

3° *Das Element* $c_\alpha - \tilde{z}_\alpha$, $\alpha \in \{m+1, \ldots, n\}$ *ist das Skalarprodukt des letzten Zeilenvektors der Matrix* (50) *mit dem Spaltenvektor* (52), *addiert zum „ursprünglichen" Element* $c_\alpha - z_\alpha$ *der* x_α*-Spalte der Tabelle* (42). ∎

Alle Behauptungen des Satzes 1 sind unmittelbar Folgerungen der Transformationsformeln (48).

Die praktische Bedeutung des Satzes 1 liegt darin, daß man bei der Lösung eines linearen Optimierungsproblems mit Hilfe des Simplexverfahrens nicht unbedingt alle Operationen, die beim üblichen Simplexverfahren beim Übergang von einer Tabelle zur anderen durchgeführt werden, benötigt. Hierbei spart man nicht nur Zeit, sondern es wird auch das Ausmaß der Tabellen bei den Iterationsschritten des Verfahrens im Vergleich zur üblichen Simplexmethode reduziert. Neben der vollständigen Ausgangstabelle (42), die man auch in der Gestalt

		x_1	...	x_i	...	x_m	x_{m+1}	...	x_α	...	x_n	
		c_1	...	c_i	...	c_m	c_{m+1}	...	c_α	...	c_n	
c_1	x_1	1	...	0	...	0	$d_{1,m+1}$	...	$d_{1\alpha}$	...	d_{1n}	d_{10}
⋮	⋮	⋮		⋮		⋮	⋮		⋮		⋮	⋮
c_i	x_i	0	...	1	...	0	$d_{i,m+1}$	...	$d_{i\alpha}$	...	d_{in}	d_{i0}
⋮	⋮	⋮		⋮		⋮	⋮		⋮		⋮	⋮
c_m	x_m	0	...	0	...	1	$d_{m,m+1}$	...	$d_{m\alpha}$	...	d_{mn}	d_{m0}
		z_1	...	z_i	...	z_m	z_{m+1}	...	z_α	...	z_n	c_0
		$c_1 - z_1$	...	$c_i - z_i$	...	$c_m - z_m$	$c_{m+1} - z_{m+1}$	...	$c_\alpha - z_\alpha$	...	$c_n - z_n$	

(53a)

schreiben kann (wobei $z_i = c_i$, $c_i - z_i = 0$ für $i = 1, \ldots, m$ ist), wird in jedem Schritt der modifizierten Methode, statt der Tabelle (43) nur die Teiltabelle (53b) der Tabelle (53c) mit Hilfe der üblichen Operationen des Simplexverfahrens berechnet. Die Elemente des restlichen Teiles (53d) der Tabelle (53c) soweit sie für das noch aufzustellende Verfahren benötigt werden, können dann nach den im Satz 1 zitierten Regeln mit Hilfe des Schemas (53b) und der Teiltabelle (53e) von (53a) bestimmt werden.

		x_1	...	x_i	...	x_m	
		c_1	...	c_i	...	c_m	
c	x_{α_1}	$\tilde{d}_{\alpha_1 1}$	...	$\tilde{d}_{\alpha_1 i}$	...	$\tilde{d}_{\alpha_1 m}$	$\tilde{d}_{\alpha_1 0}$
⋮	⋮	⋮		⋮		⋮	⋮
c_{α_i}	x_{α_i}	$\tilde{d}_{\alpha_i 1}$	...	$\tilde{d}_{\alpha_i i}$	...	$\tilde{d}_{\alpha_i m}$	$\tilde{d}_{\alpha_i 0}$
⋮	⋮	⋮		⋮		⋮	⋮
c_{α_m}	x_{α_m}	$\tilde{d}_{\alpha_m 1}$	...	$\tilde{d}_{\alpha_m i}$	...	$\tilde{d}_{\alpha_m m}$	$\tilde{d}_{\alpha_m 0}$
		$\tilde{z}_1$	...	$\tilde{z}_i$	...	$\tilde{z}_m$	$\tilde{c}_0$
		$c_1-\tilde{z}_1$	...	$c_i-\tilde{z}_i$	...	$c_m-\tilde{z}_m$	

(53 b)

		x_1	...	x_i	...	x_m	x_{m+1}	...	x_α	...	x_n	
		c_1	...	c_i	...	c_m	c_{m+1}	...	c_α	...	c_n	
c_{α_1}	x_{α_1}	$\tilde{d}_{\alpha_1 1}$	...	$\tilde{d}_{\alpha_1 i}$	...	$\tilde{d}_{\alpha_1 m}$	$\tilde{d}_{\alpha_1, m+1}$	...	$\tilde{d}_{\alpha_1 \alpha}$	...	$\tilde{d}_{\alpha_1 n}$	$\tilde{d}_{\alpha_1 0}$
⋮	⋮	⋮		⋮		⋮	⋮		⋮		⋮	
c_{α_i}	x_{α_i}	$\tilde{d}_{\alpha_i 1}$	...	$\tilde{d}_{\alpha_i i}$	...	$\tilde{d}_{\alpha_i m}$	$\tilde{d}_{\alpha_i, m+1}$	...	$\tilde{d}_{\alpha_i \alpha}$	...	$\tilde{d}_{\alpha_i n}$	$\tilde{d}_{\alpha_i 0}$
⋮	⋮	⋮		⋮		⋮	⋮		⋮		⋮	
c_{α_m}	x_{α_m}	$\tilde{d}_{\alpha_m 1}$	...	$\tilde{d}_{\alpha_m i}$	...	$\tilde{d}_{\alpha_m m}$	$\tilde{d}_{\alpha_m, m+1}$	...	$\tilde{d}_{\alpha_m \alpha}$	...	$\tilde{d}_{\alpha_m n}$	$\tilde{d}_{\alpha_m 0}$
		$\tilde{z}_1$	...	$\tilde{z}_i$	...	$\tilde{z}_m$	$\tilde{z}_{m+1}$	...	$\tilde{z}_\alpha$	...	$\tilde{z}_n$	$\tilde{c}_0$
		$c_1-\tilde{z}_1$	...	$c_i-\tilde{z}_i$	...	$c_m-\tilde{z}_m$	c_{m+1} $-\tilde{z}_{m+1}$	...	$c_\alpha-\tilde{z}_\alpha$	...	c_n $-\tilde{z}_n$	

(53 c)

x_{m+1}	...	x_α	...	x_n
c_{m+1}	...	c_α	...	c_n
$\tilde{d}_{\alpha_1, m+1}$	...	$\tilde{d}_{\alpha_1 \alpha}$	...	$\tilde{d}_{\alpha_1 n}$
⋮		⋮		⋮
$\tilde{d}_{\alpha_i, m+1}$	...	$\tilde{d}_{\alpha_i \alpha}$	...	$\tilde{d}_{\alpha_i n}$
⋮		⋮		⋮
$\tilde{d}_{\alpha_m, m+1}$	...	$\tilde{d}_{\alpha_m \alpha}$	...	$\tilde{d}_{\alpha_m n}$
$\tilde{z}_{m+1}$	...	$\tilde{z}_\alpha$	...	$\tilde{z}_n$
$c_{m+1}-\tilde{z}_{m+1}$	...	$c_\alpha-\tilde{z}_\alpha$	...	$c_n-\tilde{z}_n$

(53 d)

x_{m+1}	...	x_α	...	x_n
c_{m+1}	...	c_α	...	c_n
$d_{1\,m+1}$	...	$d_{1\alpha}$	...	d_{1n}
$\vdots$		$\vdots$		$\vdots$
$d_{i\,m+1}$	...	$d_{i\alpha}$	...	d_{in}
$\vdots$		$\vdots$		$\vdots$
$d_{m,\,m+1}$	...	$d_{m\alpha}$	...	d_{mn}
z_{m+1}	...	z_α	...	z_n
$c_{m+1}-z_{m+1}$	...	$c_\alpha-z_\alpha$	...	c_n-z_n

(53e)

Das Verfahren, das nun beschrieben werden soll, heißt *revidierte Simplexmethode*. Es beruht auf folgenden Iterationsschritten:

Der Vorbereitungsschritt ist derselbe wie beim üblichen Simplexverfahren. Man geht von der Anfangstabelle (53a) aus. In der charakteristischen Zeile dieser Tabelle sind folgende drei Fälle möglich:

1° Falls $c_\alpha - z_\alpha \geqq 0$ für $\alpha = 1, \ldots, n$ gilt, stellt der Basispunkt $\boldsymbol{x}_0$ mit $x_{0i} = d_{i0}$ $(i = 1, \ldots, m)$ $x_{0j} = 0$ $(j = m + 1, \ldots, n)$ einen optimalen Punkt des gegebenen Optimierungsproblems dar, und unser Algorithmus endet.

2° Gibt es einen Index $\alpha_0 \in \{m + 1, \ldots, n\}$ mit

$$c_{\alpha_0} - z_{\alpha_0} < 0\,, \qquad d_{i\alpha_0} \leqq 0 \qquad (i = 1, \ldots, m)\,,$$

so ist die Zielfunktion über der Restriktionsmenge $\mathfrak{M}$ nach unten unbeschränkt, und es gibt keinen optimalen Punkt. Das Verfahren ist auch hier beendet.

3° Wenn keiner der Fälle 1° oder 2° eintritt, folgt der erste Iterationsschritt des Verfahrens.

Schritt 1: Wir teilen die Tabelle (53a) in zwei Teiltabellen (Tabelle I und II), wobei schon respektiert wurde, daß $z_i = c_i$, $c_i - z_i = 0$ für $i = 1, \ldots, m$ ist. In der letzten Zeile der zweiten Tabelle (Tabelle II) in (54) (d. h. in dem zugehörigen Teil der charakteristischen Zeile der Tabelle (53a)) bestimmen wir die erste negative Zahl $c_\alpha - z_\alpha$ von links aus betrachtet. Es sei dies die Zahl $c_{\alpha_0} - z_{\alpha_0}$. Die x_{α_0}-Spalte wählen wir zur Führungsspalte und in bekannter Weise bestimmen wir das Zentralelement $d_{i_0\alpha_0} > 0$. Im Gegensatz zu dem üblichen Simplexverfahren, wo durch entsprechenden Basisaustausch mit Hilfe der Kreuzregel die ganze Tabelle (53c) aufgestellt wurde, führen wir die Berechnung nur in der Tabelle I aus (54) durch, womit wir zur Tabelle (53b)

		x_1	$\dots$	x_i	$\dots$	x_n	
		c_1	$\dots$	c_i	$\dots$	c_n	
c_1	x_1	1	$\dots$	0	$\dots$	0	d_{10}
$\vdots$	$\vdots$	$\vdots$		$\vdots$		$\vdots$	$\vdots$
c_i	x_i	0	$\dots$	1	$\dots$	0	d_{i0}
$\vdots$	$\vdots$	$\vdots$		$\vdots$		$\vdots$	$\vdots$
c_m	x_m	0	$\dots$	0	$\dots$	1	d_{m0}
		c_1	$\dots$	c_i	$\dots$	c_m	c_0
		0	$\dots$	0	$\dots$	0	

Tabelle I

x_{m+1}	$\dots$	x_α	$\dots$	x_n
c_{m+1}	$\dots$	c_α	$\dots$	c_n
$d_{1,\,m+1}$	$\dots$	$d_{1\alpha}$	$\dots$	d_{1n}
$\vdots$		$\vdots$		$\vdots$
$d_{i,\,m+1}$	$\dots$	$d_{i\alpha}$	$\dots$	d_{in}
$\vdots$		$\vdots$		$\vdots$
$d_{m,\,m+1}$	$\dots$	$d_{m\alpha}$	$\dots$	d_{mn}
z_{m+1}	$\dots$	z_α	$\dots$	z_n
$c_{m+1}-z_{m+1}$	$\dots$	$c_\alpha-z_\alpha$	$\dots$	c_n-z_n

Tabelle II

(54)

		x_1	$\dots$	x_i	$\dots$	x_m	
		c_1	$\dots$	c_i	$\dots$	c_m	
c_1	x_1	${}^{(1)}d_{11}$	$\dots$	${}^{(1)}d_{1i}$	$\dots$	${}^{(1)}d_{1m}$	${}^{(1)}d_{10}$
$\vdots$	$\vdots$	$\vdots$		$\vdots$		$\vdots$	$\vdots$
c_{i_0-1}	x_{i_0-1}	${}^{(1)}d_{i_0-1,1}$	$\dots$	${}^{(1)}d_{i_0-1,i}$	$\dots$	${}^{(1)}d_{i_0-1,m}$	${}^{(1)}d_{i_0-1,0}$
c_{α_0}	x_{α_0}	${}^{(1)}d_{\alpha_0 1}$	$\dots$	${}^{(1)}d_{\alpha_0 i}$	$\dots$	${}^{(1)}d_{\alpha_0 m}$	${}^{(1)}d_{\alpha_0 0}$
c_{i_0+1}	x_{i_0+1}	${}^{(1)}d_{i_0+1,1}$	$\dots$	${}^{(1)}d_{i_0+1,i}$	$\dots$	${}^{(1)}d_{i_0+1,m}$	${}^{(1)}d_{i_0+1,0}$
$\vdots$	$\vdots$	$\vdots$		$\vdots$		$\vdots$	$\vdots$
c_m	x^m	${}^{(1)}d_{m1}$	$\dots$	${}^{(1)}d_{mi}$	$\dots$	${}^{(1)}d_{mm}$	${}^{(1)}d_{m0}$
		${}^{(1)}z_1$	$\dots$	${}^{(1)}z_i$	$\dots$	${}^{(1)}z_m$	${}^{(1)}c$
		$c_1-{}^{(1)}z_1$	$\dots$	$c_i-{}^{(1)}z_i$	$\dots$	$c_m-{}^{(1)}z_m$	

Tabelle III

x_{m+1}	$\dots$	x_α	$\dots$	x_m
c_{m+1}	$\dots$	c_α	$\dots$	c_m

Tabelle IV

(55)

gelangen und damit den übrigen Teil, d. h. die Tabelle (53d) gespart haben. Ausgehend von der Tabelle (53b), bei der wir statt der Symbole $\tilde{d}_{\alpha_i k}$, $\tilde{d}_{\alpha_i 0}$, $\tilde{z}_k$, $c_k - \tilde{z}_k$ die Symbole ${}^{(1)}d_{1k}, \ldots, {}^{(1)}d_{i_0-1,k}, {}^{(1)}d_{\alpha_0 k}, {}^{(1)}d_{i_0+1,k}, \ldots, {}^{(1)}d_{mk}, {}^{(1)}d_{10}, \ldots,$ ${}^{(1)}d_{i_0-1,0}, {}^{(1)}d_{\alpha_0 0}, {}^{(1)}d_{i_0+10}, \ldots, {}^{(1)}d_{m0}, {}^{(1)}z_k, c_k - {}^{(1)}z_k$ schreiben[1]) denken wir uns neben dieser Tabelle den bisher nicht berechneten Teil (53d). In diesem ersten Schritt sind alle Zahlen $c_i - {}^{(1)}z_i$ $(i = 1, \ldots, m)$ der letzten Zeile der Tabelle III nicht negativ; denn es gilt sogar $c_i - {}^{(1)}z_i = 0$ für $i = 1, \ldots, m$; $i \neq i_0$:

$$c_{i_0} - {}^{(1)}z_{i_0} = c_{i_0} - z_{i_0} - \frac{d_{i_0 i_0}(c_{\alpha_0} - z_{\alpha_0})}{d_{i_0 \alpha_0}} = - \frac{c_{\alpha_0} - z_{\alpha_0}}{d_{i_0 \alpha_0}} > 0 .$$

In Tabelle IV berechnen wir nun nur die Elemente, die für den weiteren Schritt unbedingt benötigt werden. Darin besteht ein wesentlicher Unterschied zur üblichen Simplexmethode. Dann sind folgende Operationen durchzuführen:

I. Nach der Transformationsformel

$$c_\alpha - {}^{(1)}z_\alpha = c_\alpha - z_\alpha + \sum_{k=1}^{m} d_{k\alpha}\,(c_k - {}^{(1)}z_k)\,, \qquad \alpha \in \{m+1, \ldots, n\} \tag{56}$$

aus (48) berechnet man zunächst $c_{m+1} - {}^{(1)}z_{m+1}$, und zwar dadurch, daß man zum Skalarprodukt des Vektors $(c_1 - {}^{(1)}z_1, \ldots, c_m - {}^{(1)}z_m)$ aus der letzten Zeile der Tabelle III mit dem Vektor $(d_{1,m+1}, \ldots, d_{m,m+1})$ der ersten Spalte der Tabelle II das Element $c_{m+1} - z_{m+1}$ addiert (nach Satz 1). Falls $c_{m+1} - {}^{(1)}z_{m+1} < 0$ ist, wählen wir die x_{m+1}-Spalte in der Tabelle IV zur Führungsspalte. Falls $c_{m+1} - {}^{(1)}z_{m+1} \geqq 0$ ist, berechnen wir (nach Satz 1) in ähnlicher Weise das Element $c_{m+2} - {}^{(1)}z_{m+2}$. Ist $c_{m+2} - {}^{(1)}z_{m+2} < 0$, so wird die x_{m+2}-Spalte in der Tabelle IV Führungsspalte. Andernfalls, d. h. wenn $c_{m+2} - {}^{(1)}z_{m+2} \geqq 0$ gilt, berechnen wir auf Grund von (56) die Zahl $c_{m+3} - {}^{(1)}z_{m+3}$ usw. Kurz gesagt: In der Folge

$$c_{m+1} - {}^{(1)}z_{m+1}, \ldots, c_\alpha - {}^{(1)}z_\alpha, \ldots, c_n - {}^{(1)}z_n$$

aus (56) bestimmen wir das von links erste negative Element

$$c_{\alpha_1} - {}^{(1)}z_{\alpha_1} < 0$$

(ohne die restlichen Elemente dieser Zeile auszurechnen), und wir tragen diese Zahl in das Schema IV ein. Die x_{α_1}-Spalte ist dann die Führungsspalte in dieser Tabelle. Falls aber $c_\alpha - {}^{(1)}z_\alpha \geqq 0$ für $\alpha = m + 1, \ldots, n$ gilt, endet das Verfahren.

II. Wir bestimmen die Zahlen ${}^{(1)}d_{i\alpha_0}$ $(i = 1, \ldots, m;\ i \neq i_0)$, ${}^{(1)}d_{\alpha_0\alpha_1}$, ${}^{(1)}z_{\alpha_1}$ der x_{α_1}-Führungsspalte in Tabelle IV und mit Hilfe der Tabellen III und II,

---

[1]) Hiermit wollen wir andeuten, daß es die im ersten Schritt des Verfahrens berechneten Daten sind und der Basisaustausch $x_{i_0} \sim x_{\alpha_0}$ stattfand.

		x_1	$\cdots$	x_i	$\cdots$	x_m		x_{m+1}	$\cdots$	x_{α_1}	$\cdots$	x_n
		c_1	$\cdots$	c_i	$\cdots$	c_m		c_{m+1}	$\cdots$	c_{α_1}	$\cdots$	c_n
c_1	x_1	${}^{(1)}d_{11}$	$\cdots$	${}^{(1)}d_{1\,i}$	$\cdots$	${}^{(1)}d_{1\,m}$	${}^{(1)}d_{10}$			${}^{(1)}d_{1\,\alpha_1}$		
$\vdots$	$\vdots$	$\vdots$		$\vdots$		$\vdots$	$\vdots$			$\vdots$		
c_{i_0-1}	x_{i_0-1}	${}^{(1)}d_{i_0-1,\,1}$	$\cdots$	${}^{(1)}d_{i_0-1,\,i}$	$\cdots$	${}^{(1)}d_{i_0-1,\,m}$	${}^{(1)}d_{i_0-1,\,0}$			${}^{(1)}d_{i_0-1,\,\alpha_1}$		
c_{α_0}	x_{α_0}	${}^{(1)}d_{\alpha_0 1}$	$\cdots$	${}^{(1)}d_{\alpha_0 i}$	$\cdots$	${}^{(1)}d_{\alpha_0 m}$	${}^{(1)}d_{\alpha_0 0}$			${}^{(1)}d_{\alpha_0 \alpha_1}$		
c_{i_0+1}	x_{i_0+1}	${}^{(1)}d_{i_0+1,\,1}$	$\cdots$	${}^{(1)}d_{i_0+1,\,i}$	$\cdots$	${}^{(1)}d_{i_0+1,\,m}$	${}^{(1)}d_{i_0+1,\,0}$			${}^{(1)}d_{i_0+1,\,\alpha_1}$		
$\vdots$	$\vdots$	$\vdots$		$\vdots$		$\vdots$	$\vdots$			$\vdots$		
c_m	x_m	${}^{(1)}d_{m1}$	$\cdots$	${}^{(1)}d_{m\,i}$	$\cdots$	${}^{(1)}d_{m\,m}$	${}^{(1)}d_{m\,0}$			${}^{(1)}d_{m\,\alpha_1}$		
		${}^{(1)}z_1$	$\cdots$	${}^{(1)}z_i$	$\cdots$	${}^{(1)}z_m$	${}^{(1)}c$			${}^{(1)}z_{\alpha_1}$		
		$c_1 - {}^{(1)}z_1$	$\cdots$	$c_i - {}^{(1)}z_i$	$\cdots$	$c_m - {}^{(1)}z_m$				$c_{\alpha_1} - {}^{(1)}z_{\alpha_1}$		

und zwar wegen Satz 1 nach der Vorschrift

$$\begin{pmatrix} {}^{(1)}d_{11} & \dots & {}^{(1)}d_{1m} \\ \vdots & & \vdots \\ {}^{(1)}d_{m1} & \dots & {}^{(1)}d_{mm} \\ {}^{(1)}z_1 & \dots & {}^{(1)}z_m \end{pmatrix} \begin{pmatrix} d_{1\alpha_1} \\ \vdots \\ d_{1\alpha_m} \end{pmatrix} = \begin{pmatrix} {}^{(1)}d_{1\alpha_1} \\ \vdots \\ {}^{(1)}d_{m\alpha_1} \\ {}^{(1)}z_{\alpha_1} \end{pmatrix}, \tag{57}$$

wobei die Berechnung der Zahl ${}^{(1)}z_{\alpha_1}$ zwar überflüssig für das Verfahren ist, doch zur Kontrolle dienen kann. Die in dieser Weise bestimmten Daten tragen wir in das Schema IV ein, so daß (55) folgendermaßen ergänzt wird: (s. S. 180).

III. Wenn alle Elemente ${}^{(1)}d_{i\alpha_1}$ $(i = 1, \dots, m)$; $i \neq i_0$, ${}^{(1)}d_{\alpha_0\alpha_1}$ nicht positiv sind, ist das Verfahren beendet. Ist das nicht der Fall, so gehen wir zum Schritt 2 des Verfahrens über.

Wir bestimmen in der Führungsspalte (d. h. in der x_{α_1}-Spalte der Tabelle IV) das Zentralelement in der Weise wie beim üblichen Simplexverfahren. Die Festlegung des Zentralelements wurde ausführlich in Abschnitt 1 dieses Kapitels beschrieben. Im Fall der Entartung könnte es geschehen, daß die in den Tabellen III und IV aus (55) eingetragenen Daten für die eindeutige Bestimmung des Zentralelements nicht ausreichen. In diesem Fall müssen wir auf Grund der Berechnungsregel (57) die Zahlen ${}^{(1)}d_{1,m+1}, \dots, {}^{(1)}d_{m,m+1}$ der x_{m+1}-Spalte bestimmen. Wenn auch das für die eindeutige Bestimmung des Zentralelements nicht genügt, müssen wir dementsprechend die Elemente ${}^{(1)}d_{1,m+i}, \dots, {}^{(1)}d_{m,m+i}$ der x_{m+1}-Spalte berechnen, bis die in der Tabelle IV eingetragenen Daten für die eindeutige Bestimmung des Zentralelements ausreichen. Nach der eindeutigen Auswahl des Zentralelements führen wir den entsprechenden Simplexschritt nur in Tabelle III durch. Wenn die Tabelle V

		x_1	...	x_i	...	x_m	
		c_1	...	c_i	...	c_m	
c_{β_1}	x_{β_1}	${}^{(2)}d_{\beta_1 1}$	...	${}^{(2)}d_{\beta_1 i}$	...	${}^{(2)}d_{\beta_1 m}$	${}^{(2)}d_{\beta_1 0}$
$\vdots$	$\vdots$	$\vdots$		$\vdots$		$\vdots$	$\vdots$
c_{β_i}	x_{β_i}	${}^{(2)}d_{\beta_i 1}$	...	${}^{(2)}d_{\beta_i i}$	...	${}^{(2)}d_{\beta_i m}$	${}^{(2)}d_{\beta_i 0}$
$\vdots$	$\vdots$	$\vdots$		$\vdots$		$\vdots$	$\vdots$
c_{β_m}	x_{β_m}	${}^{(2)}d_{\beta_m 1}$	...	${}^{(2)}d_{\beta_m i}$	...	${}^{(2)}d_{\beta_m m}$	${}^{(2)}d_{\beta_m 0}$
		${}^{(2)}z_1$	...	${}^{(2)}z_i$	...	${}^{(2)}z_m$	${}^{(2)}c$
		$c_1 - {}^{(2)}z_1$	...	$c_i - {}^{(2)}z_i$	...	$c_m - {}^{(2)}z_m$	

Tabelle V

diesem Basisaustausch entspricht, können zwei Möglichkeiten vorkommen:

(a) Sind alle Elemente $c_k - {}^{(2)}z_k$ $(k = 1, \ldots, m)$ der letzten Zeile der Tabelle V nicht negativ, dann wird der ganze im Schritt 1 beschriebene Prozeß wiederholt.

(b) Gibt es in der letzten Zeile der Tabelle V negative Elemente, so fahren wir mit dem üblichen Simplexverfahren für die Tabelle V fort, und zwar so lange, bis man in der charakteristischen Zeile der Tabelle nur nicht negative Elemente erhält, d. h., bis der Fall (a) eintritt. Das weitere Vorgehen ist dann ähnlich wie im Fall (a), wo statt der Tabelle V diejenige Tabelle, die durch das Simplexverfahren entstanden ist und in ihrer letzten Zeile nur nicht negative Elemente enthält, als Ausgangstabelle angesehen wird.

Durch den Schritt 2 wurde schon der allgemeine Schritt des Verfahrens beschrieben. Die Tatsache, daß dieses Verfahren endlich sein muß, folgt daraus, daß das übliche Simplexverfahren, auf dessen theoretischer Grundlage das neue Verfahren basiert, endlich ist.

Wir bemerken noch, daß die revidierte Simplexmethode in den Fällen, wo die Anzahl der Veränderlichen die der Gleichungsrestriktionen weit übersteigt, sich als günstig erwiesen hat.

Beispiel. Mit Hilfe der revidierten Simplexmethode soll das Minimum der Zielfunktion

$$f = x_1 + 2\,x_2 - 3\,x_3 - 2\,x_4 + 6\,x_5 - x_6 + 4\,x_7 - 9\,x_8$$

in bezug auf den durch die Nebenbedingungen

$$\begin{aligned}
5\,x_1 + 3\,x_2 + x_3 - 7\,x_4 \qquad + 9\,x_6 \qquad + 10\,x_8 &= 2\,,\\
-4\,x_1 \qquad + 6\,x_4 + x_5 - 9\,x_6 \qquad + 12\,x_8 &= 10\,,\\
10\,x_1 - 13\,x_2 \qquad + 9\,x_4 \qquad - x_6 + x_7 - 14\,x_8 &= 0\,,\\
x_i \geqq 0 \quad \text{für} \quad i = 1, \ldots, 8 &
\end{aligned}$$

beschriebenen zulässigen Bereich bestimmt werden. Die Restriktionsgleichungen lassen sich nach den Variablen x_3, x_5, x_7 auflösen, und man stellt sofort fest, daß der Punkt x_0 mit

$$x_{01} = x_{02} = 0\,, \quad x_{03} = 2\,, \quad x_{04} = 0\,, \quad x_{05} = 10\,, \quad x_{06} = x_{07} = x_{08} = 0$$

ein Basispunkt des gegebenen Problems ist. Die Anfangstabelle sieht folgendermaßen aus:

		x_3	x_5	x_7	x_1	x_2	x_4	x_6	x_8	
		-3	6	4	1	2	-2	-1	-9	
-3	x_3	1	0	0	5	3	-7	9	10	2
6	x_5	0	1	0	-4	0	6	-9	12	10
4	x_7	0	0	1	10	-13	9	-1	-14	0
		-3	6	4	1	-61	93	-85	-14	54
		0	0	0	0	63	-95	84	5	

Wir teilen diese Tabelle in zwei Teiltabellen ein.

		x_3	x_5	x_7	
		-3	6	4	
-3	x_3	1	0	0	2
6	x_5	0	1	0	10
4	x_7	0	0	1	0
		-3	6	4	54
		0	0	0	

Tabelle I

x_1	x_2	x_4	x_6	x_8
1	2	-2	-1	-9
5	3	-7	9	10
-4	0	6	-9	12
10	-13	$\boxed{9}$	-1	-14
1	-61	93	-85	-14
0	63	-95	84	5

Tabelle II

In der Tabelle II stellen wir in ihrer letzten Zeile das erste negative Element von links fest. Es ist offenbar die einzige negative Zahl -95 dieser Zeile, die in der x_4-Spalte der Tabelle II steht. Wir wählen deshalb die x_4-Spalte zur Führungsspalte und bestimmen in ihr wie üblich das entsprechende Zentralelement, wie es in Tabelle II angedeutet ist.

Bei dem in Tabelle II ausgewähltem Zentralelement führen wir den entsprechenden Basisaustausch jedoch nur in Tabelle I durch. Wir erhalten dann die Tabelle III:

		x_3	x_5	x_7	
		-3	6	4	
-3	x_3	1	0	$\frac{7}{9}$	2
6	x_5	0	1	$-\frac{6}{9}$	10
-2	x_4	0	0	$\frac{1}{9}$	0
		-3	6	$-\frac{59}{9}$	54
		0	0	$\frac{95}{9}$	

Tabelle III

x_1	x_2	x_4	x_6	x_8
1	2	-2	-1	-9
	$-\frac{64}{9}$			
	$\boxed{\frac{78}{9}}$			
	$-\frac{13}{9}$			
	$\frac{686}{9}$			
	$-\frac{668}{9}$			

Tabelle IV

Wir berechnen nun die an erster Stelle der letzten Zeile in Tabelle IV stehende Zahl $c_1 - {}^{(1)}z_1$, indem wir den Zeilenvektor $\left(0, 0, \frac{95}{9}\right)$ der letzten Zeile in Tabelle III mit dem Spaltenvektor $(5, -4, 10)$ in Tabelle II skalar multiplizieren und zu diesem Skalarprodukt die letzte Zahl der x_1-Spalte, d. h. die Zahl 0, addieren. Man erhält dann

$$\left[0 \cdot 5 - 0 \cdot 4 + \frac{95}{9} \cdot 10\right] + 0 = \frac{950}{9} > 0 .$$

Da das Ergebnis eine positive Zahl ist, berechnen wir das zweite Element der letzten Zeile in Tabelle IV, indem wir das Skalarprodukt des Vektors $\left(0, 0, \frac{95}{9}\right)$ mit dem Spaltenvektor $(3, 0, -13)$ der x_2-Spalte in Tabelle II bilden und das letzte Element dieser Spalte, d. h. die Zahl 63, addieren. Wir erhalten dann

$$\left[0 \cdot 3 + 0 \cdot 0 - \frac{95}{9} \cdot 13\right] + 63 = -\frac{668}{9} < 0.$$

Da das Ergebnis negativ ist, tragen wir es in Tabelle IV ein und bestimmen alle übrigen Elemente der x_2-Spalte in dieser Tabelle, indem wir folgende Rechnung

$$\begin{pmatrix} 1 & 0 & \frac{7}{9} \\ 0 & 1 & -\frac{6}{9} \\ 0 & 0 & \frac{1}{9} \\ \cdots & \cdots & \cdots \\ -3 & 6 & -\frac{59}{9} \end{pmatrix} \begin{pmatrix} 3 \\ 0 \\ -13 \end{pmatrix} = \begin{pmatrix} -\frac{64}{9} \\ \frac{78}{9} \\ -\frac{13}{9} \\ \cdots \\ \frac{686}{9} \end{pmatrix}$$

durchführen. Das Ergebnis trägt man in Tabelle IV ein. Dann ermittelt man das Zentralelement $\frac{78}{9}$ in dieser Spalte. Durch einen Basisaustausch geht man von Tabelle III zu Tabelle V über:

		x_3	x_5	x_7	
c	Basis	-3	6	4	
-3	x_3	1	$\frac{64}{78}$	$\frac{18}{78}$	$\frac{796}{78}$
2	x_2	0	$\frac{9}{78}$	$-\frac{6}{78}$	$\frac{90}{78}$
-2	x_4	0	$\frac{13}{78}$	0	$\frac{130}{78}$
z_α		-3	$-\frac{200}{78}$	$-\frac{66}{78}$	$-\frac{2468}{78}$
$c_\alpha - z_\alpha$		0	$\frac{668}{78}$	$\frac{378}{78}$	

Tabelle V

x_1	x_2	x_4	x_6	x_8
1	2	-2	-1	-9
			$\frac{108}{78}$	
			$-\frac{75}{78}$	
			$-\frac{117}{78}$	
			$-\frac{240}{78}$	
			$-\frac{38}{78}$	

Tabelle VI

Um aus Tabelle V mit Hilfe der Tabelle II die Zahlen der letzten Zeile in Tabelle VI zu berechnen, multipliziert man den Zeilenvektor der letzten Zeile von V mit der Operationsmatrix von II, d. h.

$$\left(0, \frac{668}{78}, \frac{378}{78}\right) \begin{pmatrix} 5 & 3 & -7 & 9 & 10 \\ -4 & 0 & 6 & -9 & 12 \\ 10 & -13 & 9 & -1 & -14 \end{pmatrix} = \left(\frac{1108}{78}, -\frac{4914}{78}, \frac{7410}{78}, -\frac{6390}{78}, \frac{2724}{78}\right),$$

und zum Vektor

$$\left(\frac{1108}{78}, -\frac{4914}{78}, \frac{7410}{78}, -\frac{6390}{78}, \frac{2724}{78}\right)$$

addieren wir den Zeilenvektor

$$(0, 63, -95, 84, 5)$$

in der letzten Zeile von Tabelle II. Dann erhält man

$$\left(\frac{1108}{78}, 0, 0, \frac{162}{78}, \frac{3114}{78}\right),$$

wobei alle Komponenten nicht negativ sind. Das bedeutet aber, daß unser Verfahren beendet ist. Aus der Tabelle V kann man einen optimalen Punkt $\tilde{x}$ mit den Koordinaten

$$\tilde{x}_1 = 0\,, \quad \tilde{x}_2 = \frac{90}{78}, \quad \tilde{x}_3 = \frac{796}{78}, \quad \tilde{x}_4 = \frac{130}{78}, \quad \tilde{x}_5 = \tilde{x}_6 = \tilde{x}_7 = \tilde{x}_8 = 0$$

entnehmen, für den der minimale Wert der gegebenen Zielfunktion $-\dfrac{2468}{78}$ ist.

5.5. Über die Eindeutigkeit der Lösung

Falls ein lineares Optimierungsproblem einen optimalen Punkt besitzt, braucht dieser im allgemeinen nicht eindeutig bestimmt zu sein. Aus der geometrischen Interpretation eines Optimierungsproblems geht hervor, daß im Fall der Nichteindeutigkeit die durch die Gleichung

$$\sum_{\alpha=1}^{n} c_\alpha (x_\alpha - x_{0\alpha}) = 0 \qquad (\boldsymbol{x}_0 \in \mathfrak{M}_{\text{opt}}) \tag{58}$$

beschriebene Hyperebene eine abgeschlossene Seite des Polyeders $\mathfrak{M}$ der Dimension $d \geqq 1$ oder das ganze Polyeder $\mathfrak{M}$ enthält. Daraus folgt sofort, daß es in diesem Fall unendlich viele Lösungen des Problems gibt und die Menge der optimalen Punkte entweder die Abschließung einer gewissen Seite der Dimension $d \geqq 1$ des Polyeders $\mathfrak{M}$ oder das ganze Polyeder $\mathfrak{M}$ ist.

Wir stellen uns nun die folgende Frage:

Wie erkennt man aus den Daten der Endsimplextabelle die einem optimalen Punkt des gegebenen Optimierungsproblems entspricht, daß dieser optimale Punkt die einzige Lösung des gegebenen Problems ist? Die Antwort auf diese Frage wird in diesem Abschnitt gegeben.

S. 2 *Es sei $\boldsymbol{x}_0$ ein optimaler Punkt des zu Beginn dieses Kapitels formulierten Optimierungsproblems, dem die Endsimplextabelle* (2) *entspricht.*[1]) *Dann ist die Menge*

$$N = \{\boldsymbol{x} \mid \boldsymbol{x} \in \mathfrak{M}\,, \qquad x_j = 0 \qquad \text{für} \quad j \in I_1\} \tag{59}$$

[1]) Bei geeigneter Numerierung der Variablen kann man diese Tabelle in jener Form annehmen.

mit

$$I_1 = \{j \in \{m+1, \ldots, n\} \mid c_j - z_j > 0\} \tag{60a}$$

im Fall eines Minimum- und

$$I_1 = \{j \in \{m+1, \ldots, n\} \mid c_j - z_j < 0\} \tag{60b}$$

im Fall eines Maximumproblems die Menge aller optimalen Punkte des gegebenen Optimierungsproblems. ∎

∎ Bws. Aus der Voraussetzung, daß der Basispunkt $\boldsymbol{x}_0$, den wir mit dem Simplexverfahren gewonnen haben, die Eigenschaft

$$f(\boldsymbol{x}_0) = \min_{\boldsymbol{x} \in \mathfrak{M}} f(\boldsymbol{x})$$

besitzt, folgt

$$c_j - z_j \geqq 0 \qquad \text{für} \quad j = m+1, \ldots, n\,,$$
$$c_i - z_i = 0 \qquad \text{für} \quad i = 1, \ldots, m\,.$$

Aus der Tabelle (2), Seite 129, ergibt sich weiter, daß für jeden Punkt $\boldsymbol{x} \in \mathfrak{M}$ der Wert der Zielfunktion f gleich

$$f(\boldsymbol{x}) = {}'f(x_{m+1}, \ldots, x_n) = c_0 + \sum_{j=m+1}^{n} (c_j - z_j)\, x_j \tag{61}$$

ist.

Es sei nun $\mathfrak{M}_{\text{opt}}$ die Menge aller optimalen Punkte des gegebenen Optimierungsproblems. Da $\boldsymbol{x}_0 \in \mathfrak{M}_{\text{opt}}$ ist, gilt $\mathfrak{M}_{\text{opt}} \neq \emptyset$. Da $x_{0j} = 0$ für $j = m+1, \ldots, n$ ist, ergibt sich nach (61)

$$f(\boldsymbol{x}_0) = c_0\,.$$

Wegen (60a) folgt aus (61)

$$f(\boldsymbol{x}) = c_0 + \sum_{j \in I_1} (c_j - z_j)\, x_j \qquad \text{für alle} \quad \boldsymbol{x} \in \mathfrak{M}\,.$$

Für jeden Punkt $\tilde{\boldsymbol{x}} \in N$ erhalten wir dann daraus

$$f(\tilde{\boldsymbol{x}}) = c_0\,,$$

d. h., die Beziehung

$$N \subseteqq \mathfrak{M}_{\text{opt}}$$

ist bewiesen. Für den Beweis des Satzes genügt es also die Umkehrung $\mathfrak{M}_{\text{opt}} \subseteqq N$ zu zeigen.

Falls $^*\boldsymbol{x}$ ein beliebiger Punkt der Menge $\mathfrak{M}_{\text{opt}}$ ist, muß für ihn

$$f(^*\boldsymbol{x}) = f(\boldsymbol{x}_0) = c_0 = c_0 + \sum_{j \in I_1} (c_j - z_j)\, {}^*x_j\,,$$

d. h.

$$\sum_{j \in I_1} (c_j - z_j)\, {}^*x_j = 0$$

gelten. Da aber $c_j - z_j > 0$ für $j \in I_1$ und $^*x_j \geqq 0$ $(j = m+1, \ldots, n)$ ist, kann obige Gleichung nur dann erfüllt sein, wenn $^*x_j = 0$ für $j \in I_1$ ist. Daraus und aus der Definition (59) der Menge N ergibt sich, daß $^*\boldsymbol{x} \in N$ ist. Es ist daher $\mathfrak{M}_{\text{opt}} \subseteqq N$. ∎

Wir führen nun folgende Bezeichnungen ein:

$$\left.\begin{aligned} &I_2 = \{m+1, \ldots, n\} \setminus I_1 , \\ &'I = \{i \in \{1, \ldots, m\} \,|d_{i0} = 0\} , \\ &'\mathfrak{M} = \{x \in \mathfrak{M} |\, \sum_{j \in I_2} d_{ij} x_j \leqq 0 , \qquad i \in 'I , \quad x_j \geqq 0 , \quad j \in I_2\} . \end{aligned}\right\} \qquad (62)$$

Wir sind nun in der Lage, ein notwendiges und hinreichendes Kriterium für die Eindeutigkeit der Lösung eines linearen Optimierungsproblems anzugeben.

▮ S. 3 *Das Problem* (1) *besitzt dann und nur dann genau einen Optimalpunkt* x_0, *wenn entweder*

a) $c_j - z_j > 0 \qquad (j = m+1, \ldots, n)$

oder

b) *das System*

$$\sum_{j \in I_2} d_{ij} x_j \leqq 0 , \qquad i \in I' = \{i \,|d_{i_0} = 0\} \neq \emptyset ,$$
$$x_j \geqq 0 , \qquad j \in I_2 = \{j \,|c_j - z_j = 0\}$$

nur trivial lösbar ist. ▮

▮ Bws. Um die Notwendigkeit der Bedingung des Satzes zu beweisen, nehmen wir an, daß

$$I_2 = \{m+1, \ldots, n\} \setminus I_1 \neq \emptyset$$

ist und entweder

1° $$'I = \emptyset$$

oder

2° $'I \neq \emptyset$ gilt und die Menge $'\mathfrak{M}$ einen Punkt $'x$ mit der Eigenschaft

$$\sum_{j \in I_2} 'x_j > 0$$

enthält. Im Fall 1° gilt $d_{i0} > 0$ für $i = 1, \ldots, m$ und alle Punkte x, für die

$$\begin{aligned} x_i &= d_{i0} - d_{ij_0} t , \qquad i = 1, \ldots, m , \\ x_{j_0} &= t , \\ x_j &= 0 \qquad \text{für } j = m+1, \ldots, n; \quad j \neq j_0 \end{aligned}$$

mit $j_0 \in I_2$, $t \in \langle 0, \nu \rangle$ ist, wobei[1])

$$\nu = \inf_{i \in {}^*I} \left\{\frac{d_{i0}}{d_{ij_0}}\right\} \qquad \text{und} \qquad {}^*I = \{i \in \{1, \ldots, m\} \,|d_{ij_0} > 0\} ,$$

gilt, gehören offenbar zur Menge $\mathfrak{M}$, und in jedem dieser Punkte gilt

$$f(x) = f('x_j) = c_0 + (c_{j_0} - z_{j_0}) t = c_0 = f(x_0) ,$$

---

[1]) Falls ${}^*I \neq \emptyset$ ist, ist ν eine endliche Zahl, im Fall ${}^*I = \emptyset$ wird $\nu = \infty$ gesetzt.

da für $j_0 \in I_2$ die Zahl $c_{j_0} - z_{j_0}$ gleich Null ist. Das steht im Widerspruch zur Voraussetzung, daß $\boldsymbol{x}_0$ eindeutig bestimmt ist.

Wir betrachten nun den Fall 2°, d. h., es gibt Zahlen $'x_j$ ($j \in I_2$) mit der Eigenschaft $\sum_{j \in I_2} {'x_j} > 0$, $'x_j \geqq 0$ ($j \in I_2$), die die Ungleichungen

$$\sum_{j \in I_2} d_{ij}\, {'x_j} \leqq 0\,, \qquad i \in {'I}$$

erfüllen. Dann gilt

$$\sum_{j \in I_2} d_{ij}\, \bar{x}_j \leqq 0\,, \qquad i \in {'I}$$

für jeden Punkt $\{\bar{x}_j\}$ mit $\bar{x}_j = t\, {'x_j}$ für $t \in (0, 1\rangle$, d. h., jeder Punkt $\{\bar{x}_j\}$ ist in der Menge $\mathfrak{M}$ enthalten, wobei für ihn die Eigenschaft

$$\sum_{j \in I_2} \bar{x}_j > 0$$

erfüllt bleibt. Man kann nun $t \in (0, 1\rangle$ so klein wählen, daß ebenfalls

$$\sum_{j \in I_2} d_{ij}\, \bar{x}_j \leqq d_{i0}\,, \qquad i \in \{1, \ldots, m\} \setminus {'I}$$

gilt, da $d_{i0} > 0$ für $i \in \{1, \ldots, m\} \setminus {'I}$ ist. Die Menge

$$\{\boldsymbol{x} \in \mathfrak{M} \mid x_j = 0 \quad \text{für} \quad j \in I_2\}$$

enthält also unendlich viele Punkte des Polyeders $\mathfrak{M}$ mit der Eigenschaft

$$\begin{aligned} f(\bar{\boldsymbol{x}}) &= c_0 + \sum_{j=m+1}^{n} (c_j - z_j)\, x_j = c_0 + \sum_{j \in I_1} (c_j - z_j)\, x_j + \sum_{j \in I_2} (c_j - z_j)\, x_j \\ &= c_0 = f(\boldsymbol{x}_0) = \min_{\boldsymbol{x} \in \mathfrak{M}} f(\boldsymbol{x})\,. \end{aligned}$$

Das steht aber wieder im Widerspruch zur Eindeutigkeit von $\boldsymbol{x}_0$.

Wir zeigen, daß die Bedingungen des Satzes auch hinreichend für die Eindeutigkeit der Lösung sind. Wir betrachten zuerst die Bedingung $c_j - z_j > 0$ für $j = m + 1, \ldots, n$. Da der optimale Punkt $\boldsymbol{x}_0$ eindeutig durch die Bedingungen $x_j = 0$ für $j = m + 1, \ldots, n$ bestimmt ist, gilt $\sum_{j=m+1}^{n} x_j > 0$ für alle $\boldsymbol{x} \in \mathfrak{M}$, $\boldsymbol{x} \neq \boldsymbol{x}_0$ und daher auch

$$f(\boldsymbol{x}_0) = c_0 + \sum_{j=m+1}^{n} (c_j - z_j)\, x_j > c_0 = f(\boldsymbol{x}_0)\,,$$

woraus $N = \{\boldsymbol{x}_0\}$ folgt. Wir betrachten andererseits den Fall, daß

$$I_2 = \{m + 1, \ldots, n\} \setminus I_1 \neq \emptyset$$

ist. Da

$$\mathfrak{M} = \Big\{\boldsymbol{x} \Big| \; x_i = d_{i0} - \sum_{j=m+1}^{n} d_{ij}\, x_j\,, \quad \sum_{j=m+1}^{n} d_{ij}\, x_j \leqq d_{i0}\,, \quad i = 1, \ldots, m\,, \qquad x_j \geqq 0\,, \quad j = m + 1, \ldots, n\Big\}$$

ist, wird die Menge N der optimalen Punkte des Problems, die in (59) beschrieben ist, auch durch

$$N = \left\{ x \,|\, x_i = d_{i0} - \sum_{j \in I_2} d_{ij} x_j, \quad \sum_{j \in I_2} d_{ij} x_j \leqq d_{i0}, \quad i = 1, \ldots, m; \right.$$
$$\left. x_j = 0, \quad j \in I_1, \quad x_j \geqq 0, \quad j \in I_2 \right\} \tag{63}$$

dargestellt. Auf Grund unserer Voraussetzung hat das Ungleichungssystem

$$\sum_{j \in I_2} d_{ij} x_j \leqq 0 \qquad (i \in {}'I),$$
$$x_j \geqq 0 \qquad (j \in I_2)$$

genau eine Lösung $x_j = 0$ für $j \in I_2$. Dann hat offenbar auch das System

$$\sum_{j \in I_2} d_{ij} x_j \leqq d_{i0} \qquad (i = 1, \ldots, m),$$
$$x_j \geqq 0 \qquad (j \in I_2)$$

diese Eigenschaft. Daraus und aus (63) ergibt sich, daß die Menge N einen einzigen Punkt, und zwar den Punkt $\boldsymbol{x}_0$ mit

$$x_{0i} = d_{i0} \qquad (i = 1, \ldots, m),$$
$$x_{0j} = 0 \qquad (j = m + 1, \ldots, n)$$

enthält. ∎

Um nun festzustellen, ob die Menge $'\mathfrak{M}$ (unter der Voraussetzung $'I \neq \emptyset$, $I_2 \neq \emptyset$) nur diejenigen Punkte $\boldsymbol{x} \in \mathfrak{M}$ enthält, für die $x_j = 0$ für $j \in I_2$ gilt, was gleichwertig mit der Frage ist, wann das Ungleichungssystem

$$\sum_{I \in j_2} d_{ij} x_j \leqq 0 \quad (i \in {}'I), \qquad x_j \geqq 0 \qquad (j \in I_2)$$

nur die triviale Lösung $x_j = 0$ $(j \in I_2)$ besitzt, können wir den folgenden Hilfssatz benutzen:

∎ L. 1 *Das System*

$$\boldsymbol{A}\boldsymbol{x} \leqq \boldsymbol{o}, \qquad \boldsymbol{x} \geqq \boldsymbol{o} \tag{64}$$

ist genau dann nur trivial lösbar, wenn

$$\max\left\{ \sum_{\alpha=1}^{n} x_\alpha \,\middle|\, \boldsymbol{A}\boldsymbol{x} \leqq \boldsymbol{o}, \quad \boldsymbol{x} \geqq \boldsymbol{o} \right\} = 0 \tag{65}$$

gilt. ∎

∎ Bws. Wenn das System (64) nur trivial lösbar ist, folgt notwendigerweise (65). Wenn andererseits (65) gilt, kann der Bereich

$$\{\boldsymbol{x} \,|\, \boldsymbol{A}\boldsymbol{x} \leqq \boldsymbol{o}, \quad \boldsymbol{x} \geqq \boldsymbol{o}\}$$

nur den einzigen Punkt $\boldsymbol{x} = \boldsymbol{o}$ enthalten, da anderenfalls die Zielfunktion $\sum_{\alpha=1}^{n} x_\alpha$ über den Bereich $\{\boldsymbol{x} \,|\, \boldsymbol{A}\boldsymbol{x} \leqq \boldsymbol{o}, \ \boldsymbol{x} \geqq \boldsymbol{o}\}$ nach oben unbeschränkt wäre. ∎

Beispiel 1. Wir betrachten das Beispiel 1 aus Abschnitt 1 mit der Restriktionsmenge $\mathfrak{M}$

$$\begin{aligned} 6x - 6y + z &\leqq 6, \\ 6x + 6y + z &\leqq 12, \\ 6x - 6y - z &\geqq -6, \\ 6x + 6y + z &\geqq 0, \\ 0 \leqq x &\leqq 1, \\ 0 \leqq y &\leqq 1, \\ 0 \leqq z &\leqq 3 \end{aligned}$$

und der Zielfunktion

$$f = 6x + 6y + z,$$

deren Maximum gesucht wird.

Durch Einführung von Schlupfvariablen ξ_i $(i = 1, \ldots, 7)$ wurde dieses Problem auf eine Aufgabe in Gleichungsform überführt und ein optimaler Punkt $\tilde{\mathfrak{x}}' = (\tilde{x}, \tilde{y}, \tilde{z}, \tilde{\xi}_1, \tilde{\xi}_2, \tilde{\xi}_3, \tilde{\xi}_4, \tilde{\xi}_5, \tilde{\xi}_6, \tilde{\xi}_7)$, wobei

$$\tilde{x} = 1, \quad \tilde{y} = \frac{1}{2}, \quad \tilde{z} = 3, \quad \tilde{\xi}_1 = 0, \quad \tilde{\xi}_2 = 0, \quad \tilde{\xi}_3 = 6, \quad \tilde{\xi}_4 = 12, \quad \tilde{\xi}_5 = 0,$$
$$\tilde{\xi}_6 = \frac{1}{2}, \quad \tilde{\xi}_7 = 0$$

ist, mit dem Simplexverfahren bestimmt. Die dort angeführte Tabelle 3 stellt die diesem Punkt entsprechende Simplexendtabelle dar, aus der der optimale Punkt $\mathfrak{x}$ abgelesen wurde. Aus der charakteristischen Zeile dieser Tabelle bestimmen wir nach Satz 2 die Menge N aller optimalen Punkte des gegebenen Problems. Offenbar ist hier

$$N = \{(\mathfrak{x}, \xi) \in {}^*\mathfrak{M} \mid \xi_2 = 0\}, \tag{66}$$

wobei $^*\mathfrak{M}$ der zulässige Bereich des durch Einführung von Schlupfvariablen entstandenen erweiterten Problems ist. Aus der Definition der Indexmengen I_2, $'I$ und der Menge $'\mathfrak{M}$ aus (62) und aus der schon genannten Tabelle 3, Seite 138, ergibt sich dann, daß in unserem Spezialfall die Menge $'\mathfrak{M}$ die Gestalt

$$'\mathfrak{M} = \left\{(\mathfrak{x}, \xi) \in {}^*\mathfrak{M} \mid -\frac{1}{12}\xi_1 - \frac{1}{12}\xi_2 + \frac{1}{6}\xi_7 \leqq 0; \xi_1 \geqq 0, \xi_2 \geqq 0, \xi_7 \geqq 0\right\} \tag{67}$$

annimmt. Nach Satz 3 ist der optimale Punkt $\tilde{\mathfrak{x}}$ eindeutig, wenn die Menge $'\mathfrak{M}$ nur diejenigen Punkte des Polyeders $^*\mathfrak{M}$ enthält, für die $\xi_1 = \xi_2 = \xi_7 = 0$ ist, d. h. in dem Fall, daß die durch die Ungleichungen

$$-\frac{1}{12}\xi_1 - \frac{1}{12}\xi_2 + \frac{1}{6}\xi_7 \leqq 0, \quad \xi_1 \geqq 0, \quad \xi_2 \geqq 0, \quad \xi_3 \geqq 0$$

beschriebene Menge nur den Punkt $\xi_1 = 0$, $\xi_2 = 0$, $\xi_3 = 0$ enthält. Daß das hier nicht der Fall ist, ergibt sich aus der Umschreibung

$$2\xi_7 \leqq \xi_1 + \xi_2, \quad \xi_1 \geqq 0, \quad \xi_2 \geqq 0, \quad \xi_7 \geqq 0$$

des betrachteten Ungleichungssystems. Aus (66) und (67) erhält man

$$N = \{(\mathfrak{x}, \xi) \in {}^*\mathfrak{M} \mid \xi_2 = 0, 2\xi_7 \leqq \xi_1\},$$

woraus nun folgt, daß die Menge N der optimalen Punkte der gegebenen Aufgabe zweidimensional ist. Diese Tatsache ergibt sich auch daraus, daß die Ebene

$$6x + 6y + z = \text{const},$$

die die Zielfunktion repräsentiert, parallel zu derjenigen Seite des ursprünglich in Ungleichungsform gegebenen Polyeders $\mathfrak{M}$ ist, die in der Randhyperebene des Halbraumes

$$6x + 6y + z \leqq 12$$

liegt und diese Seite die Dimension 2 besitzt. (Diese Seite wird auch durch die Menge aller Punkte (x, y, z) mit

$$x + y \geqq \frac{3}{2}, \quad \frac{1}{2} \leqq x \leqq 1, \quad \frac{1}{2} \leqq y \leqq 1$$
$$z = 12 - 6x - 6y$$

beschrieben.)

Beispiel 2. Wir werden zeigen, daß die Zielfunktion

$$f = x - y + z$$

ihr Minimum in bezug auf die Restriktion

$$\begin{aligned} x - y - z &\leqq 0, \\ -x + y - z &\leqq 0, \\ -x - y + z &\leqq 0, \\ x + y + z &\leqq 1, \\ -2x + y &\leqq 0, \\ -2y + z &\leqq 0, \\ 5x + 3y - 7z &\leqq 0, \\ x \geqq 0, \quad y \geqq 0, \quad z &\geqq 0, \end{aligned}$$

im Punkt $(x_0, y_0, z_0) = (0, 0, 0)$ annimmt und dieser Punkt der einzige optimale Punkt des betrachteten Problems ist.

Dazu überführen wir zunächst das gegebene Optimierungsproblem durch Einführung von Schlupfvariablen auf ein äquivalentes Problem in Gleichungsform. Dadurch erhalten wir bei derselben Zielfunktion die Restriktionen

$$\begin{aligned} x - y - z + \xi_1 &= 0, \\ -x + y - z + \xi_2 &= 0, \\ -x - y + z + \xi_3 &= 0, \\ x + y + z + \xi_4 &= 1, \\ -2x + y + \xi_5 &= 0, \\ -2y + z + \xi_6 &= 0, \\ 5x + 3y - 7z + \xi_7 &= 0, \\ x \geqq 0, \quad y \geqq 0, \quad z \geqq 0, \quad \xi_i \geqq 0 \quad &(i = 1, \ldots, 7). \end{aligned}$$

Die Gleichungen können leicht nach den Variablen $x, y, z, \xi_4, \xi_5, \xi_6, \xi_7$ aufgelöst werden. Man erhält dann

$$\begin{aligned} x &= \frac{1}{2}\xi_2 + \frac{1}{2}\xi_3, \\ y &= \frac{1}{2}\xi_1 + \frac{1}{2}\xi_3, \\ z &= \frac{1}{2}\xi_1 + \frac{1}{2}\xi_2, \\ \xi_4 &= 1 - \xi_1 - \xi_2 - \xi_3, \\ \xi_5 &= -\frac{1}{2}\xi_1 + \xi_2 + \frac{1}{2}\xi_3, \\ \xi_6 &= \frac{1}{2}\xi_1 - \frac{1}{2}\xi_2 + \xi_3, \\ \xi_7 &= 2\xi_1 + \xi_2 - 4\xi_3, \end{aligned}$$

woraus man die folgende Simplextabelle aufstellt:

		x	y	z	ξ_4	ξ_5	ξ_6	ξ_7	ξ_1	ξ_2	ξ_3	
		1	-1	1	0	0	0	0	0	0	0	
1	x	1	0	0	0	0	0	0	0	$-\frac{1}{2}$	$-\frac{1}{2}$	0
-1	y	0	1	0	0	0	0	0	$-\frac{1}{2}$	0	$-\frac{1}{2}$	0
1	z	0	0	1	0	0	0	0	$-\frac{1}{2}$	$-\frac{1}{2}$	0	0
0	ξ_4	0	0	0	1	0	0	0	1	1	1	1
0	ξ_5	0	0	0	0	1	0	0	$\frac{1}{2}$	-1	$-\frac{1}{2}$	0
0	ξ_6	0	0	0	0	0	1	0	$-\frac{1}{2}$	$\frac{1}{2}$	-1	0
0	ξ_7	0	0	0	0	0	0	1	-2	-1	4	0
		1	-1	1	0	0	0	0	0	-1	0	0
		0	0	0	0	0	0	0	0	1	0	

Aus der charakteristischen Zeile dieser Tabelle geht hervor, daß der Punkt mit den Koordinaten

$$x_0 = y_0 = z_0 = 0\,, \qquad \xi_{40} = 1\,, \qquad \xi_{50} = \xi_{60} = \xi_{70} = \xi_{10} = \xi_{20} = \xi_{30} = 0$$

optimal für die erweiterte Aufgabe ist. Um festzustellen, ob dieser Punkt der einzige optimale Punkt ist, betrachten wir diejenigen Zahlen der charakteristischen Zeile, die in den ξ_1-, ξ_2- und ξ_3-Spalten stehen (wobei ξ_1, ξ_2, ξ_3 die Nicht-Basisvariablen sind). Von diesen Spalten wählen wir diejenigen aus, bei denen die entsprechenden Stellen der charakteristischen Zeile mit einer Null besetzt sind. In unserem Fall sind es also die ξ_1- und ξ_3-Spalte. In der Operationsmatrix der Tabelle bestimmen wir weiter diejenigen Zeilen, wo an den entsprechenden Stellen der letzten Spalte der Operationsmatrix eine Null steht. In unserem Fall sind es mit Ausnahme der vierten Zeile alle übrigen Zeilen der Operationsmatrix. Mit den Elementen, die im Durchschnitt der ermittelten Zeilen und Spalten stehen, stellen wir das Ungleichungssystem

$$\left.\begin{aligned} &-\frac{1}{2}\xi_3 \leqq 0\,, && -\frac{1}{2}\xi_1 \leqq 0\,, && -\frac{1}{2}\xi_1 - \frac{1}{2}\xi_3 \leqq 0\,, \\ &\frac{1}{2}\xi_1 - \frac{1}{2}\xi_3 \leqq 0\,, && \frac{1}{2}\xi_1 - \xi_3 \leqq 0\,, && -2\,\xi_1 + 4\,\xi_3 \leqq 0 \end{aligned}\right\} \qquad (67)$$

auf, dem wir die Bedingungen $\xi_1 \geqq 0$, $\xi_3 \geqq 0$ zufügen. Wegen $\xi_1 \geqq 0$ und $\xi_3 \geqq 0$ sind die ersten drei Ungleichungen und die fünfte überflüssig, so daß sich das System (67) auf

$$\left.\begin{aligned} &\frac{1}{2}\xi_1 - \frac{1}{2}\xi_3 \leqq 0\,, \qquad -2\,\xi_1 + 4\,\xi_3 \leqq 0\,, \\ &\qquad \xi_1 \geqq 0\,, \quad \xi_3 \geqq 0 \end{aligned}\right\} \qquad (68)$$

reduziert. Falls dieses System genau eine Lösung besitzt, ist das ursprüngliche Optimierungsproblem eindeutig lösbar, und zwar ist $(x_0, y_0, z_0) = (0, 0, 0)$ der Optimalpunkt des Problems. Diese Behauptung und das oben beschriebene Vorgehen stehen im Einklang mit den theoretischen Ergebnissen des Satzes 3. Um festzustellen, ob das Ungleichungssystem (68) genau die Lösung $\xi_1 = \xi_3 = 0$ besitzt, kann man Lemma 1 anwenden und mit Hilfe des Simplexverfahrens das Maximum der Zielfunktion

$$\xi_1 + \xi_3 \tag{69}$$

in bezug auf die Restriktionen (68) bestimmen. Durch Einführung von Schlupfvariablen η_1, η_2 gehen die Restriktionen (68) in die Nebenbedingungen

$$\frac{1}{2}\xi_1 - \frac{1}{2}\xi_3 + \eta_1 = 0\,,$$

$$-2\xi_1 + 4\xi_3 \qquad + \eta_2 = 0\,,$$

$$\xi_1 \geqq 0\,, \quad \xi_3 \geqq 0\,, \quad \eta_1 \geqq 0\,, \quad \eta_2 \geqq 0$$

über. Diese Gleichungen, nach den Variablen ξ_1, ξ_3 aufgelöst, führen zu

$$\xi_1 = -4\eta_1 - \frac{1}{2}\eta_2\,, \qquad \xi_3 = -2\eta_1 - \frac{1}{2}\eta_2\,.$$

Die entsprechende Simplextabelle hat dann die Gestalt

		ξ_1	ξ_3	η_1	η_2	
c	Basis	1	1	0	0	
1	ξ_1	1	0	4	$\frac{1}{2}$	0
1	ξ_3	0	1	2	$\frac{1}{2}$	0
z_α		1	1	6	1	0
$c_\alpha - z_\alpha$		0	0	-6	-1	

woraus der optimale Punkt mit $\xi_1 = \xi_3 = 0$ zu entnehmen ist. Wir bemerken noch, daß in diesem einfachen Fall die Anwendung des Lemma 1 überflüssig war; denn schon aus dem Ungleichungssystem (68) läßt sich leicht ablesen, daß es nur die Lösung $\xi_1 = \xi_3 = 0$ besitzt.

Es sei nun noch darauf hingewiesen, daß für die in (62) eingeführten Indexmengen I_1, I_2 und $'I$ folgende Möglichkeiten in Frage kommen:

1° $I_1 \equiv \{m + 1, \ldots, n\}$.

In diesem Fall ist auf Grund von Satz 3, unabhängig davon, ob die Indexmenge $'I$ leer oder nicht leer ist, das lineare Optimierungsproblem eindeutig lösbar.

2° $'I = \emptyset$.

In diesem Fall ist das Polyeder $\mathfrak{M}$ in der betrachteten Ecke $\boldsymbol{x}_0$ regulär (siehe 4.3.), d. h., daß von der Ecke $\boldsymbol{x}_0$ genau $n - m$ Kanten des Polyeders ausgehen. Das Polyeder hat in diesem Fall die größtmögliche Dimension $n - m$. Wenn insbesondere die Indexmenge I_2 nicht leer ist, ist auf Grund von Satz 3 das lineare Optimierungsproblem nicht eindeutig lösbar.

3° $I_2 \equiv \{m + 1, \ldots, n\}$.
In diesem Fall sind alle Zahlen der charakteristischen Zeile der entsprechenden Simplextabelle gleich Null (also zugleich nicht positiv und nicht negativ). Das bedeutet, daß im Punkt $\boldsymbol{x}_0$ sowohl das Maximum als auch das Minimum der gegebenen Zielfunktion in bezug auf den Restriktionsbereich angenommen wird. Daraus folgt, daß die Funktion f konstant über $\mathfrak{M}$ ist, d. h., das Polyeder $\mathfrak{M}$ ist in der durch die Gleichung

$$\sum_{\alpha=1}^{n} c_\alpha (x_\alpha - x_{0\alpha}) = 0$$

beschriebenen Hyperebene enthalten.

4° $'I \neq \emptyset$.
Die Ecke $\boldsymbol{x}_0$ ist dann entartet, wobei alle in 4.3. beschriebenen Fälle der Entartung auftreten können.

5.6. Über die Mehrdeutigkeit der Lösung und die Menge der Optimalpunkte

Wir betrachten wieder das zu Beginn dieses Kapitels formulierte lineare Optimierungsproblem (1) in Gleichungsform. Wir wissen bereits, daß die Menge der optimalen Punkte, die wir mit $\mathfrak{M}_{\text{opt}}$ bezeichnet haben, die Abschließung einer Seite gewisser Dimension des Polyeders $\mathfrak{M}$ oder das ganze Polyeder $\mathfrak{M}$ ist (unter der Voraussetzung, daß $\mathfrak{M}$ nicht leer ist). In diesem Abschnitt sollen nun folgende Fragen beantwortet werden:

1° Wie kann man aus den gegebenen Daten der einem optimalen Basispunkt des Problems (1) zugeordneten Endsimplextabelle (2) die Menge der optimalen Punkte beschreiben?

2° Welche Dimension besitzt die Menge $\mathfrak{M}_{\text{opt}}$?

▌ S. 4 *Es sei $\boldsymbol{x}_0$ ein optimaler Basispunkt des folgenden Problems in Gleichungsform:*

$$\min_{\boldsymbol{x} \in \mathfrak{M}} f(\boldsymbol{x}) , \tag{70}$$

dem die Endsimplextabelle (2) *entspricht. Weiter seien I_1, I_2 und $'I$ die in* (62) *definierten Indexmengen. Dann gilt*

$$\mathfrak{M}_{\text{opt}} = \Big\{ \boldsymbol{x} \in E_n \mid x_i = d_{i0} - \sum_{j=m+1}^{n} d_{ij} x_j , \ \sum_{j \in I_2} d_{ij} x_j \leqq d_{i0} , \quad i = 1, \ldots, m ,$$
$$x_j = 0 , \quad j \in I_1 , \quad x_j \geqq 0 , \quad j \in I_2 \Big\} . \tag{71}$$ ▌

▮ Bws. Die Beschreibung (71) der Menge $\mathfrak{M}_{\text{opt}}$ folgt unmittelbar aus Satz 2 und (63). ▮

▮ S. 5 *Die Menge* $\mathfrak{M}_{\text{opt}}$ *ist genau dann die Abschließung einer d-dimensionalen Seite* ($1 \leqq d \leqq n - m$) *des Polyeders* $\mathfrak{M}$ *bzw.* $\mathfrak{M}$ *selbst, wenn entweder*

1° $'I = \emptyset$ *und die Menge* I_2 *genau d Indizes enthält, oder*

2° (*falls* $'I \neq \emptyset$, $I_2 = \{j_1, \ldots, j_s\}$ *mit* $d \leqq s \leqq n - m$) *die Menge*

$$K(\boldsymbol{x}_0) = \Big\{(x_{j_1}, \ldots, x_{j_s}) \mid \sum_{j \in I_2} d_{ij} x_j \leqq 0\,, \qquad i \in {}'I\,, \quad x_j \geqq 0\,, \quad j \in I_2\Big\} \tag{72}$$

die Dimension d besitzt. ▮

▮ Bws. Um die Notwendigkeit der Bedingungen des Satzes zu beweisen, setzen wir voraus, daß die Dimension der Menge $\mathfrak{M}_{\text{opt}}$ gleich d mit $1 \leqq d$ ist. Es gibt nun zwei Möglichkeiten:

1° Wenn $'I = \emptyset$ ist, gilt $d_{i0} > 0$ für alle $i \in \{1, \ldots, m\}$. Wäre I_2 leer, so würde nach Satz 3 das Optimierungsproblem (70) eindeutig lösbar sein, was jedoch im Widerspruch zur Voraussetzung $1 \leqq d$ stehen würde. Es ist daher $I_2 \neq \emptyset$. Für jedes feste $j \in \{m + 1, \ldots, n\}$ gilt nun

$$\nu_j = \inf_{i \in {}^*I_j} \left\{\frac{d_{i0}}{d_{ij}}\right\} > 0\,, \qquad \text{falls} \quad {}^*I_j = \{i \in \{1, \ldots, m\} \mid d_{ij} > 0\} \neq \emptyset\,,$$

oder

$$\nu_j = \infty\,, \qquad \text{falls} \quad {}^*I_j = \emptyset$$

ist. Die Menge aller Punkte $\boldsymbol{x}$ mit der Eigenschaft

$$\begin{aligned} &x_i = d_{i0} - d_{ij}\,t\,, && i = 1, \ldots, m\,, \\ &x_j = t\,, && t \in (0, \nu_j)\,, \\ &x_l = 0\,, && l \in \{m + 1, \ldots, n\}\,, \qquad l \neq j \end{aligned}$$

stellt eine Kante des Polyeders $\mathfrak{M}$ dar, mit der die Ecke $\boldsymbol{x}_0 \in \mathfrak{M}$ inzident ist. Von der Ecke $\boldsymbol{x}_0$ gehen daher genau $n - m$ Kanten h_j ($j = m + 1, \ldots, n$) aus (d. h., das Polyeder besitzt in diesem Fall die Dimension $n - m$). Da $\boldsymbol{x}_0 \in \mathfrak{M}_{\text{opt}}$ und $\mathfrak{M}_{\text{opt}}$ die Abschließung einer d-dimensionalen Seite des Polyeders $\mathfrak{M}$ bzw. das ganze Polyeder $\mathfrak{M}$ ist, muß $\mathfrak{M}_{\text{opt}}$ genau d dieser Kanten enthalten. Daraus ergibt sich, daß es genau d Indizes j_l ($l = 1, \ldots, d$) mit $j_l \in \{m + 1, \ldots, n\}$ in der Weise gibt, daß

$$\left.\begin{aligned} &f(\boldsymbol{x}) = f(\boldsymbol{x}_0) && \text{für} \quad \boldsymbol{x} \in h_{j_l} && (l = 1, \ldots, d)\,, \\ &f(\boldsymbol{x}) > f(\boldsymbol{x}_0) && \text{für} \quad \boldsymbol{x} \in h_j && (j \in \{m + 1, \ldots, n\} \setminus \{j_1, \ldots, j_d\}) \end{aligned}\right\} \tag{73}$$

mit

$$\left.\begin{aligned} h_j = \{\boldsymbol{x} \in \mathfrak{M} \mid x_i = d_{i0} - d_{ij}\,t\,, \quad i = 1, \ldots, m\,, \quad x_j = t\,, \quad x_l = 0\,, \\ l \in \{m + 1, \ldots, n\} \setminus \{j\}\,, \quad t \in (0, \nu_j)\} \end{aligned}\right\} \tag{74}$$

für $j \in \{m+1, \ldots, n\}$ gilt. Da

$$f(\boldsymbol{x}) = f(\boldsymbol{x}_0) + (c_j - z_j)\, x_j \qquad \text{für} \quad \boldsymbol{x} \in h_j \qquad (j \in \{m+1, \ldots, n\})$$

gilt und $t = x_j > 0$ für $\boldsymbol{x} \in h_j$ ist, folgt daraus nach (73)

$$c_{j_l} - z_{j_l} = 0 \qquad (l = 1, \ldots, d)\,,$$
$$c_j - z_j > 0 \qquad (j \in \{m+1, \ldots, n\} \setminus \{j_1, \ldots, j_\alpha\})\,,$$

d. h., die Menge I_2 enthält genau d Indizes.

2° Falls $'I \neq \emptyset$ ist, gilt ebenfalls $I_2 \neq \emptyset$; denn sonst würde nach Satz 3 die Menge $\mathfrak{M}_{\text{opt}}$ nur den optimalen Basispunkt $\boldsymbol{x}_0$ enthalten (Widerspruch zur Voraussetzung $1 \leqq d$). Aus der Beschreibung (71) der Menge $\mathfrak{M}_{\text{opt}}$ erkennen wir, daß sie in dem linearen Unterraum

$$'L = \left\{\boldsymbol{x} \in E_n \mid x_i = d_{i0} - \sum_{j=m+1}^{n} d_{ij}\, x_j\,, \qquad i = 1, \ldots, m\,, \quad x_j = 0\,, \quad j \in I_1\right\} \tag{75}$$

enthalten ist. Setzt man

$$\lambda_j = x_j \qquad (j \in I_2)\,, \tag{76}$$

so ergibt sich aus (75) die folgende parametrische Beschreibung von $'L$:

$$'L = \Big\{\boldsymbol{x} \in E_n \mid x_i = \sum_{j \in I_2} d_{ij}\, \lambda_j\,, \qquad i = 1, \ldots, m\,, \quad x_j = \lambda_j\,, \quad j \in I_2\,,$$
$$x_j = 0\,, \quad j \in I_1\Big\}\,. \tag{77}$$

Falls $'d$ die Dimension des linearen Unterraumes $'L$ und s die Anzahl der Indizes von I_2 ist, ist auf Grund von (76) s zugleich die Anzahl der Parameter λ_j aus (77), woraus offenbar $'d \leqq s$ folgt. Wegen $\mathfrak{M}_{\text{opt}} \subseteqq {'L}$ ist auch $d \leqq {'d}$ (d war die Dimension der Menge $\mathfrak{M}_{\text{opt}}$). Die Indexmenge I_2 enthält somit mindestens d Indizes, d. h., wir können I_2 in der Form

$$I_2 = \{j_1, \ldots, j_s\} \quad \text{mit} \quad s \geqq d\,, \quad j_l \in \{m+1, \ldots, n\}\,, \quad 1 \leqq l \leqq s \tag{78}$$

schreiben. Die Variablen $x_j = \lambda_j$ aus (76) kann man als Koordinaten in dem durch (77) beschriebenen linearen Unterraum $'L$ auffassen und $\mathfrak{M}_{\text{opt}}$ als eine Menge in $'L$ betrachten, die dann auf Grund von (71), (75) und (78) als

$$\mathfrak{M}_{\text{opt}} = \left\{(x_{j_1}, \ldots, x_{j_s}) \in {'L} \mid \sum_{j \in I_2} d_{ij}\, x_j \leqq d_{i0}\,, \quad i = 1, \ldots, m\,, \quad x_j \geqq 0\,, \quad j \in I_2\right\} \tag{79}$$

geschrieben werden kann. Entsprechend kann man die Menge $K(\boldsymbol{x}_0)$ in $'L$ darstellen. Aus (79) und (72) erkennt man, daß beide Mengen konvexe Polyeder in $'L$ sind und

$$\mathfrak{M}_{\text{opt}} \subseteqq K(\boldsymbol{x}_0) \tag{80}$$

gilt. Der betrachtete optimale Basispunkt $\boldsymbol{x}_0$, für den $x_{0j} = 0$ $(j = m + 1, \ldots, n)$ gilt, ist offenbar der Koordinatenursprung in $'L$. Man sieht ebenfalls leicht, daß $K(\boldsymbol{x}_0)$ ein konvexer Kegel mit einem Scheitelpunkt $\boldsymbol{x}_0 = \boldsymbol{o}$ in $'L$ ist. Aus (80) folgt weiter

$$d = \dim \mathfrak{M}_{\text{opt}} \leqq \dim K(\boldsymbol{x}_0) \, . \tag{81}$$

Wir werden nun zeigen, daß

$$d = \dim \mathfrak{M}_{\text{opt}} = \dim K(\boldsymbol{x}_0) \tag{82}$$

ist, und nehmen deshalb an, daß

$$d = \dim \mathfrak{M}_{\text{opt}} < \dim K(\boldsymbol{x}_0) \tag{83}$$

gilt. Dann gibt es $d + 1$ in $'L$ linear unabhängige Punkte

$$\boldsymbol{x}_0, \boldsymbol{x}_1, \ldots, \boldsymbol{x}_d \qquad (\boldsymbol{x}_l \in \mathfrak{M}_{\text{opt}} \, , \quad l = 0, \ldots, d) \, , \tag{84}$$

wobei mehr als $d + 1$ Punkte aus $\mathfrak{M}_{\text{opt}}$ immer linear abhängig sind. Ohne Beschränkung der Allgemeinheit können wir voraussetzen, daß $\boldsymbol{x}_0$ aus (84) der betrachtete optimale Basispunkt $\boldsymbol{x}_0$ ist, für den

$$x_{0j_l} = 0 \qquad (l = 1, \ldots, s) \tag{85}$$

gilt. Aus (84) und (80) folgt

$$\boldsymbol{x}_l \in K(\boldsymbol{x}_0) \qquad (l = 0, 1, \ldots, d) \, , \tag{86}$$

und aus (83) ergibt sich die Existenz eines Punktes $\hat{\boldsymbol{x}} \in K(\boldsymbol{x}_0)$ mit $\hat{\boldsymbol{x}} \in \mathfrak{M}_{\text{opt}}$ und der Eigenschaft, daß die $d + 2$ Punkte $\boldsymbol{x}_0, \boldsymbol{x}_1, \ldots, \boldsymbol{x}_d, \hat{\boldsymbol{x}}$ linear unabhängig in $'L$ sind, wobei alle Punkte zur Menge $K(\boldsymbol{x}_0)$ gehören. Wegen $\hat{\boldsymbol{x}} \in K(\boldsymbol{x}_0)$ gilt nach (72)

$$\hat{x}_j \geqq 0 \qquad (j \in I_2) \, , \qquad \sum_{j \in I_2} d_{ij} \hat{x}_j \leqq 0 \qquad (i \in {'I})$$

und daher

$$x_j = t \hat{x}_j \geqq 0 \quad (j \in I_2) \, , \qquad \sum_{j \in I_2} d_{ij} x_j = \sum_{j \in I_2} d_{ij} t \hat{x}_j \leqq 0 \qquad (i \in {'I})$$

für alle $\boldsymbol{x}$ der durch die Randpunkte $\boldsymbol{x}_0$ und $\hat{\boldsymbol{x}}$ festgelegten Strecke

$$S(\boldsymbol{x}_0, \hat{\boldsymbol{x}}) = \{ \boldsymbol{x} = \{ x_{j_1}, \ldots, x_{j_s} \} \in {'L} \mid x_{j_l} = t \hat{x}_{j_l} \, , \quad l = 1, \ldots, s \, , \quad t \in \langle 0, 1 \rangle \} \, .$$

Diese Strecke liegt wegen $\boldsymbol{x}_0, \hat{\boldsymbol{x}} \in K(\boldsymbol{x}_0)$ und auf Grund der Konvexität der Menge $K(\boldsymbol{x}_0)$ ebenfalls in $K(\boldsymbol{x}_0)$. Da für alle $i \in \{1, \ldots, m\} \setminus {'I}$ (wobei $'I \neq \emptyset$ vorausgesetzt wird) $d_{i0} > 0$ gilt, gibt es offenbar ein $'t \in (0, 1\rangle$ derart, daß der Punkt $'\boldsymbol{x} \in S(\boldsymbol{x}_0, \hat{\boldsymbol{x}})$ mit

$$'x_j = {'t} \hat{x}_j \, , \qquad j \in I_2$$

die Eigenschaften

$$\left. \begin{aligned} &'x_j \geqq 0 \qquad (j \in I_2) \, , \qquad \sum_{j \in I_2} d_{ij} {'x_j} \leqq 0 \quad (i \in {'I}) \, , \\ &\sum_{j \in I_2} d_{ij} {'x_j} \leqq d_{i0} \qquad (i \in \{1, \ldots, m\} \setminus {'I}) \end{aligned} \right\} \tag{87}$$

besitzt und wegen $'t \in (0, 1\rangle$ $'\boldsymbol{x} \neq \boldsymbol{x}_0$ gilt. Aus (87) und (79) folgt dann $'\boldsymbol{x} \in \mathfrak{M}_{\text{opt}}$. Daraus und aus (84) folgt, daß die $d + 2$ Punkte $\boldsymbol{x}_0, \boldsymbol{x}_1, \ldots, \boldsymbol{x}_d, '\boldsymbol{x}$ zu $\mathfrak{M}_{\text{opt}}$ gehören. Wären diese Punkte linear abhängig in $'L$, so müßte auf Grund der linearen Unabhängigkeit der Punkte $\boldsymbol{x}_0, \boldsymbol{x}_1, \ldots, \boldsymbol{x}_d$ der Vektor $'\boldsymbol{x} - \boldsymbol{x}_0$ eine Linearkombination der Vektoren $\boldsymbol{x}_l - \boldsymbol{x}_0$ $(l = 1, \ldots, d)$ sein, d. h.

$$'\boldsymbol{x} - \boldsymbol{x}_0 = \sum_{l=1}^{d} \nu_l (\boldsymbol{x}_l - \boldsymbol{x}_0) ,$$

und wegen (85)

$$'x_j = \sum_{l=1}^{d} \nu_l x_{lj} \qquad (j \in I_2) . \tag{88}$$

Definiert man $'\nu_l = \nu_l('t)^{-1}$ $(l = 1, \ldots, d)$, so folgt aus der Definition des Punktes $'\boldsymbol{x}$ und aus (88)

$$\hat{x}_j = \sum_{l=1}^{d} {'\nu_l} x_{lj} \qquad (j \in I_2)$$

und damit auf Grund von (85)

$$\hat{\boldsymbol{x}} - \boldsymbol{x}_0 = \sum_{l=1}^{d} {'\nu_l} \boldsymbol{x}_l .$$

Die Punkte $\boldsymbol{x}_0, \boldsymbol{x}_1, \ldots, \boldsymbol{x}_d, \hat{\boldsymbol{x}}$ wären also im Widerspruch zur Auswahl des Punktes $\hat{\boldsymbol{x}} \in K(\boldsymbol{x}_0)$ linear abhängig. Die Punkte $\boldsymbol{x}_0, \boldsymbol{x}_1, \ldots, \boldsymbol{x}_d, '\boldsymbol{x}$ müssen daher linear unabhängig sein. Da sie jedoch alle zu $\mathfrak{M}_{\text{opt}}$ gehören, ist $\mathfrak{M}_{\text{opt}}$ mindestens $(d + 1)$-dimensional. Damit erhalten wir den erforderlichen Widerspruch, d. h., (82) gilt.

Um nun zu zeigen, daß die Bedingungen des Satzes ebenfalls hinreichend sind, betrachten wir zunächst den Fall, daß $'I = \emptyset$ ist und I_2 genau d Indizes enthält, d. h.

$$I_2 = \{j_1, \ldots, j_d\} \qquad \text{mit} \qquad j_l \in \{m + 1, \ldots, n\} , \qquad l = 1, \ldots, d .$$

Daraus ergibt sich, daß die in (74) definierten Mengen h_j $(j = 1, \ldots, m)$ nicht leer sind und Kanten des Polyeders $\mathfrak{M}$ mit dem Randpunkt $\boldsymbol{x}_0$ darstellen, wobei die Bedingung (73) erfüllt sind. Aus (73) folgt weiter, daß $h_{j_l} \subseteqq \mathfrak{M}_{\text{opt}}$ $(l \in \{1, \ldots, d\})$, $h_j \nsubseteq \mathfrak{M}_{\text{opt}}$ $(j \in \{m + 1, \ldots, n\} \backslash \{j_1, \ldots, j_d\})$ gilt. Von allen von der Ecke $\boldsymbol{x}_0$ ausgehenden Kanten von $\mathfrak{M}$ enthält die Menge $\mathfrak{M}_{\text{opt}}$ genau d Kanten, d. h., die Menge $\mathfrak{M}_{\text{opt}}$ besitzt die Dimension d.

Falls andererseits $'I \neq \emptyset$, $\emptyset \neq I_2 = \{j_1, \ldots, j_s\}$ mit $d \leqq s$ und die Menge $K(\boldsymbol{x}_0)$ d-dimensional ist, dann ist nach (82) $\dim \mathfrak{M}_{\text{opt}} = d$. ∎

In Satz 5 wurde $d \geqq 1$ vorausgesetzt. Es ist wegen Satz 3 leicht einzusehen, daß dieser Satz auch im Fall $d = 0$ gilt.

Die Sätze 4 und 5 geben uns eine Möglichkeit, aus der Endsimplextabelle (2), die einem optimalen Basispunkt $\boldsymbol{x}_0$ entspricht, die Menge $\mathfrak{M}_{\text{opt}}$ näher zu charakterisieren:

1° Die Menge $\mathfrak{M}_{\text{opt}}$ wird durch (71) beschrieben, wobei die Mengen I_1 und I_2 unmittelbar aus Tabelle (2) entnommen werden können.

2° Die Frage nach der Dimension von $\mathfrak{M}_{\text{opt}}$ kann auf Grund von Satz 5 sofort beantwortet werden, falls in der letzten Spalte der Tabelle (2) alle Zahlen d_{i0} $(i = 1, \ldots, m)$ positiv sind. Die Dimension von $\mathfrak{M}_{\text{opt}}$ ist in diesem (regulären) Fall gleich der Anzahl der Elemente der Menge I_2.

3° Falls $'I$ nicht leer ist, wird das Problem der Bestimmung der Dimension von $\mathfrak{M}_{\text{opt}}$ auf das Problem der Bestimmung der Dimension einer „einfacheren" Menge $K(\boldsymbol{x}_0)$ zurückgeführt. Die Beschreibung der Menge $K(\boldsymbol{x}_0)$ kann man aus Tabelle (2) entnehmen: Man bestimmt nämlich diejenigen Zeilen in der Tabelle (2), in denen in der letzten Spalte der Tabelle die Elemente $d_{i0} = 0$ stehen. Man ermittelt ebenfalls alle diejenigen Spalten, die den Nichtbasisvariablen entsprechen und in denen an der entsprechenden Stelle der charakteristischen Zeile das Element $c_j - z_j = 0$ steht. Die im Schnittpunkt der auf diese Weise ausgewählten Zeilen und Spalten stehenden Elemente d_{ij} ergeben das folgende Ungleichungssystem:

$$\left.\begin{aligned} \sum_{j \in I_2} d_{ij} x_j &\leqq 0 \qquad (i \in {}'I)\,, \\ x_j &\geqq 0 \qquad (j \in I_2)\,. \end{aligned}\right\} \tag{89}$$

Zu (89) sei noch bemerkt:

(a) Falls ein Index $i_0 \in {}'I$ mit $d_{i_0 j} > 0$ $(j \in I_2)$ existiert, enthält die in (89) beschriebene Menge genau ein Element mit $x_j = 0$ für alle $j \in I_2$.

(b) Falls andererseits die Indexmenge

$$J = \{ i \in {}'I \mid d_{ij} \leqq 0 \quad \text{für} \quad j \in I_2 \}$$

nicht leer ist, sind die Ungleichungen

$$\sum_{j \in I_2} d_{ij} x_j \leqq 0 \qquad (i \in J)$$

in (89) überflüssig, d. h., das System (89) reduziert sich auf das äquivalente System

$$\begin{aligned} \sum_{j \in I_2} d_{ij} x_j &\leqq 0\,, \qquad & i &\in {}'I \setminus J\,, \\ x_\alpha &\geqq 0\,, \qquad & j &\in I_2\,, \end{aligned}$$

das ebenfalls die Menge $K(\boldsymbol{x}_0)$ vollständig beschreibt.

Durch das Beispiel 1 in Abschnitt 5 wurde bereits ein Problem untersucht, das nicht eindeutig lösbar war.

KAPITEL 6

WEITERE METHODEN ZUR LÖSUNG LINEARER OPTIMIERUNGSPROBLEME

6.1. Theorie der dualen Simplexmethode

Bisher haben wir die Simplexmethode unter der Voraussetzung des Vorhandenseins eines zulässigen Basispunktes entwickelt. In diesem Abschnitt werden wir sehen, daß man auch mit Hilfe unzulässiger Basispunkte das Optimum ermitteln kann. Im folgenden unterscheiden wir zwischen Basispunkten und zulässigen Basispunkten. Ein Punkt $\boldsymbol{x}_0$ soll *Basispunkt* heißen, falls er alle Bedingungen aus der Definition eines zulässigen Basispunktes (Definition 1 aus 4.1.) bis auf die Bedingung $\boldsymbol{x}_0 \in \mathfrak{M}$ erfüllt. Gelegentlich werden wir daher auch von *unzulässigen* Basispunkten sprechen. Die duale Simplexmethode wurde erstmals im Jahre 1954 von dem amerikanischen Mathematiker C. E. LEMKE in einer jedoch wesentlich anderen Form als hier dargestellt.

Das zu lösende Optimierungsproblem liege in der allgemeinen Form vor:

$$\max \left\{ \boldsymbol{c}' \boldsymbol{x} \mid \sum_{\alpha=1}^{n} a_{r\alpha} x_\alpha = b_r, \qquad r = 1, \ldots, m_0; \right.$$
$$\left. \sum_{\alpha=1}^{n} a_{r\alpha} x_\alpha \leqq b_r, \qquad r = m+1, \ldots, m_0; \;\; \boldsymbol{x} \geqq \boldsymbol{o} \right\}. \tag{1}$$

Wir haben bereits eine Methode kennengelernt, wie man von diesem Problem zu einer Normalform gelangt (vgl. 3.6.). Hier soll eine weitere, sehr einfache Methode angegeben werden.

▮ S. 1 *Die beiden Mengen*

$$R = \left\{ \boldsymbol{x} \mid \sum_{\alpha=1}^{n} a_{r\alpha} x_\alpha = b_r, \qquad r = 1, \ldots, m \right\},$$

$$\tilde{R} = \left\{ \boldsymbol{x} \mid \sum_{\alpha=1}^{n} a_{r\alpha} x_\alpha \leqq b_r, \quad r = 1, \ldots, m; \quad - \sum_{\alpha=1}^{n} \left(\sum_{r=1}^{m} a_{r\alpha} \right) x_\alpha \leqq - \sum_{r=1}^{m} b_r \right\}$$

sind identisch, d. h., ein Punkt $\boldsymbol{x}$ gehört dann und nur dann zu R, wenn er auch zu $\tilde{R}$ gehört. ▮

▮ Bws. Wenn nämlich ein Punkt $\boldsymbol{x}^*$ Lösung des linearen Gleichungssystems

$$\sum_{\alpha=1}^{n} a_{r\alpha} x_\alpha = b_r, \qquad r = 1, \ldots, m$$

ist, gilt offenbar

$$\sum_{\alpha=1}^{n} \left(\sum_{r=1}^{m} a_{r\alpha} \right) x_\alpha^* = \sum_{r=1}^{m} \left(\sum_{\alpha=1}^{n} a_{r\alpha} \, x_\alpha^* \right) = \sum_{r=1}^{m} b_r \, .$$

Also gehört $\boldsymbol{x}^*$ auch zu $\tilde{R}$.

Es sei andererseits $\boldsymbol{x}^*$ aus der Menge $\tilde{R}$. Nehmen wir an, es gibt ein r_*, so daß

$$\sum_{\alpha=1}^{n} a_{r_*\alpha} \, x_\alpha^* < b_{r_*}$$

gilt. Dann folgt sofort wegen $\sum_{\alpha=1}^{n} a_{r\alpha} \, x_\alpha^* \leqq b_r, \quad r = 1, \ldots, m$:

$$\sum_{\alpha=1}^{n} \sum_{r=1}^{m} a_{r\alpha} \, x_\alpha^* < \sum_{r=1}^{m} b_r \, ,$$

d. h. insbesondere, daß der Punkt $\boldsymbol{x}^*$ nicht zu $\tilde{R}$ gehören kann, im Widerspruch zur Voraussetzung. Damit ist der Satz bewiesen. ∎

Folglich ist das Problem (1) mit dem Problem

$$\max \left\{ \boldsymbol{c}' \, \boldsymbol{x} \,\middle|\, \sum_{\alpha=1}^{n} a_{r\alpha} \, x_\alpha \leqq b_r \, , \qquad r = 1, \ldots, m ; \right.$$
$$\left. - \sum_{\alpha=1}^{n} \left(\sum_{r=1}^{m_0} a_{r\alpha} \right) x_\alpha \leqq - \sum_{r=1}^{m_0} b_r \, , \qquad \boldsymbol{x} \geqq \boldsymbol{o} \right\}$$

identisch. Mit anderen Worten: Wir können stets voraussetzen, daß das gegebene lineare Optimierungsproblem in Normalform vorliegt:

$$\max \{ \boldsymbol{c}' \, \boldsymbol{x} \,|\, \boldsymbol{A} \, \boldsymbol{x} \leqq \boldsymbol{b} ; \qquad \boldsymbol{x} \geqq \boldsymbol{o} \} \tag{2}$$

worin wir Schlupfvariablen einführen:

$$\max \left\{ \boldsymbol{c}' \, \boldsymbol{x} \,\middle|\, x_{n+r} = b_r - \sum_{\alpha=1}^{n} a_{r\alpha} \, x_\alpha \, , \qquad r = 1, \ldots, m ; \quad \boldsymbol{x} \geqq \boldsymbol{o} \, , \right.$$
$$\left. x_{n+r} \geqq 0 \, , \qquad r = 1, \ldots, m \right\} . \tag{3}$$

Zur Vereinfachung bezeichnen wir wieder einen Vektor $(x_1, \ldots, x_{n+m})'$ mit $\boldsymbol{x}$.

6.1.1. Bestimmung eines dual zulässigen Basispunktes

Im Sinne der Theorie stellen wir uns zunächst die Aufgebe, zu dem Problem (3) einen Basispunkt zu bestimmen, bei dem die Koeffizienten der Zielfunktion für die Nichtbasisvariablen sämtlich nichtpositiv sind.

Es sei $\boldsymbol{x}^{*\prime} = (x_1^*, \ldots, x_{n+m}^*)$ ein beliebiger Basispunkt und $x_{i_1}, \ldots, x_{i_m}$ ein System von Basisvariablen, das zu diesem Punkt gehört. Wenn wir die Gleichungen in (3) nach diesen Variablen auflösen, erhalten wir die Darstellung

$$x_{i_r} = d_{r0} - \sum_{\alpha=1}^{n} d_{r\alpha} x_{j_\alpha}, \qquad r = 1, \ldots, m \tag{4a}$$

und nach Einsetzen in die Zielfunktion

$$z = \boldsymbol{c}' \boldsymbol{x} = d_{00} - \sum_{\alpha=1}^{n} d_{0\alpha} x_{j_\alpha}. \tag{4b}$$

Wir betrachten nun das Problem

$$\max \left\{ - \sum_{\alpha=1}^{n} d_{0\alpha} x_{j_\alpha} \,\middle|\, \sum_{\alpha=1}^{n} d_{r\alpha} x_{j_\alpha} \leqq d_{r0}; \quad r = 1, \ldots, m; \quad x_{j_\alpha} \geqq 0, \quad \alpha = 1, \ldots, n \right\}. \tag{5}$$

Wenn $(\bar{x}_{j_1}, \ldots, \bar{x}_{j_n})$ ein zulässiger Punkt des Problems (5) ist, stellt offenbar der Punkt $(\bar{x}_1, \ldots, \bar{x}_{n+m})$ mit

$$\bar{x}_{i_r} = d_{r0} - \sum_{\alpha=1}^{n} d_{r\alpha} \bar{x}_{j_\alpha}, \qquad r = 1, \ldots, m$$

einen zulässigen Punkt des Problems (3) und dann auch des Problems (2) dar. Ist umgekehrt $\bar{\boldsymbol{x}}$ ein zulässiger Punkt von (3), so liefern die Komponenten $\bar{x}_{j_1}, \ldots, \bar{x}_{j_n}$ dieses Punktes gerade einen zulässigen Punkt von (5). Die Probleme (2) und (5) sind somit äquivalent. Das Dualproblem zu (5) lautet

$$\min \left\{ \sum_{r=1}^{m} d_{r0} u_{i_r} \,\middle|\, \sum_{r=1}^{m} d_{r\alpha} u_{i_r} \geqq - d_{0\alpha}, \quad \alpha = 1, \ldots, n; \quad \boldsymbol{u} \geqq \boldsymbol{o} \right\}. \tag{6}$$

Durch Einführung von Schlupfvariablen u_{j_α} können wir die Restriktionen in der Form

$$u_{j_\alpha} = d_{0\alpha} + \sum_{r=1}^{m} d_{r\alpha} u_{i_r}, \qquad \alpha = 1, \ldots, n \tag{7}$$

schreiben. Durch Vergleich von (4) und (7) erkennen wir, daß jedem Basispunkt des Problems (2) über die Darstellung in der Form (4) ein Basispunkt des Dualproblems von (2)

$$\min \{ \boldsymbol{b}' \boldsymbol{u} \mid \boldsymbol{A}' \boldsymbol{u} \geqq \boldsymbol{c}, \qquad \boldsymbol{u} \geqq \boldsymbol{o} \} \tag{8}$$

zugeordnet ist, bei dem sich die Basisvariablen in der Form (7) durch die Nichtbasisvariablen darstellen lassen. Dabei ist jeder Basisvariablen x_{i_k} eine Nichtbasisvariable u_{i_k} zugeordnet. Die Werte der Basisvariablen der zugeordneten Basispunkte von Primal- und Dualproblemen sind dabei gerade die Koeffizienten der Nichtbasisvariablen beim Einsetzen der Basispunkte in die betreffenden Zielfunktionen. Gleichzeitig stimmen die Werte der Zielfunktionen in beiden Punkten überein.

Wenn nun $\boldsymbol{x}^{*\prime} = (x_1^*, \ldots, x_{n+m}^*)$ ein Basispunkt von (2) ist, für den in (4b) $d_{0\alpha} \geqq 0$, $\alpha = 1, \ldots, n$ gilt, ist diesem Punkt durch (7) ein dual zulässiger

Basispunkt zugeordnet. Sollte überdies in (4a) noch $d_{r0} \geqq 0$, $r = 1, \ldots, m$ gelten, so ist für das Problem (5) der Nullpunkt optimal. Da nach dem oben Gesagten die Probleme (2) und (5) über die Transformation (4a, b) äquivalent sind, folgt, daß dann der Punkt $\boldsymbol{x}^*$ nicht nur zulässig für (2), sondern auch optimal ist.

Wir haben gesehen, daß die Bestimmung eines Basispunktes von (2) mit $d_{0\alpha} \geqq 0$, $\alpha = 1, \ldots, n$ gleichwertig mit der Bestimmung eines zulässigen Basispunktes für das Dualproblem ist.

Wir betrachten also den dualen Restriktionsbereich

$$\mathfrak{M}^* = \{\boldsymbol{u} \mid \boldsymbol{A}' \boldsymbol{u} \geqq \boldsymbol{c}; \qquad \boldsymbol{u} \geqq \boldsymbol{o}\}$$
$$= \left\{\boldsymbol{u} \mid \sum_{r=1}^{m} a_{r\alpha} u_r \geqq c_\alpha; \qquad \alpha = 1, \ldots, n; \quad \boldsymbol{u} \geqq \boldsymbol{o}\right\}$$

und versuchen, einen zulässigen Punkt $(u_1^*, \ldots, u_m^*)$ zu finden, bei dem $m - 1$ Komponenten gleich Null sind.[1]) Setzen wir $m - 1$ Variablen gleich Null, so bleibt die Menge

$$\mathfrak{M}_r^* = \{u_r \mid a_{r\alpha} u_r \geqq c_\alpha, \qquad \alpha = 1, \ldots, n; \quad u_r \geqq 0\},$$

die wir auf einen zulässigen Punkt zu untersuchen haben. Dazu muß $\mathfrak{M}_r^*$ aber nicht leer sein. Sie ist sicher leer, falls es zu dem entsprechenden r ein α_* gibt mit $a_{r\alpha_*} \leqq 0$ und $c_{\alpha_*} > 0$. Sie ist aber auch leer, falls es ein α_* mit $a_{r\alpha_*} < 0$ und $c_{\alpha_*} = 0$ gibt. Diese Bedingungen sind aber noch nicht hinreichend. Wenn wir

$$F_r = \inf\left\{\frac{c_\alpha}{a_{r\alpha}} \,\middle|\, c_\alpha < 0, \qquad a_{r\alpha} < 0\right\},$$
$$S_r = \max\left\{\frac{c_\alpha}{a_{r\alpha}} \,\middle|\, c_\alpha > 0, \qquad a_{r\alpha} > 0\right\}$$

definieren, ist $\mathfrak{M}_r^*$ auch leer, falls $S_r > F_r$ gilt. Denn jedes $u_r \in \mathfrak{M}_r^*$ muß den Ungleichungen

$$u_r \geqq \frac{c_\alpha}{a_{r\alpha}}$$

für alle α mit $c_\alpha > 0$, $a_{r\alpha} > 0$ und den Ungleichungen

$$u_r \leqq \frac{c_\alpha}{a_{r\alpha}}$$

für alle α mit $c_\alpha < 0$, $a_{r\alpha} < 0$ genügen. Im ersten Fall hat also der maximale Quotient S_r und im zweiten Fall der minimale Quotient F_r entscheidenden Einfluß auf die Punktmenge $\mathfrak{M}_r^*$. Damit ist $\mathfrak{M}_k^*$ dann und nur dann nicht leer, wenn der Index k den folgenden drei Bedingungen genügt:

---

[1]) Falls $c_\alpha \leqq 0$ $(\alpha = 1, \ldots, n)$ ist, haben wir mit $\boldsymbol{u}^* = \boldsymbol{o}$ bereits einen dual zulässigen Basispunkt gefunden; wir können also annehmen, daß mindestens ein Koeffizient in der Zielfunktion von (2) positiv ist.

1° Für alle α mit $c_\alpha > 0$ gilt $a_{k\alpha} > 0$.

2° Für alle α mit $c_\alpha = 0$ gilt $a_{k\alpha} \geqq 0$.

3° $S_k \leqq F_k$.

Es sei N_0 die Menge aller Indizes k, die diesen Bedingungen genügen, und $k \in N_0$. Die Menge $\mathfrak{M}_k^*$ schreibt sich dann in der Form

$$\mathfrak{M}_k^* = \{ u_k |\, S_k \leqq u_k \leqq F_k \} .$$

Da wir $\{\alpha | \, c_\alpha > 0\} \neq \emptyset$ vorausgesetzt haben, muß die Ungleichung $S_k > 0$ gelten. Dann gibt es ein s $(1 \leqq s \leqq n)$, so daß

$$S_k = \frac{c_s}{a_{ks}}$$

gilt. Wir führen in $\mathfrak{M}^*$ Schlupfvariablen ein:

$$\mathfrak{M}^* = \left\{ \boldsymbol{u} \mid \sum_{r=1}^{m} a_{r\alpha} u_r - u_{m+\alpha} = c_\alpha , \qquad \alpha = 1, \ldots, n; \quad \boldsymbol{u} \geqq \boldsymbol{o} \right\},$$

lösen hier die s-te Gleichung nach u_k auf, setzen in die übrigen Gleichungen ein und erhalten:

$$u_k = \frac{c_s}{a_{ks}} - \sum_{\substack{r=1 \\ r \neq k}}^{m} \frac{a_{rs}}{a_{ks}} u_r + \frac{1}{a_{ks}} u_{m+s} ,$$

$$u_{m+\alpha} = \left(\frac{c_s a_{k\alpha}}{a_{ks}} - c_\alpha \right) + \sum_{\substack{r=1 \\ r \neq k}}^{m} \left(a_{r\alpha} - \frac{a_{k\alpha} a_{rs}}{a_{ks}} \right) u_r + \frac{a_{k\alpha}}{a_{ks}} u_{m+s} \qquad (\alpha \neq s) .$$

Wegen

$$S_k = \frac{c_s}{a_{ks}} > 0 , \qquad a_{k\alpha} S_k - c_\alpha \geqq 0 \qquad (\alpha = 1, \ldots, n)$$

ist der so gewonnene Punkt ein zulässiger Basispunkt des Dualproblems mit den Basisvariablen u_k, $u_{m+\alpha}$ $(\alpha \neq s)$ und den Basiswerten

$$u_k = \frac{c_s}{a_{ks}}, \qquad u_{m+\alpha} = \frac{c_s a_{k\alpha}}{a_{ks}} - c_\alpha \qquad (\alpha = 1, \ldots, n; \quad \alpha \neq s) .$$

Für die Zielfunktion des Problems (8) erhalten wir bezüglich des berechneten zulässigen Basispunktes die Darstellung

$$\boldsymbol{b}' \boldsymbol{u} = \frac{b_k c_s}{a_{ks}} + \sum_{\substack{r=1 \\ r \neq k}}^{m} \left(b_r - \frac{a_{rs} b_k}{a_{ks}} \right) u_r + \frac{b_k}{a_{ks}} u_{m+s} .$$

Wir haben somit in (4) wegen des Zusammenhangs zwischen (4) und (7):

$$d_{r0} = b_r - \frac{a_{rs} b_k}{a_{ks}}, \qquad r = 1, \ldots, m; \quad r \neq k ,$$

$$d_{k0} = \frac{b_k}{a_{ks}} ,$$

$$d_{r\alpha} = a_{r\alpha} - \frac{a_{k\alpha} a_{rs}}{a_{ks}}, \qquad r = 1, \ldots, m; \quad r \neq k, \qquad \alpha = 1, \ldots, n; \quad \alpha \neq s,$$

$$d_{k\alpha} = \frac{a_{k\alpha}}{a_{ks}}, \qquad \alpha = 1, \ldots, n; \quad \alpha \neq s,$$

$$d_{ks} = \frac{1}{a_{ks}}, \quad d_{0\alpha} = \frac{c_s a_{k\alpha}}{a_{ks}} - c_\alpha, \quad \alpha = 1, \ldots, n; \quad \alpha \neq s, \qquad d_{0s} = \frac{c_s}{a_{ks}},$$

$$i_r = n + r, \qquad (r = 1, \ldots, m; \quad r \neq k); \qquad i_k = s,$$

$$j_\alpha = \alpha \qquad (\alpha = 1, \ldots, n; \quad \alpha \neq s); \qquad j_s = n + k$$

zu setzen. Für das Problem (5) gilt dann $d_{0\alpha} \geqq 0$.

Es bleibt noch der Fall $N_0 = \emptyset$ zu untersuchen. In diesem Fall ist es nicht möglich, die Bedingung $d_{0\alpha} \geqq 0$ $(\alpha = 1, \ldots, n)$ zu erfüllen. Wir fügen zu den Restriktionen von (2) eine Hilfsrestriktion hinzu:

$$\sum_{\alpha=1}^{n} a_{m+1,\alpha} x_\alpha \leqq b_{m+1}$$

mit

$$a_{m+1,\alpha} = \begin{cases} \alpha\, c_\alpha, & \text{falls } c_\alpha \geqq 0, \\ \dfrac{c_\alpha}{\alpha} & \text{sonst}, \end{cases}$$

$$b_{m+1} = c_0 \max\{\alpha \mid c_\alpha > 0\},$$

wobei c_0 eine obere Schranke für den zu erwartenden optimalen Zielfunktionswert darstellt. Man sieht sofort, daß die Hilfsrestriktion den Bedingungen 1° bis 3° genügt, da

$$S_{m+1} = \max\left\{\frac{1}{\alpha} \,\middle|\, c_\alpha > 0\right\} = \frac{1}{\min\{\alpha \mid c_\alpha > 0\}},$$

$$F_{m+1} = \inf\{\alpha \mid c_\alpha < 0\}$$

gilt, also $m + 1 \in N_0$.

Damit haben wir das zu Beginn dieses Abschnitts formulierte Problem gelöst.

6.1.2. Auswahlkriterien

Wir gehen wieder von der Darstellung eines Basispunktes nach der Formel (4) aus und betrachten das zugehörige lineare Optimierungsproblem (5). Die Zahl d_{00} in (4b) ist der Wert der Zielfunktion für den Basispunkt

$$\left.\begin{aligned} x^*_{i_r} &= d_{r0}, & r &= 1, \ldots, m, \\ x^*_{j_\alpha} &= 0, & \alpha &= 1, \ldots, n \end{aligned}\right\} \tag{9}$$

bezüglich des ursprünglichen Problems (1). Es gelte überdies noch $d_{0\alpha} \geqq 0$ $(\alpha = 1, \ldots, n)$.

Wie wir oben bemerkt haben, ist der Basispunkt $\boldsymbol{x}^*$ aus (9) nicht nur zulässig für (1), sondern auch optimal, falls $d_{r0} \geqq 0$ $(r = 1, \ldots, m)$ gilt. Wir wollen also annehmen, daß die Indexmenge $I_{ks}^- = \{r \mid d_{r0} < 0\}$ nicht leer ist. Es sei zunächst k ein beliebiges Element aus I_{ks}^-. Wir betrachten die k-te Gleichung aus (4a):

$$x_{i_k} = d_{k0} - \sum_{\alpha=1}^{n} d_{k\alpha} x_{j_\alpha}, \tag{10}$$

wobei $d_{k0} < 0$ gilt, also die i_k-te Komponente des Basispunktes negativ ist. Wenn wir eine Nichtbasisvariable x_{j_s} mit $d_{ks} \neq 0$ auswählen, die Gleichung (10) nach dieser Variablen auflösen und in die übrigen Gleichungen von (4) einsetzen, erhalten wir die Darstellung der Basisvariablen durch die Nichtbasisvariablen für einen zu $\boldsymbol{x}^*$ benachbarten Basispunkt $\boldsymbol{x}^{**}$. Diesem neuen Basispunkt entspricht über den Zusammenhang zwischen (4) und (7) genau dann ein dual zulässiger Basispunkt, wenn die Koeffizienten der Zielfunktion $\boldsymbol{c}'\,\boldsymbol{x}$ bezüglich der Nichtbasisvariablen von $\boldsymbol{x}^{**}$ sämtlich nichtpositiv sind. Wir suchen somit einen zu $\boldsymbol{x}^*$ benachbarten Basispunkt, der gerade diese Bedingung erfüllt. Dazu muß die Basisvariable x_{i_k} durch eine geeignete Nichtbasisvariable ausgetauscht werden. Bezüglich des Dualproblems (8) haben wir es hier mit dem gleichen Vorgehen zu tun wie bei der gewöhnlichen Simplexmethode, d. h., wir wenden die Simplexmethode auf das Dualproblem von (2) an. In dem Problem (6) setzen wir alle Variablen u_{i_r} bis auf u_{i_k} gleich Null und erhalten das Problem

$$\min\{d_{k0}\, u_{i_k} \mid d_{k\alpha}\, u_{i_k} \geqq -d_{0\alpha};\ \alpha = 1, \ldots, n;\ u_{i_k} \geqq 0\}. \tag{11}$$

Wegen $-d_{0\alpha} \leqq 0$ $(\alpha = 1, \ldots, n)$ hat dieses Problem für jedes $k \in I^-$ einen zulässigen Punkt. Sollte ein $k \in I^-$ existieren, so daß $d_{k\alpha} \geqq 0$ für alle α gilt, so kann offenbar die Variable u_{i_k} beliebig große Werte annehmen. Also besitzt das Problem (8) eine Halbgerade als Kante, worauf wegen $d_{k0} < 0$ die Zielfunktion $\boldsymbol{b}'\,\boldsymbol{u}$ nach unten unbeschränkt ist, also

$$\inf\{\boldsymbol{b}'\,\boldsymbol{u} \mid \boldsymbol{A}'\,\boldsymbol{u} \geqq \boldsymbol{c};\ \boldsymbol{u} \geqq \boldsymbol{o}\} = -\infty$$

gilt. Wegen

$$\inf\{\boldsymbol{b}'\,\boldsymbol{u} \mid \boldsymbol{A}'\,\boldsymbol{u} \geqq \boldsymbol{c};\ \boldsymbol{u} \geqq \boldsymbol{o}\} \geqq \sup\{\boldsymbol{c}'\,\boldsymbol{x} \mid \boldsymbol{A}\,\boldsymbol{x} \leqq \boldsymbol{b},\ \boldsymbol{x} \geqq \boldsymbol{o}\}$$

(vgl. 3.2.) kann unter dieser Annahme kein zulässiger Punkt des Problems (2) existieren. Damit haben wir:

▌ S. 2 *Wenn es ein $k \in I^-$ gibt, so daß $d_{k\alpha} \geqq 0$ für alle α gilt, dann ist der zulässige Bereich von* (2) *leer.* ▌

Nachdem wir diesen Fall erledigt haben, ist nur noch der im allgemeinen eintretende Fall von Interesse:

Zu jedem k mit $d_{k0} < 0$ (d. h. $k \in I^-$) gibt es ein s mit $d_{ks} < 0$.

In diesem Fall erhalten wir für u_{i_k} in dem Problem (11) eine obere Schranke, nämlich

$$F_k = \min\left\{\frac{d_{0\alpha}}{|d_{k\alpha}|}\,\middle|\, d_{k\alpha} < 0\right\}, \tag{12}$$

so daß (11) zu

$$\min\{d_{k0}\, u_{i_k} \mid 0 \leqq u_{i_k} \leqq F_k\}$$

äquivalent ist. Im Optimalpunkt wird die obere Schranke F_k angenommen. Außerdem existiert ein s $(1 \leqq s \leqq n)$, so daß

$$F_k = \frac{d_{0s}}{|d_{ks}|}$$

ist. Alles weitere verläuft nun analog zum Vorgehen in 6.1. Wir lösen in (4a) die k-te Gleichung (also (10)) nach der Variablen x_{j_s} auf und setzen den so erhaltenen Ausdruck in die übrigen Gleichungen und in die Darstellung der Zielfunktion (4b) ein. Dies entspricht genau einer Simplextransformation, wie wir sie bei der Simplexmethode kennengelernt haben. Die Darstellung der neuen Basisvariablen x_{i_r} $(r \neq k)$, x_{j_s} durch die neuen Nichtbasisvariablen x_{i_k}, x_{j_α} $(\alpha \neq s)$ lautet nun

$$\left.\begin{aligned} x_{i_r^*} &= d_{r0}^* - \sum_{\alpha=1}^{n} d_{r\alpha}^*\, x_{j_\alpha^*}\,, \qquad r = 1, \ldots, m\,, \\ c'\,x &= d_{00}^* - \sum_{\alpha=1}^{n} d_{0\alpha}^*\, x_{j_\alpha^*}\,, \end{aligned}\right\} \tag{13a}$$

wobei

$$\left.\begin{aligned} d_{r\alpha}^* &= d_{r\alpha} - \frac{d_{k\alpha}\, d_{s\alpha}}{d_{ks}}\,, && r = 0, 1, \ldots, m;\ r \neq k\,,\ \ \alpha = 0, 1, \ldots, n;\ \alpha \neq s\,, \\ d_{k\alpha}^* &= \frac{d_{k\alpha}}{d_{ks}}\,, && \alpha = 0, 1, \ldots, n, \alpha \neq s\,, \\ d_{rs}^* &= -\frac{d_{rs}}{d_{ks}}\,, && r = 0, 1, \ldots, m, \\ d_{k\alpha}^* &= \frac{1}{d_{ks}}\,, && \\ i_r^* &= i_r\,, && r = 1, \ldots, m;\ r \neq k\,, \\ i_k^* &= j_s\,, && \\ j_\alpha^* &= j_\alpha\,, && \alpha = 1, \ldots, n, \alpha \neq s\,, \\ j_s^* &= i_k && \end{aligned}\right\} \tag{13b}$$

gilt. Es gilt wegen (12)

$$d_{0\alpha}^* = d_{0\alpha} - \frac{d_{0s}\, d_{k\alpha}}{d_{ks}} = d_{0\alpha} + F_k\, d_{k\alpha} \geqq 0\,.$$

Somit gehört zu (13a) wiederum ein Problem der Form (5) deren Koeffizienten der Zielfunktion sämtlich nichtpositiv sind. Andererseits gilt

$$d_{00}^* = d_{00} - \frac{d_{0s}\, d_{k0}}{d_{ks}} = d_{00} + F_k\, d_{k0}\,, \tag{14}$$

woraus wegen $d_{k0} < 0$, $d_{0s} \geqq 0$, $d_{ks} < 0$ die Ungleichung

$$d_{00}^* \leqq d_{00}$$

folgt, d. h., der neue Basispunkt mit den Komponenten

$$x_{i_r}^* = d_{r0}^*\,, \qquad r = 1, \ldots, m\,,$$

$$x_{j_\alpha^*}^* = 0\,, \qquad \alpha = 1, \ldots, n$$

liefert einen nicht größeren Wert der Zielfunktion als der vorangegangene.

Falls $d_{0s} > 0$ gilt, folgt $d_{00}^* < d_{00}$, d. h., der Wert der Zielfunktion nimmt streng monoton ab. Wir nehmen vorerst an, daß für alle auftretenden Basispunkte $d_{0s} > 0$ gilt; andernfalls liegt Entartung vor. Bisher hatten wir einen beliebigen Index $k \in I^- = \{r \mid d_{r0} < 0\}$ gewählt. Für das Verfahren kann man nun durch geeignete Wahl eines $k \in I^-$ versuchen, die Anzahl der Iterationen zu verkürzen. Als einfachstes Auswahlkriterium bietet sich an, einen Index k zu wählen, für den

$$d_{k0} = \min\{d_{r0} \mid d_{r0} < 0\}$$

gilt. Dieses Kriterium hat sich in der Praxis bewährt und wird auch meist angewendet. Als nächstes kann man leicht ein Auswahlkriterium angeben, mit dem man eine maximale Änderung des Wertes der Zielfunktion erreicht. Dazu hat man wegen (14) den Index k so zu wählen, daß

$$F_k\, d_{k0} = \min\{F_r\, d_{r0} \mid r \in I^-\}$$

gilt. Durch Vergleich beider Auswahlkriterien an zahlreichen ökonomischen Problemen hat man festgestellt, daß durch dieses Kriterium die Anzahl der Iterationen meist wesentlich verkürzt wird. Aber für beide Kriterien kann man keine Sätze beweisen, die ihre Anwendung rechtfertigen würden.

Wir werden ein weiteres Auswahlkriterium angeben. Dazu sei $\bar{\boldsymbol{x}}$ ein innerer Punkt des Restriktionsbereiches $\mathfrak{M}$, d. h., es gelte

$$\boldsymbol{A}\,\bar{\boldsymbol{x}} < \boldsymbol{b}\,; \quad \bar{\boldsymbol{x}} > \boldsymbol{o}\,.$$

Zusätzlich setzen wir

$$\bar{x}_{n+r} = b_r - \sum_{\alpha=1}^{n} a_{r\alpha}\, \bar{x}_\alpha \qquad (r = 1, \ldots, m)\,.$$

Wenn man nun einen Index k wählt mit

$$\frac{|d_{k0}|}{\bar{x}_{i_k}} = \max\left\{\frac{|d_{r0}|}{\bar{x}_{i_r}} \,\middle|\, d_{r0} < 0\right\}, \tag{15}$$

kann man den folgenden Satz beweisen:

S. 3 *Bei Anwendung des Kriteriums* (15) *kommt von allen Restriktionen*

$$A_i' x \leqq b_i\,, \qquad i = 1, \ldots, m\,,$$
$$x_j \geqq 0\,, \qquad j = 1, \ldots, n$$

stets eine zur Auswahl, die nicht überflüssig ist.[1]

Bws. Es sei x^* mit den Komponenten (9) wieder der Basispunkt, dessen Basisvariablen die Darstellung (4) durch die Nichtbasisvariablen besitzen. Wir betrachten die offene Verbindungsstrecke L zwischen x^* und $\bar{x}$:

$$L = \{x \mid x = \lambda \bar{x} + (1 - \lambda)\, x^*, 0 < \lambda < 1\}\,.$$

Diese Verbindungsstrecke hat offenbar genau dann einen Schnittpunkt mit irgendeiner den Restriktionsbereich $\mathfrak{M}$ definierenden Restriktion, wenn der Punkt x^* nicht zulässig ist, d. h. $x^* \notin \mathfrak{M}$, und somit muß die Verbindungsstrecke L mit allen und nur den Restriktionen einen Schnittpunkt haben, die durch die Indexmenge I^- ausgesondert werden. Da $\bar{x}$ innerer Punkt von $\mathfrak{M}$ ist, trifft die Strecke L in einem gewissen Punkt $\tilde{x}$ auf den Rand von $\mathfrak{M}$. Es existiert also ein $\tilde{\lambda}$ mit $0 < \tilde{\lambda} < 1$, so daß der Punkt

$$\tilde{x} = \tilde{\lambda}\, \bar{x} + (1 - \tilde{\lambda})\, x^*$$

auf dem Rand von $\mathfrak{M}$ liegt und alle Punkte

$$x(\lambda) = \lambda \bar{x} + (1 - \lambda)\, x^* \qquad (\tilde{\lambda} \leqq \lambda \leqq 1) \tag{16}$$

zu $\mathfrak{M}$ gehören, d. h., aus der Darstellung von $x(\lambda)$ mit

$$x_{i_r}(\lambda) = d_{r0} - \sum_{\alpha=1}^{n} d_{r\alpha}\, x_{j_\alpha}(\lambda) \qquad (r = 1, \ldots, m)$$

folgt mit (16)

$$x_{i_r}(\lambda) = d_{r0} - \lambda \sum_{\alpha=1}^{n} d_{r\alpha}\, \bar{x}_{j_\alpha} - (1 - \lambda) \sum_{\alpha=1}^{n} d_{r\alpha}\, x_{j_\alpha}^* \qquad (r = 1, \ldots, m)\,. \tag{17}$$

Hierin gilt aber $x_{j_\alpha}^* = 0$ ($\alpha = 1, \ldots, n$), da die $x_{j_\alpha}^*$ die Werte der Nichtbasisvariablen von x^* sind. Wegen $x_{i_r}(\lambda) \geqq 0$ ($r = 1, \ldots, m$; $\tilde{\lambda} \leqq \lambda \leqq 1$) folgt

$$0 \leqq d_{r0} - \lambda \sum_{\alpha=1}^{n} d_{r\alpha}\, \bar{x}_{j_\alpha} = d_{r0} - \lambda\, (d_{r0} - \bar{x}_{i_r}) \qquad (r = 1, \ldots, m)\,,$$

d. h.

$$\lambda\, (d_{r0} - \bar{x}_{i_r}) \leqq d_{r0} \qquad (r = 1, \ldots, n; \tilde{\lambda} \leqq \lambda \leqq 1)\,. \tag{18}$$

Wegen $0 < \tilde{\lambda} < 1$ sind in diesem System alle Ungleichungen mit $d_{r0} \geqq 0$ überflüssig, also folgt aus (18)

$$\lambda \geqq \frac{d_{r0}}{d_{r0} - \bar{x}_{i_r}} \qquad (d_{r0} < 0)$$

[1]) Hier sind A_i' die Zeilenvektoren der Matrix A.

oder

$$\tilde{\lambda} = \max\left\{\frac{d_{r0}}{d_{r0} - \bar{x}_{i_r}} \,\middle|\, d_{r0} < 0\right\}.$$

Unter Berücksichtigung der Identitäten

$$\max\left\{\frac{d_{r0}}{d_{r0} - \bar{x}_{i_r}} \,\middle|\, d_{r0} < 0\right\} = \frac{1}{\min\left\{\frac{d_{r0} - \bar{x}_{i_r}}{d_{r0}} \,\middle|\, d_{r0} < 0\right\}}$$

$$= \frac{1}{\min\left\{1 + \frac{\bar{x}_{i_r}}{|d_{r0}|} \,\middle|\, d_{r0} < 0\right\}}$$

$$= \frac{\max\left\{\frac{|d_{r0}|}{\bar{x}_{i_r}} \,\middle|\, d_{r0} < 0\right\}}{1 + \max\left\{\frac{|d_{r0}|}{\bar{x}_{i_r}} \,\middle|\, d_{r0} < 0\right\}}$$

folgt, daß für den Punkt $\boldsymbol{x}(\tilde{\lambda})$ die Gleichung $x_{i_k}(\tilde{\lambda}) = 0$ $(k \in I^-)$ gilt, falls

$$\frac{|d_{k0}|}{\bar{x}_{i_k}} = \max\left\{\frac{|d_{r0}|}{\bar{x}_{i_r}} \,\middle|\, d_{r0} < 0\right\}$$

ist. Damit ist der Satz bewiesen. ∎

Zur Anwendung dieses Auswahlkriteriums muß noch ein innerer Punkt $\bar{\boldsymbol{x}} \in \mathfrak{M}$ angegeben werden. Wenn man aus der gegebenen Problemstellung keinen solchen Punkt ablesen kann, läßt sich leicht durch Erweiterung des Problems ein innerer Punkt desselben angeben. Es sei

$$f_r = \sum_{\alpha=1}^{n} a_{r\alpha}, \qquad f_0 = \max_r f_r .$$

Wir betrachten das erweiterte Problem

$$\max\left\{\boldsymbol{c}'\boldsymbol{x} - M x_0 \,\middle|\, \sum_{\alpha=1}^{n} a_{r\alpha} x_\alpha - (f_0 + 1)\, x_0 \leqq b_r,\ r = 1, \ldots, m;\ \boldsymbol{x} \geqq \boldsymbol{o},\ x_0 \geqq 0\right\} \tag{19}$$

wobei M eine beliebig große positive Zahl darstellen soll.

Wir setzen

$$\lambda_0 = \begin{cases} 0, & \text{falls } b_r \geqq 0 \\ \max\left\{\frac{b_r}{f_r - f_0 - 1} \,\middle|\, b_r < 0\right\} \end{cases} \tag{20}$$

und zeigen, daß der Punkt $\bar{\boldsymbol{x}}$ mit

$$\bar{x}_\alpha = \lambda_0 + 1 \qquad (\alpha = 0, 1, \ldots, n)$$

innerer Punkt des zu (19) gehörenden Restriktionsbereichs ist. Es gilt

$$\sum_{\alpha=1}^{n} a_{r\alpha}\bar{x}_\alpha - (f_0 + 1)\,\bar{x}_0 = (1 + \lambda_0)(f_r - f_0 - 1) = f_r - f_0 - 1 + \lambda_0 (f_r - f_0 - 1).$$

Wegen

$$f_r - f_0 - 1 < 0\,,$$
$$\lambda_0 (f_r - f_0 - 1) \leqq b_r \qquad (r = 1, \dots, m)$$

(nach (20)) folgt

$$\sum_{\alpha=1}^{n} a_{r\alpha}\, \bar{x}_\alpha - (f_0 + 1)\, \bar{x}_0 < b_r \qquad (r = 1, \dots, m)\,.$$

Andererseits gilt natürlich $\bar{\boldsymbol{x}} > \boldsymbol{o}$. Damit ist gezeigt, daß $\bar{\boldsymbol{x}}$ innerer Punkt des Problems (19) ist. Da die duale Simplexmethode eine Anwendung der gewöhnlichen Simplexmethode auf das Dualproblem darstellt, also auf das Problem

$$\min \left\{ \boldsymbol{b}'\, \boldsymbol{u} \mid \sum_{r=1}^{m} a_{r\alpha}\, u_r \geqq c_\alpha, \alpha = 1, \dots, n; (f_0 + 1) \sum_{r=1}^{m} u_r \leqq M; \right.$$
$$\left. u_r \geqq 0,\; r = 1, \dots, m; \right\},$$

kann die Variable x_0 aus (19) in keinem Iterationsschritt einen positiven Wert erhalten. Folglich braucht sie auch nicht mitgeführt zu werden, kann also bei jeder Darstellung der Basisvariablen durch die Nichtbasisvariablen unterschlagen werden.

6.1.3. Das Rechenschema

Den Übergang von einem Basispunkt zu einem benachbarten kann man wie bei der gewöhnlichen Simplexmethode in einem Rechenschema vorteilhaft darstellen.

Wir ordnen dem Problem (5) die folgende Tabelle zu:

		j_1	j_2	$\dots$	j_s	$\dots$	j_n
	d_{00}	d_{01}	d_{02}	$\dots$	d_{0s}	$\dots$	d_{0n}
i_1	d_{10}	d_{11}	d_{12}	$\dots$	d_{1s}	$\dots$	d_{1n}
i_2	d_{20}	d_{21}	d_{22}		d_{2s}		d_{2n}
.	.	.	.		.		.
.	.	.	.		.		.
.	.	.	.		.		.
i_k	d_{k0}	d_{k1}	d_{k2}		d_{ks}		d_{kn}
.	.	.			.		.
.	.	.			.		.
.	.	.			.		.
i_m	d_{m0}	d_{m1}	d_{m2}	$\dots$	d_{ms}	$\dots$	d_{mn}

(21)

Hierbei sind j_α ($\alpha = 1, \ldots, n$) die Indizes der Nichtbasisvariablen des zum Problem (3) gehörenden Basispunktes mit den Komponenten

$$x_{i_r}^* = d_{r0}, \qquad r = 1, \ldots, m,$$
$$x_{j_\alpha} = 0, \qquad \alpha = 1, \ldots, n$$

und i_r ($r = 1, \ldots, m$) die Indizes der Basisvariablen. Andererseits sind aber auch j_α ($\alpha = 1, \ldots, n$) die Indizes der Basisvariablen des dual zulässigen Basispunktes $\boldsymbol{u}^*$ mit den Komponenten

$$u_{j_\alpha}^* = d_{0\alpha} \geqq 0, \qquad \alpha = 1, \ldots, n,$$
$$u_{i_r}^* = 0, \qquad r = 1, \ldots, m$$

und i_r ($r = 1, \ldots, m$) die Indizes der Nichtbasisvariablen. Da man aus (21) einen dual zulässigen Basispunkt nebst Darstellung der Basisvariablen durch die Nichtbasisvariablen direkt ablesen kann, ist (21) eine dual zulässige Tabelle. Die Zahl d_{00} ist dabei der gemeinsame Zielfunktionswert beider Basispunkte.

Durch Anwendung einer Auswahlregel wird aus der Indexmenge $I^- = \{r \mid d_{r0} < 0\}$ ein Index k festgelegt, die k-te Zeile von (21) zur Führungszeile erklärt und danach die Größe F_k nach (12) gebildet. Hierdurch wird ein Index s ($1 \leqq s \leqq n$) definiert, der die Führungsspalte bestimmt. Mit dem Zentralelement d_{ks} ($d_{ks} < 0$) kann dann nach (13b) eine Simplextransformation ausgeführt werden, die den Übergang zu einer neuen Tabelle mit den Größen $d_{r\alpha}^*$ liefert. Diese neue Tabelle ist wieder dual zulässig, und es gilt bei Nichtentartung $d_{00}^* < d_{00}$.

Die Endlichkeit des Verfahrens ist somit unmittelbar klar. Das Verfahren ist beendet, falls entweder die Voraussetzungen von Satz 2 erfüllt sind oder wir eine Tabelle mit $d_{r0} \geqq 0$ ($r = 1, \ldots, m$) erhalten. Im ersten Fall ist der zulässige Bereich des Problems (2) leer und im zweiten Fall liefert die Tabelle einen optimalen Punkt für (2). Wenn wir berücksichtigen, daß stets nur einer dieser beiden Fälle eintreten kann, folgt notwendig: Falls die Zielfunktion über dem ursprünglichen Bereich des Problems (1) nach oben unbeschränkt ist, muß notwendig im Anfangsschritt die Indexmenge N_0 leer sein. Unter dieser Voraussetzung hatten wir zu den Restriktionen eine Hilfsrestriktion hinzugefügt, deren Schlupfvariable dann im Optimum den Wert Null haben muß, d. h., die Hilfsrestriktion ist im Optimum als Gleichung erfüllt. Der Wert der Zielfunktion d_{00} hängt daher linear von der oberen Schranke c_0 ab und wird für $c_0 \to \infty$ beliebig groß.

Die Zielfunktion ist somit über dem zulässigen Bereich genau dann nach oben unbeschränkt, wenn im Anfangsschritt eine Hilfsrestriktion hinzugefügt werden mußte und diese im Optimum als Gleichung erfüllt ist.

Es bleibt noch eine abschließende Bemerkung zur Entartung. Entartung liegt vor, falls die Größe F_k aus (12) nicht genau ein s ($1 \leqq s \leqq n$) definiert. Falls $F_k > 0$ gilt, können wir ein beliebiges durch F_k definiertes s wählen und erhalten nach der Transformation einen dual zulässigen Basispunkt, bei dem mehr als n Komponenten den Wert Null besitzen. Damit liegt im Dualproblem die gleiche Situation vor wie bei dem Fall der Entartung in der gewöhnlichen Simplexmethode. Wir können also die Entartung mit den dort angegebenen Methoden behandeln.

6.1.4. Beispiele

Wir wollen das Problem

$$\begin{aligned} \max \{2x_1 + 5x_2 + 3x_3 - x_4 \mid x_1 + 2x_2 + 2x_3 + x_4 &\leqq 9, \\ -3x_1 + x_3 + 2x_4 &\leqq -3, \\ x_1 - x_2 + x_3 - x_4 &\leqq -1. \\ x_1, x_2, x_3, x_4 &\geqq 0\} \end{aligned}$$

mit der dualen Simplexmethode lösen. Die Ausgangstabelle (21) lautet hier

		1	2	3	4
	0	-2	-5	-3	1
5	9	1	**[2]**	2	1
6	-3	-3	0	1	2
7	-1	1	-1	1	-1

Zunächst prüfen wir, ob die in 6.1.1. definierte Indexmenge N_0 (nach 1°, 2°, 3°) nicht leer ist. Die zweite und dritte Ungleichung erfüllen nicht die Bedingung 1° und scheiden damit aus, während die erste Ungleichung die Bedingungen 1° und 2° erfüllt. Für Bedingung 3° berechnen wir F_1 und S_1:

$$F_1 = \infty, \qquad S_1 = \frac{5}{2}.$$

Also ist Bedingung 3° erfüllt. Damit haben wir

$$s = 2\,; \quad i_k = 5 \quad \text{bzw.} \quad k = 1,$$

und es ist mit dem Zentralelement $d_{ks} = 2$ eine Simplextransformation auszuführen, die uns nach den Transformationsformeln (13b) die Tabelle

		1	5	3	4
	$\frac{45}{2}$	$\frac{1}{2}$	$\frac{5}{2}$	2	$\frac{7}{2}$
2	$\frac{9}{2}$	$\frac{1}{2}$	$\frac{1}{2}$	1	$\frac{1}{2}$
6	-3	-3	0	1	2
7	$\frac{7}{2}$	$\frac{3}{2}$	$\frac{1}{2}$	2	$-\frac{1}{2}$

liefert. Jetzt ist die zweite Zeile $i_k = 6$ Führungszeile und $j_s = s = 1$ Führungsspalte. Mit

$$d_{21} = -3$$

als Zentralelement ergibt die Simplextransformation die optimale Tabelle

		6	5	3	4
	22	$\frac{1}{6}$	$\frac{5}{2}$	$\frac{13}{6}$	$\frac{23}{6}$
2	4	$\frac{1}{6}$	$\frac{1}{2}$	$\frac{7}{6}$	$\frac{5}{6}$
1	1	$-\frac{1}{3}$	0	$-\frac{1}{3}$	$-\frac{2}{3}$
7	2	$\frac{1}{2}$	$\frac{1}{2}$	$\frac{5}{2}$	$\frac{1}{2}$

woraus wir $x_1 = 1$, $x_2 = 4$, $x_3 = x_4 = 0$ als optimalen Punkt des Problems ablesen. Ein optimaler Punkt des Dualproblems ist gemäß dem Zusammenhang zwischen (4) und (7)

$$u_1 = \frac{5}{2}, \quad u_2 = \frac{1}{6}, \quad u_3 = 0 .$$

Die Zahl 22 stellt den gemeinsamen optimalen Zielfunktionswert dar.

Ein weiteres Beispiel soll die Anwendung der Auswahlkriterien demonstrieren.

Wir wollen das Problem

$$\begin{aligned} \max \{-5x_1 - 4x_2 \mid 2x_1 - 5x_2 &\leqq -10, && \text{(I)} \\ -3x_1 - 2x_2 &\leqq -18, && \text{(II)} \\ -2x_1 + x_2 &\leqq 8, && \text{(III)} \\ -3x_1 - 5x_2 &\leqq -30, && \text{(IV)} \\ x_1, x_2 &\geqq 0\} \end{aligned}$$

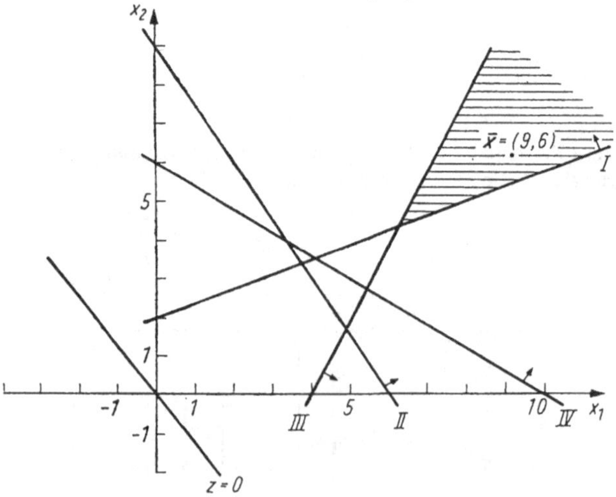

Abb. 9

nach den drei genannten Auswahlkriterien lösen. In Abb. 9 sind die Restriktionen und der zulässige Bereich eingezeichnet. Die durch den Ursprung verlaufende Gerade ist $z = -5x_1 - 4x_2 = 0$.

Der Punkt $\bar{x} = (9, 6)$ ist offenbar ein innerer Punkt des zulässigen Bereiches. Die Ausgangstabelle lautet

		1	2
	0	5	4
3	-10	2	-5
4	-18	-3	-2
5	-8	-2	1
6	-30	-3	-5

Für die Komponenten des Innenpunktes gilt

$$\bar{x}_1 = 9\,, \quad \bar{x}_2 = 6\,, \quad \bar{x}_3 = 2\,, \quad \bar{x}_4 = 21\,, \quad \bar{x}_5 = 4\,, \quad \bar{x}_6 = 27\,.$$

Nach der ersten Auswahlregel werden die Variablen x_6 und x_2, nach der zweiten Auswahlregel die Variablen x_4 und x_1 ausgetauscht. Mit Hilfe des Innenpunktes werden nach der dritten Auswahlregel die Variablen x_3 und x_1 ausgetauscht. Die so erhaltenen transformierten Tabellen lauten:

1. Regel

		1	6
	-24	$\frac{13}{5}$	$\frac{4}{5}$
3	20	5	-1
4	-6	$-\frac{9}{5}$	$-\frac{2}{5}$
5	-14	$\boxed{-\frac{13}{5}}$	$\frac{1}{5}$
2	6	$\frac{3}{5}$	$-\frac{1}{5}$

2. Regel

		4	2
	-30	$\frac{5}{3}$	$\frac{2}{3}$
3	-22	$\frac{2}{3}$	$-\frac{19}{3}$
1	6	$-\frac{1}{3}$	$\frac{2}{3}$
5	4	$-\frac{2}{3}$	$\frac{7}{3}$
6	-12	-1	$\boxed{-3}$

3. Regel

		1	3
	-8	$\frac{33}{5}$	$\frac{4}{5}$
2	2	$-\frac{2}{5}$	$-\frac{1}{5}$
4	-14	$-\frac{19}{5}$	$-\frac{2}{5}$
5	-10	$\boxed{-\frac{8}{5}}$	$\frac{1}{5}$
6	-20	-5	-1

In diesen Tabellen haben wir die neuen Zentralelemente nach den einzelnen Auswahlregeln bereits gekennzeichnet. Die Transformationen liefern:

1. Regel

		5	6
	-3	1	1
3	$-\frac{90}{13}$	$\frac{1}{13}$	$-\frac{8}{13}$
4	$\frac{48}{13}$	$-\frac{9}{13}$	$-\frac{7}{13}$
1	$\frac{70}{13}$	$-\frac{5}{13}$	$-\frac{1}{13}$
2	$\frac{36}{13}$	$\frac{3}{13}$	$-\frac{2}{13}$

2. Regel

		4	6
	$-\frac{98}{3}$	$\frac{13}{9}$	$\frac{2}{9}$
3	$\frac{10}{3}$	$\frac{25}{9}$	$-\frac{19}{9}$
1	$\frac{10}{3}$	$-\frac{5}{9}$	$\frac{2}{9}$
5	$-\frac{16}{3}$	$-\frac{13}{9}$	$\frac{7}{9}$
2	4	$\frac{1}{3}$	$-\frac{1}{3}$

3. Regel

		5	3
	$\frac{197}{4}$	$\frac{33}{8}$	$\frac{13}{8}$
2	$\frac{9}{2}$	$-\frac{1}{4}$	$-\frac{1}{4}$
4	$\frac{39}{4}$	$-\frac{19}{8}$	$\frac{7}{8}$
1	$\frac{25}{4}$	$-\frac{5}{8}$	$-\frac{1}{8}$
6	$\frac{45}{4}$	$-\frac{25}{8}$	$-\frac{13}{8}$

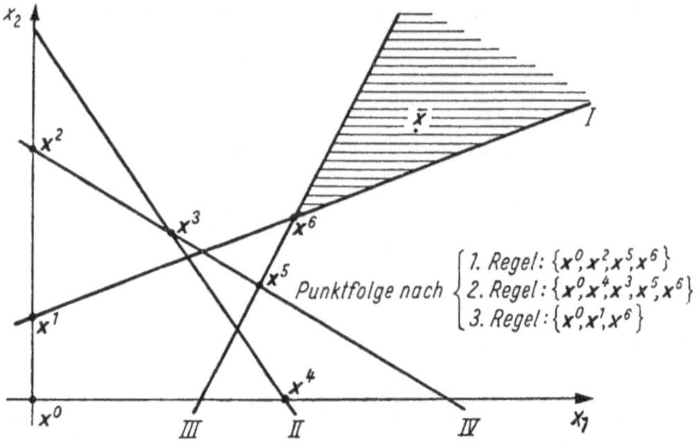

Abb. 10

Während nach der dritten Auswahlregel der optimale Punkt $x_1^6 = 6{,}25$, $x_2^6 = 4{,}5$ bereits gefunden ist, sind nach den anderen Kriterien noch weitere Iterationen erforderlich, da überflüssige Restriktionen ausgewählt wurden. In Abb. 10 sind die einzelnen Iterationspunkte nach den verschiedenen Kriterien eingezeichnet.

6.2. Die Simplexmethode mit beschränkten Variablen

In zahlreichen ökonomischen Problemen wird es vorkommen, daß für die in das lineare Optimierungsproblem eingehenden Variablen auch noch obere und untere Schranken vorgegeben sind, d. h., man hat etwa ein Problem der Form

$$\min \{\boldsymbol{c}' \boldsymbol{x} \mid \boldsymbol{A}\, \boldsymbol{x} = \boldsymbol{b};\, \underline{\boldsymbol{d}} \leqq \boldsymbol{x} \leqq \bar{\boldsymbol{d}}\}$$

zu lösen. Wenn wir

$$\boldsymbol{y} = \boldsymbol{x} + \underline{\boldsymbol{d}}$$

setzen, haben wir in dem Problem nur noch obere Schranken:

$$\min \{\boldsymbol{c}' \underline{\boldsymbol{d}} + \boldsymbol{c}' \boldsymbol{y} \mid \boldsymbol{A}\, \boldsymbol{y} = \boldsymbol{b} - \boldsymbol{A}\, \underline{\boldsymbol{d}};\, \boldsymbol{o} \leqq \boldsymbol{y} \leqq \bar{\boldsymbol{d}} - \underline{\boldsymbol{d}}\}\,.$$

Wir können also voraussetzen, daß ein Problem der Form

$$\min \{\boldsymbol{c}' \boldsymbol{x} \mid \boldsymbol{A}\, \boldsymbol{x} = \boldsymbol{b};\, \boldsymbol{o} \leqq \boldsymbol{x} \leqq \boldsymbol{d}\} \tag{1}$$

vorgelegt ist. Man nennt ein solches Problem *kapazitiert*. Die Idee zum Lösen eines kapazitierten Problems beruht auf einer geringen Verallgemeinerung der Simplexmethode. Wir benutzen hier die in 6.1. eingeführte Darstellungsform von Basispunkten.

Nur in diesem Abschnitt benutzen wir den Begriff zulässiger Basispunkt in einem etwas veränderten Sinne. Es sei

$$x_{i_r} = d_{r0} - \sum_{\alpha=1}^{n-m} d_{r\alpha}\, x_{j\alpha}\,, \qquad r = 1, \ldots, m \tag{2a}$$

die Darstellung der Basisvariablen $x_{i_1}, \ldots, x_{i_m}$ durch die Nichtbasisvariablen für einen zulässigen Basispunkt im bisherigen Sinne. Unter einem zulässigen Basispunkt verstehen wir hier einen solchen Punkt, bei dem jede Nichtbasisvariable x_{j_α} entweder den Wert Null hat oder gleich ihrer oberen Grenze d_{j_α} ist.

Wenn wir also die Indexmenge

$$\bar{I} = \{\alpha \mid x_{0 j_\alpha} = d_{j_\alpha}\}$$

einführen, kann man aus (2a) den zulässigen Basispunkt $\boldsymbol{x}_0$ mit den Komponenten

$$\left.\begin{aligned} x_{0 i_r} &= d_{r0} - \sum_{\alpha \in \bar{I}} d_{r\alpha} d_{j_\alpha}, && r = 1, \ldots, m, \\ x_{0 j_\alpha} &= d_{j_\alpha}, && \alpha \in \bar{I}, \\ x_{0 j_\alpha} &= 0, && \alpha \notin \bar{I} \end{aligned}\right\} \qquad (2\text{b})$$

ablesen. In der Darstellung (2) ersetzen wir jede Nichtbasisvariable x_{j_α} mit $\alpha \in \bar{I}$ durch $d_{j_\alpha} - x^*_{j_\alpha}$ und erhalten

$$x_{i_r} = \left(d_{r0} - \sum_{\alpha \in \bar{I}} d_{r\alpha} d_{j_\alpha}\right) - \sum_{\alpha \notin \bar{I}} d_{r\alpha} x_{j_\alpha} + \sum_{\alpha \in \bar{I}} d_{r\alpha} x^*_{j_\alpha} \qquad (r = 1, \ldots, m).$$

Wenn

$$\boldsymbol{c}' \boldsymbol{x} = d_{00} - \sum_{\alpha=1}^{n-m} d_{0\alpha} x_{j_\alpha}$$

die entsprechende Darstellung der Zielfunktion ist, ergibt sich hier

$$\boldsymbol{c}' \boldsymbol{x} = \left(d_{00} - \sum_{\alpha \in \bar{I}} d_{0\alpha} d_{j_\alpha}\right) - \sum_{\alpha \notin \bar{I}} d_{0\alpha} x_{j_\alpha} + \sum_{\alpha \in \bar{I}} d_{r\alpha} x^*_{j_\alpha}.$$

Wir setzen noch

$$d^*_{r0} = d_{r0} - \sum_{\alpha \in \bar{I}} d_{r\alpha} d_{j_\alpha} \qquad (r = 0, 1, \ldots, m) \qquad (2\text{c})$$

und erhalten die Darstellung der Basisvariablen x_{i_r} $(r = 1, \ldots, m)$ durch Nichtbasisvariable, die für den betreffenden Basispunkt nur den Wert Null annehmen:

$$\left.\begin{aligned} x_{i_r} &= d^*_{r0} - \sum_{\alpha \notin \bar{I}} d_{r\alpha} x_{j_\alpha} - \sum_{\alpha \in \bar{I}} d_{r\alpha} (- x^*_{j_\alpha}) \qquad (r = 1, \ldots, m), \\ \boldsymbol{c}' \boldsymbol{x} &= d^*_{00} - \sum_{\alpha \notin \bar{I}} d_{0\alpha} x_{j_\alpha} - \sum_{\alpha \in \bar{I}} d_{0\alpha} (- x^*_{j_\alpha}). \end{aligned}\right\} \qquad (3)$$

Außerdem gilt wegen der Zulässigkeit des Basispunktes $\boldsymbol{x}_0$

$$d^*_{r0} \geqq 0 \qquad (r = 1, \ldots, m).$$

Aus der Darstellung (3) können wir sofort auf die Optimalität des Basispunktes $\boldsymbol{x}_0$ schließen: Der zulässige Basispunkt $\boldsymbol{x}_0$ mit der Darstellung seiner Basisvariablen durch die Nichtbasisvariablen nach den Gleichungen (3) ist optimal, falls

$$\begin{aligned} d_{0\alpha} &\leqq 0, & \alpha &\notin \bar{I}, \\ d_{0\alpha} &\geqq 0, & \alpha &\in \bar{I} \end{aligned}$$

gilt.

Es soll jetzt der Übergang von einem Basispunkt zu einem benachbarten beschrieben werden, sofern der gerade berechnete das Optimalitätskriterium nicht erfüllt. Dabei haben wir zwei Fälle zu unterscheiden:

Fall 1: Es gibt ein $s \notin \bar{I}$, so daß $d_{0s} > 0$ ist,

und

Fall 2: Es gibt ein $s \in \bar{I}$, so daß $d_{0s} < 0$ ist.

Im ersten Fall handelt es sich um eine Vergrößerung des Wertes der Nichtbasisvariablen x_{j_s} und im zweiten um eine Vergrößerung des Wertes von $x_{j_s}^*$, d. h., die Variable x_{j_s} kann ihre obere Grenze d_{j_s} nicht annehmen, und ihr Wert muß daher verkleinert werden, da der Wert von $x_{j_s}^*$ gleich der Differenz des Wertes von x_{j_s} und d_{j_s} ist.

Es sei λ die Veränderung des Wertes von x_{j_s}. Dann gilt zunächst

$$0 \leqq \lambda \leqq d_{j_s}, \qquad s \notin \bar{I},$$
$$-d_{j_s} \leqq \lambda \leqq 0, \qquad s \in \bar{I}.$$

Wir halten in beiden Fällen die Werte der übrigen Nichtbasisvariablen fest. Dann ergeben sich die neuen Werte der Basisvariablen x_{i_r} $(r = 1, \ldots, m)$ zu

$$x_{i_r} = d_{r0}^* - d_{rs}\lambda \qquad (0 \leqq x_{i_r} \leqq d_{i_r};\ r = 1, \ldots, m) \tag{4a}$$

und die Zielfunktion

$$\mathbf{c}'\,\boldsymbol{x} = d_{00}^* - d_{0s}\lambda, \tag{4b}$$

wobei im Fall 1

$$x_{j_s} = \lambda, \quad d_{0s} > 0 \qquad (0 \leqq \lambda \leqq d_{j_s})$$

und im Fall 2

$$x_{j_s} = d_{j_s} = \lambda, \quad d_{0s} < 0 \qquad (-d_{j_s} \leqq \lambda \leqq 0)$$

gilt. Für die maximale Änderung λ^* erhalten wir im Fall 1

$$\lambda^* = \min \begin{cases} d_{j_s}, & \\ d_{r0}^*/d_{rs}, & \text{falls} \quad d_{rs} > 0, \\ (d_{r0}^* - d_{i_r})/d_{rs}, & \text{falls} \quad d_{rs} < 0, \end{cases} \tag{5}$$

im Fall 2

$$-\lambda^* = \min \begin{cases} d_{j_s}, & \\ d_{r0}^*/-d_{rs}, & \text{falls} \quad d_{rs} < 0, \\ (d_{r0}^* - d_{i_r})/-d_{rs}, & \text{falls} \quad d_{rs} > 0. \end{cases} \tag{6}$$

Falls $\lambda^* = d_{j_s}$ in (5) gilt, nimmt beim nächsten Iterationsschritt die Nichtbasisvariable x_{j_s} ihre obere Grenze an, erscheint also als $x_{j_s}^*$. Gilt andererseits $-\lambda^* = d_{j_s}$ in (6), so tritt gerade der umgekehrte Fall ein, d. h., die Variable x_{j_s} erhält für den nächsten Schritt den Wert Null. In beiden Fällen ändern sich die Basisvariablen nicht; aber sie nehmen neue Werte an, die sich aus (4) durch $\lambda = \lambda^*$ ergeben.

Falls in (5) oder (6) nicht das Minimum durch d_{j_s} angenommen wird, findet ein Variablenaustausch von x_{j_s} gegen eine Basisvariable x_{i_k} statt.

Die neuen Werte der Basisvariablen und Nichtbasisvariablen können wir aus (4), (5) und (6) ablesen.

Fall 1:

$$x_{j_s} = \lambda^* ,$$

$$x_{i_k} = \begin{cases} 0 , & \text{falls} \quad d_{ks} > 0 , \\ d_{i_k} , & \text{falls} \quad d_{ks} < 0 , \end{cases}$$

Fall 2:

$$x_{j_s} = \lambda^* + d_{j_s} ,$$

$$x_{i_k} = \begin{cases} 0 , & \text{falls} \quad d_{ks} < 0 , \\ d_{i_k} , & \text{falls} \quad d_{ks} > 0 . \end{cases}$$

Die neuen Werte der anderen Basisvariablen und der Zielfunktion kann man aus (4) nach der Substitution $\lambda = \lambda^*$ ablesen. Wegen (46) erhält man bei Nichtentartung einen kleineren Zielfunktionswert.

Das folgende Beispiel soll das Vorgehen illustrieren: Es ist das Problem

$$\begin{aligned} \min \{ -2x_3 - x_4 + x_5 \mid x_1 + \quad & x_3 - 2x_4 = 3 , \\ x_2 - {} & x_3 + x_4 + 2x_5 = 4 , \\ 0 \leqq x_1 \leqq 4 ; 0 \leqq & x_2 \leqq 5 ; 0 \leqq x_3 \leqq 1 ; \\ & 0 \leqq x_4 \leqq 2 ; 0 \leqq x_5 \leqq 3 \} \end{aligned}$$

zu lösen, das wir in der folgenden Tabelle darstellen (in Übereinstimmung mit den Gleichungen (3)):

		obere Grenze	1	2	3
			0	0	0
			x_3	x_4	x_5
obere Grenze		0	+2	1	-1
4	x_1	3	1	-2	0
5	x_2	4	-1	1	2

In der ersten Spalte und ersten Zeile der Tabelle haben wir die oberen Grenzen der Variablen eingetragen. Die zweite Zeile der Tabelle gibt an, welche Werte die Nichtbasisvariablen für den betreffenden Basispunkt annehmen.

Der durch die Tabelle gegebene Basispunkt mit den Koordinaten

$$x_1 = 3 , \quad x_2 = 4 , \quad x_3 = x_4 = x_5 = 0$$

ist offenbar zulässig. Keine Variable nimmt ihre obere Grenze an. Die Indexmenge $\bar{I}$ ist also leer. Andererseits ist das Optimalitätskriterium $d_{0\alpha} \leqq 0$ $(\alpha \notin \bar{I})$ (vierte Zeile) nicht erfüllt. Wir wählen etwa die zu x_3 gehörende Spalte als Führungsspalte. Unter Beibehaltung der Werte der anderen Nichtbasisvariablen erhält man die Lösung

$$x_1 = 3 - \lambda\,, \quad x_3 = \lambda\,,$$
$$x_2 = 4 + \lambda\,, \quad x_4 = x_5 = 0\,,$$

woraus

$$x_3 = \lambda \leqq 3$$

folgt, damit der neue Punkt zulässig bleibt. Da die erste Zeile der Tabelle anzeigt, daß $x_3 \leqq 1$ sein muß, können wir den Wert λ von x_3 nur bis zur oberen Grenze vergrößern. Die Tabelle bleibt also bis auf den Wert von x_3 erhalten:

			1	2	3
			1	0	0
			x_3	x_4	x_5
		0	2	1	-1
4	x_1	3	1	$\boxed{-2}$	0
5	x_2	4	-1	1	2

Es gilt jetzt

$$\bar{I} = \{3\}\,,$$

und wir können nur noch die zu x_4 gehörende Spalte als Führungsspalte wählen. Wenn wir $x_4 = \lambda$ setzen, ergibt sich die neue Lösung nach (2c) und (4a)

$$x_1 = 2 + 2\lambda\,, \quad x_4 = \lambda\,,$$
$$x_2 = 5 - \lambda\;\;, \quad x_3 = 1\,, \quad x_5 = 0\,,$$

woraus sich

$$0 \leqq \lambda \leqq 5$$

ergibt. Da aber $x_4 \leqq 2$ gilt, kann λ höchstens den Wert 2 annehmen, woraus aber $x_1 = 6$ folgen würde, was wegen $x_1 \leqq 4$ nicht realisiert werden kann; also ist die Bedingung

$$4 \geqq x_1 = 2 + 2\lambda$$

die obere Grenze für den Wert von λ, woraus $\lambda = 1$ folgt. Mit diesem λ-Wert nimmt x_1 seine obere Grenze an, und wir haben x_1 gegen x_4 auszutauschen, d. h., eine Simplextransformation mit der x_1-Führungszeile und x_4-Führungsspalte auszuführen; außerdem muß berücksichtigt werden, daß x_1 seine obere Grenze annimmt. Das führt zu der Tabelle

			1	4	3
			1	4	0
			x_3	x_1	x_5
		$\frac{3}{2}$	$\frac{5}{2}$	$\frac{1}{2}$	-1
2	x_4	$-\frac{3}{2}$	$-\frac{1}{2}$	$-\frac{1}{2}$	0
5	x_2	$\frac{11}{2}$	$-\frac{1}{2}$	$\frac{1}{2}$	2

woraus man den zulässigen Basispunkt mit den Koordinaten

$$x_1 = 4\,, \quad x_2 = 4\,, \quad x_3 = 1\,, \quad x_4 = 1\,, \quad x_5 = 5$$

ablesen kann, wie es aus (2b) folgt. Da die Indexmenge $\bar{I}$ die Indizes 3 und 1 enthält, ist das Optimalitätskriterium

$$d_{0\alpha} \leqq 0\,, \qquad \alpha \notin \bar{I}\,,$$
$$d_{0\alpha} \geqq 0\,, \qquad \alpha \in \bar{I}$$

erfüllt, also der berechnete Basispunkt auch optimal. Der optimale Zielfunktionswert lautet (nach (2c) und (3)) -3.

6.3. Der Primal-Dual-Algorithmus

In der hier angegebenen Form ist der Primal-Dual-Algorithmus eine Variante der Simplexmethode und kann wie die duale Simplexmethode als ein Weg angesehen werden, mit einem unzulässigen Basispunkt beginnend, durch Benutzung zulässiger Punkte des Dualproblems die „Unzulässigkeit" zu verringern, so daß der erste auftretende zulässige Basispunkt bereits optimal ist. Jeder dual zulässige (Rand-)Punkt kann für das Verfahren als Anfangspunkt benutzt werden. Mit einem solchen Punkt ist ein eingeschränktes primales Problem verbunden, das optimal werden muß, woraus man einen „verbesserten" dual zulässigen Punkt erhält. Nach einer endlichen Anzahl solcher „Verbesserungen" hat man schließlich einen optimalen Punkt des ursprünglichen Problems.

6.3.1. Theoretische Grundlage des Verfahrens

Ausgangspunkte des Verfahrens sind hier ein lineares Optimierungsproblem in Gleichungsform

$$\min\left\{\sum_{\alpha=1}^{n} c_\alpha x_\alpha \,\middle|\, \sum_{\alpha=1}^{n} a_{r\alpha} x_\alpha = b_r;\ r = 1, \ldots, m;\ \boldsymbol{x} \geqq \boldsymbol{o}\right\} \tag{1}$$

und sein Dualproblem

$$\max\left\{\sum_{r=1}^{m} u_r b_r \;\middle|\; \sum_{r=1}^{m} a_{r\alpha} u_r \leqq c_\alpha,\ \alpha = 1, \ldots, n\right\} \tag{2}$$

(siehe Seite 54).

Es sei $\bar{\boldsymbol{u}} \in E_m$ ein zulässiger Punkt des Dualproblems (2), für den mindestens eine Restriktion als Gleichung erfüllt ist ($\bar{\boldsymbol{u}}$ braucht kein Basispunkt zu sein!).

Damit ist die Indexmenge

$$I(\bar{\boldsymbol{v}}) = \{\alpha \mid \bar{v}_\alpha = 0\} = \{\alpha_1, \ldots, \alpha_p\}$$

mit $\bar{v}_\alpha = c_\alpha - \sum_{r=1}^{m} a_{r\alpha} \bar{u}_r\ (\alpha = 1, \ldots, n)$ nicht leer, und wir können das Hilfsproblem

$$\left.\begin{aligned} \max\left\{\sum_{\alpha \in I(\bar{\boldsymbol{v}})} \left(\sum_{r=1}^{m} a_{r\alpha} x_\alpha\right) \;\middle|\; \sum_{\alpha \in I(\bar{\boldsymbol{v}})} a_{r\alpha} x_\alpha \leqq b_r,\ r = 1, \ldots, m;\right. \\ \left. x_\alpha \geqq 0,\ \alpha \in I(\bar{\boldsymbol{v}})\right\} \end{aligned}\right\} \tag{3}$$

betrachten, wozu das Dualproblem

$$\min\left\{\sum_{r=1}^{m} b_r w_r \;\middle|\; \sum_{r=1}^{m} a_{r\alpha} w_r \geqq \sum_{r=1}^{m} a_{r\alpha},\ \alpha \in I(\bar{\boldsymbol{v}});\ \boldsymbol{w} \geqq \boldsymbol{o}\right\}$$

gehört. Da man beim Problem (1) stets $\boldsymbol{b} \geqq \boldsymbol{o}$ voraussetzen kann, ist der Nullpunkt Basispunkt für Problem (3).

Andererseits ist die Zielfunktion von (3) wegen

$$\sum_{\alpha \in I(\bar{\boldsymbol{v}})} \sum_{r=1}^{m} a_{r\alpha} x_\alpha \leqq \sum_{r=1}^{m} b_r$$

über dem zulässigen Bereich nach oben beschränkt. Somit hat (3) stets einen optimalen Punkt.

Die Anwendung der Simplexmethode auf das Hilfsproblem (3) liefert uns einen optimalen Basispunkt $(x^0_{\alpha_1}, \ldots, x^0_{\alpha_p})$ für (3) und einen optimalen Basispunkt $(w^0_1, \ldots, w^0_m) = \boldsymbol{w}^{0\prime}$ von (4), den man aus der Endsimplextabelle in 6.1.3. ablesen kann.

Bezüglich des gemeinsamen optimalen Zielfunktionswertes sind zwei sich ausschließende Fälle möglich, die den Inhalt der beiden folgenden Sätze bilden. Es sei z_0 der optimale Wert der Zielfunktion von (3).

▌ S. 1 F a l l 1 (Optimalitätskriterium): *Wenn*

$$z_0 = \sum_{r=1}^{m} b_r$$

gilt, ist der Punkt $\boldsymbol{x}^*$ *mit den Komponenten*

$$x^*_\alpha = \begin{cases} x^0_\alpha & \text{für} \quad \alpha \in I(\bar{\boldsymbol{v}}) \\ 0 & \text{sonst} \end{cases}$$

ein optimaler Punkt des Ausgangsproblems (1). ▌

▌ Bws. Aus

$$\sum_{r=1}^{m} b_r = z_0 = \sum_{\alpha \in I(\bar{v})} \left(\sum_{r=1}^{m} a_{r\alpha} \right) x_\alpha^0 = \sum_{r=1}^{m} \sum_{\alpha \in I(\bar{v})} a_{r\alpha} x_\alpha^0$$

folgt

$$\sum_{r=1}^{m} \left(b_r - \sum_{\alpha \in I(\bar{v})} a_{r\alpha} x_\alpha^0 \right) = 0 ,$$

und wegen

$$\sum_{\alpha \in I(\bar{v})} a_{r\alpha} x_\alpha^0 \leqq b_r \qquad (r = 1, \ldots, m)$$

muß notwendig

$$\sum_{\alpha \in I(\bar{v})} a_{r\alpha} x_\alpha^0 = b_r \qquad (r = 1, \ldots, m)$$

gelten, womit die Zulässigkeit des in der Behauptung angegebenen Punktes $\boldsymbol{x}^*$ bezüglich des Problems (1) folgt:

$$\sum_{\alpha=1}^{n} a_{r\alpha} x_\alpha^* = b_r \qquad (r = 1, \ldots, m)$$

und daraus

$$\sum_{r=1}^{m} \sum_{\alpha=1}^{n} a_{r\alpha} x_\alpha^* \bar{u}_r = \sum_{r=1}^{m} \bar{u}_r b_r . \tag{5}$$

Andererseits ist

$$\sum_{r=1}^{m} \sum_{\alpha=1}^{n} a_{r\alpha} x_\alpha^* \bar{u}_r = \sum_{\alpha=1}^{n} \left(\sum_{r=1}^{m} a_{r\alpha} \bar{u}_r \right) x_\alpha^* = \sum_{\alpha \in J(\bar{v})} c_\alpha x_\alpha^* = \sum_{\alpha=1}^{n} c_\alpha x_\alpha^* , \tag{6}$$

da $x_\alpha^* = 0$ für $\alpha \notin I(\bar{v})$ gilt. Die Gleichungen (5) und (6) liefern zusammen, daß die Werte der Zielfunktionen der Dualprobleme (1) und (2) für $\boldsymbol{x} = \boldsymbol{x}^*$ und $\boldsymbol{u} = \bar{\boldsymbol{u}}$ übereinstimmen. Nach dem Dualitätssatz muß daher $\boldsymbol{x}^*$ optimaler Punkt für das Problem (1) und $\bar{\boldsymbol{u}}$ optimaler Punkt des Problems (2) sein. ▌

▌ S. 2 Fall 2: *Wenn*

$$z_0 < \sum_{r=1}^{m} b_r$$

gilt, existiert ein zulässiger Punkt $\boldsymbol{u}^*$ *des Dualproblems* (2) *mit*

$$\sum_{r=1}^{m} b_r \bar{u}_r < \sum_{r=1}^{m} b_r u_r^* .$$ ▌

▌ Bws. Zum Beweis dieses Satzes werden wir einen derartigen Punkt direkt konstruieren.

Es sei

$$z_\alpha^0 = \sum_{r=1}^{m} a_{r\alpha} (1 - w_r^0) \qquad (\alpha = 1, \ldots, n) .$$

Wir definieren ein $\lambda^* > 0$ durch

$$\lambda^* = \begin{cases} M\,, & \text{falls} \quad z_\alpha^0 \leqq 0\,, \\ \min\left\{\dfrac{\bar{v}_\alpha}{z_\alpha^0}\middle| z_\alpha^0 > 0\right\} & \text{sonst}\,. \end{cases} \tag{7}$$

Hier steht M wieder für eine beliebig große positive Zahl. Der Vektor

$$\boldsymbol{u}^* = \bar{\boldsymbol{u}} + \lambda^* (\boldsymbol{1} - \boldsymbol{w}^0) \qquad (\boldsymbol{1} \in E_m)$$

ist ein zulässiger Punkt von (2); denn für alle α mit $z_\alpha^0 \leqq 0$, d. h.

$$\sum_{r=1}^m a_{r\alpha}\, w_r^0 \geqq \sum_{r=1}^m a_{r\alpha}\,,$$

erhalten wir sofort

$$\sum_{r=1}^m a_{r\alpha}\, u_r^* \leqq c_\alpha\,.$$

Da nach (7)

$$\lambda^* \leqq \frac{c_\alpha - \sum\limits_{r=1}^m a_{r\alpha}\, u_r}{\sum\limits_{r=1}^m a_{r\alpha} (1 - w_r^0)}$$

für

$$\sum_{r=1}^m a_{r\alpha}\, w_r^0 < \sum_{r=1}^m a_{r\alpha}\,,$$

also

$$\lambda^* \left(\sum_{r=1}^m a_{r\alpha} (1 - w_r^0)\right) \leqq c_\alpha - \sum_{r=1}^m a_{r\alpha}\, \bar{u}_r$$

gilt, erhalten wir auch, daß die restlichen Ungleichungen von $\boldsymbol{u}^*$ erfüllt werden.

Die Berechnung des Wertes der Zielfunktion von (2) für $\boldsymbol{u} = \boldsymbol{u}^*$ liefert unter Berücksichtigung von

$$\sum_{r=1}^m b_r\, w_r^0 = \sum_{\alpha \in I(\bar{v})} \sum_{r=1}^m a_{r\alpha}\, x_\alpha^0 = z_0$$

die Relationen

$$\left.\begin{aligned} \sum_{r=1}^m b_r u_r^* &= \sum_{r=1}^m b_r\, \bar{u} + \lambda^* \sum_{r=1}^m b_r (1 - w_r^0) \\ &= \sum_{r=1}^m b_r\, \bar{u}_r + \lambda^* \left(\sum_{r=1}^m b_r - z_0\right) > \sum_{r=1}^m b_r\, \bar{u}_r\,, \end{aligned}\right\} \tag{8}$$

da nach der Voraussetzung des Satzes

$$\sum_{r=1}^m b_r - z_0 > 0$$

gelten sollte. Damit ist nachgewiesen, daß der konstruierte Punkt $\boldsymbol{u}^* \in E_m$ das im Satz Verlangte leistet. ∎

Aus der in (8) stehenden Ungleichung kann man noch eine wichtige Folgerung ziehen.

Korollar zu Satz 2. Wenn $\lambda^* = M$, d. h.

$$\sum_{r=1}^{m} a_{r\alpha} w_r^0 \geqq \sum_{r=1}^{m} a_{r\alpha} \qquad (\alpha = 1, \ldots, n)$$

gilt, ist der Wert der Zielfunktion des Dualproblems (2) über dem zulässigen Bereich nach oben unbeschränkt, und das Ausgangsproblem hat daher keinen zulässigen Punkt.

6.3.2. Beispiele

Die Betrachtungen des letzten Abschnittes definieren bereits den Algorithmus vollständig. Er soll an zwei Beispielen demonstriert werden.

Es sei das Problem

$$\left.\begin{aligned} \min \{-2x_1 - 5x_2 - 3x_3 + x_4 \mid x_1 + 2x_2 + 2x_3 + x_4 &= 9\,, \\ 3x_1 + x_2 + x_3 - 2x_4 &= 3\,, \\ x_1, x_2, x_3, x_4 &\geqq 0\} \end{aligned}\right\} \qquad (9)$$

zu lösen, zu dem das Dualproblem

$$\left.\begin{aligned} \max \{9u_1 + 3u_2 \mid u_1 + 3u_2 &\leqq -2\,, \\ 2u_1 + u_2 &\leqq -5\,, \\ 2u_1 + u_2 &\leqq -3\,, \\ u_1 - 2u_2 &\leqq 1\} \end{aligned}\right\} \qquad (10)$$

gehört. In Anbetracht des Hilfsproblems benutzen wir das Rechenschema

		x_1	x_2	x_3	x_4
	0	-2	-5	-3	1
	12	-4	-3	-3	1
w_1	9	1	2	2	1
w_2	3	3	1	1	-2

(11)

Die dritte Zeile der Tabelle enthält dabei die Elemente

$$\sum_{r=1}^{m} b_r\,, \; -\sum_{r=1}^{m} a_{r\alpha} \qquad (\alpha = 1, \ldots, n)\,.$$

Als zulässigen Punkt des Dualproblems wählen wir $\bar{u}$ mit

$$\bar{u}_1 = -\frac{5}{2}\,, \qquad \bar{u}_2 = 0\,,$$

für den nur die zweite Restriktion als Gleichung erfüllt ist, also

$$I(\bar{v}) = \{2\}$$

gilt. Damit haben wir das erste Hilfsproblem:

$$\max \{3x_2 \mid 2x_2 \leqq 9,\, x_2 \leqq 3;\, x_2 \geqq 0\}$$

mit der optimalen Lösung $x_2^0 = 3$, der optimalen Lösung des Dualproblems $w_1^0 = 0$, $w_2^0 = 3$ und dem gemeinsamen Zielfunktionswert $z_0 = 9$.

Wegen $z_0 < \sum_{r=1}^{m} b_r$, d. h. $9 < 12$, ist Satz 2 anzuwenden:

$$(\bar{v}_1, \bar{v}_2, \bar{v}_3, \bar{v}_4) = \left(\frac{1}{2}, 0, 2, \frac{7}{2}\right)$$

$$(z_1^0, z_2^0, z_3^0, z_4^0) = (-5, 0, 0, 5)\,.$$

Entsprechend (7) muß $\lambda^* = \frac{7}{10}$ sein, und damit folgt aus

$$\boldsymbol{u}^* = \bar{\boldsymbol{u}} + \lambda^* (\boldsymbol{1} - \boldsymbol{w}^0) \qquad (1 \in E_2)$$

$$(u_1^*, u_2^*) = \left(-\frac{5}{2}, 0\right) + \frac{7}{10}(1, -2) = \left(-\frac{9}{5}, -\frac{7}{5}\right)$$

mit

$$\sum_{r=1}^{m} b_r u_r^* = -\,20{,}4 > \sum_{r=1}^{m} b_r \bar{u}_r = -\,22{,}5\,.$$

Als neue Indexmenge $I(\bar{\boldsymbol{v}})$ haben wir

$$I(\bar{\boldsymbol{v}}) = \{2, 4\}$$

und damit das Hilfsproblem

$$\left.\begin{aligned} \max\{3x_2 + x_4 \mid 2x_2 + x_4 &\leqq 9\,,\\ x_2 - 2x_4 &\leqq 3\,,\\ x_2, x_4 &\geqq 0\}\,, \end{aligned}\right\} \tag{12}$$

wodurch wir das Rechenschema (11) zu

		x_2	x_4
	0	-3	1
w_1	9	2	1
w_2	3	1	-1

einzuschränken haben. Die optimale Tabelle lautet

		w_2	w_1
	12	1	1
x_4	$\frac{3}{5}$	$-\frac{2}{5}$	$\frac{1}{5}$
x_2	$\frac{21}{5}$	$\frac{1}{5}$	$\frac{2}{5}$

woraus wir $x_2^0 = \frac{21}{5}$, $x_4^0 = \frac{3}{5}$ als optimalen Punkt von (12) und $w_1^0 = 1$, $w_2^0 = 1$ als optimalen Punkt des Dualproblems ablesen.

Da der optimale Wert der Zielfunktion des Hilfsproblems gleich 12 ist, also $z_0 = \sum_{r=1}^{m} b_r$ gilt, können wir Satz 1 anwenden, d. h., $x_1^* = 0$, $x_2^* = \frac{21}{5}$, $x_3^* = 0$, $x_4^* = \frac{3}{5}$ ist optimaler Punkt des Ausgangsproblems (9) mit dem Zielfunktionswert $-\frac{102}{5}$.

Als zweites Beispiel betrachten wir

$$\left.\begin{aligned}\min\{6x_1 + 4x_2 + 4x_3 - 2x_4 \mid -x_1 + x_2 - 4x_3 + 2x_4 &= 5\,,\\ -x_1 + x_2 - x_3 \quad + 3x_4 &= 1\,,\\ x_1, x_2, x_3, x_4 &\geqq 0\}\end{aligned}\right\} \qquad (13)$$

mit dem Dualproblem

$$\left.\begin{aligned}\max\{5u_1 + u_2 \mid -u_1 - u_2 \leqq 6\,, \quad & u_1 + u_2 \leqq 4\,,\\ -4u_1 - u_2 \leqq 1\,, \quad & 2u_1 + 3u_2 \leqq -2\}\end{aligned}\right\} \qquad (14)$$

und dem Rechenschema

		x_1	x_2	x_3	x_4
	0	6	4	1	-2
	6	2	-2	5	-5
x_5	5	-1	1	-4	2
x_6	1	-1	1	-1	3

Ein dual zulässiger Punkt ist beispielsweise $\bar{u}$ mit $\bar{u}_1 = \frac{1}{2}$, $\bar{u}_2 = -1$, $I(\bar{v}) = \{4\}$ und dem ersten Hilfsproblem

$$\max\{5x_4 \mid 2x_4 \leqq 5,\ 3x_4 \leqq 1;\ x_4 \geqq 0\}\,.$$

Der optimale Punkt ist hier $x_4^0 = \frac{1}{3}$ und der des Dualproblems $w_1^0 = 0$, $w_2^0 = \frac{5}{3}$. Mit Satz 2 erhalten wir

$$(\bar{v}_1, \bar{v}_2, \bar{v}_3, \bar{v}_4) = \left(\frac{11}{2}, \frac{9}{2}, 2, 0\right),$$

$$(z_1^0, z_2^0, z_3^0, z_4^0) = \left(-\frac{1}{3}, \frac{1}{3}, -\frac{10}{3}, 0\right),$$

$$\lambda^* = \frac{27}{2}; \quad (u_1^*, u_2^*) = (\bar{u}_1, \bar{u}_2) + \lambda^*(1 - w_1^0, 1 - w_2^0) = (14, -10)\,, \qquad I(\bar{v}) = \{2, 4\}$$

und daraus das neue Hilfsproblem

$$\max\{2x_2 + 5x_4 \mid x_2 + 2x_4 \leqq 5\ ;\ x_2 + 3x_4 \leqq 1;\ x_1, x_4 \geqq 0\}\,,$$

wozu sich die optimale Tabelle

		w_2	w_4
	2	2	1
w_1	4	-1	-1
x_2	1	1	3

ergibt und damit $x_2^0 = 1$, $x_4^0 = 0$; $w_1^0 = 0$, $w_2^0 = 2$. Es ist wiederum Satz 2 anwendbar

$$(\bar{v}_1, \bar{v}_2, \bar{v}_3, \bar{v}_4) = (10, 0, 47, 0)$$

$$(z_1^0, z_2^0, z_3^0, z_4^0) = (0, 0, -3, -1)\,,$$

woraus $\lambda^* = M$ folgt, und nach dem Korollar zu Satz 2 hat das Ausgangsproblem (13) keinen zulässigen Punkt.

6.4. Die Methode von Uzawa

Die Methode von Uzawa ist kein Verfahren im gewöhnlichen Sinne, bei dem man eine endliche oder unendliche Folge von Iterationspunkten berechnet. Durch diese Methode ist es möglich, alle optimalen Punkte eines Problems nach einer geeigneten Transformation aus dem neuen Problem direkt abzulesen.

6.4.1. Theoretische Grundlagen

Bekanntlich kann man polyedrische Kegel (mit Scheitel $\boldsymbol{o} \in E_n$) auf zwei Arten beschreiben: einmal als Durchschnitt von endlich vielen Halbräumen:

$$K = \{\boldsymbol{x} \mid \boldsymbol{A}\,\boldsymbol{x} \leqq \boldsymbol{o};\, \boldsymbol{x} \geqq \boldsymbol{o}\} \tag{1}$$

und zum anderen als Menge aller Linearkombinationen mit nichtnegativen Koeffizienten einer endlichen Anzahl von Vektoren:

$$K = \{\boldsymbol{x} \mid \boldsymbol{x} = \boldsymbol{B}\,\boldsymbol{u},\, \boldsymbol{u} \geqq \boldsymbol{o}\}\,. \tag{2}$$

Bei der letzten Darstellung enthält die Matrix $\boldsymbol{B}$ alle linear unabhängigen Vektoren, die parallel zu einer Kante von K sind.

Wir werden zunächst sehen, wie man aus der Beschreibung (1) eines Kegels die Beschreibung (2) erhalten kann, wobei die Matrix $\boldsymbol{B}$ keine negativen Elemente enthält.

Durch jeden n-dimensionalen Vektor $\boldsymbol{c}$ mit $\boldsymbol{c} \neq \boldsymbol{o}$ werden drei disjunkte Indexmengen definiert:

$$N_+ = \{\alpha \mid c_\alpha > 0\}\,, \qquad N_0 = \{\gamma \mid c_\gamma = 0\}\,, \qquad N_- = \{\beta \mid c_\beta < 0\}\,.$$

Mit dem Einheitsvektor $\boldsymbol{E}_\alpha$ bilden wir die Vektoren

$$\boldsymbol{E}_{\alpha\beta} = c_\alpha \boldsymbol{E}_\beta - c_\beta \boldsymbol{E}_\alpha \qquad (\alpha \in N_+,\, \beta \in N_-)$$

und damit die Matrix $\boldsymbol{K}(\boldsymbol{c})$, die aus allen Einheitsvektoren $\boldsymbol{E}_\alpha$ mit $\alpha \in N_0 \cup N_-$ und den Spaltenvektoren $\boldsymbol{E}_{\alpha\beta}$ mit $\alpha \in N_+$, $\beta \in N_-$ besteht.[1]) Wenn N_+ r Elemente enthält, N_0 s Indizes und N_- $n - r - s$ Indizes, so ist $\boldsymbol{K}(\boldsymbol{c})$ eine Matrix, die n Zeilen und

$$s + n - r - s + r\,(n - r - s) = (r + 1)\,(n - r) - r\,s$$

Spalten besitzt. Außerdem hat sie nach Definition keine negativen Elemente, d. h.

$$\boldsymbol{K}(\boldsymbol{c}) \geqq \boldsymbol{o}$$

für jedes $\boldsymbol{c} \neq \boldsymbol{o}$. Falls $\boldsymbol{c} = \boldsymbol{o}$ ist, setzen wir $\boldsymbol{K}(\boldsymbol{c}) = \boldsymbol{o}$. Wir betrachten nun für einen beliebigen Vektor $\boldsymbol{c} \neq \boldsymbol{o}$ den polyedrischen Kegel

$$K = \{\boldsymbol{x} \mid \boldsymbol{x} \geqq \boldsymbol{o},\, \boldsymbol{c}'\,\boldsymbol{x} \leqq 0\}$$

---

[1]) Beispielsweise ist $K\,(1,\ -2,\ 0,\ 3) = \begin{pmatrix} 0 & 0 & 2 & 0 \\ 1 & 0 & 1 & 3 \\ 0 & 1 & 0 & 0 \\ 0 & 0 & 0 & 2 \end{pmatrix}.$

und den Kegel

$$K^* = \{\boldsymbol{x} \mid \boldsymbol{x} = \boldsymbol{K}(\boldsymbol{c})\, \boldsymbol{w},\ \boldsymbol{w} \geqq \boldsymbol{o}\}$$

und können beweisen:

▌S. 1 *Die Kegel K und K^* stimmen überein:*

$$K = K^*$$ ▌

▌Bws. Es sei $\boldsymbol{x}^* \in K^*$, d. h.

$$\boldsymbol{x}^* = \boldsymbol{K}(\boldsymbol{c})\, \boldsymbol{w}^*\,, \qquad \boldsymbol{w}^* \geqq \boldsymbol{o}\,.$$

Da $\boldsymbol{w}^* \geqq \boldsymbol{o}$, $\boldsymbol{K}(\boldsymbol{c}) \geqq \boldsymbol{o}$ sind, muß notwendig $\boldsymbol{x}^* \geqq \boldsymbol{o}$ sein. Wir haben noch zu zeigen, daß $\boldsymbol{c}'\, \boldsymbol{x}^* \leqq 0$ gilt. Wegen $\boldsymbol{w}^* \geqq \boldsymbol{o}$, $\boldsymbol{x}^* = \boldsymbol{K}(\boldsymbol{c})\, \boldsymbol{w}^*$ genügt es zu zeigen, daß

$$\boldsymbol{c}'\, \boldsymbol{K}(\boldsymbol{c}) \leqq 0\,.$$

ist. Für $\alpha \in N_0 \cup N_-$ gilt

$$\boldsymbol{c}'\, \boldsymbol{E}_\alpha = c_\alpha \leqq 0$$

und für $\alpha \in N_+$, $\beta \in N_-$

$$\boldsymbol{c}'\, \boldsymbol{E}_{\alpha\beta} = \boldsymbol{c}'\,(c_\alpha \boldsymbol{E}_\beta - c_\beta \boldsymbol{E}_\alpha) = c_\alpha c_\beta - c_\beta c_\alpha = 0\,,$$

also gilt $\boldsymbol{c}'\, \boldsymbol{K}(\boldsymbol{c}) \leqq \boldsymbol{o}$, woraus $\boldsymbol{x}^* \in K^*$, also $K^* \subseteqq K$ folgt.

Nehmen wir umgekehrt einen Punkt $\bar{\boldsymbol{x}} \in K$. Aus $\boldsymbol{c}'\, \boldsymbol{x} \leqq 0$ folgt

$$\sum_{\alpha \in N_+} c_\alpha \bar{x}_\alpha \leqq \sum_{\beta \in N_-} |c_\beta|\, \bar{x}_\beta\,, \tag{3}$$

und aus $\bar{\boldsymbol{x}} \geqq \boldsymbol{o}$ folgt

$$\left.\begin{aligned} c_\alpha \bar{x}_\alpha &\geqq 0\,, & \alpha &\in N_+\,,\\ |c_\beta|\, \bar{x}_\beta &\geqq 0\,, & \beta &\in N_-\,. \end{aligned}\right\} \tag{4}$$

Wir setzen jetzt den folgenden Hilfssatz als richtig voraus:

▌L. 1 *Zu jedem p-dimensionalen Vektor $\boldsymbol{y} \geqq \boldsymbol{o}$ und jedem q-dimensionalen Vektor $\boldsymbol{z} \geqq \boldsymbol{o}$ mit*

$$\sum_{i=1}^{q} z_i \leqq \sum_{j=1}^{p} y_i$$

gibt es eine (q, p)-Matrix $\boldsymbol{A} = (a_{ij})$ mit nichtnegativen Elementen, so daß

$$z_i = \sum_{j=1}^{p} a_{ij} \qquad (i = 1, \ldots, q)\,,$$

$$y_j \geqq \sum_{i=1}^{q} a_{ij} \qquad (j = 1, \ldots, p)$$

gilt. ▌

Wenn wir dem Vektor $\boldsymbol{y}$ die Komponenten $c_\alpha \bar{x}_\alpha$ mit $\alpha \in N_+$ geben und dem Vektor $\boldsymbol{z}$ die Komponenten $|c_\beta|\, \bar{x}_\beta$ mit $\beta \in N_-$, dann sind wegen (3) und (4) die

Voraussetzungen von Lemma 1 erfüllt, wonach eine Matrix $\boldsymbol{A} = (a_{\alpha\beta}) \geqq \boldsymbol{o}$ existiert, so daß

$$\left.\begin{aligned} c_\alpha \bar{x}_\alpha &= \sum_{\beta \in N_-} a_{\alpha\beta}\,, \qquad && \alpha \in N_+\,, \\ |c_\beta| \bar{x}_\beta &\geqq \sum_{\alpha \in N_+} a_{\alpha\beta}\,, && \beta \in N_- \end{aligned}\right\} \tag{5}$$

gilt. Den Vektor $\bar{\boldsymbol{x}}$ spalten wir auf:

$$\bar{\boldsymbol{x}} = \sum_{\gamma \in N_0} \bar{x}_\gamma \boldsymbol{E}_\gamma + \sum_{\alpha \in N_+} \bar{x}_\alpha \boldsymbol{E}_\alpha + \sum_{\beta \in N_-} \bar{x}_\beta \boldsymbol{E}_\beta\,.$$

Nach (5) können wir hierin

$$\bar{x}_\alpha = \frac{1}{c_\alpha} \sum_{\beta \in N_-} a_{\alpha\beta} \qquad (\alpha \in N_+)$$

einsetzen; außerdem addieren und subtrahieren wir

$$\sum_{\substack{\alpha \in N_+ \\ \beta \in N_-}} \frac{a_{\alpha\beta}}{c_\beta} \boldsymbol{E}_\beta\,,$$

so daß wir

$$\begin{aligned} \bar{\boldsymbol{x}} &= \sum_{\gamma \in N_0} \bar{x}_\gamma \boldsymbol{E}_\gamma + \sum_{\substack{\alpha \in N_+ \\ \beta \in N_-}} \frac{a_{\alpha\beta}}{v_\alpha} \boldsymbol{E}_\alpha - \sum_{\substack{\alpha \in N_+ \\ \beta \in N_-}} \frac{a_{\alpha\beta}}{c_\beta} \boldsymbol{E}_\beta + \sum_{\substack{\alpha \in N_+ \\ \beta \in N_-}} \frac{a_{\alpha\beta}}{c_\beta} \boldsymbol{E}_\beta + \sum_{\beta \in N_-} \bar{x}_\beta \boldsymbol{E}_\beta \\ &= \sum_{\gamma \in N_0} \bar{x}_\gamma \boldsymbol{E}_\gamma + \sum_{\beta \in N_-} \left(\bar{x}_\beta + \frac{1}{c_\beta} \sum_{\alpha \in N_+} a_{\alpha\beta}\right) \boldsymbol{E}_\beta + \sum_{\substack{\alpha \in N_+ \\ \beta \in N_-}} a_{\alpha\beta} \left(\frac{1}{c_\alpha} \boldsymbol{E}_\alpha - \frac{1}{c_\beta} \boldsymbol{E}_\beta\right) \end{aligned}$$

erhalten. Wir setzen

$$\begin{aligned} W_\gamma^* &= \bar{x}_\gamma\,, && \gamma \in N_0\,, \\ W_\beta^* &= \bar{x}_\beta + \frac{1}{c_\beta} \sum_{\alpha \in N_+} a_{\alpha\beta}\,, \\ W_{\alpha\beta}^* &= -\frac{a_{\alpha\beta}}{c_\alpha c_\beta}\,, && \alpha \in N_+, \beta \in N_-\,. \end{aligned}$$

Offenbar gilt $W_\gamma^* \geqq 0$ $(\gamma \in N_0)$ und $W_{\alpha\beta}^* \geqq 0$ $(\alpha \in N_+, \beta \in N_-)$; die Ungleichung $W_\beta^* \geqq 0$ $(\beta \in N_-)$ folgt aus (5).

Damit haben wir für $\bar{\boldsymbol{x}}$ die Darstellung

$$\bar{\boldsymbol{x}} = \sum_{\gamma \in N_0} W_\gamma^* \boldsymbol{E}_\gamma + \sum_{\beta \in N_-} W_\beta^* \boldsymbol{E}_\beta + \sum_{\substack{\alpha \in N_+ \\ \beta \in N_-}} W_{\alpha\beta}^* \boldsymbol{E}_{\alpha\beta}$$

gewonnen, d. h. $\bar{\boldsymbol{x}} \in K^*$, also $K \subseteqq K^*$.

Damit sind beide Beziehungen

$$K^* \subseteqq K\,, \qquad K \subseteqq K^*$$

bewiesen. ∎

Es bleibt noch die Richtigkeit des Hilfssatzes nachzuweisen.

▮ Bws. von L. 1 Auf Grund der Voraussetzung des Satzes gilt sicher

$$z_1 \leqq \sum_{j=1}^{p} y_j . \tag{6}$$

Folglich können wir z_1 in eine Summe von p nichtnegativen Zahlen a_{1j} zerlegen, so daß $y_j \geqq a_{1j}$ $(j = 1, \ldots, p)$ gilt und

$$z_1 = \sum_{j=1}^{p} a_{1j} .$$

Die Zahlen a_{1j} kann man in folgender Weise rekursiv konstruieren:

Wenn $z_1 = 0$, so $a_{1j} = 0$ $(j = 1, \ldots, p)$.

Wenn $z_1 - y_1 > 0$, so $a_{11} = y_1$.

Wenn $z_1 - y_1 < 0$, so $a_{11} = z_1$.

Angenommen, wir haben bereits k Zahlen a_{1j} $(j = 1, \ldots, k)$ konstruiert. Dann fahren wir wie folgt fort: Wenn

$$z_1 - \sum_{j=1}^{k} a_{1j} = 0 , \quad \text{so} \quad a_{1j} = 0 \qquad (j = k+1, \ldots, p) .$$

Wenn $z_1 - \sum_{j=1}^{k} a_{1j} - y_{k+1} > 0$, so $a_{1,k+1} = y_{k+1}$.

Wenn $z_1 - \sum_{j=1}^{k} a_{1j} - y_{k+1} < 0$, so $a_{1,k+1} = z_1 - \sum_{j=1}^{k} a_{1j}$.

Falls in (6)

$$z_1 = \sum_{j=1}^{p} y_j$$

gilt, tritt in der Berechnung stets der zweite Fall ein, und man erhält als Zahlen a_{1j}:

$$a_{1j} = y_j \qquad (j = 1, \ldots, p) .$$

Wenn aber in (6) die strenge Ungleichung gilt, muß für ein k $(1 \leqq k \leqq p-1)$ der dritte Fall eintreten. Bei der Berechnung von $a_{1,k+1}$ tritt dann aber der erste Fall ein, so daß das Verfahren beendet ist. Es folgt somit

$$a_{1j} \geqq 0 \qquad (j = 1, \ldots, p)$$

und nach Konstruktion

$$a_{1j} \leqq y_j \qquad (j = 1, \ldots, p) .$$

Nach der Voraussetzung des Hilfssatzes gilt jetzt

$$\sum_{i=3}^{q} z_i \leqq \sum_{j=1}^{p} (y_j - a_{1j}) .$$

Wir setzen

$$y_{1j} = y_j - a_{1j} \geqq 0 \qquad (j = 1, \ldots, p) .$$

Nach dem oben angegebenen Verfahren können wir nun nichtnegative Zahlen a_{2j} $(j = 1, \ldots, p)$ konstruieren, so daß

$$z_2 = \sum_{j=1}^{p} a_{2j}$$

und

$$y_{1j} \geqq a_{2j} ,$$

also

$$\sum_{i=3}^{q} z_i \leqq \sum_{j=1}^{p} (y_{1j} - a_{2j})$$

gilt. Allgemein setzen wir

$$y_{rj} = y_{r-1,j} - a_{jr} \geqq 0 \qquad (j = 1, \ldots, p) ,$$

so daß

$$z_r = \sum_{j=1}^{p} a_{rj} , \quad y_{rj} \geqq 0 \qquad (j = 1, \ldots, p)$$

$$\sum_{i=r+1}^{q} z_i \leqq \sum_{j=1}^{p} y_{rj}$$

erfüllt ist. Für $r = q$ erhalten wir

$$y_{qj} = y_j - \sum_{i=1}^{q} a_{ij} \geqq 0 , \qquad (j = 1, \ldots, p)$$

$$z_i = \sum_{j=1}^{p} a_{ij} \qquad (i = 1, \ldots, q) ,$$

was mit der Behauptung identisch ist. Damit ist der Hilfssatz bewiesen. ▮

Nachdem wir zu einem beliebigen Vektor $\boldsymbol{c} \neq \boldsymbol{o}$ eine Matrix $\boldsymbol{K}(\boldsymbol{c})$ definiert haben, können wir dies auch für eine beliebige Matrix $\boldsymbol{C}$ mit n Spalten, m Zeilen und den Zeilenvektoren $\boldsymbol{c}_1', \ldots, \boldsymbol{c}_m'$ tun. Dazu setzen wir

$$\boldsymbol{K}(\boldsymbol{c}_1, \ldots, \boldsymbol{c}_r) = \boldsymbol{K}(\boldsymbol{c}_1, \ldots, \boldsymbol{c}_{r-1}) \cdot \boldsymbol{K}\big(\boldsymbol{c}_r' \boldsymbol{K}(\boldsymbol{c}_1, \ldots, \boldsymbol{c}_{r-1})\big) \qquad (r = 2, \ldots, m) .$$

Analog zu oben betrachten wir die beiden polyedrischen Kegel

$$S \;= \{\boldsymbol{x} \mid \boldsymbol{x} \geqq \boldsymbol{o}; \boldsymbol{C}\,\boldsymbol{x} \leqq \boldsymbol{o}\} ,$$
$$S^* = \{\boldsymbol{x} \mid \boldsymbol{x} = \boldsymbol{K}(\boldsymbol{C})\,\boldsymbol{w}, \boldsymbol{w} \geqq \boldsymbol{o}\}$$

und können beweisen:

▮ S. 2 *Die Kegel S und S^* enthalten die gleichen Punkte, d. h., es ist*

$$S = S^* .$$ ▮

▮ Bws. Nach Satz 1 stimmen die Kegel

$$\{\boldsymbol{x} \mid \boldsymbol{x} \geqq \boldsymbol{o}; \boldsymbol{c}_1' \boldsymbol{x} \leqq 0\} , \quad \{\boldsymbol{x} \mid \boldsymbol{x} = \boldsymbol{K}(\boldsymbol{c}_1)\,\boldsymbol{u}; \boldsymbol{u} \geqq \boldsymbol{o}\}$$

überein. Wenn wir diesen Kegel mit dem Halbraum $\{\boldsymbol{x} \mid \boldsymbol{c}_2' \boldsymbol{x} \leqq 0\}$ schneiden, erhalten wir wegen $\boldsymbol{x} = \boldsymbol{K}(\boldsymbol{c}_1)\, \boldsymbol{u}$ den Kegel

$$\{\boldsymbol{x} \mid \boldsymbol{x} = \boldsymbol{K}(\boldsymbol{c}_1)\, \boldsymbol{u};\ \boldsymbol{c}_2' \boldsymbol{K}(\boldsymbol{c}_1)\, \boldsymbol{u} \leqq \boldsymbol{o},\ \boldsymbol{u} \geqq \boldsymbol{o}\},$$

der nach Satz 1 mit dem Kegel

$$\{\boldsymbol{x} \mid \boldsymbol{x} = \boldsymbol{K}(\boldsymbol{c}_1)\, \boldsymbol{K}(\boldsymbol{K}(\boldsymbol{c}_1)'\, \boldsymbol{c}_2)\, \boldsymbol{v},\ \boldsymbol{v} \geqq \boldsymbol{o}\}$$

übereinstimmt, den wir in der Form

$$\{\boldsymbol{x} \mid \boldsymbol{x} = \boldsymbol{K}(\boldsymbol{c}_1, \boldsymbol{c}_2)\, \boldsymbol{v};\ \boldsymbol{v} \geqq \boldsymbol{o}\}$$

mit

$$\boldsymbol{K}(\boldsymbol{c}_1, \boldsymbol{c}_2) = \boldsymbol{K}(\boldsymbol{c}_1)\, \boldsymbol{K}(\boldsymbol{c}_2' \boldsymbol{K}(\boldsymbol{c}_1))$$

schreiben können. Wenn wir nacheinander die noch nicht berücksichtigten Ungleichungen hinzunehmen, erhalten wir bei r-maliger Anwendung von Satz 1, daß

$$\{\boldsymbol{x} \mid \boldsymbol{c}_i' \boldsymbol{x} \leqq 0,\ i = 1, \ldots, r,\ \boldsymbol{x} \geqq \boldsymbol{o}\} = \{\boldsymbol{x} \mid \boldsymbol{x} = \boldsymbol{K}(\boldsymbol{c}_1, \ldots, \boldsymbol{c}_r)\, \boldsymbol{w} \geqq \boldsymbol{o}\}$$

gilt, woraus für $r = m$ die Behauptung folgt. ∎

6.4.2. Transformation des Problems

Um den Satz 2 auf ein Optimierungsproblem anwenden zu können, muß es auf eine geeignete Form transformiert werden. Wir gehen dabei von einem Problem in Normalform aus (mit bereits eingeführten Schlupfvariablen):

$$\max\{\boldsymbol{c}' \boldsymbol{x} \mid \boldsymbol{A}\, \boldsymbol{x} + \boldsymbol{z} = \boldsymbol{b};\ \boldsymbol{x} \geqq \boldsymbol{o},\ \boldsymbol{z} \geqq \boldsymbol{o}\}. \tag{7}$$

Ohne Beschränkung der Allgemeinheit können wir voraussetzen, daß die erste Komponente des Vektors $\boldsymbol{b}$ von Null verschieden ist:

$$b_1 \neq 0,$$

was man durch Umsortieren der Gleichungen stets erreichen kann.[1]) Damit betrachten wir die Matrix

$$\boldsymbol{T} = \begin{pmatrix} \frac{1}{b_1} & 0 & 0 & & 0 \\ -\frac{b_2}{b_1} & 1 & 0 & & 0 \\ \cdot & \cdot & \cdot & \cdots & \cdot \\ -\frac{b_m}{b_1} & 0 & 0 & & 1 \end{pmatrix}$$

und multiplizieren das Gleichungssystem

$$\boldsymbol{A}\, \boldsymbol{x} + \boldsymbol{z} = \boldsymbol{b}$$

von links mit der Matrix $\boldsymbol{T}$:

$$\boldsymbol{T}\boldsymbol{A}\, \boldsymbol{x} + \boldsymbol{T}\, \boldsymbol{z} = \boldsymbol{T}\boldsymbol{b}.$$

---

[1]) Wäre $\boldsymbol{b} = \boldsymbol{o}$, so ist $\boldsymbol{x} = \boldsymbol{o}$, $\boldsymbol{z} = \boldsymbol{o}$ optimal für (7), oder (7) ist unlösbar.

Wegen

$$\boldsymbol{T}\,\boldsymbol{b} = \begin{pmatrix} \frac{1}{b_1} & 0 & 0 & & 0 \\ -\frac{b_2}{b_1} & 1 & 0 & & 0 \\ \vdots & \vdots & & & \vdots \\ -\frac{b_m}{b_1} & 0 & 0 & & 1 \end{pmatrix} \begin{pmatrix} b_1 \\ b_2 \\ \vdots \\ b_m \end{pmatrix} = \begin{pmatrix} 1 \\ 0 \\ \vdots \\ 0 \end{pmatrix} = \boldsymbol{E}_1$$

können wir unser Problem damit zunächst in der Form

$$\max \{\lambda \mid \boldsymbol{c}'\,\boldsymbol{x} = \lambda, \boldsymbol{T}\,\boldsymbol{A}\,\boldsymbol{x} + \boldsymbol{T}\,\boldsymbol{z} = \boldsymbol{E}_1, \boldsymbol{x} \geqq \boldsymbol{o}, \boldsymbol{z} \geqq \boldsymbol{o}\}$$

darstellen, was in ausgeschriebener Form lautet:

$$\max \Big\{\lambda \mid \sum_{\alpha=1}^{n} c_\alpha x_\alpha = \lambda;\ \frac{1}{b_1} \sum_{\alpha=1}^{n} a_{1\alpha} x_\alpha + z_1 = 1;$$

$$\sum_{\alpha=1}^{n} \left(a_{r\alpha} - \frac{b_r a_{1\alpha}}{b_1}\right) x_\alpha - \frac{b_r}{b_1} z_1 + z_r = 0\,, \qquad r = 2, \ldots, m\,,$$

$$\boldsymbol{x} \geqq \boldsymbol{o}, \boldsymbol{z} \geqq \boldsymbol{o}\Big\}$$

oder

$$\max \left\{\lambda \mid \boldsymbol{B}\begin{pmatrix} \boldsymbol{x} \\ z_1 \end{pmatrix} = \begin{pmatrix} \lambda \\ 1 \end{pmatrix};\ \boldsymbol{C}\begin{pmatrix} \boldsymbol{x} \\ z_1 \end{pmatrix} \leqq \boldsymbol{o}, \boldsymbol{x} \geqq \boldsymbol{o}, z_1 \geqq 0\right\},$$

wobei

$$\boldsymbol{B} = \begin{pmatrix} c_1 & c_2 & & c_n & 0 \\ \frac{a_{11}}{b_1} & \frac{a_{12}}{b_1} & \ldots & \frac{a_{n1}}{b_1} & \frac{1}{b_1} \end{pmatrix}$$

und

$$\boldsymbol{C} = \begin{pmatrix} a_{21} - \frac{a_{11} b_2}{b_1} & a_{22} - \frac{a_{12} b_2}{b_1} & \ldots & a_{2n} - \frac{a_{1n} b_2}{b_1} & -\frac{b_2}{b_1} \\ \cdot & \cdot & \cdot & \cdot & \cdot \\ a_{m1} - \frac{a_{11} b_m}{b_1} & a_{m2} - \frac{a_{12} b_m}{b_1} & \ldots & a_{mn} - \frac{a_{1n} b_m}{b_1} & -\frac{b_m}{b_1} \end{pmatrix}$$

ist. Wir müssen also aus den Vektoren des polyedrischen Kegels

$$\left\{\begin{pmatrix} \boldsymbol{x} \\ z_1 \end{pmatrix} \middle| \begin{pmatrix} \boldsymbol{x} \\ z_1 \end{pmatrix} \geqq \boldsymbol{o}\,, \quad \boldsymbol{C}\begin{pmatrix} \boldsymbol{x} \\ z_1 \end{pmatrix} \leqq \boldsymbol{o}\right\}$$

als optimalen Vektor einen auswählen, für den die erste Komponente des Vektors

$$\boldsymbol{f} = \begin{pmatrix} \lambda \\ 1 \end{pmatrix}$$

maximal wird.

Nach Satz 2 kann man jeden Vektor des Kegels

$$\left\{\begin{pmatrix} x \\ z_1 \end{pmatrix} \middle| \begin{pmatrix} x \\ z_1 \end{pmatrix} \geqq 0\,, \quad C\begin{pmatrix} x \\ z_1 \end{pmatrix} \leqq o\right\}$$

in der Form

$$\begin{pmatrix} x \\ z_1 \end{pmatrix} = K(C)\, w\,, \qquad w \geqq o$$

darstellen, wodurch sich unser Problem (7) auf die Form

$$\max\left\{\lambda \middle|\; B\,K(C)\, w = \begin{pmatrix} \lambda \\ 1 \end{pmatrix}, \qquad w \geqq o\right\} \tag{8}$$

reduziert. Die Matrix $B\,K(C)$ besteht nach Konstruktion aus zwei Zeilen und habe q Spalten:

$$B\,K(C) = \begin{pmatrix} d_{11} & d_{12} & & d_{1q} \\ d_{21} & d_{22} & \dots & d_{2q} \end{pmatrix}.$$

Das aus (7) gewonnene Problem (8) lautet somit

$$\max\left\{\sum_{k=1}^{q} d_{1k}\, w_k \middle|\; \sum_{k=1}^{q} d_{2k}\, w_k = 1, \qquad w \geqq o\right\}, \tag{8'}$$

woraus leicht bewiesen wird:

▮ S. 3 *Wenn* $d_{2k} \leqq 0$ $(k = 1, \dots, q)$ *ist, hat das Ausgangsproblem keinen optimalen Punkt.*

Wenn mindestens ein k_* *mit* $d_{2k_*} > 0$ *existiert, so sei*

$$\bar{\lambda} = \max\left\{\frac{d_{1k}}{d_{2k}} \mid d_{2k} > 0\right\},$$

$$I^* = \left\{k \middle|\; \bar{\lambda} = \frac{d_{1k}}{d_{2k}}\right\}$$

und

$$W = \left\{w \middle|\; w \geqq o;\; w_k = 0,\; k \notin I^*,\; \sum_{k \in I^*} d_{2k}\, w_k = 1\right\}.$$

Ein Punkt $x^0 \in E_n$ *ist genau dann optimaler Punkt für das Problem* (7), *wenn es ein* $w^0 \in W$ *gibt, so daß*

$$x^0 = \widetilde{K(C)}\, w^0$$

gilt, wobei $\widetilde{K(C)}$ *nur die ersten* n *Zeilen von* $K(C)$ *enthalten möge.* ▮

▮ Bws. Die erste Behauptung folgt unmittelbar aus der Äquivalenz der Probleme (7) und (8′) und der Darstellung des zulässigen Bereiches für das transformierte Problem (8′). Wegen der Äquivalenz von (7) und (8′) über die Transformation

$$\begin{pmatrix} x \\ z_1 \end{pmatrix} = K(C)\, w\,, \qquad w \geqq o$$

genügt es, für die zweite Behauptung des Satzes nachzuweisen, daß die Menge W alle optimalen Punkte von Probleme (8′) und nur die enthält. Die Basispunkte des zulässigen Bereiches zum Problem (8′) sind die Vektoren $\frac{1}{d_{2k}} \boldsymbol{E}_k$ für $d_{2k} > 0$, wobei $\boldsymbol{E}_k$ ein q-dimensionaler Einheitsvektor ist. Ein zulässiger Basispunkt liefert daher den Zielfunktionswert $\lambda = \frac{d_{1k}}{d_{2k}}$. Folglich sind alle und nur die Basispunkte $\frac{1}{d_{2k}} \boldsymbol{E}_k$ für $k \in \boldsymbol{I}^*$ optimal. Also sind die Eckpunkte der konvexen Menge W optimal für das Problem (8′), woraus die Optimalität aller Punkte aus W folgt und der Satz bewiesen ist. ∎

Wir bemerken, daß als Folge von Satz 3 unter den Spaltenvektoren der Matrix $\boldsymbol{K}(\boldsymbol{C})$ im allgemeinen bei großen Problemen eine sehr große Anzahl von Spalten enthalten ist, so daß die Anwendbarkeit dieser Methode stark eingeschränkt und in numerischer Hinsicht nicht mit der Simplexmethode vergleichbar ist. Für qualitative Untersuchungen kann sie jedoch von Nutzen sein.

6.4.3. Ein Beispiel

Zur Illustrierung der Methode wählen wir das in 6.1.4. behandelte erste Beispiel:

$$\begin{aligned} \max \{2x_1 + 5x_2 + 3x_3 - x_4 \mid x_1 + 2x_2 + 2x_3 + x_4 &\leqq 9, \\ -3x_1 + x_3 + 2x_4 &\leqq 3, \\ x_1 - x_2 + x_3 - x_4 &\leqq 1, \\ x_1, x_2, x_3, x_4 &\geqq 0\}. \end{aligned}$$

Die Transformationsmatrix $\boldsymbol{T}$ lautet hier

$$\boldsymbol{T} = \begin{pmatrix} \frac{1}{9} & 0 & 0 \\ \frac{1}{3} & 1 & 0 \\ \frac{1}{9} & 0 & 1 \end{pmatrix},$$

womit sich

$$\boldsymbol{B} = \begin{pmatrix} 2 & 5 & 3 & -1 & 0 \\ \frac{1}{9} & \frac{2}{9} & \frac{2}{9} & \frac{1}{9} & \frac{1}{9} \end{pmatrix}$$

$$\boldsymbol{C} = \begin{pmatrix} \boldsymbol{C}_1 \\ \boldsymbol{C}_2 \end{pmatrix} = \begin{pmatrix} -\frac{8}{3} & \frac{2}{3} & \frac{5}{3} & \frac{7}{3} & \frac{1}{3} \\ \frac{10}{9} & -\frac{7}{9} & \frac{11}{9} & -\frac{8}{9} & \frac{1}{9} \end{pmatrix}$$

ergibt. Wir bemerken hier, daß wir die Zeilen von $\boldsymbol{C}$ mit beliebigen positiven Faktoren multiplizieren dürfen, ohne die Lösungsmenge von $\boldsymbol{C}\begin{pmatrix} \boldsymbol{x} \\ z_1 \end{pmatrix} \leqq \boldsymbol{o}$ zu ändern, m. a. W., wir können

$$\boldsymbol{C} = \begin{pmatrix} -8 & 2 & 5 & 7 & 1 \\ 10 & -7 & 11 & -8 & 1 \end{pmatrix} = \begin{pmatrix} \boldsymbol{C}'_1 \\ \boldsymbol{C}'_2 \end{pmatrix}$$

wählen. Nach Konstruktion von $\boldsymbol{K}(\boldsymbol{C})$ folgt

$$\boldsymbol{K}(\boldsymbol{C}_1) = \begin{pmatrix} 1 & 2 & 5 & 7 & 1 \\ 0 & 8 & 0 & 0 & 0 \\ 0 & 0 & 8 & 0 & 0 \\ 0 & 0 & 0 & 8 & 0 \\ 0 & 0 & 0 & 0 & 8 \end{pmatrix}.$$

Wegen $\{\boldsymbol{x} | \boldsymbol{x} \geqq \boldsymbol{o},\ \boldsymbol{C}_1' \boldsymbol{x} \leqq \boldsymbol{o}\} = \{\boldsymbol{x} | \boldsymbol{x} = \boldsymbol{K}(\boldsymbol{C}_1)\, \boldsymbol{u};\ \boldsymbol{u} \geqq \boldsymbol{o}\}$, d. h., $\boldsymbol{x}$ ist nichtnegative Linearkombination der Spaltenvektoren von $\boldsymbol{K}(\boldsymbol{C}_1)$, können wir beliebige Spalten von $\boldsymbol{K}(\boldsymbol{C}_1)$ durch beliebige positive Zahlen dividieren, etwa die zweite durch 4, ohne die Lösungsmenge zu ändern:

$$\boldsymbol{K}(\boldsymbol{C}_1) = \begin{pmatrix} 1 & 1 & 5 & 7 & 1 \\ 0 & 4 & 0 & 0 & 0 \\ 0 & 0 & 8 & 0 & 0 \\ 0 & 0 & 0 & 8 & 0 \\ 0 & 0 & 0 & 0 & 8 \end{pmatrix}.$$

Es folgt weiter

$$\boldsymbol{C}_2' \boldsymbol{K}(\boldsymbol{C}_1) = (10;\ -18;\ 138;\ 6;\ 18) = 6 \cdot \left(\frac{5}{3};\ -3;\ 23;\ 1;\ 3\right),$$

$$\boldsymbol{K}(\boldsymbol{C}_2' \boldsymbol{K}(\boldsymbol{C}_1)) = \begin{pmatrix} 0 & 9 & 0 & 0 & 0 \\ 1 & 5 & 23 & 1 & 1 \\ 0 & 0 & 3 & 0 & 0 \\ 0 & 0 & 0 & 3 & 0 \\ 0 & 0 & 0 & 0 & 1 \end{pmatrix},$$

$$\boldsymbol{K}(\boldsymbol{C}) = \boldsymbol{K}(\boldsymbol{C}_1, \boldsymbol{C}_2) = \boldsymbol{K}(\boldsymbol{C}_1)\, \boldsymbol{K}(\boldsymbol{C}_2' \boldsymbol{K}(\boldsymbol{C}_1)) = \begin{pmatrix} 1 & 7 & 19 & 11 & 1 \\ 4 & 10 & 46 & 2 & 2 \\ 0 & 0 & 12 & 0 & 0 \\ 0 & 0 & 0 & 12 & 0 \\ 0 & 0 & 0 & 0 & 0 \end{pmatrix},$$

$$\boldsymbol{B}\, \boldsymbol{K}(\boldsymbol{C}) = \begin{pmatrix} 22 & 64 & 304 & 20 & 12 \\ 1 & 3 & 135 & 3 & 1 \end{pmatrix} = \begin{pmatrix} d_{11} & d_{12} & d_{13} & d_{14} & d_{15} \\ d_{21} & d_{22} & d_{23} & d_{24} & d_{25} \end{pmatrix},$$

woraus wir

$$\bar{\lambda} = \max \left\{ \frac{d_{1k}}{d_{2k}} \middle| d_{2k} > 0 \right\} = 22\,,$$

$$I^* = \{1\}\,,$$

$$\boldsymbol{W} = \{(1, 0, 0, 0, 0)\}\,,$$

$$\boldsymbol{x}^{0\prime} = (1, 4, 0, 0)$$

erhalten. Damit haben wir bestätigt, daß $x_1^0 = 1$, $x_2^0 = 4$, $x_3^0 = 0 = x_4^0$ optimaler Punkt des Problems ist.

KAPITEL 7

DAS KLASSISCHE TRANSPORTPROBLEM

7.1. Einführung

In Kapitel 1 haben wir bereits, ausgehend von der ökonomischen Problemstellung, das klassische Transportproblem mathematisch formuliert:

Es ist das Minimum der gegebenen Linearform

$$L(x) = \sum_{i=1}^{m} \sum_{j=1}^{n} c_{ij} x_{ij} \qquad (m \geqq 2, n \geqq 2) \tag{1a}$$

in bezug auf die Menge aller Punkte

$$x' = (x_{11}, \ldots, x_{1n}, x_{21}, \ldots, x_{2n}, \ldots, x_{m1}, \ldots, x_{mn})$$

aus dem Raum $E_{m \cdot n}$ mit den Eigenschaften

$$\left.\begin{aligned} \sum_{i=1}^{m} x_{ij} &= b_j \qquad (j = 1, \ldots, n)\,, \\ \sum_{j=1}^{n} x_{ij} &= a_i \qquad (i = 1, \ldots, m)\,, \\ x_{ij} &\geqq 0 \qquad (i = 1, \ldots, m; \quad j = 1, \ldots, n) \end{aligned}\right\} \tag{1b}$$

unter der Voraussetzung

$$a_i > 0\,, \quad b_j > 0 \qquad (i = 1, \ldots, m; j = 1, \ldots, n)\,, \tag{2a}$$

$$\sum_{i=1}^{m} a_i = \sum_{j=1}^{n} b_j \tag{2b}$$

zu bestimmen.

Es handelt sich offensichtlich um das in Gleichungsform gegebene spezielle lineare Optimierungsproblem

$$\min_{x \in M} L(x)\,,$$

wobei L die Zielfunktion aus (1a) und M der durch die Nebenbedingungen (1b) beschriebene Restriktionsbereich ist.

Die Menge M hat die folgenden Eigenschaften:

1° $M \neq \emptyset$.

2° M ist ein beschränktes konvexes Polyeder im Raum $E_{m \cdot n}$. Dieses Polyeder besitzt Ecken.

3° Das Polyeder M hat die Dimension $(m-1)(n-1)$.

Man überzeugt sich leicht, daß der Punkt $\hat{x}$ mit den Koordinaten

$$\hat{x}_{ij} = \frac{a_i b_j}{\sum_{k=1}^{m} a_k} \qquad (i = 1, \ldots, m; j = 1, \ldots, n)$$

die Restriktionen (1b) erfüllt und daher $\hat{x} \in M$ ist, d. h. $M \neq \emptyset$. Aus den Nebenbedingungen (1b) folgt unmittelbar

$$0 \leqq x_{ij} \leqq \min(a_i, b_j) \qquad \text{für jedes} \qquad i = 1, \ldots, m; j = 1, \ldots, n,$$

woraus sich die Beschränktheit der Menge M ergibt. Aus Satz 1 in Kapitel 4 ergibt sich die Tatsache, daß das Polyeder M Ecken besitzt. Die Menge M ist offenbar in dem durch die $m + n$ Gleichungen aus (1b) beschriebenen linearen Unterraum enthalten. Auf Grund von (2b) sind diese Gleichungen nicht linear unabhängig, d. h., mindestens eine von ihnen ist eine Linearkombination der restlichen $m + n - 1$ Gleichungen. Es läßt sich zeigen, daß ein jedes System von $m + n - 1$ Restriktionsgleichungen aus (1b) linear unabhängig ist und daher einen linearen Unterraum der Dimension $n\,m - (n + m - 1) = (m - 1) \times (n - 1)$ im Raum $E_{n \cdot m}$ beschreibt. Da der oben definierte Punkt $\hat{x}$ auf Grund von (2a) positive Koordinaten besitzt, ist er ein innerer Punkt des Polyeders M. Deshalb ist die Dimension von M gleich der des linearen Unterraumes der kleinsten Dimension, in dem das Polyeder M liegt, d. h., das Polyeder M besitzt die Dimension $(m - 1)(n - 1)$.

Das beschränkte Polyeder M ist eine kompakte Menge in $E_{n \cdot m}$. Da die Zielfunktion $L(x)$ stetig über dem Kompaktum M ist, gibt es mindestens einen optimalen Punkt des Problems (1). Damit ist gesichert, daß das klassische Transportproblem immer lösbar ist. Im Vergleich zu einem allgemeinen in Gleichungsform gegebenen linearen Optimierungsproblem, wie wir es in 4.1. formuliert haben, hat das klassische Transportproblem eine spezielle Struktur. Die Koeffizientenmatrix des Gleichungssystems aus (1b) besteht nur aus Eins- oder Nullelementen; die absoluten Glieder in den Gleichungsrestriktionen sind stets positiv, und sie erfüllen die Gleichung (2b). Auf Grund dieser in gewissem Sinne einfachen und symmetrischen Struktur ist zu vermuten, daß man neben dem Simplexverfahren noch andere effektive endliche Algorithmen aufstellen kann, die zur Bestimmung eines Optimalpunktes führen. In den folgenden beiden Abschnitten dieses Kapitels werden zwei solche Methoden entwickelt. Hierzu ist jedoch zu bemerken, daß die auf Rechenautomaten durchgeführte Berechnung von Lösungen umfangreicher Transportoptimierungsaufgaben mit Hilfe der Simplexmethode in allgemeinen günstiger ist als mit den bisher bekannten endlichen Verfahren.

7.2. Ein graphentheoretisches Verfahren

Um ein graphentheoretisches Verfahren entwickeln zu können, müssen wir zunächst einige Grundbegriffe und Sätze aus der Graphentheorie angeben (wir verweisen den Leser, der diese Theorie näher kennen lernen möchte, auf D. KÖNIG [1]).

▮ D. 1 Es sei U eine Menge, deren Elemente *Knotenpunkte* und H eine Menge, deren Elemente *Kanten*[1]) genannt werden. Unter einem *Graphen* G versteht man eine Teilmenge $U(G)$ der Menge U und eine endliche Teilmenge $H(G)$ der Menge H, die durch eine Verknüpfungsrelation, die Inzidenz, verbunden sind und die folgenden zwei Eigenschaften besitzen:

1° Zu jeder Kante $h \in H(G)$ gibt es genau zwei verschiedene Knotenpunkte U_1 und U_2 aus $U(G)$, die mit h inzident sind (durch die Kante h verbunden sind). Man schreibt dann

$$h = U_1 U_2 . \tag{3}$$

2° Zu je zwei verschiedenen Knotenpunkten der Menge $U(G)$ gibt es höchstens eine Kante der Menge $H(G)$, die sie verbindet. ▮

Als einfaches Beispiel sei U die Menge der Städte in einem Land und H die Menge der Eisenbahnverbindungsstrecken der Städte aus U genannt.

▮ D. 2 Falls G_1 und G_2 Graphen mit den Eigenschaften

$$U(G_1) \subseteqq U(G_2), \quad H(G_1) \subseteqq H(G_2) \tag{4}$$

sind, heißt G_1 ein *Teilgraph* des Graphen G_2. ▮

▮ D. 3 Zwei Graphen G_1 und G_2 heißen *gleich*, falls jeder von ihnen ein Teilgraph des anderen ist. ▮

▮ D. 4 Ein Graph G, dessen sämtliche Kanten in einer Folge

$$h_{12} = U_1 U_2, \quad h_{23} = U_2 U_3, \ldots, \quad h_{n-1,n} = U_{n-1} U_n$$

angeordnet werden können, wobei zwei aufeinanderfolgende Kanten $h_{k-1,k}$, $h_{k,k+1}$ $(k = 2, \ldots, n-1)$ mit demselben Knotenpunkt inzident sind, heißt ein *Weg* von U_1 nach U_n (oder von U_n nach U_1). Sind U_1 und U_n zwei verschiedene Knotenpunkte, so sind es die Endpunkte des entsprechenden Weges. Falls jedoch $U_1 = U_n$ ist, heißt G ein *Kreis*.

▮ D. 5 Ein Graph G heißt *zusammenhängend*, falls es zu jedem Paar U_1 und U_2 von verschiedenen Knotenpunkten der Menge $U(G)$ mindestens einen Weg gibt, der in der Menge G enthalten ist und von U_1 nach U_2 führt. ▮

▮ D. 6 Ein Teilgraph G' von G heißt *Komponente* von G, falls G' zusammenhängend und in keinem größerem zusammenhängenden Teilgraphen von G enthalten ist. ▮

---

[1]) Der Begriff der Kante, der in der Graphentheorie benutzt wird, ist von dem Begriff einer Kante aus der Theorie der Polyeder verschieden.

Auf die Beweise der nun folgenden Hilfssätze werden wir verzichten, siehe dazu D. KÖNIG [1].

■ L. 1 *Jeder Graph läßt sich in eine endliche Anzahl von Komponenten zerlegen; diese Zerlegung ist bis auf die Anordnung der Elemente eindeutig.* ■

■ D. 7 Sind G_1 und G_2 zwei Graphen mit gemeinsamer Knotenpunktmenge, so versteht man unter der *Summe* $G_1 + G_2$ von G_1 und G_2 denjenigen Graphen, der dieselbe Knotenpunktmenge besitzt und alle diejenigen Kanten enthält, die mindestens zu einem der Graphen G_1 oder G_2 gehören, jedoch keine weiteren besitzt. Unter der *Differenz* $G_1 - G_2$ von G_1 und G_2 versteht man denjenigen Graphen, der dieselbe Knotenpunktmenge und alle Kanten von U_1 enthält, die nicht zugleich zu G_2 gehören. ■

■ D. 8 Ein Graph heißt *kreislos*, falls er keinen Kreis als einen Teilgraphen enthält. ■

■ D. 9 Ein Graph, der kreislos und zusammenhängend ist, heißt *Baum*. ■

■ L. 2 *Falls G ein Baum ist, gibt es für jedes Knotenpunktpaar aus G genau einen Weg, der diese Knotenpunkte verbindet. Jede Komponente eines kreislosen Graphen ist ein Baum. Falls zwei Knotenpunkte eines kreislosen Graphen G die in zwei verschiedenen Komponenten von G enthalten sind, durch eine neue Kante verbunden werden, dann bilden diese beiden Komponenten zusammen mit der neuen zugeführten Kante wiederum einen Baum.* ■

■ D. 10 Ein Graph G heißt *paar*, falls jeder Kreis K von G eine gerade Anzahl von Kanten besitzt. ■

■ L. 3 *Ein Graph G ist genau dann paar, wenn die Menge U(G) seiner Knotenpunkte in zwei Klassen V und W in der Weise eingeteilt werden kann, daß jede Kante von G zwei Knotenpunkte aus V und W verbindet.* ■

■ D. 11 Es sei K ein Kreis, der eine gerade Anzahl von Kanten besitzt (d. h., er ist paar). Teilt man die Kanten von K in zwei Klassen L_1 und L_2 in der Weise ein, daß je zwei benachbarte Kanten (d. h. Kanten mit einem gemeinsamen Endpunkt) zu verschiedenen Klassen gehören, so wird der Graph F_1 (bzw. F_2), der dieselbe Knotenpunktmenge wie K und alle Kanten der Menge L_1 (bzw. L_2) enthält, *linearer Faktor* des Kreises K genannt. ■

Jeder paare Kreis ist also eine kantenfremde Summe von zwei linearen Faktoren, die den Kreis eindeutig bestimmen.

■ D. 12 Es sei G ein Graph, dessen Kanten reelle Zahlen als Werte zugeordnet sind. Eine solche Zuordnung heißt *Bewertung* B des Graphen G. Eine Bewertung B des Graphen G heißt *trivial*, falls jede Kante von G mit Null bewertet wird. Ein Teilgraph von G, dessen Kantenmenge aus in B nicht trivial bewerteten Kanten besteht, heißt der *Kern* $N(B)$ von B (genauer: der Kern $N(B)$ des Graphen G, zu dem die Bewertung B gehört). ▮

Offenbar kann man verschiedene Bewertungen eines Graphen addieren, subtrahieren und mit reellen Zahlen (d. h. skalar) multiplizieren, indem man die Werte jeder einzelnen Zeile addiert usw. Das Ergebnis dieser Operationen führt wiederum zu einer Bewertung des Graphen G.

▮ D. 13 Eine Bewertung eines Graphen G wird eine *Γ-Bewertung* genannt, falls für jeden Knotenpunkt U aus G die Summe der Werte der mit U inzidenten Kanten gleich Null ist. ▮

Es ist klar, daß die Summe von zwei Γ-Bewertungen desselben Graphen sowie das Produkt einer Γ-Bewertung mit einer reellen Zahl wiederum eine Γ-Bewertung ist. Daraus ergibt sich, daß eine beliebige Linearkombination von Γ-Bewertungen desselben Graphen G ebenfalls eine Γ-Bewertung von G ist.

▮ D. 14 Ein Kreis K eines durch B bewerteten Graphen G heißt *alternierend* bezüglich B, falls keine Kante trivial bewertet ist und je zwei benachbarte Kanten von K bei der Bewertung B Werte mit entgegengesetzten Vorzeichen besitzen. ▮

Jeder alternierende Kreis hat offenbar eine gerade Anzahl von Kanten.

Wir wollen nun drei Sätze über Γ-Bewertungen eines paaren Graphen beweisen, die wir später anwenden werden.

▮ S. 1 *Es sei B eine Γ-Bewertung eines paaren Graphen G, h eine durch B nicht trivial bewertete Kante von G. Unter dieser Voraussetzung gibt es in G einen bezüglich B alternierenden Kreis, der die Kante h enthält.* ▮

▮ Bws. Den Beweis werden wir durch vollständige Induktion nach der Anzahl $n(B)$ der in B nicht trivial bewerteten Kanten von G führen. Für $n(B) = 0$ ist die Aussage des Satzes trivial. Es sei nun $n(B) \geqq 1$. Wir setzen voraus, daß für sämtliche Γ-Bewertungen B' von G mit $0 \leqq n(B') < n(B)$ der Satz richtig ist. Es sei nun h eine durch B nicht trivial bewertete Kante von G, d. h., $h = h_0 = U_0 U_1$ ist positiv (bzw. negativ) bewertet. Da die Summe der Werte der mit U_1 inzidenten Kanten gleich Null ist, gibt es in U_1 mindestens eine in B negativ (bzw. positiv) bewertete Kante $h_1 = U_1 U_2$. Aus dem gleichen Grund gibt es in U_2 eine positive (bzw. negativ) bewertete Kante $h_2 = U_2 U_3$ usw. Wegen der endlichen Anzahl von Knotenpunkten des Graphen G wird einmal der Fall eintreten, daß man zum ersten Male zu einem solchen Knotenpunkt U_r gelangt, der schon früher in der Knotenpunktfolge $U_0, U_1, \ldots$ enthalten war, d. h. $U_r = U_j$ mit $0 \leqq j < r$. Somit erhalten wir nach Definition 4 einen Kreis

$$K = U_j U_{j+1}, \ldots, U_r,$$

der eine gerade Anzahl von Kanten (denn G ist ein paarer Graph) besitzt und deshalb alternierend ist. Für $U_r = U_0$ ist der Satz bewiesen. Ist $U_r \neq U_0$, so sei u der kleinste der absoluten Beträge der Werte der Kanten von K, $B(K)$ diejenige Γ-Bewertung von G, die den in B positiv (bzw. negativ) bewerteten Kanten von K den Wert $+1$ (bzw. -1) zuordnet, während die nicht in K liegenden Kanten trivial bewertet werden. Die Bewertung

$$B' = B - u\,B(K)$$

ist nach der Bemerkung im Anschluß an Definition 13 wiederum eine Γ-Bewertung von G. Da mindestens eine Kante in K, die durch B den Wert vom absoluten Betrag u hatte, in B' trivial bewertet ist, gilt $n(B') < n(B)$. Die Kante h ist in B' nicht trivial bewertet, denn sie gehört nicht zum Kreis K. Nach der Induktionsvoraussetzung gibt es in G einen bezüglich B' alternierenden Kreis K' durch die Kante h. Daher ist K' ebenfalls ein bezüglich B alternierender Kreis durch die Kante h, denn der Wert jeder Kante in B ist dem Betrag nach mindestens so groß wie derjenige dieser Kante in B', wobei sie beide dasselbe Vorzeichen besitzen (falls diese in B nicht trivial bewertet ist). Damit ist der Satz vollständig bewiesen. ▮

▮ D. 15 Es sei G ein paarer Graph und T ein kreisloser Teilgraph von G. Ein Kreis K von G heißt *Minimalkreis* bezüglich T, falls er die folgenden beiden Eigenschaften besitzt:

1° Einer seiner linearen Faktoren ist in T enthalten.

2° Der Graph $T + K$ enthält einen einzigen Kreis, d. h. den Kreis K. ▮

Durch den folgenden Satz 2 sollen die Minimalkreise charakterisiert werden.

▮ S. 2 *Es sei T ein Teilgraph eines paaren Graphen G,*

$$T = T_1 + T_2 + \cdots + T_R \qquad (R \geqq 1)$$

die Zerlegung von T in Komponenten[1]*),*

$$U(G) = V + W$$

die Zerlegung der Knotenpunktmenge $U(G)$ von G in zwei Klassen[2]*). Falls*

$$V_1, W_1, \ldots, V_s, W_s \qquad (s \geqq 1)$$

eine Folge von Knotenpunkten aus G mit folgenden Eigenschaften ist:

1° $V_i \in V$, $W_i \in W$;

2° V_k und W_k *gehören zu derselben Komponente* T_{i_k} *von* T;

3° $W_1, W_2, \ldots, W_s$ *liegen in verschiedenen Komponenten von* T;

4° $h_k = W_k W_{k+1}$ $(k = 1, \ldots, s-1)$ *sowie* $h_0 = W_s W_1$ *sind Kanten von* G, *dann ist der Kreis*

$$V_1 \sim W_1 V_2 \sim W_2 V_3 \sim \cdots \sim W_{s-1} V_3 \sim W_s V_1 \qquad (5)$$

[1]) Siehe Lemma 1.

[2]) Siehe Lemma 3.

(wobei $V_1 \sim W_1$ usw. einen Weg in T darstellt) ein Minimalkreis von G bezüglich T. Jeder Minimalkreis kann auf diese Weise entstehen. ∎

∎ Bws. Es sei K der in (5) beschriebene Kreis. Da jede Kante von K, die in (5) die Gestalt $W_\alpha V_\beta$ mit W_α aus W und V_β aus V besitzt, in einem linearen Faktor F_1 von K, jede Kante der Form $V_\beta W_\gamma$ in dem anderen linearen Faktor F_2 von K liegt, sind $h_0, h_1, \ldots, h_{s-1}$ in F_1 enthalten. Jedoch sind diese die einzigen Kanten von K, die nicht in T liegen (das folgt aus den Voraussetzungen 2° und 3° des Satzes). Es sind daher sämtliche Kanten von F_2 in T enthalten und die Bedingung 1° aus der Definition 15 ist erfüllt.

Wir beweisen nun, daß der Graph

$$\mathfrak{H} = T + h_1 + \cdots + h_{s-1}$$

kreislos ist. Ist nämlich W_k in der Komponente T_{i_k} von T $(k = 1, \ldots, s)$ enthalten, so ist der Graph

$$\mathfrak{B} = T_{i_1} + h_1 + T_{i_2} + h_2 + \cdots + h_{s-1} + T_{i_s}$$

ein Baum. Für $s = 1$ ist dies richtig (siehe Lemma 2). Für $s > 1$ folgt die Behauptung durch $(s-1)$-malige Anwendung von Lemma 2. Die Knotenpunkte aus $\mathfrak{B}$ hängen mit den Knotenpunkten aus den übrigen Komponenten $T_{i_{s+1}}, \ldots, T_{i_R}$ von T in $\mathfrak{H}$ nicht zusammen. Daher ist

$$\mathfrak{H} = \mathfrak{B} + T_{i_{s+1}} + \cdots + T_{i_R}$$

die Zerlegung von $\mathfrak{H}$ in Komponenten. Da alle diese Komponenten kreislos sind, ist $\mathfrak{H}$ ebenfalls kreislos. Daraus ergibt sich, daß

$$T + K = T + h_1 + \cdots + h_{s-1} + h_0 = \mathfrak{H} + h_0$$

genau einen Kreis enthält, der durch die Kante $h_0 = W_s V_1$ gehen muß (denn $\mathfrak{H}$ ist kreislos), wobei seine übrigen Kanten einen Weg von V_1 nach W_s in $\mathfrak{H}$ bilden. Es gibt aber genau einen solchen Weg (siehe Lemma 2), also auch genau einen einzigen Kreis in $T + K$. Damit ist 2° aus Definition 15 bewiesen. Der Kreis K ist daher ein Minimalkreis von G bezüglich T.

Ist umgekehrt K ein Minimalkreis von G bezüglich T, so sei $K = F_1 + F_2$ die Zerlegung von K in lineare Faktoren mit F_1 in T. Die Kanten von K, die in T nicht enthalten sind, liegen daher in F_2, so daß diese Kanten bei einer geeigneten Anordnung der Kanten von K in der Form

$$h_0 = W_s V_1, \; h_1 = W_1 V_2, \ldots, h_{s-1} = W_{s-1} V_s \qquad (V_i \in V, \; W_i \in W)$$

angenommen werden können. Die Eigenschaften 1°, 2° und 4° aus diesem Satz sind daher erfüllt. Um noch 3° zu beweisen, nehmen wir an, daß mindestens zwei der Knotenpunkte $W_1, \ldots, W_s$ in derselben Komponente von T liegen. Es sei W_i der erste Knotenpunkt der Folge $W_1, \ldots, W_s$ und W_j der letzte Knotenpunkt, der in derselben Komponente von T liegt. Man erkennt leicht, daß nun

$$V_1 \sim W_1 V_2 \sim W_2 V_3 \sim \cdots \sim W_{i-1} V_i \sim \cdots \sim W_j V_{j+1} \sim \cdots \sim W_s V_1$$

ein von K verschiedener Kreis in $T + K$ ist. Das steht aber im Widerspruch zu 2° aus der Definition 15. Der Beweis ist somit beendet. ∎

Aus dem Satz 2 ergibt sich, daß es eine endliche Anzahl von Minimalkreisen von G bezüglich T gibt.

∎ D. 16 Es sei K ein Minimalkreis des paaren Graphen G bezüglich T. Ist $K = F_1 + F_2$ die Zerlegung dieses Kreises in zwei lineare Faktoren, wobei F_1 in T enthalten ist, so nennen wir eine Γ-Bewertung, die jeder Kante aus F_1, F_2 bzw. $G \backslash K$, den Wert -1, $+1$ bzw. 0 zuordnet, die zu K gehörige *Minimalbewertung* $B(K)$ von G. Ferner nennen wir eine Γ-Bewertung X von G *nicht negativ* bezüglich T, falls jede Kante von G, die nicht in T liegt (also eine Kante von $G \backslash T$) nicht negativ bewertet wird. ∎

∎ S. 3 *Es seien* $K_1, K_2, \ldots, K_N$ *sämtliche Kreise von* G *bezüglich* T *(*G *paar,* T *kreislos),* $B(K_1), B(K_2), \ldots, B(K_N)$ *die zugehörigen Minimalkreisbewertungen. Dann ist jede bezüglich* T *nicht negative* Γ*-Bewertung* X *als eine nicht negative Linearkombination von* $B(K_1), B(K_2), \ldots, B(K)$ *darstellbar.* ∎

∎ Bws. Den Beweis werden wir durch vollständige Induktion nach der Anzahl $\nu(X)$ der in X nicht trivial bewerteten Kanten von $G \backslash T$ führen. Ist $\nu(X) = 0$, so ist X trivial. Wäre nämlich X nicht trivial, so gäbe es nach Satz 1 mindestens einen alternierenden Kreis bezüglich X in G, dessen sämtliche Kanten daher nicht im kreislosen Graphen T enthalten sein können, so daß mindestens eine seiner Kanten in $G \backslash T$ liegt. Es sei also $\nu(X) \geqq 1$. Wir setzen voraus, daß der Satz für sämtliche bezüglich T nicht negative Γ-Bewertungen X' mit $0 \leqq \nu(X') < \nu(X)$ gilt. Es existiert dann in $G \backslash T$ eine Kante h_0, die von allen Kanten in $G \backslash T$ den kleinsten positiven Wert u in X annimmt. Nach Satz 1 gibt es einen alternierenden Kreis K' von G bezüglich X, der die Kante h_0 enthält. Da die Bewertung X nicht negativ bezüglich T ist, sind die negativ bewerteten Kanten von K', die einen linearen Faktor F_1 von K' bilden, in T enthalten. Der Kreis K' hat daher die Eigenschaft 1° aus der Definition 15. Es sei wieder $U(G) = V + W$ die Zerlegung der Knotenpunktmenge $U(G)$ von G (siehe Lemma 3). Da die nicht in T liegenden Kanten von K' in dem zweiten linearen Faktor F_2 von K' enthalten sind, können sie in geeigneter zyklischer Anordnung in K' mit

$$h_0 = W_s V_1, \quad h_1 = W_1 V_2, \ldots, h_{s-1} = W_{s-1} V_s$$

bezeichnet werden, wobei die Knotenpunkte $V_i \in V$ bzw. $W_i \in W$ sind. Befinden sich $W_1, W_2, \ldots, W_s$ in verschiedenen Komponenten von T, so ist nach Satz 2 der Kreis K' ein Minimalkreis K. Ist das nicht der Fall, so sei W_i der erste Knotenpunkt aus $W_1, \ldots, W_s$, der mit einem anderen Knotenpunkt W_k in derselben Komponente von T liegt, und W_j sei der letzte Knotenpunkt der

Folge $W_1, \ldots, W_s$, der mit W_i in derselben Komponente von T liegt. Der Kreis

$$V_1 \sim W_1\, V_2 \sim W_2\, V_3 \ldots W_{i-1}\, V_i \sim W_j\, V_{j+1} \sim W_{j+1}\, V_{j+2} \sim \cdots \sim W_s\, V_1$$

(wobei $V_1 \sim W_1$ usw. Wege in T darstellen) stellt dann einen Minimalkreis K von G bezüglich T dar.

Es sei nun $B(K)$ die dem Kreis K entsprechende Minimalkreisbewertung von G. Die Bewertung

$$X' = X - u\,B(K) \tag{6}$$

ist offenbar eine Γ-Bewertung von G. Sie ist nicht negativ bezüglich T, denn jede Kante $h_0, \ldots, h_{s-1}$ aus $K \setminus T$ ist in X' nicht negativ bewertet, und jede in K nicht enthaltene Kante von $G \setminus T$ ist in X' identisch mit X, daher nicht negativ bewertet. Da aber die Kante h_0 in X' trivial bewertet ist, gilt $0 \leqq \nu(X') < \nu(X)$, so daß nach der Induktionsvoraussetzung X' als eine nicht negative Linearkombination von Minimalkreisbewertungen darstellbar ist, d. h.

$$X' = \sum_{i=1}^{N} \alpha_i\, B(K_i)\,, \qquad \alpha_i \geqq 0 \qquad (i = 1, \ldots, N)\,.$$

Aus der Gleichung (6) folgt dann

$$X = u\,B(K) + \sum_{i=1}^{N} \alpha_i\, B(K_i)\,, \quad \alpha_i \geqq 0 \qquad (i = 1, \ldots, N)\,, \quad u > 0\,.$$

Es ist daher auch X eine nicht negative Linearkombination von Minimalkreisbewertungen, womit der Satz 3 bewiesen ist. ▮

Die drei oben bewiesenen Sätze, die einen rein theoretischen Charakter in der Theorie der paaren Graphen besitzen, werden wir nun zur Ableitung bestimmter Gesetzmäßigkeiten benutzen, die das klassische Transportproblem betreffen. Die entsprechenden theoretischen Resultate werden in den folgenden sechs Sätzen formuliert. Es sei nun $X = \{x_{ij}\} \in E_{n \cdot m}$ ein Punkt mit den Eigenschaften (1b). Diesem Punkt können wir eine Bewertung X eines Graphen G zuordnen, dessen Knotenpunkte einerseits die Zentren $E_1, \ldots, E_m$ (d. h. die Erzeugerzentren des Produktes) und andererseits die Zentren $V_1, \ldots, V_n$ (d. h. die Verbraucherstellen des Produktes) sowie dessen Kanten die Transportwege $h_{ij} = E_i\, V_j$ $(i = 1, \ldots, m;\; j = 1, \ldots, n)$ sind, wobei der Kante h_{ij} diejenige Anzahl x_{ij} der Produkteinheiten als Wert zugeordnet wird, die von E_i nach V_j auf diesem Wege transportiert wird. Da die Knotenpunktmenge $U(G)$ von G in zwei Klassen $W = (E_1, \ldots, E_m)$, $V = (V_1, \ldots, V_n)$ so eingeteilt werden kann, daß die Kanten von G nur Knotenpunkte aus verschiedenen Klassen verbinden, ist G ein paarer Graph (siehe Lemma 3).

▮ D. 17 Jeder Punkt $x \in E_{n \cdot m}$ mit den Eigenschaften (1b) wird eine *einfache Lösung* von (1b) genannt, falls der Kern $N(X)$ [1] der zugehörigen Bewertung X kreislos ist.[2] ▮

[1] Siehe Definition 12.

[2] Es läßt sich zeigen, daß ein solcher Punkt einer Ecke des in (1b) beschriebenen Polyeders eineindeutig entspricht.

Der folgende Satz 4 betrifft die Existenz einer einfachen Lösung und gibt zugleich eine Möglichkeit ihrer Bestimmung an.

▌S. 4 *Ist eine Anordnung A (mit $<$ bezeichnet) der Kanten von G gegeben, so wird durch die Relationen*[1])

$$x_{ij} = \min \left\{ a_i - \sum_{h_{il} < h_{ij}} x_{il}, \quad b_j - \sum_{h_{kj} < h_{ij}} x_{kj} \right\} \tag{7}$$

ein $x = \{x_{ij}\}$ *mit den Eigenschaften* (1b) *rekursiv eindeutig bestimmt. Dieser Punkt stellt eine einfache Lösung von* (1b) *im Sinne der Definition* 17 *dar.* ▌

▌Bws. Die Tatsache, daß durch (7) sämtliche x_{ij} $(i = 1, \ldots, m; j = 1, \ldots, n)$ eindeutig bestimmt sind, folgt leicht daraus, daß diese x_{ij} in der Anordnung A der Kanten h_{ij} schrittweise berechnet werden können. Nach (7) gilt für die Zahlen x_{ij}

$$\sum_{h_{il} < h_{ij}} x_{il} \leqq a_i \,, \tag{8}$$

$$\sum_{h_{kj} < h_{ij}} x_{kj} \leqq b_j \,, \tag{9}$$

wobei mindestens in einer dieser beiden Ungleichungen das Gleichheitszeichen eintritt. Nach (7) ist somit wiederum $x_{ij} \geqq 0$, denn beide Zahlen in den Klammern an der rechten Seite der Gleichung (7) sind nicht negativ. Um zu beweisen, daß die Zahlen x_{ij}, die mit Hilfe von (7) berechnet wurden, die Gleichungsrestriktionen aus (1b) erfüllen, stellen wir zunächst aus (7) leicht fest, daß

$$\sum_{j=1}^{n} x_{ij} \leqq a_i \,, \quad \sum_{i=1}^{m} x_{ij} \leqq b_j \qquad (i = 1, \ldots, m; \quad j = 1, \ldots, n)$$

gilt. Nehmen wir nun an, daß es einen Index i_0 mit $\sum_{j=1}^{n} x_{i_0 j} < a_{i_0}$ gibt, dann ist für jedes Indexpaar (i_0, j) $(j = 1, \ldots, n)$ das Zeichen $<$ in (8) gültig. Das hat zur Folge, daß in (9) für jedes $j \in \{1, \ldots, n\}$ das Gleichheitszeichen gelten muß und daher

$$\sum_{i=1}^{m} x_{ij} = b_j \,, \qquad j = 1, \ldots, n \,.$$

Hieraus folgt

$$\sum_{j=1}^{n} b_j = \sum_{j=1}^{n} \sum_{i=1}^{m} x_{ij} = \sum_{i=1}^{m} \sum_{j=1}^{n} x_{ij} < \sum_{i=1}^{m} a_i \,,$$

was im Widerspruch zur Voraussetzung (2) von Problem (1) steht. Es gilt daher

$$\sum_{j=1}^{n} x_{ij} = a_i \qquad (i = 1, \ldots, m)$$

---

[1]) $\sum_{h_{il} < h_{ij}}$ bedeutet, daß man über solche Indizes l summiert, für die h_{il} vor h_{ij} in der Anordnung A steht.

für die nach (7) berechneten Zahlen x_{ij}. In ähnlicher Weise kann gezeigt werden, daß diese Zahlen ebenfalls die übrigen Gleichungsrestriktionen

$$\sum_{i=1}^{m} x_{ij} = b_j \qquad (j = 1, \ldots, n)$$

erfüllen. Damit haben bei beliebig vorgegebener Anordnung A die nach (7) berechneten Zahlen x_{ij} die Eigenschaft (1b). Es bleibt noch zu beweisen, daß sie eine einfache Lösung von (1b) darstellen. Dazu nehmen wir an, daß im Kern $N(X)$ der zu $\boldsymbol{x} = \{x_{ij}\}$ zugehörigen Bewertung X ein Kreis K existiert. Es sei $h_{ij} = E_i V_j$ die erste Kante von K in der Anordnung A. Aus (8), (9), (1b) folgt, daß

$$\sum_{h_{il} < h_{ij}} x_{il} \geqq 0 \,, \qquad \sum_{h_{kj} < h_{ij}} x_{kj} \geqq 0 \tag{10}$$

gilt, wobei mindestens in einer dieser Ungleichungen das Gleichheitszeichen vorkommen muß. Ist dies in der ersten Ungleichung der Fall, so ist $x_{il} = 0$ für sämtliche Indizes l mit $h_{il} > h_{ij}$. Es ist daher die zweite mit E_i inzidente Kante (die verschieden von h_{ij} ist) des Kreises K trivial bewertet, was im Widerspruch zu der Tatsache steht, daß der Kreis K ein Teilgraph von $N(X)$ ist. Aus ähnlichen Gründen kann auch nicht in der zweiten Ungleichung von (10) das Gleichheitszeichen auftreten. Damit wurde gezeigt, daß die auf Grund der Vorschrift (7) gewonnene Lösung von (1b) eine einfache Lösung von (1b) ist. ∎

∎ S. 5 *Falls* $\boldsymbol{y} = \{y_{ij}\}$, $\boldsymbol{z} = \{z_{ij}\}$ *verschiedene einfache Lösungen von* (1b) *sind, denen die Bewertungen* Y *und* Z *von* G *entsprechen, dann ist die Summe der Kerne* $N(Y) + N(Z)$ *ein Graph, der mindestens einen Kreis enthält.* ∎

∎ Bws. Wir beweisen zunächst die folgende Behauptung: Entsprechen zwei Lösungen von (1b) (die nicht notwendig einfach sind) die Bewertungen Y und Z von G, so gilt

$$N(Y) + N(Z - Y) = N(Y) + N(Z) \,. \tag{11}$$

Wir bezeichnen den Graphen $N(Y) + N(Z - Y)$ mit G_1, den Graphen $N(Y) + N(Z)$ mit G_2. Ist h eine Kante aus G_1, die in $N(Y)$ enthalten ist, so liegt sie offenbar in G_2. Ist h nicht in $N(Y)$ und daher in $N(Z - Y)$ enthalten, so sind die Werte dieser Kante in Y und Z verschieden. Da dieser Wert in Y Null ist, ist der Wert in Z von Null verschieden, und die Kante h ist in $N(Z)$ und somit in G_2 enthalten. Es ist daher G_1 ein Teilgraph von G_2. Ist andererseits h eine Kante aus G_2, die in $N(Y)$ liegt, so liegt sie auch in G_1. Ist es nicht der Fall, d. h., die Kante h liegt in $N(Z)$, so sind die Werte von h in Y und Z verschieden (der eine gleich Null, der andere von Null verschieden). Somit ist h in $N(Z - Y)$ und daher auch in G_1 enthalten. Daraus folgt, daß auch G_2 ein Teilgraph von G_1 ist. Es gilt daher $G_1 = G_2$, d. h. (11).

Sind nun $\{y_{ij}\}$ und $\{z_{ij}\}$ verschiedenen Lösungen von (1b), so ist $Z - Y$ eine nicht triviale Γ-Bewertung von G, und $N(Z - Y)$ enthält nach Satz 1 mindestens einen Kreis. Nach (11) gilt dieselbe Behauptung für den Graphen $N(Y) + N(Z)$, womit der Satz 5 bewiesen wurde. ▮

▮ S. 6 *Die Anzahl der einfachen Lösungen von* (1b) *ist endlich.* ▮

▮ Bws. Aus Satz 5 folgt, daß die Bewertungen, die verschiedenen einfachen Lösungen von (1b) entsprechen, verschiedene Kerne besitzen. Da es nur eine endliche Anzahl von Teilgraphen des Graphen G gibt, folgt daraus die Endlichkeit. ▮

▮ D. 18 Zwei einfache Lösungen $\{y_{ij}\}$ und $\{z_{ij}\}$ von (1b) heißen *benachbart*, falls die Summe $N(Y) + N(Z)$ der Kerne der entsprechenden Bewertungen Y und Z von G genau einen Kreis enthält. ▮

▮ S. 7 *Sind* $\boldsymbol{y} = \{y_{ij}\}$ *und* $\boldsymbol{z} = \{z_{ij}\}$ *benachbarte einfache Lösungen von* (1b) *mit den entsprechenden Bewertungen* Y *und* Z, *so ist der Kern* $N(Z - Y)$ *der* Γ*-Bewertung* $Z - Y$ *von* G *ein Minimalkreis bezüglich* $N(Y)$, *und es gilt für einen Wert* $u > 0$ *und für die zugehörige Minimalkreisbewertung* $B(K)$ *von* G

$$Z - Y = u\,B(K)\,. \tag{12}$$

Ist andererseits K *ein Minimalkreis bezüglich* $N(Y)$, *dann gibt es genau ein* $u > 0$ *und genau eine zu* $\boldsymbol{y} = \{y_{ij}\}$ *benachbarte Lösung* $\boldsymbol{z} = \{z_{ij}\}$, *so daß für die entsprechende Minimalkreisbewertung* $B(K)$ (12) *gilt.* ▮

▮ Bws. Sind $\{y_{ij}\}$ und $\{z_{ij}\}$ benachbarte einfache Lösungen, so ist $Z - Y$ eine nicht triviale Γ-Bewertung, und $N(Z - Y)$ enthält nach Satz 4 mindestens einen Kreis. Da $N(Z - Y)$ nach (11) ein Teilgraph des Graphen $N(Y) + N(Z)$ ist, der einen einzigen Kreis besitzt, enthält $N(Z - Y)$ höchstens einen Kreis und daher genau einen Kreis K. Ist h eine Kante aus $N(Z - Y)$, so gibt es nach Satz 4 einen Kreis von $N(Z - Y)$, der die Kante h enthält. Die Kante h liegt also in K, und es ist daher $N(Z - Y) = K$.

Da $Z - Y$ ebenfalls eine Γ-Bewertung von K ist, ist einer der linearen Faktoren von K mit u $(u > 0)$, der andere mit $-u$ bewertet. Der negative Faktor ist in Y enthalten (Y sowie Z sind nicht negativ). Der Kreis K hat somit die erste Eigenschaft aus der Definition 15, und es gilt (12). Die zweite Eigenschaft aus der Definition 15 folgt unmittelbar aus (11). Der Kreis K ist daher ein Minimalkreis bezüglich $N(Y)$.

Ist andererseits K ein Minimalkreis bezüglich $N(Y)$ (Y ist die zur einfachen Lösung $\{y_{ij}\}$ gehörende Bewertung), so sei F der in $N(Y)$ enthaltene lineare Faktor von K. Es sei weiter h eine Kante von F, die von allen Kanten aus F den kleinsten Wert in Y annimmt. Die Bewertung

$$Z = Y + u\,B(K) \tag{13}$$

ist offenbar wieder nicht negativ, und $N(Z)$ ist ein Teilgraph von $N(Y) + K$. Da die Kante h in Z trivial bewertet und K (nach der Eigenschaft 2° aus der

Definition 15) der einzige Kreis von $N(Y) + K$ ist, ist $N(Z)$ kreislos. Es ist daher die Lösung $\{z_{ij}\}$, der die Bewertung Z entspricht, eine einfache Lösung von (1b), die wegen (11) mit der Lösung $\{y_{ij}\}$ benachbart ist. Aus (13) folgt dann unmittelbar (12). Es soll noch die Eindeutigkeit von Z und u gezeigt werden. Zu diesem Zweck nehmen wir an, daß es noch eine andere Bewertung Z_1 und eine Zahl u_1 mit

$$Z_1 - Y = u_1 B(K) \tag{a}$$

und

$$N(Z_1) \text{ kreislos} \tag{b}$$

gibt. Der Wert der Kante h in Z_1 ist $w = u - u_1$, so daß $w \geqq 0$ ist. Für $w > 0$ sind Werte der übrigen Kanten von F ebenfalls positiv, so daß der Kern $N(Z_1)$ den Kreis K als einen Teilgraphen enthält. Das ist aber ein Widerspruch, und es ist deshalb $w = 0$, $u_1 = u$ und $Z_1 = Z$. ▮

▮ S. 8 *Es sei* $\boldsymbol{y} = \{y_{ij}\}$ *eine einfache Lösung von* (1b), L *die Linearform aus* (1a). *Falls für jede zu* $\boldsymbol{y} = \{y_{ij}\}$ *benachbarte einfache Lösung* $\boldsymbol{z} = \{z_{ij}\}$

$$L(\boldsymbol{z}) \geqq L(\boldsymbol{y})$$

gilt, gilt für jeden Punkt $\boldsymbol{x} = \{x_{ij}\}$ *mit den Eigenschaften* (1b)

$$L(\boldsymbol{x}) \geqq L(\boldsymbol{y})$$

(*d. h.*, $\boldsymbol{y}$ *ist ein Optimalpunkt für Problem* (1)).

▮ Bws. Es sei $\{y_{ij}\}$ eine einfache Lösung von (1b); $\{{}^1z_{ij}\}, \ldots, \{{}^Nz_{ij}\}$ seien sämtliche mit $\{y_{ij}\}$ benachbarte einfache Lösungen und $\{x_{ij}\}$ eine beliebige Lösung von (1b). Es seien weiter $Y, Z_1, \ldots, Z_N$ und X die entsprechenden Bewertungen von G. Die Bewertung $X - Y$ ist eine bezüglich $N(Y)$ nicht negative Γ-Bewertung von G. Nach Satz 3 ist $X - Y$ eine nicht negative Linearkombination von Minimalkreisbewertungen bezüglich $N(Y)$. Da nach Satz 7 sämtliche Minimalkreisbewertungen bezüglich $N(Y)$ der Form

$$B(K_j) = \frac{1}{u_j}(Z_j - Y) \qquad \text{mit} \qquad u_j > 0 \qquad (j = 1, \ldots, N)$$

sind, gilt

$$X - Y = \sum_{i=1}^{N} \alpha_i B(K_i) = \sum_{i=1}^{N} \frac{\alpha_i}{u_i}(Z_i - Y)\,, \qquad \alpha_i \geqq 0\,, \qquad u_i > 0 \qquad (i = 1, \ldots, N)\,.$$

Hieraus folgt

$$\begin{aligned} L(\boldsymbol{x}) - L(\boldsymbol{y}) &= L(\boldsymbol{x} - \boldsymbol{y}) = L\left\{\sum_{i=1}^{N} \frac{\alpha_i}{u_i} \quad ({}^{(i)}\boldsymbol{z} - \boldsymbol{y})\right\} \\ &= \sum_{i=1}^{N} \frac{\alpha_i}{u_i} L({}^{(i)}\boldsymbol{z} - \boldsymbol{y}) = \sum_{i=1}^{N} \frac{\alpha_i}{u_i}\{L({}^{(i)}\boldsymbol{z}) - L(\boldsymbol{y})\} \geqq 0\,, \end{aligned}$$

wegen $L({}^{(i)}\boldsymbol{z}) - L(\boldsymbol{y}) \geqq 0$ für $1, \ldots, N$. ▮

Aus Satz 8 ergibt sich: Falls ${}^l\boldsymbol{y} = \{{}^{(l)}y_{ij}\}$, $l = 1, \ldots, s$, sämtliche einfachen Lösungen von (1b) sind (nach Satz 6 ist ihre Anzahl endlich), ist der kleinste der Werte $L({}^{(l)}\boldsymbol{y})$, $l \in \{1, \ldots, s\}$, das gesuchte Minimum des Problems (1). Das ist natürlich für die praktische Berechnung von großer Wichtigkeit.

Es ist klar, daß der Begriff einer einfachen Lösung von (1b) einer Ecke des durch (1b) beschriebenen Polyeders M entspricht und zwei im obigen Sinne benachbarte Lösungen zwei benachbarte Ecken darstellen.

Wir werden nun zeigen, wie man leicht entscheiden kann, welche von zwei einfachen benachbarten Lösungen der kleinste Zielfunktionswert entspricht.

▮ S. 9 *Falls* $\boldsymbol{y} = \{y_{ij}\}$ *und* $\boldsymbol{z} = \{z_{ij}\}$ *benachbarte einfache Lösungen von* (1b) *sind, gilt* $L(\boldsymbol{y}) < L(\boldsymbol{z})$ *genau dann, wenn*

$$\sum_{h_{ij} \in F_Y} c_{ij} < \sum_{h_{rs} \in F_Z} c_{rs} \tag{14}$$

gilt, wobei F_Y *bzw.* F_Z *derjenige lineare Faktor des zugehörigen Minimalkreises ist (der nach Satz* 7 *eindeutig den einfachen Lösungen* $\boldsymbol{y}$ *und* $\boldsymbol{z}$ *entspricht), der im Kern* $N(Y)$ *bzw.* $N(Z)$ *enthalten ist.* ▮

▮ Bws. Die Behauptung des Satzes folgt unmittelbar aus (12):

$$L(\boldsymbol{z}) - L(\boldsymbol{y}) = L(\boldsymbol{z} - \boldsymbol{y}) = u\left\{\sum_{h_{rs} \in F_Z} c_{rs} - \sum_{h_{ij} \in F_Y} c_{ij}\right\} \tag{15}$$

mit $u > 0$. ▮

▮ S. 10 *Eine einfache Lösung* $\boldsymbol{y} = \{y_{ij}\}$ *von* (1b) *besitzt die Minimaleigenschaft bezüglich der Linearform L aus* (1a) *genau dann, wenn für jeden Minimalkreis K von* $N(Y)$

$$\sum_{h_{ij} \in F_1} c_{ij} \leqq \sum_{h_{rs} \in F_2} c_{rs} \tag{16}$$

gilt, wobei F_1 *bzw.* F_2 *derjenige lineare Faktor von K ist, der im Kern* $N(Y)$ *enthalten bzw. nicht enthalten ist.* ▮

Dieser Satz folgt unmittelbar aus den Sätzen 8 und 9.

▮ S. 11 *Es sei* $\boldsymbol{y} = \{y_{ij}\}$ *eine einfache Lösung von* (1b), *die die Minimaleigenschaft bezüglich einer Linearform L besitzt. Ist ferner* $'\boldsymbol{y} = \{'y_{ij}\}$ *eine Lösung von*

$$\left.\begin{aligned} &'x_{ij} \geqq 0 \qquad (i = 1, \ldots, m;\ j = 1, \ldots, n)\,, \\ &\sum_{j=1}^{n} {'x_{ij}} = {'a_i} \qquad (i = 1, \ldots, m)\,, \\ &\sum_{i=1}^{m} {'x_{ij}} = {'b_j} \qquad (j = 1, \ldots, n)\,, \end{aligned}\right\} \tag{17}$$

für die

$$'y_{ij} > 0 \leftrightarrow y_{ij} > 0$$

(d. h. $N(Y) = N('Y)$*) gilt, so besitzt* $'\boldsymbol{y} = \{y'_{ij}\}$ *ebenfalls die Minimaleigenschaft bezüglich L.* ▮

▌ Bws. Die Behauptung folgt unmittelbar aus dem Satz 10, denn jeder Minimalkreis von $N(Y)$ ist unter der Voraussetzung des Satzes auch ein Minimalkreis von $N('Y)$ und umgekehrt. ▌

Die theoretischen Sätze, die oben angegeben und bewiesen wurden (in erster Linie die Resultate aus den Sätzen 4 bis 11) bilden die theoretische Grundlage zur Aufstellung eines Algorithmus für die numerische Lösung des Transportproblems (1). Wir betrachten das folgende Schema:

	V_1	V_2	...	V_j	...	V_n	
E_1	x_{11}	x_{12}	...	x_{1j}	...	x_{1n}	a_1
E_2	x_{21}	x_{22}	...	x_{2j}	...	x_{2n}	a_2
...	...	...	...	...	...	...	...
E_i	x_{i1}	x_{i2}	...	x_{ij}	...	x_{in}	a_i
...	...	...	...	...	...	...	...
E_m	x_{m1}	x_{m2}	...	x_{mj}	...	x_{mn}	a_m
	b_1	b_2	...	b_j	...	b_n	

(18)

Die Summe der x_{ij} der i-ten Zeile in (18) ist gleich a_i, die Summe der x_{ij} der j-ten Spalte ist gleich b_j (siehe Gleichungen in (1b)). Dem Schema (18) ordnen wir eindeutig das folgende Schema zu:

	V_1	V_2	...	V_j	...	V_n
E_1	c_{11}	c_{12}	...	c_{1j}	...	c_{1n}
E_2	c_{21}	c_{22}	...	c_{2j}	...	c_{2n}
...	...	...	...	...	...	...
E_i	c_{i1}	c_{i2}	...	c_{ij}	...	c_{in}
...	...	...	...	...	...	...
E_m	c_{m1}	c_{m2}	...	c_{mj}	...	c_{mn}

(19)

wobei c_{ij} die Kosten für den Transport einer Produkteinheit aus dem Erzeugerzentrum E_i zum Verbraucherort V_j darstellen. Die Idee, die zur Bestimmung einer Lösung des Transportproblems führt und die man zu einem einfachen Algorithmus ausarbeiten kann, ist nun die folgende: Wir ermitteln in bestimmter Weise (die später beschrieben wird), eine einfache Lösung ${}^{(0)}\boldsymbol{x}$ von (1b) (d. h. eine einfache Lösung im Sinne der oben angeführten Definition 17). Wir bestimmen dann alle zu ${}^{(0)}\boldsymbol{x}$ benachbarten einfachen Lösungen ${}^{(0)}\boldsymbol{x}_r$ $(r = 1, \ldots, \alpha)$[1])

[1]) α ist eine endliche ganze Zahl; das folgt sofort aus dem Satz 6.

Es gibt nun zwei Möglichkeiten:

1° Entweder gilt $L({}^{(0)}\boldsymbol{x}) \leqq L({}^{(0)}\boldsymbol{x}_r)$ für alle mit ${}^{(0)}\boldsymbol{x}$ benachbarten Lösungen ${}^{(0)}\boldsymbol{x}_r$, dann ergibt sich aus dem Satz 8, daß ${}^{(0)}\boldsymbol{x}$ eine gesuchte Lösung des gegebenen Transportproblems darstellt;

2° oder es existiert mindestens eine einfache Lösung ${}^{(1)}\boldsymbol{x}$ von (1b) mit den folgenden Eigenschaften:

$$
\begin{gathered}
{}^{(1)}\boldsymbol{x} \in \{{}^{(0)}\boldsymbol{x}_1, {}^{(0)}\boldsymbol{x}_2, \ldots, {}^{(0)}\boldsymbol{x}_\alpha\}\,, \\
L({}^{(1)}\boldsymbol{x}) < L({}^{(0)}\boldsymbol{x})\,, \\
L({}^{(1)}\boldsymbol{x}) \leqq L({}^{(0)}\boldsymbol{x}_r)\,, \qquad r = 1, \ldots, \alpha\,.
\end{gathered}
$$

Im Fall 2° wird folgendermaßen verfahren: Wir bestimmen alle zu ${}^{(1)}\boldsymbol{x}$ benachbarten einfachen Lösungen ${}^{(1)}\boldsymbol{x}_r$, $r = 1, \ldots, \beta$. Falls $L({}^{(1)}\boldsymbol{x}) \leqq L({}^{(1)}\boldsymbol{x}_r)$ für $r = 1, \ldots, \beta$ gilt, ist ${}^{(1)}\boldsymbol{x}$ die gesuchte Lösung des gegebenen Transportproblems. Im anderen Fall existiert mindestens eine Lösung ${}^{(2)}\boldsymbol{x}$ von (1b) mit den folgenden Eigenschaften:

$$
\begin{gathered}
{}^{(2)}\boldsymbol{x} \in \{{}^{(1)}\boldsymbol{x}_1, {}^{(1)}\boldsymbol{x}_2, \ldots, {}^{(1)}\boldsymbol{x}_\beta\}\,, \\
L({}^{(2)}\boldsymbol{x}) < L({}^{(1)}\boldsymbol{x})\,, \\
L({}^{(2)}\boldsymbol{x}) \leqq L({}^{(1)}\boldsymbol{x}_r)\,, \qquad r = 1, \ldots, \beta\,.
\end{gathered}
$$

Der eben angedeutete Prozeß wird in ähnlicher Weise fortgesetzt. Nach Satz 6 erhalten wir eine endliche Folge

$$
{}^{(0)}\boldsymbol{x}, {}^{(1)}\boldsymbol{x}, \ldots, {}^{(s)}\boldsymbol{x}
$$

einfacher Lösungen von (1b), wobei ${}^{(k)}\boldsymbol{x}$, ${}^{(k+1)}\boldsymbol{x}$ $(k = 1, \ldots, s-1)$ benachbarte einfache Lösungen sind (falls $s > 1$ ist) und $L({}^{(s)}\boldsymbol{x}) \leqq L(\boldsymbol{x})$ für jede Lösung $\boldsymbol{x}$ von (1b) ist. Nach Satz 8 ist ${}^{(s)}\boldsymbol{x}$ eine gesuchte Lösung des Transportproblems.

Wir werden nun die oben angedeuteten Schritte mathematisch verfolgen und zugleich an einem einfachen Beispiel demonstrieren.

Schritt 1. Wir ordnen die $m \cdot n$ Zahlen c_{ij} aus (19) in einer Folge derart an, daß

$$
c_{i_1 j_1} \leqq c_{i_2 j_2} \leqq \cdots \leqq c_{i_{mn} j_{mn}} \tag{20}
$$

gilt. Einer solchen Anordnung entspricht nach Satz 4 und (7) eindeutig eine einfache Lösung ${}^{(0)}\boldsymbol{x}$ von (1b). Die Lösung ${}^{(0)}\boldsymbol{x}$ bezeichnen wir als erste Approximation der gesuchten Lösung.[1])

[1]) Wir wollen den Grund dieser Wahl der einfachen Lösung nicht näher angeben. Wir begnügen uns mit folgender Vermutung, die aus dem ökonomischen Charakter des Transportproblems hervorgeht: Indem wir diejenigen Transportwege, die mit den niedrigsten Transportpreisen für eine Produkteinheit belastet sind, vollkommen ausnutzen, hoffen wir, eine annehmbare Lösung des gegebenen Transportproblems zu finden, die nicht „sehr weit“ von der gesuchten Lösung „entfernt“ ist.

Beispiel 1. Es seien vier Erzeugerzentren E_1, E_2, E_3, E_4 und sechs Verbraucherstellen V_1, V_2, V_3, V_4, V_5, V_6 gegeben. Durch die Tabelle

	V_1	V_2	V_3	V_4	V_5	V_6	
E_1	1 x_{11}	2 x_{12}	3 x_{13}	4 x_{14}	5 x_{15}	6 x_{16}	12
E_2	7 x_{21}	8 x_{22}	9 x_{23}	10 x_{24}	11 x_{25}	12 x_{26}	37
E_3	13 x_{31}	14 x_{32}	15 x_{33}	16 x_{34}	17 x_{35}	18 x_{36}	3
E_4	19 x_{41}	20 x_{42}	21 x_{43}	22 x_{44}	23 x_{45}	24 x_{46}	48
	26	6	9	11	20	28	

(21)

und die zugehörige Kostentabelle

	V_1	V_2	V_3	V_4	V_5	V_6
E_1	1 46	2 202	3 53	4 14	5 89	6 14
E_2	7 258	8 7	9 69	10 19	11 102	12 9
E_3	13 311	14 26	15 48	16 224	17 47	18 154
E_4	19 14	20 37	21 15	22 53	23 31	24 84

(22)

ist ein spezielles Transportproblem vollkommen dargestellt. Die Bedingung (2) ist hier erfüllt.

Die Zahlen c_{ij} aus der Kostentafel (22) ordnen wir nach (20) in einer nichtabnehmenden Folge an, also

$$7;9;14;14;14;15;19;26;31;37;46;47;48;53;53;69;84;89;102;154;202;224;258;311, \quad (23)$$

der die Anordnung

$$8;\,12;\,19;\,4;\,6;\,21;\,10;\,14;\,23;\,20;\,1;\,17;\,15;\,3;\,22;\,9;\,24;\,5;\,11;\,18;\,2;\,16;\,7;\,13 \quad (24)$$

der zugehörigen Felder entspricht.

Bei der gewählten Anordnung (24) erhalten wir auf Grund der Vorschrift (7) eine einfache Lösung des gegebenen Systems von Ungleichungen und Gleichungen:

$$\left.\begin{array}{l} x_{ij} \geqq 0 \quad (i = 1, \ldots, 4;\; j = 1, \ldots, 6) \\ \sum\limits_{i\;1}^{4} x_{i1} = 26\,, \quad \sum\limits_{i=1}^{4} x_{i2} = 6\,, \quad \sum\limits_{i=1}^{4} x_{i3} = 9\,, \quad \sum\limits_{i=1}^{4} x_{i4} = 11\,, \quad \sum\limits_{i=1}^{4} x_{i5} = 20\,, \\ \sum\limits_{i=1}^{4} x_{i0} = 28\,, \quad \sum\limits_{j=1}^{6} x_{1j} = 12\,, \quad \sum\limits_{j=1}^{6} x_{2j} = 37\,, \quad \sum\limits_{j=1}^{6} x_{3j} = 3\,, \quad \sum\limits_{j=1}^{6} x_{4j} = 48\,. \end{array}\right\} \quad (25)$$

Die einfache Lösung von (25) sieht bei der schematischen Darstellung (21) folgendermaßen aus:

	V_1	V_2	V_3	V_4	V_5	V_6	
E_1	1 0	2 0	3 0	4 11	5 1	6 0	12
E_2	7 0	8 6	9 0	10 0	11 3	12 28	37
E_3	13 0	14 0	15 0	16 0	17 3	18 0	3
E_4	19 26	20 0	21 9	22 0	23 13	24 0	48
	26	6	9	11	20	28	

(26)

Wir erhalten leicht die in (26) eingetragene Lösung von (25), indem wir die einzelnen Felder etappenweise in Anordnung (24) mit der möglichst größten Zahl besetzen (dabei müssen die Bedingungen (25) erhalten bleiben). Die in (26) ausgedrückte Lösung von (25) stellt also die erste Approximation der gesuchten Lösung dar.

Schritt 2. Wir gehen nun von der im Schritt 1 ausgewählten einfachen Lösung ${}^{(0)}x$ aus. Einer solchen Lösung können wir eine Bewertung ${}^{(0)}X$ eines Graphen G zuordnen, dessen Kanten die Transportwege $h_{ij} = E_i V_j$ $(i = 1, \ldots, m;\ j = 1, \ldots, n)$ sind[1]), indem wir die Zahlen ${}^{(0)}x$ als Werte der zugehörigen Kanten h_{ij} $(i = 1, \ldots, m;\ j = 1, \ldots, n)$ ansehen. Da die Lösung ${}^{(0)}x$ einfach ist, ist der Kern $N({}^{(0)}X)$ dieser Bewertung kreislos. Mit unserer Lösung ${}^{(0)}x$ ist also ein kreisloser Teilgraph $N({}^{(0)}X)$ von G verbunden. Wir zeichnen diesen Graphen $N({}^{(0)}X)$ in irgendeiner Weise auf[2]), um ihn bei dem nächsten Schritt zu benutzen. Das Aufzeichnen des Graphen bietet keine Schwierigkeiten. Man wählt einfach in der Ebene beliebig $m + n$ verschiedene Punkte $E_1, \ldots, E_m, V_1, \ldots, V_n$ (die Knotenpunkte des Graphen $N({}^{(0)}X)$), die den in Betracht kommenden Erzeugerzentren und Verbraucherstellen entsprechen. Die Kanten des Graphen $N({}^{(0)}X)$ sind die Verbindungsstrecken derjenigen Punktpaare $E_i V_j$, für die ${}^{(0)}x_{ij} > 0$ ist.

Beispiel 1 (Fortsetzung). Der Lösung ${}^{(0)}x$ aus (26) entspricht z. B. der Graph $N({}^{(0)}x)$ in Abb. 11. Man sieht sofort, daß dieser Graph kreislos und zusammenhängend ist, d. h., in unserem konkreten Fall ist der Graph $N({}^{(0)}x)$ ein Baum (siehe Definition 9).

---

[1]) Das Symbol h_{ij} bezeichnet also diejenige Kante, die in dem betrachteten Graphen den Punkt E_i mit dem Punkt V_j verbindet. Ist $i \neq j$, dann sind h_{ij}, h_{ji} zwei verschiedene Kanten des Graphen (d. h., die Indizes von h_{ij} sind nicht vertauschbar).

[2]) Der Übersicht wegen ist es empfehlenswert, den Graphen derart aufzuzeichnen, daß sich seine Kanten nicht schneiden.

Der Graph $N^{(0)}(x)$ braucht nicht immer (im allgemeinen Fall) ein Baum zu sein, d. h., es kann vorkommen, daß der Graph wenigstens zwei Komponenten besitzt. Wir werden uns zuerst mit dem Fall befassen, daß alle bei der Berechnung in Frage kommenden Graphen $N(X)$ zusammenhängend sind. Den anderen Fall werden wir später betrachten.

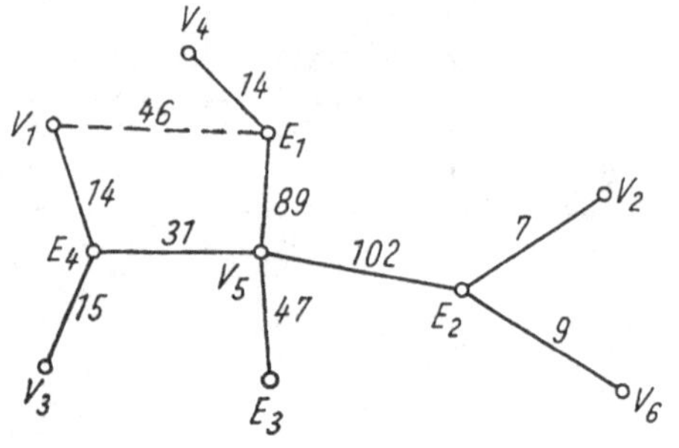

Abb. 11

Schritt 3. Von der Lösung ${}^{(0)}\boldsymbol{x}$ ausgehend werden wir alle einfachen mit ${}^{(0)}\boldsymbol{x}$ benachbarten Lösungen bestimmen. Nach Satz 7 entspricht jeder solchen Lösung eindeutig ein bestimmter Minimalkreis (siehe Definition 15) und umgekehrt. Unter der oben angeführten Voraussetzung über den Graphen $N({}^{(0)}X)$ wird jeder Minimalkreis bezüglich $N({}^{(0)}X)$ durch Hinzufügen einer trivial bewerteten Kante $E_i\, V_j$ zu $N({}^{(0)}X)$ eindeutig bestimmt. Da G ein paarer Graph ist, besitzt dieser Minimalkreis eine gerade Anzahl von Kanten (siehe Definition 10).

Es sei also $h_{i_1 j_1} = E_{i_1}\, V_{j_1}$ ($i_1 \in \{1, \ldots, m\}$; $j_1 \in \{1, \ldots, n\}$) eine bestimmte mit Null bewertete Kante von G, $E_{i_1}\, V_{j_1}\, E_{i_2}\, V_{i_2} \ldots E_{i_s}\, V_{j_s}\, E_{i_1}$ der zugehörige Minimalkreis, den wir mit

$$K_{i_1 j_1} = (h_{i_1 j_1} \sim h_{i_2 j_1} \sim h_{i_2 j_2} \sim h_{i_3 j_2} \sim \cdots \sim h_{i_s j_s} \sim h_{i_1 j_s}) \tag{27}$$

bezeichnen wollen. Diesem Kreis ordnen wir die Zahl

$$\delta(K_{i_1 j_1}) = c_{i_1 j_1} - c_{i_2 j_1} + c_{i_2 j_2} - c_{i_3 j_2} + \cdots + c_{i_s j_s} - c_{i_1 j_s} \tag{28}$$

zu. Die zu $K_{i_1 j_1}$ gehörende benachbarte einfache Lösung ${}^{(0)}\boldsymbol{x}_1$ ist ,,besser" als ${}^{(0)}\boldsymbol{x}$ (im Sinne des Problems (1)), wenn $L({}^{(0)}\boldsymbol{x}) > L({}^{(0)}\boldsymbol{x}_1)$ gilt. Dieser Fall tritt nach Satz 10 und (14) dann und nur dann ein, wenn die Zahl $\delta(K_{i_1 j_1})$ aus (28) negativ ist. Unter dieser Voraussetzung ist die Differenz $L({}^{(0)}\boldsymbol{x}_1) - L({}^{(0)}\boldsymbol{x})$ gleich

$$\varDelta L({}^{(0)}\boldsymbol{x}_1, {}^{(0)}\boldsymbol{x}) = {}^{(0)}u_1\, \delta(K_{i_1 j_1})\,, \tag{29}$$

wobei

$${}^{(0)}u_1 = \min\,({}^{(0)}x_{i_2 j_1}, {}^{(0)}x_{i_3 j_2}, \ldots, {}^{(0)}x_{i_s j_{s-1}}, {}^{(0)}x_{i_1 j_s}) \tag{30}$$

gilt. Das folgt unmittelbar aus (15) und aus dem Beweis des Satzes 7.

Dieser Teil des Prozesses wird auf folgende Weise durchgeführt:

Für jede mit Null bewertete Kante h_{kl} von G bildet man den zugehörigen Minimalkreis K_{kl} bezüglich $N({}^{(0)}X)$. Ist die Zahl $\delta(K_{kl})$ negativ, so berechnet man die Zahl $\Delta_{kl} \equiv u\,\delta(K_{kl})$, wobei u durch (30) definiert ist. Es sei $\Delta_{k_1 l_1}$ die kleinste (d. h. absolut größte) Zahl der Menge der in Betracht kommenden negativen Zahlen Δ_{kl} [1]). Dann bestimmt man die zugehörende benachbarte Lösung ${}^{(1)}x$ folgendermaßen (${}^{(1)}u$ wird nach Vorschrift (30) berechnet):

$$\left.\begin{array}{l}\text{(a) } {}^{(1)}x_{ij} = {}^{(0)}x_{ij} + {}^{(1)}u, \text{ falls die Kante } h_{ij} \text{ in } K_{i_1 j_1} \text{ liegt und sich in der Folge (27) an einer ungeraden Stelle befindet;}\\ \text{(b) } {}^{(1)}x_{ij} = {}^{(0)}x_{ij} - {}^{(1)}u, \text{ falls die Kante } h_{ij} \text{ in } K_{i_1 j_1} \text{ liegt und sich an einer geraden Stelle befindet;}\\ \text{(c) } {}^{(1)}x_{ij} = {}^{(0)}x_{ij} \text{ für alle übrigen Indexpaare } (i, j).\end{array}\right\} \quad (31)$$

Aus den früheren Erwägungen folgt, daß diese neue einfache Lösung (31) die Eigenschaft besitzt, daß der Wert der gegebenen Linearform L von allen zu ${}^{(0)}x$ benachbarten Lösungen für diese Lösung der kleinste ist. Die Lösung ${}^{(1)}x$ ist dann die zweite Approximation der gesuchten Lösung des gegebenen Transportproblems.

Das mechanische Vorgehen im Schritt 3 (falls $N({}^{(0)}X)$ ein Baum ist) besteht somit aus folgenden Etappen:

(I) Jeder Kante des Graphen $N({}^{(0)}X)$ schreiben wir die entsprechenden Kosten zu, die man sofort aus dem Graphen $N({}^{(0)}X)$ und aus der Tabelle (19) ablesen kann.

(II) Wir fügen dem Graphen $N({}^{(0)}X)$ eine Kante $h_{i_1 j_1}$ des Graphen G zu, die in G mit Null bewertet ist und ordnen ihr die Zahl $c_{i_1 j_1}$ zu (die man aus der Tabelle (19) sofort entnehmen kann).

(III) Wir suchen in dem Graphen $N({}^{(0)}X) + h_{i_1 j_1}$ den zugehörigen Minimalkreis (27).

(IV) Dem Minimalkreis $K_{i_1 j_1}$ ordnen wir die Zahl $\delta(K_{i_1 j_1})$ (siehe (28)) zu.

(V) Falls $\delta(K_{i_1 j_1})$ nicht negativ ist, brechen wir die Berechnung ab und wiederholen die Schritte (II), (III) und (IV) für eine andere in G mit Null bewertete Kante. Ist $\delta(K_{i_1 j_1})$ negativ, so berechnen wir die Zahl ${}^{(0)}u_1$ mittels (30). Weiter ermitteln wir den betreffenden „Zuwachs" der gegebenen Linearform (1a) aus der Formel (29).

(VI) Dieser Prozeß wird für jede in G mit Null bewertete Kante wiederholt.

(VII) Aus den Resultaten stellen wir eine übersichtliche Tabelle zusammen.

(VIII) Wir berechnen nach (31) diejenige mit ${}^{(0)}x$ benachbarte einfache Lösung ${}^{(1)}x$, die dem kleinsten Wert der Differenz aus ΔL entspricht. Wie man praktisch vorgeht, wird an unserem weiteren Beispiel klar.

Beispiel 1 (Fortsetzung). Jeder Kante des Graphen $N({}^{(0)}X)$ in Abb. 11 ordnen wir die entsprechenden Kosten c_{ij} zu, die sofort aus der Tabelle (22) ersichtlich sind (Abb. 1). Wir wählen eine mit Null bewertete Kante in unserer Bewertung (26) des Graphen G. Diese

[1]) Gibt es mehrere solcher Zahlen, so wählt man eine von ihnen beliebig aus.

Eigenschaft hat z. B. die Kante h_{11}; das erkennen wir aus (26). Diese Kante tragen wir in den Graphen $N(^{(0)}x)$ ein und schreiben ihr den zugehörigen Preis $c_{11} = 46$ zu (Abb. 11). So erhalten wir den Graphen $N(^{(0)}x) + h_{11}$, der einen Kreis enthält (in Übereinstimmung mit der Theorie). Im Sinne der Bezeichnung (27) und (28) entnehmen wir Abb. 11 für den betrachteten Minimalkreis folgende Daten:

$$K_{11} \quad = (h_{11} \sim h_{41} \sim h_{45} \sim h_{15}) \,,$$

$$\delta(K_{11}) = c_{11} - c_{41} + c_{45} - c_{15} = 46 - 14 + 31 - 89 = -26 < 0 \,.$$

Daraus und aus (26) folgt dann nach (30)

$$^{(0)}u_1 = \min\,(^{(0)}x_{41}, {}^{(0)}x_{15}) = \min\,(26{,}1) = 1 \,.$$

Es gilt also für die zugehörige Differenz ΔL (siehe (29))

$$\Delta L(^{(0)}x_1, {}^{(0)}x) = {}^{(0)}u_1 \cdot \delta(K_{11}) = 1 \cdot (-26) = -26$$

Mit Null sind die folgenden Kanten in G (bei der Bewertung $^{(0)}x$, die in (26) beschrieben ist) bewertet: $h_{12}, h_{13}, h_{16}, h_{21}, h_{23}, h_{24}, h_{31}, h_{32}, h_{33}, h_{34}, h_{36}, h_{42}, h_{44}, h_{46}$. Für jede Kante h_{ij} aus der angegebenen Folge berechnen wir in derselben Art, wie angeführt wurde, ähnliche Daten. Die Resultate der Berechnung sind in der folgenden Tabelle (32) zusammengestellt.

Im Fall $\Delta L \geqq 0$ ist es nicht nötig (wie oben begründet wurde), den Wert von u und ΔL anzugeben. Diese Tatsache haben wir in der Tabelle (32) berücksichtigt.

	h_{ij}	K_{ij}	$\delta(K_{ij})$	$^{(0)}u$	ΔL
1	h_{11}	$h_{11} \sim h_{41} \sim h_{45} \sim h_{15}$	$46 - 14 + 31 - 89 = -26$	1	-26
2	h_{12}	$h_{12} \sim h_{22} \sim h_{25} \sim h_{15}$	$202 - 7 + 102 - 89 > 0$	—	—
3	h_{13}	$h_{13} \sim h_{43} \sim h_{45} \sim h_{15}$	$53 - 15 + 31 - 89 = -20$	1	-20
4	h_{16}	$h_{16} \sim h_{26} \sim h_{25} \sim h_{15}$	$14 - 9 + 102 - 89 > 0$	—	—
5	h_{21}	$h_{21} \sim h_{41} \sim h_{45} \sim h_{25}$	$258 - 14 + 31 - 102 > 0$	—	—
6	h_{23}	$h_{23} \sim h_{43} \sim h_{45} \sim h_{25}$	$69 - 15 + 31 - 102 = -27$	3	-51
7	h_{24}	$h_{24} \sim h_{14} \sim h_{15} \sim h_{25}$	$19 - 14 + 89 - 102 = -8$	3	-24
8	h_{31}	$h_{31} \sim h_{41} \sim h_{45} \sim h_{35}$	$311 - 14 + 31 - 47 > 0$	—	—
9	h_{32}	$h_{32} \sim h_{22} \sim h_{25} \sim h_{35}$	$26 - 7 + 102 - 47 > 0$	—	—
10	h_{33}	$h_{33} \sim h_{43} \sim h_{45} \sim h_{35}$	$48 - 15 + 31 - 47 > 0$	—	—
11	h_{34}	$h_{34} \sim h_{14} \sim h_{15} \sim h_{35}$	$224 - 14 + 89 - 47 > 0$	—	—
12	h_{36}	$h_{36} \sim h_{26} \sim h_{25} \sim h_{35}$	$154 - 9 + 102 - 47 > 0$	—	—
13	h_{42}	$h_{42} \sim h_{22} \sim h_{25} \sim h_{45}$	$37 - 7 + 102 - 31 > 0$	—	—
14	h_{44}	$h_{44} \sim h_{14} \sim h_{15} \sim h_{45}$	$53 - 14 + 89 - 31 > 0$	—	—
15	h_{46}	$h_{46} \sim h_{26} \sim h_{25} \sim h_{45}$	$84 - 9 + 102 - 31 > 0$	—	—

(32)

Aus der Tabelle (32) ergibt sich, daß es vier mit $^{(0)}x$ benachbarte einfache Lösungen von (25) gibt, für die ΔL negativ ist. Das kleinste ΔL gehört zu der mit $^{(0)}x$ benachbarten

Lösung, die durch die in der Zeile 6 (Tabelle (32)) angegebenen Daten definiert ist. Die Angaben

$$K_{23} = (h_{23} \sim h_{43} \sim h_{45} \sim h_{25}), \quad {}^{(0)}u_6 = 3$$

bestimmen dann nach (31) eindeutig die einfache mit ${}^{(0)}x$ benachbarte Lösung ${}^{(1)}x$ von (25). Es gilt also (wenn wir zur Berechnung des Schema (26) und die Gleichungen (31) benutzen) für die Bewertung ${}^{(1)}X$ von G:

$${}^{(1)}x_{23} = 0 + 3 = 3, \quad {}^{(1)}x_{43} = 9 - 3 = 6, \quad {}^{(1)}x_{45} = 13 + 3 = 16, \quad {}^{(1)}x_{25} = 3 - 3 = 0,$$

$${}^{(1)}x_{ij} = {}^{(0)}x_{ij} \quad \text{für alle übrigen Paare von Indizes.}$$

Daraus und mit (26) gewinnen wir folgendes Schema:

	V_1	V_2	V_3	V_4	V_5	V_6	
E_1	0	0	0	11	1	0	12
E_2	0	6	3	0	0	28	37
E_3	0	0	0	0	3	0	3
E_4	26	0	6	0	16	0	48
	26	6	9	11	20	28	

(33)

woraus die Bewertung ${}^{(1)}X$ der Lösung ${}^{(1)}x$ von (25) klar wird.

Schritt 4. Wir gehen nun von der einfachen Lösung ${}^{(1)}x$ von (1b) aus und wiederholen den Prozeß (Schritt 2—Schritt 3). Das geschieht in Übereinstimmung mit unserer oben angegebenen Idee. Das weitere Vorgehen besteht aus einer endlichen Anzahl von Wiederholungen des beschriebenen Prozesses (Schritt 2—Schritt 3).

Beispiel 1 (Fortsetzung). Wir gehen von der Lösung ${}^{(1)}x$ aus, die durch (33) schematisch dargestellt ist und zeichnen denjenigen Graphen, der der Kern $N({}^{(1)}X)$ der zu ${}^{(1)}x$ gehörenden Bewertung ${}^{(1)}X$ ist. Gleichzeitig tragen wir für jede Kante des Graphen $N({}^{(1)}X)$ die zugehörende Zahl c_{ij} ein, die wir sofort aus der Tabelle (22) feststellen können (Abb. 12).

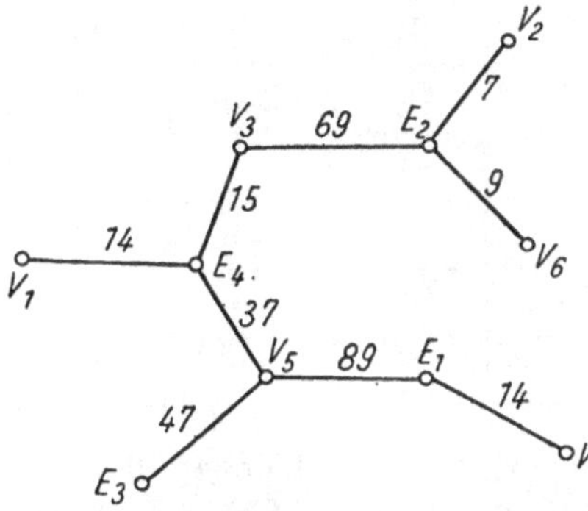

Abb. 12

Wir suchen nun diejenige mit ${}^{(1)}x$ benachbarte einfache Lösung von (25) auf, die den kleinsten aller negativen Werte von ΔL ausweist, und zwar in der Art, wie es im Schritt 3 beschrieben wurde. Die Teilresultate führen dann zu folgender Tabelle:

	h_{ij}	K_{ij}	$\delta(K_{ij})$	${}^{(1)}u$	ΔL
1	h_{11}	$h_{11} \sim h_{41} \sim h_{45} \sim h_{15}$	$46 - 14 + 31 - 89 = -26$	1	-26
2	h_{12}	$h_{12} \sim h_{22} \sim h_{23} \sim h_{43} \sim h_{45} \sim h_{15}$	$202 - 7 + 69 - 15 + 31 - 89 > 0$	–	–
3	h_{13}	$h_{13} \sim h_{43} \sim h_{45} \sim h_{15}$	$53 - 15 + 31 - 89 = -20$	1	-20
4	h_{16}	$h_{16} \sim h_{26} \sim h_{23} \sim h_{43} \sim h_{45} \sim h_{15}$	$14 - 9 + 69 - 15 + 31 - 89 > 0$	–	–
5	h_{21}	$h_{21} \sim h_{23} \sim h_{43} \sim h_{41}$	$258 - 69 + 15 - 14 > 0$	–	–
6	h_{24}	$h_{24} \sim h_{23} \sim h_{43} \sim h_{45} \sim h_{15} \sim h_{14}$	$19 - 69 + 15 - 31 + 89 - 14 > 0$	–	–
7	h_{25}	$h_{25} \sim h_{45} \sim h_{43} \sim h_{23}$	$102 - 31 + 15 - 69 > 0$	–	–
8	h_{31}	$h_{31} \sim h_{41} \sim h_{45} \sim h_{35}$	$311 - 14 + 31 - 47 > 0$	–	–
9	h_{32}	$h_{32} \sim h_{22} \sim h_{23} \sim h_{43} \sim h_{45} \sim h_{35}$	$26 - 7 + 69 - 15 + 31 - 47 > 0$	–	–
10	h_{33}	$h_{33} \sim h_{43} \sim h_{45} \sim h_{35}$	$48 - 15 + 31 - 47 > 0$	–	–
11	h_{34}	$h_{34} \sim h_{14} \sim h_{15} \sim h_{35}$	$224 - 14 + 89 - 47 > 0$	–	–
12	h_{36}	$h_{36} \sim h_{26} \sim h_{23} \sim h_{43} \sim h_{45} \sim h_{35}$	$154 - 9 + 69 - 15 + 31 - 47 > 0$	–	–
13	h_{42}	$h_{42} \sim h_{22} \sim h_{23} \sim h_{43}$	$37 - 7 + 69 - 15 > 0$	–	–
14	h_{44}	$h_{44} \sim h_{14} \sim h_{15} \sim h_{45}$	$53 - 14 + 89 - 31 > 0$	–	–
15	h_{46}	$h_{46} \sim h_{26} \sim h_{23} \sim h_{34}$	$84 - 9 + 69 - 15 > 0$	–	–

Aus dieser Tabelle geht hervor, daß der kleinste Wert von ΔL derjenigen einfachen mit ${}^{(1)}x$ benachbarten Lösung entspricht, die man aus den Daten der Zeile 1 der letzten Tabelle mit (31) und (33) bestimmen kann.

Bezeichnen wir diese Lösung mit ${}^{(2)}x$ und die zugehörige Bewertung mit ${}^{(2)}X$, dann erhalten wir das folgende Schema:

	V_1	V_2	V_3	V_4	V_5	V_6	
E_1	1	0	0	11	0	0	12
E_2	0	6	3	0	0	28	37
E_3	0	0	0	0	3	0	3
E_4	25	0	6	0	17	0	48
	26	6	9	11	20	28	

(34)

Wir gehen nun von der in (34) schematisch dargestellten Lösung ${}^{(2)}x$ aus und zeichnen den zugehörigen Graphen $N({}^{(2)}X)$ ($N({}^{(2)}X)$ ist der Kern der Bewertung ${}^{(2)}X$). Gleichzeitig fügen wir jeder der Kanten des Graphen $N({}^{(2)}X)$ die zugehörige Zahl c_{ij} bei (Abb. 13).

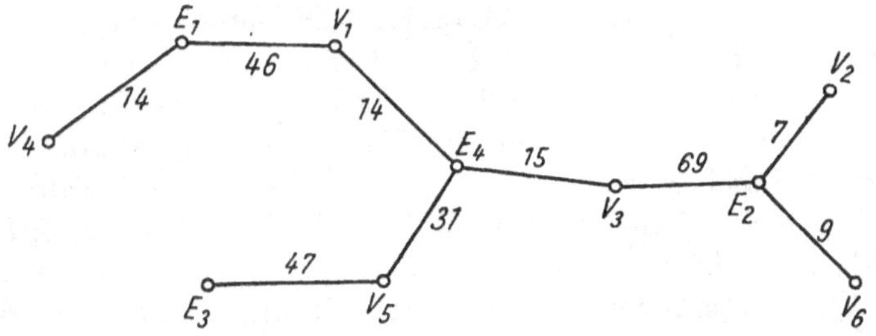

Abb. 13

Wenn wir nun in üblicher Weise die Tabelle von nützlichen Daten berechnen, indem wir von der Lösung ${}^{(2)}\boldsymbol{x}$ aus (34) und vom Graphen in Abb. 13 ausgehen, dann stellen wir fest, daß es nur eine einzige mit ${}^{(2)}\boldsymbol{x}$ benachbarte einfache Lösung gibt, die ein negatives ΔL aufweist. Diese Lösung, die wir mit ${}^{(3)}\boldsymbol{x}$ bezeichnen, ist mittels der Angaben

h_{ij}	K_{ij}	$\delta(K_{ij})$	${}^{(2)}u$	ΔL
h_{24}	$h_{24} \sim h_{14} \sim h_{11} \sim h_{41} \sim h_{43} \sim h_{23}$	$19-14+46-14+15-69=-17$	3	-51

durch die Gleichung (31) (wo wir uns das Symbol ${}^{(3)}x_{ij}$ anstelle von ${}^{(0)}x_{ij}$ und ${}^{(2)}u$ anstatt ${}^{(1)}u$ denken) eindeutig bestimmt. Die einfache Lösung ${}^{(3)}\boldsymbol{x}$ von (25) hat dann in unserem Schema folgende Gestalt:

	V_1	V_2	V_3	V_4	V_5	V_6	
E_1	4	0	0	8	0	0	12
E_2	0	6	0	3	0	28	37
E_3	0	0	0	0	3	0	3
E_4	22	0	9	0	17	0	48
	26	6	9	11	20	28	

(35)

Indem wir nun das Vorgehen aus dem Schritt 2 und 3 auf die Lösung ${}^{(3)}\boldsymbol{x}$ aus (35) anwenden, überzeugen wir uns, daß es keine einfache zu ${}^{(3)}\boldsymbol{x}$ benachbarte Lösung von (25) gibt, für die ΔL negativ ist, d. h., für jede mit ${}^{(3)}\boldsymbol{x}$ benachbarte einfache Lösung ${}^{(3)}\boldsymbol{x}_r$ von (25) gilt $\Delta L({}^{(3)}\boldsymbol{x}_r, {}^{(3)}\boldsymbol{x}) \geqq 0$. Daraus ergibt sich nach Satz 8, daß ${}^{(3)}\boldsymbol{x}$ mit den Komponenten

$$ {}^{(3)}x_{11} = 4\,, \quad {}^{(3)}x_{14} = 8\,, \quad {}^{(3)}x_{22} = 6\,, \quad {}^{(3)}x_{24} = 3\,, \quad {}^{(3)}x_{26} = 28\,, \quad {}^{(3)}x_{35} = 3\,, $$
$$ {}^{(3)}x_{41} = 22, \quad {}^{(3)}x_{43} = 9\,, \quad {}^{(3)}x_{45} = 17\,, \quad {}^{(3)}x_{ij} = 0 \quad \text{für alle übrigen Paare von Indizes} $$

Lösung unseres speziellen Transportproblems ist.

In Beispiel 1 waren alle in Betracht kommenden Kerne $N({}^{(0)}X)$, $N({}^{(1)}X)$, $N({}^{(2)}X)$, $N({}^{(3)}X)$ der zugehörigen Bewertungen ${}^{(0)}X$, ${}^{(1)}X$, ${}^{(2)}X$, ${}^{(3)}X$ des Graphen G (die den einfachen Lösungen ${}^{(0)}\boldsymbol{x}$, ${}^{(1)}\boldsymbol{x}$, ${}^{(2)}\boldsymbol{x}$, ${}^{(3)}\boldsymbol{x}$ entsprechen) Bäume. Falls der Kern einer Bewertung X von G, die einer gewissen einfachen Lösung $\boldsymbol{x}$ von (1b) entspricht, kein Baum ist, d. h. der Graph $N(X)$ wenigstens zwei Komponenten besitzt, dann sieht das Vorgehen im Schritt 3 etwas anders aus. In diesem Fall wäre es falsch zu behaupten, daß durch Hinzufügen einer mit

Null in G bewerteten Kante zum Graphen $N(X)$ immer ein Minimalkreis bezüglich $N(X)$ entsteht. Wir müssen hier das früher beschriebene mechanische Aufsuchen von Minimalkreisen verlassen und alle Minimalkreise (bezüglich $N(X)$) auf irgendeine Weise bestimmen. Haben wir es getan, dann führen wir die im Schritt 3 beschriebene Berechnung auf dieselbe Art weiter. Das mechanische Vorgehen bei der Bestimmung aller Minimalkreise läßt sich z. B. folgendermaßen durchführen: Es seien $T_1, T_2, \ldots, T_A$ die Komponenten des Graphen $N(X)$. Durch Hinzufügen einer mit Null in G bewerteten Kante z. B. zu der Komponente T_1 entsteht ein Minimalkreis bezüglich T_1 und damit auch $N(X)$. Auf diese Weise können wir alle Minimalkreise bezüglich T_1 gewinnen. Dasselbe Vorgehen führen wir bei den übrigen Komponenten $T_2, \ldots, T_A$ durch. Damit haben wir aber nicht alle Minimalkreise bezüglich $N(X)$ gefunden. Der zweite Schritt besteht darin, daß wir die Komponenten $T_1, \ldots, T_A$ in eine Graphenfolge $T_\alpha + T_\beta$ einreihen, wobei $\alpha, \beta \in \{1, \ldots, A\}$; $\alpha \neq \beta$ ist. Wir bestimmen diejenigen Minimalkreise bezüglich $T_\alpha + T_\beta$, die weder Minimalkreise bezüglich T_α noch bezüglich T_β sind. Das erreicht man durch Hinzufügen von zwei Kanten $E_i V_j$ und $E_k V_l$ zwischen diese beiden Komponenten nach der Vorschrift von Satz 2. Das wird bei allen Graphen $T_\alpha + T_\beta$ durchgeführt. Weiter betrachten wir alle aus drei Komponenten gebildeten Graphen $T_\alpha + T_\beta + T_\gamma$, wobei $\alpha, \beta, \gamma \in \{1, \ldots, A\}$, $\alpha \neq \beta \neq \gamma$ ist. Wir ermitteln wieder alle Minimalkreise bezüglich $T_\alpha + T_\beta + T_\gamma$, die nicht Minimalkreise bezüglich T_α, T_β, T_γ, $T_\alpha + T_\beta$, $T_\alpha + T_\gamma$, $T_\beta + T_\gamma$ sind. Es ist nun klar, wie man weiter vorgeht. Die letzte Etappe besteht aus der Bestimmung aller Minimalkreise bezüglich $N(X)$, die keine Minimalkreise bezüglich der früher betrachteten Graphen $T_{\alpha_1} + T_{\alpha_2} + \cdots + T_{\alpha_s}$ sind, wobei $\alpha_i \in \{1, \ldots, A\}$ $(i = 1, \ldots, s;\ s < A)$ voneinander verschiedene Zahlen sind. Auf diese Weise können systematisch alle Minimalkreise bezüglich $N(X)$ gefunden werden.

Diese Variante wird am folgenden Beispiel demonstriert.

Beispiel 2. Es ist ein spezielles System vom Typ (1b) in folgender schematischen Darstellung gegeben:

x_{11}	x_{12}	x_{13}	1
x_{21}	x_{22}	x_{23}	1
x_{31}	x_{32}	x_{33}	1
1	1	1	

Man überzeugt sich leicht, daß durch das Schema

1	0	0	1
0	1	0	1
0	0	1	1
1	1	1	

(36)

eine einfache Lösung von Gleichungen und Ungleichungen

$$x_{ij} \geqq 0 \quad (i, j = 1, 2, 3), \quad \sum_{i=1}^{3} x_{ij} = 1 \quad (j = 1, 2, 3), \quad \sum_{j=1}^{3} x_{ij} = 1 \quad (i = 1, 2, 3) \tag{37}$$

beschrieben ist.

Den Kern $N(X)$ der zur Lösung x aus (36) gehörenden Bewertung X kann man z. B. wie in Abb. 14 aufzeichnen.

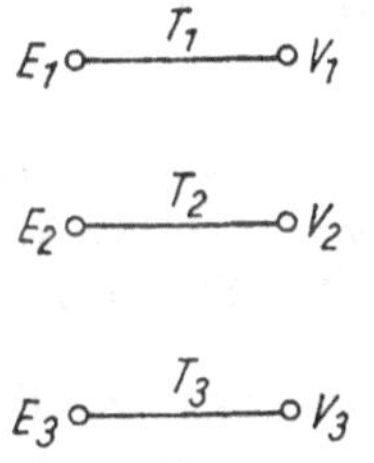

Abb. 14

Der Graph $N(X)$ zerfällt also in drei Komponenten T_1, T_2, T_3. Es gibt insgesamt fünf verschiedene Minimalkreise bezüglich $N(X)$, die man nach der oben angeführten Vorschrift leicht aus dem Graphen $N(X)$ (Abb. 15) findet. Die einzelnen Minimalkreise bezüglich $N(X)$ sind aus Abb. 15 ersichtlich.

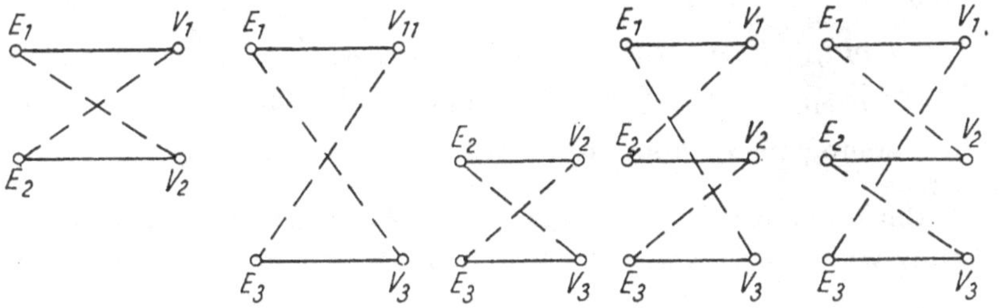

Abb. 15

Es gibt also fünf verschiedene mit x aus (36) benachbarte Lösungen von (37).

Beim Zerfallen des Graphen $N(X)$ handelt es sich um ein entartetes Problem, mit dem wir uns im nächsten Abschnitt beschäftigen werden.

7.3. Die Entartung beim Transportproblem

Das klassische Transportproblem ist ein lineares Optimierungsproblem in Gleichungsform. Es lassen sich demzufolge die Überlegungen aus 4.3. zur Beseitigung der Entartung auch für das Transportproblem anwenden. Da jedoch das Transportproblem eine spezielle Struktur besitzt, läßt sich die Entartung einfacher behandeln. Das soll in diesem Abschnitt gezeigt werden. Zu diesem Zweck werden zunächst einige Begriffe eingeführt.

▮ D. 18 Ein System von $m + n$ ($m \geqq 1$, $n \geqq 1$) Zahlen a_i ($i = 1, \ldots, m$) und b_j ($j = 1, \ldots, n$) mit den Eigenschaften

$$\left.\begin{array}{ll} a_i > 0 \quad (i = 1, \ldots, m), & b_j > 0 \quad (j = 1, \ldots, n), \\ \sum_{i=1}^{m} a_i = \sum_{j=1}^{n} b_j & \end{array}\right\} \qquad (38)$$

nennen wir ein *μ-System* der Dimension $m \cdot n$:

$$\mu(a_1, \ldots, a_m; b_1, \ldots, b_n).$$

Zwei μ-Systeme $\mu(a_1, \ldots, a_m, b_1, \ldots, b_n)$ und $\mu^*(a_1^*, \ldots, a_{m^*}^*; b_1^*, \ldots, b_{n^*}^*)$ heißen *äquivalent*, falls $m^* = m$, $n^* = n$, $a_1^*, \ldots, a_m^*$ eine Permutation der Zahlen $a_1, \ldots, a_m$ und $b_1^*, \ldots, b_n^*$ eine Permutation der Zahlen $b_1, \ldots, b_n$ ist. ▮

▮ D. 19 Die *Vereinigung* (*Summe*) zweier μ-Systeme $\mu(a_1, \ldots, a_m; b_1, \ldots, b_n)$ ($m \geqq 1$, $n \geqq 1$) $\mu'(a_1', \ldots, a_{m'}'; b_1', \ldots, b_{n'}')$ ($m' \geqq 1$, $n' \geqq 1$) ist jedes mit dem μ-System

$$\hat{\mu}(a_1, \ldots, a_m, a_1', \ldots, a_{m'}'; b_1, \ldots, b_n, b_1', \ldots, b_{n'}')$$

äquivalente System. ▮

Führen wir nun für die Äquivalenz das Symbol $\cong$ und für die Vereinigung das Symbol $\dot{+}$ ein, so gilt

$$\begin{aligned} \mu \dot{+} \mu' &= \hat{\mu}(a_1, \ldots, a_m, a_1', \ldots, a_{m'}'; b_1, \ldots, b_n, b_1', \ldots, b_{n'}') \\ &\cong \hat{\mu}(a_1', \ldots, a_{m'}', a_1, \ldots, a_m; b_1', \ldots, b_{n'}', b_1, \ldots, b_n) = \mu' \dot{+} \mu, \end{aligned}$$

d. h., die Vereinigung ist kommutativ. Die Assoziativität gilt natürlich auch.

▮ D. 20 Ein μ-System $\mu(a_1, \ldots, a_m; b_1, \ldots, b_n)$ heißt *entartet*, falls es sich als Vereinigung von zwei μ-Systemen darstellen läßt; andernfalls heißt es *regulär*. ▮

Beispiele. Das μ-System $\mu(2, 8, 9; 6, 2, 11)$ ist entartet, denn es gilt

$$\mu(2, 8, 9; 6, 2, 11) = \mu_1(2, 9, ; 11) \dot{+} \mu_2(8; 6, 2).$$

Offenbar ist auch das μ-System $\mu(1, 1, 1, 1; 1, 1, 1, 1)$ entartet, während die Systeme $\mu(1, 5; 2, 2, 2)$ und $\mu(2, 7, 9; 1, 3, 14)$ regulär sind.

▮ S. 12 *Ein μ-System $\mu(a_1, \ldots, a_m, b_1, \ldots, b_n)$ ist genau dann entartet, wenn es mindestens ein Paar (l, k) natürlicher Zahlen mit*

$$l < m, \quad k < n, \quad \sum_{s=1}^{l} a_{i_s} = \sum_{r=1}^{k} b_{j_r} \qquad (39)$$

gibt. ▮

▮ Bws. Wenn $\mu(a_1, \ldots, a_m; b_1, \ldots, b_n)$ entartet ist, gibt es nach Definition 20 zwei μ-Systeme $\mu_1(a_{i_1}, \ldots, a_{i_l}; b_{j_1}, \ldots, b_{j_k})$, $\mu_2(a_{i_{l+1}}, \ldots, a_{i_m}; b_{j_{k+1}}, \ldots, b_{j_n})$ ($i_1, \ldots, i_m$ ist hierbei eine Permutation der Zahlen $1, \ldots, m$ und $j_1, \ldots, j_n$ eine Permutation der Zahlen $1, \ldots, n$) mit der Eigenschaft

$$\mu = \mu_1 \dot{+} \mu_2.$$

Da $\mu_1(a_{i_1}, \ldots, a_{i_l}; b_{j_1}, \ldots, b_{j_k})$ ein μ-System ist, gilt

$$\sum_{s=1}^{l} a_{i_s} = \sum_{r=1}^{k} b_{j_r} \qquad (l < m,\ k < n)\,,$$

d. h. die Bedingung (39).

Falls es andererseits natürliche Zahlen l, k mit den Eigenschaften (39) gibt, wird durch $\mu_1(a_{i_1}, \ldots, a_{i_l}; b_{j_1}, \ldots, b_{j_k})$ ein μ-System beschrieben. Auf Grund der Bedingung

$$\sum_{i=1}^{m} a_i = \sum_{j=1}^{n} b_j$$

folgt daraus, daß auch $\mu_2(a_{i_{l+1}} \ldots, a_{i_m}; b_{j_{k+1}}, \ldots, b_{j_n})$ ein μ-System darstellt. Da $\mu_1 \dotplus \mu_2 = \mu(a_{i_1}, \ldots, a_{i_m}; b_{j_1}, \ldots, b_{j_n}) \cong \mu(a_1, \ldots, a_m; b_1, \ldots, b_n)$ gilt, ist auch die Aussage des Satzes in dieser Richtung bewiesen. ∎

∎ S. 13 *Falls $\mu(a_1, \ldots, a_m; b_1, \ldots, b_n)$ ein entartetes μ-System ist, gibt es mindestens eine Ecke des Polyeders*

$$M = \left\{x \in E_{m\cdot n} \,\middle|\, \sum_{i=1}^{m} x_{ij} = b_j\,,\quad \sum_{j=1}^{n} x_{ij} = a_i\,,\quad x_{ij} \geqq 0\,,\qquad i = 1, \ldots, m\,,\right.$$
$$\left. j = 1, \ldots, n\right\},$$

für die mindestens $(m-1)(n-1)+1$ Koordinaten gleich Null sind. ∎

∎ Bws. Da $\mu = \mu(a_1, \ldots, a_m; b_1, \ldots, b_n)$ entartet ist, gibt es zwei μ-Systeme

$$\mu_1 = \mu_1(a_{i_1}, \ldots, a_{i_l}; b_{j_1}, \ldots, b_{j_k})\,, \qquad \mu_2 = \mu_2(a_{i_{l+1}}, \ldots, a_{i_m}; b_{j_{k+1}}, \ldots, b_{j_n}) \tag{40}$$

mit $\mu_1 \dotplus \mu_2 = \bar{\mu}$, wobei $\bar{\mu}$ ein zu μ äquivalentes System darstellt.

Wir setzen

$$M_1 = \left\{\{y_{sr}\} \in E_{lk} \,\middle|\, \sum_{s=1}^{l} y_{sr} = b_{j_r}\,,\quad \sum_{r=1}^{k} y_{sr} = a_{i_s}\,,\quad y_{sr} \geqq 0;\qquad r = 1, \ldots, k;\right.$$
$$\left. s = 1, \ldots, l\right\}, \tag{41a}$$

$$M_2 = \left\{\{z_{pq}\} \in E_{(m-l)(n-k)} \,\middle|\, \sum_{p=l+1}^{m} z_{pq} = b_{j_q}\,,\quad \sum_{q=k+1}^{n} z_{pq} = a_{i_p}\,,\qquad z_{pq} \geqq 0;\right.$$
$$\left. p = l+1, \ldots, m;\quad q = k+1, \ldots, n\right\}. \tag{41b}$$

Auf Grund von Lemma 3 und aus $\sum_{s=1}^{l} a_{i_s} = \sum_{r=1}^{k} b_{j_r}$, $\sum_{p=l+1}^{m} a_{i_p} = \sum_{q=k+1}^{n} b_{j_q}$ ergibt sich, daß das Polyeder M_1 (bzw. M_2) die Dimension $(l-1)(k-1)$ (bzw. $(m-l-1)(n-k-1)$) im Raum E_{lk} (bzw. $E_{(m-l)(n-k)}$) besitzt.

Jedem Paar von Punkten $\boldsymbol{y} \in M_1$, $\boldsymbol{z} \in M_2$ ordnen wir einen Punkt $\boldsymbol{x} \in E_{mn}$ in folgender Weise zu:

$$\left.\begin{array}{lll} x_{i_s j_r} = y_{sr} & (s = 1, \ldots, l;\ r = 1, \ldots, k)\,, \\ x_{i_s j_r} = 0 & (s = 1, \ldots, l;\ r = k + 1, \ldots, n)\,, \\ x_{i_s j_r} = 0 & (s = l + 1, \ldots, m;\ r = 1, \ldots, k)\,, \\ x_{i_s j_r} = z_{sr} & (s = l + 1, \ldots, m;\ r = k + 1, \ldots, n)\,. \end{array}\right\} \qquad (42)$$

Aus (42) folgt

$$\sum_{i=1}^{m} x_{ij_r} = \sum_{s=1}^{m} x_{i_s j_r} = \sum_{s=1}^{l} x_{i_s j_r} + \sum_{s=l+1}^{m} x_{i_s j_r} = \begin{cases} \sum\limits_{s=1}^{l} y_{sr} & \text{für} \quad r \in \{1, \ldots, k\}\,, \\ \sum\limits_{s=l+1}^{m} z_{sr} & \text{für} \quad r \in \{k + 1, \ldots, n\}\,, \end{cases}$$

$$\sum_{j=1}^{n} x_{i_s j} = \sum_{r=1}^{n} x_{i_s j_r} = \sum_{r=1}^{k} x_{i_s j_r} + \sum_{r=k+1}^{n} x_{i_s j_r} = \begin{cases} \sum\limits_{r=1}^{k} y_{sr} & \text{für} \quad s \in \{1, \ldots, l\}\,, \\ \sum\limits_{r=k+1}^{n} z_{sr} & \text{für} \quad s \in \{l + 1, \ldots, m\}\,. \end{cases}$$

Auf Grund von $\boldsymbol{y} \in M_1$ und $\boldsymbol{z} \in M_2$ erhalten wir daraus

$$\sum_{i=1}^{m} x_{ij_r} = b_{j_r}\,, \qquad r = 1, \ldots, n\,; \qquad \text{d. h.} \qquad \sum_{i=1}^{m} x_{ij} = b_j\,, \qquad j = 1, \ldots, n\,,$$

$$\sum_{j=1}^{n} x_{i_s j} = a_{i_s}\,, \qquad s = 1, \ldots, m\,, \qquad \text{d. h.} \qquad \sum_{j=1}^{n} x_{ij} = a_i\,, \qquad i = 1, \ldots, m\,,$$

$$x_{ij} \geqq 0\,, \qquad i = 1, \ldots, m;\ j = 1, \ldots, n\,.$$

Daraus und aus (40) folgt, daß der Punkt $\boldsymbol{x} \in E_{mn}$ mit den Koordinaten x_{ij} aus (42) aus M ist. Es ergibt sich weiter, daß ein solcher Punkt mindestens $l.(n - 1) + k\,(m - l)$ Koordinaten besitzt, die gleich Null sind.

Es sei nun $\boldsymbol{y} \in M_1$ eine Ecke des Polyeders M_1 und $\boldsymbol{z} \in M_2$ eine Ecke von M_2. Da M_1 die Dimension $(l - 1)\,(k - 1)$ und M_2 die Dimension $(m - l - 1)$ $(n - k - 1)$ besitzt, müssen mindestens $(l - 1)\,(k - 1)$ Koordinaten von $\boldsymbol{y}$ und mindestens $(m - l - 1)\,(n - k - 1)$ Koordinaten von $\boldsymbol{z}$ Null sein. Daraus folgt, daß für die Anzahl N der Nullkoordinaten x_{ij} des durch (42) definierten Punktes $\boldsymbol{x} \in M$ die Abschätzung

$$N \geqq l\,(n - k) + (m - l)\,k + (l - 1)\,(k - 1) + (m - l - 1)\,(n - k - 1)\,,$$

d. h.

$$N \geqq (m - 1)\,(n - 1) + 1$$

gilt. Wir werden nun zeigen, daß dieser Punkt $\boldsymbol{x}$ eine Ecke des Polyeders M darstellt. Dazu nehmen wir an, daß das nicht der Fall ist. Aus (42) ergibt sich, daß der betrachtete Punkt $\boldsymbol{x}$ Randpunkt des Polyeders M ist. Damit gehört er zu einer bestimmten d-dimensionalen Seite des Polyeders M. Es muß also mindestens einen Punkt ${}^{(1)}\boldsymbol{x} \in M$ mit ${}^{(1)}\boldsymbol{x} \neq \boldsymbol{x}$ geben, für den die gleichen

Koordinaten Null sind, die für den Punkt $\boldsymbol{x}$ Null sind. Durch ${}^{(1)}\boldsymbol{x} \in M$ definieren wir die Punkte ${}^{(1)}\boldsymbol{y} \in E_{lk}$ und ${}^{(1)}\boldsymbol{z} \in E_{(m-l)(n-k)}$ (vgl. (42)), d. h.

$$y_{sr} = x_{i_s j_r} \qquad (s = 1, \ldots, l;\ r = 1, \ldots, k)\,,$$

$$z_{pq} = x_{i_p j_q} \qquad (p = l + 1, \ldots, m;\ q = k + 1, \ldots, n)\,.$$

Man überzeugt sich leicht, daß ${}^{(1)}\boldsymbol{y} \in M_1$ und ${}^{(1)}\boldsymbol{z} \in M_2$ gilt. Da die Punkte $\boldsymbol{x} \in M$, ${}^{(1)}\boldsymbol{x} \in M$ die gleichen Nullkoordinaten besitzen, haben auch die Punktepaare ${}^{(1)}\boldsymbol{y} \in M_1$, $\boldsymbol{y} \in M_1$ und ${}^{(1)}\boldsymbol{z} \in M_2$, $\boldsymbol{z} \in M_2$ diese Eigenschaft. Da ${}^{(1)}\boldsymbol{x} \neq \boldsymbol{x}$ vorausgesetzt wurde, muß entweder ${}^{(1)}\boldsymbol{y} \neq \boldsymbol{y}$ oder ${}^{(1)}\boldsymbol{z} \neq \boldsymbol{z}$ gelten. Wenn ${}^{(1)}\boldsymbol{y} \neq \boldsymbol{y}$ ist, gehören beide Punkte zur gleichen Seite des Polyeders M_1, wobei die Dimension dieser Seite mindestens Eins ist. Dies steht jedoch im Widerspruch zu der Tatsache, daß $\boldsymbol{y}$ eine Ecke des Polyeders M_1 ist. Falls andererseits ${}^{(1)}\boldsymbol{z} \neq \boldsymbol{z}$ ist, erhalten wir analog einen Widerspruch. ∎

Um zu beweisen, daß die Bedingungen des Satzes 13 auch hinreichend sind, benötigen wir einige Hilfssätze.

∎ L. 4 *Wenn $\hat{\boldsymbol{x}}$ eine Ecke des Polyeders*

$$M = \left\{\boldsymbol{x} \in E_{m \cdot n} \mid \sum_{i=1}^{m} x_{ij} = b_j\,, \quad \sum_{j=1}^{n} x_{ij} = a_i\,, \quad x_{ij} \geqq 0; \quad i = 1, \ldots, m; \quad j = 1, \ldots, n\right\} \tag{43}$$

ist, gibt es in der Matrix

$$\begin{pmatrix} \hat{x}_{11} & \ldots & \hat{x}_{1n} \\ \ldots & \ldots & \ldots \\ \hat{x}_{m1} & \ldots & \hat{x}_{mn} \end{pmatrix} \tag{44}$$

mindestens eine Zeile oder Spalte, deren Elemente bis auf genau ein Element gleich Null sind.

∎ Bws. Nehmen wir an, daß eine Ecke $\hat{\boldsymbol{x}} \in M$ die Eigenschaft besitzt, daß in der zugehörenden Matrix (44) jede Zeile und Spalte mindestens zwei von Null verschiedene Elemente enthält. Die Anzahl der von Null verschiedenen Elemente (die dann positiv sind), ist dann größer oder gleich der Zahl 2 max $(m, n) \geqq m + n$. Daher gilt für die Anzahl N der Nullelemente der Matrix (44) die Abschätzung

$$N \leqq m \cdot n - m - n < n \cdot m - n - m + 1 = (m - 1)\,(n - 1)\,.$$

Auf Grund von Lemma 3 ist die Dimension des Polyeders M gleich $(m - 1)$ $(n - 1)$. Deshalb muß jede Ecke von M mindestens $(m - 1)\,(n - 1)$ Nullkoordinaten besitzen, was jedoch im Widerspruch zur Abschätzung der Nullelemente der Matrix (44) steht. ∎

Aus Lemma 1 folgt unmittelbar: Ist $\hat{x}$ eine Ecke des Polyeders M, so enthält die Matrix (44) mindestens ein Element $\hat{x}_{i_0 j_0}$ mit

$$\hat{x}_{j_0 j_0} = \min (a_{i_0}, b_{j_0}) .$$

Es gibt nun drei Möglichkeiten:

1° $a_{i_0} = b_{j_0}$. Dann ist $\hat{x}_{i_0 j_0} = a_{i_0} = b_{j_0}$, $\hat{x}_{i_0 j} \neq 0$ $(j = 1, \ldots, n;\ j \neq j_0)$ und $\hat{x}_{i j_0} = 0$ $(i = 1, \ldots, m;\ i = i_0)$ (Tabelle (45a))

$$\begin{array}{c|c}
\hat{x}_{11} \quad \ldots 0 \ldots \hat{x}_{1n} & a_1 \\
\ldots\ldots\ldots 0 \ldots\ldots\ldots & \ldots \\
0 \ldots 0\ \hat{x}_{i_0 j_0}\ 0 \ldots 0 & a_{i_0} \\
\ldots\ldots\ldots 0 \ldots\ldots\ldots & \ldots \\
\ldots\ldots\ldots 0 \ldots\ldots\ldots & \ldots \\
\hat{x}_{m+1} \ldots 0 \ \ldots \hat{x}_{mn} & a_m \\
\hline
b_1 \quad \ldots b_{j_0} \ldots b_n &
\end{array} \tag{45a}$$

Offenbar ist $\mu_1(a_1, \ldots, a_{i_0-1}, a_{i_0+1}, \ldots, a_m;\ b_1, \ldots, b_{j_0-1}, b_{j_0+1}, \ldots, b_n)$ ein μ-System mit der Eigenschaft

$$\begin{aligned}
&\mu_2(a_{i_0}; b_{j_0}) \dotplus \mu_1(a_1, \ldots, a_{i_0-1}, a_{i_0+1}, \ldots, a_m; b_1, \ldots, b_{j_0-1}, b_{j_0+1}, \ldots, b_n) \\
&= \mu(a_{i_0}, a_1, \ldots, a_{i_0-1}, a_{i_0+1}, \ldots, a_m;\ b_{j_0}, b_1, \ldots, b_{j_0-1}, b_{j_0+1}, \ldots, b_n) \\
&\cong \mu(a_1, \ldots, a_m; b_1, \ldots, b_n) ,
\end{aligned}$$

d. h., das μ-System $\mu(a_1, \ldots, a_m; b_1, \ldots, b_n)$ ist entartet. Dem System μ_1 kann man das Polyeder

$$\begin{aligned}
'M = \Bigg\{ x \in E_{(m-1)(n-1)} \Big| &\sum_{\substack{i=1 \\ i \neq i_0}}^{m} x_{ij} = a_i , \quad \sum_{\substack{j=1 \\ j \neq j_0}}^{n} x_{ij} = b_j , \quad x_{ij} \geqq 0; \\
& i = 1, \ldots, m; \quad i \neq i_0; \quad j = 1, \ldots, n; \quad j \neq j_0 \Bigg\}
\end{aligned} \tag{45b}$$

zuordnen. Dann gehört der Punkt $'\hat{x} \in E_{(m-1)(n-1)}$ mit $'\hat{x}_{ij} = \hat{x}_{ij}$ $(i = 1, \ldots, m;\ i \neq i_0;\ j = 1, \ldots, n;\ j \neq j_0)$ zu M'.

2° $a_{i_0} < b_{j_0}$. In diesem Fall ist $\hat{x}_{i_0 j_0} = a_{i_0}$, $\hat{x}_{i_0 j} = 0$ $(j = 1, \ldots, n,\ j \neq j_0)$, und in der j_0-ten Spalte der Matrix (44) gibt es mindestens ein Element $\hat{x}_{i_1 j_0} > 0$ mit $i_1 \neq i_0$ (Tabelle (46a))

$$\begin{array}{c|c}
\hat{x}_{11} \ \ldots\ldots\ldots \ \hat{x}_{1n} & a_1 \\
\ldots\ldots\ldots\ldots\ldots\ldots & \ldots \\
0 \ldots 0\ \hat{x}_{i_0 j_0}\ 0 \ldots 0 & a_{i_0} \\
\ldots\ldots\ldots\ldots\ldots\ldots & \ldots \\
\hat{x}_{m1} \ \ldots\ldots\ldots \ \hat{x}_{mn} & a_m \\
\hline
b_1 \ \ldots b_{j_0} \ldots \ b_n &
\end{array} \tag{46a}$$

Dem μ-System $\mu_1(a_1, \ldots, a_{i_0-1}, a_{i_0+1}, \ldots, a_m; b_1, \ldots, b_{j_0-1}, b_{j_0} - a_{i_0}\, b_{j_0+1}, \ldots, b_n)$ wird das Polyeder

$$'M = \Big\{x \in E_{(m-1)n} \Big| \sum_{\substack{i=1\\ i \neq i_0}}^{m} x_{ij} = b_j\,, \quad \sum_{j=1}^{n} x_{ij} = a_i\,, \quad \sum_{\substack{i=1\\ i \neq i_0}}^{m} x_{ij_0} = b_{j_0} - a_{i_0}\,,$$

$$x_{ij} \geqq 0\,, \qquad i = 1, \ldots, m;\ i \neq i_0\,, \qquad j = 1, \ldots, n\Big\} \tag{46b}$$

zugeordnet.

3° $a_{i_0} > b_{j_0}$. Es gilt $\hat{x}_{i_0 j_0} = b_{j_0}$, $\hat{x}_{i j_0} = 0$ $(i = 1, \ldots, m;\ i \neq i_0)$ und es gibt mindestens ein Element $\hat{x}_{i_0 j_1} > 0$ mit $j_1 \neq j_0$ (Tafel (47a))

$\hat{x}_{11}\ \ldots 0 \ldots \hat{x}_{1n}$	a_1
$\ldots\ldots\ldots 0 \ldots\ldots\ldots$	$\ldots$
$\ldots\ldots\ldots \hat{x}_{i_0 j_0} \ldots\ldots$	a_{i_0}
$\ldots\ldots\ldots 0 \ldots\ldots\ldots$	$\ldots$
$\hat{x}_{m1} \ldots 0 \ldots \hat{x}_{mn}$	a_m
$b_1\ \ldots b_{j_0} \ldots b_n$	

(47a)

Offenbar ist hier $\mu_1(a_1, \ldots, a_{i_0-1}, a_{i_0} - b_{j_0}, a_{i_0+1}, \ldots, a_m;\ b_1, \ldots, b_{j_0-1}, b_{j_0+1}, \ldots, b_n)$ ein μ-System, dem das Polyeder

$$'M = \Big\{x \in E_{m(n-1)} \Big| \sum_{i=1}^{n} x_{ij} = b_j\,, \quad \sum_{\substack{j=1\\ j \neq j_0}}^{n} x_{ij} = a_i\,, \quad \sum_{\substack{j=1\\ j \neq j_0}}^{n} x_{i_0 j} = a_{i_0} - b_{j_0}\,,$$

$$x_{ij} \geqq 0\,, \qquad i = 1, \ldots, m,\ j = 1, \ldots, n,\ \ j \neq j_0\Big\} \tag{47b}$$

entspricht.

▮ L. 5 *Wenn* x *eine Ecke des Polyeders* M *aus* (43) *ist, dann ist*

im Fall 1° *der Punkt* $'\hat{x} \in E_{(m-1)(n-1)}$ *mit* $'\hat{x}_{ij} = \hat{x}_{ij}$ $(i = 1, \ldots, m;\ i \neq i_0;\ j = 1, \ldots, n,\ j \neq j_0)$ *eine Ecke des Polyeders* $'M$ *aus* (45b),

im Fall 2° *der Punkt* $'\hat{x} \in E_{(m-1)n}$ *mit* $'\hat{x}_{ij} = \hat{x}_{ij}$ $(i = 1, \ldots, m;\ i \neq i_0, j = 1, \ldots, n)$ *eine Ecke des Polyeders* M *aus* (46b),

im Fall 3° *der Punkt* $'\hat{x} \in E_{m(n-1)}$ *mit* $'\hat{x}_{ij} = \hat{x}_{ij}$ $(i = 1, \ldots, m; j = 1, \ldots, n;\ j \neq j_0)$ *eine Ecke des Polyeders* $'M$ *aus* (47b). ▮

▮ Bws. Wir werden den Beweis nur für den Fall 1° führen, da er für 2° und 3° ähnlich verläuft.

Offensichtlich gehört der Punkt $'\hat{x} \in E_{(m-1)(n-1)}$ zum Polyeder $'M$ aus (45b). Wir nehmen nun an, daß $'\hat{x}$ keine Ecke von $'M$ darstellt. Dann muß es einen Punkt $'x \in {'M}$, $'x \neq {'\hat{x}}$ geben, der dieselben Nullkoordinaten wie $'\hat{x}$

besitzt. Der Punkt ${}^{(1)}\boldsymbol{x} \in E_{mn}$ mit

$$\begin{aligned} {}^{(1)}x_{ij} &= {}^{(1)'}x_{ij} && (i = 1, \ldots, m;\ i \neq i_0;\ j = 1, \ldots, n;\ j \neq j_0)\,, \\ {}^{(1)}x_{i_0 j} &= 0 && (j = 1, \ldots, n;\ j \neq j_0)\,, \\ {}^{(1)}x_{i j_0} &= 0 && (i = 1, \ldots, m;\ i \neq i_0)\,, \\ {}^{(1)}x_{i_0 j_0} &= \hat{x}_{i_0 j_0} \end{aligned}$$

hat folgende Eigenschaften:

(a) ${}^{(1)}\boldsymbol{x} \in M\,,\quad {}^{(1)}\boldsymbol{x} \neq \hat{\boldsymbol{x}}$;

(b) die Punkte ${}^{(1)}\boldsymbol{x}$ und $\hat{\boldsymbol{x}}$ besitzen die gleichen Nullkoordinaten, d. h.

$${}^{(1)}x_{ij} = 0 \leftrightarrow \hat{x}_{ij} = 0\,.$$

Das ist jedoch ein Widerspruch zur Voraussetzung, daß $\boldsymbol{x}$ eine Ecke des Polyeders M ist.

▮ S. 14 *Besitzt das Polyeder M aus* (43) *mindestens eine Ecke, für die mehr als* $(m-1)(n-1)$ *Koordinaten gleich Null sind, so ist das* μ-System $\mu(a_1, \ldots, a_m; b_1, \ldots, b_n)$ *entartet.* ▮

▮ Bws. Der Beweis wird durch vollständige Induktion über die Dimension des Polyeders M geführt.

Wenn das Polyeder M die Dimension 1 besitzt, gilt nach Lemma 3 $m = n = 2$, d. h., das Polyeder M wird durch

$$M = \left\{ \boldsymbol{x} \in E_4 \,\middle|\, \sum_{i=1}^{2} x_{ij} = b_j\,,\quad \sum_{j=1}^{2} x_{ij} = a_i\,,\quad x_{ij} \geqq 0\,,\qquad i = 1, 2;\ j = 1, 2 \right\}$$

beschrieben. Dann ist $\mu(a_1, a_2; b_1, b_2)$ das M entsprechende μ-System. Schematisch kann man diesen Fall durch die Tabelle

$$\begin{array}{cc|c} x_{11} & x_{12} & a_1 \\ x_{21} & x_{22} & a_2 \\ \hline b_1 & b_2 & \end{array}$$

darstellen. Die Voraussetzung, daß eine Ecke $\hat{\boldsymbol{x}}$ von M mehr als $(m-1)(n-1) = 1$ Nullkoordinaten besitzt, führt zu folgenden Fällen:

$$\text{(a)}\ \begin{array}{cc|c} 0 & a_1 & a_1 \\ a_2 & 0 & a_2 \\ \hline b_1 & b_2 & \end{array} \qquad\qquad \text{(b)}\ \begin{array}{cc|c} a_1 & 0 & a_1 \\ 0 & a_2 & a_2 \\ \hline b_1 & b_2 & \end{array}.$$

Im Fall (a) ist $a_2 = b_1$, $a_1 = b_2$ und daher

$$\mu(a_1; b_2) \dot{+} \mu(a_2; b_1) = \mu(a_1, a_2; b_2, b_1) \cong \mu(a_1, a_2; b_1, b_2)\,.$$

Im Fall (b) gilt $a_1 = b_1$, $a_2 = b_2$, woraus sich

$$\mu(a_1, b_1) \dot{+} \mu(a_2; b_2) = \mu(a_1, a_2; b_1, b_2)$$

ergibt.

Wir haben also die Aussage des Satzes für dim $M = 1$ bewiesen und setzen nun voraus, daß diese Aussage auch für alle Polyeder

$$\widetilde{M} = \left\{x \in E_{\widetilde{m}.\widetilde{n}} \middle| \sum_{i=1}^{\widetilde{m}} x_{ij} = b_j\,, \quad \sum_{j=1}^{\widetilde{n}} x_{ij} = a_i\,, \quad x_{ij} \geqq 0\,, \qquad i = 1, \ldots, \widetilde{m}\,, \quad j = 1, \ldots, \widetilde{n}\right\}$$

mit

$$1 \leqq (\widetilde{m} - 1)(\widetilde{n} - 1) < (m - 1)(n - 1)\,, \qquad m + n > 4$$

gilt. Es sei $\hat{x}$ eine Ecke des Polyeders M, die eine Anzahl $N > (m - 1)(n - 1)$ von Koordinaten mit $\hat{x}_{ij} = 0$ besitzt. Falls für diese Ecke der oben beschriebene Fall 1° eintritt, gibt es ein $i_0 \in \{1, \ldots, m\}$ und $j_0 \in \{1, \ldots, n\}$ mit $\hat{x}_{i_0 j_0} = a_{i_0} = b_{j_0}$, woraus unmittelbar die Entartung des Systems $\mu(a_1, \ldots, a_m; b_1, \ldots, b_n)$ folgt. Im Fall 2° existiert ein $i_0 \in \{1, \ldots, m\}$ und $j_0 \in \{1, \ldots, n\}$ mit $\hat{x}_{i_0 j_0} = a_{i_0} < b_{j_0}$, $\hat{x}_{i_0 j} = 0$ $(j = 1, \ldots, m;\ j \neq j_0)$ (Tabelle (46a)). Da die Matrix (44) genau N Elemente $\hat{x}_{ij} = 0$ besitzt, gilt für die Anzahl N' der Nullelemente der Matrix

$$\begin{pmatrix} \hat{x}_{11} & \ldots & \hat{x}_{1n} \\ \ldots & \ldots & \ldots \\ \hat{x}_{i_0-1,1} & \ldots & \hat{x}_{i_0-1,n} \\ \hat{x}_{i_0+1,1} & \ldots & \hat{x}_{i_0+1,n} \\ \ldots & \ldots & \ldots \\ \hat{x}_{m,1} & \ldots & \hat{x}_{m,n} \end{pmatrix}$$

die Abschätzung

$$'N = N - (n - 1) > (m - 1)(n - 1) - (n - 1)\,,$$

d. h.

$$'N > (m - 2)(n - 1)\,.$$

Nach Lemma 5 (Fall 2°) sind die Elemente $\hat{x}_{ij}$ $(i = 1, \ldots, m;\ i \neq i_0;\ j = 1, \ldots, n)$ dieser Matrix gleich den Koordinaten $'\hat{x}_{ij}$ der Ecke $'\hat{x} \in {}'M$ ($'M$ aus (46b)). Da aber das Polyeder $'M$ nach Lemma 3 die Dimension $[(m - 1) - 1](n - 1) = (m - 2)(n - 1)$ besitzt, ergibt sich daraus und aus der Induktionsvoraussetzung, daß das μ-System

$$'\mu\,(a_1, \ldots, a_{i_0-1}, a_{i_0+1}, \ldots, a_m; b_1, \ldots, b_{j_0-1}, b_{j_0} - a_{i_0}, b_{j_0+1}, \ldots, b_n) \quad (48)$$

entartet ist. Führt man noch die Bezeichnungen

$$\left.\begin{aligned} 'a_i &= a_i & &(i = 1, \ldots, i_0 - 1)\,, \\ 'a_i &= a_{i+1} & &(i = i_0, \ldots, m - 1)\,, \\ 'b_j &= b_j & &(j = 1, \ldots, n;\ j \neq j_0)\,, \\ 'b_{j_0} &= b_{j_0} - a_{i_0} & & \end{aligned}\right\} \quad (49)$$

ein, so kann man statt (48) äquivalent $'\mu('a_1, \ldots, 'a_{m-1}, 'b_1, \ldots, 'b_n)$ schreiben. Da dieses μ-System entartet ist, folgt auf Grund von Satz 12 die Existenz natürlicher Zahlen $l < m - 1$, $k < n$ mit der Eigenschaft

$$\sum_{s=1}^{l} {}'a_{\lambda_s} = \sum_{r=1}^{k} {}'b_{\varkappa_r}, \tag{50}$$

wobei λ_s $(s = 1, \ldots, l)$ (bzw. $\varkappa_r$ $(r = 1, \ldots, k)$) voneinander verschiedene Zahlen der Indexmenge $\{1, \ldots, m - 1\}$ (bzw. $\{1, \ldots, n\}$) sind.

Ist $j_0 \notin \{\varkappa_1, \ldots, \varkappa_k\}$, so läßt sich die Gleichung (50) mit Rücksichtnahme auf (49) in der Form

$$\sum_{s=1}^{l} a_{i_s} = \sum_{r=1}^{k} b_{j_r} \qquad (l < m - 1, k < n),$$

schreiben, wobei $\{i_1, \ldots, i_l\}$ (bzw. $\{j_1, \ldots, j_k\}$) eine echte Teilmenge von $\{1, \ldots, m\}$ (bzw. $\{1, \ldots, n\}$) mit $i_0 \notin \{i_1, \ldots, i_l\}$ (bzw. $j_0 \notin \{j_1, \ldots, j_k\}$) ist.

Wenn andererseits $j_0 \in \{\varkappa_1, \ldots, \varkappa_k\}$ ist, erhält (50) die Darstellung

$$\sum_{s=1}^{l+1} a_{i_s} = \sum_{r=1}^{k} b_{j_r} \qquad (l + 1 < m, k < n),$$

wobei $i_0 \in \{a_{i_1}, \ldots, a_{i_{l+1}}\}$, $j_0 \in \{j_1, \ldots, j_k\}$ ist.

Nach Satz 12 erhalten wir, daß das μ-System $\mu(a_1, \ldots, a_m; b_1, \ldots, b_n)$ entartet ist. Für den Fall 3° läßt sich der Beweis in ähnlicher Weise führen. ▮

Der durch Definition 20 eingeführte Begriff der Entartung eines μ-Systems hängt offenbar eng mit dem in 4.3. diskutierten Begriff der Entartung eines Restriktionspolyeders zusammen: Ein Polyeder

$$M = \left\{x \in E_{m \cdot n} \middle| \sum_{i=1}^{m} x_{ij} = b_j, \ \sum_{j=1}^{n} x_{ij} = a_i, x_{ij} \geqq 0, i = 1, \ldots, m, \right.$$
$$\left. j = 1, \ldots, n \right\}$$

ist genau dann entartet, wenn es mindestens eine Ecke $\hat{x} \in M$ gibt, für die mindestens $(m - 1)(n - 1) + 1$ Koordinaten gleich Null sind (nach Lemma 3 gilt $\dim M = (m - 1)(n - 1)$). Daraus und aus den Sätzen 13 und 14 folgt unmittelbar, daß das Polyeder M genau dann entartet (bzw. regulär) ist, wenn das entsprechende μ-System entartet (bzw. regulär) im Sinne von Definition 20 ist.

Im folgenden Satz wird ein wesentliches Ergebnis dieses Abschnitts angegeben, daß sich sofort aus den soeben gemachten Bemerkungen und Satz 12 ergibt.

▮ S. 15 *Bei einem Transportproblem ist das Restriktionspolyeder*

$$M = \left\{x \in E_{m \cdot n} \middle| \sum_{i=1}^{m} x_{ij} = b_j, \ \sum_{j=1}^{n} x_{ij} = a_i, \ x_{ij} \geqq 0, \quad i = 1, \ldots, m, \right.$$
$$\left. j = 1, \ldots, n \right\}$$

genau dann entartet, wenn es natürliche Zahlen $l < m$, $k < n$ mit der Eigenschaft

$$\sum_{s=1}^{l} a_{i_s} = \sum_{r=1}^{k} b_{j_r}$$

gibt, wobei $\{a_{i_1}, \ldots, a_{i_l}\} \subset \{1, \ldots, m\}$ *und* $\{b_{j_1}, \ldots, b_{j_k}\} \subset \{1, \ldots, n\}$ *gilt.* ▮

Das Auftreten einer Entartung ergibt bei einem allgemeinen linearen Optimierungsproblem unter Umständen gewisse rechentechnische Schwierigkeiten. Wie wir bereits am Ende des vorigen Abschnitts gesehen haben, trifft das auch auf das entartete Transportproblem zu. Wir stellen uns deshalb die gleiche Frage wie in 4.3.; Wie kann man durch eine geeignete ε-Modifizierung des Problems erreichen, daß keine Entartung mehr auftritt? Wie wir wissen, hat eine geringe Änderung der Ausgangsdaten a_i und b_j keinen Einfluß auf die Güte des mathematischen Modells. Auf Grund der speziellen Struktur des Transportproblems vermuten wir, daß sich eine einfachere ε-Modifizierung angeben läßt.

▮ D. 21 Es sei

$$\min_{x \in M} L(x) \tag{51a}$$

mit

$$M = \left\{x \in E_{m \cdot n} \,\middle|\, \sum_{i=1}^{m} x_{ij} = b_j\,,\quad \sum_{j=1}^{n} x_{ij} = a_i\,,\quad x_{ij} \geqq 0\,,\quad i = 1, \ldots, m;\right.$$
$$\left. j = 1, \ldots, n\right\}, \quad m \geqq 2\,, \quad n \geqq 2 \tag{51b}$$

ein gegebenes Transportproblem und $\varepsilon > 0$ eine feste Zahl mit der Eigenschaft

$$0 < \varepsilon < \min\left(a_1, \ldots, a_m, \frac{b_n}{m}\right).$$

Ein Problem

$$\min_{x \in M_\varepsilon} L(x) \tag{52a}$$

mit

$$M_\varepsilon = \left\{x \in E_{m \cdot n} \,\middle|\, \sum_{i=1}^{m} x_{ij} = b_j\,,\quad j = 1, \ldots, n-1,\right.$$
$$\sum_{i=1}^{m} x_{in} = b_n - m \cdot \varepsilon\,,\quad \sum_{j=1}^{n} x_{ij} = a_i - \varepsilon\,,\quad i = 1, \ldots, m,$$
$$\left. x_{ij} \geqq 0\,,\quad i = 1, \ldots, m\,,\quad j = 1, \ldots, n\right\} \tag{52b}$$

heißt ein (51a) *zugeordnetes ε-Problem* oder eine *ε-Modifizierung des Problems* (51a).

Schematisch wird das Problem (51a) durch die Tabelle

x_{11}	$\ldots$	$x_{1,n-1}$	x_{1n}	a_1
$\ldots$	$\ldots$	$\ldots$	$\ldots$	$\ldots$
x_{i1}	$\ldots$	$x_{i,n-1}$	x_{in}	a_i
$\ldots$	$\ldots$	$\ldots$	$\ldots$	$\ldots$
x_{m1}	$\ldots$	$x_{m,n-1}$	x_{mn}	a_m
b_1	$\ldots$	b_{n-1}	b_n	

und Problem (52a) durch

x_{11}	$\ldots$	$x_{1,n-1}$	x_{1n}	$a_1 - \varepsilon$
$\ldots$	$\ldots$	$\ldots$	$\ldots$	$\ldots$
x_{i1}	$\ldots$	$x_{i,n-1}$	x_{in}	$a_i - \varepsilon$
$\ldots$	$\ldots$	$\ldots$	$\ldots$	$\ldots$
x_{m1}	$\ldots$	$x_{m,n-1}$	x_{mn}	$a_m - \varepsilon$
b_1	$\ldots$	b_{n-1}	$b_n - m\varepsilon$	

dargestellt.

▌S. 16 *Zum Transportproblem* (51a) *gibt es ein* $\varepsilon_0 > 0$ *derart, daß für alle* $\varepsilon \in (0, \varepsilon_0)$ *das zugeordnete* ε*-Problem* (52a) *regulär ist.* ▌

▌Bws. Wir haben zwei Fälle zu unterscheiden:

1° Das dem Polyeder M aus (51b) entsprechende μ-System $\mu(a_1, \ldots, a_m; b_1, \ldots, b_n)$ ist regulär.

2° Das System $\mu(a_1, \ldots, a_m; b_1, \ldots, b_n)$ ist entartet.

Fall 1°. Aus der Voraussetzung, daß $\mu(a_1, \ldots, a_m; b_1, \ldots, b_n)$ ein reguläres μ-System ist, ergibt sich nach Satz 12, daß die Menge

$$D = \left\{ z = \left| \sum_{s=1}^{l} a_{i_s} - \sum_{r=1}^{k} b_{j_r} \right| \;\middle|\; 1 \leqq l < m-1\,,\; 1 \leqq k < n-1\,,\; \{i_1, \ldots, i_l\} \subset \{1, \ldots, m\}\,,\; \{j_1, \ldots, j_k\} \subset \{1, \ldots, n\} \right\} \tag{53}$$

endlich ist und nur positive Elemente enthält. Wir definieren nun

$$\varepsilon_0 = \min \left\{ a_1, \ldots, a_m, \frac{b_n}{m}, \frac{\inf\limits_{z \in D} z}{2m} \right\}. \tag{54}$$

Für jedes $\varepsilon \in (0, \varepsilon_0)$ sind offenbar die Zahlen

$$\left.\begin{aligned} a_i(\varepsilon) &= a_i - \varepsilon && (i = 1, \ldots, m)\,, \\ b_j(\varepsilon) &= b_j && (j = 1, \ldots, n-1)\,, \\ b_n(\varepsilon) &= b_n - m\,\varepsilon \end{aligned}\right\} \tag{55}$$

positiv. Da $z > 0$ für alle $z \in D$ gilt, können wir die Elemente der Menge D in zwei Teilmengen einteilen:

$$D_1 = \left\{ z \in D\,,\ \sum_{s=1}^{l} a_{i_s} - \sum_{r=1}^{k} b_{j_r} < 0 \right\},$$

$$D_2 = \left\{ z \in D\,,\ \sum_{s=1}^{l} a_{i_s} - \sum_{r=1}^{k} b_{j_r} > 0 \right\}.$$

Für $z = \left| \sum_{s=1}^{l} a_{i_s} - \sum_{r=1}^{k} b_{j_r} \right| \in D_1$ gilt also

$$\sum_{s=1}^{l} a_{i_s} < \sum_{r=1}^{k} b_{j_r}$$

und daher

$$\sum_{s=1}^{l} a_{i_s} - l\,\varepsilon < \sum_{r=1}^{k} (b_{j_r}\, \delta_{n j_r}\, m\, \varepsilon) \qquad \text{für} \qquad \varepsilon < \frac{\sum_{r=1}^{k} b_{j_r} - \sum_{s=1}^{l} b_{i_s}}{m - l}$$ [1]

woraus nach (55), (54)

$$\sum_{s=1}^{l} a_{i_s}(\varepsilon) < \sum_{r=1}^{k} b_{j_r}(\varepsilon) \qquad \text{für alle} \qquad \varepsilon \in (0, \varepsilon_0)$$

folgt. Ist dagegen

$$z = \left| \sum_{s=1}^{l} a_{i_s} - \sum_{r=1}^{k} b_{j_r} \right| \in D_2\,,$$

d. h.

$$\sum_{s=1}^{l} a_{i_s} > \sum_{r=1}^{k} b_{j_r}\,, \tag{56}$$

so kann man diese Ungleichung auf Grund von (55) in der Form

$$\sum_{s=1}^{l} a_{i_s}(\varepsilon) + l\,\varepsilon > \sum_{r=1}^{k} \left(b_r(\varepsilon) + \delta_{n j_r}\, m\, \varepsilon\right)$$

schreiben. Falls $n \in \{j_1, \ldots, j_k\}$ ist, folgt

$$\sum_{s=1}^{l} a_{i_s}(\varepsilon) > \sum_{r=1}^{k} b_{j_r}(\varepsilon) + (m - l)\,\varepsilon > \sum_{r=1}^{k} b_{j_r}(\varepsilon)\,.$$

Im Fall $n \notin \{j_1, \ldots, j_k\}$ ergibt sich aus (55), (54) und (56) für jedes $\varepsilon \in (0, \varepsilon_0)$

$$\begin{aligned} \sum_{s=1}^{l} a_{i_s}(\varepsilon) &= \sum_{s=1}^{l} a_{i_s} - l\,\varepsilon > \sum_{s=1}^{l} a_{i_s} - m\,\varepsilon > \sum_{s=1}^{l} a_{i_s} - \frac{1}{2} \min_{z \in D} z \\ &\geqq \sum_{s=1}^{l} a_{i_s} - \frac{1}{2}\left[\sum_{s=1}^{l} a_{i_s} - \sum_{r=1}^{k} b_{j_r}\right] = \frac{1}{2}\left[\sum_{s=1}^{l} a_{i_s} + \sum_{r=1}^{k} b_{j_r}\right] \\ &> \sum_{r=1}^{k} b_{j_r} = \sum_{r=1}^{k} b_{j_r}(\varepsilon)\,, \end{aligned}$$

---

[1] $\delta_{n j_r} = \begin{cases} 1 & \text{für} \quad n = j_r\,, \\ 0 & \text{für} \quad n \neq j_r \end{cases}$

d. h.

$$\sum_{s=1}^{l} a_{i_s}(\varepsilon) > \sum_{r=1}^{k} b_{j_r}(\varepsilon) \qquad \text{für} \qquad \varepsilon \in (0, \varepsilon_0) .$$

Hiermit haben wir die Implikationen

$$\sum_{s=1}^{l} a_{i_s} < \sum_{r=1}^{k} b_{j_r} \to \sum_{s=1}^{l} a_{i_s}(\varepsilon) < \sum_{r=1}^{k} b_{j_r}(\varepsilon) ,$$

$$\sum_{s=1}^{l} a_{i_s} > \sum_{r=1}^{k} b_{j_r} \to \sum_{s=1}^{l} a_{i_s}(\varepsilon) > \sum_{r=1}^{k} b_{j_r}(\varepsilon)$$

bewiesen. Daraus ergibt sich, daß die Menge

$$D(\varepsilon) = \Big\{ z(\varepsilon) = \Big| \sum_{s=1}^{l} a_{i_s}(\varepsilon) - \sum_{r=1}^{k} b_{j_r}(\varepsilon) \Big| \, \Big| 1 \leqq l < m, 1 \leqq k < n , \\ \{i_1, \ldots, i_l\} \subset \{1, \ldots, m\}, \\ \{j_1, \ldots, j_k\} \subset \{1, \ldots, n\} \Big\}$$

nur positive Elemente enthält. Das μ-System $\mu\,(a_1 - \varepsilon, \ldots, a_m - \varepsilon, b_1, \ldots, b_{n-1}, b_n - m\,\varepsilon)$ ist dann nach Satz 12 für alle $\varepsilon \in (0, \varepsilon_0)$ ein reguläres μ-System

Fall 2°. Wenn das μ-System entartet ist, ergibt sich

$$D^* = \Big\{ z = \Big| \sum_{s=1}^{l} a_{i_s} - \sum_{r=1}^{k} b_{j_r} \Big| \, \Big| z = 0, 1 \leqq l < m, 1 \leqq k < n , \\ \{i_1, \ldots, i_l\} \subset \{1, \ldots, m\}, \\ \{j_1, \ldots, j_k\} \subset \{1, \ldots, n\} \Big\} = \emptyset .$$

Wir bezeichnen

$$D^{**} = \Big\{ z = \Big| \sum_{s=1}^{l} a_{i_s} - \sum_{r=1}^{k} b_{j_r} \Big| \, \Big| z > 0, 1 \leqq l < m, 1 \leqq k < n , \\ \{i_1, \ldots, i_l\} \subset \{1, \ldots, m\}, \\ \{j_1, \ldots, j_k\} \subset \{1, \ldots, n\} \Big\} , \tag{57a}$$

$$\varepsilon_0 = \min \left(a_1, \ldots, a_m, \frac{b_n}{m}, \frac{\inf\limits_{z \in D^{**}} z}{2\,m} \right) . \tag{57b}$$

Wenn

$$z = \Big| \sum_{s=1}^{l} a_{i_s} - \sum_{r=1}^{k} b_{j_r} \Big| \in D^*$$

ist, gilt

$$\sum_{s=1}^{l} a_{i_s} = \sum_{r=1}^{k} b_{j_r} ,$$

woraus wegen (55)

$$\sum_{s=1}^{l} a_{i_s}(\varepsilon) + l\,\varepsilon = \sum_{r=1}^{k} (b_{j_r}(\varepsilon) + \delta_{n j_r}\, m\, \varepsilon)$$

folgt. Da $1 \leqq l < m$ ist, ergibt sich daraus für die beiden in Frage kommenden Möglichkeiten $n \in \{j_1, \ldots, j_k\}$ und $n \notin \{j_1, \ldots, j_k\}$

$$\sum_{s=1}^{l} a_{i_s}(\varepsilon) \neq \sum_{r=1}^{k} b_{j_r}(\varepsilon) \qquad \text{für alle } \varepsilon\,.$$

Für $z = \left| \sum_{s=1}^{l} a_{i_s} - \sum_{r=1}^{k} b_{j_r} \right| \in D^{**}$ ist

$$\sum_{s=1}^{l} a_{i_s} \neq \sum_{r=1}^{k} b_{j_r}\,.$$

Dann läßt sich ähnlich wie im Fall 1° die Implikation

$$\sum_{s=1}^{l} a_{i_s} \neq \sum_{r=1}^{k} b_{j_r} \to \sum_{s=1}^{l} a_{i_s}(\varepsilon) \neq \sum_{r=1}^{k} b_{j_r}(\varepsilon) \qquad \text{für} \qquad \varepsilon \in (0, \varepsilon_0)$$

beweisen. Dann ist das μ-System $\mu\,(a_1 - \varepsilon, \ldots, a_m - \varepsilon, b_1, \ldots, b_{n-1}, b_n - m\,\varepsilon)$ für alle $\varepsilon \in (0, \varepsilon_0)$ regulär. ∎

Beim Beweis dieses Satzes haben wir mehr gezeigt als der Satz aussagt. Durch (54) wurde ein „Regularitätsintervall" angegeben. Wenn die Zahlen $a_i\,(i = 1, \ldots, m)$ und $b_j\,(j = 1, \ldots, m)$ ganz sind, folgt aus (57a)

$$\inf_{z \in D^{**}} z = \min_{z \in D^{**}} z \geqq 1$$

und aus (57b)

$$\varepsilon_0 \leqq \frac{1}{2\,m}\,.$$

Dann ist für alle $\varepsilon \in \left(0, \frac{1}{2\,m}\right)$ das dem Problem (51a) zugeordnete ε-Problem (52a) regulär. Falls $x_{ij}(\varepsilon)$ eine Lösung des Problems (52a) liefert, stellen die Zahlen

$$x_{ij} = \lim_{\varepsilon \to 0} x_{ij}(\varepsilon)$$

offenbar eine Lösung des ursprünglichen Problems dar.

Beispiel 1. Das μ-System $\mu(3, 7; 1, 2, 4, 3)$, das dem Polyeder

$$M = \left\{x \in E_8 \,\middle|\, \sum_{i=1}^{2} x_{i1} = 1,\ \sum_{i=1}^{2} x_{i2} = 2,\ \sum_{i=1}^{2} x_{i3} = 4,\ \sum_{i=1}^{2} x_{i4} = 3,\ \sum_{j=1}^{4} x_{1j} = 3\,,\right.$$
$$\left. \sum_{j=1}^{4} x_{2j} = 7\,,\ x_{ij} \geqq 0; \qquad i = 1, 2;\ j = 1, \ldots, 4\right\}$$

entspricht, ist ein entartetes μ-System, denn es gilt z. B.

$$b_1 + b_2 = 1 + 2 = a_1 = 3\,.$$

Stellt man für M das übliche Schema

$$\begin{array}{cccc|c} x_{11} & x_{12} & x_{13} & x_{14} & 3 \\ x_{21} & x_{22} & x_{23} & x_{24} & 7 \\ \hline 1 & 2 & 4 & 3 & \end{array}$$

auf, so ist der Punkt $\hat{x} \in M$ mit den Koordinaten

$$\hat{x}_{11} = 1, \quad \hat{x}_{12} = 2, \quad \hat{x}_{13} = x_{14} = \hat{x}_{21} = \hat{x}_{22} = 0, \quad \hat{x}_{23} = 4, \quad \hat{x}_{24} = 3,$$

der schematisch durch

$$\begin{array}{cccc|c} 1 & 2 & 0 & 0 & 3 \\ 0 & 0 & 4 & 3 & 7 \\ \hline 1 & 2 & 4 & 3 & \end{array}$$

dargestellt werden kann, eine Ecke des Polyeders M. Das kann beispielsweise folgendermaßen gezeigt werden: Von den sechs Restriktionsgleichungen ist eine beliebige überflüssig, d. h., wir können die sechste Gleichung streichen. Das restliche Gleichungssystem

$$x_{11} + x_{21} = 1, \quad x_{12} + x_{22} = 2, \quad x_{13} + x_{23} = 4, \quad x_{14} + x_{24} = 3,$$
$$x_{11} + x_{12} + x_{13} + x_{14} = 3$$

wird nach den Variablen $x_{11}, x_{12}, x_{22}, x_{23}, x_{24}$ aufgelöst:

$$\begin{aligned} x_{11} &= 1 - x_{21}, \\ x_{23} &= 4 - x_{13}, \\ x_{24} &= 3 - x_{14}, \\ x_{12} &= 3 - x_{11} - x_{13} - x_{14} = 3 - (1 - x_{21}) - x_{13} - x_{14} = 2 + x_{21} - x_{13} - x_{14}, \\ x_{22} &= 2 - x_{12} = 2 - (2 + x_{21} - x_{13} - x_{14}) = -x_{21} + x_{13} + x_{14}. \end{aligned}$$

Setzt man $x_{21} = x_{13} = x_{14} = 0$, so erhält man die Koordinaten des Punktes $\hat{x}$, d. h., $\hat{x}$ ist ein Basispunkt und somit eine Ecke des Polyeders M (siehe Satz 3 von Kap. 4). In unserem Fall ist $(m - 1)(n - 1) = 3$. Die Ecke $\hat{x}$ besitzt vier Nullkoordinaten. Damit wird die Tatsache, daß das Polyeder M entartet ist, unterstrichen. Wenn die Menge M die Restriktionsmenge eines gegebenen Transportproblems und die durch

$$\begin{array}{cccc|c} x_{11} & x_{12} & x_{13} & x_{14} & 3 - \varepsilon \\ x_{21} & x_{22} & x_{23} & x_{24} & 7 - \varepsilon \\ \hline 1 & 2 & 4 & 3 - 2\varepsilon & \end{array}$$

dargestellte Menge M_ε die Restriktionsmenge des zugehörenden ε-Problems ist, so ist der Punkt $\hat{x}(\varepsilon) \in M_\varepsilon$ mit den im Schema

$$\begin{array}{cccc|c} 1 & 2 - \varepsilon & 0 & 0 & 3 - \varepsilon \\ 0 & \varepsilon & 4 & 3 - 2\varepsilon & 7 - \varepsilon \\ \hline 1 & 2 & 4 & 3 - 2\varepsilon & \end{array}$$

eingetragenen Koordinaten eine Ecke des Polyeders M_ε. Der Punkt $\hat{x}$ hat genau $(m - 1) \times (n - 1) = (2 - 1)(4 - 1) = 3$ Nullkoordinaten. Es gilt offenbar $\lim\limits_{\varepsilon \to 0} \hat{x}(\varepsilon) = \hat{x}$. Bezeichnen wir $\varepsilon_0 = \frac{1}{2m} = \frac{1}{4}$, so ist das Polyeder M_ε regulär für alle $\varepsilon \in \left(0, \frac{1}{4}\right)$, d. h., jede Ecke von M_ε besitzt genau drei Koordinaten, die gleich Null sind.

7.4. Die Ungarische Methode

Die Ungarische Methode wurde im Jahre 1955 von dem amerikanischen Mathematiker H. W. KUHN zunächst zur Lösung von Zuordnungsproblemen entwickelt. KUHN wendet hierbei einen von den ungarischen Mathematikern D. KÖNIG und J. EGERVÁRY im Jahre 1931 veröffentlichten Satz an. Zu Ehren dieser beiden Mathematiker nannte er sein Verfahren Ungarische Methode. Später wurde gezeigt, daß diese Methode sich auch zur Lösung von Transportproblemen und von allgemeinen linearen Optimierungsproblemen[1]) eignet. Allerdings hat sich in der Praxis gezeigt, daß sie sich für Zuordnungsprobleme als besonders effektiv erweist. Aus diesem Grunde werden wir an dieser Stelle eine Beschreibung der Methode für das Zuordnungsproblem angeben. Zunächst werden wir das Zuordnungsproblem formulieren: In n Erzeugerzentren E_i wird jeweils eine Mengeneinheit eines bestimmten Produkts erzeugt, das zu n Verbraucherzentren V_j transportiert werden soll, und zwar zu jedem Zentrum V_j genau eine Mengeneinheit. Die Transportkosten c_{ij} von Zentrum E_i zum Konsumtionsort V_j seien bekannt. Das Problem besteht nun darin, von welchem Erzeugerzentrum E_i soll man zu welchem Verbraucherzentrum V_j transportieren, damit die Gesamttransportkosten ein Minimum annehmen. Wir sehen sofort, daß dieses Problem ein Spezialfall des Transportproblems ist.[2]) Das dazugehörende mathematische Modell hat dann die folgende Gestalt:

$$\min\left\{f(x) = \sum_{i=1}^{n}\sum_{j=1}^{n} c_{ij}x_{ij} \,\middle|\, \sum_{i=1}^{n} x_{ij} = 1\,,\ \sum_{j=1}^{n} x_{ij} = 1\,,\ x_{ij} \geqq 0;\ i,j = 1,\ldots,n\right\},$$

$$\text{wobei } c_{ij} \geqq 0 \quad (t, j = 1, \ldots, n) \text{ gilt.} \tag{1}$$

Im folgenden werden wir die theoretischen Grundlagen der Ungarischen Methode behandeln, unter anderem wird hierbei der Satz von KÖNIG-EGERVÁRY bewiesen. Dazu benötigen wir einige neue Begriffe; und zwar heißen die Elemente einer beliebigen (n,m)-Matrix $\boldsymbol{C} = (c_{ij})$ *Punkte* und die Zeilen und Spalten der Matrix *Linien.* Unter *unabhängigen Punkten* wollen wir solche Punkte verstehen, von denen auf einer Linie höchstens einer liegt, z. B. sind die Diagonalelemente einer quadratischen Matrix unabhängige Punkte. Linien, die irgendwelche Punkte einer Matrix bedecken, nennen wir kurz *Decklinien.* Es existieren z. B. für eine Einheitsmatrix der Ordnung n genau n Decklinien, die die Diagonalelemente dieser Matrix (also die Zahlen 1) überdecken. Die Anzahl der Decklinien für vorgegebene Punkte einer Matrix ist aber nicht immer eindeutig festgelegt. Dazu betrachten wir folgende Matrix

$$\begin{pmatrix} 1 & 0 & 0 \\ 1 & 1 & 0 \\ 0 & 1 & 0 \end{pmatrix}$$

[1]) Siehe Primal-Dual-Algorithmus (6.3.).

[2]) Jedoch tritt hierin maximale Entartung auf, wodurch die Entwicklung eines neuen Verfahrens begründet erscheint.

mit der Aufgabenstellung, die Zahlen 1 zu bedecken. Offensichtlich gibt es mehrere Möglichkeiten; die minimale Anzahl von Decklinien beträgt 2.

Wir haben nun die notwendigen Vorbereitungen getroffen, um den Satz von KÖNIG-EGERVÁRY zu formulieren.

▌ S. 1 *Es sei S eine nichtleere Teilmenge von Punkten einer (n, m)-Matrix $C = (c_{ij})$. Dann ist die maximale Anzahl der in S existierenden unabhängigen Punkte gleich der minimalen Anzahl von Decklinien, die alle Elemente von S überdecken.* ▌

▌ Bws. Der Beweis dieses Satzes gibt uns gleichzeitig ein konstruktives Verfahren zur Bestimmung der minimalen Anzahl von Decklinien für die Punkte einer vorgegebenen Menge S. Wir betrachten die maximale Teilmenge T von unabhängigen Punkten aus S. Es ist offensichtlich, daß die Anzahl μ der Linien eines beliebigen Deckliniensystems von S größer oder gleich der Anzahl ν der Punkte aus T ist. Wir haben nun zu zeigen, daß das Minimum von μ in bezug auf alle möglichen Deckliniensysteme von S genau gleich ν ist.

Um nun dieses Minimum zu konstruieren, benutzen wir folgendes Verfahren:

1° Es werden die Zeilen und Spalten der Matrix $\boldsymbol{C}$ so vertauscht, daß die Punkte von T als Diagonalelemente einer Teilmatrix der Matrix $\boldsymbol{C}$ auftreten. (Eine solche Umordnung der Matrix $\boldsymbol{C}$ ist immer möglich, da die Elemente von T unabhängige Punkte von S sind.) Die Matrix $\boldsymbol{C}$ zerfällt nun automatisch in die folgenden Teilmatrizen:

$$\left(\begin{array}{c|c} \ddots \quad \boldsymbol{C}_{(1)} & \boldsymbol{C}_{(2)} \\ \hline \boldsymbol{C}_{(3)} & \boldsymbol{C}_{(4)} \end{array}\right). \tag{2}$$

Auf Grund der Konstruktion von (2) ist es offensichtlich, daß die Teilmatrix $\boldsymbol{C}_{(4)}$ keinen Punkt aus S enthalten kann. Falls in den Teilmatrizen $\boldsymbol{C}_{(2)}$ und $\boldsymbol{C}_{(3)}$ keine weiteren Punkte aus S sind, kann man den Diagonalelementen von $\boldsymbol{C}_{(1)}$ genau ν Decklinien zuordnen, womit das Verfahren beendet und der Satz bewiesen wäre.

Es sind nun noch folgende Fälle möglich:

Fall 1: Von den Teilmatrizen $\boldsymbol{C}_{(2)}$ und $\boldsymbol{C}_{(3)}$ enthält genau eine mindestens einen Punkt aus S.

Fall 2: Beide Matrizen, sowohl $\boldsymbol{C}_{(2)}$ als auch $\boldsymbol{C}_{(3)}$, enthalten Punkte aus S.

Im Fall 1 können die Elemente von T durch die ersten ν Zeilen oder Spalten, je nachdem, in welcher Teilmatrix sich die Punkte aus S befinden, überdeckt werden. Es genügt also, den Fall 2 zu untersuchen. Dazu betrachten wir zu den Punkten aus S in der Teilmatrix $\boldsymbol{C}_{(2)}$ die entsprechenden Zeilen der Matrix $\boldsymbol{C}$ als Decklinien, analog die entsprechenden Spalten, die

die Punkte aus S der Teilmatrix $\boldsymbol{C}_{(3)}$ bedecken. Wir nehmen an, daß es p Zeilen und q Spalten sind, die eine Menge U von Decklinien für die Elemente aus S bilden. Man erkennt leicht, daß kein Schnittpunkt der Linien von U ein Element von T, d. h. ein unabhängiger Punkt sein kann, da man andernfalls diesen Schnittpunkt durch zwei Punkte aus S, je einen aus $\boldsymbol{C}_{(2)}$ und $\boldsymbol{C}_{(3)}$, die auf diesen Linien liegen, ersetzen kann. Das würde bedeuten, daß man die Menge T der unabhängigen Punkte von S durch einen weiteren unabhängigen Punkt vergrößern könnte, was aber der Maximalität der Menge T widerspricht. Daraus ergibt sich, daß den Linien aus U genau $p + q$ unabhängige Punkte entsprechen. Wir können o. B. d. A. annehmen, daß die Linien aus U die letzten $p + q$ Diagonalelemente der Matrix $\boldsymbol{C}_{(1)}$ bedecken (in (3) sind es die schraffierten Linien):

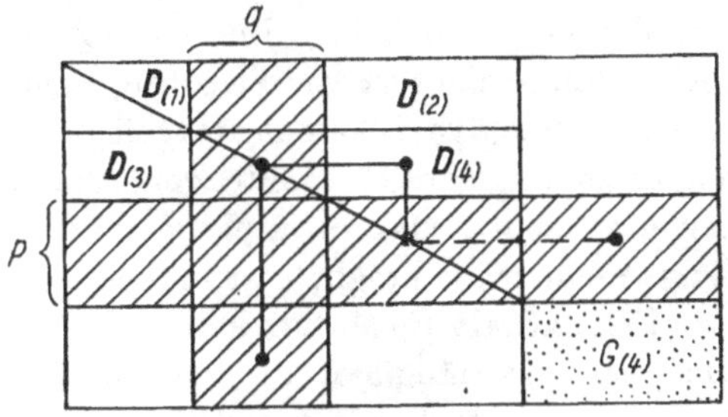

(3)

Dann läßt sich die Matrix $\boldsymbol{C}_{(1)}$, wie es in (3) angegeben ist, erneut verlegen. Wir werden nun untersuchen, ob die Teilmatrix $\boldsymbol{D}_{(4)}$ einen Punkt aus S enthalten kann. Wäre ein Punkt a_{kl} aus $\boldsymbol{D}_{(4)}$ ein Element aus S, so könnte man den in der gleichen Zeile (der k-ten Zeile) stehenden unabhängigen Punkt auf der Diagonalen durch zwei unabhängige Punkte (siehe (3)) ersetzen (Entsprechendes gilt, wenn man das in der l-ten Spalte stehende Diagonalelement betrachtet). Das hätte wiederum zur Folge, daß man die Menge T um einen unabhängigen Punkt erweitern könnte. Daraus folgt, daß die Teilmatrix $\boldsymbol{D}_{(4)}$ kein Element aus S enthalten kann. Da die noch nicht bedeckten Punkte aus S nur zur Teilmatrix $\boldsymbol{C}_{(1)}$ gehören, werden wir uns im nächsten Schritt nur mit dieser Matrix beschäftigen.

2° Man streicht aus $\boldsymbol{C}_{(1)}$ die zu U gehörenden Linien (d. h. die in (3) schraffierten Linien) und erhält eine Matrix der Form

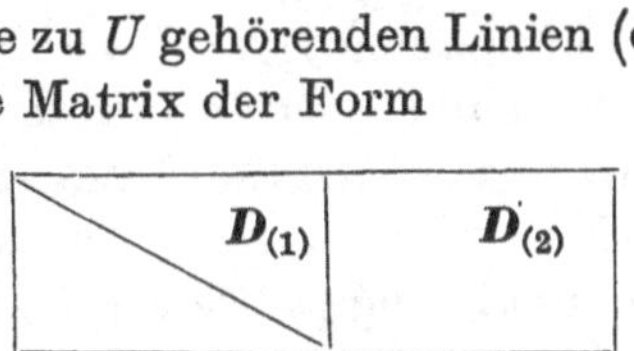

Die Form dieser Matrix stimmt aber mit der der Matrix (2) überein, d. h., wir können auf (3) den Schritt 1° anwenden.

Dieses Verfahren ist endlich, da man jeweils nach Durchführung einer Iteration mindestens eine Decklinie zu S erhält. Auf Grund der beschriebenen Konstruktion liegt auf jeder dieser Decklinien genau ein Punkt aus T, womit der Satz von KÖNIG-EGERVÁRY bewiesen ist. ∎

Der Beweis dieses Satzes liefert uns außerdem noch eine Methode, die größtmöglichste Menge T von unabhängigen Punkten zu einer vorgegebenen Menge S zu bestimmen. Wir werden nun die einzelnen Schritte kurz skizzieren.

1° In der Matrix $\boldsymbol{C}$ betrachten wir nur diejenigen Linien, die Punkte aus S enthalten. Durch Auslassen der übrigen Linien erhält man eine neue Matrix, auf die 2° angewandt wird (falls alle Linien der Matrix $\boldsymbol{C}$ Punkte aus S enthalten, wendet man sofort 2° an).

2° Man wählt in dieser Matrix eine beliebige Linie, die genau ein Element aus S enthält (falls eine solche Linie nicht existieren sollte, wendet man sofort 3° an). Damit ist das erste unabhängige Element festgelegt. Durch Streichen der beiden zum ersten unabhängigen Elemente gehörenden Linien (Zeile und Spalte) erhält man eine neuen Matrix, auf die man sooft wie möglich 2° anwendet. Wenn das nicht mehr möglich ist, haben wir zwei Fälle zu unterscheiden. Im ersten Fall enthält die Matrix keinen Punkt aus S. Dann ist die Anzahl der bestimmten unabhängigen Punkte auf Grund des Satzes von KÖNIG-EGERVÁRY maximal. Andernfalls wird das Verfahren mit 3° fortgesetzt.

3° In der gewonnenen Matrix bedeckt jede Linie mindestens zwei Elemente (sonst könnte man den in 2° angegebenen Schritt wiederholen). Wir wählen beliebig auf einer Linie ein Element aus S als unabhängigen Punkt. Dann werden wieder die zu diesem unabhängigen Punkt gehörenden Linien ausgelassen. Mit dieser neuen Matrix beginnt man das Verfahren von vorn.

Die Endlichkeit des Verfahrens ist offensichtlich, während nach Anwendung von 3° nicht gesichert ist, ob die Anzahl der gewonnenen unabhängigen Punkte maximal ist. Man muß in diesem Fall die verlangte Eigenschaft sofort überprüfen, indem man ein minimales Deckliniensystem mit dem im Beweis des Satzes von KÖNIG-EGERVÁRY angegebenen Verfahren konstruiert. Hierbei genügt es festzustellen, ob ein unabhängiger Punkt Schnittpunkt zweier Decklinien ist. Wenn das nicht der Fall ist, ist die Anzahl der unabhängigen Punkte wieder auf Grund des Satzes von KÖNIG-EGERVÁRY maximal. Andernfalls nehmen wir folgende Korrektur vor: Wir tauschen das im Schnittpunkt zweier Decklinien stehende bisher unabhängige Element gegen zwei sich auf diesen Linien befindende bisher abhängige Punkte aus. Auf diese Art erweitern wir die Menge der unabhängigen Punkte um ein Element (das geschieht natürlich bei jeder Operation). Damit gelangen wir zu einer anderen Auswahl.

Wir wenden nun den Satz von KÖNIG-EGERVÁRY und die aus dem Beweis hervorgehenden Verfahren zur Konstruktion eines minimalen Deckliniensystems und der maximalen Anzahl unabhängiger Punkte auf das in (1) formulierte Zuordnungsproblem an. Das Problem (1) ist gelöst, wenn man in der Kostenmatrix $C = (c_{ij})$ genau n unabhängige Punkte so ausgewählt hat, daß die Summe der ausgewählten Elemente möglichst klein ist.

Wir bringen zunächst das Problem (1) durch eine Transformation der Kostenmatrixelemente

$$c'_{ij} = c_{ij} - u_i - v_j \qquad (u_i, v_j \in E_1) \tag{5}$$

auf die äquivalente Form

$$\min \left\{ f(\boldsymbol{x}) = \sum_{i=1}^{n} \sum_{j=1}^{n} c'_{ij} x_{ij} + \sum_{i=1}^{n} u_i + \sum_{j=1}^{n} v_j \;\middle|\; \sum_{i=1}^{n} x_{ij} = 1 , \; \sum_{j=1}^{n} x_{ij} = 1 , \; x_{ij} \geqq 0; \; i, j = 1, \ldots, n \right\} .$$

Wenn man nämlich in der Zielfunktion

$$f(\boldsymbol{x}) = \sum_{i=1}^{n} \sum_{j=1}^{n} c_{ij} x_{ij}$$

anstelle von c_{ij} die Summe

$$c_{ij} = c'_{ij} + u_i + v_j$$

einsetzt, erhält man

$$f(\boldsymbol{x}) = \sum_{i=1}^{n} \sum_{j=1}^{n} c_{ij} x_{ij} = \sum_{i=1}^{n} \sum_{j=1}^{n} (c'_{ij} + u_i + v_j) x_{ij}$$
$$= \sum_{i=1}^{n} \sum_{j=1}^{n} c'_{ij} x_{ij} + \sum_{i=1}^{n} \sum_{j=1}^{n} u_i x_{ij} + \sum_{i=1}^{n} \sum_{j=1}^{n} v_j x_{ij} .$$

Auf Grund der Nebenbedingungen

$$\sum_{i=1}^{n} x_{ij} = 1 , \qquad \sum_{j=1}^{n} x_{ij} = 1 , \qquad x_{ij} \geqq 0 , \qquad i, j = 1, \ldots, n$$

folgt daraus

$$f(\boldsymbol{x}) = \sum_{i=1}^{n} \sum_{j=1}^{n} c'_{ij} x_{ij} + g ,$$

wobei

$$g = \sum_{i=1}^{n} u_i + \sum_{j=1}^{n} v_j$$

ist. Das bedeutet aber, daß sich die Zielfunktion mit Hilfe der Transformation (5) in einen Teil, der von den Variablen x_{ij} abhängig ist, und einen Teil, der von den Variablen x_{ij} unabhängig ist, zerlegen läßt. Es ist klar, daß nur der erste Teil

$$\sum_{i=1}^{n} \sum_{j=1}^{n} c'_{ij} x_{ij}$$

bei der Bestimmung der Lösung eine Rolle spielt, was zur Folge hat, daß man anstelle der Kostenmatrix $\boldsymbol{C} = (c_{ij})$ die transformierte Matrix $\boldsymbol{C}' = (c'_{ij})$ verwenden kann. Der Teil g der Zielfunktion muß natürlich bei der Berechnung des Optimums berücksichtigt werden.

Wenn

$$c'_{ij} \geqq 0 \quad (i, j = 1, \ldots, n), \qquad \sum_{i=1}^{n} u_i + \sum_{j=1}^{n} v_j \geqq 0 \tag{6}$$

ist, gilt offenbar

$$\sum_{i=1}^{n} \sum_{j=1}^{n} c'_{ij} x_{ij} + g \geqq g ,$$

und falls

$$\min_{x \in \mathfrak{M}} \sum_{i=1}^{n} \sum_{j=1}^{n} c'_{ij} x_{ij} = 0$$

ist, wobei $\mathfrak{M}$ den Restriktionsbereich von Problem (1) darstellt, ist

$$\min_{x \in \mathfrak{M}} f(\boldsymbol{x}) = \sum_{i=1}^{n} u_i + \sum_{j=1}^{n} v_j . \tag{7}$$

Wir werden nun zeigen, daß eine endliche Anzahl von Transformationen der Art (5) mit der Eigenschaft (6) existiert, so daß (7) erfüllt ist. Das bedeutet anders ausgedrückt, in der Matrix $\boldsymbol{C}$ mit Hilfe solcher Transformationen n unabhängige Nullen zu konstruieren. Damit wäre dann das Problem (1) gelöst. Die einzelnen Transformationsschritte werden im folgenden diskutiert:

Schritt 1: Es werden die Kostenmatrixelemente mit Hilfe von

$$c_{ij}^{(1)} = c_{ij} - u_i^{(1)} - v_j^{(1)}, \qquad i, j = 1, \ldots, n$$

transformiert, wobei

$$u_i^{(1)} = \min_j c_{ij}, \quad v_j^{(1)} = 0, \qquad i, j = 1, \ldots, n$$

ist. Diese Transformation garantiert, daß in der Matrix $\boldsymbol{C}$ in jeder Zeile ein minimales Element (es braucht natürlich nicht eindeutig bestimmt zu sein) ausgewählt und dann von allen Elementen dieser Zeile subtrahiert wird. Die Transformation erfüllt natürlich auch die Eigenschaft (6). Die Zielfunktion erhält dann die Gestalt

$$f(\boldsymbol{x}) = \sum_{i=1}^{n} \sum_{j=1}^{n} c_{ij}^{(1)} x_{ij} + g^{(1)}$$

mit der Kostenverminderung

$$g^{(1)} = \sum_{i=1}^{n} u_i^{(1)} .$$

In dem nun folgenden Schritt wird die gleiche Operation für die Spalten der Matrix $\boldsymbol{C}^{(1)}$ durchgeführt. Das hat dann analytisch folgendes Aussehen:

Schritt 2:

$$c_{ij}^{(2)} = c_{ij}^{(1)} - u_i^{(2)} - v_j^{(2)}, \qquad i, j = 1, \ldots, n$$

mit

$$u_i^{(2)} = 0, \quad v_j^{(2)} = \min_i c_{ij}^{(1)}, \qquad i, j = 1, \ldots, n$$

und der transformierten Zielfunktion

$$f(\boldsymbol{x}) = \sum_{i=1}^{n} \sum_{j=1}^{n} c_{ij}^{(2)} x_{ij} + g^{(1)} + g^{(2)},$$

wobei

$$g^{(2)} = \sum_{j=1}^{n} v_j^{(2)}$$

die Kostenverminderung ist.

Schritt 3: Aus den Nullelementen der Matrix $C^{(2)} = (c_{ij}^{(2)})$ wird mit Hilfe des oben beschriebenen Verfahrens eine maximale Anzahl von unabhängigen Punkten ausgewählt. Falls dies die Zahl n ist, gilt offensichtlich

$$\min_{x \in \mathfrak{M}} \left(\sum_i \sum_j c_{ij}^{(2)} x_{ij} \right) = 0$$

und demzufolge

$$\min f = g^{(1)} + g^{(2)},$$

d. h., das Zuordnungsproblem ist gelöst.

Andernfalls wird mit Schritt 4 fortgefahren.

Schritt 4: Es wird ein minimales System von Decklinien für die Nullelemente der Matrix $C^{(2)}$ konstruiert (vgl. das Verfahren, das beim Beweis des Satzes von König-Egerváry angegeben wurde). Dann wird ein minimales Element $z^{(3)}$, das nicht von den Decklinien bedeckt wird, ausgewählt und die Transformation

$$c_{ij}^{(3)} = c_{ij}^{(2)} - u_i^{(3)} - v_j^{(3)}, \tag{8}$$

die die Eigenschaft

$$u_i^{(3)} = \begin{cases} 0, & \text{falls die } i\text{-te Zeile eine Decklinie des konstruierten Systems ist,} \\ z^{(3)}, & \text{falls die } i\text{-te Zeile keine Decklinie des Systems ist,} \end{cases}$$

$$v_j^{(3)} = \begin{cases} -z^{(3)}, & \text{falls die } j\text{-te Spalte eine Decklinie des Systems ist,} \\ 0, & \text{falls die } j\text{-te Spalte keine Decklinie des Systems ist,} \end{cases}$$

besitzt, durchgeführt. Diese Transformation drückt nichts anderes aus, als daß von den nichtbedeckten Elementen der Matrix $C^{(2)}$ das ausgewählte minimale Element $z^{(3)}$ subtrahiert wird, die einmal bedeckten Elemente unverändert bleiben und zu den zweimal bedeckten Punkten $z^{(3)}$ addiert wird.

Die Zielfunktion f erhält dann die Gestalt

$$f = \sum_{i=1}^{n} \sum_{j=1}^{n} c_{ij}^{(3)} x_{ij} + g^{(1)} + g^{(2)} + g^{(3)} .$$

Mit anderen Worten ausgedrückt bedeutet die Transformation (8), daß

a) in jeder Zeile, die keine Decklinie ist, das minimale Element $z^{(3)}$ von allen Elementen dieser Zeile subtrahiert wird und

(b) in jeder Spalte, die Decklinie ist, das Element $z^{(3)}$ zu allen Punkten dieser Spalte addiert wird.

Ist nun $m^{(3)}$ die minimale Anzahl der Decklinien, die alle Nullelemente bedecken, mit $m^{(3)} \leqq n$; v ($v \leqq m^{(3)}$) die Anzahl der Zeilen und w die Anzahl der Spalten aus diesem Deckliniensystem, so wird nach unserer Vorschrift in $n - v$ Zeilen das Element $z^{(3)}$ subtrahiert und in w Spalten addiert. Das ergibt eine Kostenverminderung von

$$g^{(3)} = (n - v)\, z^{(3)} - w\, z^{(3)} = \bigl(n - (v + w)\bigr)\, z^{(3)} = (n - m)\, z^{(3)} .$$

Hierbei ist natürlich die Anzahl $m^{(3)}$ der Decklinien gleich der Anzahl der ausgewählten unabhängigen Nullelemente.

Mit Hilfe des Schrittes 4 erhalten wir mindestens ein neues unabhängiges Nullelement. Die Fortsetzung des Verfahrens bietet sich von selbst an. Wir wiederholen die Schritte 3 und 4 sooft, bis wir n unabhängige Nullelemente erhalten. Wenn wir annehmen, daß wir diesen Zustand nach s Iterationen erreichen, gilt natürlich

$$\min_{x \in \mathfrak{M}} \sum_{i=1}^{n} \sum_{j=1}^{n} c_{ij} x_{ij} = 0$$

und damit

$$\min_{x \in \mathfrak{M}} f = \sum_{k=1}^{s} g^{(k)} = \sum_{i=1}^{n} u_i^{(1)} + \sum_{j=1}^{n} v_j^{(2)} + \sum_{k=3}^{s} z^{(k)} (n - m^{(k)}) . \tag{9}$$

Hierbei ist wiederum $m^{(k)}$ die Anzahl der unabhängigen Nullelemente in der Matrix $\boldsymbol{C}^{(k)}$ und $z^{(k)}$ das ausgewählte minimale nichtbedeckte Element der Matrix $\boldsymbol{C}^{(k)}$.

Wir wollen uns nun der Frage zuwenden, ob mit diesem Verfahren in der betrachteten Matrix n unabhängige Nullelemente konstruiert werden können. Dazu wenden wir den Satz von König-Egerváry auf die Teilmenge S aller Nullelemente der Matrix $\boldsymbol{C}^{(s)}$ an. Nehmen wir nun an, daß wir nach Beendigung des Verfahrens weniger als n unabhängige Nullelemente erhalten, dann würde in der (n,n)-Matrix $\boldsymbol{C}^{(s)}$ auf Grund des Satzes von König-Egerváry mindestens ein nichtbedecktes Element existieren, d. h., man könnte mit Schritt 4 fortfahren.

Daß die Anzahl s der Iterationen endlich ist, geht aus der Tatsache hervor, daß die Zielfunktion f beim Zuordnungsproblem beschränkt ist. Das Verfahren läßt sich natürlich sehr einfach zur Lösung von Transportproblemen benutzen, indem man die Kostenmatrix $\boldsymbol{C}$ insofern erweitert, daß man jedem Erzeugerzentrum E_i die Anzahl von gleichen Zeilen zuordnet, die durch die hergestellten Mengeneinheiten a_i im Zentrum E_i angegeben wird und jedem Verbraucherzentrum V_j die Anzahl von b_j Spalten zuordnet (b_j gibt wieder die Mengeneinheiten an, die im Ort V_j verbraucht werden). Dadurch erhält man eine (t,t)-Matrix $\boldsymbol{B}$, wobei

$$\sum_{i=1}^{n} a_i = \sum_{i=1}^{n} b_j = t$$

ist. Die Zahlen a_i und b_j bezeichnet man dann als *Multiplizität* der entsprechenden Linie. Es ist natürlich nicht nötig, die Matrix $\boldsymbol{B}$, die gegenüber der Matrix $\boldsymbol{C}$ um ein Vielfaches vergrößert wird, ausführlich aufzuschreiben. Man versieht vielmehr die einzelnen Nullelemente mit entsprechenden Multiplizitäten. Hierbei gibt die Multiplizität an, wieviel unabhängige Nullelemente in der (t,t)-Matrix $\boldsymbol{B}$ von einem einzelnen Nullelement in der Kostenmatrix $\boldsymbol{C}$ vertreten werden. Bei der Berechnung des optimalen Zielfunktionswertes müssen auch in (9) die Multiplizitäten entsprechend berücksichtigt werden.

Zur Illustration werden wir ein Zuordnungsproblem und ein Transportproblem mit der Ungarischen Methode lösen.

Beispiel 1. Es soll folgendes Zuordnungsproblem gelöst werden:

$$\min\left\{f(x) = \sum_{i=1}^{5}\sum_{j=1}^{5} c_{ij}x_{ij} \,\middle|\, \sum_{i=1}^{5} x_{ij} = 1\,,\ \sum_{j=1}^{5} x_{ij} = 1\,,\ x_{ij} \geqq 0,\ i,j = 1,\ldots,5\right\}$$

mit

$$\boldsymbol{C} = \begin{pmatrix} 3 & 2 & 1 & 4 & 5 \\ 6 & 3 & 2 & 4 & 7 \\ 2 & 1 & 3 & 6 & 8 \\ 3 & 4 & 8 & 2 & 5 \\ 4 & 3 & 2 & 7 & 6 \end{pmatrix}.$$

Schritt 1: In jeder Zeile der Matrix $\boldsymbol{C}$ wird das minimale Element bestimmt:

$$u_1^{(1)} = 1\,,\quad u_2^{(1)} = 2\,,\quad u_3^{(1)} = 1\,,\quad u_4^{(1)} = 2\,,\quad u_5^{(1)} = 2\,.$$

Wir führen nun die Transformation

$$c_{ij}^{(1)} = c_{ij} - u_i^{(1)}\,,\qquad i,j = 1,\ldots,5\,,$$

durch, d. h., wir subtrahieren in jeder Zeile der Matrix das minimale Element und erhalten die transformierte Kostenmatrix

$$\boldsymbol{C}^{(1)} = \begin{pmatrix} 2 & 1 & 0 & 3 & 4 \\ 4 & 1 & 0 & 2 & 5 \\ 1 & 0 & 2 & 5 & 7 \\ 1 & 2 & 6 & 0 & 3 \\ 2 & 1 & 0 & 5 & 4 \end{pmatrix}$$

und die dazugehörende Kostenverminderung

$$g^{(1)} = \sum_{i=1}^{5} u_i^{(1)} = 8\,.$$

Schritt 2: In jeder Spalte der Matrix $C^{(1)}$ wird das minimale Element bestimmt:

$$v_1^{(2)} = 1\,, \quad v_2^{(2)} = 0\,, \quad v_3^{(2)} = 0\,, \quad v_4^{(2)} = 0\,, \quad v_5^{(2)} = 3\,.$$

Mit Hilfe der Transformation

$$c_{ij}^{(2)} = c_{ij}^{(1)} - v_j^{(2)}\,, \qquad i, j = 1, \ldots, 5$$

(wir subtrahieren in jeder Spalte das minimale Element) gelangen wir zu der neuen Matrix

$$C^{(2)} = \begin{pmatrix} 1 & 1 & 0 & 3 & 1 \\ 3 & 1 & 0 & 2 & 2 \\ 0 & 0 & 2 & 5 & 4 \\ 0 & 2 & 6 & 0 & 0 \\ 1 & 1 & 0 & 5 & 1 \end{pmatrix}$$

und zu der Kostenverminderung

$$g^{(2)} = \sum_{i=1}^{5} v_i^{(2)} = 4\,.$$

Schritt 3: Aus den Nullelementen von $C^{(2)}$ soll eine maximale Anzahl unabhängiger Punkte ausgewählt werden. Dazu benutzen wir das aus dem Beweis des Satzes von König-Egerváry hervcrgegangene Verfahren. Nach 1° müssen alle Linien in der Matrix $C^{(2)}$ gestrichen werden, die kein Nullelement enthalten. In unserem Beispiel ist das aber nicht der Fall, d. h., wir beginnen mit 2°.

2° In der Matrix $C^{(2)}$ wählt man eine beliebige Linie, die genau ein Nullelement enthält, z. B. die erste Zeile. Dann ist c_{13} das erste unabhängige Nullelement. Die beiden zu c_{13} gehörenden Linien werden fortgelassen, und wir erhalten

$$\begin{pmatrix} 3 & 1 & 2 & 2 \\ 0 & 0 & 5 & 4 \\ 0 & 2 & 0 & 0 \\ 1 & 1 & 5 & 1 \end{pmatrix}.$$

Auf dieselbe Weise bekommt man die zweite unabhängige Null, beispielsweise c_{32} und die dazugehörende neue Matrix

$$\begin{pmatrix} 3 & 2 & 2 \\ 0 & 0 & 0 \\ 1 & 5 & 1 \end{pmatrix}.$$

Als nächstes unabhängiges Nullelement können wir dann c_{44} auswählen und gelangen zu einer Matrix

$$\begin{pmatrix} 3 & 2 \\ 1 & 1 \end{pmatrix},$$

die keine Nullelemente mehr enthält, womit die maximale Anzahl unabhängiger Nullelemente konstruiert ist.

Wir werden in der Matrix $C^{(2)}$ die unabhängigen Nullelemente mit einem Stern versehen:

$$C^{(2)} = \begin{pmatrix} 1 & 1 & 0^* & 3 & 1 \\ 3 & 1 & 0 & 2 & 2 \\ 0 & 0^* & 2 & 5 & 4 \\ 0 & 2 & 6 & 0^* & 0 \\ 1 & 1 & 0 & 5 & 1 \end{pmatrix}.$$

Da in der (5,5)-Matrix nur drei unabhängige Nullelemente existieren, setzen wir mit Schritt 4 fort.

Schritt 4: Wir konstruieren eine minimale Anzahl von Decklinien für die Nullelemente der Matrix $C^{(2)}$. Dazu vertauschen wir die dritte Spalte mit der ersten Spalte, dann die zweite Zeile mit der dritten Zeile, die dritte Zeile mit der vierten Zeile und schließlich dritte und vierte Spalte. Das Ergebnis ist eine Matrix

$$\left(\begin{array}{ccc|cc} 0^* & 1 & 3 & 1 & 1 \\ 2 & 0^* & 5 & 0 & 4 \\ 6 & 2 & 0^* & 0 & 0 \\ \hline 0 & 1 & 2 & 3 & 2 \\ 0 & 1 & 5 & 1 & 1 \end{array}\right),$$

in der die unabhängigen Nullelemente in der Hauptdiagonalen einer quadratischen Teilmatrix stehen. Die Decklinien kann man dann sofort angeben, nämlich die erste Spalte, die zweite Zeile und die dritte Zeile. Das bedeutet in der Matrix

$$C^{(2)} = \begin{pmatrix} 1 & 1 & 0^* & 3 & 1 \\ 3 & 1 & 0 & 2 & 2 \\ 0 & 0^* & 2 & 5 & 4 \\ 0 & 2 & 6 & 0^* & 0 \\ 1 & 1 & 0 & 5 & 1 \end{pmatrix}.$$

Wir wählen nun das minimale nichtbedeckte Element, nämlich $z^{(3)} = 1$ und subtrahieren dies von den nichtbedeckten Elementen und addieren es zu den zweimal bedeckten Elementen der Matrix $C^{(2)}$.

Nach dieser Transformation erhalten wir die Matrix

$$C^{(3)} = \begin{pmatrix} 0 & 0 & 0 & 2 & 0 \\ 2 & 0 & 0 & 1 & 1 \\ 0 & 0 & 3 & 5 & 4 \\ 0 & 2 & 7 & 0 & 0 \\ 0 & 0 & 0 & 4 & 0 \end{pmatrix}$$

mit der Kostenverminderung $g^{(3)} = (n - m^{(3)})\, z^{(3)} = (5 - 3) \cdot 1 = 2.$

Schritt 5: Wir wählen unabhängige Nullelemente nach dem gleichen Verfahren aus und erhalten

$$\begin{pmatrix} 0 & 0 & 0^* & 2 & 0 \\ 2 & 0 & 0 & 1 & 1 \\ 0 & 0^* & 3 & 5 & 4 \\ 0 & 2 & 7 & 0^* & 0 \\ 0^* & 0 & 0 & 4 & 0 \end{pmatrix},$$

wobei man nach drei Schritten (d. h. nach dreimaligem Fortlassen der entsprechenden Zeilen und Spalten) zu der Endmatrix

$$\begin{pmatrix} 2 & 1 \\ 0 & 0 \end{pmatrix}$$

gelangt. In dieser Endmatrix haben wir das Element $C_{51}^{(2)}$ als unabhängigen Punkt ausgewählt. Wir sehen, daß hier der Fall vorliegt, wo wir überprüfen müssen, ob die Auswahl wirklich maximal ist, d. h., wir werden ein minimales Decklinienssystem konstruieren.

Nach Vertauschen entsprechender Zeilen und Spalten erhalten wir (1. Zeile — 5. Zeile, 2. Zeile — 3. Zeile, 3. Zeile — 5. Zeile)

$$\left(\begin{array}{cccc|c} 0^* & 0 & 0 & 4 & 0 \\ 0 & 0^* & 3 & 5 & 4 \\ 0 & 0 & 0^* & 2 & 0 \\ 0 & 2 & 7 & 0^* & 0 \\ \hline 2 & 0 & 0 & 1 & 1 \end{array}\right).$$

Hieraus ist ersichtlich, daß ein unabhängiger Punkt Schnittpunkt von zwei Linien ist, die Nullelemente enthalten. Daraus folgt, daß sich die Nullelemente nicht durch vier Linien bedecken lassen, was zur Folge hat, daß die Anzahl der ausgewählten unabhängigen Punkte nicht maximal ist. Wir erhalten die maximale Anzahl sofort, wenn wir das im Schnittpunkt der beiden Linien stehende Element durch die beiden anderen Nullelemente ersetzen, d. h.

$$\begin{pmatrix} 0^* & 0 & 0 & 4 & 0 \\ 0 & 0^* & 3 & 5 & 4 \\ 0 & 0 & 0 & 2 & 0^* \\ 0 & 2 & 7 & 0^* & 0 \\ 2 & 0 & 0^* & 1 & 1 \end{pmatrix}.$$

Da wir hiermit zu fünf unabhängigen Nullelementen kommen, hat die Lösung des Problems die folgende Gestalt:

$$\begin{pmatrix} 0 & 0 & 0 & 2 & 0^* \\ 2 & 0 & 0^* & 1 & 1 \\ 0 & 0^* & 3 & 5 & 4 \\ 0 & 2 & 7 & 0^* & 0 \\ 0^* & 0 & 0 & 4 & 0 \end{pmatrix},$$

d. h., wenn wir die Zuordnung an den Stellen vornehmen, wo ein unabhängiges Nullelement steht, erhalten wir die minimalen Kosten

$$f = \sum_{k=1}^{3} g^{(k)} = 8 + 4 + 2 = 14 .$$

Beispiel 2: Zu lösen ist das folgende Transportproblem, das durch die Tabelle

4	5	2	1	2
3	2	1	5	2
2	3	4	3	3
2	2	1	2	7

gegeben ist.

Schritt 1: Es sind die minimalen Elemente in den Zeilen der Kostenmatrix

$$\begin{pmatrix} 4 & 5 & 2 & 1 \\ 3 & 2 & 1 & 5 \\ 2 & 3 & 4 & 3 \end{pmatrix}$$

zu bestimmen:

$$u_1^{(1)} = 1\,, \qquad u_2^{(1)} = 1\,, \qquad u_3^{(1)} = 2\,.$$

Das Element $u_i^{(1)}$ wird von allen Elementen der i-ten Zeile subtrahiert. Dann erhalten wir die Tabelle

3	4	1	0	2
2	1	0	4	2
0	1	2	1	3
2	2	1	2	7

und die Kostenminderung $g^{(1)} = 10$.

Schritt 2: Die minimalen Elemente der einzelnen Spalten der neuen Matrix sind

$$v_1^{(2)} = 0\,, \qquad v_2^{(2)} = 1\,, \qquad v_3^{(2)} = 0\,, \qquad v_4^{(2)} = 0\,.$$

Die transformierte Matrix finden wir in der Tabelle

3	3	1	0	2
2	0	0	4	2
0	0	2	1	3
2	2	1	2	7

Die dazugehörende Kostenverminderung beträgt $g^{(2)} = 2$.

Schritt 3: Wir wählen unabhängige Nullelemente aus, z. B. steht in der ersten Zeile eine Null, die aber wegen der Multiplizitäten $b_1 = 2$ und $a_4 = 2$ eine Matrix der Form

$$\begin{pmatrix} 0 & 0 \\ 0 & 0 \end{pmatrix}$$

darstellt. Daraus folgt, daß höchstens zwei unabhängige Nullelemente ausgewählt werden können, etwa

$$\begin{pmatrix} 0^* & 0 \\ 0 & 0^* \end{pmatrix}.$$

Wir wählen nun die in der ersten Zeile auftretende Null als unabhängiges Nullelement. Dieser Punkt ist ein Vertreter für zwei unabhängige Punkte, wir sagen dann, 0^* hat die Multiplizität 2 und schreiben $^20^*$. Mit der bekannten Methode können wir sieben unabhängige Nullelemente folgendermaßen auswählen:

3	3	1	$^20^*$	2
2	$^10^*$	$^10^*$	4	2
$^20^*$	$^10^*$	2	1	3
2	2	1	2	7

Damit haben wir dieses Transportproblem gelöst, d. h., wir haben auf diesen Strecken zu transportieren, wo ein unabhängiges Nullelement steht und gerade soviel, wie die Multiplizität angibt. Die minimalen Transportkosten betragen

$$f = g^{(1)} + g^{(2)} = 10 + 2 = 12\,.$$

KAPITEL 8

GANZZAHLIGE LINEARE OPTIMIERUNGS PROBLEME

8.1. Einführung

Viele Probleme aus der Praxis, beispielsweise aus der Ablaufplanung[1]), lassen sich mit Methoden der ganzzahligen Optimierung lösen. Es handelt sich hierbei um Probleme, bei denen einige oder alle Variable nur diskrete Werte annehmen dürfen. Das hat natürlich zur Folge, daß die dort vorkommenden Funktionen nicht einmal mehr stetig sind. Aus diesem Grunde gehört das Gebiet der ganzzahligen linearen Optimierung eigentlich zur nichtlinearen Optimierung. Da aber vielfach die Methoden der linearen Optimierung zur Lösung derartiger Probleme verwendet werden, haben wir uns für eine kurze Behandlung innerhalb dieses Rahmens entschieden.

Der zulässige Bereich ganzzahliger Optimierungsprobleme besteht häufig aus einer endlichen Anzahl von Punkten, so daß man alle optimalen Punkte durch Variantenvergleich ermitteln könnte. Die Anzahl der möglichen Varianten ist aber im allgemeinen so groß, daß eine praktische Berechnung auf diese Art und Weise unmöglich ist. Bevor wir auf verschiedene Lösungsmethoden eingehen werden, formulieren wir zunächst verschiedene Typen ganzzahliger Optimierungsprobleme:

$$\max\left\{\sum_{\alpha=1}^{n} c_\alpha x_\alpha \,\middle|\, \sum_{\alpha=1}^{n} a_{r\alpha} x_\alpha = b_r\,,\quad r = 1, \ldots, m\,,\ x_\alpha \geqq 0\,,\ x_\alpha \text{ ganzzahlig},\ \alpha = 1, \ldots, n\right\} \tag{1}$$

Bei diesem Problem setzen wir voraus:

1° $b_r \geqq 0 \quad (r = 1, \ldots, m)$;

2° $1 \leqq m < n$;

3° die Matrix

$$A = \begin{pmatrix} a_{11} & & a_{1n} \\ \vdots & & \vdots \\ a_{m1} & \ldots & a_{mn} \end{pmatrix}$$

hat den Rang m.

Das Problem (1) nennen wir ein *ganzzahliges Optimierungsproblem*[2]) *in Gleichungsform*. Wir können (1) wie üblich auch kurz in der Form

$$\max\{\boldsymbol{c}'\boldsymbol{x} \mid \boldsymbol{A}\boldsymbol{x} = \boldsymbol{b},\ \boldsymbol{x} \geqq \boldsymbol{o},\ x_\alpha \text{ ganzzahlig},\ \alpha = 1, \ldots, n\} \tag{2}$$

[1]) siehe Anhang.

[2]) häufig auch *rein-ganzzahliges Problem*.

schreiben. Das Problem

$$\max\{\boldsymbol{c}'\boldsymbol{x} \mid \boldsymbol{A}\boldsymbol{x} = \boldsymbol{b}, \boldsymbol{x} \geqq \boldsymbol{o}\} \tag{3}$$

ohne die Ganzzahligkeitsforderung ist das zu (2) gehörende stetige Problem. Es ist ein lineares Optimierungsproblem in Gleichungsform, wie wir es in Kapitel 4 betrachtet und in Kapitel 5 mit der Simplexmethode gelöst haben. Da die meisten Verfahren zur Lösung des Problems (1) zunächst einen optimalen Punkt des stetigen Problems (3) benötigen, sind auch die Voraussetzungen 1°, 2° und 3° verständlich. Wir betrachten nun ein weiteres Problem, daß sich von (1) nur dadurch unterscheidet, daß die auftretenden Variablen $x_\alpha (\alpha = 1, \ldots, n)$ auch nach oben beschränkt sind.

$$\max\{\boldsymbol{c}'\boldsymbol{x} \mid \boldsymbol{A}\boldsymbol{x} = \boldsymbol{b}, 0 \leqq x_\alpha \leqq d_\alpha, d_\alpha > 0, x_\alpha \text{ ganzzahlig}, \alpha = 1, \ldots, n\} \tag{4}$$

unter den Voraussetzungen 1°, 2° und 3°.

Über das dazugehörende stetige Problem

$$\max\{\boldsymbol{c}'\boldsymbol{x} \mid \boldsymbol{A}\boldsymbol{x} = \boldsymbol{b}, 0 \leqq x_\alpha \leqq d_\alpha, d_\alpha > 0, \alpha = 1, \ldots, n\} \tag{5}$$

haben wir in 6.2. gesprochen.

Der Restriktionsbereich des Problems (4) besteht im Gegensatz zu dem des Problems (2) immer aus höchstens endlich vielen Punkten. Hier ist es also theoretisch möglich, für alle diese zulässigen Punkte die Zielfunktionswerte zu berechnen und durch Vergleich die Menge der optimalen Punkte zu bestimmen. Wie wir schon zu Beginn dieses Kapitels feststellten, ist diese Variantenrechnung im allgemeinen nicht durchführbar. Aus diesem Grunde wurden Methoden entwickelt, die es gestatten, einen bzw. alle optimalen Punkte (vorausgesetzt, daß solche überhaupt existieren) zu ermitteln, ohne alle zulässigen Punkte zu überprüfen. An dieser Stelle wollen wir aber darauf hinweisen, daß auch bei diesen Verfahren der Rechenaufwand erheblich ist.

Es ist zweckmäßig, schon hier etwas Grundsätzliches über die Lösbarkeit des Problems (4) auszusagen. Wenn der Restriktionsbereich des stetigen Problems (5) nicht leer ist, existiert mindestens ein optimaler Punkt, da der zulässige Bereich auf Grund der Bedingungen

$$0 \leqq x_\alpha \leqq d_\alpha, \qquad \alpha = 1, \ldots, n$$

beschränkt ist.[1]) (Eine äquivalente Aussage gilt für das Problem (4), da dann der Restriktionsbereich aus endlich vielen Punkten besteht.) Damit ist aber noch nicht gesichert, daß der zulässige Bereich des diskreten Problems (4) nicht leer ist. Ist jedoch der zulässige Bereich des Problems (5) leer, so ist auch der von Problem (4) leer. Es besteht offensichtlich noch der folgende Zusammenhang zwischen den beiden Problemen:

Erfüllt ein optimaler Punkt des Problems (5) die Ganzzahligkeitsforderung

$$x_\alpha \quad (\alpha = 1, \ldots, n) \quad \text{ganzzahlig},$$

---

[1]) Siehe Satz 1 aus Kap. 3.

so ist er auch optimal für das betrachtete Problem (4). Der Fall, daß die Zielfunktion über dem Restriktionsbereich nach unten unbeschränkt ist, kommt für das Problem (4) nicht in Frage. Bei Problem (1) haben wir jedoch die drei Fälle

a) Restriktionsbereich leer,
b) Zielfunktion nach unten unbeschränkt,
c) das Problem hat mindestens einen optimalen Punkt

zu unterscheiden.

Die Bemerkungen über die Lösbarkeit der betrachteten Probleme (1) und (4) im Zusammenhang mit den zugehörenden stetigen Problemen bilden die Grundlage für eine Reihe von Lösungsverfahren.

Bisher haben wir zwei Typen von ganzzahligen linearen Optimierungsproblemen formuliert. Wir betrachten nun den folgenden Spezialfall des Problems (4) für $d_\alpha = 1$ $(\alpha = 1, \ldots, n)$:

$$\max \{\boldsymbol{c}' \boldsymbol{x} \mid \boldsymbol{A} \boldsymbol{x} = \boldsymbol{b}, 0 \leqq x_\alpha \leqq 1, x_\alpha \text{ ganzzahlig}, \alpha = 1, \ldots, n\}$$

oder in anderer Schreibweise

$$\max \{\boldsymbol{c}' \boldsymbol{x} \mid \boldsymbol{A} \boldsymbol{x} = \boldsymbol{b}, x_\alpha = 0 \text{ oder } 1, \alpha = 1, \ldots, n\}, \tag{6}$$

wobei wir wieder die Eigenschaften 1°, 2° und 3° voraussetzen wollen.

Dann ist

$$\max \{\boldsymbol{c}' \boldsymbol{x} \mid \boldsymbol{A} \boldsymbol{x} = \boldsymbol{b}, 0 \leqq x_\alpha \leqq 1, \alpha = 1, \ldots, n\} \tag{7}$$

das zu (6) gehörende stetige Problem.

Im Gegensatz zu den Problemen (1) und (4) können die Variablen in (6) nur einen der beiden Werte 0 oder 1 annehmen. In diesem Fall sprechen wir von *linearen 0-1-Optimierungsproblemen*. Wir werden uns nun überlegen, wie man das Problem (4) unter der Voraussetzung, daß die Schranken d_α $(\alpha = 1, \ldots, n)$ ganzzahlig sind, auf eine Form (6) überführen kann. Wir gehen von den Bedingungen

$$0 \leqq x_\alpha \leqq d_\alpha \qquad (\alpha = 1, \ldots, n)$$

aus und ersetzen die Variablen x_α durch die Summe

$$x_\alpha = y_{\alpha 1} + y_{\alpha 2} + \cdots + y_{\alpha d_\alpha} \tag{8}$$

mit

$$y_{\alpha j} = 0 \quad \text{oder } 1, \qquad j = 1, \ldots, d_\alpha .$$

Durch die Substitution (8) erhalten wir ein lineares 0-1-Optimierungsproblem. Außerdem lassen sich viele praktische Aufgaben, beispielsweise gewisse Reihenfolgeprobleme (siehe Anhang), direkt auf mathematische Modelle der Form (6) zurückführen.

Die in (4) und (6) vorkommenden Daten $(c_\alpha, a_{r\alpha}, b_r, d_\alpha; r = 1, \ldots, m; \alpha = 1, \ldots, n)$ sind gegebene reelle Zahlen. Wir werden uns auch mit dem Spezialfall beschäftigen, wo diese Daten ganzzahlig sind, denn dafür wurden besondere Lösungsverfahren entwickelt (siehe pseudo-Boolesche Optimierung).

Bisher haben wir Probleme betrachtet, wo alle Variablen diskrete Werte annehmen. Wenn wir jedoch in den Problemen (1), (4) und (6) die Bedingungen

$$x_\alpha \quad (\alpha = 1, \ldots, n) \quad \text{ganzzahlig}$$

durch die Forderungen

$$x_\alpha \quad (\alpha = 1, \ldots, p) \quad \text{ganzzahlig}; \quad x_\alpha \in E_1 \quad (\alpha = p + 1, \ldots, n)$$

ersetzen, sprechen wir von *gemischt-ganzzahligen linearen Optimierungsproblemen* (im Anhang werden als Anwendungsbeispiele Standortoptimierungsmodelle entwickelt) im Gegensatz zu den rein-ganzzahligen Problemen. Zu gemischt-ganzzahligen Problemen kann man auch dann gelangen, wenn statt einiger oder aller Gleichheitszeichen in den Nebenbedingungen

$$\sum_{\alpha=1}^{n} a_{r\alpha} x_\alpha = b_r \qquad (r = 1, \ldots, m)$$

der Probleme (1), (4) oder (6) die Zeichen $\leqq$ oder $\geqq$ stehen. Wir wissen nämlich aus 3.1., daß sich Ungleichungen durch Einführung von Schlupfvariablen in Gleichungen überführen lassen, wobei diese Variablen beliebige nichtnegative Zahlen annehmen können. Damit ist klar, daß man von einem rein-ganzzahligen linearen Optimierungsproblem mit Ungleichungen in den Nebenbedingungen zu einem äquivalenten gemischt-ganzzahligen Problem in Gleichungsform übergehen kann.

Die wichtigsten Verfahren zur Lösung ganzzahliger Optimierungsprobleme sind Schnittverfahren und kombinatorische Verfahren. Da bei den Schnittverfahren die Methoden der linearen Optimierung in stärkerem Maße angewendet werden, soll hier über sie berichtet werden. Wenn wir berücksichtigen, daß die Transformation (8) eines ganzzahligen Problems auf ein 0-1-Problem mit einer enormen Erhöhung der Variablenzahl verbunden ist, erscheint es zweckmäßig, für 0-1-Probleme spezielle Verfahren anzugeben, was mit der Filtermethode und den pseudo-Booleschen Methoden geschieht.

8.2. Schnittmethoden

In diesem Abschnitt soll ein allgemeiner Algorithmus angegeben werden, von dem die Algorithmen von Gomory Spezialfälle sind. Für diesen allgemeinen Algorithmus wird die Endlichkeit unter gewissen Voraussetzungen bewiesen. Eine dieser Voraussetzungen ist eine Modifizierung der dualen Simplexmethode aus Kapitel 6.

8.2.1. Modifizierung der dualen Simplexmethode

▌D. 1 Ein Vektor $\boldsymbol{x}$ soll *lexikographisch positiv* heißen,

$$\boldsymbol{x} \succ \boldsymbol{o}\,,$$

falls die erste Nichtnullkomponente von $\boldsymbol{x}$ positiv ist. Entsprechend heißt ein Vektor $\boldsymbol{x}$ *lexikographisch größer* als ein Vektor $\boldsymbol{y}$ (gleicher Dimension),

$$\boldsymbol{x} \succ \boldsymbol{y},$$

falls $\boldsymbol{x} - \boldsymbol{y}$ lexikographisch positiv ist:

$$\boldsymbol{x} - \boldsymbol{y} \succ \boldsymbol{o}.$$

Bei lexikographisch nichtnegativen Vektoren $\boldsymbol{x}$ ist $\boldsymbol{x} = \boldsymbol{o}$ zugelassen. ▮

▮ D. 2 Schließlich heißt ein optimaler Punkt $\boldsymbol{x}^0$ von

$$\max \{\boldsymbol{c}' \boldsymbol{x} \mid \boldsymbol{A}\boldsymbol{x} \leqq \boldsymbol{b};\ \boldsymbol{x} \geqq \boldsymbol{o}\} \tag{1}$$

lexikographisch optimal (*l-optimal*), falls kein optimaler Punkt von (1) lexikographisch größer als $\boldsymbol{x}^0$ ist. ▮

Dieser Begriff spielt insbesondere eine Rolle bei der Existenz mehrerer optimaler Punkte.

▮ S. 1 *Ist* $\mathfrak{M}_{\text{opt}}$, *die Menge der optimalen Punkte von* (1), *nicht leer und beschränkt, so existiert ein l-optimaler Punkt* $\boldsymbol{x}^0$, *der überdies noch Eckpunkt ist.* ▮

▮ Bws. Nach Voraussetzung ist $\mathfrak{M}_{\text{opt}}$ ein beschränktes konvexes Polyeder. Also hat jedes der Probleme

$$\max \{\boldsymbol{E}'_\alpha \boldsymbol{x} \mid \boldsymbol{x} \in \mathfrak{M}_{\text{opt}}\} \qquad (\alpha = 1, \ldots, n) \tag{2}$$

einen optimalen Punkt, der außerdem Eckpunkt von $\mathfrak{M}_{\text{opt}}$ ist und damit auch Eckpunkt von

$$\mathfrak{M} = \{\boldsymbol{x} \mid \boldsymbol{A}\boldsymbol{x} \leqq \boldsymbol{b};\ \boldsymbol{x} \geqq \boldsymbol{o}\}.$$

Es sei

$$\alpha_0 = \min \{\alpha \mid \max \{\boldsymbol{E}'_\alpha \boldsymbol{x} \mid \boldsymbol{x} \in \mathfrak{M}_{\text{opt}}\} > 0\}.$$

Ein optimaler Punkt von (2) für $\alpha = \alpha_0$ ist dann offenbar l-optimal für (1). ▮

Nach Einführung von Schlupfvariablen in (1) sei $\boldsymbol{x}^0 \in E_{n+m}$ ein (zulässiger oder nicht zulässiger) Basispunkt und

$$x_{i_r} = d_{r0} - \sum_{\alpha=1}^{n} d_{r\alpha} x_{j_\alpha} \qquad (r = 1, \ldots, m) \tag{3}$$

die Darstellung der Basisvariablen durch die Nichtbasisvariablen für den Basispunkt $\boldsymbol{x}^0$. Wenn wir mit x_0 die Zielfunktion bezeichnen und $i_0 = 0$ setzen, können wir zu (3) die Gleichung

$$x_{i_0} = d_{00} - \sum_{\alpha=1}^{n} d_{0\alpha} x_{j_\alpha}$$

für die Darstellung der Zielfunktion durch die Nichtbasisvariablen hinzufügen und durch

$$x_{i_r} = d_{r0} - \sum_{\alpha=1}^{n} d_{r\alpha}\, x_{j_\alpha} \qquad (r = 0, 1, \ldots, m;\quad x_\tau \geqq 0,\quad \tau = 1, \ldots, n + m) \qquad (4)$$

das Problem vollständig beschreiben.

Hier möge wie bei der dualen Simplexmethode $d_{0\alpha} \geqq 0\,(\alpha = 1, \ldots, n)$ gelten, d. h., der dem Basispunkt zugeordnete Basispunkt $\boldsymbol{u}^0$ des Dualproblems von (1) (mit Schlupfvariablen)

$$u^0_{j_\alpha} = d_{0\alpha} \qquad (\alpha = 1, \ldots, n)\,, \qquad u^0_{i_r} = 0 \qquad (r = 1, \ldots, m)$$

ist zulässig.

Aus (4) kann man wie folgt das System

$$x_\tau = \bar{d}_{\tau 0} - \sum_{\alpha=1}^{n} \bar{d}_{\tau\alpha}\, x_{j_\alpha} \qquad (\tau = 0, 1, \ldots, n + m)$$

gewinnen: Man setze

1° für $\tau = i_r$ $\quad (r = 0, 1, \ldots, m)$: $\quad \bar{d}_{\tau\alpha} = d_{r\alpha} \quad (\alpha = 0, 1, \ldots, n)$,

2° für $\tau = j_\alpha$ $\quad (\alpha = 1, \ldots, n)$: $\quad \bar{d}_{\tau s} = -\,\delta_{\alpha s} \quad (s = 0, 1, \ldots, n)$.

Dieses System können wir auch in der Form

$$\boldsymbol{x} = \bar{\boldsymbol{d}}_0 - \sum_{\alpha=1}^{n} \bar{\boldsymbol{d}}_\alpha\, x_{j_\alpha} \qquad (\boldsymbol{x} \in E_{n+m+1}) \qquad (\bar{4})$$

mit

$$\bar{\boldsymbol{d}}'_\alpha = (\bar{d}_{0\alpha}, \bar{d}_{1\alpha}, \ldots, \bar{d}_{n+m,\alpha}) \qquad (\alpha = 0, 1, \ldots, n)$$

schreiben. Damit ist jeder Darstellung der Basisvariablen durch die Nichtbasisvariablen für einen Basispunkt $\boldsymbol{x}^0$ eindeutig eine Darstellung der Form ($\bar{4}$) zugeordnet. Wir bemerken, daß der Darstellung ($\bar{4}$) die um genau n negative Einheitsvektoren erweiterte Simplextabelle zur Darstellung (4) entspricht. Wenn z. B. (4) die Form

$$x_0 = 10 - (3\,x_4 + 5\,x_2 + x_5)\,,$$
$$x_3 = -\,2 - (-\,x_4 - 2\,x_2 + x_5)\,,$$
$$x_1 = 4 - (x_4 - x_2 - 2\,x_5)$$

hat, gehört hierzu das Rechenschema

		4	2	5
	10	3	5	1
3	−2	−1	−2	1
1	4	1	−1	−2

während $(\bar{4})$ die Form

$$\begin{pmatrix} x_0 \\ x_1 \\ x_2 \\ x_3 \\ x_4 \\ x_5 \end{pmatrix} = \begin{pmatrix} 10 \\ 4 \\ 0 \\ -2 \\ 0 \\ 0 \end{pmatrix} - \begin{pmatrix} 3 \\ 1 \\ 0 \\ -1 \\ -1 \\ 0 \end{pmatrix} x_4 - \begin{pmatrix} 5 \\ -1 \\ -1 \\ -2 \\ 0 \\ 0 \end{pmatrix} x_2 - \begin{pmatrix} 1 \\ -2 \\ 0 \\ 1 \\ 0 \\ -1 \end{pmatrix} x_5$$

hat mit der Tabelle

		x_4	x_2	x_5
x_0	10	3	5	1
x_1	4	1	-1	-2
x_2	0	0	-1	0
x_3	-2	-1	-2	1
x_4	0	-1	0	0
x_5	0	0	0	-1

In den folgenden theoretischen Untersuchungen werden wir die Darstellung $(\bar{4})$ zugrundelegen.

▌ D. 3 Wir nennen die Darstellung $(\bar{4})$ *lexikographisch normal* (*l-normal*), falls $\bar{\boldsymbol{d}}_\alpha > \boldsymbol{o}$ $(\alpha = 1, \ldots, n)$ ist. ▌

Es sei $I^- = \{r \mid d_{r0} < 0, 1 \leqq r \leqq m\}$ und $r \in I^-$ bzw. bei Benutzung von $(\bar{4})$

$$I^- = \{\tau \mid \bar{d}_{\tau 0} < 0\} \quad \text{und} \quad k \in I^- .$$

Dann werde das Zentralelement für den Übergang zu einem neuen Basispunkt durch die „lexikographische Minimumregel" festgelegt:

$$\frac{\bar{\boldsymbol{d}}_s}{|\bar{d}_{ks}|} = \operatorname{lex\,min} \left\{ \frac{\bar{\boldsymbol{d}}_\alpha}{|\bar{d}_{k\alpha}|} \,\middle|\, \bar{d}_{k\alpha} < 0 \,,\ 1 \leqq \alpha \leqq n \right\}, \tag{5}$$

d. h., $\frac{1}{|\bar{d}_{ks}|} \bar{\boldsymbol{d}}_s$ ist der lexikographisch kleinste Vektor unter den in Frage kommenden.

Falls in (4) beispielsweise $d_{0\alpha} > 0$ ist für alle α mit $d_{k\alpha} < 0$, so haben wir die gewöhnliche Festlegung des Zentralelements in der dualen Simplexmethode. Der Leser möge sich davon überzeugen, daß es sich im anderen Fall um die Anwendung der Methode zur eindeutigen Festlegung des Zentralelements für den Entartungsfall bei der gewöhnlichen Simplexmethode handelt. Der Übergang von $(\bar{4})$ zu dem durch $\bar{d}_{ks}$ festgelegten neuen Basispunkt mit der Darstellung

$$\boldsymbol{x} = \bar{\boldsymbol{d}}_0^* - \sum_{\alpha=1}^{n} \bar{\boldsymbol{d}}_\alpha^* \, x_{j_\alpha^*} \tag{$\bar{4}$*}$$

vollzieht sich nach den Formeln

$$\bar{\boldsymbol{d}}_s^* = -\frac{\bar{\boldsymbol{d}}_s}{|\bar{d}_{ks}|}, \qquad \bar{\boldsymbol{d}}_\alpha^* = \bar{\boldsymbol{d}}_\alpha + \bar{d}_{k\alpha}\,\bar{\boldsymbol{d}}_s^* \qquad (\alpha = 0, 1, \ldots, n; \alpha \neq s),$$

$$j_\alpha^* = j_\alpha \quad (\alpha \neq s), \qquad j_s^* = k,$$

wie man durch Ausmultiplizieren und Vergleich mit den Transformationsformeln der dualen Simplexmethode sofort verifizieren kann. Ist nun die Darstellung $(\bar{4})$ l-normal, d. h. $\bar{\boldsymbol{d}}_\alpha > \boldsymbol{o}$ $(\alpha = 1, \ldots, n)$, so ist wegen $\bar{d}_{ks} < 0$ auch $\bar{\boldsymbol{d}}_s^* > \boldsymbol{o}$. Für $\bar{d}_{k\alpha} \geqq 0$ ist $\bar{\boldsymbol{d}}_\alpha^*$ $(\alpha = 1, \ldots, n)$ als Summe lexikographisch positiver Vektoren auch lexikographisch positiv. Für $\bar{d}_{k\alpha} < 0$ haben wir nach der lexikographischen Minimumregel (5)

$$\frac{\bar{\boldsymbol{d}}_s}{\bar{d}_{ks}} - \frac{\bar{\boldsymbol{d}}_\alpha}{\bar{d}_{k\alpha}} > \boldsymbol{o} \qquad (\bar{d}_{k\alpha} < 0, \quad 1 \leqq \alpha \leqq n);$$

also sind auch die $\bar{\boldsymbol{d}}_\alpha^*$ $(\alpha = 1, \ldots, n; \alpha \neq s)$ lexikographisch positiv, womit gezeigt ist, daß die Darstellung $(\bar{4}^*)$ wiederum l-normal ist.

Wegen

$$\bar{\boldsymbol{d}}_0^* = \bar{\boldsymbol{d}}_0 + \bar{d}_{k0}\,\bar{\boldsymbol{d}}_s^* = \bar{\boldsymbol{d}}_0 - |\bar{d}_{k0}|\,\bar{\boldsymbol{d}}_s^*$$

und $|\bar{d}_{k0}|\,\bar{\boldsymbol{d}}_s^* > \boldsymbol{o}$ folgt

$$\bar{\boldsymbol{d}}_0 > \bar{\boldsymbol{d}}_0^* .$$

Andererseits ist $\bar{d}_{00} = d_{00} = x_0^0$ der Zielfunktionswert des Basispunktes $\boldsymbol{x}^0$ und $\bar{\boldsymbol{d}}_0' = (x_0^0, \boldsymbol{x}^{0\prime})$, während $\bar{d}_{00}^* = \bar{d}_{00}^* = x_0^*$ der Zielfunktionswert des neuen Basispunktes $\boldsymbol{x}^*$ ist, wobei $\bar{\boldsymbol{d}}_0^{*\prime} = (x_0^*, \boldsymbol{x}^{*\prime})$ gilt. Somit haben wir bewiesen:

▌ S. 2 *Die bei der dualen Simplexmethode entstehende Folge von Iterationspunkten*

$$\begin{pmatrix} x_0^0 \\ \boldsymbol{x}^0 \end{pmatrix}, \begin{pmatrix} x_0^1 \\ \boldsymbol{x}^1 \end{pmatrix}, \ldots, \begin{pmatrix} x_0^r \\ \boldsymbol{x}^r \end{pmatrix}, \ldots \left(\bar{\boldsymbol{d}}_0^r = \begin{pmatrix} x_0^r \\ \boldsymbol{x}^r \end{pmatrix}\right),$$

wobei x_0^r *der Zielfunktionswert für* $\boldsymbol{x}^r$ *sei, ist lexikographisch streng monoton fallend:*

$$\bar{d}_0^0 > \bar{d}_0^1 > \cdots > \bar{d}_0^r > \cdots,$$

falls man (im Entartungsfall) die lexikographische Minimumregel (5) *anwendet und mit einem Basispunkt beginnt, für den eine l-normale Darstellung vorliegt.* ▌

Abschließend bemerken wir, daß die lexikographische Minimumregel nichts über die Festlegung der Führungszeile aussagt. Sie kann mit einem Auswahlkriterium aus 6.1. bestimmt werden.

8.2.2. Ein allgemeines Schnittverfahren

Wir betrachten ein (nicht notwendig rein) ganzzahliges lineares Optimierungsproblem in Normalform (mit Schlupfvariablen)

$$\max\left\{\sum_{\alpha=1}^{n} c_\alpha x_\alpha \,\middle|\, \sum_{\alpha=1}^{n} a_{r\alpha} x_\alpha + x_{n+r} = b_r\,, \quad r = 1, \ldots, m; \right.$$
$$\left. x_\tau \geqq 0\,, \quad \tau = 1, \ldots, n+m; \quad x_\tau \text{ ganzzahlig}, \ \tau \in M\right\} \tag{6}$$

und bezeichnen den zulässigen Bereich mit $\mathfrak{M}_{\text{ganz}}$. Da wir $x_0 = \sum_{\alpha=1}^{n} c_\alpha x_\alpha$ setzen, können wir auch $0 \in M$ zulassen. Im allgemeinen ist die Indexmenge M eine Teilmenge von $\{0, 1, \ldots, n+m\}$. Es wird hier vorausgesetzt, daß auch der Zielfunktionswert der Ganzzahligkeitsforderung unterliegt. Durch Umnumerierung der Variablen können wir erreichen, daß $M = \{0, 1, \ldots, p\}$ mit $p \leqq n + m$ gilt, also die ersten $p + 1$ Variablen ganzzahlig sein sollen.

Es sei nun $\boldsymbol{x}^0 \in E_{n+m}$ ein beliebiger Basispunkt des (6) zugeordneten stetigen Problems (1) (mit Schlupfvariablen) und

$$\boldsymbol{x} = \bar{\boldsymbol{d}}_0 - \sum_{\alpha \in N} \bar{\boldsymbol{d}}_\alpha x_\alpha \qquad (\boldsymbol{x} \in E_{n+m+1}) \tag{7}$$

die entsprechende (l-normale) Darstellung der Form ($\bar{4}$) für den Basispunkt $\boldsymbol{x}^0$. Hierin ist N die Indexmenge für die Nichtbasisvariablen. Es sei daran erinnert, daß die erste Komponente des Vektors $\bar{\boldsymbol{d}}_0 \in E_{n+m+1}$ den Zielfunktionswert für $\boldsymbol{x}^0$ darstellt.

Von zentraler Bedeutung für das allgemeine Schnittverfahren ist der Begriff eines regulären Schnittes. Den ganzen Teil einer reellen Zahl t bezeichnen wir mit $[t]$, d. h., $[t]$ ist die größte ganze Zahl, die nicht größer als t ist.

▌ D. 3 Wenn in der Darstellung (7) $x_k^0 = \bar{d}_{k0}$ mit $k \in M$ nicht ganzzahlig ist, heißt

$$z = f_{k0} - \sum_{\alpha \in N} f_{k\alpha} x_\alpha$$

ein *regulärer x_k-Schnitt*, falls folgende Bedingungen erfüllt sind:

1° $f_{k0} < 0\,, \qquad \bar{d}_{k0} + f_{k0} \leqq [\bar{d}_{k0}]\,.$

2° Aus $f_{k\alpha} \neq 0$ folgt $\bar{d}_{k\alpha} \neq 0$; aus $\bar{d}_{k\alpha} > 0$ folgt $\bar{d}_{k\alpha} \geqq |f_{k\alpha}|\,.$

3° $z \geqq 0 \qquad$ für alle $\boldsymbol{x} \in \mathfrak{M}_{\text{ganz}}\,.$

Sollte überdies noch z ganzzahlig für alle $\boldsymbol{x} \in \mathfrak{M}_{\text{ganz}}$ sein, so ist der Schnitt ein *ganzer* regulärer x_k-Schnitt. Allgemein werden wir auch von regulären bzw. ganzen regulären Schnitten sprechen. Die Variable z heißt *Schnittvariable*. ▌

Der Algorithmus möge nun folgendermaßen ablaufen:

1. Anfangsschritt: Gegeben sei ein Basispunkt $\boldsymbol{x}^0$ des (6) zugeordneten stetigen Problems und eine zu $\boldsymbol{x}^0$ gehörende l-normale Darstellung

$$\boldsymbol{x} = \bar{\boldsymbol{d}}_0^0 - \sum_{\alpha \in N} \bar{\boldsymbol{d}}_\alpha^0 x_\alpha .$$

2. Allgemeiner Iterationsschritt: Es liege ein Basispunkt $\boldsymbol{x}^r$ und eine zugehörende l-normale Darstellung

$$\boldsymbol{x} = \bar{\boldsymbol{d}}_0^r - \sum_{\alpha \in N_r} \bar{\boldsymbol{d}}_\alpha^r x_\alpha \qquad (8)$$

vor. Dann kann man nach zwei Methoden einen Iterationspunkt $\boldsymbol{x}^{r+1}$ mit einer l-normalen Darstellung

$$\boldsymbol{x} = \bar{\boldsymbol{d}}_0^{r+1} - \sum_{\alpha \in N_{r+1}} \bar{\boldsymbol{d}}_\alpha^{r+1} x_\alpha \qquad (9)$$

und $\bar{\boldsymbol{d}}_0^r > \bar{\boldsymbol{d}}_0^{r+1}$ bestimmen:

Erste Methode: Man wähle ein $k \in I^- = \{\tau \mid \bar{d}_{\tau 0}^r < 0\}$.

Zweite Methode: Man wähle den kleinsten Index $k \in M$, so daß $\bar{d}_{k0}^k$ nicht ganzzahlig ist und führe einen regulären x_k-Schnitt

$$x_{N+k} = f_{k0}^r - \sum_{\alpha \in N_r} f_{k\alpha}^r x_\alpha \qquad (N = n + m + 1)$$

ein.

In beiden Fällen bestimme man danach durch die Anwendung der dualen Simplexmethode mit lexikographischer Minimumregel ein Zentralelement (nach der ersten Methode ist es ein $\bar{d}_{ks}^r$ und nach der zweiten Methode ein f_{ks}^r). Nach der Transformation hat eine Variable x_s mit $s \in N_r$ einen positiven Wert. War x_s in einem vergangenen Iterationsschnitt Schnittvariable (d. h. $s \geqq m + n + 1$), so wird sie in der l-normalen Darstellung (9) für $\boldsymbol{x}^{r+1}$ fallengelassen. Bei Schnitteinführung wird

$$N_{r+1} = N_r \backslash \{s\} \cup \{n + m + k + 1\} .$$

Der Algorithmus endet offenbar, falls die ersten $p + 1$ Komponenten von $\bar{\boldsymbol{d}}_0^r$ ganzzahlig sind oder das Unlösbarkeitskriterium aus der dualen Simplexmethode erfüllt ist. Solange man bei den Iterationsschritten noch keinen zulässigen Punkt des stetigen Problems erreicht hat (d. h. $I^- \neq \emptyset$), kann man auch reguläre Schnitte einführen für Variable x_k, bei denen k nicht der kleinste Index aus der Menge M ist, für den $\bar{d}_{k0}^r$ die Ganzzahligkeitsforderung nicht erfüllt. Für die Endlichkeit des Verfahrens ist das Fallenlassen der Schnittvariablen, wenn sie einen positiven Wert erhalten, nicht erforderlich. Doch wird durch diesen Zusatz die Anzahl der Variablen stets in den Grenzen $n + m + 1$ und $2n + m + 1$ gehalten.

8.2.3. Der Endlichkeitsbeweis für das allgemeine Schnittverfahren

Die Endlichkeit des Verfahrens wird durch den folgenden Satz garantiert:

▮ S. 3 *Es seien folgende Voraussetzungen erfüllt:*

1° *Die Menge* $\mathfrak{M}_{\text{opt}}$ *der optimalen Punkte des stetigen Problems ist beschränkt.*

2° *Der Wert der Zielfunktion von* (6) *ist ganzzahlig in einem optimalen Punkt (sofern einer existiert).*

3° *Der Wert der Zielfunktion des stetigen Problems ist nach oben beschränkt oder das Problem* (6) *hat einen zulässigen Punkt.*

Unter diesen Bedingungen ist das allgemeine Schnittverfahren endlich. ▮

▮ Bws. Wenn wir wie oben mit $\boldsymbol{x}^r$ den r-ten Iterationspunkt bezeichnen ($r = 0, 1, 2, \ldots$), so gilt für die Vektoren $\bar{\boldsymbol{d}}_0^r$ aus der l-normalen Darstellung

$$\boldsymbol{x} = \bar{\boldsymbol{d}}_0^r - \sum_{\alpha \in N_r} \bar{\boldsymbol{d}}_\alpha^r x_\alpha \qquad (r = 0, 1, 2, \ldots) \tag{10}$$

die Relation (nach Satz 2)

$$\bar{\boldsymbol{d}}_0^0 > \bar{\boldsymbol{d}}_0^1 > \bar{\boldsymbol{d}}_0^2 > \cdots > \bar{\boldsymbol{d}}_0^r > \cdots, \tag{11}$$

weil die lexikographische Minimumregel in der dualen Simplexmethode angewendet wird.

Wir nehmen nun an, daß die Folge (11) unendlich ist. Dann können wir eine unendliche Teilfolge auswählen, bei der sämtliche Iterationspunkte $\boldsymbol{x}^r$ zulässige Punkte des stetigen Problems sind. Aus diesem Grunde sei (11) bereits eine unendliche Folge von Iterationspunkten mit $\boldsymbol{x}^r \in \mathfrak{M}$. Wir zeigen zunächst, daß die Folge komponentenweise nach unten beschränkt ist. Für die erste Komponente $\bar{d}_{00}^r$ folgt dies aus der Voraussetzung 3°. Ist beispielsweise $\boldsymbol{x}^* \in \mathfrak{M}_{\text{ganz}}$ und d_{00}^* der zugehörende Zielfunktionswert, so muß offenbar $\bar{d}_{00}^r \geqq d_{00}^*$ für alle r gelten. Für die übrigen Komponenten gilt die Beschränktheit trivialerweise wegen $\boldsymbol{x}^r \geqq \boldsymbol{o}$. Es existiert somit ein Vektor $\boldsymbol{d}^* \in E_{n+m+1}$ mit größtmöglichen ganzzahligen Komponenten, so daß

$$\bar{\boldsymbol{d}}_0^r \geqq \boldsymbol{d}^* \qquad (\text{für alle } r) \tag{12}$$

ist. Wir betrachten die Einzelfolgen

$$\bar{d}_{\tau 0}^0, \bar{d}_{\tau 0}^1, \bar{d}_{\tau 0}^2, \ldots, \bar{d}_{\tau 0}^r, \ldots \qquad (\tau = 0, 1, \ldots, n + m)\,. \tag{13}$$

Wenn für $r = r_0$ von $\bar{d}_{00}^r$ die untere Grenze d_0^* angenommen wird, muß $\bar{d}_{00}^r = d_0^*$ für alle $r \geqq r_0$ gelten (wegen (11)). Falls außerdem ein $r_1 \geqq r_0$ existiert, so daß $\bar{d}_{10}^r = d_1^*$ für $r = r_1$ ist, gilt diese Gleichung nach (11) auch für alle $r \geqq r_1$. Sollte sich dieser Prozeß bis zur Folge der $\bar{d}_{p0}^r$ fortsetzen lassen (p ist der größte Index aus M), so muß die Folge (11) offenbar endlich sein, was unserer Annahme widerspricht. Es sei daher k ($k \leqq p$) der Index, bei dem dieser Prozeß abbricht.

Für alle τ ($0 \leqq \tau \leqq k-1$) ist dann

$$\bar{d}^r_{\tau 0} = d^*_\tau \qquad (r \geqq r_{k-1}; \quad 0 \leqq \tau \leqq k-1)\,, \tag{14}$$

und d^*_k wird für kein $r \geqq r_{k-1}$ von einem Element der Folge $\{\bar{d}^r_{k0}\ (r \geqq r_{k-1})\}$ angenommen.

Auf Grund der Wahl von d^*_k existiert ein $r^* \geqq r_{k-1}$, so daß

$$d^*_k < \bar{d}^r_{k0} < d^*_k + 1 \qquad (r \geqq r^*) \tag{15}$$

gilt. Wir fixieren ein $r \geqq r^*$. Wegen $\boldsymbol{x}^r \in \mathfrak{M}$ kann in diesem Iterationsschritt nur ein regulärer x_k-Schnitt eingeführt werden, so daß man

$$\bar{d}^{r+1}_{\tau 0} = \bar{d}^r_{\tau 0} \qquad (0 \leqq \tau \leqq k-1) \qquad \text{(nach (14))},$$

$$\bar{d}^{r+1}_{k0} = \bar{d}^r_{k0} - \frac{f^r_{k0} \cdot \bar{d}^r_{ks}}{f^r_{ks}}$$

erhält. Auf Grund der Eigenschaften 1° und 2° von regulären Schnitten folgt[1]) daraus (mit (14) und (11) ist $\bar{d}^r_{ks} > 0$)

$$d^{r+1}_{k0} = \bar{d}^r_{k0} - \frac{|f^r_{k0}| \cdot \bar{d}^r_{ks}}{|f^r_{ks}|} \leqq \bar{d}^r_{k0} - |f^r_{k0}| \leqq [\bar{d}^r_{k0}]\,.$$

Andererseits ist aber wegen (15) $[\bar{d}^r_{k0}] = d^*_k$, womit wir $\bar{d}^{r+1}_{k0} \leqq d^*_k$ erhalten.

Wir haben (11) als eine Folge aufgefaßt, bei der die zugehörenden Punkte $\boldsymbol{x}^r$ sämtlich zulässig sind. Das braucht aber für den oben erhaltenen Punkt $\boldsymbol{x}^{r+1}$ nicht zu gelten. Nach einer endlichen Anzahl von Iterationen erhält man jedoch wieder einen zulässigen Punkt, der zur Folge gehört. Bei diesen Iterationen kann wegen (14) und (11) der Wert der k-ten Komponente nicht zunehmen, so daß $\bar{d}^{r+1}_{k0} \leqq d^*_k$ einen Widerspruch zu (15) bedeutet und daher muß die Folge (11) endlich sein. ∎

8.2.4. Konstruktion von regulären Schnitten

Von Gomory wurden reguläre Schnitte angegeben, mit denen wir uns nun beschäftigen wollen. Unter dem gebrochenen Teil $\boxed{t}$ einer reellen Zahl t verstehen wir die Größe $\boxed{t} = t - [t]$.

∎ S. 4 *Es sei*

$$\boldsymbol{x} = \bar{\boldsymbol{d}}_0 - \sum_{\alpha \in N} \bar{\boldsymbol{d}}_\alpha x_\alpha \tag{16}$$

---

[1]) Wegen (14) gilt $\bar{d}^r_{\tau s} = 0$ ($\tau = 0, 1, \ldots, k-1$); da $\bar{d}^r_{ks} \neq 0$ und $\bar{\boldsymbol{d}}^r_s >$ ist, muß $\bar{d}^r_{ks} > 0$ sein.

eine (l-mormale) Darstellung und $\boldsymbol{x}^0$ der zugehörende Punkt. Wenn $\bar{d}_{k0}$ nicht ganzzahlig ist und in (6) $M = \{0, 1, \ldots, n + m\}$ *gilt, ist*

$$z = -\boxed{\bar{d}_{k0}} - \sum_{\alpha \in N} -\boxed{\bar{d}_{k\alpha}}\, x_\alpha \tag{17}$$

ein ganzer regulärer Schnitt. ▮

▮ Bws. Die Bedingungen 1° und 2° aus der Definition eines regulären Schnittes sind offenbar erfüllt. Aus

$$x_k = \bar{d}_{k0} - \sum_{\alpha \in N} \bar{d}_{k\alpha}\, x_\alpha$$

erhalten wir durch Aufspaltung der Zahlen in ganzen und gebrochenen Teil

$$x_k = [\bar{d}_{k0}] + \boxed{\bar{d}_{k0}} - \sum_{\alpha \in N} \left([\bar{d}_{k\alpha}] + \boxed{\bar{d}_{k\alpha}}\right) x_\alpha$$

und hieraus durch Einsetzen von $\boxed{\bar{d}_{k0}}$ in (17)

$$z = -x_k + [\bar{d}_{k0}] - \sum_{\alpha \in N} [\bar{d}_{k\alpha}]\, x_\alpha ,$$

woraus die Ganzzahligkeit von z für jedes $\boldsymbol{x} \in \mathfrak{M}_{\text{ganz}}$ folgt. Es bleibt noch 3° nachzuweisen, d. h. $z \geqq 0$ für alle $\boldsymbol{x} \in \mathfrak{M}_{\text{ganz}}$. Dazu sei $z < 0$ für ein $\boldsymbol{x}^* \in \mathfrak{M}_{\text{ganz}}$. Wir setzen $\boldsymbol{x}^*$ in (17) ein:

$$\sum_{\alpha \in N} \boxed{\bar{d}_{k\alpha}}\, x_\alpha^* < \boxed{\bar{d}_{k0}} .$$

Da die gebrochenen Teile stets kleiner als Eins und nichtnegativ sind, folgt daraus wegen $x_\alpha^* \geqq 0$

$$0 \leqq \sum_{\alpha \in N} \boxed{\bar{d}_{k\alpha}}\, x_\alpha^* < \boxed{\bar{d}_{k0}} < 1 ,$$

d. h.

$$-1 < z < 0 ,$$

was der Ganzzahligkeit von z für $\boldsymbol{x} \in \mathfrak{M}_{\text{ganz}}$ widerspricht. ▮

Den im Satz angegebenen Schnitt hat GOMORY als ersten angegeben; wegen $M = \{0, 1, \ldots, n + m\}$ ist er nur für rein-ganzzahlige Probleme geeignet.

▮ S. 5 *Es sei wiederum* (16) *eine (l-normale) Darstellung und $\boldsymbol{x}^0$ der zugehörende Punkt. Sind $k \in M$* (d. h. $0 \leqq k \leqq p$) *und $\bar{d}_{k0}$ nicht ganzzahlig, so stellt*

$$z = -f_0 + \sum_{\alpha \in N} f_\alpha\, x_\alpha \tag{18}$$

mit

$$f_0 = \boxed{\bar{d}_{k0}}\,,$$

$$f_\alpha = \begin{cases} \boxed{\bar{d}_{k\alpha}} & \text{für } \alpha \in M \cap N\,,\ \boxed{\bar{d}_{k\alpha}} \leqq \boxed{\bar{d}_{k0}}\,, \\ \dfrac{\boxed{\bar{d}_{k0}}}{1 - \boxed{\bar{d}_{k0}}}\left(1 - \boxed{\bar{d}_{k\alpha}}\right) & \text{für } \alpha \in M \cap N\,,\ \boxed{\bar{d}_{k\alpha}} > \boxed{\bar{d}_{k0}}\,, \\ \bar{d}_{k\alpha} & \text{für } \alpha \in N \setminus M\,,\ \bar{d}_{k\alpha} \geqq 0\,, \\ \dfrac{\boxed{\bar{d}_{k0}}}{1 - \boxed{\bar{d}_{k0}}}(-\bar{d}_{k\alpha}) & \text{für } \alpha \in N \setminus M\,,\ \bar{d}_{k\alpha} < 0 \end{cases} \tag{19}$$

einen regulären Schnitt dar. ∎

∎ Bws. In

$$x_k = \bar{d}_{k0} - \sum_{\alpha \in N} \bar{d}_{k\alpha} x_\alpha$$

spalten wir die $\bar{d}_{k\alpha}$ auf in

$$\bar{d}_{k\alpha} = \begin{cases} d'_\alpha + y_\alpha & \text{für } \alpha \in M \cap N\,, \\ d'_\alpha & \text{sonst}\,, \end{cases}$$

wobei die y_α gewisse ganze Zahlen sind, deren Größe wir später bestimmen. Mit dieser Aufspaltung erhalten wir

$$x_k - [\bar{d}_{k0}] + \sum_{\alpha \in M \cap N} y_\alpha x_\alpha = \boxed{\bar{d}_{k0}} - \sum_{\alpha \in N} d'_\alpha x_\alpha\,.$$

Die linke Seite dieser Gleichung ist ganzzahlig für alle $x \in \mathfrak{M}_{\text{ganz}}$, folglich ist die rechte Seite

$$t = \boxed{\bar{d}_{k0}} - \sum_{\alpha \in N} d'_\alpha x_\alpha \tag{20}$$

ebenfalls ganzzahlig. Die Indexmenge N spalten wir nach dem Vorzeichen der d'_α auf:

$$N^+ = \{\alpha | -d'_\alpha > 0\}\,, \qquad N^- = \{\alpha | -d'_\alpha \leqq 0\}\,.$$

Die Gleichung (20) schreibt sich nun in der Form

$$t = \boxed{\bar{d}_{k0}} + s^+ + s^- \tag{21}$$

mit

$$s^+ = -\sum_{\alpha \in N^+} d'_\alpha x_\alpha \geqq 0\,, \qquad s^- = -\sum_{\alpha \in N^-} d'_\alpha x_\alpha \leqq 0\,.$$

Für die Summe $s^+ + s^-$ gibt es zwei Fälle:

Fall 1: $s^+ + s^- \geqq 0$.

Fall 2: $s^+ + s^- < 0$.

Im ersten Fall ist in (21)

$$t \geqq \boxed{\bar{d}_{k0}},$$

und wegen $\boxed{\bar{d}_{k0}} > 0$ sowie der Ganzzahligkeit von t gilt

$$t \geqq 1,$$

so daß mit (21)

$$s^+ + s^- \geqq 1 - \boxed{\bar{d}_{k0}}$$

und wegen $s^- \leqq 0$ erst recht

$$s^+ \geqq 1 - \boxed{\bar{d}_{k0}}$$

oder

$$\frac{\boxed{\bar{d}_{k0}}}{1 - \boxed{\bar{d}_{k0}}} s^+ \geqq \boxed{\bar{d}_{k0}} \tag{22}$$

gilt.

Im zweiten Fall folgt aus (21)

$$t < \boxed{\bar{d}_{k0}}$$

und wegen der Ganzzahligkeit von t

$$t \leqq 0;$$

also folgt aus (21)

$$\boxed{\bar{d}_{k0}} + s^+ + s^- \leqq 0$$

und damit wegen $s^+ \geqq 0$ erst recht

$$-s^- \geqq \boxed{\bar{d}_{k0}}. \tag{23}$$

Addieren wir $s^+ \geqq 0$ zu der Ungleichung (22) und

$$\frac{\boxed{\bar{d}_{k0}}}{1 - \boxed{\bar{d}_{k0}}} s^+ \geqq 0$$

zu der Ungleichung (23), so erhalten wir in beiden Fällen die gleiche Ungleichung

$$\frac{\boxed{\bar{d}_{k0}}}{1 - \boxed{\bar{d}_{k0}}} s^+ - s^- \geqq \boxed{\bar{d}_{k0}},$$

d. h.

$$\sum_{\alpha \in N^+} \frac{\boxed{\bar{d}_{k0}}}{1 - \boxed{\bar{d}_{k0}}} (-d'_\alpha)\, x_\alpha + \sum_{\alpha \in N^-} d'_\alpha\, x_\alpha \geqq \boxed{\bar{d}_{k0}}. \tag{24}$$

Diese Ungleichung ist für alle $\boldsymbol{x} \in \mathfrak{M}_{\text{ganz}}$ erfüllt. Nun hängen die d'_α aber nach der obigen Aufspaltung noch von den y_α ab gemäß $d'_\alpha = \bar{d}_{k\alpha} - y_\alpha\ (\alpha \in M \cap N)$.

Deshalb haben wir für die Koeffizienten $f_\alpha(y_\alpha)$ der letzten Ungleichung (falls $\alpha \in M \cap N$ ist)

$$f_\alpha(y_\alpha) = \begin{cases} \dfrac{\boxed{\bar{d}_{k0}}}{1 - \boxed{\bar{d}_{k0}}}(y_\alpha - \bar{d}_{k\alpha}), & \text{falls} \quad y_\alpha - \bar{d}_{k\alpha} > 0, \\ \bar{d}_{k\alpha} - y_\alpha, & \text{falls} \quad y_\alpha - \bar{d}_{k\alpha} \leqq 0. \end{cases}$$

Die Größen y_α werden nun so gewählt, daß die $f_\alpha(y_\alpha)$ minimal sind, was wegen $f_\alpha(y_\alpha) \geqq 0$ stets möglich ist. Ist $\bar{d}_{k\alpha}$ ganzzahlig, so wird $y_\alpha = \bar{d}_{k\alpha}$ und $f_\alpha(y_\alpha) = 0$. Falls $\bar{d}_{k\alpha}$ nicht ganzzahlig ist, gilt

$$\min\{f_\alpha(y_\alpha) \mid y_\alpha - \bar{d}_{k\alpha} > 0\} = \frac{\boxed{\bar{d}_{k0}}}{1 - \boxed{\bar{d}_{k0}}}\left(1 - \boxed{\bar{d}_{k\alpha}}\right),$$

$$\min\{f_\alpha(y_\alpha) \mid y_\alpha - \bar{d}_{k\alpha} \leqq 0\} = \boxed{\bar{d}_{k\alpha}},$$

also

$$f_\alpha = \min\left\{\frac{\boxed{\bar{d}_{k0}}}{1 - \boxed{\bar{d}_{k0}}}\left(1 - \boxed{\bar{d}_{k\alpha}}\right); \ \boxed{\bar{d}_{k\alpha}}\right\}. \tag{25}$$

Dieses Minimum wird für $\boxed{\bar{d}_{k\alpha}} > \boxed{\bar{d}_{k0}}$ vom ersten Element und sonst vom zweiten Element angenommen. Damit folgt aus (24) und (25) die Behauptung des Satzes. ∎

Wir bemerken, daß die Indexmenge M nicht alle Indizes der Variablen zu enthalten brauchte; daher ist der im Satz genannte reguläre Schnitt sowohl für ganzzahlige als auch für gemischt-ganzzahlige Probleme anwendbar.

8.2.5. Ein Beispiel

Zur Illustration lösen wir das folgende Problem einmal mit Benutzung des ersten Schnittes und danach mit dem zweiten Schnitt.

$$\begin{aligned} \max\{x_0 = x_1 + x_2 \mid 2x_1 + 11x_2 &\leqq 38, \\ x_1 + x_2 &\leqq 7, \\ 4x_1 - 5x_2 &\leqq 5, \\ x_1, x_2 &\geqq 0 \text{ ganzzahlig}\}. \end{aligned}$$

Die folgenden 10 Tabellen zeigen den Rechengang. Unter den Tabellen 3, 5, 7 und 9 stehen jeweils die regulären Schnitte; bei den Tabellen 3 und 7 wurde ein x_1-Schnitt und bei den Tabellen 5 und 9 ein x_0-Schnitt eingeführt. Die Zentralelemente sind gekennzeichnet.

		x_1	x_2
x_0	0	–1	–1
x_1	0	–1	0
x_2	0	0	–1
x_3	38	2	11
x_4	7	$\boxed{1}$	1
x_5	5	4	–5

Tabelle 1

		x_4	x_2
x_0	7	1	0
x_1	7	1	1
x_2	0	0	–1
x_3	24	–2	9
x_4	0	–1	0
x_5	–23	–4	$\boxed{-9}$

Tabelle 2

		x_4	x_5
x_0	7	1	0
x_1	$\frac{40}{9}$	$\frac{5}{9}$	$\frac{1}{9}$
x_2	$\frac{23}{9}$	$\frac{4}{9}$	$-\frac{1}{9}$
x_3	1	–6	1
x_4	0	–1	0
x_5	0	0	–1
x_6	$-\frac{4}{9}$	$-\frac{5}{9}$	$\boxed{-\frac{1}{9}}$

Tabelle 3

		x_4	x_6
x_0	7	1	0
x_1	4	0	1
x_2	3	1	–1
x_3	–3	$\boxed{-11}$	9
x_4	0	–1	0
x_5	4	5	–9

Tabelle 4

		x_3	x_6
x_0	$\frac{74}{11}$	$\frac{1}{11}$	$\frac{9}{11}$
x_1	4	0	1
x_2	$\frac{30}{11}$	$\frac{1}{11}$	$-\frac{2}{11}$
x_3	0	–1	0
x_4	$\frac{3}{11}$	$-\frac{1}{11}$	$-\frac{9}{11}$
x_5	$\frac{29}{11}$	$\frac{5}{11}$	$-\frac{54}{11}$
x_7	$-\frac{8}{11}$	$\boxed{-\frac{1}{11}}$	$-\frac{9}{11}$

Tabelle 5

		x_7	x_6
x_0	6	1	0
x_1	4	0	1
x_2	2	1	–1
x_3	8	–11	9
x_4	1	–1	0
x_5	–1	0	$\boxed{-9}$

Tabelle 6

		x_7	x_5
x_0	6	1	0
x_1	$\frac{35}{9}$	$\frac{5}{9}$	$\frac{1}{9}$
x_2	$\frac{19}{9}$	$\frac{4}{9}$	$-\frac{1}{9}$
x_3	7	–6	1
x_4	1	–1	0
x_5	0	0	–1
x_8	$-\frac{8}{9}$	$-\frac{5}{9}$	$\boxed{-\frac{1}{9}}$

Tabelle 7

		x_7	x_8
x_0	6	1	0
x_1	3	0	1
x_2	3	1	–1
x_2	–1	$\boxed{-11}$	9
x_4	1	–1	0
x_5	8	5	–9

Tabelle 8

		x_3	x_8
x_0	$\frac{65}{11}$	$\frac{1}{11}$	$\frac{9}{11}$
x_1	3	0	1
x_2	$\frac{32}{11}$	$\frac{1}{11}$	$-\frac{2}{11}$
x_3	0	-1	0
x_4	$\frac{12}{11}$	$-\frac{1}{11}$	$-\frac{9}{11}$
x_5	$\frac{83}{11}$	$\frac{5}{11}$	$-\frac{54}{11}$
x_9	$-\frac{10}{11}$	$\boxed{-\frac{1}{11}}$	$-\frac{9}{11}$

Tabelle 9

		x_9	x_8
x_0	5	1	0
x_1	3	0	1
x_2	2	1	-1
x_3	10	-11	9
x_4	2	-1	0
x_5	3	5	-9

Tabelle 10

Löst man das Beispiel durch Benutzung des zweiten Schnittes, so erhält man die folgenden Tabellen.

In beiden Fällen findet man den optimalen Punkt $x^0 = (3, 2)$ mit dem Zielfunktionswert 5.

		x_4	x_5
x_0	7	1	0
x_1	$\frac{49}{9}$	$\frac{5}{9}$	$\frac{1}{9}$
x_2	$\frac{23}{9}$	$\frac{4}{9}$	$-\frac{1}{9}$
x_3	1	-6	1
x_4	0	-1	0
x_5	0	0	-1
x_6	$-\frac{20}{45}$	$-\frac{16}{45}$	$\boxed{-\frac{5}{45}}$

Tabelle 1

		x_4	x_6
x_0	7	1	0
x_1	4	$\frac{1}{5}$	1
x_2	3	$\frac{4}{5}$	-1
x_3	-3	$\boxed{-\frac{46}{5}}$	9
x_4	0	-1	0
x_5	4	$\frac{16}{5}$	-9

Tabelle 2

		x_3	x_6
x_0	$\frac{307}{46}$	$\frac{5}{46}$	$\frac{45}{46}$
x_1	$\frac{184}{46}$	$\frac{1}{46}$	$\frac{55}{46}$
x_2	$\frac{63}{23}$	$\frac{2}{23}$	$-\frac{5}{23}$
x_3	0	-1	0
x_4	$\frac{15}{46}$	$-\frac{5}{46}$	$-\frac{45}{46}$
x_5	$\frac{68}{23}$	$\frac{8}{23}$	$-\frac{135}{23}$
x_7	$-\frac{31}{46}$	$\boxed{-\frac{5}{46}}$	$-\frac{45}{46}$

Tabelle 3

		x_7	x_6
x_0	6	1	0
x_1	$\frac{19}{5}$	$\frac{1}{5}$	1
x_2	$\frac{11}{5}$	$\frac{4}{5}$	-1
x_3	$\frac{31}{5}$	$-\frac{46}{5}$	9
x_4	1	-1	0
x_5	$\frac{4}{5}$	$\frac{16}{5}$	-9
x_8	$-\frac{4}{5}$	$-\frac{1}{5}$	$\boxed{-1}$

Tabelle 4

		x_7	x_8
x_0	6	1	0
x_1	3	0	1
x_2	3	1	-1
x_3	-1	$\boxed{-11}$	9
x_4	1	-1	0
x_5	8	5	-9

Tabelle 5

		x_3	x_8
x_0	$\frac{65}{11}$	$\frac{1}{11}$	$\frac{9}{11}$
x_1	3	0	1
x_2	$\frac{32}{11}$	$\frac{1}{11}$	$-\frac{2}{11}$
x_3	0	-1	0
x_4	$\frac{12}{11}$	$-\frac{1}{11}$	$-\frac{9}{11}$
x_5	$\frac{83}{11}$	$\frac{5}{11}$	$-\frac{54}{11}$
x_9	$-\frac{10}{11}$	$\boxed{-\frac{1}{11}}$	$-\frac{3}{11}$

Tabelle 6

		x_9	x_8
x_0	5	1	0
x_1	3	0	1
x_2	2	1	-1
x_3	10	-11	9
x_4	2	-1	0
x_5	3	5	-3

Tabelle 7

8.3. Die Filtermethode

Wir betrachten das folgende 0-1-Optimierungsproblem

$$\min\left\{\sum_{\alpha=1}^{n} c_\alpha x_\alpha \,\middle|\, \sum_{\alpha=1}^{n} a_{r\alpha} x_\alpha \geqq b_r\,, \quad r = 1, \ldots, m\,, \quad x_\alpha = 0 \text{ oder } 1\,, \quad \alpha = 1, \ldots, n\right\} \tag{1}$$

oder in Matrizenschreibweise

$$\min\{\boldsymbol{c}'\boldsymbol{x} \mid \boldsymbol{A}\boldsymbol{x} \geqq \boldsymbol{b}, \quad x_\alpha = 0 \text{ oder } 1, \quad \alpha = 1, \ldots, n\}.$$

Den zulässigen Bereich von Problem (1) wollen wir mit $\mathfrak{M}$ bezeichnen. Ohne Beschränkung der Allgemeinheit können wir voraussetzen, daß $c_\alpha \geqq 0$ für $\alpha = 1, \ldots, n$ ist. Andernfalls setzen wir nämlich $x'_\alpha = 1 - x_\alpha$ und erhalten das Problem (1) mit dieser Eigenschaft.

Zu Problem (1) können wir das zugeordnete stetige Problem

$$\min\left\{\sum_{\alpha=1}^{n} c_\alpha x_\alpha \,\middle|\, \sum_{\alpha=1}^{n} a_{r\alpha} x_\alpha \geqq b_r, \quad r = 1, \ldots, m, \quad 0 \leqq x_\alpha \leqq 1, \quad \alpha = 1, \ldots, n\right\} \tag{2}$$

oder

$$\min\{\boldsymbol{c}'\boldsymbol{x} \mid \boldsymbol{A}\boldsymbol{x} \geqq \boldsymbol{b}, \quad 0 \leqq x_\alpha \leqq 1, \quad \alpha = 1, \ldots, n\}$$

formulieren. Es erweist sich für dieses Verfahren als zweckmäßig, folgende Definition einzuführen:

▌ D. 1 Einen Punkt $\boldsymbol{x}' = (x_1, \ldots, x_n)$, dessen Komponenten x_α die Bedingung

$$x_\alpha = 0 \quad \text{oder} \quad 1 \quad \text{für} \quad \alpha = 1, \ldots, n$$

erfüllen, werden wir einen *partiell zulässigen Punkt* von Problem (1) nennen. Entsprechend dazu heißt ein Punkt mit der Eigenschaft

$$0 \leqq x_\alpha \leqq 1, \quad \alpha = 1, \ldots, n$$

partiell zulässiger Punkt von (2). ▌

Es gibt offensichtlich 2^n partiell zulässige Punkte von (1), unter denen wir einen optimalen Punkt zu suchen haben, falls ein solcher existiert. Die Menge der partiell zulässigen Punkte von (1) kann man nun folgendermaßen in n Klassen einteilen:

Die Klasse 1 besteht aus genau einem Element: $(0, 0, \ldots, 0)$,

die Klasse 2 besteht aus genau n Elementen:

$$\{(1, 0, \ldots, 0), (0, 1, 0, \ldots, 0), \ldots, (0, 0, \ldots, 0, 1, 0, \ldots, 0), \ldots, (0, \ldots, 0, 1)\}.$$

Die Klasse k besteht aus allen partiell zulässigen Punkten, bei denen genau k Komponenten den Wert 1 besitzen. Sie enthält $\binom{n}{k}$ Elemente. Schließlich besteht die Klasse n aus genau einem Element:

$$(1, 1, \ldots, 1).$$

Das Problem besteht nun darin, diese Klassen systematisch nach einem optimalen Punkt abzusuchen, ohne alle 2^n Varianten durchprobieren zu müssen. Von großer Bedeutung ist hierbei das Finden eines vernünftigen Optimalitätskriteriums. Das Verfahren von Balas untersucht ein zusätzliches Hilfsproblem mit der Eigenschaft, daß die Menge der zulässigen Punkte des Problems (1) in der Menge der zulässigen Punkte des Hilfsproblems enthalten ist.

Damit ist die Zulässigkeit eines Punktes des Hilfsproblems eine notwendige Bedingung für die Zulässigkeit dieses Punktes für das ursprüngliche Problem (1). Dieses Hilfsproblem wird als *Filterproblem* bezeichnet, denn durch seine Hinzunahme wird die Menge der partiell zulässigen Punkte wesentlich eingeschränkt. Um das Filterproblem formulieren zu können, betrachten wir das zu (2) duale Problem (siehe Dualitätstheorie, Kap. 3)

$$\max\left\{\sum_{r=1}^{m} b_r u_r - \sum_{\alpha=1}^{n} v_\alpha \;\middle|\; \sum_{r=1}^{m} a_{r\alpha} u_r - v_\alpha \leqq c_\alpha, \quad v_\alpha \geqq 0, \quad \alpha = 1, \ldots, n, \quad u_r \geqq 0, \quad r = 1, \ldots, m\right\} \tag{3}$$

bzw.

$$\max\{\boldsymbol{b}'\boldsymbol{u} - \boldsymbol{v}'\boldsymbol{e} \mid \boldsymbol{A}'\boldsymbol{u} - \boldsymbol{v} \leqq \boldsymbol{c}, \quad \boldsymbol{u} \geqq \boldsymbol{o}, \quad \boldsymbol{v} \geqq \boldsymbol{o}\}.$$

Wir können für unsere weiteren Überlegungen voraussetzen, daß (2) einen optimalen Punkt $\hat{\boldsymbol{x}}$ besitzt; denn da der zulässige Bereich $\mathfrak{M}'$ von (2)

$$\mathfrak{M}' = \left\{\boldsymbol{x} \mid \sum_{\alpha=1}^{n} a_{r\alpha} x_\alpha \geqq b_r, \quad r = 1, \ldots, m, \quad 0 \leqq x_\alpha \leqq 1, \quad \alpha = 1, \ldots, n\right\}$$

auf Grund der Bedingung $0 \leqq x_\alpha \leqq 1$, $\alpha = 1, \ldots, n$ beschränkt ist, besitzt (2) einen optimalen Punkt, falls $\mathfrak{M}' \neq \emptyset$ ist. Wenn jedoch der Restriktionsbereich $\mathfrak{M}'$ leer ist, besitzt auch das zu untersuchende Problem (1) keinen zulässigen Punkt.

Nach dem Dualitätssatz existiert auch ein optimaler Punkt $(\hat{\boldsymbol{u}}, \hat{\boldsymbol{v}})$ von Problem (3).

Das Filterproblem hat nun die Gestalt

$$\min\left\{\sum_{\alpha=1}^{n} c_\alpha x_\alpha \;\middle|\; \sum_{\alpha=1}^{n} a_\alpha x_\alpha \geqq b_0, \quad x_\alpha = 0 \text{ oder } 1, \quad \alpha = 1, \ldots, n\right\}, \tag{4}$$

wobei

$$a_\alpha = \sum_{r=1}^{m} a_{r\alpha} \hat{u}_r \quad \text{und} \quad b_0 = \sum_{r=1}^{m} \hat{u}_r b_r$$

ist. Man erhält das Filterproblem (4) also aus dem Problem (1), indem man die Ungleichung

$$\boldsymbol{A}\boldsymbol{x} \geqq \boldsymbol{b}$$

skalar mit $\hat{\boldsymbol{u}}$ multipliziert, d. h., das Problem enthält außer den Restriktionen $x_\alpha = 0$ oder 1 nur noch die Nebenbedingung

$$\sum_{\alpha=1}^{n} a_\alpha x_\alpha \geqq b_0.$$

Daraus folgt, daß wir relativ leicht prüfen können, ob ein partiell zulässiger Punkt zulässig für das Problem (4) ist. Wir werden auch das stetige Filterproblem

$$\min\left\{\sum_{\alpha=1}^{n} c_\alpha x_\alpha \;\middle|\; \sum_{\alpha=1}^{n} a_\alpha x_\alpha \geqq b_0, \quad 0 \leqq x_\alpha \leqq 1, \quad \alpha = 1, \ldots, n\right\} \tag{5}$$

benötigen. Der zulässige Bereich des Filterproblems sei $\mathfrak{F}$ und der des stetigen Filterproblems $\mathfrak{F}'$. Um die Rolle des Filterproblems näher zu charakterisieren, werden wir den folgenden Satz beweisen:

▮ S. 1 *Wenn* $\hat{\boldsymbol{x}}$, $(\hat{\boldsymbol{u}}, \hat{\boldsymbol{v}})$ *ein Paar von optimalen Punkten für die stetigen Dualprobleme* (2) *und* (3) *ist, dann ist der Punkt* $\hat{\boldsymbol{x}}$ *optimal für das stetige Filterproblem* (5), *und es gilt*

$$\sum_{\alpha=1}^{n} c_\alpha x_\alpha \geqq \sum_{\alpha=1}^{n} c_\alpha \hat{x}_\alpha \tag{6}$$

für einen beliebigen Punkt aus dem Bereich $\mathfrak{F}$. ▮

▮ Bws. Es genügt zu zeigen, daß $\hat{\boldsymbol{x}}$ ein optimaler Punkt des stetigen Filterproblems (5) ist; denn da offensichtlich $\mathfrak{F} \subset \mathfrak{F}'$ ist, folgt sofort, daß die Ungleichung (6) für jeden Punkt aus $\mathfrak{F}$ erfüllt ist. Nach dem Dualitätssatz (Kap. 3) stimmen die Werte der Zielfunktionen der beiden Dualprobleme (2) und (3) in den optimalen Punkten $\hat{\boldsymbol{x}}$, $(\hat{\boldsymbol{u}}, \hat{\boldsymbol{v}})$ überein, d. h., es gilt

$$\sum_{\alpha=1}^{n} c_\alpha \hat{x}_\alpha = \sum_{\alpha=1}^{n} b_r \hat{u}_r - \sum_{\alpha=1}^{n} \hat{v}_\alpha .$$

Der optimale Punkt $(\hat{\boldsymbol{u}}, \hat{\boldsymbol{v}})$ von Problem (3) erfüllt die Ungleichung

$$\boldsymbol{c} \geqq \boldsymbol{A}' \hat{\boldsymbol{u}} - \hat{\boldsymbol{v}} .$$

Es sei nun $\bar{\boldsymbol{x}}$ ein beliebiger zulässiger Punkt des stetigen Filterproblems (5). Wir multiplizieren die Ungleichung

$$\boldsymbol{c} \geqq \boldsymbol{A}' \hat{\boldsymbol{u}} - \hat{\boldsymbol{v}}$$

skalar mit $\bar{\boldsymbol{x}}$ und erhalten

$$\boldsymbol{c}' \bar{\boldsymbol{x}} \geqq \hat{\boldsymbol{u}}' \boldsymbol{A} \bar{\boldsymbol{x}} - \hat{\boldsymbol{v}}' \bar{\boldsymbol{x}} ,$$

d. h.

$$\sum_{\alpha=1}^{n} c_\alpha \bar{x}_\alpha \geqq \sum_{\alpha=1}^{n} \sum_{r=1}^{m} \hat{u}_r a_{r\alpha} \bar{x}_\alpha - \sum_{\alpha=1}^{n} \hat{v}_\alpha \bar{x}_\alpha . \tag{7}$$

Da $\bar{\boldsymbol{x}}$ für Problem (5) zulässig ist, gilt

$$\sum_{\alpha=1}^{n} \sum_{r=1}^{m} \hat{u}_r a_{r\alpha} \bar{x}_\alpha \geqq \sum_{r=1}^{m} b_r \hat{u}_r . \tag{8}$$

Weiterhin ist

$$\sum_{\alpha=1}^{n} \hat{v}_\alpha x_\alpha \leqq \sum_{\alpha=1}^{n} \hat{v}_\alpha . \tag{9}$$

Mit (8) und (9) können wir nun die rechte Seite von (7) durch

$$\sum_{r=1}^{m} b_r \hat{u}_r - \sum_{\alpha=1}^{n} \hat{v}_\alpha$$

nach unten abschätzen. Andererseits ist auf Grund der Dualitätstheorie

$$\sum_{r=1}^{m} b_r \hat{u}_r - \sum_{\alpha=1}^{n} \hat{v}_\alpha = \sum_{\alpha=1}^{n} c_\alpha \hat{x}_\alpha .$$

Damit erhalten wir für einen beliebigen Punkt $\bar{x} \in \mathfrak{F}$ die Beziehung

$$\sum_{\alpha=1}^{n} c_\alpha \bar{x}_\alpha \geqq \sum_{\alpha=1}^{n} c_\alpha \hat{x}_\alpha ,$$

aus der die Optimalität des Puntes $\hat{x}$ für das stetige Filterproblem folgt. ▮

Aus Satz 1 folgt

$$\mathfrak{M} \subseteqq \mathfrak{F} \subseteqq \mathfrak{X} , \tag{10}$$

wobei

$$\mathfrak{X} = \left\{ x \mid \sum_{\alpha=1}^{n} c_\alpha x_\alpha \geqq \sum_{\alpha=1}^{n} c_\alpha \hat{x}_\alpha , \quad x_\alpha = 0 \text{ oder } 1 , \quad \alpha = 1, \ldots, n \right\}$$

ist. Geometrisch ist $\mathfrak{M}$ der Durchschnitt eines n-dimensionalen (0, 1)-Würfels mit m Halbräumen, $\mathfrak{X}$ der Durchschnitt dieses Würfels mit dem Halbraum $\sum_{\alpha=1}^{n} c_\alpha x_\alpha \geqq \sum_{\alpha=1}^{n} c_\alpha \hat{x}_\alpha$ und $\mathfrak{F}$ der Durchschnitt mit dem Halbraum $\sum_{\alpha=1}^{n} a_\alpha x_\alpha \geqq b_0$. Satz 1 liefert eine Aussage über die Qualität des Filters; zum Beweis des später beschriebenen Verfahrens ist er nicht notwendig. Aus (10) geht hervor, daß es vernünftig ist, eine Folge $\{\boldsymbol{x}_k\}$ von Punkten aus $\mathfrak{F}$ systematisch mit der Eigenschaft zu erzeugen, daß die Folge $\{\boldsymbol{c}' \boldsymbol{x}_k\}$ der Zielfunktionswerte monoton wachsend und der erste zulässige Punkt des untersuchten Problems (1) optimal ist.

Wir werden nun die einzelnen im Verfahren auftretenden Schritte diskutieren. Zunächst erweist es sich als zweckmäßig, eine Umnumerierung der Komponenten von $\boldsymbol{x}$ nach folgender Vorschrift vorzunehmen (siehe Lemma 2, Satz 2 und 3). Für jedes Paar (α_1, α_2) von Elementen aus der Menge $\{1, \ldots, n\}$ gilt $\alpha_1 < \alpha_2$, wenn genau einer der folgenden Fälle eintritt

$$\left.\begin{array}{llll} \text{a)}\ a_{\alpha_1} > 0 , & a_{\alpha_2} \leqq 0 , & & \\ \text{b)}\ a_{\alpha_1} > 0 , & a_{\alpha_2} > 0 & \text{und} & \dfrac{c_{\alpha_1}}{a_{\alpha_1}} \leqq \dfrac{c_{\alpha_2}}{a_{\alpha_2}} , \\ \text{c)}\ a_{\alpha_1} \leqq 0 , & a_{\alpha_2} \leqq 0 & \text{und} & a_{\alpha_1} \geqq a_{\alpha_2} . \end{array}\right\} \tag{11}$$

▮ D. 2 Indizes $\{\alpha_1, \ldots, \alpha_n\}$, die nach dieser Vorschrift gewählt wurden, werden wir *optimale Indizes*[1]) nennen. ▮

Es sei $N = \{\alpha_1, \alpha_2, \ldots, \alpha_n\}$, wobei α_k $(k = 1, \ldots, n)$ optimale Indizes sind. Unser Verfahren wird nun aus einer systematischen Zuordnung von Werten 0 oder 1 zu allen Komponenten von $\boldsymbol{x}$, deren Indizes nun optimal sind, bestehen.

▮ D. 3 Eine Menge

$$\boldsymbol{\Psi}_s = \{ x_{s\alpha_1} = \delta^s_{\alpha_1}, \ldots, x_{s\alpha_q} = \delta^s_{\alpha_q} \} ,$$

wobei $\delta^s_\alpha = 0$ oder 1 für $\alpha = \alpha_1, \ldots, \alpha_q$ mit $1 \leqq q \leqq n$ ist, wird eine *Pseudolösung* genannt. ▮

---

[1]) Diese Umordnung ist nicht eindeutig.

Im Fall $q = n$ ist die Pseudolösung ein partiell zulässiger Punkt von (1). Um das Verständnis zu erleichtern, führen wir noch einige Bezeichnungen ein:

$$\overline{N}_s = \{\alpha_1, \ldots, \alpha_q\},$$

und N_s ist die Menge der „freien" Indizes, so daß $N = \overline{N}_s \cup N_s$ gilt.

Es sei ferner

$$\mathfrak{F}'_s = \left\{x \,\middle|\, \sum_{\alpha=1}^{n} a_\alpha x_\alpha \geqq b_0, \quad 0 \leqq x_\alpha \leqq 1, \quad \alpha \in N, \quad x_\alpha = \delta^s_\alpha, \quad \alpha \in \overline{N}_s\right\}. \tag{12}$$

Dann kann man ein weiteres Problem

$$\min\left\{\sum_{\alpha \in N} c_\alpha x_\alpha \,\middle|\, x \in \mathfrak{F}'_s\right\} \tag{13}$$

formulieren, auf dessen Bedeutung wir später zu sprechen kommen.

Der Pseudolösung ψ_s werden wir nach folgender Vorschrift

$$x_{s\alpha} = \begin{cases} \delta^s_\alpha & \text{für} \quad \alpha \in \overline{N}_s, \\ 0 & \text{für} \quad \alpha \in N_s \end{cases} \tag{14}$$

eindeutig einen partiell zulässigen Punkt zuordnen. Wir werden dann den Punkt x_s häufig den zu ψ_s gehörenden Punkt nennen. Wir setzen nun voraus, daß $x_s \notin \mathfrak{F}$ ist, d. h., der Punkt x_s ist nicht zulässig für das Filterproblem (4). Dann wenden wir einen Verzweigungsschritt an.

Verzweigungsschritt

Die Verzweigungsschritte sollen eine Menge von Pseudolösungen ψ_{st} $(t = 1, 2, \ldots)$ erzeugen.

Dazu betrachten wir die Menge $N_s(t) = \{\alpha_1, \ldots, \alpha_t\} \subseteqq N_s$ der ersten t freien Indizes und setzen $\overline{N}_{st} = \overline{N}_s \cup N_s(t)$. Die Pseudolösungen ψ_{st} sind dann definiert durch

$$\delta^{st}_\alpha = \begin{cases} \delta^s_\alpha & \text{für} \quad \alpha \in \overline{N}_s, \\ 0 & \text{für} \quad \alpha \in N_s(t), \qquad \alpha \neq \alpha_t, \\ 1 & \text{für} \quad \alpha = \alpha_t. \end{cases} \tag{15}$$

Demzufolge errechnet sich der zu ψ_{st} gehörende partiell zulässige Punkt x_{st} nach

$$x_{st\alpha} = \begin{cases} \delta^{st}_\alpha & \text{für} \quad \alpha \in \overline{N}_{st}, \\ 0 & \text{für} \quad \alpha \in N_{st}, \end{cases} \tag{16}$$

wobei $N_{st} = N - \overline{N}_{st}$ ist, d. h., N_{st} ist die Menge der noch übriggebliebenen freien Indizes. Der Verzweigungsschritt besteht aus zwei Teilen. Im ersten Teil wird zunächst aus ψ_s die Pseudolösung ψ_{s1} nach (15) für $t = 1$ erzeugt. Der zu ψ_{s1} gehörende partiell zulässige Punkt x_{s1} ist dann im ersten Test ($\mathfrak{F}$-Test No 1) auf Zulässigkeit für das Filterproblem zu prüfen. Falls der Punkt x_{s1} nicht zum zulässigen Bereich $\mathfrak{F}$ gehören sollte, wird in einem weiteren

Test ($\mathfrak{F}$-Test No 2) geprüft, ob für $t > k_k$ ein zulässiger Punkt des Problems (13)

$$\min\left\{\sum_{\alpha\in N} c_\alpha x_\alpha \,\middle|\, \sum_{\alpha\in N} a_\alpha x_\alpha \geqq b_0\,,\quad 0 \leqq x_\alpha \leqq 1\,,\quad \alpha\in N\,,\quad x_\alpha = \delta_\alpha^{st}\,,\quad \alpha\in \overline{N}_{st}\right\}$$

existiert. Im zweiten Teil wird entschieden, ob $\boldsymbol{\psi}_{st}$ weiter verzweigt wird oder nicht und ob für $t > k_k$ Pseudolösungen $\boldsymbol{\psi}_{st}$ zu berechnen sind oder nicht. Wir werden nun allgemein die beiden Teile eines Verzweigungsschrittes mit seinen Tests ausführlich beschreiben.

1. Teil

$\mathfrak{F}$-*Test No* 1 [1])

Ist der zur Pseudolösung $\boldsymbol{\psi}_{st}$ auf Grund von (16) gehörende partiell zulässige Punkt $\boldsymbol{x}_{st}$ zulässig für das Filterproblem (4)?

1. Fall: $\boldsymbol{x}_{st} \in \mathfrak{F}$.

1° Dann wird der Wert z_{st} der Zielfunktion $\sum_{\alpha\in N} c_\alpha x_\alpha$ für diesen Punkt berechnet:

$$z_{st} = \sum_{\alpha\in \overline{N}_{st}} c_\alpha \delta_\alpha^{st}\,,$$

2° z_{st} markiert [2]) gespeichert und

3° $\boldsymbol{\psi}_{st}$ in eine Menge aufgenommen, aus der im später beschriebenen Auswahlschritt ausgewählt werden darf. (Diese Menge werden wir mit π bezeichnen.) Nach Relation (10) ist der zu $\boldsymbol{\psi}_{st}$ gehörende Punkt $\boldsymbol{x}_{st}$ „verdächtig", optimal für Problem (1) zu sein.

Im ersten Fall gehen wir dann zum zweiten Teil des Verzweigungsschrittes über.

2. Fall: $\boldsymbol{x}_{st} \notin \mathfrak{F}$.

Es wird $\mathfrak{F}$-Test No 2 angewendet.

Nach der Diskussion der beiden auftretenden Möglichkeiten werden wir nun den $\mathfrak{F}$-Test No 1 analytisch beschreiben.

▌ L. 1 *Es sei*

$$\tilde{b}_{st} = b_0 - \sum_{\alpha\in \overline{N}_{st}} a_\alpha \delta_\alpha^{st}\,. \tag{17}$$

Der Punkt $\boldsymbol{x}_{st}$ *gehört genau dann zum Restriktionsbereich* $\mathfrak{F}$, *wenn*

$$\tilde{b}_{st} \leqq 0$$

ist. ▌

[1]) Der $\mathfrak{F}$-Test No 1 ist ein „Filter" des Verfahrens, nach dem die Methode benannt wurde.

[2]) Es werden beim Ablauf des Verfahrens (auch bei noch zu beschreibenden Schritten) im allgemeinen solche Zielfunktionswerte z_{st} markiert gespeichert, deren zugehörende Punkte auch zulässig für das Filterproblem (4) sind, d. h. „durch den Filter fallen". Ausgenommen von dieser Regel wird der Sprungschritt.

Diese Aussage ist offensichtlich. Daraus ergibt sich der $\mathfrak{F}$-Test No 1

$$\boxed{\tilde{b}_{st} \leqq 0\,?}$$

mit den beiden Möglichkeiten

1. Fall: ja,
2. Fall: nein.

$\mathfrak{F}$-*Test No* 2

Ist der zulässige Bereich $\mathfrak{F}'_{st}$ des Problems (13) nicht leer?

Das folgende Lemma gibt uns Auskunft darüber, wie man prüfen kann, ob die Menge $\mathfrak{F}'_{st}$ nicht leer ist.

▌ L. 2 *Unter der Voraussetzung, daß* $\boldsymbol{x}_{st} \notin \mathfrak{F}$ *ist, existiert genau dann ein Index* $\tau \in N_{st}$ *(freier Index) mit der Eigenschaft*

$$\sum_{\substack{\alpha \in N_{st} \\ \alpha \leqq \tau - 1}} a_\alpha < \tilde{b}_{st} \leqq \sum_{\substack{\alpha \in N_{st} \\ \alpha \leqq \tau}} a_\alpha \tag{18}$$

(für $\tau = \min\{\alpha \mid \alpha \in N_{st}\}$ *hat* (18) *die Gestalt* $0 < \tilde{b}_{st} \leqq a_\tau$*), wenn die Menge* $\mathfrak{F}'_{st}$ *nicht leer ist.* ▌

▌ Bws. Existiert ein τ mit der Eigenschaft (18), dann liegt $\tilde{\boldsymbol{x}}$ mit den Komponenten

$$\tilde{x}_\alpha = \begin{cases} \delta_\alpha^{st} & \text{für} \quad \alpha \in \overline{N}_{st}, \\ 1 & \text{für} \quad \alpha \in N_{st}, \quad \alpha \leqq \tau, \\ 0 & \text{für} \quad \alpha \in N_{st}, \quad \alpha > \tau \end{cases}$$

in $\mathfrak{F}'_{st}$; denn auf Grund von (18) gilt

$$\sum_{\alpha \in N} a_\alpha \tilde{x}_\alpha = \sum_{\alpha \in \overline{N}_{st}} a_\alpha \delta_\alpha^{st} + \sum_{\substack{\alpha \in N_{st} \\ \alpha \leqq \tau}} a_\alpha \geqq \sum_{\alpha \in \overline{N}_{st}} a_\alpha \delta_\alpha^{st} + \tilde{b}_{st} = b_0 .$$

Falls $\mathfrak{F}'_{st}$ nicht leer ist, d. h., ein $\bar{\boldsymbol{x}}$ mit den Komponenten

$$\bar{x}_\alpha = \begin{cases} \delta_\alpha^{st} & \text{für} \quad \alpha \in \overline{N}_{st}, \\ x_\alpha & \text{für} \quad \alpha \in N_{st} \end{cases}$$

existiert, wobei $0 \leqq \bar{x}_\alpha \leqq 1$ mit $\alpha \in N_{st}$ ist, das der folgenden Ungleichung genügt:

$$b_0 \leqq \sum_{\alpha \in \overline{N}_{st}} a_\alpha \delta_\alpha^{st} + \sum_{\alpha \in N_{st}} a_\alpha x_\alpha ,$$

folgt daraus

$$0 < \tilde{b}_{st} < \sum_{\alpha \in N_t} a_\alpha \bar{x}_\alpha . \tag{19}$$

Die rechte Seite von (19) können wir durch $\sum_{\alpha \in N_{st}^+} a_\alpha$ nach oben abschätzen, wobei

$$N_{st}^+ = \{\alpha \mid \alpha \in N_{st}, \quad a_\alpha > 0\}$$

ist. Daraus folgt die Ungleichung

$$0 < \tilde{b}_{st} \leqq \sum_{\alpha \in N_{st}^+} a_\alpha . \tag{20}$$

Es sei nun

$$N_{st}^- = \{\alpha \mid \alpha \in N_{st}, \quad a_\alpha \leqq 0\} .$$

Nach (11a) gilt

$$\alpha < \beta \quad \text{für alle} \quad \alpha \in N_{st}^+ \quad \text{und alle} \quad \beta \in N_{st}^- .$$

Daraus folgt unmittelbar, daß die Funktion

$$\sigma(\tau) = \sum_{\substack{\alpha \in N_{st}^+ \\ \alpha \leqq \tau}} a_\alpha$$

streng monoton wachsend ist. Wegen (20) ist dann die Existenz eines τ mit der Eigenschaft (18) gesichert. ∎

Wegen Lemma 2 ergibt sich zunächst aus dem negativen Ausgang des $\mathfrak{F}$-Tests No 2, daß durch eine weitere Verzweigung der Pseudolösung $\boldsymbol{\psi}_{st}$ keine Punkte von $\mathfrak{F}$ mehr erzeugt werden können. In Satz 3 wird gezeigt, daß die gleiche Aussage auch für die Pseudolösung $\boldsymbol{\psi}_s$ gilt. Andernfalls (positiver Ausgang des $\mathfrak{F}$-Tests No 2) sind Verzweigungen notwendig. Wir speichern die Pseudolösung $\boldsymbol{\psi}_{st}$ mit dem markierten Zielfunktionswert

$$z_{st} = \boldsymbol{c}' \tilde{\boldsymbol{x}} = \sum_{\alpha \in \overline{N}_{st}} c_\alpha \delta_\alpha^{st} + \sum_{\substack{\alpha \in N_{st} \\ \alpha \leqq \tau - 1}} c_\alpha + \frac{c_\tau}{a_\tau} \Bigg(\tilde{b}_{st} - \sum_{\substack{\alpha \in N_{st} \\ \alpha \leqq \tau - 1}} a_\alpha \Bigg) . \tag{21}$$

Eine Begründung hierfür liefert der folgende Satz:

∎ S. 2 *Unter der Voraussetzung, daß die Indizes nach der Vorschrift* (11) *umnumeriert wurden, ein τ mit der Eigenschaft* (18) *existiert und die Koeffizienten c_α der Zielfunktion sämtlich nichtnegativ sind, ist der Punkt $\tilde{\boldsymbol{x}}$ mit den Koordinaten*

$$\tilde{x}_\alpha = \begin{cases} \delta_\alpha^{st} & \text{für} \quad \alpha \in \overline{N}_{st} , \\ 1 & \text{für} \quad \alpha \in N_{st} , \quad \alpha \leqq \tau - 1 , \\ \dfrac{1}{a_\tau} \Bigg(\tilde{b}_{st} - \sum\limits_{\substack{\alpha \in N_{st} \\ \alpha \leqq \tau - 1}} a_\alpha \Bigg) & \text{für} \quad \alpha = \tau , \\ 0 & \text{für} \quad \alpha \in N_{st} , \quad \alpha \geqq \tau \end{cases} \tag{22}$$

Optimalpunkt des Problems

$$\min \{ \boldsymbol{c}' \boldsymbol{x} \mid \boldsymbol{x} \in \mathfrak{F}_{st}' \} .^{1)} \tag{23}$$ ∎

[1]) (23) ist Problem (13) für s gleich st gesetzt.

▌ Bws. Um die Optimalität des Punktes $\tilde{\boldsymbol{x}}$ zu beweisen, überführen wir (23) äquivalent in ein Problem in Gleichungsform. Dazu betrachten wir den Restriktionsbereich

$$\mathfrak{F}'_{st} = \left\{ \boldsymbol{x} \middle| \sum_{\alpha \in N} a_\alpha x_\alpha \geqq b_0 , \quad 0 \leqq x_\alpha \leqq 1 , \quad \alpha \in N , \quad x_\alpha = \delta_\alpha^{st} , \quad \alpha \in \overline{N}_{st} \right\}$$

(vgl. $\mathfrak{F}'_s$ in (12)).

Durch Einführung der Schlupfvariablen s_0, s_α ($\alpha \in N_{st}$) erhalten wir das Gleichungssystem

$$\sum_{\alpha \in N_{st}} a_\alpha x_\alpha - s_0 = \tilde{b}_{st} , \tag{24}$$

$$x_\alpha + s_\alpha = 1 , \qquad \alpha \in N_{st} . \tag{25}$$

Die Gleichung (24) ergibt sich wegen (17) aus

$$\sum_{\alpha \in N} a_\alpha x_\alpha - s_0 = b_0 .$$

Damit ist (23) zu

$$\min \left\{ \boldsymbol{c}' \boldsymbol{x} \middle| \sum_{\alpha \in N_{st}} a_\alpha x_\alpha - s_0 = \tilde{b}_{st} , \quad x_\alpha + s_\alpha = 1 , \quad x_\alpha \geqq 0 , \quad s_\alpha \geqq 0 , \right.$$
$$\left. s_0 \geqq 0 , \quad \alpha \in N_{st} , \quad x_\alpha = \delta_\alpha^{st} , \quad \alpha \in \overline{N}_{st} \right\} \tag{26}$$

äquivalent. Wir beweisen zunächst, daß der Punkt $(\tilde{\boldsymbol{x}}', \tilde{\boldsymbol{s}}')$ mit den Komponenten $\tilde{x}_\alpha$ aus (22),

$$\tilde{s}_\alpha = 1 \qquad (\alpha \in N_{st} , \quad \alpha \geqq \tau + 1)$$

und

$$\tilde{s}_\tau = 1 - \frac{1}{a_\tau} \Bigg(\tilde{b}_{st} - \sum_{\substack{\alpha \in N_{st} \\ \alpha \leqq \tau - 1}} a_\alpha \Bigg)$$

ein zulässiger Basispunkt von Problem (26) ist. Durch Einsetzen kann man sehr leicht nachprüfen, daß dieser Punkt zulässig ist. Betrachten wir nun die Koordinaten $\tilde{x}_\alpha$ ($\alpha \in N_{st}$, $\alpha \leqq \tau - 1$) und $\tilde{s}_\alpha$ ($\alpha \in N_{st}$, $\alpha \geqq \tau + 1$) des Punktes $(\tilde{\boldsymbol{x}}', \tilde{\boldsymbol{s}}')$, dann gilt

$$\begin{aligned}
&\tilde{x}_\alpha > 0 \qquad && (\alpha \in N_{st} , \quad \alpha \leqq \tau - 1) , \\
&\tilde{s}_\alpha > 0 \qquad && (\alpha \in N_{st} , \quad \alpha \geqq \tau + 1) , \\
&x_\tau > 0 \qquad && \text{auf Grund der Eigenschaft (18),} \\
&\tilde{s}_\tau \geqq 0 .
\end{aligned}$$

Die sich aus den zugehörenden Spaltenvektoren der Koeffizientenmatrix des Gleichungssystems (24), (25) ergebende Teilmatrix derselben ist offensichtlich regulär. Damit ist nach Definition 1 in Kapitel 3 der Punkt $(\tilde{\boldsymbol{x}}', \tilde{\boldsymbol{s}}')$ ein zulässiger Basispunkt. Wir lösen nun das System (24), (25) nach den Basisvariablen x_α

$(\alpha \in N_{st}, \alpha \leqq \tau)$, s_α $(\alpha \in N_{st}, \alpha \geqq \tau)$ auf und erhalten

$$x_\alpha = 1 - s_\alpha \qquad (\alpha \in N_{st}, \quad \alpha \leqq \tau - 1),$$

$$s_\alpha = 1 - x_\alpha \qquad (\alpha \in N_{st}, \quad \alpha \geqq \tau + 1),$$

$$x_\tau = \frac{1}{a_\tau}\Big(\tilde{b}_{st} - \sum_{\substack{\alpha \in N_{st} \\ \alpha \leqq \tau - 1}} a_\alpha\Big) + \sum_{\substack{\alpha \in N_{st} \\ \alpha \leqq \tau - 1}} \frac{a_\alpha}{a_\tau} s_\alpha - \sum_{\substack{\alpha \in N_{st} \\ \alpha \geqq \tau + 1}} \frac{a_\alpha}{a_\tau} x_\alpha + \frac{1}{a_\tau} s_0,$$

$$s_\tau = \Big[1 - \frac{1}{a_\tau}\Big(\tilde{b}_{st} - \sum_{\substack{\alpha \in N_{st} \\ \alpha \leqq \tau - 1}} a_\alpha\Big)\Big] - \sum_{\substack{\alpha \in N_{st} \\ \alpha \leqq \tau - 1}} \frac{a_\alpha}{a_\tau} s_\alpha + \sum_{\substack{\alpha \in N_{st} \\ \alpha \geqq \tau + 1}} \frac{a_\alpha}{a_\tau} x_\alpha - \frac{1}{a_\tau} s_0 .$$

Dies in die Zielfunktion

$$\sum_{\alpha \in N} c_\alpha x_\alpha = \sum_{\alpha \in \bar{N}_{st}} c_\alpha x_\alpha + \sum_{\alpha \in N_{st}} c_\alpha x_\alpha$$

substituiert, ergibt

$$\sum_{\alpha \in N} c_\alpha x_\alpha = \Big[\sum_{\alpha \in \bar{N}_{st}} c_\alpha \delta_\alpha^{st} + \sum_{\substack{\alpha \in N_{st} \\ \alpha \leqq \tau - 1}} c_\alpha + \frac{c_\tau}{a_\tau}\Big(\tilde{b}_{st} - \sum_{\substack{\alpha \in N_{st} \\ \alpha \leqq \tau - 1}} a_\alpha\Big)\Big]$$

$$+ \sum_{\substack{\alpha \in N_{st} \\ \alpha \leqq \tau - 1}} \Big(\frac{c_\tau a_\alpha}{a_\tau} - c_\alpha\Big) s_\alpha + \sum_{\substack{\alpha \in N_{st} \\ \alpha \geqq \tau + 1}} \Big(c_\alpha - \frac{c_\tau a_\alpha}{a_\tau}\Big) x_\alpha + \frac{c_\tau}{a_\tau} s_0 .$$

Der Punkt $(\tilde{x}, \tilde{s})$ ist nach Satz 7 in Kapitel 3 optimal, wenn

$$\frac{c_\tau a_\alpha}{a_\tau} - c_\alpha \geqq 0 \qquad (\alpha \in N_{st}, \quad \alpha \leqq \tau - 1), \tag{27}$$

$$c_\alpha - \frac{c_\tau a_\alpha}{a_\tau} \geqq 0 \qquad (\alpha \in N_{st}, \quad \alpha \geqq \tau + 1), \tag{28}$$

$$\frac{c_\tau}{a_\tau} > 0 \tag{29}$$

ist. Auf Grund der Eigenschaft (18) gilt $a_\alpha > 0$ für $\alpha \leqq \tau$. Daraus folgt wegen der Umnumerierung (11b) das Ungleichungssystem (27) sowie (28) für den Fall, daß $a_\alpha > 0$ $(\alpha \in N_{st}, \alpha \geqq \tau + 1)$ ist. Wenn andererseits $a_\alpha \leqq 0$ $(\alpha \in N_{st}, \alpha \geqq \tau + 1)$ ist, gilt (28) trivialerweise. Die Beziehung (29) folgt unmittelbar aus $c_\tau > 0$ und $a_\tau > 0$. Damit haben wir gezeigt, daß $\tilde{\boldsymbol{x}}$ ein optimaler Punkt des Problems (23) ist. ∎

Aus diesem Satz erhält man, daß alle Punkte $\bar{\boldsymbol{x}}$, die durch Verzweigungen von $\boldsymbol{\psi}_{st}$ entstehen, die Ungleichung

$$\boldsymbol{c}' \bar{\boldsymbol{x}} \geqq \boldsymbol{c}' \tilde{\boldsymbol{x}}$$

erfüllen. Man speichert deshalb die Pseudolösung $\boldsymbol{\psi}_{st}$ mit dem unmarkierten Zielfunktionswert z_{st} aus (21).

S. 3 *Wenn* $x_{st} \notin \mathfrak{F}$ *und* $\mathfrak{F}'_{st} = \emptyset$ *ist, dann ist die Menge*

$$\mathfrak{F}^0_{st} = \{x \mid x \in \mathfrak{F}', \quad x_\alpha = \delta^s_\alpha, \quad \alpha \in \overline{N}_s, \quad x_\alpha = 0, \quad \alpha \in \overline{N}_{st} \backslash \overline{N}_s, \quad x_\alpha = 1 \quad \text{für mindestens ein } \alpha \in N_{st}\}$$

leer. ∎

Bws. Nach Lemma 2 ist $\mathfrak{F}^0_{st}$ genau dann eine nichtleere Menge, wenn ein $\tau \in N_{st}$ mit

$$\sum_{\substack{\alpha \in N_{st} \\ \alpha \leqq \tau - 1}} a_\alpha < \tilde{b}^0_{st} \leqq \sum_{\substack{\alpha \in N_{st} \\ \alpha \leqq \tau}} a_\alpha \tag{30}$$

existiert, wobei

$$\tilde{b}^0_{st} = \tilde{b}_{st} + a_t$$

ist. Wir können nun zwei Fälle unterscheiden:

1° $a_t \geqq 0$.
Dann ist $\tilde{b}^0_{st} \geqq \tilde{b}_{st}$. Da $\mathfrak{F}'_{st} = \emptyset$ ist, existiert kein τ mit der Eigenschaft (30), d. h., für diesen Fall ist der Satz bewiesen.

2° $a_t < 0$.
Nach Voraussetzung existiert ein $\alpha' \in N_{st}$ mit $x_{\alpha'} = 1$, und es gilt

$$a' x_{st} = \sum_{\alpha \in \overline{N}_{st}} a_\alpha x_\alpha < b_0 \qquad (\text{da } \tilde{b}_{st} > 0 \text{ ist}).$$

Auf Grund der Vorschrift (11a) ist $a_\alpha < 0$ für alle $\alpha \in N_{st}$, wegen (11c) ist $a_{\alpha'} \leqq a_t$. Dann gilt für alle x mit

$$x_\alpha = \begin{cases} \delta^s_\alpha & \text{für} \quad \alpha \in \overline{N}_s, \\ 0 & \text{für} \quad \alpha \in \overline{N}_{st} \backslash N_s \end{cases}$$

die Beziehung

$$\sum_{\alpha \in N} a_\alpha x_\alpha \leqq \sum_{\alpha \in \overline{N}_{st}} a_\alpha x_\alpha + a_{\alpha'} \leqq \sum_{\alpha \in \overline{N}_{st}} a_\alpha x_\alpha + a_t < b_0,$$

d. h. $\mathfrak{F}^0_{st} = \emptyset$. ∎

Aus Satz 3 folgt, daß beim negativen Ausgang vom $\mathfrak{F}$-Test No 2 eine weitere Verzweigung der Pseudolösung ψ_s keine Punkte aus $\mathfrak{F}$ mehr erzeugen kann.

Der $\mathfrak{F}$-Test No 2 entscheidet einmal darüber, ob ψ_{st} weiter verzweigt wird (Aussage von Lemma 2) und zum anderen, ob ψ_s weiter verzweigt wird (Aussage von Satz 3). Wir haben deshalb die folgenden Fälle zu unterscheiden:

1° Es existiert ein τ mit der Eigenschaft (18). Dann wird ψ_{st} in die Auswahlmenge π aufgenommen und z_{st} gemäß (21) unmarkiert gespeichert. Es wird dann der Teil 2 des Verzweigungsschrittes durchgeführt.

2° Es existiert kein τ mit der Eigenschaft (18). Dann wird mit Hilfe des noch anzugebenden Auswahlschrittes eine neue Pseudolösung ausgewählt (ψ_{st} wird aus der Auswahlmenge π eliminiert).

2. Teil

Wir untersuchen, ob die Menge N_{st} leer ist. Dieser Test wird angewandt, wenn entweder der $\mathfrak{F}$-Test No 1 oder der $\mathfrak{F}$-Test No 2 positiv ausgeht. Wenn $N_{st} = \emptyset$ ist, haben wir diese mögliche Verzweigung abgearbeitet und gehen zum Auswahlschritt über. Andernfalls ersetzen wir t durch $t + 1$ und wenden wiederum den Verzweigungsschritt auf $\psi_{s,\,t+1}$ an.

Nun werden wir den Fall untersuchen, daß ein partiell zulässiger Punkt $\boldsymbol{x}_s$ zulässig für das Filterproblem (4) ist. Wie wir auf Grund von (10) wissen, kommen nur solche Punkte als optimale Punkte in Frage. Wir werden auf diese den $\mathfrak{M}$-Test-Schritt anwenden.

$\mathfrak{M}$-Test-Schritt[1])

Als erstes wird ein Optimaltest angewendet.

$\mathfrak{M}$-Test No 1

Gehört der Punkt $\boldsymbol{x}_s$ mit den Komponenten

$$x_{s\alpha} = \begin{cases} \delta^s_\alpha & \text{für} \quad \alpha \in \bar{N}_s\,, \\ 0 & \text{für} \quad \alpha \in N_s \end{cases}$$

zur Menge $\mathfrak{M}$ (d. h., ist $\boldsymbol{x}_s$ ein zulässiger Punkt des Problems (1)) ? Die analytische Beschreibung ergibt sich aus dem folgenden Hilfssatz:

▮ L. 3 *Es sei*

$$\hat{b}_r = b_r - \sum_{\alpha \in \bar{N}_s} a_{r\alpha}\,\delta^s_\alpha\,, \qquad r \in M\,, \tag{31}$$

wobei $M = \{1, \ldots, m\}$ *ist. Der Punkt* $\boldsymbol{x}_s$ *gehört dann und nur dann zum zulässigen Bereich* $\mathfrak{M}$ *von Problem* (1), *wenn* $\hat{b}_r \leqq 0$ *für alle* $r \in M$ *ist.* ▮

Der Beweis ist offensichtlich.

Daraus ergibt sich der $\mathfrak{M}$-Test No 1:

$$\left(\hat{b}_r \leqq 0 \qquad \text{für alle} \qquad r \in M\,? \right)$$

Es wird nun einer der beiden folgenden Fälle eintreten:

1° $\hat{b}_r \leqq 0$ für alle $r \in M$, d. h., der untersuchte Punkt $\boldsymbol{x}_s$ ist zulässig für das betrachtete Problem (1). Wir werden später zeigen, daß in diesem Fall bei unserem Verfahren $\boldsymbol{x}_s$ eine optimale Lösung des Problems (1) darstellt.

2° Es existiert ein $l \in M$ mit $\hat{b}_l > 0$, d. h., der Punkt $\boldsymbol{x}_s$ verletzt die l-te Restriktion des zulässigen Bereiches $\mathfrak{M}$. Dann gehen wir zum $\mathfrak{M}$-Test No 2 über.

[1]) $\mathfrak{M}$-Test deshalb, weil wir mit ihm prüfen werden, ob ein Punkt zum Bereich $\mathfrak{M}$ gehört.

$\mathfrak{M}$-Test No 2

Gibt es eine Pseudolösung $\boldsymbol{\psi}_v$ mit folgenden Eigenschaften:

a) $\overline{N}_s \subset \overline{N}_v$,

b) $\delta_\alpha^v = \delta_\alpha^s$ für $\alpha \in \overline{N}_s$,

c) der Punkt $\boldsymbol{x}_v$ mit den Komponenten

$$x_{v\alpha} = \begin{cases} \delta_\alpha^v & \text{für} \quad \alpha \in \overline{N}_v \, , \\ 0 & \text{für} \quad \alpha \in N_v \end{cases}$$

liegt in der Menge $\mathfrak{M}$?

Wir führen nun die folgenden Bezeichnungen ein:

$$\left.\begin{aligned} M^+ &= \{r \mid r \in M , \quad \hat{b}_r > 0\} , \\ N_s^{r+} &= \{\alpha \mid \alpha \in N_s , \quad a_{r\alpha} > 0\} , \quad r \in M^+ , \\ N_s^{r-} &= \{\alpha \mid \alpha \in N_s , \quad a_{r\alpha} < 0\} , \quad r \in M^+ , \\ \bar{b}_r &= \hat{b}_r - \sum_{\alpha \in N_s^{r+}} a_{r\alpha} , \quad r \in M^+ . \end{aligned}\right\} \tag{32}$$

▮ L. 4 *Wenn ein $l \in M^+$ mit $\bar{b}_l > 0$ existiert, gibt es keine Pseudolösung $\boldsymbol{\psi}_v$ mit den Eigenschaften* a), b) *und* c). ▮

▮ Bws. Die Voraussetzung ist wegen (31) und (32) äquivalent zu

$$b_l - \sum_{\alpha \in \overline{N}_s} a_{l\alpha} \delta_\alpha^s - \sum_{\alpha \in N_s^{l+}} a_{l\alpha} > 0 .$$

Aus den Ungleichungen

$$- \sum_{\alpha \in N_s^{l-}} a_{l\alpha} x_\alpha \geqq 0 \qquad (0 \leqq x_\alpha \leqq 1)$$

und

$$- \sum_{\alpha \in N_s^{l+}} a_{l\alpha} x_\alpha \geqq - \sum_{\alpha \in N_s^{l+}} a_{l\alpha} \qquad (0 \leqq x_\alpha \leqq 1)$$

folgt dann

$$b_l - \sum_{\alpha \in \overline{N}_s} a_{l\alpha} \delta_\alpha^s - \sum_{\alpha \in N_s^{l+}} a_{l\alpha} x_\alpha - \sum_{\alpha \in N_s^{l-}} a_{l\alpha} x_\alpha > 0$$

$$\text{für alle } x_\alpha \in \langle 0, 1 \rangle ,$$

d. h.

$$\sum_{\alpha \in \overline{N}_s} a_{l\alpha} \delta_\alpha^s + \sum_{\alpha \in N_s} a_{l\alpha} x_\alpha < b_l$$

$$\text{für alle } x_\alpha \in \langle 0, 1 \rangle ,$$

d. h., es existiert keine Pseudolösung $\boldsymbol{\psi}_v$ mit den Eigenschaften a), b) und c). ▮

Aus Lemma 4 ergibt sich $\mathfrak{M}$-Test No 2:

$$\left(\bar{b}_r \leqq 0 \qquad \text{für alle} \quad r \in M^+ ?\right)$$

Mit diesem Test prüfen wir implizit für alle möglichen Verzweigungen der Pseudolösung $\boldsymbol{\psi}_s$, ob ihre zugehörenden Punkte $\boldsymbol{x}_s$ optimal sein können.

Wir unterscheiden zwischen zwei Fällen:

1. Fall: $\bar{b}_r \leqq 0$ für alle $r \in M^+$. Wir gehen dann zum $\mathfrak{M}$-Test No 3 über.

2. Fall: Es existiert ein $l \in M^+$ mit $\bar{b}_l > 0$. Die Pseudolösung $\boldsymbol{\psi}_s$ wird aus der Auswahlmenge entfernt, und durch einen Auswahlschritt wird eine neue Pseudolösung gewählt.

$\mathfrak{M}$-Test No 3

Muß eine der freien Komponenten eines zulässigen Punktes $\boldsymbol{x}_s$ von Problem (1) notwendig den Wert 0 oder 1 annehmen?

Wir betrachten folgende Mengen:

$$F_s^+ = \bigcup_{r \in M^+} \{\alpha \mid \alpha \in N_s^{r+}, \qquad -a_{r\alpha} < \bar{b}_r\}, \tag{33}$$

$$F_s^- = \bigcup_{r \in M^+} \{\alpha \mid \alpha \in N_s^{r-}, \qquad a_{r\alpha} < \bar{b}_r\}. \tag{34}$$

▮ L. 5 *Wenn $\boldsymbol{x}_s \in \mathfrak{M}$ und $\alpha' \in F_s^+(F_s^-)$ ist, dann ist $\delta_{\alpha'}^s = 1 \quad (0)$.* ▮

▮ Bws. Wir betrachten zunächst den Fall, daß $\alpha' \in F_s^+$ ist. Daraus folgt

$$b_r - \sum_{\alpha \in \bar{N}_s} a_{r\alpha} \delta_\alpha^s - \sum_{\substack{\alpha \in N_s^{r+} \\ \alpha \neq \alpha'}} a_{r\alpha} > 0 .$$

Nehmen wir nun an, $\delta_{\alpha'}^s$ wäre gleich Null, dann würde

$$\sum_{\alpha \in \bar{N}_s} a_{r\alpha} \delta_\alpha^s + \sum_{\substack{\alpha \in N_s^{r+} \\ \alpha \neq \alpha'}} a_{r\alpha} x_\alpha + \sum_{\alpha \in N_s^{r-}} a_{r\alpha} x_\alpha \leqq \sum_{\alpha \in \bar{N}_s} a_{r\alpha} \delta_\alpha^s + \sum_{\substack{\alpha \in N_s^{r+} \\ \alpha \neq \alpha'}} a_{r\alpha} < b_r$$

gelten, woraus sich jedoch ergibt, daß $\boldsymbol{x}_s \notin \mathfrak{M}$ ist. Das steht aber im Widerspruch zur Voraussetzung.

Wenn andererseits $\alpha' \in F_s^-$ ist, läßt sich der Beweis analog führen. ▮

Aus Lemma 5 ergeben sich die folgenden Fallunterscheidungen:

1. Fall: Wenn $F_s^+ \cap F_s^- \neq \emptyset$ ist, wenden wir den Auswahlschritt an, wobei $\boldsymbol{\psi}_s$ aus π eliminiert wird (denn, wenn $\alpha^* \in F_s^+ \cap F_s^-$ ist, müßte sowohl $x_{s\alpha^*} = 1$ als auch $x_{s\alpha^*} = 0$ sein, was nicht möglich ist).

2. Fall: Wenn $F_s^+ \cup F_s^- = \emptyset$ ist, ist keine freie Komponente von $\boldsymbol{x}_s$ festgelegt, d. h., wir können auf die Pseudolösung $\boldsymbol{\psi}_s$ den Verzweigungsschritt anwenden, um $\boldsymbol{\psi}_v$ zu erhalten.

3. Fall: $F_s^+ \cup F_s^- \neq \emptyset \cdot$ und $F_s^+ \cap F_s^- = \emptyset$.
Diesen Fall werden wir im nächsten Schritt diskutieren.

Sprungschritt

In diesem Schritt wird entschieden, ob wir zum Auswahlschritt oder zum Verzweigungsschritt übergehen müssen. Dazu konstruieren wir zuerst die Pseudolösung $\boldsymbol{\psi}_u$ nach folgender Vorschrift:

$$\delta_\alpha^u = \begin{cases} \delta_\alpha^s & \text{für } \alpha \in \overline{N}_s\,, \\ 1 & \text{für } \alpha \in F_s^+\,, \\ 0 & \text{für } \alpha \in F_s^- \end{cases} \tag{35}$$

und setzen

$$\overline{N}_u = \overline{N}_s \cup F_s^+ \cup F_s^-\,.$$

Der Test ist

$$\left(\boxed{F_s^+ = \emptyset\,?}\right)$$

Wenn $F_s^+ = \emptyset$ ist, ist offensichtlich $\boldsymbol{x}_u = \boldsymbol{x}_s$, d. h., wir wenden auf $\boldsymbol{\psi}_u$ den Verzweigungsschritt an. Wenn aber $F_s^+ \neq \emptyset$ ist, dann wird

$$z_u = \sum_{\alpha \in \overline{N}_s} c_\alpha\, \delta_\alpha^s + \sum_{\alpha \in F_s^+} c_\alpha \tag{36}$$

markiert und $\boldsymbol{\psi}_u$ in die Auswahlmenge π aufgenommen. Wir beginnen mit einem neuen Auswahlschritt, indem wir aus der Menge π eine Pseudolösung nach einer gewissen Vorschrift wählen. Diesen Auswahlschritt werden wir nun beschreiben.

Auswahlschritt

Wir werden bei unserem Verfahren immer dann von einer neuen Iteration sprechen, wenn der Auswahlschritt angewendet werden muß. Bei der Diskussion der anderen im Verfahren auftretenden Schritte wurde an den entsprechenden Stellen darauf hingewiesen, wann eine Pseudolösung in die Auswahlmenge aufgenommen werden muß. Wir werden noch einmal zusammenfassen:

a) Wenn $\mathfrak{F}$-Test No 1 mit ja, so ist $\boldsymbol{x}_{st} \in \mathfrak{F}$, d. h. $\boldsymbol{\psi}_{st} \in \pi$, und z_{st} wird markiert gespeichert;
b) wenn $\mathfrak{F}$-Test No 2 mit ja, so ist $\boldsymbol{x}_{st} \in \mathfrak{F}'_{st}$, d. h. $\boldsymbol{\psi}_{st} \in \pi$, und z_{st} wird unmarkiert gespeichert;
c) wenn im Sprungschritt der Test $\left(\boxed{F_s^+ = \emptyset\,?}\right)$ mit nein beantwortet wird, so ist $\boldsymbol{x}_u \in \mathfrak{F}$, d. h. $\boldsymbol{\psi}_u \in \pi$, und z_u wird markiert gespeichert. (37)

Wenn sich eine Pseudolösung in der Auswahlmenge befindet, wird sie erst dann gestrichen, wenn sie einmal gewählt wurde.

Zur Pseudolösung ψ_s gehört ein partiell zulässiger Punkt x_s auf Grund von (14). Dem Punkt x_s ist wiederum der entsprechende Wert der Zielfunktion $z(\psi_s) = \sum_{\alpha \in N} c_\alpha x_{s\alpha}$ zugeordnet.

Wir betrachten nun bei jeder Iteration die Menge

$$Z = \{z_i = z(\psi_i) \mid \psi_i \in \pi\}. \tag{38}$$

Wenn $Z = \emptyset$ ist, so ist offensichtlich der Restriktionsbereich $\mathfrak{M}$ des Problems (1) leer.

Die Auswahlvorschrift ist nun

$$z_s = \min_{z_i \in Z} z_i ,$$

d. h., es wird immer eine Pseudolösung aus π gewählt, für die der Zielfunktionswert für alle $\psi_i \in \pi$ am kleinsten ist. Als nächstes wird untersucht, ob die ausgewählte Pseudolösung ψ_s markiert gespeichert wurde, also

$$\boxed{\text{Ist } z_s \text{ markiert ?}}$$

Wenn ja, gehen wir zum $\mathfrak{M}$-Test-Schritt über, andernfalls wenden wir den Verzweigungsschritt an.

Damit haben wir alle für die Filtermethode notwendigen Schritte diskutiert und müssen nur noch beweisen, daß der erste Punkt aus $\mathfrak{M}$, den wir mit diesem Verfahren erzeugen, ein Optimalpunkt von Problem (1) ist. Zunächst werden wir jedoch den Algorithmus im Zusammenhang angeben (vgl. dazu auch das Flußbild der Filtermethode).

Algorithmus

Der Algorithmus besteht grundsätzlich aus zwei Phasen. Wir setzen wieder voraus, daß das stetige Problem (2) lösbar ist.

Phase I: Man löse das stetige Problem mit einer der in diesem Buch beschriebenen Methode (z. B. der dualen Simplexmethode, Kap. 5). Dann formuliere man das Filterproblem (4) und numeriere die Indizes nach der Vorschrift (11) um, d. h., man benutze für die zweite Phase der Methode das Filterproblem mit optimalen Indizes.

Phase II: Bei jeder Iteration gehen wir wie folgt vor:

Auswahlschritt

Wir wählen

$$z_s = \min_{z_i \in Z} z_i ,$$

wobei

$$Z = \left\{ z_i \mid z_i = \sum_{\alpha \in \bar{N}_i} c_\alpha \delta_\alpha^i \right\}$$

ist. Die Pseudolösung $\boldsymbol{\psi}_s$ wird aus π und z_s aus Z eliminiert. Für die erste Iteration besteht Z aus genau einem Element $z_0 = \sum_{\alpha \in N} c_\alpha \hat{x}_\alpha$, wobei $\hat{\boldsymbol{x}}$ ein optimaler Punkt des stetigen Problems (2) ist. Ist $\hat{\boldsymbol{x}}$ ein partiell zulässiger Punkt, so ist $\hat{\boldsymbol{x}}$ ein Optimalpunkt von Problem (1), d. h., das Verfahren ist beendet. Im anderen Fall folgt ein Verzweigungsschritt mit $\overline{N}_s = \overline{N}_0 = \emptyset$.

Falls das Minimum nicht eindeutig bestimmt sein sollte, wähle man einen beliebigen Zielfunktionswert, der das Minimum realisiert, wobei man aber einem solchen Wert den Vorzug zu geben hat, der markiert gespeichert wurde. Wir haben also den folgenden Test durchzuführen:

(Ist z_s markiert?)

Es sei $\boldsymbol{\psi}_s$ die zu $z_s = z(\boldsymbol{\psi}_s)$ gehörende Pseudolösung und $\overline{N}_s$ die Menge der durch sie definierten Indizes. Wenn z_s nicht markiert gespeichert wurde, wendet man auf $\boldsymbol{\psi}_s$ den Verzweigungsschritt an, anderenfalls den $\mathfrak{M}$-Test-Schritt.

$\mathfrak{M}$-Test-Schritt

$\mathfrak{M}$-Test No 1

Es ist $\hat{b}_r$ $(r \in M)$ nach (31) zu berechnen. Wenn $\hat{b}_r \leqq 0$ für alle $r \in M$ ist, so ist $\boldsymbol{x}_s$ definiert durch (14) optimal für das Problem (1). Wenn ein $l \in M^+$ mit $\hat{b}_l > 0$ existiert, wendet man $\mathfrak{M}$-Test No 2 an.

$\mathfrak{M}$-Test No 2

Berechne $\bar{b}_r$ $(r \in M^+)$ nach (32). Wenn ein $r \in M^+$ existiert, gehen wir zum Auswahlschritt zurück, d. h., wir beginnen mit einer neuen Iteration. Wenn $\bar{b}_r \leqq 0$ für alle $r \in M^+$ ist, wendet man $\mathfrak{M}$-Test No 3 an.

$\mathfrak{M}$-Test No 3

Man berechne F_s^+ nach (33) und F_s^- nach (34). Wenn $F_s^+ \cap F_s^- \neq \emptyset$, so beginnen wir mit einer neuen Iteration (Auswahlschritt). Wenn $F_s^+ \cup F_s^- = \emptyset$, so wenden wir den Verzweigungsschritt an. Wenn $F_s^+ \cap F_s^- = \emptyset$ und $F_s^+ \cup F_s^- = \emptyset$, gehen wir zum Sprungschritt über.

Verzweigungsschritt

Man konstruiere die Pseudolösungen $\boldsymbol{\psi}_{st}$ $(t = 1, 2, \ldots)$ nach (15). Für jedes t werden wir wie folgt vorgehen:

1. Teil

Man wende $\mathfrak{F}$-Test No 1 an.

$\mathfrak{F}$-Test No 1

Es ist $\tilde{b}_{st}$ nach (17) zu berechnen. Wenn $\tilde{b}_{st} \leqq 0$ ist, berechne und markiere man

$$z_{st} = \sum_{\alpha \in \overline{N}_{st}} c_\alpha \delta_\alpha^{st}$$

und gehe zum 2. Teil des Verzweigungsschrittes über. Wenn $\tilde{b}_{st} > 0$ ist, verwendet man $\mathfrak{F}$-Test No 2.

$\mathfrak{F}$-Test No 2

Existiert ein Index $\tau \in N_{st}$ mit der Eigenschaft (18)? Wenn ein solcher Index τ existiert, berechnen wir z_{st} nach (21) (z_{st} darf aber nicht markiert werden) und gehen zum 2. Teil.

2. Teil

Wenn $N_{st} = \emptyset$ ist, beginnen wir eine neue Iteration (Auswahlschritt). Wenn $N_{st} \neq \emptyset$ ist, ersetzen wir t durch $t + 1$, konstruieren $\boldsymbol{\psi}_{s,t+1}$ nach (15) und wenden erneut den 1. Teil des Verzweigungsschrittes an.

Sprungschritt

Man konstruiere die Pseudolösung $\boldsymbol{\psi}_u$ nach (35). Wenn $F_s^+ \neq \emptyset$ ist, berechne man z_u nach (36) und speichere z_u markiert (der zur Pseudolösung $\boldsymbol{\psi}_u$ gehörende Punkt $\boldsymbol{x}_u$ braucht jedoch nicht aus der Filtermenge $\mathfrak{F}$ zu sein). Man setzt dann mit einer neuen Iteration (Auswahlschritt) fort. Wenn andererseits $F_s^+ = \emptyset$ ist, eliminiere man $\boldsymbol{\psi}_u$ aus π und gehe zum Verzweigungsschritt über.

▌ S. 4 *Der erste durch die Filtermethode erzeugte Punkt aus $\mathfrak{M}$ ist ein optimaler Punkt für das Problem* (1). ▌

▌ Bws. Durch das Verfahren wird eine Folge von Pseudolösungen konstruiert Jede neue Pseudolösung entsteht durch Verzweigung einer in der Auswahlmenge π befindlichen Pseudolösung. Die Folge von Pseudolösungen besitzt eine zugehörige Folge von Zielfunktionswerten. Diese Folge ist monoton nicht fallend, da

a) $c_\alpha \geqq 0$ $(\alpha = 1, \ldots, n)$ ist,

b) die unmarkierten Zielfunktionswerte gemäß Satz 2 berechnet wurden,

c) bei jedem Auswahlschritt eine Pseudolösung gewählt wurde, die den kleinsten Zielfunktionswert besaß.

Andererseits wurde in den Hilfssätzen 2, 4 und 5 sowie in Satz 3 bewiesen, daß an allen Stellen, wo Verzweigungen vorzeitig abgebrochen wurden, eine weitere Verzweigung keine Punkte aus $\mathfrak{M}$ erzeugen kann. ▌

Zur Filtermethode sei noch bemerkt, daß sie aus dem additiven Algorithmus von E. Balas (siehe [1]) durch Einführung der Filtermenge $\mathfrak{F}$ aus (4) mit seinen beiden Tests ($\mathfrak{F}$-Test No 1 und $\mathfrak{F}$-Test No 2) hervorgegangen ist. Schon durch die im additiven Algorithmus vorhandenen Tests ($\mathfrak{M}$-Test No 2, $\mathfrak{M}$-Test No 3 und $\left(F_s^+ = \emptyset\,?\right)$ im Sprungschritt) wird die Menge der zu untersuchenden partiell zulässigen Punkte wesentlich eingeschränkt (Aussagen von Lemma 4 und 5). Die Filtermethode unterscheidet sich nun vom additiven Algorithmus dadurch, daß man einen Filter mit der Eigenschaft

$$\mathfrak{M} \subseteqq \mathfrak{F} \subseteqq \mathfrak{A}$$

einbaut, wobei $\mathfrak{A}$ die Menge aller partiell zulässigen Punkte ist. Man kann dadurch einen durch das Verfahren erzeugten partiell zulässigen Punkt zunächst auf Zugehörigkeit zu $\mathfrak{F}$ überprüfen ($\mathfrak{F}$-Test No 1) und erspart sich auf diese Weise in den meisten Fällen die aufwendige Anwendung des Optimalitätskriteriums ($\mathfrak{M}$-Test No 1). Der von Balas gewählte Filter aus (4) hat nach Satz 1 die gute Eigenschaft (10). Andererseits wird die Filtermenge $\mathfrak{F}$ nur durch eine einzige Ungleichung beschrieben. Durch den $\mathfrak{F}$-Test No 2 wird wegen Lemma 2 und Satz 3 eine weitere Einschränkung der zu untersuchenden Punkte aus $\mathfrak{A}$ erreicht. Aus den genannten Gründen wird die Filtermethode auch als *beschleunigter additiver Algorithmus* bezeichnet, wobei „beschleunigt" in dem beschriebenen Sinne zu verstehen ist. Welches der beiden Verfahren schneller endet, hängt wesentlich von dem zur Verfügung stehenden Automaten ab.

Beispiel. Es ist die Funktion

$$z = 5x_1 + 7x_2 + 10x_3 + 3x_4 + x_5 \tag{39}$$

unter den Nebenbedingungen

$$\left.\begin{aligned} x_1 - 3x_2 + 5x_3 + x_4 - 4x_5 &\geqq 2, \\ -2x_1 + 6x_2 - 3x_3 - 2x_4 + 2x_5 &\geqq 0, \\ -x_2 + 2x_3 - x_4 - x_5 &\geqq 1, \end{aligned}\right\} \tag{40}$$

$$x_\alpha = 0 \text{ oder } 1 \qquad (\alpha = 1, \ldots, 5) \tag{41}$$

zu minimieren.

Phase I

Wir bilden das stetige Problem, indem wir (41) durch

$$0 \leqq x_\alpha \leqq 1 \qquad (\alpha = 1, \ldots, 5) \tag{42}$$

ersetzen. Wir lösen dieses Problem mit Hilfe der dualen Simplexmethode (vgl. Kap. 5) und erhalten einen optimalen Punkt $\hat{x}' = \left(0, \frac{1}{3}, \frac{2}{3}, 0, 0\right)$ mit dem Zielfunktionswert

$$\boldsymbol{c}'\,\hat{\boldsymbol{x}} = \hat{\boldsymbol{u}}'\,\boldsymbol{b} = 9 \quad \text{und} \quad \boldsymbol{a} = \boldsymbol{A}'\,\hat{\boldsymbol{u}} = \left(-\frac{16}{3}, 7, 10, -\frac{43}{3}, -\frac{11}{3}\right).$$

Wir numerieren die Indizes nach Vorschrift (11) um, d. h., es ist $N = \{2, 3, 5, 1, 4\}$. Es gibt noch eine zweite Möglichkeit, nämlich $N = \{3, 2, 5, 1, 4\}$.

Wenn wir $x_1' = x_2$, $x_2' = x_3$, $x_3' = x_5$, $x_4' = x_1$, $x_5' = x_4$ setzen, hat das Filterproblem folgende Gestalt:

Man minimiere

$$7x_1' + 10x_2' + x_3' + 5x_4' + 3x_5'$$

unter den Restriktionen

$$7x_1' + 10x_2' - \frac{11}{3}x_3' - \frac{16}{3}x_4' - \frac{43}{3}x_5' \geqq 9,$$

$$x_\alpha' = 0 \text{ oder } 1 \qquad (\alpha = 1, \ldots, 5).$$

Phase II

Anfangsiteration

Die Menge Z besteht aus genau einem Wert $z_0 = 9$ und $\bar{N}_0 = \emptyset$, x_0 ist kein partiell zulässiger Punkt. Daraus ergibt sich $N_0 = N$. Wir gehen zum Verzweigungsschritt über.

Verzweigungsschritt

Es ist $\bar{N}_{01} = \{1\}$ und demzufolge die Menge der freien Indizes $\{2, 3, 4, 5\}$. Die entsprechende Pseudolösung ψ_{01}, die nach (15) konstruiert wird, ist $\psi_{01} = \{\delta_1^{01}\}$, wobei $\delta_1^{01} = 1$ ist. Zur Pseudolösung ψ_{01} gehört der partiell zulässige Punkt $x_{01} = (1, 0, 0, 0, 0)$.

1. Teil

$\mathfrak{F}$-*Test No 1*

Wir untersuchen, ob $x_{01} \in \mathfrak{F}$ ist, indem wir $\tilde{b}_{01}$ nach (17) berechnen:

$$\tilde{b}_{01} = 9 - 7 = 2 > 0 .$$

Daraus folgt, daß x_{01} nicht zulässig für das Filterproblem und demzufolge auch nicht zulässig für das betrachtete Problem ist. Wir gehen zum nächsten Test über.

$\mathfrak{F}$-*Test No 2*

Existiert ein Index $\tau \in \{2, 3, 4, 5\}$ mit der Eigenschaft (18)? Die Bedingung (18) wird von $\tau = 2$ erfüllt; denn es gilt

$$0 < 2 < 10 .$$

Der entsprechende Wert z_{01} der Zielfunktion berechnet sich nach (21) zu

$$z_{01} = 7 + 0 + 1\,(9 - 7 - 0) = 9 .$$

Es gilt $z_{01} \in Z$, aber z_{01} wird nicht markiert gespeichert. Wir gehen zum 2. Teil über.

2. Teil

$N_{01} = \{2, 3, 4, 5\} \neq \emptyset$, d. h., wir wenden erneut den Verzweigungsschritt an, indem wir die Pseudolösung ψ_{02} konstruieren (vgl. (15)).

Verzweigungsschritt

Es ist $\bar{N}_{02} = \{1, 2\}$ und $\psi_{02} = (\delta_1^{02}, \delta_2^{02})$ mit $\delta_1^{02} = 0$ und $\delta_2^{02} = 1$.

1. Teil

$\mathfrak{F}$-*Test No 1*

Es ergibt sich auf Grund von (17)

$$\tilde{b}_{02} = 9 - 0 - 10 = -1 \leqq 0 ,$$

d. h.

$$x_{02} = (0, 1, 0, 0, 0) \in \mathfrak{F} .$$

Dann ist der Zielfunktionswert $z_{02} = 10$ zu markieren. Es gilt

$$\psi_{02} \in \pi \qquad \text{und} \qquad z_{02} \in Z .$$

2. Teil

Die Menge der freien Indizes $N_{02} = \{3, 4, 5\} \neq \emptyset$, d. h., wir wenden einen weiteren Verzweigungsschritt an.

Verzweigungsschritt

Es ist $\overline{N}_{03} = \{1, 2, 3\}$ und $\psi_{03} = (\delta_1^{03}, \delta_2^{03}, \delta_3^{03})$ mit $\delta_1^{03} = \delta_2^{03} = 0$ und $\delta_3^{03} = 1$.

1. Teil

$\mathfrak{F}$-*Test No 1*

Es gilt $\tilde{b}_{03} = 9 - 0 - 0 + \frac{11}{3} = \frac{38}{3} > 0$, d. h. $x_{03} = (0, 0, 1, 0, 0) \notin \mathfrak{F}$. Daraus folgt

$\mathfrak{F}$-*Test No 2*

Es existiert kein $\tau \in \{4, 5\}$ mit der Eigenschaft (18); denn es gilt

$$0 < \frac{38}{3} > -\frac{16}{3}.$$

Damit ist $\psi_{03} \notin \pi$, und es folgt die Iteration 1.

Iteration 1

Wir beginnen wie üblich mit dem Auswahlschritt. Die Menge Z besteht aus den Elementen z_{01} und z_{02} mit $z_{01} < z_{02}$. Damit wird z_{01} gewählt und aus Z eliminiert. Zu z_{01} gehört die Pseudolösung $\psi_{01} = (\delta_1^0)$ mit $\delta_1^0 = 1$. Wir führen die Bezeichnung $z_1 = z_{01}$ und $\psi_1 = \psi_{01}$ ein, da wir uns in der ersten Iteration befinden. z_1 ist nicht markiert; es gilt $x_1 = (1, 0, 0, 0, 0) \notin \mathfrak{F}$. Damit wenden wir auf ψ_1 einen Verzweigungsschritt an.

Verzweigungsschritt

Es gilt $\overline{N}_1 = \{1\}$, $\overline{N}_{11} = \{1, 2\}$ und $\psi_{11} = (\delta_1^{11}, \delta_2^{11})$ mit $\delta_1^1 = \delta_2^1 = 1$.

$\mathfrak{F}$-*Test No 1*

Es ist $\tilde{b}_{11} = 9 - 7 - 10 = -8 \leqq 0$, d. h. $x_{11} = (1, 1, 0, 0, 0) \in \mathfrak{F}$ und $z_{11} = 7 + 10 = 17$ wird markiert. Da $N_{11} = \{3, 4, 5\} \neq \emptyset$ ist, wird weiter verzweigt.

Verzweigungsschritt

Es ist $\overline{N}_{12} = \{1, 2, 3\}$ und $\psi_{12} = (\delta_1^{12}, \delta_2^{12}, \delta_3^{12})$ mit $\delta_1^{12} = \delta_3^{12} = 1$ und $\delta_2^{12} = 0$.

$\mathfrak{F}$-*Test No 1*

Es gilt $\tilde{b}_{12} = 9 - 7 + \frac{11}{3} = \frac{17}{3} > 0$, und damit gehört $x_{12} = (1, 0, 1, 0, 0)$ nicht zum Bereich $\mathfrak{F}$.

$\mathfrak{F}$-*Test No 2*

Es existiert kein τ mit Eigenschaft (18), d. h., ψ_{12} wird nicht zur Auswahl bei der nächsten Iteration zugelassen.

Iteration 2

Die Auswahlmenge Z besteht aus den zwei Elementen $z_{02} = 10$ und $z_{11} = 17$, wobei offensichtlich $z_{02} < z_{11}$ ist, d. h. z_{02} genügt der Auswahlvorschrift und wird gleichzeitig eliminiert. Andererseits ist z_{02} markiert worden, d. h. $x_{02} = (0, 1, 0, 0, 0) \in \mathfrak{F}$. Wir wenden auf x_{02} das Optimalitätskriterium an:

$\mathfrak{M}$-*Test No 1*

Wir berechnen $\hat{b}_r$ $(r = 1, 2, 3)$ nach (31) und erhalten

$$\hat{b}_1 = 2 - 5 = -3 \leqq 0,$$
$$\hat{b}_2 = 0 + 3 = 3 > 0,$$
$$\hat{b}_3 = 1 - 2 = -1 \leqq 0.$$

Da $\hat{b}_2 > 0$ ist, gilt $x_{02} \notin \mathfrak{M}$, und damit ist es auch nicht optimal. Wir müssen zum folgenden Test übergehen.

$\mathfrak{M}$-Test No 2

Es ist $\bar{b}_r$ $(r \in M^+)$ nach (32) zu bestimmen, d. h. $\bar{b}_2 = 3 - 2 = 1 > 0$. Dadurch ist gesichert, daß keine Pseudolösung ψ_v mit den Eigenschaften a), b) und c) existiert (siehe Lemma 4), d. h., wir können eine neue Iteration beginnen.

Iteration 3

Die Auswahlmenge Z besteht jetzt nur noch aus dem Element $z_{11} = 17$ mit $x_{11} = (1, 1, 0, 0, 0)$. Dieser Punkt wird sich als optimal erweisen. Wir prüfen mit

$\mathfrak{M}$-Test No 1

Es gilt

$$\hat{b}_1 = 2 + 3 - 5 = 0\,,$$
$$\hat{b}_2 = 0 - 6 + 3 = -3 \leqq 0\,,$$
$$\hat{b}_3 = 1 + 1 - 2 = 0\,.$$

Wir werden für x'_{11} wieder die ursprüngliche Numerierung einführen und erhalten $\hat{x} = (0, 1, 1, 0, 0)$ als optimalen Punkt für das betrachtete Beispiel.

Abb. 16 zeigt das Flußbild des Algorithmus.

8.4. Pseudo-Boolesche Optimierung

8.4.1. Problemstellung

Die Ergebnisse dieses Abschnitts gehen im wesentlichen auf Arbeiten der beiden Mathematiker P. Ivanescu (Hammer) und S. Rudeanu zurück. Bevor wir zur Formulierung eines pseudo-Booleschen Optimierungsproblems kommen, werden wir uns mit einigen Grundbegriffen beschäftigen. An dieser Stelle sei aber schon bemerkt, daß insbesondere lineare 0-1-Optimierungsprobleme mit ganzzahligen Koeffizienten in der Zielfunktion und in den Restriktionen pseudo-Boolesche Probleme sind.

Wir betrachten nun die aus den beiden Elementen 0 und 1 bestehende Menge, in der folgende Operationen erklärt sind:

1° Addition und Subtraktion,

2° Multiplikation,

3° Vereinigung, die durch

$\cup$	0	1
0	0	1
1	1	1

definiert ist, und

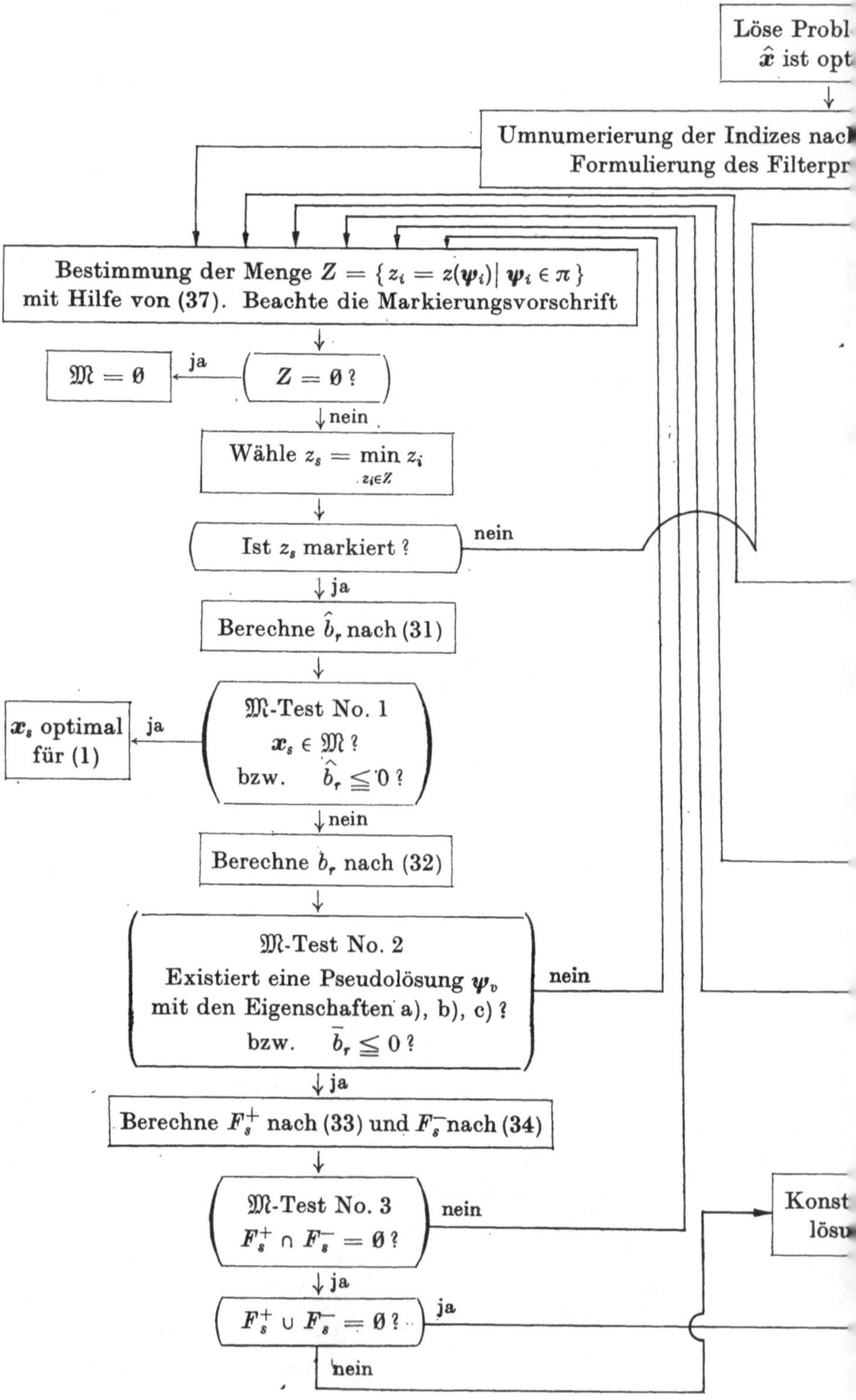
Löse Probl
$\hat{x}$ ist opt
Umnumerierung der Indizes nac
Formulierung des Filterpr
Bestimmung der Menge $Z = \{ z_i = z(\boldsymbol{\psi}_i) | \boldsymbol{\psi}_i \in \pi \}$ mit Hilfe von (37). Beachte die Markierungsvorschrift
$\mathfrak{M} = \emptyset$
ja
$Z = \emptyset$?
nein
Wähle $z_s = \min_{z_i \in Z} z_i$
Ist z_s markiert ?
nein
ja
Berechne $\hat{b}_r$ nach (31)
$\boldsymbol{x}_s$ optimal für (1)
ja
$\mathfrak{M}$-Test No. 1
$\boldsymbol{x}_s \in \mathfrak{M}$?
bzw. $\hat{b}_r \leqq 0$?
nein
Berechne $\bar{b}_r$ nach (32)
$\mathfrak{M}$-Test No. 2
Existiert eine Pseudolösung $\boldsymbol{\psi}_v$ mit den Eigenschaften a), b), c) ?
bzw. $\bar{b}_r \leqq 0$?
nein
ja
Berechne F_s^+ nach (33) und F_s^- nach (34)
$\mathfrak{M}$-Test No. 3
$F_s^+ \cap F_s^- = \emptyset$?
nein
Konst
lösu
ja
$F_s^+ \cup F_s^- = \emptyset$?
ja
nein

Abb. 1

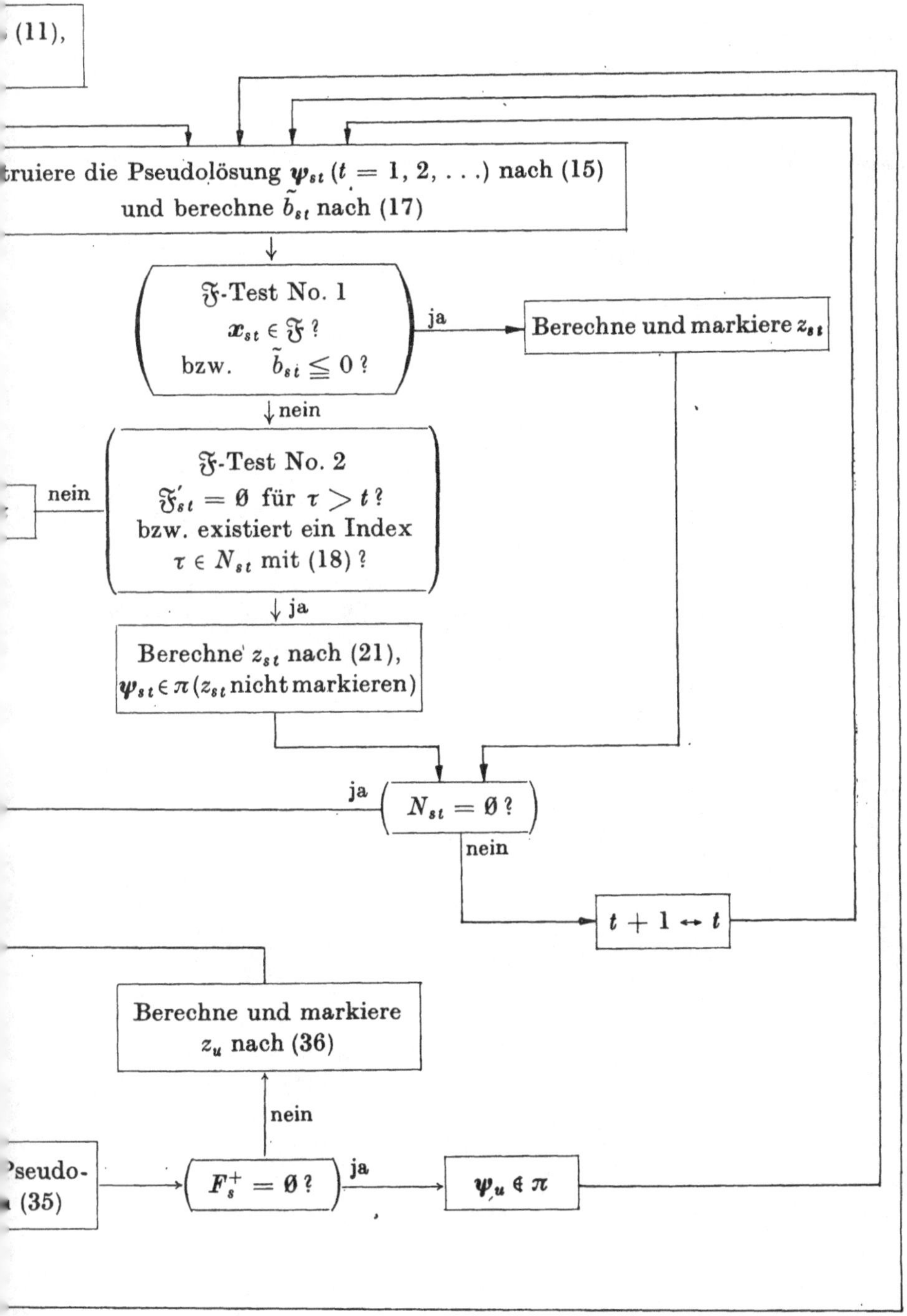

des Algorithmus

4° Negation, die durch die Vorschrift

a	0	1
$\bar{a}$	1	0

erklärt ist, wobei $a \in \{0, 1\}$ ist.

Der Beweis der folgenden Eigenschaften der Vereinigung und Negation sei dem Leser überlassen ($a, b, c, d, \ldots$ sind hierbei Elemente der Menge $\{0, 1\}$):

$$a \cup b = a + b - a \cdot b\,, \tag{1}$$

$$\bar{a} = 1 - a\,, \tag{2}$$

die Vereinigung ist assoziativ und kommutativ. (3)

Aus (1) und (3) folgt dann unmittelbar

$$\left.\begin{aligned} &a \cup b \cup c = a + b + c - ab - bc - ca + abc\,,\\ &a \cup b \cup c \cup d = a + b + c + d - ab - bc - cd - da + abc + bcd\\ &\qquad + cda + dab - abcd\,. \end{aligned}\right\} \tag{4}$$

Weiterhin legen wir fest

$$\bigcup_{i \in \emptyset} a_i = 0\,, \qquad \prod_{i \in \emptyset} a_i = 1\,. \tag{5}$$

▌ D. 1 Die Menge $A_2 = \{0, 1\}$, in der die Operationen 2°, 3° und 4° erklärt sind, heißt eine BOOLE*sche Algebra.* ▌

Wenn x und a aus der BOOLEschen Algebra A_2 sind, setzen wir

$$x^a = \begin{cases} x\,, & \text{falls} \quad a = 1\,,\\ \bar{x}\,, & \text{falls} \quad a = 0\,. \end{cases} \tag{6}$$

Wir betrachten das kartesische Produkt

$$A_2^n = \underbrace{A_2 \times \cdots \times A_2}_{n\,\text{mal}} = \{(c_1, \ldots, c_n) \mid c_i \in A_2,\ i = 1, \ldots, n\}$$

▌ D. 2 Eine eindeutige Abbildung f der Produktmenge A_2^n in den Ring der ganzen Zahlen werden wir eine *pseudo-BOOLEsche Funktion* nennen. ▌

Wir kommen nun zu einer wichtigen Eigenschaft pseudo-BOOLEscher Funktionen.

▌ S. 1 *Jede pseudo-BOOLEsche Funktion $f(\boldsymbol{x})$ ($\boldsymbol{x} \in A_2^n$) ist ein Polynom mit ganzzahligen Koeffizienten und linear in jeder Variablen x_i (bei festen Werten für die übrigen Variablen*[1]*)).* ▌

---

[1]) Eine solche Funktion soll *lineares Polynom* heißen.

▌ Bws. In einer pseudo-BOOLEschen Funktion ist die Variable x_1 entweder 0 oder 1. Man sieht sofort ein, daß die Gleichung

$$f(\boldsymbol{x}) = x_1 [f(1, x_2, \ldots, x_n) - f(0, x_2, \ldots, x_n)] + f(0, x_2, \ldots, x_n) \tag{7}$$

sowohl für $x_1 = 0$ als auch für $x_1 = 1$ erfüllt ist. Daraus folgt, daß sich die pseudo-BOOLEsche Funktion f durch

$$f(\boldsymbol{x}) = x_1\, g(x_2, \ldots, x_n) + h(x_2, \ldots, x_n) \tag{8}$$

darstellen läßt, wobei wegen (7) die Funktionen $g(x_2, \ldots, x_n)$ und $h(x_2, \ldots, x_n)$ pseudo-BOOLEsche Funktionen mit dem Definitionsbereich A_2^{n-1} sind. Analog zu (7) kann man wiederum die pseudo-BOOLEschen Funktionen $g(x_2, \ldots, x_n)$ und $h(x_2, \ldots, x_n)$ schreiben. Durch sukzessives Fortfahren erhält man schließlich ein in den Variablen $x_1, \ldots, x_n$ lineares Polynom mit ganzzahligen Koeffizienten. ▌

Nach Satz 1 läßt sich jede pseudo-BOOLEsche Funktion $f(\boldsymbol{x})$ in der Form

$$f(\boldsymbol{x}) = \sum_i a_{i_1 \ldots i_n} x_1^{\sigma_{i_1}} \ldots x_n^{\sigma_{i_n}} \tag{9}$$

darstellen, wobei die Koeffizienten $a_{i_1 \ldots i_n}$ ganze Zahlen sind und $\sigma_i' = (\sigma_{i_1}, \ldots, \sigma_{i_n}) \in A_2^n$. Da wegen (6) offensichtlich

$$x_1^{\sigma_1} \cdots x_n^{\sigma_n} = \begin{cases} 1\,, & \text{falls} \quad (x_1, \ldots, x_n) = (\sigma_1, \ldots, \sigma_n)\,, \\ 0\,, & \text{falls} \quad (x_1, \ldots, x_n) \neq (\sigma_1, \ldots, \sigma_n) \end{cases}$$

gilt, sieht man sofort ein, daß auch die Darstellung

$$f(\boldsymbol{x}) = \sum_{\sigma \in A_2^n} f(\sigma)\, x_1^{\sigma_1} \cdots x_n^{\sigma_n} \tag{10}$$

richtig ist. Hier ist wie üblich $\boldsymbol{\sigma}' = (\sigma_1, \ldots, \sigma_n)$ mit $\sigma_i \in A_2$ $(i = 1, \ldots, n)$. Die Gleichung (10) werden wir anhand eines einfachen Beispiels illustrieren. Es sei

$$f(\boldsymbol{x}) = 3\, x_1 x_2 + 2\, x_1 + 3\, x_2 \qquad (x_1 \in A_2, x_2 \in A_2)\,, \tag{11}$$

$f(\boldsymbol{x})$ ist eine pseudo-BOOLEsche Funktion. Wir bestimmen zuerst alle $\boldsymbol{\sigma} \in A_2^2$: (1, 1), (1, 0), (0, 1), (0, 0). Dann hat die Darstellung (9) die Gestalt

$$f(x_1, x_2) = (3 + 2 + 3)\, x_1^1 x_2^1 + 2\, x_1^1 x_2^0 + 3\, x_1^0 x_2^1 + 0 \cdot x_1^0 x_2^0\,.$$

Nach Anwendung von (6) und (2) erhält man

$$f(x_1, x_2) = 8\, x_1 x_2 + 2\, x_1 (1 - x_2) + 3\,(1 - x_1)\, x_2\,,$$

woraus sich unmittelbar (11) ergibt.

Man kann nun pseudo-BOOLEsche Gleichungen und Ungleichungen der Form $g(\boldsymbol{x}) = 0$, $g(\boldsymbol{x}) \leqq 0$, $g(\boldsymbol{x}) \geqq 0$, $g(\boldsymbol{x}) < 0$ und $g(\boldsymbol{x}) > 0$ betrachten Hierbei ist g eine pseudo-BOOLEsche Funktion Wir sind nun in der Lage, das allgemeine pseudo-BOOLEsche Optimierungsproblem zu formulieren:

$$\min \{f(\boldsymbol{x}) \mid g_r(\boldsymbol{x})\; R_r\; 0\,, r = 1, \ldots, m, \boldsymbol{x} \in A_2^n\}\,, \tag{12}$$

wobei f und g_r $(r = 1, \ldots, m)$ pseudo-BOOLEsche Funktionen sind und R_r eine der Relationen $\leqq$, $<$, $\geqq$, $>$ oder $=$ ist. Später wird gezeigt, daß sich die Lösung von Problem (12) im wesentlichen auf die Minimierung einer pseudo-BOOLEschen Funktion zurückführen läßt. Deshalb werden wir nun eine Methode zur Bestimmung aller optimalen Punkte einer pseudo-BOOLEschen Funktion $f(\boldsymbol{x})$ entwickeln.

Da die Menge A_2^n nur endlich viele Punkte enthält, kann man natürlich alle optimalen Punkte auch durch Vergleich der Funktionswerte erhalten. Da die Menge A_2^n jedoch genau 2^n Elemente enthält, ist dieses Vorgehen für Funktionen mit einer größeren Anzahl von Variablen nicht mehr sinnvoll.

8.4.2. Minimierung einer pseudo-BOOLEschen Funktion

Wir betrachten das Problem

$$\min \{f(\boldsymbol{x}) \mid \boldsymbol{x} \in A_2^n\}\,. \tag{13}$$

Wegen (8) kann man die pseudo-BOOLEsche Funktion $f(\boldsymbol{x})$, die wir mit $f_1(\boldsymbol{x})$ bezeichnen wollen, in der Form

$$f_1(x_1, \ldots, x_n) = x_1 \cdot g_1(x_2, \ldots, x_n) + h_1(x_2, \ldots, x_n) \tag{14}$$

schreiben. Es ist uns bekannt, daß $g_1(x_2, \ldots, x_n)$ und $h_1(x_2, \ldots, x_n)$ pseudo-BOOLEsche Funktionen sind. Es sei

$$\mathfrak{M}_1 = \{(a_2, \ldots, a_n) \mid (a_2, \ldots, a_n) \in A_2^{n-1}, g_1(a_2, \ldots, a_n) < 0\}$$

und

$$\mathfrak{N}_1 = \{(b_2, \ldots, b_n) \mid (b_2, \ldots, b_n) \in A_2^{n-1}, g_1(b_2, \ldots, b_n) = 0\}\,.$$

Wir setzen

$$x_1 = \bigcup_{(a_2, \ldots, a_n) \in \mathfrak{M}_1} x_2^{a_2} \cdots x_n^{a_n} \cup u_1 \bigcup_{(b_2, \ldots, b_n) \in \mathfrak{N}_1} x_2^{b_2} \cdots x_n^{b_n}\,, \tag{15}$$

wobei $u_1 \in A_2$ beliebig ist.

Die Mengen $\mathfrak{M}_1$ und $\mathfrak{N}_1$ können natürlich auch leer sein. Das bedeutet dann, daß der entsprechende Ausdruck auf Grund von (5) Null wird.

Wenn man in (15) $u_1 = 0$ setzt, erhält man

$$x_1^0 = \bigcup_{(a_2, \ldots, a_n) \in \mathfrak{M}_1} x_2^{a_2} \cdots x_n^{a_n}\,.$$

Wegen (4) und (2) kann man leicht zeigen, daß das "arithmetische Äquivalent" x_1^+ zu x_1^0 die Form

$$x_1^+ = \sum_{(a_2, \ldots, a_n) \in \mathfrak{M}_1} x_2^{a_2} \cdots x_n^{a_n}$$

hat. Wenn wir nun x_1^+ in die Funktion $f_1(x_1, \ldots, x_n)$ einsetzen, erhalten wir eine pseudo-BOOLEsche Funktion, die nur noch von den $n - 1$ Variablen $x_2, \ldots, x_n$ abhängt. Diese Funktion werden wir mit $f_2(x_2, \ldots, x_n)$ bezeichnen, d. h., es gilt

$$f_2(x_2, \ldots, x_n) = f_1\big(x_1^+(x_2, \ldots, x_n), x_2, \ldots, x_n\big)\,.$$

Analog zu (8) schreibt man f_2 in der Form

$$f_2(x_2, \ldots, x_n) = x_2\, g_2(x_3, \ldots, x_n) + h_2(x_3, \ldots, x_n)\,,$$

wobei $g_2(x_3, \ldots, x_n)$ und $h_2(x_3, \ldots, x_n)$ wieder pseudo-BOOLEsche Funktionen sind. Dann bestimmen wir die Mengen

$$\mathfrak{M}_2 = \{(a_3, \ldots, a_n) \mid (a_3, \ldots, a_n) \in A_2^{n-2},\ g_2(a_3, \ldots, a_n) < 0\}\,,$$

$$\mathfrak{N}_2 = \{(b_3, \ldots, b_n) \mid (b_3, \ldots, b_n) \in A_2^{n-2},\ g_2(b_3, \ldots, b_n) = 0\}$$

sowie

$$x_2 = \bigcup_{(a_3, \ldots, a_n) \in \mathfrak{M}_2} x_3^{a_3} \cdots x_n^{a_n} \cup u_2 \bigcup_{(b_3, \ldots, b_n) \in \mathfrak{N}_2} x_3^{b_3} \cdots x_n^{b_n}$$

$$(u_2 \in A_2 \text{ beliebig})$$

mit dem arithmetischen Äquivalent x_2^+ zu $x_2^0 = x_2(u_2)|_{u_2=0}$:

$$x_2^+ = \sum_{(a_3, \ldots, a_n) \in \mathfrak{M}_2} x_3^{a_3} \cdots x_n^{a_n}\,.$$

Der allgemeine Schritt dieses Verfahrens hat dann die Form

$$f_i(x_i, \ldots, x_n) = f_{i-1}(x_{i-1}^+(x_i, \ldots, x_n), x_i, \ldots, x_n)\,,$$

$$f_i(x_i, \ldots, x_n) = x_i\, g_i(x_{i+1}, \ldots, x_n) + h_i(x_{i+1}, \ldots, x_n)$$

(g_i und h_i sind pseudo-BOOLEsche Funktionen),

$$\mathfrak{M}_i = \{(a_{i+1}, \ldots, a_n) \mid (a_{i+1}, \ldots, a_n) \in A_2^{n-i},\ g_i(a_{i+1}, \ldots, a_n) < 0\}\,,$$

$$\mathfrak{N}_i = \{(b_{i+1}, \ldots, b_n) \mid (b_{i+1}, \ldots, b_n) \in A_2^{n-i},\ g_i(b_{i+1}, \ldots, b_n) = 0\}\,,$$

$$x_i = \bigcup_{(a_{i+1}, \ldots, a_n) \in \mathfrak{M}_i} x_{i+1}^{a_{i+1}} \cdots x_n^{a_n} \cup u_i \bigcup_{(b_{i+1}, \ldots, b_n) \in \mathfrak{N}_i} x_{i+1}^{b_{i+1}} \cdots x_n^{b_n} \tag{17}$$

$$(u_i \in A_2 \text{ beliebig})$$

und

$$x_i^+ = \sum_{(a_{i+1}, \ldots, a_n) \in \mathfrak{M}_i} x_{i+1}^{a_{i+1}} \cdots x_n^{a_n}\,.$$

Im letzten Schritt erhält man schließlich

$$f_n(x_n) = x_n\, g_n + h_n\,,$$

wobei g_n und h_n ganze Zahlen sind.

Dann setzen wir

$$x_n = \begin{cases} 1\,, & \text{falls} \quad g_n < 0\,, \\ 0\,, & \text{falls} \quad g_n > 0\,, \\ u_n\,, & \text{falls} \quad g_n = 0\,, \end{cases} \tag{18}$$

wobei u_n beliebig ist. Aus (18) ist ersichtlich, daß x_n eine Funktion von $u_n \in A_2$ ist:

$$x_n = x_n(u_n)\,. \tag*{(19)$_n$}$$

Wenn wir nun $x_n(u_n)$, wobei insbesondere natürlich u_n eine Konstante aus A_2 sein kann, in x_{n-1} (vgl. (17) für $i = n - 1$) einsetzen, erhalten wir

$$x_{n-1} = x_{n-1}(u_{n-1}, u_n) \,. \qquad (19)_{n-1}$$

Wenn man nun diese Prozedur sukzessive für $i = n - 2, \; n - 3, \ldots, 2, 1$ fortführt, kommt man zu

$$x_{n-2} = x_{n-2}(u_{n-2}, u_{n-1}, u_n) \,, \qquad (19)_{n-2}$$

$$\cdots\cdots\cdots\cdots$$

$$x_i = x_i(u_i, u_{i+1}, \ldots, u_n) \,, \qquad (19)_i$$

$$\cdots\cdots\cdots\cdots$$

$$x_2 = x_2(u_2, u_3, \ldots, u_n) \,, \qquad (19)_2$$

$$x_1 = x_1(u_1, u_2, \ldots, u_n) \,. \qquad (19)_1$$

Wir können nun den folgenden Satz aussprechen:

▌ S. 2 *Jedem System von Parametern* $u_i^* \in A_2$ $(i = 1, \ldots, n)$ *ist durch die Beziehungen* $(19)_n$ *bis* $(19)_1$ *eindeutig ein optimaler Punkt* $(x_1^*, \ldots, x_n^*)$ *von Problem* (13) *zugeordnet.* ▌

▌ Bws. Wenn man sich ansieht, wie man nach dem letzten Schritt des Verfahrens nach der Vorschrift (18) der Variablen x_n die Zahl 0, 1 oder den Parameter u_n zuordnet, erkennt man sofort, daß dadurch die Funktion $f_n(x_n) = x_n g_n + h_n$ ein Minimum annimmt. Da man schrittweise von $f_n(x_n)$ bis zu $f_1(x) = f(x)$, wie im Verfahren beschrieben, vorgeht und die Mengen $\mathfrak{M}_i$ bzw. $\mathfrak{N}_i (i = 1, \ldots, n - 1)$ gerade die Mengen der Punkte aus A_2^{n-i} sind, für die die Bedingungen $g_i(x_{i+1}, \ldots, x_n) < 0$ bzw. $g_i(x_{i+1}, \ldots, x_n) = 0$ erfüllt sind, ist klar, daß durch das System $(19)_n$ bis $(19)_1$ für alle möglichen Parameter $u_i \in A_2$ $(i = 1, \ldots, n)$ die Gesamtheit der optimalen Punkte von Problem (13) beschrieben wird.[1]) ▌

Das beschriebene Verfahren wird nun an einem Beispiel demonstriert.

Beispiel. Es ist die Menge aller optimalen Punkte aus A_2^3 zu bestimmen, die die Funktion

$$f_1(x) = x_1 + x_2 - 3\, x_1 x_2 x_3 + x_2 x_3 \qquad (20)$$

minimieren.

Schritt 1: Die Funktion f_1 läßt sich, wie in (14) angegeben wurde, in der Form

$$f_1(x) = x_1\, g_1(x_2, x_3) + h_1(x_2, x_3)$$

darstellen, wobei $g_1 = 1 - 3\, x_2 x_3$ und $h_1 = x_2 + x_2 x_3$ ist. Wir bestimmen nun die beiden Teilmengen $\mathfrak{M}_1$ und $\mathfrak{N}_1$ von A_2^2:

$$\mathfrak{M}_1 = \{(1, 1)\} \,, \qquad \mathfrak{N}_1 = \emptyset \,.$$

[1]) Bei diesem Verfahren handelt es sich um eine einfache Anwendung des Optimalitätsprinzips von BELLMANN auf pseudo-Boolesche Funktionen. Einer pseudo-BOOLEschen Funktion wird hier ein n-stufiger Entscheidungsprozeß zugeordnet, wobei in jeder Stufe nur die Entscheidungen Null oder Eins möglich sind.

Dann folgt sofort nach (15)

$$x_1 = x_2^1 x_3^1 = x_2 x_3 , \tag{21}$$

wobei x_1 mit seinem arithmetischen Äquivalent übereinstimmt, d. h., wir substituieren (21) in die betrachtete Funktion $f_1(\boldsymbol{x})$ und erhalten

$$f_2(x_2, x_3) = x_2 x_3 + x_2 - 3 x_2 x_3 + x_2 x_3 = x_2 - x_2 x_3 .$$

Schritt 2: Es gilt

$$f_2(x_2, x_3) = x_2 (1 - x_3) ,$$

d. h. $g_2(x_2, x_3) = 1 - x_3$ und $h_2(x_2, x_3) \equiv 0$. Dann ist

$$\mathfrak{M}_1 = \emptyset \qquad \text{und} \qquad \mathfrak{N}_1 = \{(1)\} ,$$

d. h.

$$x_2 = u_2 x_3^1 = u_2 x_3 \qquad (u_2 \in A_2 \text{ beliebig}) \tag{22}$$

mit dem arithmetischen Äquivalent x_2^+ zu x_2^0: $x_2^+ = 0$. Wenn wir nun $x_2^+ = 0$ in die Funktion f_2 substituieren, erhalten wir $f_3 \equiv 0$.

Schritt 3: Offensichtlich gilt

$$f_3 = x_3 \cdot 0 + 0 ,$$

d. h., die Funktion g_3 ist identisch Null. Nach Vorschrift (18) können wir in diesem Fall $x_3 = u_3$ setzen, wobei u_3 ein beliebiger Parameter aus A_2 ist.

Wir erhalten nun nach Satz 2 alle optimalen Punkte, wenn wir $x_3 = u_3$ in (22) und schließlich x_2 und x_3 in (21) einsetzen:

$$x_1 = u_2 u_3 ,$$
$$x_2 = u_2 u_3 ,$$
$$x_3 = u_3 ,$$

wobei u_2 und u_3 beliebige Parameter aus A_2 sind. Explizit ausgerechnet ergeben sich drei optimale Punkte:

$$\boldsymbol{x}_1 = (1, 1, 1) , \qquad \boldsymbol{x}_2 = (0, 0, 0) , \qquad \boldsymbol{x}_3 = (0, 0, 1)$$

mit dem Minimum $f_1(\boldsymbol{x}_i) = 0 \quad (i = 1, 2, 3)$.

Wir wenden uns nun wieder unserer ursprünglichen Aufgabenstellung, der Lösung des Problems (12), zu. In dem folgenden Abschnitt werden wir uns mit der Lösung eines speziellen pseudo-Booleschen Optimierungsproblems befassen.

8.4.3. Lösung eines speziellen pseudo-Booleschen Optimierungsproblems

Wir betrachten das allgemeine Problem (12) für den Spezialfall, daß die Relationen R_r $(r = 1, \ldots, m)$ die Gleichheitsrelation darstellen. Weiterhin benötigen wir die zusätzliche Voraussetzung, daß die in den Restriktionen auftretenden pseudo-Booleschen Funktionen $g_r(\boldsymbol{x})$ die Eigenschaft besitzen, daß für jeden Punkt aus A_2^n das Ungleichungssystem

$$g_r(\boldsymbol{x}) \geqq 0 \qquad (r = 1, \ldots, m) \tag{23}$$

gilt. Das bedeutet, daß das folgende pseudo-Boolesche Optimierungsproblem gegeben ist:

$$\min \{f(\boldsymbol{x}) \mid g_r(\boldsymbol{x}) = 0, r = 1, \ldots, m, \boldsymbol{x} \in A_2^n,$$
$$g_r(\boldsymbol{x}) \geqq 0 \quad \text{für ein beliebiges } \boldsymbol{x} \in A_2^n\} . \tag{24}$$

Auf Grund von Satz 1 können wir ohne Beschränkung der Allgemeinheit voraussetzen, daß $f(\boldsymbol{x})$ ein Polynom mit ganzzahligen Koeffizienten ist. Bezeichnen wir mit P die Summe der positiven Koeffizienten und mit N die der negativen Koeffizienten[1]), so liefert uns der folgende Satz eine Möglichkeit, das Problem (24) zu lösen.

▌ S. 3 *Wenn $\boldsymbol{x}_0 \in A_2^n$ ein optimaler Punkt von Problem* (24) *ist, nimmt die pseudo-BOOLEsche Funktion*

$$F(\boldsymbol{x}) = f(\boldsymbol{x}) + (P - N + 1) \sum_{r=1}^{m} g_r(\boldsymbol{x}) \tag{25}$$

im Punkt $\boldsymbol{x}_0$ ihr Minimum an. Wenn umgekehrt $F(\boldsymbol{x}_0)$ das Minimum der Funktion $F(\boldsymbol{x})$ ist und

$$F(\boldsymbol{x}_0) \leqq P \tag{26}$$

gilt, dann ist $\boldsymbol{x}_0$ ein optimaler Punkt von Problem (24). *Wenn andererseits zwar $\boldsymbol{x}_0$ die Funktion $F(\boldsymbol{x})$ minimiert, aber*

$$F(\boldsymbol{x}_0) > P \tag{27}$$

gilt, ist der zulässige Bereich $\mathfrak{M}$ des Problems (24) *leer.* **▌**

▌ Bws. Für einen beliebigen Punkt $\boldsymbol{x} \in A_2^n$ gilt offensichtlich

$$N \leqq f(\boldsymbol{x}) \leqq P\,. \tag{28}$$

Nach Voraussetzung ist $\boldsymbol{x}_0$ ein optimaler Punkt des Problems (24). Wir haben nun zu zeigen, daß $\boldsymbol{x}_0$ die Funktion $F(\boldsymbol{x})$, die durch (25) definiert wurde, minimiert. Der Beweis wird indirekt geführt, indem wir annehmen, daß ein Punkt $\boldsymbol{x}^* \in A_2^n$ existiert, für den die Ungleichung

$$F(\boldsymbol{x}^*) < F(\boldsymbol{x}_0) \tag{29}$$

gilt. Wenn man nun verifizieren kann, daß $\boldsymbol{x}^* \in \mathfrak{M}$ ist, steht offensichtlich die Annahme (29) im Widerspruch zur Voraussetzung, daß $\boldsymbol{x}_0$ optimal für Problem (24) ist. Es genügt also zu zeigen, daß der Punkt $\boldsymbol{x}^*$ mit der Eigenschaft (29) das Gleichungssystem $g_r(\boldsymbol{x}) = 0$ $(r = 1, \ldots, m)$ erfüllt. Wäre das nicht der Fall, so muß wegen (23) ein r_0 mit $g_{r_0}(\boldsymbol{x}^*) > 0$ existieren, woraus sich

$$\sum_{r=1}^{m} g_r(\boldsymbol{x}^*) \geqq 1$$

ergibt. Dann gilt

$$F(\boldsymbol{x}^*) \geqq f(\boldsymbol{x}^*) + P - N + 1$$

und wegen (28)

$$F(\boldsymbol{x}^*) \geqq f(\boldsymbol{x}^*) + P - N + 1 \geqq P + 1\,. \tag{30}$$

Da $\boldsymbol{x}_0$ insbesondere zulässig ist, ist $\sum_{r=1}^{m} g_r(\boldsymbol{x}_0) = 0$, d. h.

$$F(\boldsymbol{x}_0) = f(\boldsymbol{x}_0)\,. \tag{31}$$

---

[1]) P oder N können auch Null sein.

Auf Grund von (28) erhält man daraus

$$F(\boldsymbol{x}_0) \leqq P\,. \tag{32}$$

Aus den Ungleichungen (30) und (32) folgt

$$F(\boldsymbol{x}_0) \leqq F(\boldsymbol{x}^*)\,,$$

was im Widerspruch zur Eigenschaft (29) steht. Damit ist bewiesen, daß der Punkt $\boldsymbol{x}^*$ das System $g_r(\boldsymbol{x}) = 0$ $(r = 1, \ldots, m)$ befriedigt und somit im Restriktionsbereich $\mathfrak{M}$ liegt, d. h., der optimale Punkt $\boldsymbol{x}_0$ von Problem (24) minimiert die pseudo-BooLEsche Funktion $F(\boldsymbol{x})$.

Nach Voraussetzung erreicht die Funktion $F(\boldsymbol{x})$ im Punkt $\boldsymbol{x}_0 \in A_2^n$ ihr absolutes Minimum, und es gilt (26). Es genügt wie oben zu zeigen, daß $\boldsymbol{x}_0 \in \mathfrak{M}$ ist. Wir nehmen wieder an, daß $\boldsymbol{x}_0 \notin \mathfrak{M}$ ist, d. h., $\boldsymbol{x}_0$ erfüllt nicht das Gleichungssystem $g_r(\boldsymbol{x}) = 0 (r = 1, \ldots, m)$. Daraus folgt dann (siehe andere Richtung des Beweises)

$$F(\boldsymbol{x}_0) \geqq P + 1\,,$$

was aber im Widerspruch zur Ungleichung (26) steht. Hiermit haben wir also bewiesen, daß der Punkt $\boldsymbol{x}_0$, in dem die Funktion $F(\boldsymbol{x})$ ihr absolutes Minimum annimmt, gleichzeitig optimal für Problem (24) ist.

Wir kommen nun zum letzten Teil des Beweises. Nehmen wir an, daß $\mathfrak{M} \neq \emptyset$ ist, d. h., es existiert ein Punkt $\boldsymbol{x}^* \in A_2^n$ mit $g_r(\boldsymbol{x}^*) = 0$ $(r = 1, \ldots, m)$, dann folgt sofort $F(\boldsymbol{x}^*) = f(\boldsymbol{x}^*)$ und wegen (28)

$$F(\boldsymbol{x}^*) \leqq P\,. \tag{33}$$

Aus den Ungleichungen (33) und (27) erhält man

$$F(\boldsymbol{x}^*) < F(\boldsymbol{x}_0)\,,$$

was im Widerspruch zur Optimalität von $\boldsymbol{x}_0$ steht. ∎

Auf Grund des soeben bewiesenen Satzes bestimmt man einen optimalen Punkt des Problems (24), indem man das freie Minimum der Funktion $F(\boldsymbol{x})$ nach der bereits beschriebenen Methode berechnet und nachprüft, welche der beiden Ungleichungen (26) oder (27) erfüllt ist. Gilt (26), so hat man einen optimalen Punkt des Problems (24) erhalten. Ohne Schwierigkeiten gelangt man zur Gesamtheit der optimalen Punkte des Problems (24), wenn man alle die Punkte mit Hilfe des beschriebenen Verfahrens bestimmt, in denen die pseudo-BooLEsche Funktion $F(\boldsymbol{x})$ ihr absolutes Minimum annimmt. Wenn andererseits die zu (26) im Widerspruch stehende Bedingung (27) erfüllt sein sollte, ist der zulässige Bereich des betrachteten pseudo-BooLEschen Optimierungsproblems leer, d. h., das Problem ist unlösbar.

Beispiel 1: Es ist die pseudo-BooLEsche Funktion

$$f(\boldsymbol{x}) = x_1 x_2 + 2 x_2 - x_2 x_3 \tag{34}$$

in bezug auf die Nebenbedingungen

$$\left.\begin{array}{ll} g_1(x) = x_1 + x_2 x_3 = 0 & (x \in A_2^3)\,, \\ g_2(x) = x_1 + x_1 x_2 x_3 = 0 & (x \in A_2^3) \end{array}\right\} \tag{35}$$

zu minimieren.

Es ist offensichtlich, daß $g_r(x) \geqq 0$ $(r = 1, 2)$ für alle $x \in A_2^3$ gilt, d. h., wir können für die Lösung dieses Problems den Satz 3 anwenden. Die Summe der positiven Koeffizienten der Zielfunktion $f(x)$ ist $P = 3$ und die der negativen Koeffizienten $N = -1$. Wir haben dann also die pseudo-BOOLEsche Funktion

$$F(x) = x_1 x_2 + 2 x_2 - x_2 x_3 + 5 (x_1 + x_2 x_3 + x_1 + x_1 x_2 x_3) \tag{36}$$

zu minimieren. Die Gleichung (36) vereinfacht, ergibt

$$F(x) = x_1 x_2 + 10 x_1 + 2 x_2 + 4 x_2 x_3 + 5 x_1 x_2 x_3\,. \tag{37}$$

Auf die Funktion (37) wenden wir das schon bekannte Verfahren zur Minimierung pseudo-BOOLEscher Funktionen an:

Schritt 1: Die Funktion $F(x)$ läßt sich in der Form

$$F(x) = x_1(x_2 + 5 x_2 x_3 + 10) + 2 x_2 + 4 x_2 x_3$$

darstellen. Dann ist

$$\mathfrak{M}_1 = \{(x_2, x_3) \mid x_2 + 5 x_2 x_3 + 10 < 0\} = \emptyset$$

und

$$\mathfrak{N}_1 = \{(x_2, x_3) \mid x_2 + 5 x_2 x_3 + 10 = 0\} = \emptyset\,.$$

Daraus folgt auf Grund von (15) und (5)

$$x_1 = 0\,. \tag{38}$$

Wir setzen nun (38) in die Funktion $F(x)$ ein und erhalten

$$F_2(x_2, x_3) = 2 x_2 + 4 x_2 x_3\,. \tag{39}$$

Schritt 2: Für (39) gilt

$$F_2(x_2, x_3) = x_2 (2 + 4 x_3)\,,$$

d. h.

$$\mathfrak{M}_2 = \{(x_3) \mid 2 + 4 x_3 < 0\} = \emptyset\,,$$
$$\mathfrak{N}_2 = \{(x_3) \mid 2 + 4 x_3 = 0\} = \emptyset\,.$$

Daraus folgt sofort wegen Vorschrift (15)

$$x_2 = 0\,. \tag{40}$$

Dieses in die Funktion (39) eingesetzt, ergibt

$$F_3(x_3) = 0\,. \tag{41}$$

Schritt 3: Aus (41) folgt die Darstellung der Funktion $F_3(x_3)$:

$$F_3(x_3) = x_3 \cdot 0\,.$$

Deshalb ist auf Grund von (18)

$$x_3 = u_3\,, \tag{42}$$

wobei u_3 ein beliebiger Parameter aus A_2 ist. Aus (38), (40), (42) erhält man nun die Gesamtheit $\mathfrak{A}$ aller Punkte, die die Funktion

$$F(x) = x_1 x_2 + 10 x_1 + 2 x_2 + 4 x_2 x_3 + 5 x_1 x_2 x_3$$

minimieren:

$$\mathfrak{A} = \{(0, 0, u_3)\,, \quad u_3 \in A_2 \text{ beliebig}\} = \{x_1' = (0, 0, 0);\quad x_2' = (0, 0, 1)\}\,.$$

Das Minimum der Funktion $F(\boldsymbol{x})$ ist dann

$$F(\boldsymbol{x}_1) = F(\boldsymbol{x}_2) = 0 . \tag{43}$$

Wir müssen nun prüfen, ob die Punkte $\boldsymbol{x}_1$ und $\boldsymbol{x}_2$ auch die optimalen Punkte des betrachteten Problems sind. Es gilt $F(\boldsymbol{x}_1) < P$ wegen (43) und $P = 3$, d. h., die Menge $\mathfrak{A}$ ist die Gesamtheit aller Punkte, die die Zielfunktion (34) in bezug auf die Restriktionen (35) minimieren.

Beispiel 2. Es ist die pseudo-Boolesche Funktion

$$f(\boldsymbol{x}) = x_1 - x_2 + x_3$$

über der Restriktionsmenge $\mathfrak{M}$, die durch die Gleichungen

$$\begin{aligned} g_1(\boldsymbol{x}) &= x_1 + x_1 x_2 - x_3 + 2 = 0 \qquad (\boldsymbol{x} \in A_2^3) , \\ g_2(\boldsymbol{x}) &= x_1 + x_2 + 4 \qquad\qquad = 0 \qquad (\boldsymbol{x} \in A_2^3) \end{aligned}$$

beschrieben wird, zu maximieren.

Wir können dieses Problem in der Form

$$\min \{- f(\boldsymbol{x}) \mid \boldsymbol{x} \in \mathfrak{M}\} \tag{44}$$

schreiben, damit Satz 3 sofort anwendbar ist. Die Summe der positiven Koeffizienten des Polynoms $-f(\boldsymbol{x})$ ist $P = 1$ und entsprechend $N = -2$. Die Funktion

$$F(\boldsymbol{x}) = -f(\boldsymbol{x}) + (P - N + 1)\,(g_1(\boldsymbol{x}) + g_2(\boldsymbol{x}))$$

hat dann die Gestalt

$$F(\boldsymbol{x}) = 7\,x_1 + 4\,x_1 x_2 + 5\,x_2 - 5\,x_3 + 24 . \tag{45}$$

Schritt 1: Die Variable x_1 wird ausgeklammert:

$$F(\boldsymbol{x}) = x_1 (7 + 4\,x_2) + 5\,x_2 - 5\,x_3 + 24 .$$

Wir erkennen sofort, daß die Mengen

$$\mathfrak{M}_1 = \{(x_2) \mid 7 + 4\,x_2 < 0\} \qquad \text{und} \qquad \mathfrak{N}_1 = \{(x_2) \mid 7 + 4\,x_2 = 0\}$$

beide leer sind, d. h.

$$x_1 = 0 . \tag{46}$$

Wenn man (46) in (45) einsetzt, erhält man

$$F_2(x_2, x_3) = 5\,x_2 - 5\,x_3 + 24 . \tag{47}$$

Schritt 2: Die Funktion F_2 läßt sich in der Form

$$F_2(x_2, x_3) = x_2 \cdot (5) - 5\,x_3 + 24$$

darstellen, woraus sofort folgt, daß die Mengen $\mathfrak{M}_2$ und $\mathfrak{N}_2$ leer sind, d. h.

$$x_2 = 0 . \tag{48}$$

Die Funktion $F_3(x_3)$ erhält man, indem (48) in (47) eingesetzt wird:

$$F_3(x_3) = -5\,x_3 + 24 .$$

Schritt 3: Wegen (18) ist

$$x_3 = 1 \tag{49}$$

zu setzen.

Aus (46), (48) und (49) geht hervor, daß $\boldsymbol{x}_0' = (0, 0, 1)$ der einzige Punkt aus A_2^3 ist, der der Funktion $F(\boldsymbol{x})$ aus (45) ein Minimum erteilt. Es gilt $F(\boldsymbol{x}) = 19$, und wegen $P = 1$ ist $F(\boldsymbol{x}_0) > P$, d. h., auf Grund von Satz 3 ist der zulässige Bereich des betrachteten Problems (44) leer. Damit ist gezeigt worden, daß das Problem (44) unlösbar ist.

8.4.4. Das allgemeine pseudo-BOOLEsche Optimierungsproblem

Wir hatten in den einführenden Bemerkungen dieses Abschnitts (vgl. (12)) das allgemeine pseudo-BOOLEsche Optimierungsproblem formuliert.

Es wird zunächst gezeigt, daß sich das Problem der Lösung einer pseudo-BOOLEschen Ungleichung auf die Lösung einer pseudo-BOOLEschen Gleichung zurückführen läßt. Dazu betrachten wir die Ungleichung

$$g(\boldsymbol{x}) \leqq 0 \,. \tag{50}$$

Ohne Beschränkung der Allgemeinheit können wir wieder die pseudo-BOOLEsche Funktion $g(\boldsymbol{x})$ als ein Polynom auffassen. Es sei N die Summe der negativen Koeffizienten des Polynoms $g(\boldsymbol{x})$; dann bezeichnen wir mit s die kleinste ganze Zahl, die die Ungleichung

$$-N \leqq 2^s \tag{51}$$

befriedigt. Wir formulieren nun die pseudo-BOOLEsche Gleichung

$$g(\boldsymbol{x}) + 2^0\, y_0 + 2^1\, y_1 + \cdots + 2^s\, y_s = 0 \,, \tag{52}$$

wobei $\boldsymbol{y}' = (y_0, \ldots, y_s) \in A_2^{s+1}$ ist.

▌ S. 4 *Zu jeder Lösung* $\boldsymbol{x} \in A_2^n$ *der pseudo-BOOLEschen Ungleichung* (50) *existiert ein* $\boldsymbol{y} \in A_2^{s+1}$, *so daß* $(\boldsymbol{x}, \boldsymbol{y}) \in A_2^{n+s+1}$ *eine Lösung der pseudo-BOOLEschen Gleichung* (52) *ist. Wenn umgekehrt* $(\boldsymbol{x}, \boldsymbol{y})$ *eine Lösung der pseudo-BOOLEschen Gleichung* (52) *ist, ist* $\boldsymbol{x}$ *eine Lösung von* (50). ▌

▌ Bws. Die Aussage dieses Satzes ist sofort klar, wenn man daran denkt, daß man die Ungleichung (50) durch Einführung einer Schlupfvariablen u in der Form

$$g(\boldsymbol{x}) + u = 0 \qquad (u \geqq 0,\ u \text{ ganzzahlig}) \tag{53}$$

schreiben kann. Daß u eine ganzzahlige Variable sein muß, folgt aus der Tatsache, daß jede pseudo-BOOLEsche Funktion nach Definition 2 ganzzahlige Werte besitzt. Nun ist aber die Gleichung (53) keine pseudo-BOOLEsche Gleichung, da u nicht aus A_2 zu sein braucht. Man kann jedoch jede ganze Zahl, also auch u, in der Form

$$u = 2^0\, y_0 + 2^1\, y_1 + \cdots + 2^k\, y_k$$

schreiben, wobei y_i zweiwertige Variable sind. Es bleibt also noch zu zeigen, daß $k = s$ gilt, wobei s nach (51) zu bestimmen ist. Das ist aber trivial; denn es gilt

$$\min_{\boldsymbol{x} \in A_2^n} g(\boldsymbol{x}) \geqq N \,,$$

d. h., die Schlupfvariable u ist nicht größer als $-N$. ▌

Wir betrachten nun noch die drei anderen möglichen Relationen R_r und zwar $\geqq$, $<$ und $>$. Es ist offensichtlich, daß die Ungleichung $g(\boldsymbol{x}) < 0$ zu $g(\boldsymbol{x}) + 1 \leqq 0$, die Ungleichung $g(\boldsymbol{x}) \geqq 0$ zu $-\, g(\boldsymbol{x}) \leqq 0$ und die Ungleichung $g(\boldsymbol{x}) > 0$

zu $-g(\boldsymbol{x}) - 1 \leqq 0$ äquivalent ist. Daraus und aus Satz 4 folgt, daß das allgemeine pseudo-BOOLEsche Optimierungsproblem durch die Form

$$\min \{f(\boldsymbol{x}) \mid g_r(\boldsymbol{x}) = 0, r = 1, \ldots, m, \boldsymbol{x} \in A_2^n\} \tag{54}$$

repräsentiert wird. Es genügt also, für alle weiteren Überlegungen das Problem (54) zu betrachten. Im vorigen Abschnitt haben wir uns bereits mit der Lösung eines in Gleichungsform gegebenen Problems beschäftigt, wobei aber zusätzlich vorausgesetzt werden mußte, daß $g_r(\boldsymbol{x})$ nichtnegativ pseudo-BOOLEsche Funktionen sind. Diese Voraussetzung läßt sich aber recht einfach erreichen, indem wir die Restriktionen $g_r(\boldsymbol{x}) = 0$ durch $g_r^2(\boldsymbol{x}) = 0$ ersetzen. Hierbei ist natürlich $x_i^2 = x_i$ $(i = 1, \ldots, m)$, da $x_i \in A_2$ ist, d. h., $g_r^2(\boldsymbol{x})$ ist wieder eine pseudo-BOOLEsche Funktion. Es gilt

$$g_r^2(\boldsymbol{x}) \geqq 0 \quad \text{für alle } \boldsymbol{x} \in A_2^n . \tag{55}$$

Da $g_r^2(\boldsymbol{x}) = 0$ genau dann erfüllt ist, wenn $g_r(\boldsymbol{x}) = 0$ ist, ist jede Lösung der Gleichung $g_r(\boldsymbol{x}) = 0$ auch eine Lösung von $g_r^2(\boldsymbol{x}) = 0$ und umgekehrt. Daraus und auf Grund der Bedingung (55) folgt, daß der Restriktionsbereich $\overline{\mathfrak{M}}$ des betrachteten Problems (54) durch

$$\overline{\mathfrak{M}} = \{\boldsymbol{x} \mid g_r^2(\boldsymbol{x}) = 0, r = 1, \ldots, m, \boldsymbol{x} \in A_2^n \\ g_r^2(\boldsymbol{x}) \geqq 0 \quad \text{für ein beliebiges} \quad \boldsymbol{x} \in A_2^n\}$$

darstellbar ist. Damit sind die Voraussetzungen des Satzes 3 erfüllt, und es gilt der folgende Existenzsatz:

▌ S. 5 *Das Problem* (54) *besitzt dann und nur dann einen optimalen Punkt* $\boldsymbol{x}_0$, *wenn der Punkt* $\boldsymbol{x}_0 \in A_2^n$ *die Funktion*

$$G(\boldsymbol{x}) = f(\boldsymbol{x}) + (P - N + 1) \sum_{r=1}^{m} g_r^2(\boldsymbol{x}) \tag{56}$$

minimiert, und es gilt

$$G(\boldsymbol{x}_0) \leqq P . \tag{57}$$

Wenn andererseits $G(\boldsymbol{x}_0) > P$ *ist, dann ist der zulässige Bereich* $\overline{\mathfrak{M}}$ *von Problem* (54) *leer.* (P bedeutet hier wieder die Summe der positiven Koeffizienten des Polynoms $f(\boldsymbol{x})$ und N die Summe, der negativen Koeffizienten.) ▌

Dieser Satz beantwortet uns die Frage, wann ein optimaler Punkt des Problems (54) existiert und liefert uns gleichzeitig eine Methode zur Bestimmung eines solchen. Wir werden nun diese Methode an zwei Beispielen demonstrieren. Zu Beginn dieses Abschnittes haben wir bereits erwähnt, daß lineare 0-1-Optimierungsprobleme mit ganzzahligen Koeffizienten in der Zielfunktion und in den Restriktionen spezielle pseudo-Boolesche Optimierungsprobleme sind. Wir werden als zweites Beispiel ein solches Problem lösen.

Beispiel 1. Es ist die Funktion

$$f(\boldsymbol{x}) = x_1 - 2\, x_1 x_2 - x_3 - 2 \tag{58}$$

in bezug auf die Restriktionen

$$\left.\begin{aligned} g_1(\boldsymbol{x}) &= 2\,x_1\,x_2 - 3\,x_1\,x_3 + x_3 = 0 \qquad (x_i \in A_2\,, \quad i = 1, 2, 3)\,, \\ g_2(\boldsymbol{x}) &= x_1 - 1 \qquad\qquad\quad\;\; = 0 \qquad (x_1 \in A_2) \end{aligned}\right\} \tag{59}$$

zu minimieren.

Offensichtlich gilt hier nicht die Bedingung (23) für die beiden Funktionen $g_1(\boldsymbol{x})$ und $g_2(\boldsymbol{x})$, d. h., es ist der Satz 5 anzuwenden. Um die Funktion $G(\boldsymbol{x})$ aus (56) zu bestimmen, benötigt man die pseudo-BOOLEschen Funktionen

$$g_1^2(\boldsymbol{x}) = 4\,x_1\,x_2 - 8\,x_1\,x_2\,x_3 + 3\,x_1\,x_3 + x_3 \tag{60}$$

und

$$g_2^2(\boldsymbol{x}) = -\,x_1 + 1\,, \tag{61}$$

wobei bei der Berechnung von (60) und (61) beachtet wurde, daß $x_i^2 = x_i$ $(i = 1, 2)$ ist. Beide Funktionen sind nichtnegativ für alle $\boldsymbol{x} \in A_2^3$. Die Summe der positiven Koeffizienten der Zielfunktion aus (58) ist $P = 1$ und die der negativen Koeffizienten $N = -\,3$, woraus sich

$$P - N + 1 = 5 \tag{62}$$

ergibt. Nach (56), (60), (61), (62) und auf Grund von Satz 5 ist dann die Funktion

$$\left.\begin{aligned} G(\boldsymbol{x}) &= x_1 - 2\,x_1\,x_2 - x_3 - 2 \\ &\quad + 5\,(4\,x_1\,x_2 - 8\,x_1\,x_2\,x_3 + 3\,x_1\,x_3 + x_3 - x_1 + 1) \\ &= -\,4\,x_1 + 4\,x_3 + 18\,x_1\,x_2 + 15\,x_1\,x_3 - 40\,x_1\,x_2\,x_3 + 3 \end{aligned}\right\} \tag{63}$$

zu minimieren.

Schritt 1: Aus dem Polynom (63) wird die Variable x_1 aus all den Gliedern ausgeklammert, in denen sie enthalten ist. Das ergibt die Darstellung

$$G(\boldsymbol{x}) = x_1\,(-\,4 + 18\,x_2 + 15\,x_3 - 40\,x_2\,x_3) + 4\,x_3 + 3\,.$$

Dann ist

$$\mathfrak{M}_1 = \{(x_2, x_3) \mid -\,4 + 18\,x_2 + 15\,x_3 - 40\,x_2\,x_3 < 0\} = \{(1, 1), (0, 0)\}$$

und

$$\mathfrak{N}_1 = \{(x_2, x_3) \mid -\,4 + 18\,x_2 + 15\,x_3 - 40\,x_2\,x_3 = 0\} = \emptyset\,.$$

Daraus folgt wegen (15)

$$x_1 = x_2^1\,x_3^1 \cup x_2^0\,x_3^0 = x_2\,x_3 \cup \bar{x}_2\,\bar{x}_3$$

mit seinem arithmetischen Äquivalent

$$x_1^+ = x_2 \cdot x_3 + (1 - x_2)\,(1 - x_3) = 2\,x_2\,x_3 - x_2 - x_3 + 1\,. \tag{64}$$

Nun wird (64) in (63) substituiert mit dem Ergebnis

$$G_2(x_2, x_3) = 4\,x_2 - 15\,x_2\,x_3 + 8\,x_3 + 1\,. \tag{65}$$

Schritt 2: Es gilt

$$G_2(x_2, x_3) = x_2\,(4 - 15\,x_3) + 8\,x_3 + 1\,,$$

woraus

$$\mathfrak{M}_2 = \{x_3 \mid 4 - 15\,x_3 < 0\} = \{1\}$$

und

$$\mathfrak{N}_2 = \{x_3 \mid 4 - 15\,x_3 = 0\} = \emptyset$$

folgt, d. h., wir erhalten

$$x_2 = x_3^1 = x_3$$

und das zu x_2 gehörende arithmetische Äquivalent

$$x_2^+ = x_3 . \tag{66}$$

Nun wird $x_2^+ = x_3$ in die Funktion $G_2(x_2, x_3)$ aus (65) eingesetzt; das ergibt

$$G_3(x_3) = -3x_3 + 1 . \tag{67}$$

Schritt 3: Aus (67) erkennt man, daß der Koeffizient von x_3 negativ ist, so daß nach (18)

$$x_3 = 1 \tag{68}$$

zu setzen ist.

Aus (66) und (68) folgt $x_2 = x_3 = 1$. Auf Grund des beschriebenen Algorithmus müssen wir dies in (64) einsetzen. Wir erhalten dann $x_1 = 1$. Damit nimmt die Funktion $G(\boldsymbol{x})$ aus (63) im Punkt $\boldsymbol{x}_0 = (1, 1, 1)$ ihren maximalen Wert an; $\boldsymbol{x}_0$ ist der einzige Punkt mit dieser Eigenschaft. Nach Satz 5 ist nun nachzuprüfen, ob der Wert der Funktion $G(\boldsymbol{x})$ im Punkt $\boldsymbol{x}_0$ nicht größer als P oder größer als P ist. Es gilt $G(\boldsymbol{x}_0) = -4$, und da $P = 1$ ist, ist die Ungleichung $G(\boldsymbol{x}_0) \leqq P$ erfüllt, d. h., der Punkt $\boldsymbol{x}_0 = (1, 1, 1)$ minimiert die Funktion in bezug auf die Nebenbedingungen (59), und es gilt $f(\boldsymbol{x}_0) = -4$.

Beispiel 2: Es ist das lineare 0-1-Optimierungsproblem

$$\min \{f(\boldsymbol{x}) \mid g_r(\boldsymbol{x}) = 0 , \quad r = 1, 2 , \ \boldsymbol{x} \in A_2^3\} \tag{69}$$

zu lösen, wobei

$$f(\boldsymbol{x}) = x_1 - 3x_2 - x_3 ,$$
$$g_1(\boldsymbol{x}) = x_1 - x_2 + x_3$$

und

$$g_2(\boldsymbol{x}) = -x_1 + 2x_2 - 1$$

ist. Zunächst werden die nichtnegativen pseudo-Booleschen Funktionen $g_1^2(\boldsymbol{x})$ und $g_2^2(\boldsymbol{x})$ berechnet. Wir erhalten nach Vereinfachung

$$g_1^2(\boldsymbol{x}) = x_1 - 2x_1x_2 + 2x_1x_3 - 2x_2x_3 + x_2 + x_3 ,$$
$$g_2^2(\boldsymbol{x}) = 3x_1 - 4x_1x_2 + 1 .$$

Da $P = 1$ und $N = -4$ ist, ist nach (56)

$$G(\boldsymbol{x}) = 25x_1 + 3x_2 + 5x_3 - 36x_1x_2 + 12x_1x_3 - 12x_2x_3 + 6 . \tag{70}$$

Diese Funktion wird nun minimiert:

Schritt 1: Die Funktion $G(\boldsymbol{x})$ läßt sich in der Form

$$G(\boldsymbol{x}) = x_1(25 - 36x_2 + 12x_3) + 3x_2 + 5x_3 - 12x_2x_3 + 6$$

schreiben. Dann ergibt sich

$$\mathfrak{M}_1 = \{(x_2, x_3) \mid 25 - 36x_2 + 12x_3 < 0\} = \{(1, 0)\}$$

und

$$\mathfrak{N}_1 = \{(x_2, x_3) \mid 25 - 36x_2 + 12x_3 = 0\} = \emptyset .$$

Somit ist

$$x_1 = x_2^1 x_3^0 = x_2 \cdot \bar{x}_3 = x_2 - x_2 \cdot x_3 . \tag{71}$$

Wenn wir x_1 aus der Funktion (70) eliminieren, erhalten wir

$$G_2(x_2, x_3) = -8x_2 - x_2x_3 + 5x_3 + 6 . \tag{72}$$

Schritt 2: Es gilt

$$G_2(x_2, x_3) = x_2(-8 - x_3) + 5x_3 + 6$$

und demzufolge

$$\mathfrak{M}_2 = \{x_3 | -8 - x_3 < 0\} = \{0\}$$

und

$$\mathfrak{N}_2 = \{x_3 | -8 - x_3 = 0\} = \emptyset .$$

Dann ist

$$x_2 = x_3^0 = \bar{x}_3 = 1 - x_3 . \tag{73}$$

Somit hat die Funktion $G_3(x_3)$ die Gestalt

$$G_3(x_3) = 13\, x_3 - 2 . \tag{74}$$

Schritt 3: Der Koeffizient von x_3 in (74) ist positiv, d. h.

$$x_3 = 0 . \tag{75}$$

Aus (75), (73) und (71) folgt, daß genau ein optimaler Punkt $\boldsymbol{x}_0' = (1, 1, 0)$ existiert, der die Funktion $G(\boldsymbol{x})$ aus (70) minimiert. Da $G(\boldsymbol{x}) = -2$ und $P = 1$ ist, gilt offensichtlich $G(\boldsymbol{x}_0) < P$. Nach Satz 5 hat also das Problem (69) genau einen optimalen Punkt $\boldsymbol{x}_0' = (1, 1, 0)$ mit dem Zielfunktionswert

$$f(\boldsymbol{x}_0) = -2 .$$

Wir haben nun eine Methode beschrieben, mit der man das pseudo-BOOLEsche Optimierungsproblem (54) vollständig lösen kann. Hierbei ist aber klar, daß sich das Problem (54) dadurch kompliziert, daß man statt der in den Relationen auftretenden Funktion $g_r(\boldsymbol{x})$ $(r = 1, \ldots, m)$ die Funktionen $g_r^2(\boldsymbol{x})$ $(r = 1, \ldots, m)$ zu betrachten hat und bei Einführung von Schlupfvariablen für Ungleichungen die Anzahl der Variablen enorm anwachsen kann.

Es wurden noch andere Methoden zur Lösung des Problems (54) entwickelt. Wir verweisen hier beispielsweise auf Arbeiten von P. IVANESCU [1] und von P. IVANESCU und S. RUDEANU [1], [2].

ANHANG

EINIGE ANWENDUNGSBEISPIELE

1. LINEARE OPTIMIERUNGSMODELLE

1.1. Produktionsplanung

In einem größeren Produktionsbetrieb mögen r Produkte $P_1, \ldots, P_r$ in insgesamt q Betriebsteilen $T_1, \ldots, T_q$ hergestellt werden. Dabei braucht nicht vorausgesetzt zu werden, daß jedes Produkt in allen Betriebsteilen herstellbar ist. Jedes Produkt durchläuft bei der Herstellung eine gewisse Anzahl von Bearbeitungsstufen, die wir Abteilungen $A_1, \ldots, A_p$ nennen wollen. Der Einfachheit halber soll angenommen werden, daß in jedem Betriebsteil die Abteilungen $A_1, \ldots, A_p$ vorhanden sind und diese auch alle für die Herstellung der Produkte wichtigen Abteilungen darstellen. Für jedes Produkt P_i sei eine Planauflage p_i vorgegeben ($i = 1, \ldots, r$); außerdem sei a_{ji}^k die maximal mögliche Durchlaufmenge des Produkts P_i ($i = 1, \ldots, r$) durch die Abteilung A_j ($j = 1, \ldots, p$) im Betriebsteil T_k ($k = 1, \ldots, q$). Falls P_i in T_k nicht A_j durchläuft, sei $a_{ji}^k = \infty$. Wir nehmen an, daß durch jede Abteilung nie gleichzeitig zwei Produkte bearbeitet werden können und jedes Produkt nach Verlassen einer Abteilung nicht wieder in diese Abteilung zurückkehrt. Schließlich seien s_{ij}^k die Produktionskosten pro Mengeneinheit des Produktes P_i, die in der Abteilung A_j des Betriebsteils T_k entstehen. Dann sind

$$\sum_{j=1}^{p} s_{ij}^k = t_i^k$$

die Produktionskosten von P_i im Betriebsteil T_k.

Wenn wir mit x_{ki} ($i = 1, \ldots, r$; $k = 1, \ldots, q$) die Menge der Produkte P_i bezeichnen, die in T_k hergestellt wird, dann liefert $\frac{x_{ki}}{a_{ji}^k}$ ($a_{ji}^k > 0$) die Kapazitätsauslastung der Abteilung A_j durch P_i im Betriebsteil T_k, und es muß

$$\sum_{i=1}^{r} \frac{1}{a_{ji}^k} x_{ki} \leqq 1 \qquad (j = 1, \ldots, p;\ k = 1, \ldots, q)$$

gelten $\left(\text{für } a_{ji}^k = \infty \text{ setzen wir } \frac{1}{a_{ji}^k} = 0 \text{ ein}\right)$.

Es sei

$$c_{ki} = \begin{cases} 1, & \text{falls } P_i \text{ in } T_k \text{ hergestellt werden kann,} \\ 0 & \text{sonst.} \end{cases}$$

Dann ist durch $\sum_{k=1}^{q} c_{ki}\, x_{ki}$ die Gesamtproduktion des Produktes P_i gegeben, die der Ungleichung

$$\sum_{k=1}^{q} c_{ki}\, x_{ki} \geqq p_i \qquad (i = 1, \ldots, r)$$

genügen muß. Die Produktionskosten ergeben sich zu

$$z = \sum_{i=1}^{r} \sum_{k=1}^{q} t_i^k x_{ki} .$$

Daraus erhalten wir das folgende lineare Optimierungsproblem

$$\min \left\{ \sum_{i=1}^{r} \sum_{k=1}^{q} t_i^k x_{ki} \middle| \begin{array}{ll} \sum_{k=1}^{q} c_{ki} x_{ki} \geqq p_i & (i = 1, \ldots, r) . \\ \sum_{i=1}^{r} \bar{a}_{ji}^k x_{ki} \leqq 1 & (j = 1, \ldots, p; k = 1, \ldots, q) , \\ x_{ki} \geqq 0 & (i = 1, \ldots, r; k = 1, \ldots, q) \end{array} \right\}$$

mit $\bar{a}_{ji}^k = \frac{1}{a_{ji}^k}$. Wir setzen

$$\boldsymbol{t}^{k'} = (t_1^k, \ldots, t_r^k) , \quad \boldsymbol{t}' = (t^{1'}, \ldots, t^{q'}) ,$$

$$\boldsymbol{A}^k = \begin{pmatrix} \bar{a}_{11}^k & \bar{a}_{12}^k & \ldots & \bar{a}_{1r}^k \\ \cdot & \cdot & \cdot & \cdot \\ \bar{a}_{q1}^k & \bar{a}_{q2}^k & \ldots & \bar{a}_{qr}^k \end{pmatrix}, \quad \boldsymbol{p}' = (p_1, \ldots, p_r) ,$$

$$\boldsymbol{1}' = (1, \ldots, 1) \in E_q ,$$

$$\boldsymbol{x}^{k'} = (x_{k1}, \ldots, x_{kr}) , \quad \boldsymbol{x}' = (x^{1'}, \ldots, x^{q'})$$

$$\boldsymbol{C}^k = (c_1^k, \ldots, c_r^k) , \quad \boldsymbol{C} = (C^1, \ldots, C^q) ,$$

wobei $\boldsymbol{C}^k$ ($k = 1, \ldots, q$) eine r-dimensionale Einheitsmatrix ist, deren 1-Elemente in der i-ten Zeile und Spalte genau dann durch eine Null ersetzt werden, wenn P_i in T_k nicht hergestellt werden kann.

Mit diesen Bezeichnungen lautet dann das Problem

$$\min \{ \boldsymbol{t}' \boldsymbol{x} | \boldsymbol{C} \boldsymbol{x} \geqq \boldsymbol{p}; \boldsymbol{A}^k \boldsymbol{x}^k \leqq \boldsymbol{1}; \boldsymbol{x} \geqq \boldsymbol{o} \} .$$

Der k-te Teilvektor $\boldsymbol{x}^k$ von $\boldsymbol{x}$ liefert ein sogenanntes zulässiges Produktionsprogramm für den Betriebsteil T_k. Es ist leicht einzusehen, daß man das Modell bei konkreten Anwendungen noch erweitern kann, um es durch Hinzunahme weiterer Restriktionen der ökonomischen Situation besser anzupassen.

Als Beispiel betrachten wir einen Brauereibetrieb aus fünf Betriebsteilen T_1, T_2, T_3, T_4, T_5, der drei Biersorten Hell, Pils und Exportbier herstellen möge. Jeder Betriebsteil besteht aus Sudhaus, Gärkeller und Lagerkeller. Die folgende Tabelle liefert die für das Problem erforderlichen Daten (s. Tab. auf S. 353).

Als Planauflage möge eine Mindestproduktion von 900 Thl Hell, 690 Thl Pils und 200 Thl Exportbier vorgeschrieben sein. Im Fall einer Überproduktion darf die Differenz zwischen tatsächlicher Hellproduktion und Pilsproduktion nicht über 250 Thl liegen.

		Sorte in Thl	Sudhaus		Gärkeller		Lagerkeller	
			Kapazität	Kosten in TM	Kapazität	Kosten in TM	Kapazität	Kosten in TM
T_1	x_1	Hell	450	1,5	470	0,5	470	0,7
	x_2	Pils	380	1,8	375	0,6	480	0,7
	x_3	Exportbier	380	2,0	310	0,8	320	0,6
T_2	x_4	Hell	570	1,6	380	0,4	880	0,4
	x_5	Pils	530	1,7	400	0,5	550	0,6
	x_6	Exportbier	530	2,1	265	0,8	440	0,8
T_3	x_7	Hell	335	1,4	350	0,6	520	0,5
	x_8	Pils	300	1,6	290	0,9	380	0,7
T_4	x_9	Hell	280	1,3	205	0,5	370	0,4
	x_{10}	Pils	270	1,5	180	0,6	280	0,6
	x_{11}	Exportbier	270	1,9	140	0,7	160	0,9
T_5	x_{12}	Hell	540	1,4	610	0,4	640	0,5
	x_{13}	Pils	470	1,7	480	0,6	400	0,7

Um das zugeordnete lineare Optimierungsproblem zu formulieren, betrachten wir entsprechend die im allgemeinen Modell aufgestellten Ungleichungen für den Betriebsteil T_1:

$$\frac{x_1}{450} + \frac{x_2}{380} + \frac{x_3}{380} \leqq 1 \,,$$

$$\frac{x_1}{470} + \frac{x_2}{375} + \frac{x_3}{310} \leqq 1 \,,$$

$$\frac{x_1}{470} + \frac{x_2}{480} + \frac{x_3}{320} \leqq 1 \,.$$

Offenbar muß hier (wegen der zweiten Ungleichung)

$$x_1 \leqq 470 \,, \qquad x_2 \leqq 375 \,, \qquad x_3 \leqq 310$$

gelten, so daß die letzte Ungleichung überflüssig ist, d. h., daß der Lagerkeller im Betriebsteil T_1 keine Einschränkung der Produktion liefert.

Entsprechende Überlegungen bei den anderen Betriebsteilen zeigen, daß in T_2 Sudhaus und Lagerkeller, in T_3 der Lagerkeller, in T_4 Sudhaus und Lagerkeller und in T_5 der Gärkeller keine Produktionsbeschränkungen ergeben. Daraus ergibt sich das folgende Problem:

Es ist die Zielfunktion

$$2{,}7\,x_1 + 3{,}1\,x_2 + 3{,}4\,x_3 + 2{,}4\,x_4 + 2{,}8\,x_5 + 3{,}7\,x_6$$
$$+ 2{,}5\,x_7 + 3{,}2\,x_8 + 2{,}2\,x_9 + 2{,}7\,x_{10} + 3{,}5\,x_{11} + 2{,}3\,x_{12} + 3{,}0\,x_{13}$$

unter den folgenden Nebenbedingungen

$$x_1 + x_4 + x_7 + x_9 + x_{12} \geqq 900\,,$$
$$x_2 + x_5 + x_8 + x_{10} + x_{13} \geqq 690\,,$$
$$x_3 + x_6 + x_{11} \geqq 200\,,$$
$$x_1 + x_4 + x_7 + x_9 + x_{12} - (x_2 - x_5 + x_8 + x_{10} + x_{13}) \leqq 250\,,$$

$$\frac{x_1}{450} + \frac{x_2}{380} + \frac{x_3}{380} \leqq 1\,, \qquad \frac{x_1}{470} + \frac{x_2}{375} + \frac{x_3}{310} \leqq 1\,,$$

$$\frac{x_4}{380} + \frac{x_5}{400} + \frac{x_6}{265} \leqq 1\,, \qquad \frac{x_7}{355} + \frac{x_8}{300} \leqq 1\,,$$

$$\frac{x_7}{350} + \frac{x_8}{290} \leqq 1\,, \qquad \frac{x_9}{205} + \frac{x_{10}}{180} + \frac{x_{11}}{140} \leqq 1\,,$$

$$\frac{x_{12}}{540} + \frac{x_{13}}{470} \leqq 1\,, \qquad \frac{x_{12}}{640} + \frac{x_{13}}{400} \leqq 1\,, \qquad x_j \geqq 0\,; \quad j = 1, \ldots, 13$$

zu minimieren.

Die ersten drei Ungleichungen realisieren die Planauflagen und die vierte die oben geforderte Differenzbedingung. Wenn wir

$$A = \begin{pmatrix}
-1 & 0 & 0 & -1 & 0 & 0 & -1 & 0 & -1 & 0 & 0 & -1 & 0 \\
0 & -1 & 0 & 0 & -1 & 0 & 0 & -1 & 0 & -1 & 0 & 0 & -1 \\
0 & 0 & -1 & 0 & 0 & -1 & 0 & 0 & 0 & 0 & -1 & 0 & 0 \\
1 & -1 & 0 & 1 & -1 & 0 & 1 & -1 & 1 & -1 & 0 & 1 & -1 \\
\frac{1}{450} & \frac{1}{380} & \frac{1}{380} & 0 & 0 & 0 & 0 & 0 & 0 & 0 & 0 & 0 & 0 \\
\frac{1}{470} & \frac{1}{375} & \frac{1}{310} & 0 & 0 & 0 & 0 & 0 & 0 & 0 & 0 & 0 & 0 \\
0 & 0 & 0 & \frac{1}{380} & \frac{1}{400} & \frac{1}{265} & 0 & 0 & 0 & 0 & 0 & 0 & 0 \\
0 & 0 & 0 & 0 & 0 & 0 & \frac{1}{335} & \frac{1}{300} & 0 & 0 & 0 & 0 & 0 \\
0 & 0 & 0 & 0 & 0 & 0 & \frac{1}{350} & \frac{1}{290} & 0 & 0 & 0 & 0 & 0 \\
0 & 0 & 0 & 0 & 0 & 0 & 0 & 0 & \frac{1}{205} & \frac{1}{180} & \frac{1}{140} & 0 & 0 \\
0 & 0 & 0 & 0 & 0 & 0 & 0 & 0 & 0 & 0 & 0 & \frac{1}{540} & \frac{1}{470} \\
0 & 0 & 0 & 0 & 0 & 0 & 0 & 0 & 0 & 0 & 0 & \frac{1}{640} & \frac{1}{400}
\end{pmatrix},$$

$$\boldsymbol{b}' = (-900;\ -690;\ -200;\ 250;\ 1;\ 1;\ 1;\ 1;\ 1;\ 1;\ 1;\ 1)\,,$$

$$\boldsymbol{c}' = (2{,}7;\ 3{,}1;\ 3{,}4;\ 2{,}4;\ 2{,}8;\ 3{,}7;\ 2{,}5;\ 3{,}2;\ 2{,}2;\ 2{,}7;\ 3{,}5;\ 2{,}3;\ 3{,}0)\,,$$

und

$$x' = (x_1, \ldots, x_{13})$$

setzen, erhalten wir ein lineares Optimierungsproblem in Normalform, das überdies noch Blockstruktur besitzt.

1.2. Wirtschaftsplanung

Wir betrachten einen Großbetrieb, der aus n Betriebsteilen $B_1, \ldots, B_n$ besteht. Der Enfachheit halber soll angenommen werden, daß die Produktion eines Betriebes als ein einheitliches Produkt aufgefaßt werden kann. Das berechtigt uns dazu, die Produktion eines Betriebes wertmäßig durch eine einzige Kennziffer zu beschreiben. Bevor wir zur Formulierung des Problems kommen, sind einige Vorbetrachtungen nötig.

Zwischen den einzelnen Betrieben bestehen Verflechtungen, die sich durch gegenseitige Lieferungen ergeben. Es sei x_{ij} (in Produkteinheiten) die Lieferung des Betriebes B_i an den Betrieb B_j. Dann ist insbesondere x_{ii} der Teil der Gesamtproduktion des Betriebes, der von ihm selbst verbraucht wird (Eigenbedarf). Durch die Matrix

$$\begin{pmatrix} x_{11} & \ldots & x_{1n} \\ \cdot & \cdot\ \cdot\ \cdot & \cdot \\ x_{n1} & \ldots & x_{nn} \end{pmatrix}$$

wird die Gesamtverflechtung innerhalb des Großbetriebes ausgedrückt. Wir bezeichnen nun mit x_i die Gesamtproduktion des i-ten Betriebes B_i. Es wird angenommen, daß die Lieferung x_{ij} des Betriebes B_i an den Betrieb B_j proportional der Gesamtproduktion x_j ist, d. h., es gilt

$$x_{ij} = a_{ij}\, x_j\,, \tag{1}$$

wobei a_{ij} die Proportionalitätsfaktoren sind, die wir als bekannt voraussetzen wollen. Die Koeffizienten a_{ij} lassen sich in der Regel aus den vergangenen Berichtszeiträumen ermitteln. Wir müssen aber darauf aufmerksam machen, daß die lineare Beziehung (1) selten die Realität gut beschreibt. Damit gelangen wir auf diese Weise nur zu einem groben Modell. Weiterhin sei y_i die Menge an Produkten des Betriebes B_i, die von dem Großbetrieb nach außen abgegeben werden kann, kurz die Warenproduktion des Betriebes B_i. Die Aufgabe soll nun darin bestehen, ein Modell mit der Zielstellung der Maximierung des Gewinns zu entwickeln.

Auf Grund von (1) besteht zwischen der Warenproduktion y_i und der Gesamtproduktion x_i des Betriebes B_i der folgende Zusammenhang:

$$y_i = x_i - \sum_{j=1}^{n} a_{ij}\, x_j \qquad (i = 1, \ldots, n)\,,$$

d. h.

$$y_i = \sum_{j=1}^{n} (\delta_{ij} - a_{ij})\, x_j \qquad (i = 1, \ldots, n)\,, \tag{2}$$

wobei δ_{ij} das KRONECKER-Symbol ist. Dieses Gleichungssystem stellt ein Verflechtungsmodell[1]) für den Großbetrieb dar. Das System (2) kann in Matrizenschreibweise formuliert werden:

$$\boldsymbol{y} = (\boldsymbol{E} - \boldsymbol{A})\, \boldsymbol{x}\,,$$

wobei $\boldsymbol{x}' = (x_1, \ldots, x_n)$, $\boldsymbol{y}' = (y_1, \ldots, y_n)$ und

$$\boldsymbol{A} = \begin{pmatrix} a_{11} & \ldots & a_{1n} \\ \cdot & \cdot\ \cdot\ \cdot & \cdot \\ a_{n1} & \ldots & a_{nn} \end{pmatrix}$$

ist. Die Warenproduktion in den verschiedenen Betrieben ist im allgemeinen gewissen Beschränkungen der Art

$$\underline{y}_i \leqq y_i \leqq \overline{y}_i \qquad (i = 1, \ldots, n) \tag{3}$$

unterworfen, wobei die Größen $\underline{y}_i$ und $\overline{y}_i$ $(i = 1, \ldots, n)$ bekannt sind (diese Schranken treten beispielsweise dadurch auf, daß man den Bedarf der Volkswirtschaft berücksichtigt). Wenn man in (3) die Beziehung (2) benutzt, erhält man

$$\underline{y}_i \leqq \sum_{j=1}^{n} (\delta_{ij} - a_{ij})\, x_j \leqq \overline{y}_i \qquad (i = 1, \ldots, n)\,. \tag{4}$$

Schließlich sollen noch die Arbeitskräfte in die Planung einbezogen werden. Es sei k_i die Anzahl der Arbeitskräfte, die im Betrieb B_i zur Erzeugung von x_i (Gesamtproduktion) benötigt werden. Wir nehmen nun an, daß die Zahl der Arbeitskräfte proportional zur Gesamtproduktion x_i des Betriebes B_i ist, d. h.

$$K_i = d_i\, x_i \qquad (i = 1, \ldots, n)\,, \tag{5}$$

wobei d_i die Proportionalitätsfaktoren sind, die wir wieder als bekannt voraussetzen. Dann ist der Bedarf an Arbeitskräften innerhalb des Großbetriebs für den Planungszeitraum $\sum_{i=1}^{n} d_i\, x_i$. Es steht jedoch nur eine begrenzte Zahl K von Arbeitskräften zur Verfügung, d. h.

$$\sum_{i=1}^{n} d_i\, x_i \leqq K\,. \tag{6}$$

Außerdem ist die Gesamtproduktion in den einzelnen Betrieben durch die vorhandene Technik (Maschinenpark usw.) beschränkt, d. h.

$$0 \leqq x_i \leqq b_i \qquad (i = 1, \ldots, n)\,, \tag{7}$$

wobei die Kapazitätsbeschränkungen b_i gegeben sind.

[1]) LEONTIEFsches Modell.

Wir hatten uns das Ziel gestellt, den Gewinn des Großbetriebs zu maximieren. Es sei c_i der Gewinn des Betriebes B_i, wenn er eine Einheit Warenproduktion herstellt. Dann erhält man die Gewinnfunktion

$$z = \sum_{i=1}^{n} c_i y_i$$

und wegen (2)

$$z = \sum_{i=1}^{n} \sum_{j=1}^{n} c_i (\delta_{ij} - a_{ij}) x_j . \tag{8}$$

Wir sind nun in der Lage, die Problemstellung zu konkretisieren. Wie groß muß die Gesamtproduktion in den einzelnen Betrieben sein, damit unter den Nebenbedingungen

1° Deckung des Eigenbedarfs der Betriebe, Lieferungen an die anderen Betriebsteile des Großbetriebs (siehe Verflechtungsbilanz (2)),

2° Beschränkungen der Warenproduktion,

3° Arbeitskräftebeschränkungen und

4° Kapazitätsbeschränkungen der Betriebe

der Gesamtgewinn des Großbetriebs ein Maximum annimmt?

Aus (4), (6), (7) und (8) erhält man dann das entsprechende lineare Optimierungsproblem:

Es sind die Größen $x_1, \ldots, x_n$ so zu bestimmen, daß die Zielfunktion

$$z = \sum_{i=1}^{n} \sum_{j=1}^{n} c_i (\delta_{ij} - a_{ij}) x_j$$

in bezug auf die Restriktionen

$$\underline{y}_i \leqq \sum_{j=1}^{n} (\delta_{ij} - a_{ij}) x_j \leqq \bar{y}_i \qquad (i = 1, \ldots, n),$$

$$\sum_{i=1}^{n} d_i x_i \leqq K,$$

$$0 \leqq x_i \leqq b_i \qquad (i = 1, \ldots, n)$$

ein Maximum annimmt.

Mit einem optimalen Punkt $\hat{x}' = (\hat{x}_1, \ldots, \hat{x}_n)$ des formulierten Problems erhält man sofort auf Grund der Beziehung (5) die optimale Anzahl von Arbeitskräften, die in den einzelnen Betrieben einzusetzen sind.

Wir weisen nochmals auf die Problematik der linearen Ansätze (2), (6) und die Annahme hin, daß sich die Produktion eines Betriebes durch eine einzige Wertangabe erfassen läßt.

1.3. Perspektivplanung

Wir betrachten dazu das Modell der Wirtschaftsplanung aus dem vorigen Abschnitt. Durch eine Erweiterung werden wir ein einfaches Modell der Perspektivplanung erhalten. Wir waren davon ausgegangen, daß die Gesamtproduktion x_i in den einzelnen Betrieben B_i einer Kapazitätsbeschränkung unterworfen ist, d. h., es gilt

$$0 \leqq x_i \leqq b_i \qquad (i = 1, \ldots, n) . \tag{7}$$

Durch Investitionen können die gegebenen Beschränkungen b_i jedoch verändert werden. Wir bezeichnen im Betrieb B_i mit Δb_i die Erweiterung der Kapazität bei der Investition der Mittel z_i. Die Größe z_i gibt also an, welche Investmittel im Betrieb B_i angelegt werden sollten.

Wir nehmen an, daß

$$\Delta b_i = s_i z_i \qquad (i = 1, \ldots, n) \tag{9}$$

gilt, wobei s_i $(i = 1, \ldots, n)$ Proportionalitätsfaktoren sind, d. h., die Erweiterung der Kapazität Δb_i ist proportional der Investition z_i. Wir setzen voraus, daß die Zahlen $s_1, \ldots, s_n$ bekannt sind. Wegen (9) gehen die Ungleichungen (7) in

$$0 \leqq x_i \leqq b_i + s_i z_i \tag{10}$$

über.

In einem Betrieb sind die Investitionen im allgemeinen nicht unbeschränkt durchführbar, d. h., es gilt

$$0 \leqq z_i \leqq \bar{z}_i \tag{11}$$

($\bar{z}_i$ gegeben).

Dem Großbetrieb stehe die Investitionssumme f zur Verfügung. Dann muß offensichtlich die Ungleichung

$$\sum_{i=1}^{n} z_i \leqq f \tag{12}$$

erfüllt sein.

Das Problem besteht nun darin, wieviel in den einzelnen Betrieben $B_1, \ldots, B_n$ von der zur Verfügung stehenden Summe investiert werden muß, damit am Ende des Perspektivplanzeitraums die einzelnen Betriebe eine solche Kapazität besitzen, daß der Gesamtgewinn des Großbetriebes maximal wird.

Aus (4), (6), (8), (10), (11) und (12) erhalten wir das mathematische Modell:

Es ist die Funktion

$$z = \sum_{i=1}^{n} \sum_{j=1}^{n} c_i (\delta_{ij} - a_{ij}) x_j$$

in bezug auf die Nebenbedingungen

$$\underline{y}_i \leqq \sum_{j=1}^{n} (\delta_{ij} - a_{ij})\, x_j \leqq \bar{y}_i \qquad (i = 1, \ldots, n)\,,$$

$$\sum_{i=1}^{n} d_i\, x_i \leqq K\,,$$

$$0 \leqq x_i \leqq b_i + s_i\, z_i \qquad (i = 1, \ldots, n)\,,$$

$$0 \leqq z_i \leqq \bar{z}_i \qquad (i = 1, \ldots, n)$$

und

$$\sum_{i=1}^{n} z_i \leqq f$$

zu maximieren.

Ein optimaler Punkt dieses Problems hat die Gestalt

$$\begin{pmatrix} \hat{x} \\ \hat{z} \end{pmatrix}' = (\hat{x}_1, \ldots, \hat{x}_n, \hat{z}_1, \ldots, \hat{z}_n)\,.$$

Er beantwortet uns bei der Zielstellung der Maximierung des Gesamtgewinns des Großbetriebs die Fragen:

a) Wieviel Mittel $z_1, \ldots, z_n$ sollen in die einzelnen Betriebe investiert werden?

b) Wie groß ist die Gesamtproduktion $x_1, \ldots, x_n$ der verschiedenen Betriebe am Ende des Perspektivzeitraumes?

c) Wieviel Arbeitskräfte $K_1, \ldots, K_n$ (vgl. (5)) müssen am Ende der Planperiode in den Betrieben eingesetzt werden?

2. GANZZAHLIGE LINEARE OPTIMIERUNGSMODELLE

2.1. Ablaufplanung

2.1.1. Das Rundreiseproblem

Dieses Problem ist in die Literatur auch als Problem des Handelsreisenden eingegangen. Ein Handelsreisender hat auf einer Geschäftsreise (Ausgangsort A_1) eine Anzahl von Kunden zu besuchen, die in $m - 1$ verschiedenen Orten $A_2, \ldots, A_m$ ansässig sind. Zum Schluß möchte er an seinen Ausgangsort A_1 zurückkehren. Die Reisekosten d_{ij} vom Ort A_i zu A_j sind bekannt. Es wird eine Reiseroute gesucht, bei der in allen Orten genau einmal Station gemacht wird und die Reisekosten minimal werden. Es gibt dann $(m - 1)!$ Reihenfolgekombinationen. Das sind beispielsweise bei 11 Orten $10! = 3\,628\,800$ Varianten. Wir werden hier ein mathematisches Modell angeben, daß M. FLOOD 1956 aufstellte. Es sei

$$x_{ijt} = \left.\begin{cases} 1\,, & \text{falls der Reisende von } A_i \text{ nach } A_j \text{ fährt} \\ 0\,, & \text{falls der Reisende nicht von } A_i \text{ nach } A_j \text{ fährt} \end{cases}\right\} \text{im } t\text{-ten Schnitt}$$

und

$$x_{ij,\,m+1} = x_{ij1}\,.$$

Eine Rundreise ist durch folgende Eigenschaften charakterisiert:

1° Der Reisende kann A_i nur in einer Richtung verlassen. Das kann offensichtlich analytisch durch das Gleichungssystem

$$\sum_{j=1}^{m} \sum_{t=1}^{m} x_{ijt} = 1\,, \qquad i = 1, \ldots, m$$

beschrieben werden.

2° Der Reisende verläßt die Stadt A_j im $(t + 1)$-ten Schritt, wenn er sie beim t-Schritt erreicht, d. h., es muß

$$\sum_{i=1}^{m} x_{ijt} = \sum_{k=1}^{m} x_{jk,\,t+1}\,, \qquad j, t = 1, \ldots, m$$

gelten.

Das Ziel besteht darin, die Gesamtkosten

$$z = \sum_{i=1}^{m} \sum_{j=1}^{m} \sum_{t=1}^{m} d_{ij}\, x_{ijt}$$

zu minimieren.

Für das Rundreiseproblem erhalten wir das folgende mathematische Modell. Es ist die Funktion

$$z = \sum_{i=1}^{m} \sum_{j=1}^{m} \sum_{t=1}^{m} d_{ij}\, x_{ijt}$$

in bezug auf die Restriktionen

$$\sum_{j=1}^{m} \sum_{t=1}^{m} x_{ijt} = 1 \,, \qquad i = 1, \ldots, m \,,$$

$$\sum_{i=1}^{m} x_{ijt} = \sum_{k=1}^{m} x_{jk,\,t+1} \,, \qquad j = 1, \ldots, m \,, \quad t = 1, \ldots, m$$

$$x_{ijt} = 0 \quad \text{oder} \quad 1$$

zu minimieren. Ein analoges Modell erhält man, wenn man andere Zielstellungen berücksichtigen will; beispielsweise kann gefordert werden, daß der Reisende in kürzester Zeit zum Ausgangsort zurückkehrt. Dann müssen die Reisezeiten vom Ort A_i zum Ort A_j bekannt sein. Das beschriebene Rundreiseproblem hat in vielen Zweigen der Wirtschaft eine Bedeutung. Die Verteilung von Gütern (Belieferung von Verkaufsstellen, Materialversorgung von Betrieben usw.) ist oft ein Rundreiseproblem. Eine wichtige Aufgabenstellung ist: Wie soll die Bearbeitungsreihenfolge von Werkstücken auf einer Maschine mit bekannten Bearbeitungszeiten bei kürzester Durchlaufzeit gewählt werden? Im weiteren werden wir uns mit derartigen Reihenfolgeproblemen für mehr als eine Maschine beschäftigen.

2.1.2. Reihenfolgeprobleme

Werden auf verschiedenen Maschinen bzw. Maschinengruppen in einem Fertigungsbetrieb mehrere Produkte mit unterschiedlicher Zeitdauer bearbeitet, in dem jedes Produkt hintereinander einige Maschinen durchläuft, so tritt das Problem der Reihenfolgewahl der einzelnen Produkte für den gesamten Produktionsablauf auf. Es sind hierbei viele Zielstellungen möglich, beispielsweise ein zeitminimales Durchlaufen der Maschinenkette, eine Minimierung der Stillstandszeiten der einzelnen Maschinen und ein optimales Auslasten der Maschinenkapazität.

Wir betrachten nun m Produkte P_i $(i = 1, \ldots, m)$, die auf n Maschinen $M_j (j = 1, \ldots, n)$ zu bearbeiten sind. Es sei t_{ij} die Bearbeitungszeit des Produktes P_i auf der Maschine j, wobei die Rüstzeit, die für die Vorbereitung der Maschine M_j zur Bearbeitung des Produktes P_i erforderlich ist, in t_{ij} enthalten sein soll.

Es können nun die folgenden Voraussetzungen vorliegen:

1° Alle $t_{ij} \geqq 0$ sind konstant und vorgegeben. Es sei

$$\boldsymbol{T} = (t_{ij})_{m,\,n} \,.$$

2° Zwei und mehr Produkte werden nicht gleichzeitig auf einer Maschine bearbeitet.

3° Es werden nur Bearbeitungszeiten der Produkte auf den Maschinen, Wartezeiten der Produkte und Stillstandszeiten der Maschinen berücksichtigt.

4° Die Bearbeitung eines Produktes ist auf jeder Maschine ohne zeitliche Unterbrechung durchzuführen. Das Produkt geht erst dann zur Bearbeitung auf die folgende Maschine über, wenn das gesamte Produkt auf der vorhergehenden Maschine vollständig bearbeitet ist, d. h., es wird nicht berücksichtigt, daß ein Produkt aus mehreren Teilen bestehen kann, die nach Fertigstellung schon weitergereicht werden können.

5° Für jedes Produkt ist die gleiche Maschinenfolge vorgegeben, nach der das Produkt die Maschinen zu passieren hat. Ohne Beschränkung der Allgemeinheit können wir annehmen, daß alle Produkte $P_1, \ldots, P_m$ auf den Maschinen in der Folge $M_1, \ldots, M_n$ bearbeitet werden, wobei ein Überspringen von Maschinen nicht erlaubt ist.

6° Wenn die Produkte die Maschine M_1 in der Reihenfolge $P_{i_1}, \ldots, P_{i_m}$ durchlaufen, wobei die Indizes $i_1, \ldots, i_m$ eine Permutation der Zahlen $1, \ldots, m$ bilden, sollen die Produkte alle Maschinen M_j $(j = 1, \ldots, n)$ in derselben Reihenfolge passieren.

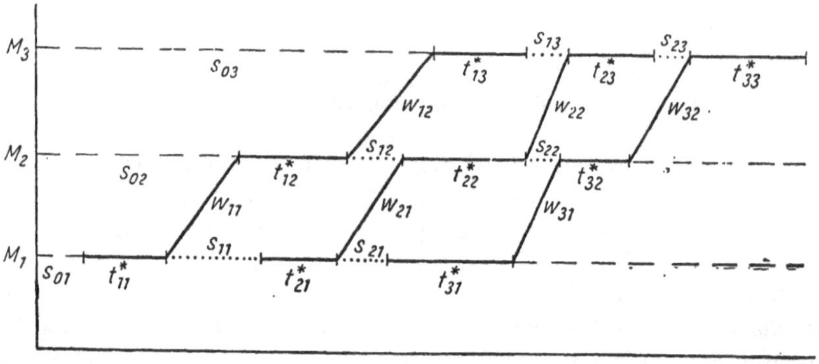

Abb. 17

Wir kommen nun zur mathematischen Beschreibung der Nebenbedingungen. Es sei t_{ij}^* $(i = 1, \ldots, m;\ j = 1, \ldots, n)$ die Bearbeitungszeit eines Produktes auf der Maschine M_j, das in einer gewählten Bearbeitungsreihenfolge auf der Maschine M_j an i-ter Stelle steht. Die Wartezeit des i-ten Produktes zwischen M_j und M_{j+1} sei w_{ij} $(i = 1, \ldots, m, j = 1, \ldots, n-1)$. Insbesondere sei w_{i0} die Wartezeit des i-ten Produktes vom Zeitpunkt $t_0 = 0$ bis zum Beginn der Bearbeitung auf M_1. Die Stillstandszeit der Maschine M_j nach der Bearbeitung des $(i-1)$-ten Produktes und vor dem Beginn der Arbeit am i-ten Produkt sei $s_{i-1,j}$ $(i = 1, \ldots, m;\ j = 1, \ldots, n)$. Es sei s_{0j} die Stillstandszeit der Maschine M_j vom Zeitpunkt $t_0 = 0$ gerechnet. In Abb. 17 ist eine Darstellung für beispielsweise drei Maschinen angegeben.

Daraus lassen sich sofort die Beziehungen

$$\begin{aligned}
s_{01} + t_{11}^* + w_{11} &= s_{02}\,, \\
s_{02} + t_{12}^* + w_{12} &= s_{03}\,, \\
s_{11} + t_{21}^* + w_{21} &= w_{11} + t_{12}^* + s_{12}\,, \\
s_{12} + t_{22}^* + w_{22} &= w_{12} + t_{13}^* + s_{13}\,, \\
s_{21} + t_{31}^* + w_{31} &= w_{21} + t_{22}^* + s_{22}\,, \\
s_{22} + t_{32}^* + w_{32} &= w_{22} + t_{23}^* + s_{23}
\end{aligned}$$

erkennen, die sich für m Produkte und n Maschinen verallgemeinern lassen:

$$\left.\begin{aligned} & s_{i-1,j} + t_{ij}^* + w_{ij} = w_{i-1,j} + t_{i-1,j+1}^* + s_{i-1,j+1} \\ & (i = 1, \ldots, m; j = 1, \ldots, n-1) \end{aligned}\right\} \qquad (1)$$

und

$$w_{0j} = 0\,, \quad t_{0,j+1}^* = 0\,, \qquad (i = 1, \ldots, m; j = 1, \ldots, n-1) \qquad (2)$$

Wir wollen nun einen Zusammenhang zwischen den bekannten Bearbeitungszeiten t_{ij} und den Zeiten t_{ij}^* angeben. Wir setzen

$$t_{ij}^* = \sum_{r=1}^{m} x_{ir}\, t_{rj} \qquad (i = 1, \ldots, m; j = 1, \ldots, n) \qquad (2)$$

oder in Matrizenschreibweise

$$\boldsymbol{T}^* = \boldsymbol{X}\,\boldsymbol{T}\,,$$

wobei $\boldsymbol{T}^* = (t_{ij}^*)$ und $\boldsymbol{X}$ eine quadratische (m,m)-Matrix mit den folgenden Eigenschaften

$$\sum_{i=1}^{m} x_{ij} = 1 \qquad (i = 1, \ldots, m;\ j = 1, \ldots, m) \qquad (3)$$

$$\sum_{j=1}^{m} x_{ij} = 1 \qquad (4)$$

$$x_{ij} = 0 \text{ oder } 1 \qquad (5)$$

ist. Wie man leicht sieht, enthält die Matrix $\boldsymbol{X}$ in jeder Zeile und Spalte genau eine Eins, die restlichen Zahlen sind Null, d. h., durch Multiplikation der Matrix $\boldsymbol{T}$ mit allen möglichen Matrizen $\boldsymbol{X}$, deren Elemente die Bedingungen (3), (4) und (5) erfüllen, entstehen Matrizen $\boldsymbol{T}^*$, die aus $\boldsymbol{T}$ durch alle möglichen Zeilenpermutationen hervorgehen. Die Elemente der Permutationsmatrix X sind dann so zu bestimmen, daß in einem gewissen Sinne ein Optimum erreicht wird. Jeder Matrix X entspricht umkehrbar eindeutig eine Reihenfolge. Nach diesen Betrachtungen kommen wir nun zur Aufstellung von Modellen für unterschiedliche Aufgabenstellungen.

Problem A:

Welche Reihenfolge soll gewählt werden, damit die Gesamtfertigungszeit der Produkte $P_1, \ldots, P_m$ bei beliebigen Stillstands- und Wartezeiten minimal wird? Die Gesamtfertigungszeit besteht aus den Bearbeitungszeiten t_{ij}^*, den Stillstandszeiten s_{ij} und den Wartezeiten w_{ij}. Daraus resultiert die Zielfunktion

$$z_1 = \sum_i \sum_j (s_{i-1,j} + t_{ij}^* + w_{ij})$$

oder durch Einführung von Relation (2)

$$z_1 = \sum_i \sum_j \left(s_{i-1,j} + \sum_{r=1}^{m} x_{ir} t_{rj} + w_{ij}\right).$$

Wenn man noch das Gleichungssystem (1) umformt, erhält man das folgende Modell:

Es ist die Funktion

$$z_1 = \sum_i \sum_j \left(s_{i-1,j} + \sum_{r=1}^{m} x_{ir} t_{rj} + w_{ij}\right)$$

in bezug auf

$$\left.\begin{aligned} &- s_{i-1,j+1} + s_{i-1,j} - w_{i-1,j} + w_{ij} = - \sum_{r=1}^{m} x_{ir} t_{rj} + \sum_{r=1}^{m} x_{i-1,r} t_{r,j+1}, \\ &w_{01} = 0, \quad x_{0j} = 0 \qquad (i = 1, \ldots, m; j = 1, \ldots, n-1), \end{aligned}\right\} \tag{5}$$

$$\sum_{i=1}^{m} x_{ij} = 1 \qquad (j = 1, \ldots, m), \tag{6}$$

$$\sum_{j=1}^{m} x_{ij} = 1 \qquad (i = 1, \ldots, m), \tag{7}$$

$$x_{ij} = 0 \text{ oder } 1 \qquad (i = 1, \ldots, m; j = 1, \ldots, m), \tag{8}$$

$$w_{ij} \geqq 0, \quad t_{ij} \geqq 0 \qquad (i = 1, \ldots, m; j = 1, \ldots, m) \tag{9}$$

zu minimieren. Das Problem A kann man auch noch abändern, indem man die Wartezeiten oder die Stillstandszeiten beschränkt bzw. überhaupt keine zuläßt. Es genügt dann, zu dem obigen Modell die entsprechenden Nebenbedingungen hinzuzufügen. Eine andere Zielstellung wird in Problem B behandelt.

Problem B:

Es ist die Gesamtstillstandszeit zu minimieren. Dann ergibt sich sofort das Modell:

Minimierung der Funktion

$$z_2 = \sum_{i=1}^{m-1} \sum_{j=1}^{n} s_{ij}$$

unter den Nebenbedingungen (5) bis (9) und

$$w_{ij} = 0 \qquad (i = 1, \ldots, m; j = 1, \ldots, n-1).$$

Problem C:

Es ist die Gesamtwartezeit zu minimieren, d. h. Minimierung der Zielfunktion

$$z_3 = \sum_{i=1}^{m} \sum_{j=1}^{n-1} w_{ij}$$

in bezug auf (5) bis (9) und

$$s_{0j} = 0 \qquad (i = 1, \ldots, m-1; j = 1, \ldots, n).$$

Die zu Problem A und B gehörenden Modelle sind gemischtganzzahlige lineare Optimierungsmodelle. Die Anzahl der Restriktionen ist dabei jeweils gleich, die Anzahl der Variablen jedoch unterschiedlich.

2.2. Standortoptimierung

In diesem Abschnitt werden wir einige Beispiele der Standortverteilung der Produktion darlegen. Die Bedeutung dieser Problemstellung ist offensichtlich, da eine geeignete räumliche Verteilung der Produktion den Nutzeffekt von Investitionen wesentlich erhöhen kann. Wir werden mit einem wenig realen Modell beginnen, das dann schrittweise verbessert wird.

Wir betrachten das Problem der Verarbeitung eines Rohstoffes (z. B. Kohle, Holz). Es liegen folgende Voraussetzungen vor:

1° Gegeben sind m verschiedene Rohstoffbasen $A_1, \ldots, A_m$ (z. B. Kohlegruben, Materiallager, Aufkaufzentren) mit den bekannten Jahreskapazitäten $a_1, \ldots, a_m$. Zur Verarbeitung des betrachteten Rohstoffes sollen Verarbeitungsbetriebe mit einer Gesamtkapazität K mit der Eigenschaft $K \leqq \sum_{i=1}^{m} a_i$ gebaut werden. Nach gründlichen Untersuchungen ist man zu dem Ergebnis gelangt, daß für den Bau n verschiedene Stellen $B_1, \ldots, B_n$ in Frage kommen.

2° Die unbekannte Kapazität des an der Stelle B_j zu bauenden Betriebes sei x_j $(j = 1, \ldots, n)$, und c_j $(j = 1, \ldots, n)$ seien die Verarbeitungskosten je Rohstoffeinheit an der Stelle B_j. Die Verarbeitungskosten setzen wir als konstant und bekannt voraus. Es ist klar, daß unter dieser Voraussetzung das Modell die Realität nicht gut beschreiben kann, da die Kosten c_j im allgemeinen von der Kapazität x_j abhängen.

3° Die Rohstoffmenge gemessen in Rohstoffeinheiten, die von der Rohstoffbasis A_i zur Stelle B_j transportiert wird, sei x_{ij} $(i = 1, \ldots, m; j = 1, \ldots n)$ und die entsprechenden Transportkosten c_{ij} seien konstant und vorgegeben. Das Problem besteht nun darin, eine solche räumliche Verteilung der Produktionsbetriebe sowie deren Größe zu bestimmen, damit die Gesamtkosten für den Rohstofftransport und die Rohstoffverarbeitung ein Minimum annehmen. Wir kommen nun zur Aufstellung des Modells.

Aus 1° folgt

$$\sum_{j=1}^{n} x_j = K \leqq \sum_{i=1}^{m} a_i \,, \tag{10}$$

d. h., die Gesamtkapazität der Verarbeitungsbetriebe ist höchstens gleich der Gesamtkapazität der Rohstoffbasen. Aus den Vorbemerkungen folgt, daß man höchstens die Kapazität a_i von der Basis A_i an die Stellen B_j transportieren kann, d. h.

$$\sum_{j=1}^{n} x_{ij} \leqq a_i \qquad (i = 1, \ldots, m)\,. \tag{11}$$

Andererseits müssen die nach B_j transportierten Rohstoffmengen gleich der Kapazität x_j der zu bauenden Betriebe sein, d. h., es muß

$$\sum_{i=1}^{m} x_{ij} = x_j \qquad (j = 1, \ldots, n) \tag{12}$$

gelten. Die Gesamtkosten, die sich aus Transport- und Verarbeitungskosten zusammensetzen, sind

$$z = \sum_{i=1}^{m} \sum_{j=1}^{n} c_{ij}\, x_{ij} + \sum_{j=1}^{n} c_j\, x_j\,. \tag{13}$$

Aus (10), (11), (12), (13) und unter der Voraussetzung 1°, 2°, 3° erhält man dann sofort das lineare Optimierungsproblem:

Bei gegebenen a_i, c_j und c_{ij} $(i = 1, \ldots, n; j = 1, \ldots, m)$ sind die Zahlen x_j und x_{ij} $(i = 1, \ldots, m; j = 1, \ldots, n)$ so zu bestimmen, daß die Zielfunktion

$$z = \sum_{i=1}^{m} \sum_{j=1}^{n} c_{ij}\, x_{ij} + \sum_{j=1}^{n} c_j\, x_j$$

unter den Restriktionen

$$\sum_{j=1}^{n} x_j \leqq \sum_{i=1}^{m} a_i \,,$$

$$\sum_{j=1}^{n} x_{ij} \leqq a_i \qquad (i = 1, \ldots, m)\,,$$

$$\sum_{i=1}^{m} x_{ij} - x_j = 0 \qquad (j = 1, \ldots, n)\,.$$

$$x_j \geqq 0\,, \quad x_{ij} \geqq 0 \qquad (i = 1, \ldots, m; j = 1, \ldots, n)$$

ein Minimum annimmt. Bei diesem Modell kann die Kapazität x_j beliebige nichtnegative Werte annehmen; in der Praxis jedoch werden in der Regel für x_j nur einige wenige Projektvarianten ausgearbeitet.

4° Wir setzen deshalb voraus, daß t verschiedene Projektkapazitäten $k_1, \ldots, k_t$ berechnet wurden. Dann schreiben wir die Kapazität x_j an der Stelle B_j

$$x_j = \delta_j^1 k_1 + \delta_j^2 k_2 + \cdots + \delta_j^t k_t\,, \qquad j = 1, \ldots, n$$

unter den Bedingungen

$$\sum_{s=1}^{t} \delta_j^s \leqq 1 , \quad \delta_j^s \geqq 0 , \quad \delta_j^s \text{ ganzzahlig} , \qquad j = 1, \ldots, n ,$$

d. h. die Koeffizienten $\delta_j^s = 0$ oder 1, wobei höchstens einer von ihnen Eins sein kann. Wir haben nun zwei Fälle zu unterscheiden:

Fall 1: $\delta_j^s = 0$ für alle $s = 1, \ldots, t$, so ist $x_j = 0$, d. h., an der Stelle B_j wird nicht gebaut.

Fall 2: Es existiert ein $s^* \in \{1, \ldots, t\}$ mit $\delta_j^{s^*} = 1$; dann ist $x_j = k_{s^*}$, d. h., an der Stelle B_j wird ein Betrieb mit der Kapazität k_{s^*} gebaut.

5° Die Kosten c_j^s je Rohstoffeinheit an der Stelle B_j bei der Kapazitätsvarianten k_s sind gegeben. Dann erhält man das gemischtganzzahlige lineare Optimierungsproblem:

Minimierung der Zielfunktion

$$z = \sum_{i=1}^{m} \sum_{j=1}^{n} c_{ij} x_{ij} + \sum_{j=1}^{n} \sum_{s=1}^{t} c_j^s \delta_j^s k_s$$

in bezug auf

$$\sum_{j=1}^{n} \sum_{s=1}^{t} \delta_j^s k_s \leqq \sum_{i=1}^{n} a_i ,$$

$$\sum_{j=1}^{n} k_{ij} \leqq a_i \qquad (i = 1, \ldots, m) ,$$

$$\sum_{i=1}^{m} x_{ij} - \sum_{s=1}^{t} \delta_j^s k_s = 0 \qquad (j = 1, \ldots, n) .$$

$$x_{ij} \geqq 0 , \quad \delta_j^s \geqq 0 \qquad (i = 1, \ldots, m; j = 1, \ldots, n; s = 1, \ldots, t) .$$

$$\delta_j^s \text{ ganzzahlig} \qquad (j = 1, \ldots, n; s = 1, \ldots, t) ,$$

$$\sum_{s=1}^{t} \delta_j^s \leqq 1 \qquad (j = 1, \ldots, n) .$$

Dieses Modell kann man noch erweitern, indem man den Fertigerzeugnistransport mit einbezieht. In diesem Zusammenhang ist es wichtig darauf hinzuweisen, daß die räumliche Verteilung eines bestimmten Produktionsortes in Verbindung mit der Standortverteilung anderer Zweige (z. B. Liefer- und Abnehmerbetrieb) gelöst werden sollte. Man erhält dann Kooperationsmodelle.

2.3. Arbeitsorganisation

2.3.1. Gewinnoptimierung in einer Möbelfabrik

Eine Möbelfabrik stelle m Arten von Schränken $S_1, \ldots, S_m$ her. Jeder Schrank wird zuerst in der Tischlerei bearbeitet und dann in eine Veredelungswerkstatt geschickt, wo er lackiert und poliert wird. Die Anzahl der Arbeitsstunden, die in der Tischlerei für den Schrank S_j benötigt wird, sei a_{1j} $(j = 1, \ldots, m)$ entsprechend a_{2j} $(j = 1, \ldots, m)$ in der Veredelungswerkstatt. Die Zahlen a_{ij} $(i = 1, 2; j = 1, \ldots, m)$ sind vorgegeben. Infolge einer Kapazitätsbeschränkung der Fabrik können nicht mehr als b_1 Arbeitsstunden in der Tischlerei und b_2 Stunden in der Veredelungswerkstatt ausgeführt werden. Der Gewinn (gemessen in Mark) beim Verkauf des Schrankes S_j $(j = 1, \ldots, m)$ sei c_j und bekannt. Dann kann man die gegebenen Daten in folgender Tabelle zusammenfassen:

	$S_1, S_2, \ldots, S_j, \ldots, S_m$	Kapazitätsbeschränkung
Tischlerei	$a_{11}, a_{12}, \ldots, a_{1j}, \ldots, a_{1m}$	b_1
Veredelungswerkstatt	$a_{21}, a_{22}, \ldots, a_{2j}, \ldots, a_{2m}$	b_2
Gewinn	$c_1, c_2, \ldots, c_j, \ldots, c_m$	

Unter der Voraussetzung, daß eine hinreichende Menge Rohmaterial vorrätig ist und alle hergestellten Schränke verkauft werden können, möchte die Leitung entscheiden, wieviel Schränke von jedem Typ hergestellt werden sollen, damit der Gewinn maximiert wird. Es sei x_j $(j = 1, \ldots, m)$ die Anzahl der Schränke von Typ S_j. Die Zahlen x_j müssen ganzzahlig sein, da man nur fertige Schränke verkaufen kann. Man erhält dann das folgende mathematische Modell:

Es ist das Maximum der Zielfunktion

$$z = \sum_{j=1}^{m} c_j x_j$$

in bezug auf die Nebenbedingungen

$$\sum_{j=1}^{m} a_{ij} x_j \leqq b_i \qquad (i = 1, 2),$$

$$x_j \geqq 0 \qquad (j = 1, \ldots, m),$$

$$x_j \quad \text{ganzzahlig } (j = 1, \ldots, m)$$

zu bestimmen.

Die nächsten beiden Probleme werden wir an Hand von Zahlenbeispielen erläutern.

2.3.2. Optimaler Schichtplan

In einem Kraftwerk besteht mindestens folgender Personalbedarf:

0^{00}– 4^{00} Uhr: 20 Arbeitskräfte,
4^{00}– 8^{00} Uhr: 70 Arbeitskräfte,
8^{00}–12^{00} Uhr: 100 Arbeitskräfte,
12^{00}–16^{00} Uhr: 90 Arbeitskräfte,
16^{00}–20^{00} Uhr: 60 Arbeitskräfte,
20^{00}–24^{00} Uhr: 30 Arbeitskräfte.

Die Kraftwerker beginnen ihre Tagesarbeit zu den Zeiten 0^{00}, 4^{00}, ..., 20^{00} Uhr, und jeder Arbeiter hat im Schichtdienst eine Arbeitszeit von acht zusammenhängenden Stunden täglich. Das Problem besteht nun darin, einen Schichtplan mit einem minimalen Einsatz von Arbeitskräften aufzustellen. Dazu bezeichnen wir mit x_1 die Anzahl der Kraftwerker, die um 0^{00} Uhr Arbeitsbeginn haben, mit x_2 die, die 4^{00} Uhr beginnen usw. Die Größen $x_1, \ldots, x_6$ sind natürlich ganzzahlig. Die Ungleichung

$$x_1 + x_2 \geqq 70$$

trägt dem Rechnung, daß von 4^{00}—8^{00} Uhr mindestens 70 Personen und von 0^{00}—4^{00} Uhr mindestens 20 Personen ihrer Beschäftigung im Werk nachgehen müssen. Entsprechend erhält man die restlichen Ungleichungen:

$$\begin{aligned} x_2 + x_3 &\geqq 100\,, \\ x_3 + x_4 &\geqq 90\,, \\ x_4 + x_5 &\geqq 60\,, \\ x_5 + x_6 &\geqq 30\,, \\ x_6 + x_1 &\geqq 20\,, \end{aligned}$$

Die Anzahl der Arbeitskräfte ist $z = \sum_{i=1}^{6} x_i$, so daß das Problem mathematisch formuliert lautet:

Minimierung der Funktion

$$z = \sum_{i=1}^{6} x_i$$

unter den Restriktionen

$$\begin{aligned} x_1 + x_2 &\geqq 70\,, \\ x_2 + x_3 &\geqq 100\,, \\ x_3 + x_4 &\geqq 90\,, \\ x_4 + x_5 &\geqq 60\,, \\ x_5 + x_6 &\geqq 30\,, \\ x_6 + x_1 &\geqq 20\,, \\ x_i \geqq 0\,, &\quad i = 1, \ldots, 6\,, \\ x_i \text{ ganzzahlig}\,, &\quad i = 1, \ldots, 6\,. \end{aligned}$$

2.3.3. Arbeitseinteilung in einer Maschinenfabrik

In einer Werkhalle einer Maschinenfabrik soll die Arbeit für einen bestimmten Planzeitraum eingeteilt werden. Es werden drei Erzeugnisse hergestellt: Zylinder, Platten und Hülsen. Zur Herstellung stehen drei Maschinengruppen: Drehbänke, Hobel- und Schweißmaschinen zur Verfügung, wobei die Anzahl der Arbeitsstunden bei jeder Maschinengruppe bekannt ist. Jedes Produkt kann auf verschiedene Weisen hergestellt werden. Maschinenstunden für die einzelnen Maschinen sind beschränkt, und schließlich ist der Verkaufspreis der Erzeugnisse vorgegeben. Alle diese Daten finden wir in dem folgenden Schema:

	Zylinder			Platten		Hülsen			Maschinen-stunden
	1	2	3	1	2	1	2	3	
Drehbänke	0,4	0,8	1,2	0,4	0	0,4	0,2	0	236
Hobelmaschine	0,4	0	0,3	0,6	0,4	0,2	1,2	1,6	460
Schweißmaschine	0,5	0,4	0,2	0,8	2,0	1,4	0,8	0,4	610
Mindestbedarf an Stück	100			200		300			
Gewinn pro Stück	100			80		120			

Wenn wir voraussetzen, daß alle Produkte verkauft werden können, suchen wir die Antwort auf die Frage, auf welche Art und in welcher Anzahl sollen wir die Erzeugnisse herstellen, damit der Betrieb maximalen Gewinn erzielt.

Wir führen folgende Bezeichnungen ein:

Die Anzahl der Zylinder, die nach Verfahren 1 hergestellt werden, sei x_1.
Die Anzahl der Zylinder, die nach Verfahren 2 hergestellt werden, sei x_2.
Die Anzahl der Zylinder, die nach Verfahren 3 hergestellt werden, sei x_3.
Die Anzahl der Platten, die nach Verfahren 1 hergestellt werden, sei x_4.
Die Anzahl der Platten, die nach Verfahren 2 hergestellt werden, sei x_5.
Die Anzahl der Hülsen, die nach Verfahren 1 hergestellt werden, sei x_6.
Die Anzahl der Hülsen, die nach Verfahren 2 hergestellt werden, sei x_7.
Die Anzahl der Hülsen, die nach Verfahren 3 hergestellt werden, sei x_8.

Dann wird der Gesamtgewinn ausgedrückt durch die Zielfunktion

$$z = 100\,(x_1 + x_2 + x_3) + 80\,(x_4 + x_5) + 2\,(x_6 + x_7 + x_8)\,.$$

Da die Maschinenstunden beschränkt sind, muß beispielsweise für Drehbänke die Ungleichung

$$0{,}4\,x_1 + 0{,}8\,x_2 + 1{,}2\,x_3 + 0{,}4\,x_4 + 0{,}4\,x_6 + 0{,}2\,x_7 \leqq 236$$

erfüllt sein. Entsprechende Ungleichungen gelten für die beiden anderen Maschinengruppen. Da ein Mindestbedarf vorgegeben ist, ergeben sich zusätzliche Ungleichungen, z. B. für Platten

$$x_4 + x_5 \geqq 200\,,$$

d. h., die Anzahl der durch die beiden möglichen Verfahren hergestellten Platten darf nicht kleiner als der Mindestbedarf von 200 Platten sein. Selbstverständlich sind die zu bestimmenden Größen $x_1, \ldots, x_8$ wiederum ganzzahlig. Mathematisch ist nun das folgende Problem zu lösen:

Es ist die Zielfunktion

$$z = 100\,(x_1 + x_2 + x_3) + 80\,(x_4 + x_5) + 120\,(x_6 + x_7 + x_8)$$

in bezug auf die Nebenbedingungen

$$\begin{aligned}
&0{,}4\,x_1 + 0{,}8\,x_2 + 1{,}2\,x_3 + 0{,}4\,x_4 + 0{,}4\,x_6 + 0{,}2\,x_7 \leqq 236\,,\\
&0{,}4\,x_1 + 0{,}3\,x_3 + 0{,}6\,x_4 + 0{,}4\,x_5 + 0{,}2\,x_6 + 1{,}2\,x_7 + 1{,}6\,x_8 \leqq 460\,,\\
&0{,}5\,x_1 + 0{,}4\,x_2 + 0{,}2\,x_3 + 0{,}8\,x_4 + 2\,x_5 + 1{,}4\,x_6 + 0{,}8\,x_7 + 0{,}4\,x_8 \leqq 610\,.\\
&x_1 + x_2 + x_3 \geqq 100\,,\\
&x_4 + x_5 \geqq 200\,,\\
&x_6 + x_7 + x_8 \geqq 300\,,\\
&x_i \geqq 0 \qquad (i = 1, \ldots, 8)\,,\\
&x_i \text{ ganzzahlig} \qquad (i = 1, \ldots, 8)
\end{aligned}$$

zu maximieren.

LITERATUR

ARROW, K. J., L. HURWICZ and H. UZAWA
[1] Studies in linear and non-linear programming. Stanford, Cal., 1958.

BALAS, E.
[1] An additiv algorithm for solving linear programs with zero-one variables. Operations Research **13** (1965).
[2] Discret programming by the filter methods. Operations Research **15** (1967), 915–957.

BALINSKI, M. L.
[1] Integer programming: methods, uses, computations. Management Sci. **12** (1967).

BANK, B.
[1] Über die Anwendung der branch-and-bound-Methode auf Reihenfolgeprobleme. Dissertation TH Magdeburg 1969.

BELLMANN, R.
[1] Dynamic programming. Princeton 1957.

BELLMANN, R., and S. DREYFUS
[1] Applied dynamic programming. Princeton 1962.

BERGE, C.
[1] Theorie des graphes et ses applications. Paris 1958.

BERGE, C., and A. GHOULIA-HOURI
[1] Programmes, jeux et reseaux de transport. Paris 1962.

BÎLÝ, J., M. FIEDLER und NOŽIČKA
[1] Die Graphentheorie in Anwendung auf das Transportproblem. Czechosl. Matemat. Žurnal 8 (1958), 94–121.

CHARNES, A.
[1] Optimality and degeneracy in linear programming. Econometrica **20** (1952), 160–170.

COLLATZ, L., und W. WETTERLING
[1] Optimierungsaufgaben. Berlin–Heidelberg–New York 1966.

DANTZIG, G. B.
[1] Lineare Programmierung und Erweiterungen. Berlin–Heidelberg–New York 1966.

EGERVÁRY, J.
[1] Matrixok kombinatorikus tulajdons agairol. Mat. Fiz. Lapok **38** (1931), 16–28.

FARKAS, J.
[1] Über die Theorie der einfachen Ungleichungen. J. reine angew. Math. **124** (1901), 1–27.

FLOOD, M. M.
[1] On the Hitchcock distribution problem. Pacif. J. Math. **3** (1953), 369–386.
[2] The traveling salesman problem. Operations Research **4** (1956).

GASS, S.
[1] Linear programming: methods and applications. 2nd ed. New York–Toronto–London 1964.

GOMORY, R. E.
[1] Outline of an algorithm for integer solutions to linear programs. Bull. Amer. Math. Soc. 64 (1958), 275–278.
[2] An algorithm for the mixed integer problem. Amer. Math. Soc. Notices 6 (1953).

GOMORY, R., and A. J. HOFFMANN
[1] On the convergence of an integer-programming process. Naval Res. Logist. Quart. 10 (1963), 121–123.

HADLEY, G.
[1] Linear programming. Reading, Mass. 1961.

HITCHCOCK, F. L.
[1] The distribution of a product from several sources to numerous localities. J. Math. Phys. 20 (1941), 224–230.

IVANESCU, P. L. (HAMMER)
[1] Pseudo-Boolean programming and applications. Lecture Notes in Mathematics 9, Berlin–Heidelberg–New York 1966.

IVANESCU, P. L., and S. RUDEANU
[1] Methods for bivalent programming. Berlin–Heidelberg–New York 1968.
[2] Boolean methods in operations research and related areas. New York 1968.

JUDIN, D. B., und E. G. GOLSTEIN
[1] Lineare Optimierung I. Berlin 1968 (Übersetzung aus dem Russischen).

KANTOROWITSCH, L. W. (Канторович, Л. В.)
[1] О перемещении масс, Докл. Акад. Наук СССР 37 (1942), 227—229.
[2] Экономический расчет наилучшего использования ресурсов. Акад. Наук. СССР 1959.
[3] Mathematical methods of organizing and planning production. Management Sci. 6 (1960), 366–422.
[4] Calcul économique et utilisation des ressources, Paris 1963.

KANTOROWITSCH, L. W., und M. K. GAWURIN (Канторович, Л. В., и М. К. Гавурин)
[1] Применение математических методов в вопросах наализа грузопотоков. В. сб.: Проблемы повышения еффективности работы транспорта. Акад. Наук СССР 1949.

KÖNIG, D.
[1] Theorie der endlichen und unendlichen Graphen. Leipzig 1936.

KOOPMANS, T. C., and S. REITER
[1] A model of transportation, activity analysis of production and allocation. New York 1951.

KORBUT, A. A., und J. J. FINKELSTEIN
[1] Diskrete Optimierung, Berlin 1971 (Übersetzung aus dem Russischen).

KÖRTH, H.
[1] Ein einfaches Modell für die Perspektivplanung in einem Kabelwerk. Math. und Kybernetik in der Ökonomie, Internat. Tagung, Berlin 1964 (Konferenzprotokoll).

KREKÓ, B.
[1] Lehrbuch der linearen Optimierung. 5. Aufl. Berlin 1970.

KÜNZI, H. P., und W. KRELLE
[1] Nichtlineare Programmierung. Berlin–Göttingen–Heidelberg 1962.

KÜNZI, H. P., H. TSCHACH und C. A. ZEHNDER
[1] Numerische Methoden der mathematischen Optimierung. Stuttgart 1966.

KUHN, H. W.
[1] The Hungarian method for the assignment problem. Naval. Res. Logist. Quart. **2** (1955), 83–97.
[2] Variants of the Hungarian method for assignment problems. Naval. Res. Logist. Quart. **3** (1956), 253–258.

KUHN, H. W., and A. W. TUCKER
[1] Linear inequalities and related systems. Princeton 1956.

LAND. A. H., and A. G. DOIG
[1] An automatic method of solving discret programming problems. Econometrica **28** (1960), 497–520.

LANGE, O.
[1] Optimale Entscheidungen. Warschau 1968.

LEMKE, C. E.
[1] The dual method of solving the linear programming problem. Naval. Res. Logist. Quart. **1** (1954), 36–47.

LITTLE, J. D.
[1] An algorithm for the traveling salesman problem. Operations Research **11** (1963).

MOTZKIN, T. S.
[1] Beiträge zur Theorie der linearen Ungleichungen. Dissertation Universität Zürich 1936.

NELSON, R. R.
[1] Degeneracy in linear programming; a simple geometric interpretation. Rev. Econ. Statist. **39** (1957), 402–407.

NOŽIČKA, F.
[1] Über die Eindeutigkeit der Lösung von linearen Optimierungsproblemen. Math. Operationsforschung und Statistik **1** (1970).

PIEHLER, J.
[1] Einführung in die lineare Optimierung. Leipzig 1962.

PRAGER, W.
[1] On the role of congestion in transportation problems. Z. angew. Math. Mech. **35** (1955), 264–268.

REIDEMEISTER, K.
[1] Topologie der Polyeder. Leipzig 1953.

SCHOCH, M.
[1] Ein Verfahren zur Lösung des Rundreiseproblems. Math. und Wirtschaft **3** (1966).
[2] Ein Algorithmus zur exakten Bestimmung aller Optimallösungen des Rundreiseproblems. Wiss. Z. TH Karl-Marx-Stadt **8** (1966), 247–255.

SEIFFART, E.
[1] Über Lösungsmethoden einiger spezieller Reihenfolgeprobleme. Wiss. Z. TH Magdeburg **23, 25** (1963).
[2] Reihenfolgeprobleme mit gleichen Bearbeitungs- und Maschinenfolgen. Habilschrift, TH Magdeburg 1969.

SIMONNARD, M.
[1] Programmation lineaire. Paris 1962.

STIEFEL, E.
[1] Note on Jordan elimination, linear programming and Tchebycheff approximation. Num. Math. **2**, 4 (1960).
[2] Einführung in die numerische Mathematik. Stuttgart 1961.

TSCHERNIKOW, S. N.
[1] Lineare Ungleichungen, Berlin 1970 (Bearbeitung aus dem Russischen).

TUCKER, A. W.
[1] Linear and nonlinear programming. Operations research **5** (1957), 244–257.

VOGEL, W.
[1] Lineares Optimieren. Leipzig 1967.

WOLFE, P.
[1] A technique for resolving degeneracy in linear programming. J. Soc. Industr. Appl. Math. **11** (1963), 205–211.

NAMEN- UND SACHREGISTER

Kolibri 360 GmbH
Ferdinand-Jühlke-Straße 7
99095 Erfurt, Deutschland
produktsicherheit@kolibri360.de